Höhere Mathematik 2

Walter Strampp · Dörthe Janssen

Höhere Mathematik 2

Analysis

5., vollständig überarbeitete und erweiterte Auflage

 Springer Vieweg

Walter Strampp
Universität Kassel
Kassel, Deutschland

Dörthe Janssen
Fachbereich Elektrotechnik und Informatik
Universität Kassel
Kassel, Deutschland

ISBN 978-3-662-63551-3   ISBN 978-3-662-63552-0   (eBook)
https://doi.org/10.1007/978-3-662-63552-0

Die Deutsche Nationalbibliothek verzeichnet diese Publikation in der Deutschen Nationalbibliografie; detaillierte bibliografische Daten sind im Internet über http://dnb.d-nb.de abrufbar.

Planung/Lektorat: Iris Ruhmann
Springer Vieweg ist ein Imprint der eingetragenen Gesellschaft Springer-Verlag GmbH, DE und ist ein Teil von Springer Nature.
Die Anschrift der Gesellschaft ist: Heidelberger Platz 3, 14197 Berlin, Germany

Vorwort

Das Buch enthält den Stoff für eine Einführung in die Analysis im Rahmen eines Grundkurses der Höheren Mathematik. Der Text ist gedacht für eine Vorlesung mit Übungen im Umfang von insgesamt sechs bis acht Stunden. Das Buch richtet sich an alle Studierenden, deren Bachelor-Curriculum einen Kurs der Höheren Mathematik enthält. Die visuelle Unterstützung wurde erheblich ausgebaut. Zentrale Begriffe wie Grenzwert, Ableitung, Taylorentwicklung, Integral, Gradient, Divergenz, Rotation, Implizite Funktionen, Sätze von Fubini und Cavalieri werden anschaulich ausgeprägt. Nicht jeder Beweis wird ausführlich dargestellt. Dafür werden Beweisideen aus Modellproblemen heraus entwickelt und mit Beispielen verdeutlicht. Der Aufgaben- und Übungsbereich wurde neu strukturiert. Eine abgestufte Einteilung in Beispiele, Beispielaufgaben und Übungsaufgaben erleichtert das Erreichen des Ziels: eigenständiges Erfassen, Formulieren und Lösen analytischer Probleme. Die Beispielaufgaben mit Lösungen unterstützen bei der Vertiefung und unmittelbaren Lernkontrolle. Ein zusammenfassender Abschnitt mit Übungsaufgaben zur Wiederholung und Klausurvorbereitung findet sich am Schluss jeden Kapitels. Die angegebenen Musterlösungen dienen der Anregung und Überprüfung eigener Lösungen.

Walter Strampp
Dörthe Janssen

Inhaltsverzeichnis

Reelle Zahlen

Die reellen Zahlen werden eingeführt mit ihren Körper- und Anordnungseigenschaften. Wir legen die Grundlagen für Termumformungen und den Umgang mit Gleichungen und Ungleichungen. Wir legen den Betrag einer Zahl fest, betrachten den Abstand zweier Zahlen auf der Zahlengeraden und arbeiten die Regeln für Beträge heraus. Das Rechnen mit Summen, das Beweisprinzip der vollständigen Induktion und der Binomische Satz stellen unerlässliche Hilfsmittel der Analysis dar.

1.1 Körpereigenschaften und Summen

Das Rechnen mit reellen Zahlen unterliegt allgemeinen Strukturgesetzen, die wir zunächst zusammen stellen. Diese Gesetze legen allgemein das Rechnen in Zahlkörpern fest. In den Anwendungen, zum Beispiel in der modularen Arithmetik, treten viele verschiedene Zahlkörper auf. In der Analysis benötigen wir nur den Körper der reellen Zahlen. In der linearen Algebra wird im Allgemeinen der Körper der komplexen Zahlen zugrunde gelegt.

Definition: Körper

Ein Körper ist eine nichtleere Menge $\mathbb{K}$ mit zwei Operationen Addition und Multiplikation. Zu je zwei Elementen $a \in \mathbb{K}$ und $b \in \mathbb{K}$ gibt es genau ein Element $a + b \in \mathbb{K}$ (Summe aus a und b) bzw. $a \cdot b \in \mathbb{K}$ (Produkt aus a und b). Für die Addition und Multiplikation gelten die folgenden Grundgesetze (Körperaxiome).

W. Strampp und D. Janssen, *Höhere Mathematik 2,*

Grundgesetze der Addition

1) Für je zwei Elemente $a, b \in \mathbb{K}$ gilt:

$$a + b = b + a, \quad \text{(Kommutativgesetz).}$$

2) Für je drei Elemente $a, b, c \in \mathbb{K}$ gilt:

$$a + (b + c) = (a + b) + c, \quad \text{(Assoziativgesetz).}$$

3) Es gibt ein Element $0 \in \mathbb{K}$, sodass für alle $a \in \mathbb{K}$ gilt:

$$a + 0 = a, \quad \text{(Existenz des Nullelements).}$$

4) Zu jedem $a \in \mathbb{K}$, gibt es ein Element $-a \in \mathbb{K}$, sodass gilt:

$$a + (-a) = 0, \quad \text{(Existenz des inversen Elements).}$$

Grundgesetze der Multiplikation

1) Für je zwei Elemente $a, b \in \mathbb{K}$ gilt:

$$a \cdot b = b \cdot a, \quad \text{(Kommutativgesetz).}$$

2) Für je drei Elemente $a, b, c \in \mathbb{K}$ gilt:

$$a \cdot (b \cdot c) = (a \cdot b) \cdot c, \quad \text{(Assoziativgesetz).}$$

3) Es gibt ein Element $1 \in \mathbb{K}$, $1 \neq 0$, sodass für alle $a \in \mathbb{K}$ gilt:

$$a \cdot 1 = a, \quad \text{(Existenz des Einselements).}$$

4) Zu jedem $a \in \mathbb{K}$, $a \neq 0$, gibt es ein Element $a^{-1} \in \mathbb{K}$, sodass gilt:

$$a \cdot a^{-1} = 1, \quad \text{(Existenz des inversen Elements).}$$

Distributivgesetz
Für je drei Elemente $a, b, c \in \mathbb{K}$ gilt:

$$a \cdot (b + c) = a \cdot b + a \cdot c.$$

Schreibweisen

$$a + (-a) = a - a = 0,$$

$$a + (-b) = a - b,$$

$$a \cdot b = a\, b,$$

$$a^{-1} = \frac{1}{a},$$

$$a\, b^{-1} = a\, \frac{1}{b} = \frac{a}{b},$$

$$(a + b) + c = a + b + c,$$

$$(a\, b)\, c = a\, b\, c.$$

Aus den Axiomen ergeben sich Folgerungen:

1.) Es gibt jeweils genau ein Nullelement, genau ein Einselement, genau ein inverses Element der Addition und genau ein inverses Element der Multiplikation.

2.) Die Gleichung

$$a + x = b$$

besitzt genau eine Lösung $x = b + (-a) = b - a$.

Die Gleichung

$$a x = b, \quad a \neq 0,$$

besitzt genau eine Lösung: $x = b\, a^{-1} = \frac{b}{a}$.

3.) Es gilt stets: $a\, 0 = 0$. Ein Produkt verschwindet genau dann, wenn (mindestens) einer der beiden Faktoren verschwindet:

$$a\,b = 0 \quad \Longleftrightarrow \quad a = 0 \text{ oder } b = 0.$$

4.) Vorzeichenregeln:
Es gilt für alle $a, b \in \mathbb{K}$:

$$-(-a) = a,$$

$$-(a + b) = -a - b,$$

$$(-a)\,b = a\,(-b) = -a\,b,$$

$$(-a)(-b) = a\,b.$$

5.) Regeln für die Bruchrechnung:
Es gilt für $a, b, c, d, \in \mathbb{K}$:

$$\frac{a}{b} + \frac{c}{d} = \frac{a\,d + b\,c}{b\,d}, \quad b \neq 0, d \neq 0,$$

$$\frac{a}{b}\frac{c}{d} = \frac{a\,c}{b\,d}, \quad b \neq 0, d \neq 0,$$

$$\frac{\frac{a}{b}}{\frac{c}{d}} = \frac{a\,d}{b\,c}, \quad \text{insbesondere} \quad \frac{1}{\frac{1}{d}} = d, \quad b \neq 0, c \neq 0, d \neq 0.$$

Beispiel 1.1
Wir zeigen die Eindeutigkeit des Nullelements.

Wir nehmen an, wir hätten zwei Nullelemente 0 und 0*, die von einander verschieden sind: $0^* \neq 0$. Nach 3) gilt:

$$0^* + 0 = 0^* \quad \text{und} \quad 0 + 0^* = 0.$$

Wegen 1) folgt dann $0^* = 0$. Das ist ein Widerspruch zur Annahme verschiedener Nullelemente, die damit widerlegt ist.   ●

Das Assoziativgesetz erlaubt es, eine endliche Anzahl von Summanden in beliebiger Reihenfolge ohne Klammern zu summieren. Man führt dazu das Summenzeichen ein.

Definition: Summenzeichen
Seien $a_1, \ldots, a_n$ Elemente aus $\mathbb{K}$. Wir schreiben die Summe $a_1 + \cdots + a_n$ mit der unteren Summationsrenze 1, der oberen Summationsgrenze n und dem Summationsindex k:

$$a_1 + \cdots + a_n = \sum_{k=1}^{n} a_k.$$

Der Summationsindex kann beliebig umbenannt werden:

$$\sum_{k=1}^{n} a_k = \sum_{j=1}^{n} a_j.$$

Beispiel 1.2

Wir zeigen, dass die Gaußsche Summenformel gilt:

$$\sum_{k=1}^{n} k = 1 + \cdots + n = \frac{n}{2}(n+1).$$

Wir betrachten zunächst ein gerades n. Die n Summanden können dann zu $\frac{n}{2}$ Paaren angeordnet werden:

$$\sum_{k=1}^{n} k = 1 + 2 + \cdots + \frac{n}{2} + \left(\frac{n}{2} + 1\right) + \cdots + (n-1) + n$$

$$= (1+n) + (2 + (n-1)) + \cdots + \left(\frac{n}{2} + \frac{n}{2} + 1\right)$$

$$= \frac{n}{2}(n+1).$$

Ist n ungerade, so betrachten wir den Fall $n = 1$ gesondert:

$$\sum_{k=1}^{1} k = \frac{1}{2}(1+1).$$

Für eine ungerade obere Summationsgrenze $n > 1$ schreiben wir:

$$\sum_{k=1}^{n} k = 1 + \cdots + (n-1) + n = \left(\sum_{k=1}^{n-1} k\right) + n.$$

Die obere Summationsgrenze ist nun gerade, und wir bekommen mit dem vorherigen Ergebnis:

$$\sum_{k=1}^{n} k = \frac{n-1}{2}((n-1)+1) + n = \frac{n-1}{2}n + n = \frac{n}{2}(n+1).$$

●

Für den Umgang mit Summen halten wir folgende Regeln fest. Dabei werden auch beliebige ganzzahlige Summationsgrenzen ($l \leq n$) zugelassen:

$$\sum_{k=l}^{n} a_k = a_l + a_{l+1} + \cdots + a_n.$$

Satz: Regeln für Summen

1) Addition von Summen (Assoziativgesetz):

$$\sum_{k=l}^{n} a_k + \sum_{k=l}^{n} b_k = \sum_{k=l}^{n} (a_k + b_k),$$

2) Multiplikation einer Summe mit einem Faktor (Distributivgesetz):

$$a \sum_{k=l}^{n} a_k = \sum_{k=l}^{n} a\, a_k,$$

3) Aufspalten von Summen (Additivität) ($l \leq m < n$):

$$\sum_{k=l}^{n} a_k = \sum_{k=l}^{m} a_k + \sum_{k=m+1}^{n} a_k,$$

4) Indexverschiebung (Substitution) ($l \leq n, l, n, m \in \mathbb{Z}$):

$$\sum_{k=l}^{n} a_k = \sum_{k=l+m}^{n+m} a_{k-m}.$$

Die ersten drei Regeln ergeben sich unmittelbar aus dem verallgemeinerten Assoziativgesetz und Distributivgesetz. Die Indexverschiebung sieht man sofort ein, wenn man die Summe ausschreibt:

$$\sum_{k=l+m}^{n+m} a_{k-m} = a_{(l+m)-m} + a_{(l+m+1)-m} + \cdots + a_{(n+m)-m}$$
$$= a_l + \cdots + a_n.$$

Beispielsweise bekommen wir:

$$\sum_{k=1}^{n} a_k = \sum_{k=0}^{n-1} a_{k+1} = \sum_{k=-1}^{n-2} a_{k+2} \quad \text{usw....}$$

Beispiel 1.3

Wir vereinfachen den folgenden Ausdruck ($n \geq 2$):

$$\sum_{k=2}^{n} \frac{1}{k+2} - \sum_{k=4}^{n+2} \frac{1}{k-2}.$$

1) Wir schreiben die Summen aus:

$$\sum_{k=2}^{n} \frac{1}{k+2} = \frac{1}{2+2} + \frac{1}{3+2} + \cdots + \frac{1}{(n-1)+2} + \frac{1}{n+2}$$

$$= \frac{1}{4} + \frac{1}{5} + \cdots + \frac{1}{n+1} + \frac{1}{n+2},$$

$$\sum_{k=4}^{n+2} \frac{1}{k-2} = \frac{1}{4-2} + \frac{1}{5-2} + \cdots + \frac{1}{(n+1)-2} + \frac{1}{(n+2)-2}$$

$$= \frac{1}{2} + \frac{1}{3} + \cdots + \frac{1}{n-1} + \frac{1}{n}.$$

Hieraus entnimmt man die Differenz:

$$\sum_{k=2}^{n} \frac{1}{k+2} - \sum_{k=4}^{n+2} \frac{1}{k-2} = \frac{1}{n+1} + \frac{1}{n+2} - \frac{1}{2} - \frac{1}{3}.$$

2) Wir verschieben den Index in der zweiten Summe:

$$\sum_{k=2}^{n} \frac{1}{k+2} - \sum_{k=4}^{n+2} \frac{1}{k-2} = \sum_{k=2}^{n} \frac{1}{k+2} - \sum_{k=4-4}^{(n+2)-4} \frac{1}{(k+4)-2}$$

$$= \sum_{k=2}^{n} \frac{1}{k+2} - \sum_{k=0}^{n-2} \frac{1}{k+2}$$

$$= \frac{1}{n+1} + \frac{1}{n+2} - \frac{1}{2} - \frac{1}{3}.$$

●

Analog zur Summe beliebig vieler Summanden bildet man Produkte aus beliebig vielen Faktoren. Nach dem Assoziativgesetz der Multiplikation spielt die Reihenfolge der Faktoren keine Rolle. Produkte besitzen in der Mathematik eine große Bedeutung. Im Folgenden werden wir aber nicht mit Produkten arbeiten und geben den Begriff nur der Vollständigkeit halber.

Definition: Produktzeichen

Seien $a_1, \ldots, a_n$ Elemente aus $\mathbb{K}$. Wir schreiben das Produkt $a_1 \cdot \cdots \cdot a_n$ mit der unteren Produktgrenze 1, der oberen Produktgrenze n und dem Produktindex k:

$$a_1 \cdot \cdots \cdot a_n = \prod_{k=1}^{n} a_k.$$

Der Index kann wieder beliebig umbenannt werden:

$$\prod_{k=1}^{n} a_k = \prod_{j=1}^{n} a_j.$$

Beispiel 1.4

Wir vereinfachen das Produkt:

$$\prod_{k=1}^{n} \frac{k}{k+1}.$$

Ausschreiben des Produkts zeigt:

$$\prod_{k=1}^{n} \frac{k}{k+1} = \frac{1}{1+1} \frac{2}{2+1} \cdots \frac{(n-1)}{(n-1)+1} \frac{n}{n+1} = \frac{1}{2} \frac{2}{3} \cdots \frac{n-1}{n} \cdot \frac{n}{n+1} = \frac{1}{n+1}.$$

$\bullet$

1.2   Anordnungseigenschaften und Betrag

Der Körper der reellen Zahlen $\mathbb{R}$ zeichnet sich vor vielen anderen Zahlenkörpern durch die Anordnung aus. Wir haben folgende Ordnungsrelation. Für je zwei reelle Zahlen a und b trifft genau eine der drei Relationen zu:

$$a < b, \quad a = b, \quad b < a.$$

Die Kleinerrelation erfüllt die folgenden Grundgesetze (Anordnungsaxiome).

Grundgesetze der Anordnung
Für je drei Zahlen $a, b, c \in \mathbb{R}$ gilt:
1.) $a < b$ und $b < c$ $\implies$ $a < c$ (Transitivitätsgesetz).
2.) $a < b$ $\implies$ $a + c < b + c$ (Monotonie der Addition).
3.) $a < b$ und $0 < c$ $\implies$ $ac < bc$ (Monotonie der Multiplikation).

Schreibweisen
Die Kleinerrelation zieht die Größerrelation nach sich:

$$a < b \iff b > a.$$

Oft ist die Kleiner-oder-Gleich-Relation bequem:

$$a \leq b \iff a < b \text{ oder } a = b.$$

Beispiel 1.5
Die folgenden Aussagen sind richtig:

$$1 < 3, \quad 1 \leq 3, \quad 3 \leq 3.$$

Die Aussage $1 \leq 3$ ist genau dann wahr, wenn $1 < 3$ wahr ist oder $1 = 3$ wahr ist. Offensichtlich ist die erste der beiden Alternativen wahr und die zweite falsch. Die gesamte Oder-Aussage ist somit wahr. $\bullet$

Aus den Axiomen ergeben sich wieder Folgerungen.

Satz: Folgerungen aus den Anordnungsaxiomen
1) $a < b \iff -b < -a$,
2) $a < b$ und $c < 0$ $\implies$ $ac > bc$,
3) $a \neq 0$ $\implies$ $a^2 > 0$, speziell $1 > 0$,
4) $ab < 0 \iff \begin{cases} a < 0 \text{ und } b > 0 \\ \text{oder} \\ a > 0 \text{ und } b < 0 \end{cases}$,
5) $a < b$ und $0 < ab$ $\implies$ $\dfrac{1}{a} > \dfrac{1}{b}$.

Zu 1) Mit der Monotonie der Addition schließen wir (erst $-a$ dann $-b$ addieren):

$$a < b \implies 0 < b - a \implies -b < -a.$$

(Analog folgt die Umkehrung).

Zu 2) Wegen $0 < c$ ist $-c > 0$. Mit der Monotonie der Multiplikation und bekommt man

$$a\,(-c) < b\,(-c) \iff a\,c > b\,c.$$

Die Ordnungsrelation kehrt sich also um, wenn man mit einer Zahl multipliziert, die kleiner als Null ist.

Zu 3) Falls $a > 0$ ist, gilt $a\,a = a^2 > 0$ mit der Monotonie der Multiplikation. Falls $a < 0$ ist, folgt $-a > 0$ und wieder $(-a)\,(-a) = a^2 > 0$.

4) und 5) beweist man analog. Man benötigt die Vorzeichenregeln und die Eigenschaft:

$$0 < c \implies 0 < \frac{1}{c}.$$

Letzteres zeigt man durch einen Widerspruchsbeweis. Wäre $\frac{1}{c} < 0$, so ergäbe sich durch Multiplikation mit c: $0 > 1$.

Beispiel 1.6

Für beliebige $a, b \in \mathbb{R}$ gilt:

$$a\,b \leq \left(\frac{a+b}{2}\right)^2.$$

Wir formen zuerst um:

$$\left(\frac{a-b}{2}\right)^2 = \frac{a^2 - 2\,a\,b + b^2}{4} = \frac{a^2 + 2\,a\,b + b^2}{4} - \frac{4\,a\,b}{4}$$

$$= \left(\frac{a+b}{2}\right)^2 - a\,b.$$

Da Quadrate nicht negativ sind, folgt

$$\left(\frac{a+b}{2}\right)^2 - a\,b = \left(\frac{a-b}{2}\right)^2 \geq 0$$

und die Behauptung.

Falls $a \geq 0$, $b \geq 0$ ergibt sich daraus die Ungleichung zwischen dem geometrischen und dem arithmetischen Mittel:

$$\sqrt{a\,b} \leq \frac{a+b}{2}.$$

•

Abb. 1.1 Fallunterscheidung
$x > 1$ und $x < 1$

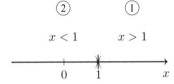

Beispiel 1.7
Welche reellen Zahlen $x \neq 1$ erfüllen die Ungleichung:

$$\frac{2x + 1}{x - 1} < 1?$$

Wir unterscheiden zwei Fälle (Abb. 1.1):
1.) $x - 1 > 0 \iff x > 1$
und
2.) $x - 1 < 0 \iff x < 1$.
1.) Multiplikation mit $x - 1$ ergibt:

$$2x + 1 < x - 1 \iff x < -2.$$

Dies steht aber im Widerspruch zur Voraussetzung $x > 1$.
2.) Multiplikation mit $x - 1$ ergibt:

$$2x + 1 > x - 1 \iff x > -2.$$

Zusammen mit $x < 1$ liefert dies folgende Lösungen

$$-2 < x < 1.$$

Wir führen noch folgende Bezeichnungen ein.

Definition: Intervalle
Seien $a, b \in \mathbb{R}$. Folgende Teilmengen von $\mathbb{R}$ bilden Intervalle:
$(a, b) = \{x \mid a < x < b\}$, (offenes Intervall),
$[a, b) = \{x \mid a \leq x < b\}$, (halboffenes Intervall),
$(a, b] = \{x \mid a < x \leq b\}$, (halboffenes Intervall),
$[a, b] = \{x \mid a \leq x \leq b\}$, (abgeschlossenes Intervall).

Ferner bilden wir unendliche Intervalle:

$(a, \infty) = \{x \mid a < x\}, \quad [a, \infty) = \{x \mid a \leq x\},$
$(-\infty, b) = \{x \mid x < b\}, \quad (-\infty, b] = \{x \mid x \leq b\},$
$(-\infty, \infty) = \mathbb{R}.$

Der Betrag einer reellen Zahl gibt den Abstand der Zahl von Null.

Definition: Betrag
Sei $x \in \mathbb{R}$. Die durch

$$|x| = \begin{cases} x, & x \geq 0, \\ -x, & x < 0, \end{cases}$$

erklärte Zahl $|x|$ heißt Betrag von x (Abb. 1.2).

Den Betrag $|a - b|$ der Differenz zweier reeller Zahlen a und b bezeichnet man als Abstand der Zahlen a und b (Abb. 1.3).
Die Gleichung $|x| = c, c > 0$, besitzt die Lösungen:

$$x = c \quad \text{und} \quad x = -c.$$

Die Ungleichung $|x| \leq c, c \geq 0$, besitzt folgende Lösungen (Abb. 1.4):

$$|x| \leq c \quad \Longleftrightarrow \quad -c \leq x \leq c.$$

Die Beziehung

$$|a| = |b|$$

ist äquivalent mit

$$a = b \quad \text{oder} \quad a = -b.$$

Abb. 1.2 Die Betragsfunktion
$y = |x|$

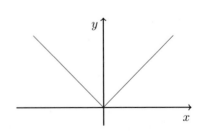

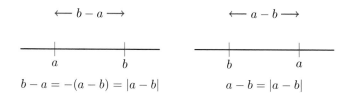

$$b - a = -(a - b) = |a - b| \qquad a - b = |a - b|$$

Abb. 1.3 Abstand zweier Zahlen a und b auf der Zahlengerade

Abb. 1.4 Die Ungleichung
$|x| \leq c$

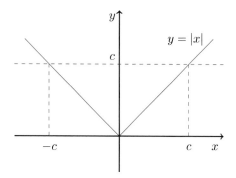

Beispiel 1.8
Welche $x \in \mathbb{R}$ erfüllen die Ungleichung:

$$|2x + 1| \leq |x - 1|?$$

Wir unterscheiden drei Fälle (Abb. 1.5):
1.) $x \leq -\frac{1}{2} \implies |2x + 1| = -(2x + 1)$ und $|x - 1| = -(x - 1)$,
2.) $-\frac{1}{2} < x \leq 1 \implies |2x + 1| = 2x + 1$ und $|x - 1| = -(x - 1)$,
3.) $1 < x \implies |2x + 1| = 2x + 1$ und $|x - 1| = (x - 1)$.
Dies führt zu folgenden Lösungen:
1.) $-(2x + 1) \leq -(x - 1)$ und $x \leq -\frac{1}{2}$,

Abb. 1.5 Fallunterscheidung
bei der Ungleichung
$|2x + 1| \leq |x - 1|$

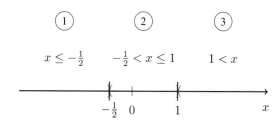

also $-2 \leq x \leq -\frac{1}{2}$.

2.) $2x + 1 \leq -(x-1)$ und $-\frac{1}{2} < x \leq 1$,

also $-\frac{1}{2} < x \leq 0$.

3.) $2x + 1 \leq x - 1$ und $1 < x$, also $x \leq -2$ und $1 < x$, ein Widerspruch, der keine weiteren Lösungen mehr zulässt.

Insgesamt haben wir alle $x \in [-2, 0]$ als Lösungen.   •

Satz: Eigenschaften des Betrags

Für alle $a, b \in \mathbb{R}$ gilt:

1.) $|a| \geq 0$, $|a| = 0 \Longleftrightarrow 0$,

2.) $|-a| = |a|$,

3.) $|ab| = |a|\,|b|$,

4.) $(|a|)^2 = a^2$, $\sqrt{a^2} = |a|$,

5.) $|a + b| \leq |a| + |b|$,   Dreiecksungleichung (Abb. 1.6).

Die Eigenschaften 1.)-4.) ergeben sich aus der Definition des Betrags. Der Begriff Dreiecksungleichung kommt aus der Geometrie. Die Länge des Summenvektors ist niemals größer als die Summe der Längen der Vektoren.

Wir haben definitionsgemäß $a = |a|$ für $a \geq 0$ und $a = -|a|$ für $a < 0$. Also gilt $a = |a|$ oder $a = -|a|$ und damit für alle $a \in \mathbb{R}$ (Abb. 1.7):

$$-|a| \leq a \leq |a|.$$

Aus den beiden Ungleichungen

$$-|a| \leq a \leq |a| \quad \text{und} \quad -|b| \leq b \leq |b|$$

Abb. 1.6 Dreiecksungleichung

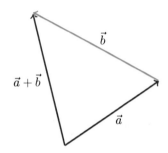

Abb. 1.7 Die Ungleichung
$-|a| \leq a \leq |a|$

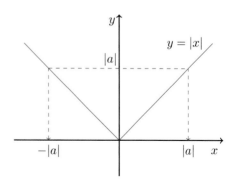

folgt durch Addition:
$$-(|a| + |b|) \leq a + b \leq |a| + |b|.$$

Mit der Beziehung $-c \leq x \leq c \iff |x| \leq c$ ergibt sich dann die Dreiecksungleichung.

Beispiel 1.9

Wir zeigen die umgekehrte Dreiecksungleichung:

$$\big|\, |a| - |b| \,\big| \leq |a + b|.$$

Mit der Dreiecksungleichung gilt:

$$|b| = |(a + b) + (-a)| \leq |a + b| + |a|$$

und

$$|a| = |(a + b) + (-b)| \leq |a + b| + |b|.$$

Die erste Ungleichung besagt:

$$-|a + b| \leq |a| - |b|$$

und die zweite

$$|a| - |b| \leq |a + b|.$$

Insgesamt folgt die umgekehrte Dreiecksungleichung.   ●

1.3   Vollständige Induktion und Binomischer Satz

Wir betrachten Aussagen über natürliche Zahlen. Oft sehen wir die Richtigkeit solcher Aussagen für einige wenige natürliche Zahlen sofort ein. Wir haben aber keinen Beweis dafür, dass die Aussage für alle natürlichen Zahlen gilt.

Beispiel 1.10

Wir betrachten die Summe der ungeraden Zahlen:

$$1 = 1,$$
$$1 + 3 = 4,$$
$$1 + 3 + 5 = 9,$$
$$1 + 3 + 5 + 7 = 16,$$
$$\vdots$$
$$1 + 3 + 5 + \cdots + (2n - 1) = \sum_{k=1}^{n} (2k - 1).$$

Die ersten Summen legen folgende Vermutung nahe:

$$\sum_{k=1}^{n} (2k - 1) = n^2.$$

•

Wie kann man eine solche Vermutung beweisen?

Allgemein werde eine Aussage $A(n)$ für alle natürlichen Zahlen $\mathbb{N} = \{1, 2, 3, \ldots\}$ vorgelegt.

Satz: Beweis durch vollständige Induktion

Die Gültigkeit der Aussage $A(n)$ für alle $n \in \mathbb{N}$ wird beim Beweis durch vollständige Induktion in drei Schritten nachgewiesen:

1.) Man zeigt, dass $A(1)$ gilt,

(Induktionsanfang).

2.) Man nimmt an, dass $A(n)$ für irgend ein $n \geq 1$ gilt,

(Induktionsannahme).

3.) Man zeigt: Aus der Annahme $A(n)$ ist richtig, folgt $A(n + 1)$ ist richtig,

(Induktionsschluss).

Das Induktionsprinzip begründet sich aus der folgenden Eigenschaft der natürlichen Zahlen.

Sei $\mathbb{M}$ eine Teilmenge der natürlichen Zahlen $\mathbb{N}$ mit den Eigenschaften:

1.) $1 \in \mathbb{M}$.

2.) Für alle $n \in \mathbb{M}$ gilt die Implikation: $n \in \mathbb{M} \implies n + 1 \in \mathbb{M}$.

Dann ist $\mathbb{M} = \mathbb{N}$.

Beispiel 1.11

Wir betrachten die Summe der ungeraden Zahlen:

$$\sum_{k=1}^{n}(2\,k - 1) = n^2.$$

1.) Induktionsanfang:

$$\sum_{k=1}^{1}(2\,k - 1) = 1 = 1^2.$$

2.) Induktionsannahme: Für irgend ein $n \geq 1$ gilt

$$\sum_{k=1}^{n}(2\,k - 1) = n^2.$$

3.) Induktionsschluss: Wir müssen zeigen:

$$\sum_{k=1}^{n}(2\,k - 1) = n^2 \implies \sum_{k=1}^{n+1}(2\,k - 1) = (n + 1)^2.$$

Dazu schreiben wir:

$$\sum_{k=1}^{n+1}(2\,k - 1) = \sum_{k=1}^{n}(2\,k - 1) + (2\,(n + 1) - 1)$$
$$= n^2 + 2\,n + 1 = (n + 1)^2.$$

•

Das Beweisprinzip der vollständigen Induktion kann noch erweitert werden auf einen beliebigen ganzzahligen Induktionsanfang. Sehr oft hat man den Anfang $n_0 = 0$.

Ist $\mathbb{M}$ eine Teilmenge der ganzen Zahlen $\mathbb{Z}$ mit den Eigenschaften:

1.) $n_0 \in \mathbb{M}$.
2.) Für alle $n \in \mathbb{M}$ gilt die Implikation: $n \in \mathbb{M} \implies n + 1 \in \mathbb{M}$.

Dann ist $\mathbb{M} = \{n \in \mathbb{Z} \mid n \geq n_0\}$.

Beispiel 1.12

Für alle $n \geq 0$ und $q \in \mathbb{R}, q \neq 1$ gilt die geometrische Summenformel:

$$\sum_{k=0}^{n} q^k = \frac{1 - q^{n+1}}{1 - q}.$$

1.) Induktionsanfang: $A(0)$ gilt, denn:

$$\sum_{k=0}^{0} q^k = q^0 = 1 = \frac{1 - q^{0+1}}{1 - q}.$$

2.) Induktionsannahme: Wir nehmen an, $A(n)$ gilt für irgend ein $n \geq 0$.

3.) Induktionsschluss: $A(n) \implies A(n+1)$ gilt, denn:

$$\sum_{k=0}^{n+1} q^k = \sum_{k=0}^{n} q^k + q^{n+1}$$

$$= \frac{1 - q^{n+1}}{1 - q} + q^{n+1} = \frac{1 - q^{n+1} + q^{n+1}(1 - q)}{1 - q}$$

$$= \frac{1 - q^{(n+1)+1}}{1 - q}.$$

Beispiel 1.13

Für alle $n \geq 2$ und $h \in \mathbb{R}$, $h > -1$, $h \neq 0$, gilt die Bernoullische Ungleichung:

$$(1 + h)^n > 1 + n h, \quad n \geq 2.$$

1.) Induktionsanfang: $A(2)$ gilt, denn

$$(1 + h)^2 = 1 + 2 h + h^2 > 1 + 2 h,$$

(da $h^2 > 0$, für $h \neq 0$).

2.) Induktionsannahme: Für irgend ein $n \geq 2$ gilt die Bernoullische Ungleichung.

3.) Induktionsschritt: Wegen $(h + 1) > 0$ gilt:

$$(1 + h)^{n+1} = (1 + h)^n (1 + h)$$

$$> (1 + n h)(1 + h) = 1 + (n + 1) h + n h^2$$

$$> 1 + (n + 1) h.$$

(Letzteres da $n h^2 > 0$, falls $h \neq 0$ und $n \geq 2$).

Wir führen zuerst die Fakultät und die Binomialkoeffizienten ein.

Definition: Fakultät

Für $n \in \mathbb{N}$ wir die Zahl $n!$ (n-Fakultät) erklärt durch das Produkt:

$$n! = \prod_{k=1}^{n} k = 1 \cdots n.$$

Für $n = 0$ setzt man fest:

$$0! = 1.$$

Beispiel 1.14

Die Fakultät wächst sehr schnell an:

$$1! = 1, \quad 2! = 1 \cdot 2, \quad 3! = 1 \cdot 2 \cdot 3 = 6, \quad 4! = 1 \cdot 2 \cdot 3 \cdot 4 = 24,$$

$$5! = 120, \quad 6! = 720, \quad \ldots \quad 10! = 3628800, \quad \ldots$$

•

Sei $n \in \mathbb{N}_0$. Offensichtlich wird die Fakultät durch die Rekursionsformel festgelegt:

$$n! = n\,(n-1)!, \quad n \geq 1, \quad 0! = 1.$$

Der Startwert $0!$ wird gegeben. Die restlichen Fakultäten werden der Reihe nach aus ihren Vorgängern berechnet.

Mit den Fakultäten bilden wir nun die Binomialkoeffizienten.

Definition: Binomialkoeffizienten

Sei $n, k \in \mathbb{N}_0$ und $n \geq k$. Dann ordnen wir n und k den Binomialkoeffizienten zu:

$$\binom{n}{k} = \frac{n!}{k!(n-k)!}.$$

Wir haben folgende Sonderfälle:

$$\binom{n}{0} = \frac{n!}{0!\,(n-0)!} = 1,$$

$$\binom{n}{n} = \frac{n!}{n!\,(n-n)!} = 1,$$

$$\binom{n}{1} = \frac{n!}{1!\,(n-1)!} = \frac{n\,(n-1)!}{1!\,(n-1)!} = n.$$

In Produktschreibweise lauten die Binomialkoeffizienten:

$$\binom{n}{k} = \frac{n \cdot (n-1) \cdot (n-2) \cdots (n-k+1) \cdot (n-k) \cdots 1}{1 \cdot 2 \cdot 3 \cdots k \cdot (n-k) \cdots 1}$$

bzw.

$$\binom{n}{k} = \frac{n \cdot (n-1) \cdot (n-2) \cdots (n-k+1)}{1 \cdot 2 \cdot 3 \cdots k}, \quad n > k > 1.$$

Beispiel 1.15

Wir berechnen folgende Binomialkoeffizienten:

$$\binom{7}{3} = \frac{7 \cdot 6 \cdot 5}{1 \cdot 2 \cdot 3} = 35,$$

$$\binom{10}{5} = \frac{10 \cdot 9 \cdot 8 \cdot 7 \cdot 6}{1 \cdot 2 \cdot 3 \cdot 4 \cdot 5} = 252.$$

●

Man ordnet die Binomialkoeffizienten im Pascalschen Dreieck an.

Definition: Pascalsches Dreieck

$$\binom{0}{0}$$

$$\binom{1}{0} \qquad \binom{1}{1}$$

$$\binom{2}{0} \qquad \binom{2}{1} \qquad \binom{2}{2}$$

$$\binom{3}{0} \qquad \binom{3}{1} \qquad \binom{3}{2} \qquad \binom{3}{3}$$

$$\vdots \quad \vdots \quad \vdots \quad \vdots \quad \vdots \quad \vdots \quad \vdots$$

Abb. 1.8 Pascalsches Dreieck:
Symmetrie und Bildungsgesetz

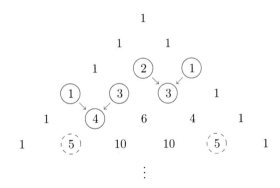

Die Binomialkoeffizienten besitzen zwei grundlegende Eigenschaften: die Symmetrie und das Bildungsgesetz (Abb. 1.8).

Satz: Eigenschaften der Binomialkoeffizienten
Für alle $n \geq 0, k \geq 0, n \geq k$ gilt die Symmetrie:

$$\binom{n}{k} = \binom{n}{n-k}.$$

Für alle $n \geq 1, k \geq 1, n \geq k$ gilt das Bildungsgesetz:

$$\binom{n}{k-1} + \binom{n}{k} = \binom{n+1}{k}.$$

Es gilt:

$$\binom{n}{k} = \frac{n!}{k!(n-k)!} = \frac{n!}{(n-k)!\,(n-(n-k))!} = \binom{n}{n-k}.$$

Wir zeigen das Bildungsgesetz:

$$\binom{n}{k-1} + \binom{n}{k} = \frac{n \cdots (n-k+2)}{1 \cdots (k-1)} + \frac{n \cdots (n-k+1)}{1 \cdots k}$$

$$= \frac{n \cdots (n-k+2)}{1 \cdots (k-1)} \left(1 + \frac{n-k+1}{k}\right)$$

$$= \frac{n \cdots (n-k+2)}{1 \cdots (k-1)} \frac{n+1}{k}$$

$$= \binom{n+1}{k}.$$

Die Binomialkoeffizienten treten im binomischen Satz auf.

Satz: Binomischer Satz

Für alle $a, b \in \mathbb{R}$ und $n \in \mathbb{N}_0$ gilt:

$$(a + b)^n = \sum_{k=0}^{n} \binom{n}{k} a^{n-k} b^k.$$

Beispiel 1.16

Für $n = 1, 2, 3, 4$ ergibt der binomische Satz:

$$(a + b)^1 = a + b,$$
$$(a + b)^2 = a^2 + 2\,a\,b + b^2,$$
$$(a + b)^3 = a^3 + 3\,a^2\,b + 3\,a\,b^2 + b^3,$$
$$(a + b)^4 = a^4 + 4\,a^3\,b + 6\,a^2\,b^2 + 4\,a\,b^3 + b^4.$$

Für beliebiges $n \in \mathbb{N}_0$ gilt

$$(a + 0)^n = a^n$$

und nach dem binomischen Satz:

$$(a + 0)^n = \sum_{k=0}^{n} \binom{n}{k} a^{n-k}\, 0^k = \binom{n}{0} a^n\, 0^0.$$

Hier erweist sich nun die Festsetzung $0^0 = 1$ als sinnvoll.

(Genauso: $1 = (a + b)^0 = \binom{0}{0} a^0 b^0 = 1$).   •

Wir beweisen den binomischen Satz durch vollständige Induktion. Für $n = 0$ ist die Behauptung offenbar richtig. Wir nehmen an, sie wäre für irgend ein $n \geq 0$ richtig und schreiben:

$$(a + b)^{n+1} = \left(a^n + \binom{n}{1} a^{n-1} b^1 + \binom{n}{2} a^{n-2} b^2 + \cdots + b^n \right) (a + b)$$

$$= \left(a^{n+1} + \binom{n}{1} a^n b^1 + \binom{n}{2} a^{n-1} b^2 + \cdots + a\,b^n \right)$$

$$+ \left(a^n b + \binom{n}{1} a^{n-1} b^2 + \binom{n}{2} a^{n-2} b^3 + \cdots + b^{n+1} \right)$$

$$= a^{n+1} + \left(\binom{n}{1} + \binom{n}{0} \right) a^n b^1 + \left(\binom{n}{2} + \binom{n}{1} \right) a^{n-1} b^2$$

$$+ \cdots + \left(\binom{n}{n} + \binom{n}{n-1} \right) a^1 b^n + b^{n+1}.$$

Wenn wir noch das Bildungsgesetz der Binomialkoeffizienten verwenden, ist der Induktionsschluss erledigt.

Beispiel 1.17

Wir zeigen für $n \in \mathbb{N}_0$ (Abb. 1.9):

$$\sum_{k=0}^{n} \binom{n}{k} = 2^n.$$

Nach dem binomischen Satz gilt:

$$2^n = (1 + 1)^n = \sum_{k=0}^{n} \binom{n}{k} 1^{n-k} 1^k = \sum_{k=0}^{n} \binom{n}{k}.$$

$$
\begin{array}{ccccccccccccc}
& & & & & 1 & & & & & & \longrightarrow & 1 \\
& & & & 1 & \text{----} & 1 & & & & & \longrightarrow & 2 \\
& & & 1 & \text{----} & 2 & \text{----} & 1 & & & & \longrightarrow & 4 \\
& & 1 & \text{----} & 3 & \text{----} & 3 & \text{----} & 1 & & & \longrightarrow & 8 \\
& 1 & \text{----} & 4 & \text{----} & 6 & \text{----} & 4 & \text{----} & 1 & & \longrightarrow & 16 \\
1 & \text{----} & 5 & \text{----} & 10 & \text{----} & 10 & \text{----} & 5 & \text{----} & 1 & \longrightarrow & 32 \\
& & & & & \vdots & & & & & &
\end{array}
$$

Abb. 1.9 Summation einer Zeile im Pascalschen Dreieck

Abb. 1.10 Summation einer
Diagonale im Pascalschen
Dreieck

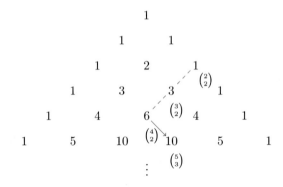

Beispiel 1.18
Wir zeigen für $n \in \mathbb{N}$ und $k \in \mathbb{N}_0$ (Abb. 1.10):

$$\sum_{k=0}^{n-1} \binom{k+j}{k} = \binom{k}{k} + \binom{k+1}{k} + \cdots + \binom{k+n-1}{k} = \binom{k+n}{k+1}.$$

Bei einem beliebigen k beweisen wir die Aussage durch vollständige Induktion über n. Für $n = 1$ gilt:

$$\sum_{k=0}^{0} \binom{k+j}{k} = \binom{k}{k} = \binom{k+1}{k+1} = 1.$$

Nehmen wir an, für irgend ein $n \geq 1$ gilt die Behauptung. Dann bekommen wir mit dem Bildungsgesetz:

$$\sum_{k=0}^{(n+1)-1} \binom{k+j}{k} = \sum_{k=0}^{n-1} \binom{k+j}{k} + \binom{k+n}{k} = \binom{k+n}{k+1} + \binom{k+n}{k}$$

$$= \binom{k+n+1}{k} = \binom{k+(n+1)}{k}.$$

•

1.4   Beispielaufgaben

Aufgabe 1.1
Man vereinfache ohne Einsatz eines Rechners:

$$\frac{1}{6}\left(\sqrt{7} - 7\right) - \frac{1}{\sqrt{7}+1}.$$

Wir machen den Nenner rational:

$$\frac{1}{6}\left(\sqrt{7}-7\right) - \frac{1}{\sqrt{7}+1} = \frac{1}{6}\left(\sqrt{7}-7\right) - \frac{\sqrt{7}-1}{\left(\sqrt{7}+1\right)\left(\sqrt{7}-1\right)}$$

$$= \frac{1}{6}\sqrt{7} - \frac{7}{6} - \frac{\sqrt{7}-1}{7-1}$$

$$= \frac{1}{6}\sqrt{7} - \frac{7}{6} - \frac{1}{6}\sqrt{7} + \frac{1}{6}$$

$$= -\frac{7}{6} + \frac{1}{6} = -1.$$

Aufgabe 1.2

Seien a, b beliebige reelle Zahlen. Welche reellen Zahlen x erfüllen die Gleichung:

$$a + bx = 2x + 3?$$

Wir formen die Gleichung äquivalent um, also ohne die Lösungsmenge zu verändern:

$$a + bx = 2x + 3 \iff bx - 2x = 3 - a \iff (b-2)x = 3 - a.$$

Nun unterscheiden wir drei Fälle:

1) $b \neq 2 \iff b - 2 \neq 0$. Es gibt genau ein $x \in \mathbb{R}$, welches die Gleichung löst, nämlich:

$$x = \frac{3-a}{b-2}.$$

2) $b = 2 \iff b - 2 = 0$ und $a = 3 \iff 3 - a = 0$. Alle $x \in \mathbb{R}$ lösen die Gleichung.

3) $b = 2 \iff b - 2 = 0$ und $a \neq 3 \iff 3 - a \neq 0$. Es gibt kein $x \in \mathbb{R}$, welches die Gleichung löst.

Aufgabe 1.3

Seien a, b, c beliebige reelle Zahlen. Welche reellen Zahlen x erfüllen die Gleichung:

$$(a - b)(ax + c) = (a + b)(ax - c)?$$

Wir formen die Gleichung äquivalent um:

$$(a - b)(ax + c) = (a + b)(ax - c)$$

$$\iff (a - b)ax - (a + b)ax = -(a - b)c - (a + b)c$$

$$\iff -2abx = -2ac$$

$$\iff abx = ac.$$

Nun unterscheiden wir zwei Fälle:

1) $a = 0$. Alle $x \in \mathbb{R}$ lösen die Gleichung.

2) $a \neq 0$. Die Gleichung wird dann äquivalent mit:

$$b\,x = c.$$

Wir betrachten drei Unterfälle.

$b \neq 0$. Es gibt genau eine Lösung:

$$x = \frac{c}{b}.$$

$b = 0$ und $c = 0$. Alle $x \in \mathbb{R}$ lösen die Gleichung.

$b = 0$ und $c \neq 0$. Es gibt keine Lösung.

Aufgabe 1.4

Man schreibe die Summe:

$$2^0 + 2^1 + 2^2 + 2^3 + \cdots + 2^{63}$$

auf zwei verschiedene Arten mit dem Summenzeichen. (Summation bei 0 bzw. bei 1 beginnen lassen).

Es handelt sich um das Reiskörner-auf-Schachbrett-Problem. Ein Schachbrett hat 64 Felder. Auf das 1. Feld wird $1 = 2^0$ Reiskorn gelegt, auf das 2. Feld werden 2^1 Reiskörner gelegt, auf das 3. Feld werden 2^2 Reiskörner gelegt, usw. auf das 64. Feld werden 2^{63} Reiskörner gelegt, Wir können die Felder nun von 1 bis 64 oder von null bis 63 durchnummerieren:

$$\sum_{k=1}^{64} 2^{k-1} = \sum_{k=0}^{63} 2^k.$$

Das Ergebnis lautet übrigens:

$$\sum_{k=1}^{64} 2^{k-1} = 18446744073709551615.$$

Aufgabe 1.5

Man vereinfache den folgenden Ausdruck:

$$\sum_{k=0}^{n-1} (2\,k + 1) - \sum_{k=0}^{n+1} (2\,k - 1).$$

(Dabei ist $n \geq 1$).

Wir schreiben die Summen aus:

$$\sum_{k=0}^{n-1}(2k+1) - \sum_{k=0}^{n+1}(2k-1) = 1 + 3 + 5 + \cdots + \underbrace{(2(n-1)+1)}_{2n-1}$$

$$-(-1 + 1 + 3 + 5 + \cdots + (2n-1) + \underbrace{(2(n+1)-1)}_{2n+1}$$

$$= 1 - (2n+1)$$

$$= -2n.$$

Wir benutzen Regeln für Summen (Indexverschiebung):

$$\sum_{k=0}^{n-1}(2k+1) - \sum_{k=0}^{n+1}(2k-1) = \sum_{k=1}^{n}(2(k-1)+1) - \sum_{k=0}^{n+1}(2k-1)$$

$$= \sum_{k=1}^{n}(2k-1) - \sum_{k=0}^{n+1}(2k-1)$$

$$= -(-1) - (2(n+1)-1)$$

$$= -2n.$$

Aufgabe 1.6

Man vereinfache den folgenden Ausdruck:

$$\sum_{k=0}^{n-1}(2k+1)^2 - \sum_{k=0}^{n+1}(2k-1)^2.$$

(Dabei ist $n \geq 1$).

Wir führen eine Indexverschiebung durch:

$$\sum_{k=0}^{n-1}(2k+1)^2 - \sum_{k=0}^{n+1}(2k-1)^2 = \sum_{k=1}^{n}(2(k-1)+1)^2 - \sum_{k=0}^{n+1}(2k-1)^2$$

$$= \sum_{k=1}^{n}(2k-1)^2 - \sum_{k=0}^{n+1}(2k-1)^2$$

$$= -(-1)^2 - (2(n+1)-1)^2$$

$$= -1 - (2n+1)^2$$

$$= -4n^2 - 4n - 2.$$

Wir können auch andere Regeln anwenden:

$$\sum_{k=0}^{n-1}(2k+1)^2 - \sum_{k=0}^{n+1}(2k-1)^2 = \sum_{k=0}^{n-1}(2k+1)^2 - \sum_{k=1}^{n-1}(2k-1)^2$$

$$-(2n-1)^2 - (2(n+1)-1)^2$$

$$= \sum_{k=0}^{n-1}((2k+1)^2 - (2k-1)^2)$$

$$-(2n-1)^2 - (2n+1)^2$$

$$= \sum_{k=0}^{n-1} 8k - 8n^2 - 2$$

$$= 8 \sum_{k=0}^{n-1} k - 8n^2 - 2$$

$$= 8 \frac{(n-1)n}{2} - 8n^2 - 2$$

$$= 4n^2 - 4n - 8n^2 - 2$$

$$= -4n^2 - 4n - 2.$$

Aufgabe 1.7

Welche $x \in \mathbb{R}$ lösen folgende Ungleichungen

$$i) \quad 3x - 2 < x + 7, \quad ii) \quad 3x - 2 < x^2 + 7x?$$

i) $3x - 2 < x + 7 \Longleftrightarrow 2x < 9 \Longleftrightarrow x < \frac{9}{2}$.

ii) $3x - 2 < x^2 + 7x \Longleftrightarrow 0 < x^2 + 4x + 2 \Longleftrightarrow 0 < (x+2)^2 - 2$.
Die Parabel $y = (x+2)^2 - 2$ ist nach oben geöffnet und hat ihren Scheitel bei $(-2, -2)$
(Abb. 1.11). Die Nullstellen liegen bei $-2 - \sqrt{2}$ und $-2 + \sqrt{2}$. Alle $x \in \mathbb{R}$ mit $x < -2 - \sqrt{2}$
oder $x > -2 + \sqrt{2}$ erfüllen die Ungleichung. Man sieht dies auch sofort durch die Faktorisierung:

$$x^2 + 4x + 2 = (x - (-2 - \sqrt{2}))(x - (-2 + \sqrt{2})).$$

Zwischen den beiden Nullstellen ist ein Faktor größer als null, der andere kleiner als null.
In den beiden Lösungsintervallen haben beide Faktoren jeweils dasselbe Vorzeichen.

Abb. 1.11 Die Parabel
$y = (x + 2)^2 - 2$ mit
Nullstellen $x_1 = -2 - \sqrt{2}$,
$x_2 = -2 + \sqrt{2}$

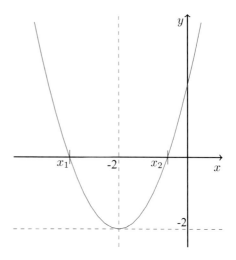

Aufgabe 1.8

Seien a, b beliebige reelle Zahlen. Man zeige:

$$a^2 + b^2 \geq 2\,a\,b.$$

In welchem Fall gilt das Gleichheitszeichen?

Hinweis: Man benutze $(a - b)^2 \geq 0$. (Quadrate sind nichtnegativ).

Für beliebige reelle Zahlen a, b gilt:

$$(a - b)^2 \geq 0.$$

Hieraus folgt:

$$(a - b)^2 = a^2 - 2\,a\,b + b^2 \geq 0.$$

Addieren wir auf beiden Seiten $2\,a\,b$, so ergibt sich:

$$a^2 + b^2 \geq 2\,a\,b.$$

Es gilt genau dann $(a - b)^2 = 0$, wenn $a - b = 0$ ist bzw. $a = b$. Das Gleichheitszeichen gilt also im Fall $a = b$. Für $a \neq b$ haben wir die Größerbeziehung.

Aufgabe 1.9

Seien a, b reelle Zahlen mit $0 \leq a \leq b$. Man zeige:

$$a \leq \sqrt{a\,b} \leq \frac{a + b}{2} \leq b.$$

Falls $a \geq 0$, $b \geq 0$ haben wir die Ungleichung zwischen dem geometrischen und dem arithmetischen Mittel:

$$\sqrt{ab} \leq \frac{a+b}{2}.$$

Aus $0 \leq a \leq b$ folgt $a^2 \leq ab$ und mit der Monotonie der Wurzel

$$a \leq \sqrt{ab}.$$

Aus $a \leq b$ folgt $a + b \leq 2b$ und

$$\frac{a+b}{2} \leq \frac{2b}{2} = b.$$

Aufgabe 1.10

Man löse folgende Gleichungen:

i) $|2x+1| = 5$,   ii) $|2x+1| = 5x - 3$,   iii) $|x^2 - 3x + 6| = |x - 3|$.

i) Man kann auf verschiedene Arten vorgehen.
(1) Die Zahlen mit dem Betrag 5 lauten ± 5. Wir haben zwei Fälle:

$$2x + 1 = 5 \quad \text{oder} \quad 2x + 1 = -5.$$

Also gibt es zwei Lösungen $x = 2$ und $x = -3$ (Abb. 1.12).
(2) Man nimmt die Definition des Betrags und schreibt:

$$|2x+1| = \begin{cases} 2x+1, & 2x+1 \geq 0 \Longleftrightarrow x \geq -\frac{1}{2}, \\ -(2x+1), & 2x+1 < 0 \Longleftrightarrow x < -\frac{1}{2}. \end{cases}$$

ii) Die Gleichung ist nur sinnvoll, wenn $5x - 3 \geq 0$ ist, da Beträge stets nichtnegativ sind. Man kann wieder auf verschiedene Arten vorgehen.
(1) Wir unterscheiden wie in i) zwei Fälle: $x \geq -\frac{1}{2}$ und $x < -\frac{1}{2}$. Im ersten Fall haben wir die Gleichung:

$$2x + 1 = 5x - 3 \Longleftrightarrow -3x = -4 \Longleftrightarrow x = \frac{4}{3}.$$

(Offenbar gilt auch $5x - 3 \geq 0$).
Im zweiten Fall haben wir die Gleichung:

$$-(2x + 1) = 5x - 3 \Longleftrightarrow -7x = -2 \Longleftrightarrow x = \frac{2}{7}.$$

Abb. 1.12 Lösung der
Gleichung $|2x+1|=5$

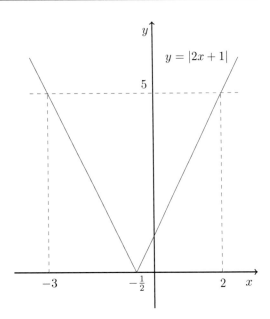

Das steht im Widerspruch zu $x < -\frac{1}{2}$. (Außerdem ist die Bedingung $5x-3 \geq 0$ verletzt). Wir haben also nur eine Lösung (Abb. 1.13):

$$x = \frac{4}{3}.$$

(2) Wir beseitigen die Betragsstriche durch Quadrieren. Dadurch geht allerdings die Information verloren, dass $5x-3 \geq 0$ sein muss. Es ergibt sich:

$$(2x+1)^2 = (5x-3)^2 \iff 21x^2 - 34x + 8 = 0 \iff x_1 = \frac{4}{3}, x_2 = \frac{2}{7}.$$

Die Lösung x_1 wird wegen $5x_1 - 3 > 0$ akzeptiert, die Lösung x_2 wird wegen $5x_2 - 3 < 0$ verworfen.

iii) Wieder gibt es verschiedene Möglichkeiten. Am einfachsten berufen wir uns darauf, dass für zwei beliebige reelle Zahlen gilt:

$$|a| = |b| \iff a = b \text{ oder } a = -b.$$

Dies führt auf zwei Fälle:

$$x^2 - 3x + 6 = x - 3 \quad \text{oder} \quad x^2 - 3x + 6 = -(x-3).$$

Im ersten Fall bekommen wir die Gleichung

$$x^2 - 4x + 9 = (x-2)^2 + 5 = 0$$

Abb. 1.13 Lösung der
Gleichung $|2x + 1| = 5x - 3$

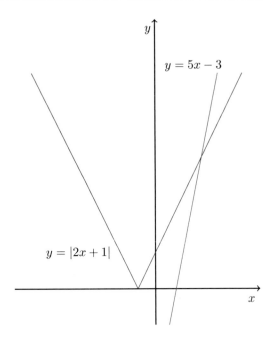

und im zweiten Fall die Gleichung

$$x^2 - 2x + 3 = (x - 1)^2 + 2 = 0.$$

Beide Gleichungen besitzen keine Lösung in $\mathbb{R}$ (Abb. 1.14).

Wir schreiben noch mit quadratischer Ergänzung:

$$x^2 - 3x + 6 = \left(x - \frac{3}{2}\right)^2 - \frac{9}{4} + 6 = \left(x - \frac{3}{2}\right)^2 + \frac{15}{4}.$$

Aufgabe 1.11

Welche $x \in \mathbb{R}$ erfüllen folgende Ungleichungen:

$$\text{i)} \quad |4x - 2| < \frac{3}{2}x + 1, \quad \text{ii)} \quad |x^2 - 3x + 6| < |x - 3|?$$

i) Die Ungleichung ist nur für $x > -\frac{2}{3}$ sinnvoll. Mit der Definition des Betrags unterscheiden wir zwei Fälle:

$$|4x - 2| = \begin{cases} 4x - 2, & x \geq \frac{1}{2}, \\ -(4x - 2), & x < \frac{1}{2}. \end{cases}$$

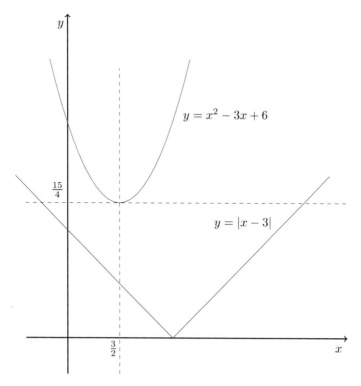

Abb. 1.14 Lösung der Gleichung $|x^2 - 3x + 6| = |x - 3|$

Im ersten Fall bekommen wir:

$$4x - 2 < \frac{3}{2}x + 1 \iff \frac{5}{2}x < 3 \iff x < \frac{6}{5}.$$

Im zweiten Fall bekommen wir:

$$-4x + 2 < \frac{3}{2}x + 1 \iff -\frac{11}{2}x < -1 \iff x > \frac{2}{11}.$$

Die Lösungsmenge lautet (Abb. 1.15):

$$\frac{2}{11} < x < \frac{6}{5}.$$

ii) Wir haben bereits gesehen, dass gilt:

$$x^2 - 3x + 6 = \left(x - \frac{3}{2}\right)^2 + \frac{15}{4} > 0.$$

Abb. 1.15 Lösung der
Ungleichung
$|4x - 2| < \frac{3}{2}x + 1$

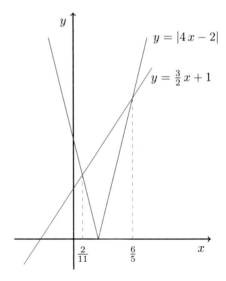

$y = |4x - 2|$

$y = \frac{3}{2}x + 1$

$\frac{2}{11}$ $\frac{6}{5}$

Wir haben also zwei Fälle:

$$x^2 - 3x + 6 < x - 3, \quad \text{für} \quad x > 3,$$

und

$$x^2 - 3x + 6 < -(x - 3), \quad \text{für} \quad x < 3.$$

Im ersten Fall formen wir um:

$$x^2 - 3x + 6 < x - 3 \iff x^2 - 4x + 9 < 0 \iff (x - 2)^2 + 5 < 0,$$

und im zweiten Fall:

$$x^2 - 3x + 6 < -x + 3 \iff x^2 - 2x + 3 < 0 \iff (x - 1)^2 + 2 < 0.$$

Beide Fälle stehen im Widerspruch dazu, dass Quadrate nichtnegativ sind. Es gibt keine
Lösung.

Aufgabe 1.12
Seien a, b beliebige reelle Zahlen. Man zeige:

$$|a| + |b| \le |a + b| + |a - b|.$$

Hinweis: Man benutze die Dreiecksungleichung $|x + y| \le |x| + |y|$ für $x = a + b$ und
$y = a - b$.

Wir bekommen:

$$|(a + b) + (a - b)| = 2\,|a| \le |a + b| + |a - b|.$$

Nehmen wir nun die Dreiecksungleichung in der Form $|x + (-y)| \le |x| + |-y|$ bzw. $|x - y| \le |x| + |y|$, so ergibt sich:

$$|(a + b) - (a - b)| = 2\,|b| \le |a + b| + |a - b|.$$

Wir addieren die Ungleichungen $2\,|a| \le |a + b| + |a - b|$ und $2\,|b| \le |a + b| + |a - b|$ und bekommen:

$$2\,(|a| + |b|) \le 2\,(|a + b| + |a - b|).$$

Division durch 2 ergibt die Behauptung.

Aufgabe 1.13

Man zeige durch vollständige Induktion:

$$\sum_{k=1}^{n} \frac{1}{k\,(k+1)} = 1 - \frac{1}{n+1}.$$

Die Aussage ist richtig für $n = 1$, denn es gilt:

$$\sum_{k=1}^{1} \frac{1}{k\,(k+1)} = \frac{1}{2} \quad \text{und} \quad 1 - \frac{1}{1+1} = \frac{1}{2}.$$

Wir nehmen an, dass die Aussage für ein beliebiges $n \ge 1$ richtig ist und schließen von n auf $n + 1$:

$$\sum_{k=1}^{n+1} \frac{1}{k\,(k+1)} = \underbrace{\sum_{k=1}^{n} \frac{1}{k\,(k+1)}}_{\text{Induktionsannahme}} + \frac{1}{(n+1)\,((n+1)+1)}$$

$$= 1 - \frac{1}{n+1} + \frac{1}{(n+1)\,(n+2)}$$

$$= 1 - \frac{n+2-1}{(n+1)\,(n+2)} = 1 - \frac{1}{n+2}$$

$$= 1 - \frac{1}{(n+1)+1}.$$

Aufgabe 1.14

Man zeige durch vollständige Induktion:

$$\left(\sum_{k=1}^{n} k \right)^{2} = \sum_{k=1}^{n} k^{3}.$$

Hinweis: Man benutze: $\displaystyle\sum_{k=1}^{n} k = \frac{n\,(n+1)}{2}$.

Wir wollen folgende Aussage beweisen:

$$\sum_{k=1}^{n} k^3 = \left(\frac{n\,(n+1)}{2}\right)^2.$$

Für $n = 1$ gilt:

$$\sum_{k=1}^{1} k^3 = 1^3 = \left(\frac{1 \cdot 2}{2}\right)^2.$$

Wir nehmen an, die Aussage sei richtig für ein beliebiges $n \geq 1$. Dann schließen wir:

$$\sum_{k=1}^{n+1} k^3 = \sum_{k=1}^{n} k^3 + (n+1)^3$$

$$= \left(\frac{n\,(n+1)}{2}\right)^2 + (n+1)^3$$

$$= (n+1)^2 \left(\frac{n^2}{4} + n + 1\right) = (n+1)^2 \frac{n^2 + 4n + 4}{4}$$

$$= \frac{(n+1)^2}{4}\,(n+2)^2$$

$$= \left(\frac{(n+1)\,((n+1)+1)}{2}\right)^2.$$

Aufgabe 1.15

Man zeige durch vollständige Induktion für $n \geq 2$:

$$\sum_{k=1}^{n} \frac{1}{\sqrt{k}} > \sqrt{n}.$$

Zum Nachweis der Aussage für $n = 2$ gehen wir aus von $\sqrt{2} > 1$ und bekommen

$$\sqrt{2} + 1 > 2 = \sqrt{2}\,\sqrt{2}.$$

Hieraus folgt:

$$\frac{\sqrt{2} + 1}{\sqrt{2}} > \sqrt{2}.$$

Also gilt für $n = 2$:

$$\frac{1}{\sqrt{1}} + \frac{1}{\sqrt{2}} = \frac{\sqrt{2} + 1}{\sqrt{2}} > \sqrt{2}$$

Den Induktionsschritt bereiten wir mit der Überlegung vor, dass aus $\sqrt{n+1} > \sqrt{n}$ folgt

$$\sqrt{n}\,\sqrt{n+1} > \sqrt{n}\,\sqrt{n} = n \quad \text{bzw.} \quad \sqrt{n}\,\sqrt{n+1} + 1 > n + 1$$

und

$$\frac{\sqrt{n}\,\sqrt{n+1} + 1}{\sqrt{n+1}} > \sqrt{n+1}.$$

Nun nehmen wir an, dass die Aussage für ein beliebiges $n \geq 2$ gilt, und schließen:

$$\sum_{k=1}^{n+1} \frac{1}{\sqrt{k}} = \sum_{k=1}^{n} \frac{1}{\sqrt{k}} + \frac{1}{\sqrt{n+1}}$$

$$> \sqrt{n} + \frac{1}{\sqrt{n+1}}$$

$$= \frac{\sqrt{n(n+1)} + 1}{\sqrt{n+1}}$$

$$> \sqrt{n+1}.$$

Aufgabe 1.16

Man zeige für $n \in \mathbb{N}$:

$$\sum_{k=0}^{n} (-1)^k \binom{n}{k} = 0.$$

Der binomische Satz lautet: $(a+b)^n = \sum_{k=0}^{n} \binom{n}{k} a^{n-k} b^k$. Wir setzen $a = 1$, $b = -1$ und

bekommen für $n \geq 1$:

$$(1-1)^n = 0 = \sum_{k=0}^{n} \binom{n}{k} 1^{n-k} (-1)^k = \sum_{k=0}^{n} (-1)^k \binom{n}{k}.$$

Aufgabe 1.17

Man zeige für $n \in \mathbb{N}$:

$$\sum_{k=1}^{n} k \binom{n}{k} = n\, 2^{n-1}.$$

Wir formen um:

$$k \binom{n}{k} = k \frac{n!}{(n-k)!\,k!} = \frac{n!}{(n-k)!\,(k-1)!}$$

$$= n \frac{(n-1)!}{(n-k)!\,(k-1)!} = n \frac{(n-1)!}{(n-1-(k-1))!\,(k-1)!}$$

$$= n \binom{n-1}{k-1}.$$

Nun lautet die Summe:

$$\sum_{k=1}^{n} k \binom{n}{k} = n \sum_{k=1}^{n} \binom{n-1}{k-1} = n \sum_{k=0}^{n-1} \binom{n-1}{k}.$$

Mit dem binomischen Satz bekommen wir:

$$(1+1)^{n-1} = 2^{n-1} = \sum_{k=0}^{n-1} \binom{n-1}{k} 1^{n-1-k} 1^{k} = \sum_{k=0}^{n-1} \binom{n-1}{k}.$$

1.5 Übungsaufgaben

Übung 1.1
Man löse die folgenden Gleichungen in $\mathbb{R}$ in Abhängigkeit von den Parametern $a \in \mathbb{R}$ bzw. $a, b \in \mathbb{R}$:

i) $ax - 3 = 2x + 5$,   ii) $ax - 2b = 4x - 8$.

Übung 1.2
Mit Hilfe der Gaußschen Summenformel bestimme man den Wert der folgenden Summen:

i) $\displaystyle\sum_{k=1}^{7} 2k$,   ii) $\displaystyle\sum_{k=3}^{15} k$,   iii) $\displaystyle\sum_{k=-2}^{12} k$,   iv) $\displaystyle\sum_{k=2}^{6} 3k$.

Übung 1.3
Man vereinfache die folgenden Summen:

i) $\displaystyle\sum_{k=2}^{n} k$,   ii) $\displaystyle\sum_{k=1}^{n-1} 2k$,   iii) $\displaystyle\sum_{k=1}^{n} \frac{1}{k+1} - \sum_{k=2}^{n+1} \frac{1}{k+1}$.

Übung 1.4
Man löse die folgenden Ungleichungen in $\mathbb{R}$:

i) $3x - 5 > -x + 3$,   ii) $x^2 - 1 \le x + 1$,

iii) $2 < \dfrac{x}{2x-6}, x \ne 3$,   iv) $|-x + 3| \ge 4x - 10$.

Übung 1.5

Man beweise durch vollständige Induktion:

i) $\displaystyle\sum_{k=1}^{n} k^3 = \frac{n^2(n+1)^2}{4}$, ii) $\displaystyle\sum_{k=1}^{n}(3k-2) = \frac{n(3n-1)}{2}$,

iii) $\displaystyle\sum_{k=1}^{n}\frac{k-1}{k!} = \frac{n!-1}{n!}$, iv) $\displaystyle\prod_{k=1}^{n}\left(1+\frac{1}{k}\right) = n+1$.

Übung 1.6

Man zeige, dass die inversen Elemente der Addition und der Multiplikation in einem Körper $\mathbb{K}$ eindeutig sind.

Übung 1.7

i) Für $x \geq 0$, $y > 0$ zeige man: $\frac{x}{y} + y \geq 2\sqrt{x}$.

ii) Für $x + y \geq 0$ zeige man: $4(x^3 + y^3) \geq (x + y)^3$.

Übung 1.8

Sei $a \geq 0$. Für welche $x \in \mathbb{R}$ gilt: $||x+1| - |x-3|| = a$?

Übung 1.9

Sei $x_n \in \mathbb{R}$, $n \in \mathbb{N}$, und $-1 < x_n < 0$ für alle $n \in \mathbb{N}$ oder $0 < x_n$ für alle $n \in \mathbb{N}$. Man zeige durch vollständige Induktion:

$$\prod_{k=1}^{n}(1 + x_k) > 1 + \sum_{k=1}^{n} x_k, n \geq 2.$$

Man vergleiche mit der Bernoullischen Ungleichung.

Folgen

Folgen werden erklärt und verschiedene Darstellungsformen besprochen. Wichtige Eigenschaften wie Monotonie und Beschränktheit werden erläutert. Der Begriff der Teilfolge wird eingeführt und durch Beispiele verdeutlicht. Die Folgenkonvergenz ist grundliegend für die gesamte Analysis. Auf ihr baut der Grenzwert bei Funktionen und damit die Stetigkeit, die Ableitung und das Integral auf. Der Nachweis der Konvergenz kann sich als schwierig erweisen und komplizierte Abschätzungen erfordern. Man kann dies vermeiden, wenn man Konvergenzsätze heranzieht und bereits bekannte Grenzwerte als Bausteine verwendet. Wir führen schließlich Reihen ausgehend von Folgen als Folgen von Teilsummen ein.

2.1 Begriff der Folge

Eine Folge entsteht, wenn man jeder natürlichen Zahl eine reelle Zahl zuordnet. Damit hat man eine Abbildung der natürlichen Zahlen in die reellen Zahlen. Man kann dies auch so sehen, dass die Bildelemente, also die Elemente der Folge, durchnummeriert werden.

> **Definition: Folge**
> Eine Folge $\{a_n\}_{n=1}^{\infty}$ ist eine Zuordnung (Vorschrift), die jedem $n \in \mathbb{N}$ eine Zahl $a_n \in \mathbb{R}$ zuordnet: $n \to a_n$. Das Element a_n heißt Folgenglied mit dem Index n.

Wir können eine Folge veranschaulichen, indem wir die Punkte (n, a_n) in der Ebene zeichnen, oder indem wir die Punkte a_n auf der Zahlengerade eintragen (Abb. 2.1).

Als Folgen werden auch solche Zuordnungen bezeichnet, die jedem $n \geq n_0$, $n_0 \in \mathbb{Z}$, eine Zahl $a_n \in \mathbb{R}$ zuordnen. Der Folgenindex beginnt dann bei einer beliebigen ganzen Zahl

W. Strampp und D. Janssen, *Höhere Mathematik 2*,

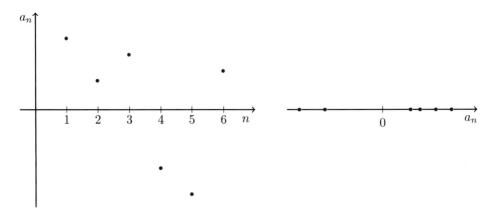

Abb. 2.1 Darstellung einer Folge: Als Funktion (links), auf der Zahlengerade (rechts). (Hierbei wird die Nummerierung der Folgenelemente nicht wiedergegeben)

n_0 zu zählen. Häufig ist der Fall $n_0 = 0$. Wir schreiben Folgen in Kurzform:

$$a_n, \quad n \geq n_0.$$

Wenn kein Zweifel über den Anfangsindex besteht, oder wenn der Anfangsindex für die Fragestellung keine Rolle spielt, sagt man einfach: die Folge a_n.

Beispiel 2.1
Durch folgende Zuordnungen werden Folgen gegeben:

$$a_n = \frac{n}{n+1}, \quad n \geq 0,$$

$$a_n = n^3, \quad n \geq 1,$$

$$a_n = \sqrt{n-4}, \quad n \geq 4.$$

Definitionsgemäß wird eine Folge explizit durch eine Vorschrift gegeben: $n \rightarrow a_n$. Oft werden Folgen durch Rekursionsformeln festgelegt. Man benötigt eine gewisse Anzahl von Startelementen und kann sukzessive mithilfe der Rekursionsformel die weiteren Folgenelemente berechnen.

Beispiel 2.2
Wir betrachten die Fakultät.
    Die Fakultät ist eine durch die Vorschrift

$$n \to n! = \prod_{k=1}^{n} k = 1 \cdot 2 \cdots n, n \geq 1,$$

und die Setzung $0! = 1$ gegebene Folge.

Eine einfache Rekursion legt die Fakultät ebenfalls fest:

$$a_{n+1} = (n+1)\, a_n, \quad a_0 = 1.$$

Das Folgenglied mit dem Index $n+1$ kann aus dem Folgenglied mit dem Index n berechnet werden. Man beginnt mit dem Startelement $a_0 = 1$. Aus a_0 berechnet man a_1, aus a_1 berechnet man a_2, usw. Die Rekursionsformel kann man sofort in die Vorschrift überführen:

$$a_n = 1 \cdot 2 \cdots n = n!.$$

●

Beispiel 2.3

Wir betrachten die Rekursionsformel:

$$a_{n+2} = \frac{1}{2}\,(a_{n+1} + a_n), \quad a_0 = 0, a_1 = 1.$$

Jedes Folgenglied ergibt sich als arithmetisches Mittel aus den beiden vorausgegangenen Gliedern.

Wir berechnen die ersten Folgenglieder:

$$a_2 = \frac{1}{2}\,(a_1 + a_0) = \frac{1}{2},$$
$$a_3 = \frac{1}{2}\,(a_2 + a_1) = \frac{1}{2}\left(\frac{1}{2} + 1\right) = \frac{3}{4},$$
$$a_4 = \frac{1}{2}\,(a_3 + a_2) = \frac{1}{2}\left(\frac{3}{4} + \frac{1}{2}\right) = \frac{5}{8},$$
$$\vdots$$

●

Beispiel 2.4

Wir betrachten erneut die Rekursionsformel:

$$a_{n+2} = \frac{1}{2}\,(a_{n+1} + a_n), \quad a_0 = 0, a_1 = 1.$$

Aus der Darstellung der ersten Folgenglieder:

$$a_1 = 1 = a_0 + 1,$$
$$a_2 = \frac{1}{2} = a_1 - \frac{1}{2},$$
$$a_3 = \frac{3}{4} = a_2 + \frac{1}{4},$$
$$a_4 = \frac{5}{8} = a_3 - \frac{1}{8},$$
$$\vdots$$

vermuten wir die einstellige Rekursion für die Folgenglieder:

$$a_{n+1} = a_n + \frac{(-1)^n}{2^n}, \quad a_0 = 0.$$

Durch vollständige Induktion beweisen wir die einstellige Rekursionsformel.

Für $n = 0$ gilt:

$$a_1 = a_0 + 1 = 1.$$

Wir nehmen an, für beliebiges $n > 1$ gilt die einstellige Rekursion und müssen zeigen:

$$a_{n+1} = a_n + \frac{(-1)^n}{2^n} \implies a_{(n+1)+1} = a_{n+2} = a_{n+1} + \frac{(-1)^{n+1}}{2^{n+1}}.$$

Mit der zweistelligen Rekursion folgt:

$$a_{n+2} = \frac{1}{2}(a_{n+1} + a_n)$$

$$= \frac{1}{2}\left(a_{n+1} + \underbrace{a_{n+1} - \frac{(-1)^n}{2^n}}_{\text{Induktionsannahme}}\right)$$

$$= a_{n+1} - \frac{1}{2}\frac{(-1)^n}{2^n} = a_{n+1} + \frac{(-1)^{n+1}}{2^{n+1}}.$$

$$\bullet$$

Beispiel 2.5

Wir geben eine Zuordnungsvorschrift für die Folge, welche durch die einstellige Rekursion gegebenen wird:

$$a_{n+1} = a_n + \frac{(-1)^n}{2^n}, \quad a_0 = 0.$$

Es gilt für die ersten Glieder:

$$a_0 = 0,$$

$$a_1 = \left(-\frac{1}{2}\right)^0,$$

$$a_2 = \left(-\frac{1}{2}\right)^0 + \left(-\frac{1}{2}\right)^1,$$

$$a_3 = \left(-\frac{1}{2}\right)^0 + \left(-\frac{1}{2}\right)^1 + \left(-\frac{1}{2}\right)^2,$$

$$\vdots$$

Durch Induktion zeigt man nun für $n \geq 1$:

$$a_n = \sum_{k=0}^{n-1} \left(-\frac{1}{2}\right)^k$$

und erhält:

$$a_n = \frac{1 - \left(-\frac{1}{2}\right)^n}{1 - \left(-\frac{1}{2}\right)} = \frac{2}{3}\left(1 - \left(-\frac{1}{2}\right)^n\right).$$

Wir kommen nun zu Folgen mit besonderen Eigenschaften.

Definition: Monotone Folgen

Eine Folge a_n heißt monoton fallend bzw. monoton wachsend, wenn für alle Indizes gilt:

$$a_{n+1} \leq a_n \quad \text{bzw.} \quad a_{n+1} \geq a_n.$$

Eine Folge a_n heißt streng monoton fallend bzw. streng monoton wachsend, wenn für alle Indizes gilt:

$$a_{n+1} < a_n \quad \text{bzw.} \quad a_{n+1} > a_n.$$

Eine konstante Folge $a_n = a$ (für alle n) ist damit sowohl monoton fallend als auch monoton wachsend. Wenn eine nichtkonstante Folgen monoton ist, dann ist sie entweder monoton fallend oder monoton wachsend.

Beispiel 2.6

Die Folge

$$a_n = \frac{1}{n}, \quad n \geq 1,$$

ist streng monoton fallend (Abb. 2.2).

Die Folge

$$b_n = n!, \quad n \geq 0,$$

ist monoton wachsend (Abb. 2.2).

Offenbar gilt für $n \geq 1$:

$$n + 1 > n$$

und damit

$$a_{n+1} = \frac{1}{n+1} < a_n = \frac{1}{n}.$$

Ferner gilt für $n \geq 1$:

$$b_{n+1} = (n+1)! = (n+1)\,n! > b_n = n!.$$

Für $n = 0$ gilt: $b_{0+1} = 1! = 0! = b_0$.

Damit ist die Folge b_n monoton. Betrachten wir die mit dem Anfangsindex $n_0 = 1$ beginnende Folge der Fakultäten, dann erhalten wir strenge Monotonie.

$\bullet$

Beispiel 2.7

Wir betrachten die Folge:

$$a_n = (-1)^n \frac{1}{n}, \quad n \geq 1.$$

Die Folge besitzt keine Monotonie (Abb. 2.3).

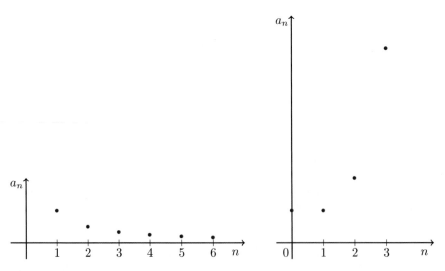

Abb. 2.2 Die Folge $a_n = \frac{1}{n}$ (links), die Folge $a_n = n!$ (rechts)

Abb. 2.3 Die Folge
$a_n = (-1)^n \frac{1}{n}$

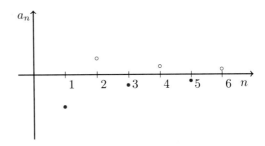

Die ersten Glieder lauten:

$$a_1 = -1, \quad a_2 = \frac{1}{2}, \quad a_3 = -\frac{1}{3}, \quad a_4 = \frac{1}{4}, \cdots$$

Offenbar bilden die Folgenglieder mit geraden Indizes a_{2n} eine monoton fallende Folge, und die Folgenglieder mit ungeraden Indizes a_{2n+1} eine monoton wachsende Folge.

Wählt man aus der Indexmenge eine streng monoton wachsende Folge von Indizes aus, so entsteht eine Teilfolge.

> **Definition: Teilfolge**
> Sei $\{a_n\}_{n=n_0}^{\infty}$ eine Folge und $\{n_k\}_{k=k_0}^{\infty}, n_k \geq n_0$, eine streng monoton wachsende Folge von Indizes.
> Die Folge $\{a_{n_k}\}_{k=k_0}^{\infty}$ heißt Teilfolge der Folge $\{a_n\}_{n=n_0}^{\infty}$.

Typische Teilfolgen sind die Folgen mit geradzahligen Indizes, ungeradzahligen Indizes, mit durch drei teilbaren Indizes usw:

$$a_{2k}, \quad a_{2k+1}, \quad a_{3k}, \ldots$$

also

$$n_k = 2k, \quad n_k = 2k + 1, \quad n_k = 3k, \ldots$$

Beispiel 2.8
Wir betrachten die Folge:

$$a_n = \frac{2}{3}\left(1 - \left(-\frac{1}{2}\right)^n\right), \quad n \geq 0.$$

Die Folge besitzt keine Monotonie.

Die Teilfolge

$$a_{2k} = \frac{2}{3}\left(1 - \left(-\frac{1}{2}\right)^{2k}\right) \quad k \geq 0,$$

wächst streng monoton.

Die Teilfolge

$$a_{2k+1} = \frac{2}{3}\left(1 - \left(-\frac{1}{2}\right)^{2k+1}\right), \quad k \geq 0,$$

fällt streng monoton (Abb. 2.4).

Wir geben die ersten Glieder der Ausgangsfolge an:

$$a_0 = \frac{2}{3}\left(1 - \left(-\frac{1}{2}\right)^0\right) = 0,$$

$$a_1 = \frac{2}{3}\left(1 - \left(-\frac{1}{2}\right)^1\right) = \frac{2}{3}\left(1 + \frac{1}{2}\right) = 1,$$

$$a_2 = \frac{2}{3}\left(1 - \left(-\frac{1}{2}\right)^2\right) = \frac{2}{3}\left(1 - \frac{1}{4}\right) = \frac{1}{2},$$

$$a_3 = \frac{2}{3}\left(1 - \left(-\frac{1}{2}\right)^3\right) = \frac{2}{3}\left(1 + \frac{1}{8}\right) = \frac{3}{4},$$

$$a_4 = \frac{2}{3}\left(1 - \left(-\frac{1}{2}\right)^4\right) = \frac{2}{3}\left(1 - \frac{1}{16}\right) = \frac{5}{8},$$

$$\vdots$$

Abb. 2.4 Die Folge $a_n = \frac{2}{3}\left(1 - \left(-\frac{1}{2}\right)^n\right)$ mit Teilfolgen a_{2k} und a_{2k+1}

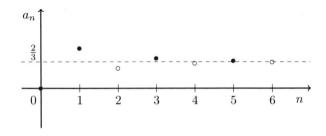

Offenbar gilt

$$a_{2k} = \frac{2}{3}\left(1 - \left(\frac{1}{2}\right)^{2k}\right), \quad k \geq 0,$$

$$a_{2k+1} = \frac{2}{3}\left(1 + \left(\frac{1}{2}\right)^{2k+1}\right), \quad k \geq 0,$$

und man bekommt sofort die Monotonieaussagen.

Monotone Folgen können über alle Schranken wachsen oder unter alle Schranken fallen.

Definition: Beschränkte Folge

Eine Folge a_n heißt beschränkt, wenn es eine Zahl s gibt, sodass für alle Indizes gilt:

$$|a_n| \leq s.$$

Eine Folge a_n heißt nach oben bzw. nach unten beschränkt, wenn es eine Zahl $\bar{s}$ bzw. $\underline{s}$ gibt, sodass für alle Indizes gilt:

$$a_n \leq \bar{s} \quad \text{bzw.} \quad \underline{s} \leq a_n.$$

Beispiel 2.9

Die Folge

$$a_n = (-1)^n \frac{n}{n+1}, \quad n \geq 0,$$

ist beschränkt. Es gilt:

$$|a_n| = \frac{n}{n+1} < 1.$$

Die Folge

$$b_n = \sin(n), \quad n \geq 0,$$

ist beschränkt. Es gilt:

$$|b_n| = |\sin(n)| < 1.$$

Die Folge

$$c_n = n, \quad n \geq 0,$$

ist nicht nach oben, aber nach unten beschränkt. Es gilt:

$$0 \leq c_n.$$

Die Folge

$$d_n = (-1)^n \, n, \quad n \geq 0,$$

ist weder nach oben, noch nach unten beschränkt.   •

2.2   Konvergenz

Der Konvergenzbegriff ist fundamental und muss durch Beispiele eingeübt werden. Die
Schwierigkeit besteht darin, dass Lösungen für eine Ungleichung nachzuweisen sind und
dabei die Zuordnung von Index und Folgenglied umgekehrt werden muss.

> **Definition: Konvergente Folge**
> Eine Folge a_n heißt konvergent gegen den Grenzwert $a \in \mathbb{R}$, wenn es zu jeder reellen
> Zahl $\epsilon > 0$ einen Index n_ϵ gibt, sodass für alle Indizes $n > n_\epsilon$ gilt:
>
> $$|a_n - a| < \epsilon.$$

Anschaulich bedeutet die Forderung $(n > n_\epsilon)$

$$|a_n - a| < \epsilon \iff -\epsilon < a_n - a < \epsilon \iff a - \epsilon < a_n < a + \epsilon,$$

dass der Abstand der Folgenglieder a_n vom Grenzwert a kleiner als das vorgeschriebene ϵ
sein muss. Man sagt auch, die Folgenglieder liegen in der vorgeschriebenen ϵ-Umgebung
von a (Abb. 2.5).

Wenn man ein ϵ vorgeschrieben hat, dann genügt die Angabe von einem Index n_ϵ. Man
muss keineswegs den kleinstmöglichen Index finden.

Aus der Definition kann man auch sofort entnehmen, dass eine konvergente Folge genau
einen Grenzwert besitzt.

> **Satz: Eindeutigkeit des Grenzwerts**
> Die Folge a_n konvergiere gegen den Grenzwert $a \in \mathbb{R}$ und gegen den Grenzwert
> $\tilde{a} \in \mathbb{R}$, dann gilt $a = \tilde{a}$.

Wir nehmen an $a \neq \tilde{a}$ und weiter $a < \tilde{a}$. Das ist ohne Einschränkung möglich. Nun gehen
wir nach der Definition des Grenzwerts a bzw. $\tilde{a}$ vor. Wir nehmen $\epsilon = \frac{\tilde{a}-a}{2} > 0$. Damit gilt:
$a + \epsilon = \frac{\tilde{a}+a}{2}$ und $\tilde{a} - \epsilon = \frac{\tilde{a}+a}{2}$. Zu ϵ gibt es ein n_ϵ und ein $\tilde{n}_\epsilon$, sodass für alle $n > n_\epsilon$ gilt:

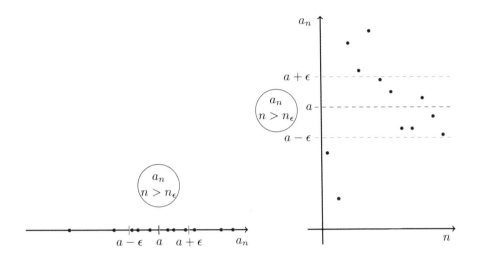

Abb. 2.5 Die Folge a_n mit Grenzwert a. Veranschaulichung auf der Zahlengeraden (links) und in der Ebene (rechts)

$a - \epsilon < a_n < a + \epsilon$, und für alle $n > \tilde{n}_\epsilon$ gilt: $\tilde{a} - \epsilon < a_n < \tilde{a} + \epsilon$. Für alle n mit $n > n_\epsilon$ und $n > \tilde{n}_\epsilon$ folgt dann: $a_n < \frac{\tilde{a}+a}{2}$ und $a_n > \frac{\tilde{a}+a}{2}$. Wir haben einen Widerspruch, und die Annahme $a \neq \tilde{a}$ ist falsch.

Beispiel 2.10

Die Folge

$$a_n = \frac{1}{n}, \quad n \geq 1,$$

konvergiert gegen null. Es gilt zunächst:

$$|a_n - a| = \frac{1}{n}.$$

Wir geben einmal konkret $\epsilon = \frac{1}{1000}$ vor. Dazu wählen wir $n_\epsilon = 1000$. Dann gilt für $n > n_\epsilon = 1000$:

$$n > 1000 \implies \frac{1}{n} < \frac{1}{1000},$$

also:

$$|a_n - a| = \frac{1}{n} < \epsilon = \frac{1}{1000}.$$

Genauso gehen wir im allgemeinen Fall vor. Sei ein beliebiges $\epsilon > 0$ vorgegeben. Wir können nun ein natürliches n_ϵ wählen mit der Eigenschaft:

$$n_\epsilon \geq \frac{1}{\epsilon}.$$

Für alle Indizes $n > n_\epsilon$ bekommen wir:

$$n > n_\epsilon \geq \frac{1}{\epsilon} \implies \frac{1}{n} < \epsilon,$$

also

$$|a_n - a| = \frac{1}{n} < \epsilon.$$

$\bullet$

Beispiel 2.11

Die Folge

$$a_n = \frac{n}{n+1}, \quad n \geq 0,$$

konvergiert gegen $a = 1$. Wir berechnen die ersten Folgenglieder:

$$a_0 = 0, \quad a_1 = \frac{1}{2}, \quad a_2 = \frac{2}{3}, \quad a_3 = \frac{3}{4}, \quad a_4 = \frac{4}{5}, \quad \ldots$$

Es gilt zunächst:

$$|a_n - a| = \left| \frac{n}{n+1} - 1 \right| = \left| -\frac{1}{n+1} \right| = \frac{1}{n+1}.$$

Beginnen wir noch einmal mit der Vorgabe von $\epsilon = \frac{1}{1000}$. Wir müssen ein n_ϵ finden, sodass für $n > n_\epsilon$:

$$\frac{1}{n+1} < \epsilon.$$

Dazu stellen wir folgende Überlegung an:

$$\frac{1}{n+1} < \frac{1}{1000} \iff 1000 < n+1 \iff 999 < n.$$

Wählen wir also beispielsweise $n_\epsilon = 999$, dann gilt für $n > n_\epsilon$ zunächst $n + 1 > 1000$ und damit

$$\frac{1}{n+1} < \frac{1}{1000}.$$

Sei ein beliebiges $\epsilon > 0$ vorgegeben, dann ist $\frac{1}{\epsilon} > 0$. Wir können wieder ein natürliches n_ϵ wählen mit der Eigenschaft:

$$n_\epsilon \geq \frac{1}{\epsilon} - 1.$$

Für alle Indizes $n > n_\epsilon$ bekommen wir:

$$n > n_\epsilon \geq \frac{1}{\epsilon} - 1 \implies n + 1 > \frac{1}{\epsilon} \implies \frac{1}{n+1} < \epsilon.$$

$\bullet$

Wenn die Grenzwerteigenschaft für keine reelle Zahl verifiziert werden kann, bezeichnen wir eine Folge als divergent.

Definition: Divergente Folge
Eine Folge a_n heißt divergent, wenn sie keine Zahl $a \in \mathbb{R}$ als Grenzwert besitzt.

Konvergente Folgen sind beschränkt. Besitzt eine Folge a_n den Grenzwert a, dann gibt es zu einem $\epsilon > 0$ ein n_ϵ mit:

$$a - \epsilon < a_n < a + \epsilon \quad \text{für} \quad n > n_\epsilon.$$

Die Folgenglieder mit Indizes $n > n_\epsilon$ sind zwischen den Schranken $a - \epsilon$ und $a + \epsilon$ eingeschlossen. Die endlich vielen Folgenglieder mit Indizes $n \leq n_\epsilon$ besitzen ein kleinstes und ein größtes Element.

Satz: Beschränktheit konvergenter Folgen
Konvergente Folgen sind beschränkt.
  Bei einer nichtbeschränkten Folge kann keine reelle Zahl als Grenzwert auftreten.

Bei nichtbeschränkten Folgen kann aber auch ein Konvergenzbegriff eingeführt werden.

Definition: Konvergenz gegen Unendlich
Eine Folge a_n heißt konvergent gegen den Grenzwert $+\infty$ bzw. $-\infty$, wenn es zu jeder reellen Zahl $\epsilon > 0$ einen Index n_ϵ gibt, sodass für alle Indizes $n > n_\epsilon$ gilt:

$$a_n > \epsilon \quad \text{bzw.} \quad a_n < -\epsilon.$$

Man spricht bei Konvergenz gegen $\pm\infty$ auch von bestimmter Divergenz (Abb. 2.6).

Beispiel 2.12
Die Folge $a_n = n$ konvergiert gegen $+\infty$.
  Die Glieder a_n wachsen über alle Schranken. Geben wir ein $\epsilon > 0$ vor. Als n_ϵ können wir die erste natürliche Zahl wählen, die größer als n_ϵ ist. Für alle Indizes $n > n_\epsilon$ gilt dann: $a_n = n > \epsilon$.   ●

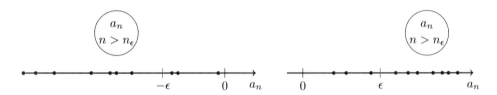

Abb. 2.6 Die Folge a_n mit dem Grenzwert $-\infty$ (links) und mit dem Grenzwert ∞ (rechts)

Schreibweise konvergenter Folgen
Konvergiert eine Folge a_n gegen den Grenzwert a, dann schreibt man:

$$\lim_{n\to\infty} a_n = a.$$

Analog schreibt man

$$\lim_{n\to\infty} a_n = +\infty \quad \text{bzw.} \quad \lim_{n\to\infty} a_n = -\infty,$$

wenn eine Folge gegen $+\infty$ bzw. $-\infty$ konvergiert.

Beispiel 2.13
Es gilt:

$$\lim_{n\to\infty} \frac{1}{n} = 0, \quad \lim_{n\to\infty} \frac{n}{n+1} = 1, \quad \lim_{n\to\infty} n = \infty.$$

●

Beispiel 2.14
Wir betrachten mit einem $q \in \mathbb{R}$ die geometrische Folge:

$$q^n, \quad n \geq 0.$$

(Wenn der Ausnahmefall $q = 0$ nicht vorliegt, ist der Quotient zweier aufeinander folgender Glieder konstant gleich q).

(a) Für $0 < |q| < 1$ gilt:

$$\lim_{n\to\infty} q^n = 0.$$

(b) Für $q > 1$ gilt:

$$\lim_{n\to\infty} q^n = \infty.$$

(c) Für $q < -1$ ist die Folge divergent.

(d) Ferner gilt: $\lim\limits_{n \to \infty} 0^n = 0$ und $\lim\limits_{n \to \infty} 1^n = 1$.

Wir nehmen ein $0 < Q < 1$. Die Folge Q^n fällt streng monoton, denn aus $Q < 1$ und $Q^n > 0$ folgt

$$Q^{n+1} < Q^n.$$

Daraus kann man aber noch nicht schließen, dass Q^n gegen null konvergiert. Es ist $0 < Q < 1$ und somit $\frac{1}{Q} > 1$. Nun existiert ein $h > 0$, sodass

$$\frac{1}{Q} = 1 + h \quad \text{bzw.} \quad Q = \frac{1}{1+h}.$$

Weiter folgt:

$$Q^n = \frac{1}{(1+h)^n}.$$

Mit dem binomischen Satz bekommen wir:

$$(1+h)^n = 1 + \binom{n}{1} h + \binom{n}{2} h^2 + \cdots > n\,h$$

und daraus

$$Q^n = \frac{1}{(1+h)^n} < \frac{1}{n\,h}.$$

Die Folge Q^n unterschreitet somit jede positive Schranke, und wenn sie noch so klein ist. Zusammen mit der Monotonie ergibt das Konvergenz gegen null.

Im Fall (a) kann man die Behauptung sofort zeigen mit $|q^n - 0| = |q|^n = Q^n$.

Im Fall (b) überlegt man sich analog, dass die Folge streng monoton wächst und jede noch so große Schranke überschreitet.

Im Fall (c) zerfällt die Folge in eine streng monoton wachsende Folge $q^{2n} = (q^2)^n$ und eine streng monoton fallende Folge $q^{2n+1} = q(q^2)^n$. Die Folge mit geraden Indizes geht gegen $+\infty$, die Folge mit ungeraden Indizes gegen $-\infty$.

Im Fall (d) entnimmt man die Behauptung aus

$$0^0 = 1, \quad 0^1 = 0, \quad 0^2 = 0, \ldots, \quad 1^0 = 1, \quad 1^1 = 1, \quad 1^2 = 0, \ldots$$

•

2.3   Konvergenzsätze

Der Nachweis der Konvergenz anhand der Definition ist meist sehr unhandlich. Konvergenzsätze können Abhilfe schaffen. umgehen. Aus einfachen Grenzwerten lassen sich oft kompliziertere herleiten. Wir betrachten nur endliche Grenzwerte.

Satz: Summe, Produkt und Quotient von Grenzwerten

Seien a_n und b_n konvergente Folgen mit

$$\lim_{n\to\infty} a_n = a \quad \text{und} \quad \lim_{n\to\infty} b_n = b, \quad a, b \in \mathbb{R}.$$

Dann sind auch die Summenfolge $a_n + b_n$ und die Produktfolge $a_n\,b_n$ konvergente Folgen, und es gilt

$$\lim_{n\to\infty}(a_n + b_n) = a + b \quad \text{und} \quad \lim_{n\to\infty} a_n\,b_n = a\,b.$$

Ist ferner $b \neq 0$, so ist auch die Folge $\frac{a_n}{b_n}$ konvergent, und es gilt:

$$\lim_{n\to\infty} \frac{a_n}{b_n} = \frac{a}{b}.$$

Die Bildung der Quotientenfolge setzt natürlich $b_n \neq 0$ voraus. Der Grenzwert kann nur dann von null verschieden sein, wenn alle bis auf endlich viele Folgenglieder von null verschieden sind. Falls endlich viele Glieder der Nennerfolge b_n verschwinden, lässt man die Quotientenfolge mit einem so hohen Index beginnen, dass für alle größeren Indizes kein Glied der Nennerfolge mehr verschwindet.

Oft kann man durch Einschachtelung den Grenzwert bekommen.

Satz: Einschachtelung von Folgen

a_n, b_n und c_n seien Folgen. Die Folgen a_n und b_n seien konvergent mit demselben Grenzwert a

$$\lim_{n\to\infty} a_n = a, \quad \lim_{n\to\infty} b_n = a, \quad a \in \mathbb{R},$$

und es bestehe für alle n die Ungleichungskette

$$a_n \leq c_n \leq b_n.$$

Dann ist auch die Folge c_n konvergent gegen a:

$$\lim_{n\to\infty} c_n = a.$$

Monotone, beschränkte Folgen besitzen stets einen Grenzwert. Diese Eigenschaft ist gleichbedeutend mit der Vollständigkeit der reellen Zahlen oder mit dem Axiom der größten unteren bzw. der kleinsten oberen Schranke. Die reellen Zahlen werden durch die Körperaxiome, die Anordnungsaxiome und das Vollständigkeitsaxiom charakterisiert.

> **Satz: Grenzwert monotoner Folgen**
> Jede monoton wachsende nach oben beschränkte Folge besitzt einen Grenzwert.
> Jede monoton fallende nach unten beschränkte Folge besitzt einen Grenzwert.

Dieser Satz garantiert nur die Existenz eines Grenzwertes. Er hilft uns nicht, ihn zu berechnen.

Beispiel 2.15
Es gilt:
$$\lim_{n \to \infty} \frac{n+1}{n} = 1.$$

Wir schreiben für $n \geq 1$:
$$\frac{n+1}{n} = a_n + b_n$$

mit
$$a_n = 1, \quad b_n = \frac{1}{n}.$$

Aus $\lim_{n \to \infty} a_n = 1$ und $\lim_{n \to \infty} b_n = 0$ folgt
$$\lim_{n \to \infty} \frac{n+1}{n} = 1 + 0 = 1.$$

●

Beispiel 2.16
Es gilt:
$$\lim_{n \to \infty} \frac{1}{n^2} = 0.$$

Wir schreiben für $n \geq 1$:
$$\frac{1}{n^2} = a_n b_n$$

mit
$$a_n = \frac{1}{n}, \quad b_n = \frac{1}{n}.$$

Aus $\lim_{n \to \infty} a_n = 0$ und $\lim_{n \to \infty} b_n = 0$ folgt

$$\lim_{n \to \infty} \frac{1}{n^2} = 0 \cdot 0 = 0.$$

Beispiel 2.17

Es gilt:

$$\lim_{n \to \infty} \frac{n^3 - n^2 + 7n}{8n^3 + 6n} = \frac{1}{8}.$$

Wir formen zuerst um ($n \geq 1$):

$$\frac{n^3 - n^2 + 7n}{8n^3 + 6n} = \frac{1 - \frac{1}{n} + 7\frac{1}{n^2}}{8 + 6\frac{1}{n^2}}.$$

Die Sätze über Summen, Produkte und Quotienten von Grenzwerten ergeben dann die Behauptung.

Beispiel 2.18

Sei $c > 0$, dann gilt:

$$\lim_{n \to \infty} \sqrt[n]{c} = 1.$$

Wir betrachten die Folge:

$$a_n = \sqrt[n]{c} - 1, \quad n \geq 1.$$

Aus

$$\sqrt[n]{c} = 1 + a_n$$

folgt durch Potenzieren:

$$c = (1 + a_n)^n.$$

Wir unterscheiden zwei Fälle: $1 < c$ und $0 < c < 1$. Im Fall $c = 1$ ist wegen $\sqrt[n]{1} = 1$ nichts mehr zu zeigen.

(1) Aus $1 < c$ folgt $1 < \sqrt[n]{c}$ und $a_n > 0$. Mit der binomischen Formel bekommen wir:

$$c = (1 + a_n)^n = 1 + n\,a_n + \cdots > n\,a_n.$$

Dies ergibt die Einschachtelung:

$$0 < a_n < \frac{c}{n}.$$

Hieraus folgt sofort $\lim_{n \to \infty} \sqrt[n]{c} = 1$.

(2) Aus $0 < c < 1$ folgt $1 < \frac{1}{c}$ und

$$\lim_{n \to \infty} \sqrt[n]{\frac{1}{c}} = \lim_{n \to \infty} \frac{1}{\sqrt[n]{c}} = 1.$$

Nun benutzen wir den Satz über den Grenzwert des Quotienten und bekommen:

$$\lim_{n \to \infty} \frac{1}{\frac{1}{\sqrt[n]{c}}} = \lim_{n \to \infty} \sqrt[n]{c} = 1.$$

•

Beispiel 2.19
Wir geben zwei wichtige Grenzwerte ohne Nachweis an.
Es gilt:

$$\lim_{n \to \infty} \sqrt[n]{n} = 1.$$

Es gilt für alle $x \in \mathbb{R}$:

$$\lim_{n \to \infty} \frac{x^n}{n!} = 0.$$

•

Zwischen den Grenzwerten von Teilfolgen und dem Grenzwert der gesamten Folge besteht der Zusammenhang.

Satz: Grenzwert von Teilfolgen
Eine Folge $\{a_n\}_{n=1}^{\infty}$ ist genau dann konvergent gegen den Grenzwert a, wenn jede ihrer Teilfolgen gegen den Grenzwert a konvergiert.

Sei $\{a_n\}_{n=1}^{\infty}$ konvergent gegen a und und $\{a_{n_k}\}_{k=1}^{\infty}$ eine Teilfolge. Zu einem $\epsilon > 0$ gibt es ein n_ϵ, sodass $|a_n - a| < \epsilon$ für $n > n_\epsilon$. Wegen der strengen Monotonie gibt es einen Index k_ϵ, sodass $n_k > n_\epsilon$ für $k > k_\epsilon$. Damit haben wir $|a_{n_k} - a| < \epsilon$ für $k > k_\epsilon$. Nun nehmen wir an, jede Teilfolge konvergiere gegen a, während die gesamte Folge nicht gegen a konvergiert. Das würde bedeuten, dass es eine ϵ-Umgebung $U_\epsilon(a)$ von a gibt, in der unendlich viele Folgenglieder a_n nicht liegen. Also gäbe es auch eine Teilfolge, die ganz außerhalb von $U_\epsilon(a)$ liegt und somit nicht gegen a konvergieren kann. Dies steht im Widerspruch zur Annahme.

Man kann sogar zeigen, dass eine Folge genau dann konvergiert, wenn jede ihrer Teilfolgen konvergiert. Den Nachweis, dass alle Teilfolgen gegen denselben Grenzwert konvergieren, führt man durch Mischung der Teilfolgen.

2.4 Reihen als Folgen

Aus einer gegebenen Folge $\{a_n\}_{n=1}^{\infty}$ stellen wir eine neue Folge $\{s_n\}_{n=1}^{\infty}$ her, indem wir jeweils die ersten n Summanden aufaddieren:

$$s_1 = a_1,$$
$$s_2 = a_1 + a_2,$$
$$s_3 = a_1 + a_2 + a_3,$$
$$\vdots$$
$$s_n = a_1 + a_2 + \cdots + a_n,$$

Es entsteht die Folge der Teilsummen

$$s_n = \sum_{\nu=1}^{n} a_\nu.$$

Definition: Konvergenz von Reihen

Gegeben sei die Folge $\{a_n\}_{n=1}^{\infty}$. Wenn die Folge der Teilsummen $\{s_n\}_{n=1}^{\infty}$ gegen $s \in \mathbb{R}$ konvergiert, dann schreibt man

$$\lim_{n \to \infty} s_n = \lim_{n \to \infty} \left(\sum_{\nu=1}^{n} a_\nu \right) = \sum_{\nu=1}^{\infty} a_\nu = s.$$

Man bezeichnet die (unendliche) Reihe $\sum_{\nu=1}^{\infty} a_\nu$ als konvergent mit der Summe s.

Der Anfangsindex einer Reihe muss nicht eins sein. Häufig tritt null auf:

$$s_n = \sum_{\nu=0}^{n} a_\nu, \quad \lim_{n \to \infty} s_n = \sum_{\nu=0}^{\infty} a_\nu = s.$$

Ist die Folge der Teilsummen divergent, dann sagt man, die Reihe divergiert. Genauso sagt man, dass die Reihe gegen $\pm\infty$ konvergiert, wenn die Folge der Teilsummen gegen $\pm\infty$ konvergiert. Man kann zeigen, dass eine Reihe nur dann konvergieren kann, wenn die Folgenglieder eine Nullfolge bilden.

Beispiel 2.20

Für $|q| < 1$ konvergiert die geometrische Reihe:

$$\sum_{\nu=0}^{\infty} q^\nu = \frac{1}{1-q}.$$

Es wird also behauptet, dass die Folge der Teilsummen

$$s_0 = 1, \quad s_1 = 1 + q, \quad s_2 = 1 + q + q^2, \quad \ldots$$

gegen $\frac{1}{1-q}$ konvergiert. Mit der geometrischen Summenformel können wir die Teilsummen schreiben als:

$$s_n = \sum_{\nu=0}^{n} q^\nu = \frac{1 - q^{n+1}}{1 - q}.$$

Hieraus folgt sofort:

$$\sum_{\nu=0}^{\infty} q^\nu = \lim_{n \to \infty} s_n = \lim_{n \to \infty} \frac{1 - q^{n+1}}{1 - q} = \frac{1 - \lim_{n \to \infty} q^{n+1}}{1 - q} = \frac{1}{1 - q}.$$

$\bullet$

Beispiel 2.21

Wir fragen nach der Konvergenz der Reihe

$$\sum_{\nu=1}^{\infty} (-1)^\nu.$$

Definitionsgemäß betrachten wir zuerst die Folge der Summanden in der gegebenen Reihenfolge:

$$a_1 = -1, \quad a_2 = 1, \quad a_3 = -1, \quad a_4 = 1, \ldots.$$

Die Folge der Teilsummen lautet:

$$s_1 = -1, \quad s_2 = 0, \quad s_3 = -1, \quad s_4 = 0, \ldots.$$

Wir bekommen also für $n \geq 1$: $s_{2n} = 0$, $s_{2n-1} = -1$. Die Folge der Teilsummen ist divergent, und damit ist die Reihe ebenfalls divergent. $\bullet$

Bei einer unendlichen Reihe darf man nicht ohne weiteres Klammern setzen oder umordnen wie bei einer endlichen Summe. Solche Operationen verändern die Folge der Teilsummen und der Grenzwert kann sich verändern. Man darf im obigen Beispiel keineswegs Klammern setzen wie:

$$\sum_{\nu=1}^{\infty} (-1)^\nu = (-1)+1+(-1)+1+(-1)+1+\cdots \neq ((-1)+1)+((-1)+1)+((-1)+1)+\cdots.$$

Beispiel 2.22

Die harmonische Reihe:

$$\sum_{\nu=1}^{\infty} \frac{1}{\nu}$$

ist divergent. Die Folge der Teilsummen s_n besitzt keinen endlichen Grenzwert.
Wir überlegen zunächst:

$$\sum_{\nu=2^{k-1}+1}^{2^k} \frac{1}{\nu} \geq \left(2^k - 2^{k-1}\right) \frac{1}{2^k} = 1 - 2^{-1} = \frac{1}{2}.$$

Somit gilt für die Teilsummen:

$$s_{2^n} = \sum_{\nu=1}^{2^n} \frac{1}{\nu}$$

$$= 1 + \sum_{\nu=2^0+1}^{2^1} \frac{1}{\nu} + \sum_{\nu=2^1+1}^{2^2} \frac{1}{\nu} + \cdots + \sum_{\nu=2^{n-1}+1}^{2^n} \frac{1}{\nu}$$

$$\geq 1 + \frac{1}{2} n.$$

Die Folge der Teilsummen ist damit insgesamt nicht beschränkt und kann keinen endlichen
Grenzwert besitzen. Da die Summanden positiv sind, wächst die Folge streng monoton, und
wir können schreiben:

$$\sum_{\nu=1}^{\infty} \frac{1}{\nu} = \infty.$$

Sind $a, b > 0$ reelle Zahlen, dann bezeichnet man die Zahl

$$\frac{2}{\frac{1}{a} + \frac{1}{b}}$$

als ihr harmonisches Mittel. Bei der harmonischen Reihe ist stets der Summand a_ν das
harmonische Mittel von $a_{\nu-1}$ und $a_{\nu+1}$:

$$\frac{2}{\frac{1}{a_{\nu-1}} + \frac{1}{a_{\nu+1}}} = \frac{2}{\nu - 1 + \nu + 1} = \frac{1}{\nu} = a_\nu.$$

●

Beispiel 2.23

Mithilfe der Taylorentwicklung des natürlichen Logarithmus werden wir zeigen, dass die
alternierende harmonische Reihe konvergiert:

$$\sum_{\nu=1}^{\infty} (-1)^{\nu+1} \frac{1}{\nu} = \ln(2).$$

Während also die Reihe

$$\sum_{\nu=1}^{\infty} \frac{1}{\nu} = 1 + \frac{1}{2} + \frac{1}{3} + \frac{1}{4} + \cdots$$

über alle Grenzen wächst, konvergiert die alternierende harmonische Reihe mit der Summe $\ln(2)$:

$$\sum_{\nu=1}^{\infty} (-1)^{\nu+1} \frac{1}{\nu} = 1 - \frac{1}{2} + \frac{1}{3} - \frac{1}{4} + \cdots = \ln(2).$$

●

Beispiel 2.24

Ohne Beweis geben wir die Eulersche Zahl als Grenzwert an.

Die Reihe

$$\sum_{\nu=0}^{\infty} \frac{1}{\nu!}$$

ist konvergent. Die Folge

$$\left(1 + \frac{1}{n}\right)^n$$

ist konvergent. Ferner gilt, dass die Reihe und der Grenzwert übereinstimmen. Der gemeinsame Wert wird als Eulersche Zahl e bezeichnet:

$$\sum_{\nu=0}^{\infty} \frac{1}{\nu!} = \lim_{n \to \infty} \left(1 + \frac{1}{n}\right)^n = e.$$

Die Eulersche Zahl ist irrational, ihre Dezimalentwicklung beginnt wie folgt:

$$e = 2{,}71828\ldots$$

●

Beispiel 2.25

Es gibt viele Grenzwerte, die mit der Eulerschen Zahl verwandt sind.

Wir betrachten den Grenzwert:

$$\lim_{n \to \infty} \left(1 - \frac{1}{n}\right)^n = \frac{1}{e}.$$

Wir formen zuerst um:

$$1 - \frac{1}{n} = \frac{n-1}{n} = \frac{1}{\frac{n}{n-1}} = \frac{1}{\frac{n-1+1}{n-1}} = \frac{1}{1 + \frac{1}{n-1}}$$

und schreiben:

$$\left(1 - \frac{1}{n}\right)^n = \frac{1}{\left(1 + \frac{1}{n-1}\right)^n} = \frac{1}{\left(1 + \frac{1}{n-1}\right)^{n-1}} \, \frac{1}{1 + \frac{1}{n-1}}.$$

Offensichtlich folgt aus

$$\lim_{n \to \infty} \left(1 + \frac{1}{n}\right)^n = e$$

auch

$$\lim_{n \to \infty} \left(1 + \frac{1}{n-1}\right)^{n-1} = e.$$

Die zweite Folge besteht aus denselben Gliedern. Es wurde nur das erste Folgenglied weggelassen und der Index um eins herabgesetzt. Die Behauptung folgt nun wegen

$$\lim_{n \to \infty} \left(1 + \frac{1}{n-1}\right) = 1.$$

$\bullet$

Von den Sätzen über konvergente Folgen können die folgenden Aussagen sofort übertragen werden.

Satz: Addition von Reihen, Multiplikation von Reihen mit Zahlen

Die Reihen $\displaystyle\sum_{v=1}^{\infty} a_v$ und $\displaystyle\sum_{v=1}^{\infty} b_v$ seien konvergent:

$$\sum_{v=1}^{\infty} a_v = a, \quad \sum_{v=1}^{\infty} b_v = b.$$

Dann sind auch die Reihen $\displaystyle\sum_{v=1}^{\infty} c\, a_v \; (c \in \mathbb{R})$ und $\displaystyle\sum_{v=1}^{\infty} (a_v + b_v)$ konvergent, und es gilt:

$$\sum_{v=1}^{\infty} c\, a_v = c\, a, \quad \sum_{v=1}^{\infty} (a_v + b_v) = a + b.$$

Andere Operationen wie Multiplikation von Reihen miteinander sind komplizierter und werden später betrachtet.

2.5   Beispielaufgaben

Aufgabe 2.1

Man gebe jeweils die ersten vier Folgenglieder an:

$$i) \quad a_n = \frac{1}{n^2+1}, n \geq 0, \quad ii) \quad a_n = (-1)^n n - \frac{2}{n}, n \geq 1,$$

$$iii) \quad a_{n+1} = \frac{1}{2}\left(a_n + \frac{2}{n}\right), a_1 = 3, n \geq 1.$$

i) $a_0 = \frac{1}{0^2+1} = 1, \quad a_1 = \frac{1}{1^2+1} = \frac{1}{2}, \quad a_2 = \frac{1}{2^2+1} = \frac{1}{5}, \quad a_3 = \frac{1}{3^2+1} = \frac{1}{10},$

ii) $a_1 = (-1)^1 \cdot 1 - \frac{2}{1} = -3, \quad a_2 = (-1)^2 \cdot 2 - \frac{2}{2} = 1,$

$a_3 = (-1)^3 \cdot 3 - \frac{2}{3} = -\frac{11}{3}, \quad a_4 = (-1)^4 \cdot 4 - \frac{2}{4} = \frac{7}{2},$

iii) $a_1 = 3, \quad a_2 = \frac{1}{2}\left(3 + \frac{2}{1}\right) = \frac{5}{2},$

$a_3 = \frac{1}{2}\left(\frac{5}{2} + \frac{2}{2}\right) = \frac{7}{4}, \quad a_4 = \frac{1}{2}\left(\frac{7}{4} + \frac{2}{3}\right) = \frac{29}{24}.$

Aufgabe 2.2

Man untersuche die Folgen auf Beschränktheit und Monotonie:

$$i) \quad a_n = \frac{1}{n+1}, n \geq 0, \quad ii) \quad a_n = \frac{(-1)^n}{n}, n \geq 1,$$

$$iii) \quad a_n = \sqrt{3 + \frac{2}{n^2+1}}, n \geq 0.$$

i) Die Folge ist beschränkt:

$$|a_n| \leq 1.$$

Man kann eine bessere untere Schranke angeben:

$$0 < a_n \leq 1.$$

Die Folge ist streng monoton fallend wegen:

$$n + 1 < n + 2 \implies \frac{1}{n+2} < \frac{1}{n+1}.$$

ii) Die Folge ist beschränkt:

$$|a_n| \leq 1.$$

Man kann eine bessere obere Schranke angeben:

$$-1 \leq a_n \leq \frac{1}{2}.$$

Die Folge ist nicht monoton. Sie besteht aus zwei monotonen Teilfolgen. Die Teilfolge mit geraden Indizes ist streng monoton fallend:

$$a_{2n} > a_{2(n+1)}.$$

Die Teilfolge mit ungeraden Indizes ist streng monoton wachsend:

$$a_{2n-1} < a_{2(n+1)-1}.$$

iii) Die Folge ist beschränkt. Es gilt zunächst:

$$0 < \frac{2}{n^2 + 1} \leq 2$$

und damit

$$\sqrt{3} < a_n \leq \sqrt{5}.$$

Ferner gilt:

$$\frac{2}{n^2 + 1} > \frac{2}{(n+1)^2 + 1}.$$

Die Folge ist streng monoton fallend:

$$\sqrt{3 + \frac{2}{n^2 + 1}} > \sqrt{3 + \frac{2}{(n+1)^2 + 1}}.$$

Aufgabe 2.3

Man zeige, dass die Folge:

$$a_{n+1} = a_n + \frac{3}{a_n}, a_0 > 0,$$

für jeden Startwert streng monoton wächst und nicht nach oben beschränkt ist.

Wenn der Startwert $a_0 > 0$ ist, folgt sofort durch eine einfache Induktion für alle Folgenglieder $a_n > 0$. Damit bekommen wir streng monotones Wachstum:

$$a_{n+1} = a_n + \frac{3}{a_n} > a_n.$$

Nehmen wir an, es gäbe eine obere Schranke $a_n \leq \bar{s}$. Dann gilt für alle $n \geq 1$:

$$a_{n+1} \geq a_n + \frac{3}{\bar{s}}.$$

Die Ungleichungskette:

$$a_n \geq a_{n-1} + \frac{3}{s}, a_{n-1} \geq a_{n-2} + \frac{3}{s}, \cdots, a_1 \geq a_0 + \frac{3}{s},$$

ergibt $a_n \geq a_0 + n\frac{3}{s}$. Wir können aber stets n so groß wählen, dass gilt:

$$n\frac{3}{s} > \bar{s}.$$

Dies steht im Widerspruch zur Beschränktheit $a_n \leq \bar{s}$.

Aufgabe 2.4

Gegeben seien die Folgen:

$$a_n = \frac{2}{n+1}, \quad b_n = \frac{(-1)^n}{3n+2}, \quad n \geq 0.$$

Man bestimme jeweils ein $n_{0,001}$, sodass für alle $n > n_{0,001}$ gilt $|a_n| < 0,001$ bzw. $|b_n| < 0,001$.
Wir formen um:

$$|a_n| = \frac{2}{n+1} < 0,001 \iff 2 < 0,001 \cdot (n+1) \iff 2 - 0,001 < 0,001 \cdot n \iff 1999 < n.$$

Wir können also wählen:

$$n_{0,001} = 1999.$$

Jeder Anfangsindex, der größer als 1999 ist, kann auch gewählt werden.
Wir formen um:

$$|b_n| = \frac{1}{3n+2} < 0,001 \iff 1 < 0,001 \cdot (3n+2) \iff 998 < 3n \iff 332 + \frac{2}{3} < n.$$

Wir können also wählen:

$$n_{0,001} = 332.$$

Wieder kann jeder Anfangsindex, der größer als 332 ist, auch gewählt werden.

Aufgabe 2.5

Man zeige anhand der Definition:

$$\lim_{n \to \infty} \frac{n}{n+1} = 1.$$

Wir formen um:

$$|a_n - 1| = \left| \frac{n}{n+1} - 1 \right| = \frac{1}{n+1}.$$

Sei $\epsilon > 0$ vorgegeben. Wir wählen n_ϵ, sodass gilt:

$$n_\epsilon + 1 > \frac{1}{\epsilon}.$$

Für alle Indizes $n > n_\epsilon$ folgt dann:

$$n + 1 > n_\epsilon + 1 > \frac{1}{\epsilon} \quad \text{bzw.} \quad \frac{1}{n+1} < \epsilon.$$

Aufgabe 2.6

Man bestimme jeweils den Grenzwert der Folge:

$$a_n = \frac{4n+7}{5n^2+7n-1}, \quad b_n = \frac{4n}{\sqrt{5n^2+7n+1}}, \quad c_n = \frac{n^2+n\cos(n)}{n^3}.$$

Wir formen um

$$a_n = \frac{\frac{4}{n}+\frac{7}{n^2}}{5+\frac{7}{n}-\frac{1}{n^2}}$$

und lesen mit den Grenzwertsätzen ab:

$$\lim_{n\to\infty} a_n = 0.$$

Genauso bekommen wir

$$b_n = \frac{4}{\sqrt{5+\frac{7}{n}+\frac{1}{n^2}}}$$

und

$$\lim_{n\to\infty} b_n = \frac{4}{\sqrt{5}}.$$

Schließlich gilt

$$c_n = \frac{1}{n} + \frac{\cos(n)}{n^2}.$$

Der erste Summand geht gegen null. Der zweite Summand wird durch eine Nullfolge beschränkt

$$\left|\frac{\cos(n)}{n^2}\right| \leq \frac{1}{n^2}$$

und geht ebenfalls gegen null. Insgesamt folgt: $\lim_{n\to\infty} c_n = 0$.

Aufgabe 2.7

Man bestimme den Grenzwert der Folge:

$$a_n = \frac{1}{n^2} \sum_{k=1}^{n} k.$$

Mit der Summe der natürlichen Zahlen bekommen wir:

$$a_n = \frac{1}{n^2} \sum_{k=1}^{n} k = \frac{1}{n^2} \frac{n(n+1)}{2} = \frac{1}{2} + \frac{1}{2n}.$$

Hieraus folgt:

$$\lim_{n \to \infty} a_n = \frac{1}{2}.$$

Aufgabe 2.8

Man bestimme den Grenzwert der Folge:

$$a_n = \sqrt{n} - \sqrt{n+2}.$$

Wir formen um:

$$
\begin{aligned}
a_n &= \sqrt{n} - \sqrt{n+2} \\
&= \frac{(\sqrt{n} - \sqrt{n+2})(\sqrt{n} + \sqrt{n+2})}{\sqrt{n} + \sqrt{n+2}} \\
&= \frac{n - (n+2)}{\sqrt{n} + \sqrt{n+2}} \\
&= \frac{-2}{\sqrt{n} + \sqrt{n+2}}.
\end{aligned}
$$

Nun kann man den Grenzwert ablesen:

$$\lim_{n \to \infty} a_n = 0.$$

Aufgabe 2.9

Man zeige:

$$\sum_{\nu=1}^{\infty} \frac{1}{\nu(\nu+1)} = 1.$$

Durch Induktion ergaben sich die Teilsummen:

$$\sum_{v=1}^{n} \frac{1}{v\,(v+1)} = 1 - \frac{1}{n+1}.$$

Wir bekommen die Teilsummen auch mithilfe: $\dfrac{1}{v\,(v+1)} = \dfrac{1}{v} - \dfrac{1}{v+1}$. Denn es gilt:

$$\sum_{v=1}^{n} \frac{1}{v\,(v+1)} = \sum_{v=1}^{n} \frac{1}{v} - \sum_{v=1}^{n} \frac{1}{v+1}$$

$$= \sum_{v=1}^{n} \frac{1}{v} - \sum_{v=2}^{n+1} \frac{1}{v} = 1 - \frac{1}{n+1}.$$

Hieraus folgt:

$$\sum_{v=1}^{\infty} \frac{1}{v\,(v+1)} = \lim_{n \to \infty} \sum_{v=1}^{n} \frac{1}{v\,(v+1)} = 1.$$

Aufgabe 2.10

Man zeige, dass die Folge der Teilsummen der Reihe

$$\sum_{v=1}^{\infty} \frac{1}{v^2}$$

nach oben beschränkt ist.

Wir schätzen ab:

$$\sum_{v=1}^{n} \frac{1}{v^2} \leq 1 + \sum_{v=2}^{n+1} \frac{1}{v^2}$$

$$\leq 1 + \sum_{v=2}^{n+1} \frac{1}{(v-1)\,v}$$

$$= 1 + \sum_{v=1}^{n} \frac{1}{v\,(v+1)}$$

$$= 2 - \frac{1}{n+1}.$$

Damit sind die Teilsummen nach oben beschränkt:

$$\sum_{v=1}^{n} \frac{1}{v^2} < 2.$$

Alle Summanden sind positiv, und die Folge der Teilsummen ist streng monoton wachsend. Eine streng monoton wachsende nach oben beschränkte Folge besitzt einen Grenzwert. Man kann zeigen:

$$\sum_{\nu=1}^{\infty} \frac{1}{\nu^2} = \lim_{n\to\infty} \sum_{\nu=1}^{n} \frac{1}{\nu^2} = \frac{\pi^2}{6}.$$

Aufgabe 2.11
Man bestimme den Grenzwert der rekursiv definierten Folge:

$$a_{n+1} = p\,a_n + q, \quad a_1 = 1.$$

Dabei sind $|p| < 1$ und q beliebige reelle Zahlen.
Wir berechnen einige Folgenglieder:

$$a_1 = 1,$$
$$a_2 = p\,a_1 + q = p + q,$$
$$a_3 = p\,a_2 + q = p^2 + q\,(p+1),$$
$$a_4 = p\,a_3 + q = p^3 + q\,(p^2 + p + 1),$$
$$a_5 = p\,a_4 + q = p^4 + q\,(p^3 + p^2 + p + 1),$$
$$\vdots$$

Durch Induktion ergibt sich für $n \geq 2$:

$$a_n = p^{n-1} + q \sum_{\nu=0}^{n-2} p^{\nu}.$$

Wegen $|p| < 1$ ist

$$\lim_{n\to\infty} p^{n-1} = 0$$

und

$$\lim_{n\to\infty} \sum_{\nu=0}^{n-2} p^{\nu} = \sum_{\nu=0}^{\infty} p^{\nu} = \frac{1}{1-p}.$$

Also gilt:

$$\lim_{n\to\infty} a_n = \frac{q}{1-p}.$$

Aufgabe 2.12

Man berechne den Grenzwert der Folge:

$$a_n = \left(1 + \frac{1}{2n}\right)^{2n+1}.$$

Wir schreiben:

$$a_n = \left(1 + \frac{1}{2n}\right)^{2n} \left(1 + \frac{1}{2n}\right).$$

Die Teilfolge

$$\left(1 + \frac{1}{2n}\right)^{2n}$$

der Folge

$$\left(1 + \frac{1}{n}\right)^{n}$$

konvergiert gegen e und

$$1 + \frac{1}{2n}$$

konvergiert gegen 1. Hieraus folgt:

$$\lim_{n\to\infty} a_n = \lim_{n\to\infty} \left(1 + \frac{1}{2n}\right)^{2n} \cdot \lim_{n\to\infty} \left(1 + \frac{1}{2n}\right) = e.$$

2.6   Übungsaufgaben

Übung 2.1

Man untersuche die Folgen auf Monotonie und Beschränktheit nach oben und unten:

i) $\left\{\frac{1}{n+1}\right\}_{n=0}^{\infty}$,   ii) $\{(-1)^n\}_{n=0}^{\infty}$,   iii) $\left\{\left(\frac{1}{2}\right)^n\right\}_{n=0}^{\infty}$,

iv) $\{(-1)^n - n\}_{n=0}^{\infty}$,   v) $\left\{\sqrt{n+1} - \sqrt{n}\right\}_{n=1}^{\infty}$,   vi) $\left\{\frac{n}{\cos(\pi n)}\right\}_{n=1}^{\infty}$.

Übung 2.2

Man beweise: Ist $\{a_n\}_{n\in\mathbb{N}}$ konvergent und $\{b_n\}_{n\in\mathbb{N}}$ divergent, dann ist auch $\{a_n + b_n\}_{n\in\mathbb{N}}$ divergent.

Übung 2.3

Man untersuche die Folgen auf Konvergenz bzw. Divergenz und bestimme ggf. den Grenzwert.

i) $\left\{ \dfrac{5n^2-2n+3}{10n^2-1} \right\}_{n=0}^{\infty}$,
ii) $\left\{ \dfrac{6n^6-2n^2-n}{3n^2(n^2-2)^2} \right\}_{n=1}^{\infty}$,
iii) $\left\{ \dfrac{n^2+n-3}{n-1} \right\}_{n=2}^{\infty}$,

iv) $\left\{ \dfrac{n^2+(-1)^n}{4n^2} \right\}_{n=1}^{\infty}$,
v) $\left\{ \dfrac{(-5)^n+3}{3\cdot(-5)^n} \right\}_{n=0}^{\infty}$,
vi) $\left\{ \dfrac{7\sqrt{n}-3}{\sqrt{n}+5} \right\}_{n=0}^{\infty}$,

vii) $\left\{ \dfrac{5n}{\sqrt[3]{n^3+4n^2-1}} \right\}_{n=1}^{\infty}$,
viii) $\left\{ \dfrac{\cos\left(\frac{1}{2}\pi n\right)}{n} \right\}_{n=1}^{\infty}$,
ix) $\left\{ \left(\dfrac{n+1}{n}\right)^{3n-1} \right\}_{n=1}^{\infty}$.

Übung 2.4

i) Man gebe Beispiele von Folgen $\{a_n\}_{n\in\mathbb{N}}$ und $\{b_n\}_{n\in\mathbb{N}}$ mit $\lim\limits_{n\to\infty} a_n = \infty$, $\lim\limits_{n\to\infty} b_n = -\infty$ an, für die gilt:

a) $\lim\limits_{n\to\infty} (a_n + b_n) = \infty$,   b) $\lim\limits_{n\to\infty} (a_n + b_n) = -\infty$,   c) $\lim\limits_{n\to\infty} (a_n + b_n) = 1$.

ii) Man gebe Beispiele von Folgen $\{a_n\}_{n\in\mathbb{N}}$ und $\{b_n\}_{n\in\mathbb{N}}$ mit $\lim\limits_{n\to\infty} a_n = \infty$, $\lim\limits_{n\to\infty} b_n = 0$ an, für die gilt:

a) $\lim\limits_{n\to\infty} (a_n \cdot b_n) = \infty$,   b) $\lim\limits_{n\to\infty} (a_n \cdot b_n) = -\infty$,   c) $\lim\limits_{n\to\infty} (a_n \cdot b_n) = 1$.

Übung 2.5

Gegeben sei die rekursiv definierte Folge $\{a_n\}_{n\in\mathbb{N}}$ mit der Rekursionsvorschrift $a_{n+1} = \frac{1}{6}\left(9 + a_n^2\right)$, für $n \geq 0$, $a_0 = 0$.

i) Man zeige per vollständiger Induktion, dass die Folge durch 3 beschränkt ist.

ii) Man zeige, dass die Folge monoton wachsend ist.

iii) Man begründe, dass die Folge konvergiert und berechne ihren Grenzwert.

Übung 2.6

i) Man berechne den Grenzwert der Reihe:

a) $\displaystyle\sum_{k=0}^{\infty} \left(\frac{1}{5}\right)^k$,
b) $\displaystyle\sum_{k=2}^{\infty} \left(\frac{1}{3}\right)^k$,
c) $\displaystyle\sum_{k=1}^{\infty} \left(-\frac{1}{2}\right)^k$.

ii) Man berechne den Grenzwert der Folge $\{s_n\}$ mit:

$$\text{a) } s_n = \frac{1}{n^3} \sum_{k=1}^{n} 3k, \quad \text{b) } s_n = \sum_{k=2}^{n} \frac{1}{k+1} - \sum_{k=3}^{n+3} \frac{1}{k-1},$$

$$\text{c) } s_n = \sum_{k=3}^{n} \frac{1}{2k-1} - \sum_{k=2}^{n} \frac{1}{2k+3}.$$

Übung 2.7

Man berechne die Folgengrenzwerte mit $a, b, c \in \mathbb{R}$, $-1 < b$:

i) $\lim\limits_{n \to \infty} \dfrac{a\,b^n + c}{b^n + 1}$,   ii) $\lim\limits_{n \to \infty} \dfrac{a\left(\frac{1}{2}\right)^n + c}{2^n + 1}$,   iii) $\lim\limits_{n \to \infty} \dfrac{a\,2^n + c}{\left(\frac{1}{2}\right)^n + 1}$.

Übung 2.8

Man zeige, dass die Folge:

$$a_n = \frac{n^3}{2^n}$$

gegen null konvergiert. Hinweis: Monotonie benutzen.

Übung 2.9

i) Sei $a_0 = b > 0$ und $a_{n+1} = \sqrt{a_n}$.   ii) Sei $a_0 = b$ und $a_{n+1} = \sqrt{b + a_n}$.

   Man berechne jeweils den Grenzwert der Folge a_n.

Funktionen

3

Die Bestimmungsstücke einer Funktion werden erläutert: Definitionsbereich, Zuordnung, Wertemenge und Wertebereich. Anhand von Beispielen gehen wir der Frage der Einschränkung einer Funktion und der Erweiterung einer Funktionsvorschrift nach. Wir gehen auf die Darstellung von Funktionen durch Graphen ein. Operationen mit Funktionen, insbesondere die Verkettung und die Umkehrung, werden betrachtet. Folgen von Funktionswerten leiten zur Stetigkeit über. Äquivalente Stetigkeitsbegriffe werden diskutiert. Grenzwerte geben Einsichten über den Funktionsverlauf. Wir bauen die wichtigen Funktionen Logarithmus und Exponentialfunktion auf der Basis von Folgen und Grenzwerten auf.

3.1   Grundbegriffe

Zu einer Funktion gehört zunächst ein Definitionsbereich und eine Wertemenge. Jedem Element aus dem Definitionsbereich wird eindeutig ein Element aus der Wertemenge zugeordnet. Eine Zuordnungsvorschrift gibt an, welches Element aus dem Wertebereich einem gegebenen Element aus dem Definitionsbereich zugeordnet wird.

Definition: Funktion

Seien $\mathbb{D}$ und $\mathbb{W}$ Mengen. Eine Vorschrift f ordne jedem Element $x \in \mathbb{D}$ genau ein Element $y = f(x) \in \mathbb{W}$ zu. Durch $\mathbb{D}$, $\mathbb{W}$ und f wird eine Funktion gegeben:

$$f : \mathbb{D} \to \mathbb{W}.$$

Die Menge $\mathbb{D}$ heißt Definitionsbereich, die Menge $\mathbb{W}$ heißt Wertemenge.

© Der/die Autor(en), exklusiv lizenziert durch Springer-Verlag GmbH, DE, ein Teil von Springer Nature 2021
W. Strampp und D. Janssen, *Höhere Mathematik 2*,

Anstatt von einer Zuordnung von einem y zu einem x spricht man auch von einer Abbildung von x auf y:

$$f : x \rightarrow y.$$

Jedes $x \in \mathbb{D}$ wird genau auf ein $y = f(x) \in \mathbb{W}$ abgebildet (Abb. 3.1).

Es können mehr als ein $x \in \mathbb{D}$ auf dasselbe $y \in \mathbb{W}$ abgebildet werden und nicht jedes Element $y \in \mathbb{W}$ muss von der Zuordnung erfasst werden. Zu einem $y \in \mathbb{W}$ kann es überhaupt kein $x \in \mathbb{W}$ geben mit $y = f(x)$.

Wir bezeichnen die folgende Menge als Wertebereich:

$$f(\mathbb{D}) = \{y \in \mathbb{W} \,|\, \text{Es gibt ein } x \in \mathbb{D} \text{ mit } y = f(x)\}.$$

Außerdem führen wir noch folgende Bezeichnungen ein. Die Elemente $x \in \mathbb{D}$ heißen Urbilder und die Elemente $y \in f(\mathbb{D})$ Bilder. Betrachtet man eher die Abbildung $f : x \rightarrow y$, $y = f(x)$, dann bezeichnet man auch x als unabhängige und y als abhängige Variable. Die Variable x steht für ein Element aus dem Definitionsbereich, man sagt auch, sie durchläuft den Definitionsbereich.

Beispiel 3.1

Folgen sind Funktionen. Jeder natürlichen Zahl wird eine reelle Zahl zugeordnet.

Nehmen wir als Definitionsbereich $\mathbb{D} = \mathbb{N}$, als Wertemenge $\mathbb{W} = \mathbb{R}$ und geben eine Vorschrift f an, die jedem $n \in \mathbb{N}$ eine Zahl $f(n)$ zuordnet:

$$f : \mathbb{N} \rightarrow \mathbb{R}, \quad n \rightarrow f(n), \quad n \in \mathbb{N}.$$

Es ist bei den Folgen üblich, die Variable als Index zu schreiben:

$$f(n) = f_n.$$

$\bullet$

Im Folgenden beschäftigen wir uns ausschließlich mit reellen Funktionen.

Abb. 3.1 Funktion gegeben durch $\mathbb{D}$, $\mathbb{W}$ und Zuordnung (Abbildung) f

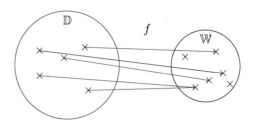

Definition: Reelle Funktion

Sei $\mathbb{D} \subseteq \mathbb{R}$ und $\mathbb{W} = \mathbb{R}$. Eine Vorschrift f ordne jedem Element $x \in \mathbb{D}$ genau ein Element $y = f(x) \in \mathbb{W}$ zu. Wir sprechen dann von einer reellen Funktion:

$$f : \mathbb{D} \to \mathbb{R}, \quad x \to f(x), \quad \mathbb{D} \subseteq \mathbb{R}.$$

Bei einer reellen Funktion genügt also die Angabe des Definitionsbereichs und der Zuordnungsvorschrift f. Damit zwei Funktionen gleich sind, müssen alle Bestimmungsstücke übereinstimmen.

Satz: Gleichheit zweier Funktionen

Zwei reelle Funktionen

$$f : \mathbb{D}_f \to \mathbb{R}, \quad x \to f(x),$$

$$g : \mathbb{D}_g \to \mathbb{R}, \quad x \to g(x),$$

sind genau dann gleich, wenn die Definitionsbereiche übereinstimmen:

$$\mathbb{D}_f = \mathbb{D}_g$$

und für alle $x \in \mathbb{D}_f = \mathbb{D}_g$ gilt:

$$f(x) = g(x).$$

Beispiel 3.2

Die Funktionen

$$f : \mathbb{R}_{\geq 0} \to \mathbb{R}, \quad x \to x^2,$$

und

$$g : \mathbb{R} \to \mathbb{R}, \quad x \to x^2,$$

sind nicht gleich, weil die Definitionsbereiche nicht übereinstimmen:

$$\mathbb{D}_f = \mathbb{R}_{\geq 0} \neq \mathbb{D}_g = \mathbb{R}.$$

Beispiel 3.3

Die Funktionen

$$f : \mathbb{R} \to \mathbb{R}, \quad x \to x^2,$$

und

$$g : \mathbb{R} \to \mathbb{R}, \quad x \to x^3,$$

sind nicht gleich. Zwar stimmen die Definitionsbereiche überein

$$\mathbb{D}_f = \mathbb{R} = \mathbb{D}_g = \mathbb{R},$$

aber die Zuordnungsvorschriften sind nicht gleich. Es gilt nicht für alle $x \in \mathbb{R}$: $f(x) = g(x)$. Nehmen wir beispielsweise $x = 2$: $f(2) = 4 \neq g(2) = 8$.   ●

Die Bezeichnung der Variablen ist frei wählbar und ändert nichts an der Funktion. Beispielsweise wird durch

$$f : \mathbb{R} \to \mathbb{R}, \quad t \to 3t^2 + 4,$$

dieselbe Funktion gegeben wie durch

$$f : \mathbb{R} \to \mathbb{R}, \quad x \to 3x^2 + 4.$$

Definition: Graph einer Funktion

Eine reelle Funktion $f : \mathbb{D} \to \mathbb{R}$, $\mathbb{D} \subseteq \mathbb{R}$ kann man sich durch einen Graphen veranschaulichen. Man zeichnet die Punkte $(x, f(x))$ in der Ebene und bekommt die Kurve (Abb. 3.2):

$$\text{Graph}(f) = \{(x, y) \mid y = f(x), x \in \mathbb{D}\}.$$

Abb. 3.2 Graph einer Funktion: Man geht den Definitionsbereich durch und zeichnet alle Punkte $(x, f(x))$

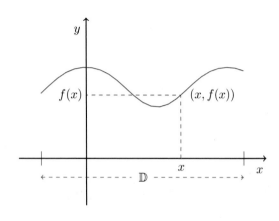

3.2 Operationen mit Funktionen

Häufig werden Funktionen nacheinander ausgeführt. Das geht selbstverständlich nur, wenn die Funktionswerte der ersten Funktion (der inneren Funktion) als Argumente in die zweite Funktion (die äußere Funktion) eingesetzt werden können. Man veranschaulicht sich dies am besten im abstrakten Fall (Abb. 3.3).

Bei der Definition der Verkettung beschränken wir uns aber wieder auf reelle Funktionen.

Definition: Verkettung zweier Funktionen
Seien
$$f : \mathbb{D}_f \to \mathbb{R}, \quad x \to f(x),$$

$$g : \mathbb{D}_g \to \mathbb{R}, \quad x \to g(x),$$

zwei reelle Funktionen mit
$$f(\mathbb{D}_f) \subseteq \mathbb{D}_g.$$

Dann wird die Verkettung $g \circ f$ erklärt durch:

$$g \circ f : \mathbb{D}_f \to \mathbb{R}, \quad x \to g(f(x)).$$

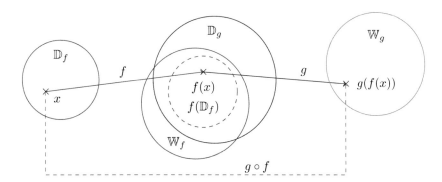

Abb. 3.3 Verkettung (Hintereinanderausführung) zweier Funktionen: $f : \mathbb{D}_f \to \mathbb{W}_f$ und $g : \mathbb{D}_g \to \mathbb{W}_g$ zu $g \circ f : \mathbb{D}_f \to \mathbb{W}_g, x \to g(f(x)), x \in \mathbb{D}_f$

Beispiel 3.4

Wir betrachten die Funktionen

$$f : \mathbb{R} \to \mathbb{R}, \quad x \to -x^2,$$

und

$$g : \mathbb{R}_{\geq 0} \to \mathbb{R}, \quad x \to \sqrt{x}.$$

Die Verkettung $g \circ f$ ist nicht möglich. Es ist

$$f(\mathbb{D}_f) = f(\mathbb{R}) = \mathbb{R}_{\leq 0} \quad \text{und} \quad \mathbb{D}_g = \mathbb{R}_{\geq 0},$$

und damit ist die Bedingung $f(\mathbb{D}_f) \subseteq \mathbb{D}_g$ verletzt (Abb. 3.4).
Die Bilder $f(x)$ können mit Ausnahme von $f(0) = 0$ nicht in g eingesetzt werden.   ●

Beispiel 3.5

Wir betrachten die Funktionen (Abb. 3.5)

$$f : \mathbb{R} \to \mathbb{R}, \quad x \to \frac{1}{1+x^2}, \quad \text{und} \quad g : \mathbb{R}_{>0} \to \mathbb{R}, \quad x \to \frac{1}{x}.$$

Es ist $f(\mathbb{D}_f) = f(\mathbb{R}) = (0, 1]$ und $g(\mathbb{D}_g) = g(\mathbb{R}_{>0}) = \mathbb{R}_{>0}$. Die Verkettung $g \circ f$ ist möglich. Die Verkettung $f \circ g$ ist ebenfalls möglich. Wir bekommen (Abb. 3.6):

$$g(f(x)) = \frac{1}{f(x)} = \frac{1}{\frac{1}{1+x^2}} = 1 + x^2, \quad x \in \mathbb{R},$$

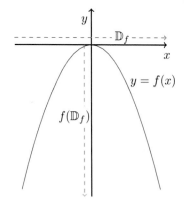
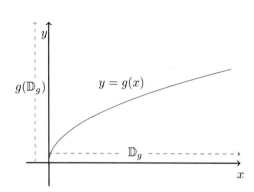

Abb. 3.4 Die Funktion $f(x) = -x^2$ (links) und $g(x) = \sqrt{x}$ (rechts)

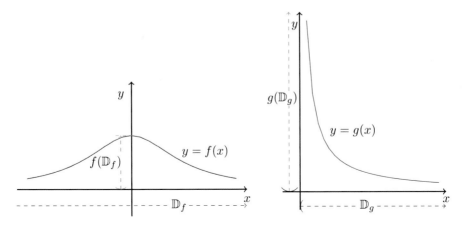

Abb. 3.5 Die Funktionen $f(x) = \frac{1}{1+x^2}$, $x \in \mathbb{R}$, (links) und $g(x) = \frac{1}{x}$, $x \in \mathbb{R}_{>0}$, (rechts)

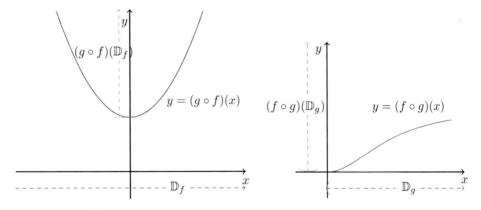

Abb. 3.6 Die Verkettung der Funktionen $f(x) = \frac{1}{1+x^2}$, $x \in \mathbb{R}$, und $g(x) = \frac{1}{x}$, $x \in \mathbb{R}_{>0}$: $(g \circ f)(x) = 1 + x^2$, $x \in \mathbb{R}$, (links) und $(f \circ g)(x) = \frac{x^2}{x^2+1}$, $x \in \mathbb{R}_{>0}$, (rechts)

und

$$f(g(x)) = \frac{1}{1 + g(x)^2} = \frac{1}{1 + \left(\frac{1}{x}\right)^2} = \frac{x^2}{x^2 + 1}, \quad x > 0.$$

•

Die Umkehrung einer Funktion ist nicht in jedem Fall möglich. Wir veranschaulichen dies am besten wieder im abstrakten Zusammenhang (Abb. 3.7).

Eine Funktionsvorschrift kann umgekehrt werden, wenn die Funktion injektiv ist.

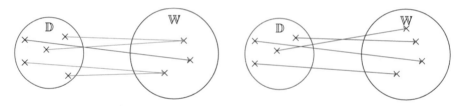

Abb. 3.7 Verschiedene Urbilder werden auf gleiche Bilder abgebildet: nicht umkehrbare Vorschrift (links). Verschiedene Urbilder haben verschiedene Bilder: umkehrbare Vorschrift (rechts)

Definition: Injektive Funktion
Die Funktion

$$f : \mathbb{D} \to \mathbb{R}, \quad x \to f(x),$$

heißt injektiv, wenn verschiedene Urbilder verschiedene Bilder haben.
Für beliebige $x_1 \neq x_2$ aus D gilt: $f(x_1) \neq f(x_2)$.

Man kann dies auch so ausdrücken:

$$x_1 \neq x_2 \implies f(x_1) \neq f(x_2),$$

oder gleichbedeutend:

$$f(x_1) = f(x_2) \implies x_1 = x_2.$$

(Gleiche Bilder ziehen gleiche Urbilder nach sich). Die Gleichung $f(x) = y$ besitzt für jedes $y \in f(\mathbb{D})$ genau eine Lösung $x \in \mathbb{D}$.

Die folgenden Begriffe sind für unseren Umgang mit reellen Funktionen nicht unbedingt erforderlich, wir geben sie aber der Vollständigkeit halber an.

Definition: Surjektive Funktion
Die Funktion

$$f : \mathbb{D} \to \mathbb{W}, \quad \mathbb{W} \subseteq \mathbb{R},$$

heißt surjektiv, wenn es zu jedem $y \in \mathbb{W}$ ein $x \in \mathbb{D}$ gibt mit $f(x) = y$. Jedes Element aus der Wertemenge wird als Funktionswert angenommen.

Bei einer reellwertigen Funktion $f : \mathbb{D} \to \mathbb{R}$ können wir Surjektivität immer erreichen, indem wir zu der Funktion $f : \mathbb{D} \to f(\mathbb{D})$ übergehen.

Definition: Bijektive Funktion
Die Funktion
$$f : \mathbb{D} \to \mathbb{W}, \quad \mathbb{W} \subseteq \mathbb{R},$$
heißt bijektiv, wenn f injektiv und surjektiv ist.

Bei einer reellwertigen, injektiven Funktion $f : \mathbb{D} \to \mathbb{R}$ können wir Bijektivität herstellen, indem wir wieder zu der Funktion $f : \mathbb{D} \to f(\mathbb{D})$ übergehen.

Beispiel 3.6
Die Funktion
$$f : \mathbb{R} \to \mathbb{R}, \quad x \to \cos(x),$$
ist weder injektiv noch surjektiv.
   Die Funktion
$$g : \mathbb{R} \to [-1, 1], \quad x \to \cos(x),$$
ist nicht injektiv aber surjektiv (Abb. 3.8).
   Die Funktion
$$h : [0, \pi] \to [-1, 1], \quad x \to \cos(x),$$
ist injektiv und surjektiv, also bijektiv.   ●

Wir veranschaulichen nun die Umkehrfunktion im abstrakten Zusammenhang (Abb. 3.9).

Abb. 3.8 Die Funktion
$f(x) = \cos(x)$

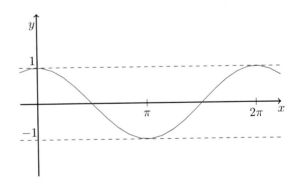

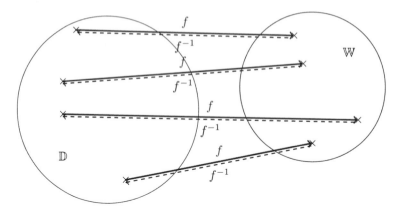

Abb. 3.9 Umkehrbare Funktion $f : \mathbb{D} \to \mathbb{W}$ mit Umkehrfunktion $f^{-1} : \mathbb{W} \to \mathbb{D}$ (gestrichelt)

Definition: Umkehrfunktion
Die Funktion

$$f : \mathbb{D} \to f(\mathbb{D}), \quad x \to f(x),$$

sei injektiv. Die Funktion

$$f^{-1} : f(\mathbb{D}) \to \mathbb{D},$$

erklärt durch

$$f^{-1}(y) = x \iff y = f(x)$$

heißt Umkehrfunktion (inverse Funktion) von f.

Die Umkehrfunktion erfüllt folgende Beziehungen:

$$f^{-1}(f(x)) = x, \quad \text{für alle } x \in \mathbb{D},$$

$$f(f^{-1}(y)) = y, \quad \text{für alle } y \in f(\mathbb{D}).$$

Der Graph der Umkehrfunktion entsteht durch Spiegelung des Graphen der Funktion an der
1. Winkelhalbierenden (Abb. 3.10). Man erkennt dies an der Beziehung:

$$(x, y) \in \mathrm{Graph}(f) \iff (y, x) \in \mathrm{Graph}(f^{-1}).$$

Abb. 3.10 Spiegelung des
Punktes (x, y) an der ersten
Winkelhalbierenden

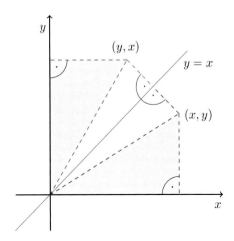

Beispiel 3.7
Wir betrachten die Funktion

$$f : \mathbb{R} \to \mathbb{R}_{\geq 0}, \quad x \to x^2.$$

Die Funktion ist nicht injektiv.
Die Funktionen

$$f_1 : \mathbb{R}_{\geq 0} \to \mathbb{R}_{\geq 0}, \quad x \to x^2,$$

und

$$f_2 : \mathbb{R}_{\leq 0} \to \mathbb{R}_{\geq 0}, \quad x \to x^2,$$

sind injektiv.
Wir berechnen jeweils die Umkehrfunktion. Aus

$$y = x^2 \iff x = \sqrt{y}$$

folgt:

$$f_1^{-1}(y) = \sqrt{y} \quad \text{bzw. } f_1^{-1}(x) = \sqrt{x}, x \geq 0.$$

Aus

$$y = x^2 \iff x = -\sqrt{y}$$

folgt (Abb. 3.11):

$$f_2^{-1}(y) = -\sqrt{y} \quad \text{bzw. } f_2^{-1}(x) = -\sqrt{x}, x \geq 0.$$

$\bullet$

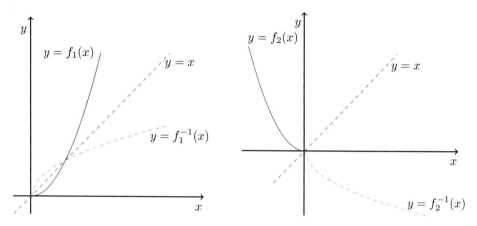

Abb. 3.11 Die Funktionen $f_1(x) = x^2, x \geq 0$, (links) und $f_2(x) = x^2, x \leq 0$, (rechts) mit ihren Umkehrfunktionen $f_1^{-1}(x) = \sqrt{x}, x \geq 0$, bzw. $f_2^{-1}(x) = -\sqrt{x}, x \geq 0$,

Beispiel 3.8

Wir betrachten die Funktion

$$f : \mathbb{R}_{\leq 0} \rightarrow (0, 1], \quad x \rightarrow \sqrt{\frac{1}{x^2 + 1}}.$$

Die Frage nach der Umkehrfunktion beantworten wir, indem wir die Gleichung

$$y = \sqrt{\frac{1}{x^2 + 1}}$$

nach x auflösen. Gibt es zu gegebenem $y \in (0, 1]$ genau eine Lösung $x \in \mathbb{R}_{\leq 0}$, dann haben wir mit der Lösung auch die Umkehrfunktion gefunden.

Wir formen um:

$$y = \sqrt{\frac{1}{x^2 + 1}} \iff y^2 = \frac{1}{x^2 + 1} \iff x^2 = \frac{1}{y^2} - 1, \quad y \in (0, 1], x \leq 0,$$

und damit

$$x = -\sqrt{\frac{1}{y^2} - 1}.$$

Die Umkehrfunktion lautet somit (Abb. 3.12):

$$f^{-1}(x) = -\sqrt{\frac{1}{x^2} - 1}, \quad x \in (0, 1].$$

Die folgenden Begriffe werden analog zu den Folgen erklärt.

Abb. 3.12 Die Funktion
$f(x) = \sqrt{\frac{1}{x^2+1}}, x \le 0$, mit
ihrer Umkehrfunktion
$f^{-1}(x) = -\sqrt{\frac{1}{x^2} - 1}$,
$0 < x \le 1$,

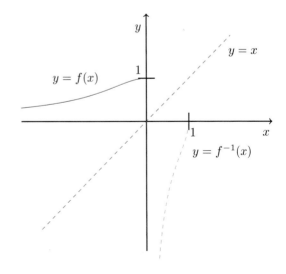

Definition: Summe, Produkt und Quotient von Funktionen

Seien f und g zwei Funktionen mit einem gemeinsamen Definitionsbereich $\mathbb{D}$:

$$f : \mathbb{D} \to \mathbb{R}, \quad g : \mathbb{D} \to \mathbb{R}.$$

Summe, Produkt und Quotient werden erklärt durch:

$$f + g : \mathbb{D} \to \mathbb{R}, \quad x \to f(x) + g(x),$$

$$f \cdot g : \mathbb{D} \to \mathbb{R}, \quad x \to f(x)\, g(x),$$

$$\frac{f}{g} : \mathbb{D} \to \mathbb{R}, \quad x \to \frac{f(x)}{g(x)}.$$

Voraussetzung für die Quotientenbildung ist $g(x) \ne 0, x \in \mathbb{D}$.

Definition: Beschränkte Funktionen

Eine Funktion $f : \mathbb{D} \to \mathbb{R}$ heißt beschränkt, wenn es eine Zahl s gibt, sodass für alle $x \in D$ gilt: $|f(x)| \le s$.

Die Funktion f heißt nach oben bzw. nach unten beschränkt, wenn es eine Zahl $\bar{s}$ bzw. $\underline{s}$ gibt, sodass für alle $x \in \mathbb{D}$ gilt: $f(x) \le \bar{s}$ bzw. $\underline{s} \le f(x)$. (Abb. 3.13)

Abb. 3.13 Beschränkte
Funktion $f : \mathbb{D} \to \mathbb{R}$ mit
oberer Schranke $\overline{s}$ und unterer
Schranke $\underline{s}$

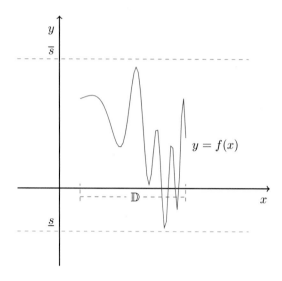

Definition: Monotone Funktion

Eine Funktion $f : \mathbb{D} \to \mathbb{R}$ heißt monoton wachsend bzw. monoton fallend, wenn
für alle $x_1, x_2 \in \mathbb{D}$ gilt:

$$x_1 < x_2 \implies f(x_1) \leq f(x_2) \quad \text{bzw.} \quad x_1 < x_2 \implies f(x_1) \geq f(x_2).$$

Die Funktion f heißt streng monoton wachsend bzw. streng monoton fallend, wenn
für alle $x_1, x_2 \in \mathbb{D}$ gilt:

$$x_1 < x_2 \implies f(x_1) < f(x_2) \quad \text{bzw.} \quad x_1 < x_2 \implies f(x_1) > f(x_2).$$

Streng monotone Funktionen sind injektiv und besitzen damit eine Umkehrfunktion
(Abb. 3.14).

Abb. 3.14 Monoton
wachsende Funktion f und
monoton fallende Funktion g

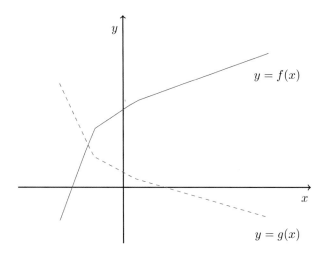

3.3 Stetigkeit, Grenzwerte

Wir betrachten eine Funktion $f : \mathbb{D} \to \mathbb{R}$ und eine Folge von Elementen aus dem Definitionsbereich $x_n \in \mathbb{D}$, $n \geq 1$, die gegen einen Grenzwert x_0 aus dem Definitionsbereich konvergiert:

$$\lim_{n \to \infty} x_n = x_0.$$

Wir fragen, ob die zugehörige Folge der Funktionswerte $f(x_n)$ gegen $f(x_0)$ konvergiert (Abb. 3.15)? Das bedeutet gerade, dass Grenzübergang und Abbildung vertauschbar sind:

$$\lim_{n \to \infty} f(x_n) = f\left(\lim_{n \to \infty} x_n\right) = f(x_0).$$

Definition: Stetigkeit (Folgendefinition)
Eine Funktion $f : \mathbb{D} \to \mathbb{R}$ heißt stetig im Punkt $x_0 \in \mathbb{D}$ (an der Stelle x_0), wenn Folgendes gilt. Ist $\{x_n\}_{n=1}^{\infty} \subset \mathbb{D}$ eine gegen x_0 konvergente Folge, dann konvergiert die Folge $\{f(x_n)\}_{n=1}^{\infty}$ gegen $f(x_0)$.

Äquivalent dazu können wir die Stetigkeit ohne den Folgenbegriff erklären (Abb. 3.16).

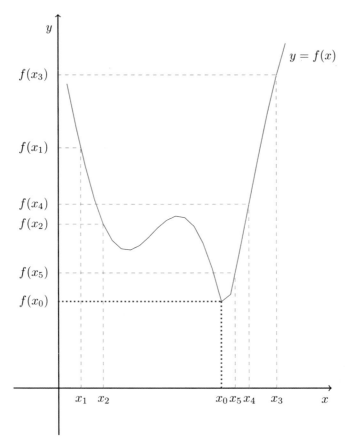

Abb. 3.15 Folgendefinition der Stetigkeit: Folge von Urbildern x_n, $n \geq 1$, und zugehörige Folge von Bildern $f(x_n)$, $n \geq 1$, einer Funktion f. (Jeweils die ersten fünf Folgenglieder werden gezeichnet)

Satz: Stetigkeit ($\epsilon - \delta$-Definition)

Eine Funktion $f : \mathbb{D} \to \mathbb{R}$ heißt stetig im Punkt $x_0 \in \mathbb{D}$, wenn Folgendes gilt. Für alle $\epsilon > 0$ gibt es ein $\delta_\epsilon > 0$, sodass aus $|x - x_0| < \delta_\epsilon$ und $x \in \mathbb{D}$ folgt $|f(x) - f(x_0)| < \epsilon$.

Beispiel 3.9

Die konstante Funktion $f(x) = c$, $x \in \mathbb{R}$, ist stetig in jedem Punkt $x_0 \in \mathbb{R}$.

Offenbar gilt für jede Folge $\{x_n\}_{n=1}^{\infty}$:

$$\lim_{n \to \infty} (x_n) = x_0 \iff \lim_{n \to \infty} f(x_n) = \lim_{n \to \infty} c = c = f(x_0).$$

Abb. 3.16 $\epsilon - \delta$-Definition der Stetigkeit: Legt man ein (noch so kleines) ϵ-Intervall um $f(x_0)$, dann gibt es (immer noch) ein δ_ϵ-Intervall um x_0, sodass alle x aus dem δ_ϵ-Intervall von der Funktion f in das ϵ-Intervall abgebildet werden

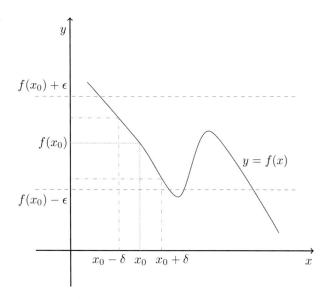

Beispiel 3.10

Die Identität $f(x) = x$, $x \in \mathbb{R}$, ist stetig in jedem Punkt $x_0 \in \mathbb{R}$.

Offenbar gilt wieder für jede Folge $\{x_n\}_{n=1}^\infty$:

$$\lim_{n\to\infty}(x_n) = x_0 \iff \lim_{n\to\infty} f(x_n) = \lim_{n\to\infty} x_n = x_0 = f(x_0).$$

Genauso zeigt man, dass $f(x) = -x$, $x \in \mathbb{R}$, in jedem Punkt $x_0 \in \mathbb{R}$ stetig ist.   •

Beispiel 3.11

Die Betragsfunktion $f(x) = |x|$, $x \in \mathbb{R}$, ist in jedem $x_0 \in \mathbb{R}$ stetig. Die Punkte $x_0 \neq 0$ können wir wie oben bearbeiten. An der Stelle $x_0 = 0$ hat die Funktion einen Knick. Die Stetigkeit ergibt sich aus der Überlegung (Abb. 3.17):

$$\lim_{n\to\infty} x_n = 0 \iff \lim_{n\to\infty} f(x_n) = \lim_{n\to\infty} |x_n| = 0 = f(x_0).$$

Die Funktion

$$g(x) = \begin{cases} 1, & x \geq 0, \\ -1, & x < 0, \end{cases}$$

macht an der Stelle null einen Sprung. Das ist eine typische Unstetigkeitsstelle. Nehmen wir die Folge $x_n = -\frac{1}{n}$, dann gilt (Abb. 3.17):

$$\lim_{n\to\infty} x_n = 0 \quad \text{und} \quad \lim_{n\to\infty} g(x_n) = \lim_{n\to\infty} (-1) = -1 \neq g(x_0).$$

•

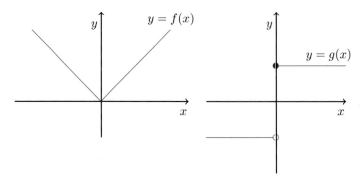

Abb. 3.17 Die Funktionen $f(x) = |x|$ (links) und $g(x) = \begin{cases} 1, x \geq 0, \\ -1, x < 0, \end{cases}$ (rechts)

Beispiel 3.12

Wir zeigen mit der $\epsilon - \delta$-Definition, dass die Wurzelfunktion in jedem Punkt $x_0 \geq 0$ stetig ist.

Wir betrachten zuerst $x_0 = 0$.

Zu vorgegebenem $\epsilon > 0$ wählen wir $\delta_\epsilon = \epsilon^2$. Dann gilt:

$$|x - 0| = x < \delta_\epsilon \iff |\sqrt{x} - \sqrt{0}| = \sqrt{x} < \epsilon.$$

(Als Umkehrfunktion einer streng monotonen Funktion ist die Wurzelfunktion streng monoton).

Nun betrachten wir $x_0 \neq 0$. Wir schreiben

$$\sqrt{x} - \sqrt{x_0} = \frac{(\sqrt{x} - \sqrt{x_0})(\sqrt{x} + \sqrt{x_0})}{\sqrt{x} + \sqrt{x_0}} = \frac{x - x_0}{\sqrt{x} + \sqrt{x_0}}.$$

Zu vorgegebenem $\epsilon > 0$ wählen wir $\delta_\epsilon = \sqrt{x_0}\,\epsilon$. Aus $|x - x_0| < \delta_\epsilon$ folgt dann:

$$|\sqrt{x} - \sqrt{x_0}| = \frac{|x - x_0|}{\sqrt{x} + \sqrt{x_0}} < \frac{\sqrt{x_0}}{\sqrt{x} + \sqrt{x_0}}\,\epsilon < \epsilon.$$

Beim Nachprüfen der Stetigkeit helfen wieder einige einfache Sätze, die sich mit der Folgendefinition sofort aus den entsprechenden Sätzen über konvergente Folgen ergeben.

Satz: Stetigkeit von Summe, Produkt und Quotient
Die Funktionen $f : \mathbb{D} \to \mathbb{R}$ und $g : \mathbb{D} \to \mathbb{R}$ seien stetig im Punkt $x_0 \in \mathbb{D}$.
   Dann sind auch die Funktionen $f + g : \mathbb{D} \to \mathbb{R}$, $f \cdot g : \mathbb{D} \to \mathbb{R}$ und $\frac{f}{g} : \mathbb{D} \to \mathbb{R}$ stetig im Punkt x_0. (Beim Quotienten wird wieder $g(x) \neq 0$ vorausgesetzt).

Beispiel 3.13
Wir betrachten Polynome

$$f : \mathbb{R} \to \mathbb{R}, \quad x \to a_n x^n + a_{n-1} x^{n-1} + \cdots + a_1 x + a_0,$$

mit konstanten Koeffizienten $a_0, a_1, \ldots, a_n$. Polynome sind in jedem Punkt $x_0 \in \mathbb{R}$ stetig.
   Man geht davon aus, dass die Identität $x \to x$ und konstante Funktionen in jedem Punkt $x_0 \in \mathbb{R}$ stetig sind und baut Polynome durch Multiplikation und Addition aus stetigen Funktionen auf. $\bullet$

Die Stetigkeit der Verkettung ergibt sich wieder einfach mit der Folgendefinition. Die Stetigkeit der Umkehrfunktion ist etwas schwieriger zu beweisen. Wir legen dabei ein abgeschlossenes Intervall zugrunde.

Satz: Stetigkeit der Verkettung
Die Funktion $f : \mathbb{D}_f \to \mathbb{R}$ sei stetig im Punkt $x_0 \in \mathbb{D}_f$. Die Funktion $g : \mathbb{D}_g \to \mathbb{R}$, sei stetig im Punkt $f(x_0) \in f(\mathbb{D}_f)$, und es gelte $f(\mathbb{D}_f) \subseteq \mathbb{D}_g$.
   Dann ist die Verkettung $g \circ f : \mathbb{D}_f \to \mathbb{R}$, stetig im Punkt x_0.

Satz: Stetigkeit der Umkehrfunktion
Die Funktion $f : [a, b] \to \mathbb{R}$ sei streng monoton und stetig im Punkt $x_0 \in [a, b]$.
   Dann ist die Umkehrfunktion $f^{-1} : f([a, b]) \to [a, b]$, stetig im Punkt $f(x_0)$.

Die Stetigkeit wird in einem festen Punkt aus dem Definitionsbereich erklärt. Wir müssen diese Eigenschaft Punkt für Punkt nachprüfen. Ist eine Funktion in jedem Punkt ihres Definitionsbereichs stetig, dann spricht man kurz von einer stetigen Funktion. Stetige Funktionen haben viele besondere Eigenschaften. Unter anderem besitzen sie absolute Minima und Maxima.

Definition: Minima und Maxima

Sei $f : \mathbb{D} \to \mathbb{R}$ eine Funktion.

Wir bezeichnen $\underline{x} \in \mathbb{D}$ als globale Minimalstelle von f, wenn für alle $x \in \mathbb{D}$ gilt: $f(\underline{x}) \leq f(x)$. Wir bezeichnen $\bar{x} \in \mathbb{D}$ als globale Maximalstelle von f, wenn für alle $x \in \mathbb{D}$ gilt: $f(\bar{x}) \geq f(x)$. Gilt $f(\underline{x}) \leq f(x)$, ($f(\bar{x}) \geq f(x)$), lediglich lokal, also in einer Umgebung von $\underline{x}$ bzw. $\bar{x}$, so sprechen wir von einer lokalen (relativen) Minimalstelle (Maximalstelle).

Bei einer konstanten Funktion stellt jede Stelle aus dem Definitionsbereich sowohl eine (globale) Minimal- als auch eine (globale) Maximalstelle dar. Für lokale Extremalstellen (lokale Minimalstelle, lokale Maximalstelle) ist die Kurzbezeichnung Extremalstelle (Minimalstelle, Maximalstelle) üblich. Außerdem sagt man auch, die Funktion f besitzt in $\bar{x}$ bzw. $\underline{x}$ einen Extremwert, ein Minimum oder ein Maximum (Abb. 3.18).

Der Zwischenwertsatz besagt, dass eine stetige Funktion eines abgeschlossenen Intervalls jeden Wert zwischen globalem Minimum und Maximum als Funktionswert annimmt.

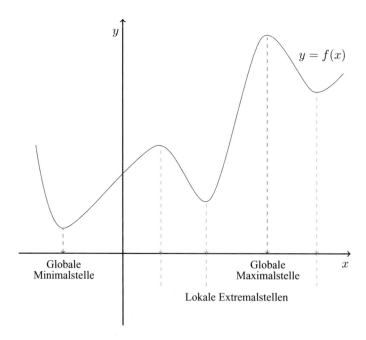

Abb. 3.18 Globale und lokale Extremalstellen einer Funktion f

Satz: Zwischenwertsatz

Sei $f : [a, b] \rightarrow \mathbb{R}$ eine stetige Funktion.

Dann besitzt f mindestens eine globale Minimalstelle $\underline{x}$ und mindestens eine globale Maximalstelle $\bar{x}$. Zu jedem η mit $f(\underline{x}) \leq \eta \leq f(\bar{x})$ gibt es ein $\xi \in [a, b]$ mit $f(\xi) = \eta$.

Für den minimalen bzw. maximalen Funktionswert führen wir noch die Bezeichnung ein:

$$\min_{x \in [a,b]} f(x) \quad \text{bzw.} \quad \max_{x \in [a,b]} f(x).$$

Beispiel 3.14

Auf die Voraussetzung des abgeschlossenen und beschränkten Definitionsintervalls kann nicht verzichtet werden. Die Funktion (Abb. 3.19)

$$f(x) = \frac{1}{x}, \quad 0 < x \leq 1,$$

besitzt zwar eine globale Minimalstelle, aber nach oben sind die Funktionswerte nicht beschränkt. Die Funktion (Abb. 3.19)

$$g(x) = \frac{1}{x}, \quad 1 \leq x,$$

besitzt zwar eine globale Maximalstelle, und die Funktionswerte besitzen die Null als größte untere Schranke, aber die Null wird nicht als Funktionswert angenommen. •

Abb. 3.19 Die Funktionen $f(x) = \frac{1}{x}, 0 < x \leq 1$, (links) und $g(x) = \frac{1}{x}, 1 \leq x$, (rechts)

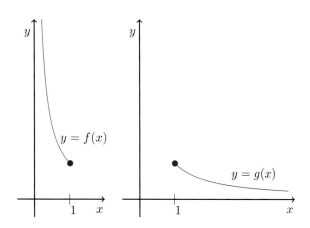

Beispiel 3.15
Auf die Voraussetzung der Stetigkeit kann nicht verzichtet werden.
Die Funktion $f : [0, 2] \leftrightarrow \mathbb{R}$, (Abb. 3.20)

$$f(x) = \begin{cases} x, & 0 \leq x \leq 1, \\ x - 2, & 1 < x \leq 2, \end{cases}$$

ist unstetig in $x_0 = 1$. Die größte untere Schranke der Funktionswerte wird nicht angenommen. Es gibt keine globale Minimalstelle.
Die Funktion $g : [0, 2] \leftrightarrow \mathbb{R}$, (Abb. 3.21)

$$g(x) = \begin{cases} x + 2, & 0 \leq x \leq 1, \\ x + 3, & 1 < x \leq 2, \end{cases}$$

ist unstetig in $x_0 = 1$. Sie besitzt die globale Minimalstelle $\underline{x} = 0$ mit $g(0) = 2$ und die globale Maximalstelle $\bar{x} = 2$ mit $g(2) = 5$. Die Werte $3 \leq y < 4$ werden aber nicht als Funktionswerte angenommen. Der Wertebereich von g ist:

$$g([0, 2]) = [2, 3] \cup (4, 5].$$

•

Man kann den Zwischenwertsatz auch so ausdrücken: Eine stetige Funktion bildet ein beschränktes, abgeschlossenes Intervall in ein Intervall ab, das wieder beschränkt und abgeschlossen ist (Abb. 3.22).

Wenn eine stetige Funktion eine Lücke in ihrem Definitionsbereich hat, dann kann man versuchen, diese durch Grenzwertbildung zu schließen. Man versucht, die Funktion stetig fortzusetzen.

Abb. 3.20 Die Funktion
$f(x) =$
$\begin{cases} x, & 0 \leq x \leq 1, \\ x - 2, & 1 < x \leq 2. \end{cases}$
mit Schranken -1 und 1

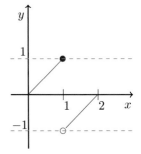

Abb. 3.21 Die Funktion
$g(x) =$
$$\begin{cases} x+2, & 0 \leq x \leq 1, \\ x+3, & 1 < x \leq 2. \end{cases}$$
mit Schranken 2 und 5

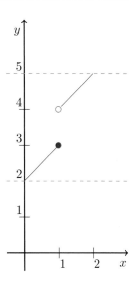

Abb. 3.22 Abbildung eines
beschränkten, abgeschlossenen
Intervalls $[a, b]$ durch eine
stetige Funktion f

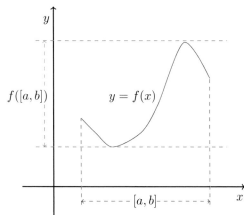

Definition: Grenzwert einer Funktion

Die Funktion $f : (a, x_0) \cup (x_0, b) \longrightarrow \mathbb{R}$ besitzt in x_0 den Grenzwert g:

$$\lim_{x \to x_0} f(x) = g,$$

wenn die folgende Funktion in x_0 stetig ist:

$$\tilde{f}(x) = \begin{cases} f(x), & x \in (a, x_0) \cup (x_0, b) \\ g, & x = x_0. \end{cases}$$

Typische Lücken im Definitionsbereich entstehen dadurch, dass eine Vorschrift so formuliert ist, dass gewisse Stellen ausgenommen werden müssen (Abb. 3.23).

Den Grenzwert kann man auch wieder mit Folgen einführen.

Satz: Grenzwert einer Funktion (Folgendefinition)

Die Funktion

$$f : (a, x_0) \cup (x_0, b) \longrightarrow \mathbb{R}$$

besitzt in x_0 den Grenzwert g

$$\lim_{x \to x_0} f(x) = g,$$

wenn folgende Bedingung erfüllt wird: Ist $\{x_n\}_{n=1}^{\infty} \subset (a, x_0) \cup (x_0, b)$ eine Folge mit

$$\lim_{n \to \infty} x_n = x_0,$$

dann gilt:

$$\lim_{n \to \infty} f(x_n) = g.$$

Häufig ist es so, dass eine Funktion in einem Punkt x_0 zwar keinen Grenzwert besitzt, jedoch bei linksseitiger oder rechtsseitiger Annäherung an den Punkt x_0 von einem Grenzwert gesprochen werden kann.

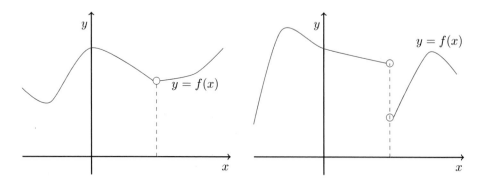

Abb. 3.23 (Hebbare) Definitionslücke einer Funktion (links) (Grenzwert vorhanden), Sprungstelle einer Funktion (rechts), (kein Grenzwert)

Definition: Linksseitiger Grenzwert, rechtsseitiger Grenzwert
Die Funktion $f : (a, x_0) \longrightarrow \mathbb{R}$ besitzt in x_0 den linksseitigen Grenzwert g, wenn es zu jedem $\epsilon > 0$ ein $\delta_\epsilon > 0$ gibt, sodass für alle $x \in (a, x_0)$ mit $|x - x_0| < \delta_\epsilon$ gilt: $|f(x) - g| < \epsilon$. Wir schreiben:

$$\lim_{x \to x_0^-} f(x) = g.$$

Die Funktion $f : (x_0, b) \longrightarrow \mathbb{R}$ besitzt in x_0 den rechtsseitigen Grenzwert g, wenn es zu jedem $\epsilon > 0$ ein $\delta_\epsilon > 0$ gibt, sodass für alle $x \in (x_0, b)$ mit $|x - x_0| < \delta_\epsilon$ gilt: $|f(x) - g| < \epsilon$. Wir schreiben:

$$\lim_{x \to x_0^+} f(x) = g.$$

Wir zeigen nun, dass eine Funktion genau dann einen Grenzwert in x_0 besitzt, wenn sie dort einen linksseitigen und einen rechtsseitigen Grenzwert besitzt, und beide übereinstimmen.

Satz: Einseitige Grenzwerte und Grenzwert
Die Funktion $f : (a, x_0) \cup (x_0, b) \longrightarrow \mathbb{R}$ besitzt in x_0 genau dann den Grenzwert g, wenn f in x_0 den linksseitigen Grenzwert g und den rechtsseitigen Grenzwert g besitzt.

Wir sprechen von einem linksseitigen Grenzwert der Funktion $f : (a, x_0) \cup (x_0, b) \longrightarrow \mathbb{R}$, wenn die Funktion $f_l : (a, x_0) \longrightarrow \mathbb{R}$, die durch $f_l(x) = f(x), x \in (a, x_0)$, erklärt wird, den linksseitigen Grenzwert g in x_0 hat. Wir sprechen von einem rechtsseitigen Grenzwert der Funktion $f : (a, x_0) \cup (x_0, b) \longrightarrow \mathbb{R}$, wenn die Funktion $f_r : (x_0, b) \longrightarrow \mathbb{R}$, die durch $f_r(x) = f(x), x \in (x_0, b)$, erklärt wird, den rechtsseitigen Grenzwert g in x_0 hat.

Wenn f in x_0 den Grenzwert g hat, dann existiert offenbar der links- und der rechtsseitige Grenzwert von f. Umgekehrt gibt es zu jedem $\epsilon > 0$ ein $\delta_{l,\epsilon} > 0$ und ein $\delta_{r,\epsilon} > 0$, sodass $|f_l(x) - g| < \epsilon$ für alle $x \in (a, x_0)$ mit $|x - x_0| < \delta_{l,\epsilon}$ und $|f_r(x) - g| < \epsilon$ für alle $x \in (x_0, b)$ mit $|x - x_0| < \delta_{r,\epsilon}$. Mit $\delta_\epsilon = \min\{\delta_{l,\epsilon}, \delta_{r,\epsilon}\}$ wird dann die Grenzwertbedingung erfüllt. Das bedeutet auch, dass eine auf einem ganzen Intervall (a, b) erklärte Funktion in $x_0 \in (a, b)$ genau dann stetig ist, wenn gilt:

$$\lim_{x \to x_0^-} f(x) = \lim_{x \to x_0^+} f(x) = f(x_0).$$

Das Folgenkriterium für Grenzwerte kann sofort übernommen werden.

Satz: Folgenkriterium für einseitige Grenzwerte

Die Funktion $f : (a, x_0) \longrightarrow \mathbb{R}$ besitzt in x_0 den linksseitigen Grenzwert g, $\lim_{x \to x_0^-} f(x) = g$, wenn alle gegen x_0 konvergenten Folgen $\{\tilde{x}_n\} \subset (a, x_0)$ die Eigenschaft haben, dass die Folgen der zugehörigen Funktionswerte $\{f(\tilde{x}_n)\}$ gegen den Grenzwert g konvergieren.

Die Funktion $f : (x_0, b) \longrightarrow \mathbb{R}$ besitzt in x_0 den rechtsseitigen Grenzwert g, $\lim_{x \to x_0^+} f(x) = g$, wenn alle gegen x_0 konvergenten Folgen $\{\tilde{x}_n\} \subset \cup (x_0, b)$ die Eigenschaft haben, dass die Folgen der zugehörigen Funktionswerte $\{f(\tilde{x}_n)\}$ gegen den Grenzwert g konvergieren.

Schließlich erklären wir noch den Grenzwert im Unendlichen und unendlich als Grenzwert.

Definition: Grenzwert im Unendlichen

Die Funktion $f : \mathbb{R} \longrightarrow \mathbb{R}$ besitzt in unendlich den Grenzwert g

$$\lim_{x \to \infty} f(x) = g \quad \text{bzw.} \quad \lim_{x \to -\infty} f(x) = g,$$

wenn folgende Bedingung erfüllt wird: Ist $\{x_n\}_{n=1}^{\infty}$ eine Folge mit

$$\lim_{n \to \infty} x_n = \infty \quad \text{bzw.} \quad \lim_{n \to -\infty} x_n = -\infty,$$

dann gilt:

$$\lim_{n \to \infty} f(x_n) = g.$$

Definition: Unendlich als Grenzwert

Die Funktion $f : \mathbb{R} \longrightarrow \mathbb{R}$ besitzt in $x_0 \in \mathbb{R}$ den Grenzwert unendlich

$$\lim_{x \to x_0} f(x) = \infty \quad \text{bzw.} \quad \lim_{x \to x_0} f(x) = -\infty,$$

wenn folgende Bedingung erfüllt wird: Ist $\{x_n\}_{n=1}^{\infty}$ eine Folge mit

$$\lim_{n \to \infty} x_n = x_0,$$

dann gilt:

$$\lim_{n \to \infty} f(x_n) = \infty \quad \text{bzw.} \quad \lim_{n \to \infty} f(x_n) = -\infty.$$

Aufgrund der Folgendefinition des Grenzwerts können wir die Sätze über Grenzwerte von Folgen sinngemäß auf Grenzwerte von Funktionen übertragen.

Beispiel 3.16

Wir zeigen:

$$\lim_{x \to \infty} \frac{3\,x^4 + 2\,x^2 + 7}{2\,x^4 + x^3 + 4\,x} = \frac{3}{2}, \quad \lim_{x \to -\infty} \frac{3\,x^4 + 2\,x^2 + 7}{2\,x^4 + x^3 + 4\,x} = \frac{3}{2}.$$

Wir formen um:

$$\frac{3\,x^4 + 2\,x^2 + 7}{2\,x^4 + x^3 + 4\,x} = \frac{3 + \frac{2}{x^2} + \frac{7}{x^4}}{2 + \frac{1}{x} + \frac{4}{x^3}}.$$

Nun verwenden wir: $\lim\limits_{x \to \pm\infty} \dfrac{1}{x} = 0$ bzw. $\lim\limits_{x \to \pm\infty} \dfrac{1}{x^n} = 0$, $n \in \mathbb{N}$. Anwendung der Grenzwertsätze ergibt (Abb. 3.24):

$$\lim_{x \to \pm\infty} \frac{3 + \frac{2}{x^2} + \frac{7}{x^4}}{2 + \frac{1}{x} + \frac{4}{x^3}} = \frac{3}{2}.$$

●

Abb. 3.24 Die Funktion
$f(x) = \frac{3\,x^4 + 2\,x^2 + 7}{2\,x^4 + x^3 + 4\,x}$

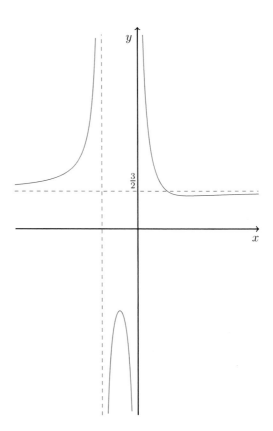

Beispiel 3.17

Wir zeigen: $\lim\limits_{x \to 2^+} \left(\dfrac{1}{x+2} - \dfrac{1}{x^2-4} \right) = -\infty.$

Die Behauptung folgt aus: $\lim\limits_{x \to 2} \dfrac{1}{x+2} = \dfrac{1}{4}$ und $\lim\limits_{x \to 2^+} \dfrac{1}{x^2-4} = \infty.$

Man kann auch so vorgehen:

$$\frac{1}{x+2} - \frac{1}{x^2-4} = \frac{x-3}{(x+2)(x-2)} = \frac{x-3}{x+2} \frac{1}{x-2}.$$

Es gilt:

$$\lim_{x \to 2^+} \frac{x-3}{x+2} = -\frac{1}{4} \quad \text{und} \quad \lim_{x \to 2^+} \frac{1}{x-2} = \infty.$$

Insgesamt folgt (Abb. 3.25):

$$\lim_{x \to 2^+} \frac{x-3}{x+2} \frac{1}{x-2} = -\infty.$$

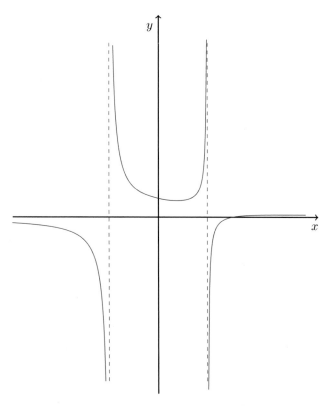

Abb. 3.25 Die Funktion $f(x) = \frac{1}{x+2} - \frac{1}{x^2-4}$

Beispiel 3.18

Wir zeigen: $\lim\limits_{x \to \infty} \left(\sqrt{x^2 + x} - x \right) = \dfrac{1}{2}$.

Wir formen um:

$$\sqrt{x^2 + x} - x = (\sqrt{x^2 + x} - x)\, \frac{\sqrt{x^2 + x} + x}{\sqrt{x^2 + x} + x}$$

$$= \frac{x^2 + x - x^2}{\sqrt{x^2 + x} + x} = \frac{x}{\sqrt{x^2 + x} + x} = \frac{1}{\sqrt{1 + \frac{1}{x}} + 1}.$$

Damit ergibt sich der Grenzwert sofort. ●

Beispiel 3.19

Wir zeigen:

$$\lim_{x \to 0} \frac{\sin(x)}{x} = 1.$$

Wir entnehmen aus der Geometrie am Einheitskreis für Bogenlängen $0 < x < \frac{\pi}{2}$ (Abb. 3.26):

$$0 < \sin(x) < x < \tan(x).$$

Aus der Einschachtelung folgt:

$$1 < \frac{x}{\sin(x)} < \frac{1}{\cos(x)} \quad \text{bzw.} \quad \cos(x) < \frac{\sin(x)}{x} < 1.$$

Abb. 3.26 Einschachtelung des Sinus. (Bogenlänge=Radius×Bogenmaß)

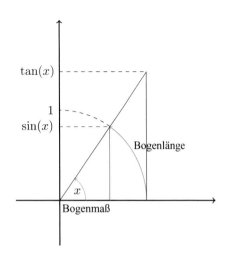

Unter Berücksichtigung von $\sin(-x) = -\sin(x)$ und $\cos(-x) = \cos(x)$ kann die letzte Ungleichung auf $x \in (-\frac{\pi}{2}, \frac{\pi}{2})\backslash\{0\}$ erstreckt werden. Mit der Stetigkeit der Kosinusfunktion und $\cos(0) = 1$ bekommen wir den Grenzwert (Abb. 3.27):

$$\lim_{x \to 0} \frac{x}{\sin(x)} = 1$$

und

$$\lim_{x \to 0} \frac{1}{\frac{x}{\sin(x)}} = \lim_{x \to 0} \frac{\sin(x)}{x} = 1.$$

Beispiel 3.20

Es gilt:

$$\lim_{x \to 0} \frac{1 - \cos(x)}{x} = 0.$$

Wir formen um:

$$\frac{1 - \cos(x)}{x} = \frac{1 - \cos(x)}{x} \frac{1 + \cos(x)}{1 + \cos(x)}$$

$$= \frac{1 - (\cos(x))^2}{x\,(1 + \cos(x))} = \frac{(\sin(x))^2}{x\,(1 + \cos(x))}$$

$$= \frac{\sin(x)}{x} \frac{\sin(x)}{1 + \cos(x)}.$$

Der erste Faktor geht gegen 1 und der zweite gegen 0.   •

Beispiel 3.21

Wir zeigen, dass die Funktion

$$f(x) = \sin\left(\frac{1}{x}\right)$$

keinen Grenzwert an der Stelle $x_0 = 0$ besitzt. Die Funktion kann also nicht in den Punkt $x_0 = 0$ stetig fortgesetzt werden (Abb. 3.28).

Wir gehen von den folgenden Sinuswerten aus:

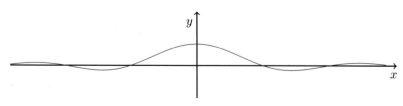

Abb. 3.27 Die Funktion $\frac{\sin(x)}{x}$

Abb. 3.28 Die Funktion $\sin\left(\frac{1}{x}\right)$

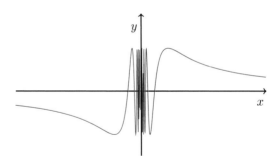

$$\sin(x) = 0, \quad x = k\,\pi, \quad k = 0, 1, 2, 3, \ldots$$

$$\sin(x) = 1, \quad x = \frac{\pi}{2} + k\,2\,\pi, \quad k = 0, 1, 2, 3, \ldots$$

$$\sin(x) = -1, \quad x = 3\,\frac{\pi}{2} + k\,2\,\pi, \quad k = 0, 1, 2, 3, \ldots$$

Damit bekommen wir:

$$\sin\left(\frac{1}{x}\right) = 0, \quad x = \frac{1}{k\,\pi}, \quad k = 1, 2, 3, \ldots$$

$$\sin\left(\frac{1}{x}\right) = 1, \quad x = \frac{1}{\frac{\pi}{2} + k\,2\,\pi}, \quad k = 0, 1, 2, 3, \ldots$$

$$\sin\left(\frac{1}{x}\right) = -1, \quad x = \frac{1}{3\,\frac{\pi}{2} + k\,2\,\pi}, \quad k = 0, 1, 2, 3, \ldots$$

Nun bilden wir Folgen:

$$x_n = \frac{1}{n\,\pi} \quad y_n = \frac{1}{\frac{\pi}{2} + n\,2\,\pi}, \quad z_n = \frac{1}{3\,\frac{\pi}{2} + n\,2\,\pi}, \quad n = 0, 1, 2, 3, \ldots$$

Es gilt: $\lim\limits_{n\to\infty} x_n = 0$, $\lim\limits_{n\to\infty} y_n = 0$, $\lim\limits_{n\to\infty} z_n = 0$, aber $\lim\limits_{n\to\infty} f(x_n) = 0$, $\lim\limits_{n\to\infty} f(y_n) = 1$, $\lim\limits_{n\to\infty} f(z_n) = -1$.
Wenn es einen Grenzwert gäbe, müssten die Grenzwerte der Folgen der Funktionswerte übereinstimmen.

Abb. 3.29 Die Funktionen
$1 - \frac{1}{x}$, $x - 1$ und $\ln(x)$

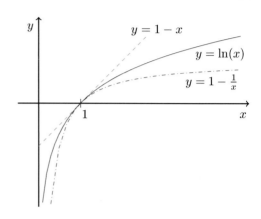

3.4   Logarithmus und Exponentialfunktion

Mit dem Folgenbegriff können wir den Logarithmus erklären (Abb. 3.29).

Definition: Natürlicher Logarithmus
Der natürliche Logarithmus $\ln : \mathbb{R}_{>0} \longrightarrow \mathbb{R}$ wird erklärt durch folgende Eigenschaften:

1) Für alle $x_1, x_2 \in \mathbb{R}_{>0}$ gilt:

$$\ln(x_1 x_2) = \ln(x_1) + \ln(x_2).$$

2) Für alle $x \in \mathbb{R}_{>0}$ gilt:

$$1 - \frac{1}{x} \leq \ln(x) \leq x - 1.$$

Die Eigenschaft 1) nennt man auch Funktionalgleichung. Sie gibt uns Regeln für das Rechnen mit Logarithmen. Die Eigenschaft 2) gibt uns analytische Eigenschaften des Logarithmus, Stetigkeit, etc. Zur Festlegung der Logarithmusfunktion benötigt man die n-te Wurzel und den Grenzwertbegriff bei Folgen. (Bereits Halley, 1659, und Moivre, 1695, haben den folgenden Grenzwert verwendet, um den Logarithmus zu definieren).

Satz: Logarithmus als Grenzwert
Es gibt genau eine Funktion mit den Eigenschaften 1) und 2), nämlich:

$$\ln(x) = \lim_{n \to \infty} n \left(\sqrt[n]{x} - 1 \right).$$

Aus den definierenden Eigenschaften leiten wir Folgerungen her.

Satz: Eigenschaften des natürlichen Logarithmus
Es gilt:

1.) $\ln(1) = 0$.
2.) Für alle $x_1 > 0$, $x_2 > 0$: $\ln\left(\frac{x_1}{x_2}\right) = \ln(x_1) - \ln(x_2)$.
3.) Für alle $x > 0$, $r \in \mathbb{R}$: $\ln(x^r) = r \ln(x)$.
4.) Der natürliche Logarithmus ist streng monoton wachsend.
5.) Der natürliche Logarithmus ist stetig und besitzt $\mathbb{R}$ als Wertebereich.

Zu 1.) Wegen

$$\ln(1) = \ln(1 \cdot 1) = \ln(1) + \ln(1) = 2 \ln(1)$$

folgt $\ln(1) = 0$.
Zu 2.) Wegen

$$\ln(1) = \ln\left(\frac{x}{x}\right) = \ln\left(x \, \frac{1}{x}\right) = \ln(x) + \ln\left(\frac{1}{x}\right) = 0$$

folgt zunächst

$$\ln\left(\frac{1}{x}\right) = -\ln(x)$$

und damit

$$\ln\left(\frac{x_1}{x_2}\right) = \ln\left(x_1 \, \frac{1}{x_2}\right) = \ln(x_1) - \ln(x_2).$$

Zu 3.) Für $n \in \mathbb{N}_0$ zeigt man zunächst durch Induktion $\ln(x^n) = n \ln(x)$. Offenbar gilt dies für $n = 0$: $\ln(x^0) = 0 = 0 \ln(x)$. Der Induktionsschritt wird wie folgt gemacht:

$$\ln(x^{n+1}) = \ln(x^n \, x) = n \ln(x) + \ln(x).$$

Für negative ganze Zahlen $n = -k$ gilt:

$$\ln(x^n) = \ln(x^{-k}) = \ln((x^{-1})^k) = k \ln(x^{-1}) = k \, (-\ln(x)) = n \ln(x).$$

Als Nächstes zeigen wir für $m \in \mathbb{N}$:

$$\ln\left(x^{\frac{1}{m}}\right) = \frac{1}{m} \ln(x).$$

Wir entnehmen dies aus:

$$m \ln\left(x^{\frac{1}{m}}\right) = \ln\left(\left(x^{\frac{1}{m}}\right)^m\right) = \ln(x).$$

Insgesamt bekommen wir nun für $r = \frac{n}{m} \in \mathbb{Q}$:

$$\ln(x^r) = \ln\left(x^{\frac{n}{m}}\right) = \ln\left(\left(x^{\frac{1}{m}}\right)^n\right) = n\,\ln\left(x^{\frac{1}{m}}\right) = n\,\frac{1}{m}\,\ln(x) = r\,\ln(x).$$

Die Ausdehnung auf reelle Exponenten r ist mit der allgemeinen Potenz, die wir weiter unten einführen, sofort möglich.

4.) Wir betrachten zwei Argumente $x_2 > x_1 > 0$ und verwenden zuerst

$$\ln(x_2) - \ln(x_1) = \ln\left(\frac{x_2}{x_1}\right).$$

Nun gilt:

$$1 - \frac{1}{\frac{x_2}{x_1}} = 1 - \frac{x_1}{x_2} \leq \ln\left(\frac{x_2}{x_1}\right).$$

Wegen

$$x_2 > x_1 \implies \frac{x_1}{x_2} < 1 \implies 0 < 1 - \frac{x_1}{x_2}$$

folgt

$$\ln\left(\frac{x_2}{x_1}\right) > 0.$$

Die Stetigkeitsaussage bekommt man ebenfalls aus der definierenden Eigenschaft 2) des Logarithmus. Zur Aussage über den Wertebereich zieht man noch $\ln(x^n) = n\,\ln(x)$ heran. Ferner gilt:

$$\lim_{x \to \infty} \ln(x) = \infty, \quad \lim_{x \to 0^+} \ln(x) = -\infty.$$

Beispiel 3.22

Die Eulersche Zahl wird gegeben als Grenzwert:

$$\lim_{n \to \infty} \left(1 + \frac{1}{n}\right)^n = e.$$

Wir zeigen:

$$\ln(e) = 1.$$

Der natürliche Logarithmus ist stetig und damit gilt:

$$\ln(e) = \ln\left(\lim_{n \to \infty} \left(1 + \frac{1}{n}\right)^n\right) = \lim_{n \to \infty} \ln\left(\left(1 + \frac{1}{n}\right)^n\right)$$
$$= \lim_{n \to \infty} n\,\ln\left(1 + \frac{1}{n}\right).$$

Nun betrachten wir die Folge $n\,\ln\left(1 + \frac{1}{n}\right)$. Die definierende Ungleichung des natürlichen Logarithmus ergibt:

$$1 - \frac{1}{1 + \frac{1}{n}} \leq \ln\left(1 + \frac{1}{n}\right) \leq 1 + \frac{1}{n} - 1$$

bzw.

$$n\left(1 - \frac{n}{n+1}\right) = \frac{n}{n+1} \leq n\,\ln\left(1 + \frac{1}{n}\right) \leq 1.$$

Hieraus folgt die Behauptung. ●

Der natürliche Logarithmus ist streng monoton wachsend und besitzt damit eine Umkehrfunktion.

Definition: Die Exponentialfunktion

Die Exponentialfunktion:

$$\exp : \mathbb{R} \longrightarrow \mathbb{R}_{>0},$$

wird erklärt als Umkehrfunktion des natürlichen Logarithmus. Der Definitionsbereich der Exponentialfunktion ist $\mathbb{R}$, der Wertebereich $\mathbb{R}_{>0}$ (Abb. 3.30).
Man verwendet die Schreibweise:

$$\exp(x) = e^x.$$

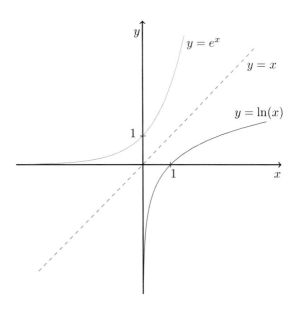

Abb. 3.30 Die Funktionen $\ln(x)$ und e^x

Die Beziehung zwischen Funktion und Umkehrfunktion lautet in Gleichungsform:

$$e^{\ln(x)} = x \quad \text{für alle } x > 0,$$

$$\ln\left(e^x\right) = x \quad \text{für alle } x \in \mathbb{R}.$$

Spezielle Werte:

$$e^0 = 1 \quad \text{und} \quad e^1 = e$$

bekommen wir aus

$$\ln(1) = 0 \implies e^{\ln(1)} = e^0 \implies 1 = e^0$$

und

$$\ln(e) = 1 \implies e^{\ln(e)} = e^1 \implies e = e^1.$$

Die Exponentialfunktion (e-Funktion) ist streng monoton wachsend und stetig. Diese Eigenschaften übertragen sich von der Funktion auf die Umkehrfunktion. Ferner übertragen sich die Funktionalgleichung und die Ungleichung (Abb. 3.31). Man kann auch diese beiden Eigenschaften zur Festlegung der Exponentialfunktion verwenden.

Satz: Eigenschaften der Exponentialfunktion
Die Exponentialfunktion besitzt folgende Eigenschaften:

1) Für alle $x_1, x_2 \in \mathbb{R}$ gilt:

$$e^{x_1 + x_2} = e^{x_1}\, e^{x_2}.$$

2) Für alle $x \in \mathbb{R}$ gilt:

$$1 + x \leq e^x.$$

3) Für alle $x < 1$ gilt:

$$e^x \leq \frac{1}{1 - x}.$$

1) Mit der Funktionalgleichung des Logarithmus

$$\ln(y_1\, y_2) = \ln(y_1) + \ln(y_2)$$

und

$$y_1 = e^{x_1}, \quad y_2 = e^{x_2},$$

bekommen wir

Abb. 3.31 Die Funktionen
$1 + x$, $\frac{1}{1-x}$ und e^x

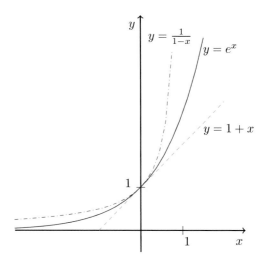

$$\ln\left(e^{x_1} e^{x_2}\right) = \ln\left(e^{x_1}\right) + \ln\left(e^{x_2}\right) = x_1 + x_2.$$

Hieraus folgt:

$$e^{x_1 + x_2} = e^{\ln(e^{x_1} e^{x_2})} = e^{x_1} e^{x_2}.$$

Insbesondere gilt

$$e^x e^{-x} = e^0 = 1,$$

also

$$e^{-x} = \frac{1}{e^x}.$$

2) Für $x > 0$ gilt:

$$\ln(x) \leq x - 1.$$

Wir ersetzen x durch e^x:

$$\ln(e^x) = x \leq e^x - 1$$

bzw,

$$1 + x \leq e^x, \quad x \in \mathbb{R}.$$

3) Ersetzen wir erneut x durch $-x$:

$$1 - x \leq e^{-x}, \quad x \in \mathbb{R}.$$

Ist $1 - x > 0$, so bekommen wir:

$$e^x < \frac{1}{1 - x}.$$

Aus $\lim\limits_{x \to \infty} \ln(x) = \infty$ und $\lim\limits_{x \to 0^+} \ln(x) = -\infty$ schließen wir noch:

$$\lim_{x \to \infty} e^x = \infty, \quad \lim_{x \to -\infty} e^x = 0.$$

Wir führen zum Schluss die allgemeine Exponential- und Logarithmusfunktion ein (Abb. 3.32).

> **Definition: Exponentialfunktion zur Basis a**
> Sei $a > 0$. Die Funktion
>
> $$f : \mathbb{R} \longrightarrow \mathbb{R}_{>0}, \quad x \longrightarrow e^{\ln(a)\,x},$$
>
> heißt Exponentialfunktion zur Basis a.
>   Wir schreiben wieder:
> $$a^x = e^{\ln(a)\,x}, \quad a > 0.$$

Hiermit können wir auch die folgende Verallgemeinerung der Potenzfunktion vornehmen:

$$x^b = e^{b\,\ln(x)}, \quad x > 0, \quad b \in \mathbb{R}.$$

Hieraus ergibt sich für $x > 0$ und $r \in \mathbb{R}$:

$$\ln\left(x^r\right) = \ln\left(e^{r\,\ln(x)}\right) = r\,\ln(x).$$

Die Exponentialfunktion zur Basis a: $x \longrightarrow a^x$ besitzt für $a \neq 1$ eine Umkehrfunktion.

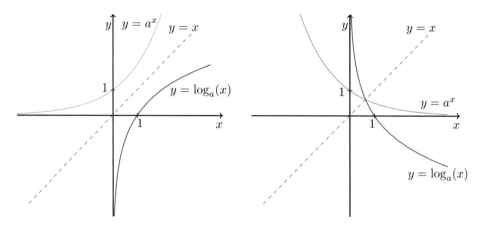

Abb. 3.32 Funktionen a^x und $\log_a(x)$, $a > 1$, (links) und $a < 1$, (rechts)

Definition: Logarithmus zur Basis a

Sei $a > 0, a \neq 1$.

Der Logarithmus zur Basis a:

$$\log_a : \mathbb{R}_{>0} \longrightarrow \mathbb{R},$$

wird erklärt als Umkehrfunktion der Exponentialfunktion zur Basis a.

Sei $a > 0, a \neq 1$, und $x > 0$, dann gilt:

$$\log_a(x) = \frac{1}{\ln(a)} \ln(x).$$

Denn aus:

$$a^{\log_a(x)} = e^{\ln(a)\,\log_a(x)} = x$$

folgt durch Anwendung des natürlichen Logarithmus auf beiden Seiten:

$$\ln(a)\,\log_a(x) = \ln(x).$$

3.5 Beispielaufgaben

Aufgabe 3.1

Man bestimme den maximalen Definitionsbereich, auf welchen die Funktionsvorschrift

$$f(x) = \sqrt{2 - 3\,|x|}$$

erstreckt werden kann. Welcher Wertebereich ergibt sich dann?

Wir müssen dafür sorgen, dass der Ausdruck unter der Wurzel nicht negativ ist:

$$2 - 3\,|x| \geq 0 \iff 3\,|x| \leq 2 \iff |x| \leq \frac{2}{3}.$$

Wir bekommen den maximalen Definitionsbereich:

$$\mathbb{D} = \left\{ x \in \mathbb{R} \,\middle|\, -\frac{2}{3} \leq x \leq \frac{2}{3} \right\}.$$

Der Wertebereich lautet: $f(\mathbb{D}) = \{x \in \mathbb{R} \mid 0 \leq x \leq \sqrt{2}\}$ (Abb. 3.33).

Abb. 3.33 Die Funktion
$f(x) = \sqrt{2 - 3\,|x|}$ mit
maximalem Definitionsbereich
$\mathbb{D}$ und dem Wertebereich $f(\mathbb{D})$

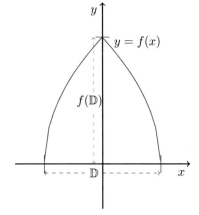

Aufgabe 3.2

Auf welchen Intervallen ist die Funktion

$$f(x) = (x - 1)\,(x + 3)$$

umkehrbar? Wie lautet jeweils die Umkehrfunktion?
Wir betrachten die Funktionsvorschrift:

$$(x - 1)\,(x + 3) = x^2 + 2\,x - 3 = (x + 1)^2 - 4$$

und die Gleichung
$$f(x) = (x + 1)^2 - 4 = y.$$

Man erkennt, dass die Funktion alle Werte $y \geq -4$ annimmt. Außerdem besitzt die Gleichung $f(x) = y$ zwei Lösungen

$$x = \pm\sqrt{y + 4} - 1.$$

Die Einschränkung
$$f_1(x) = (x + 1)^2 - 4, \quad x \leq -1,$$

ist streng monoton fallend und umkehrbar. Die Einschränkung

$$f_2(x) = (x + 1)^2 - 4, \quad x \geq -1,$$

ist streng monoton wachsend und umkehrbar.

Die Lösungen
$$x_1 = -\sqrt{y + 4} - 1 \leq -1$$

und

$$x_2 = +\sqrt{y+4} - 1 \geq -1$$

führen auf die Umkehrungen (Abb. 3.34):

$$f_1^{-1}(x) = -\sqrt{x+4} - 1, \quad x \geq -4$$

und

$$f_2^{-1}(x) = +\sqrt{x+4} - 1, \quad x \geq -4.$$

Die Umkehrungen besitzen die Wertebereiche:

$$f_1^{-1}(\{x \mid x \geq -4\}) = \{y \mid y \leq -1\}$$

und

$$f_2^{-1}(\{x \mid x \geq -4\}) = \{y \mid y \geq -1\}.$$

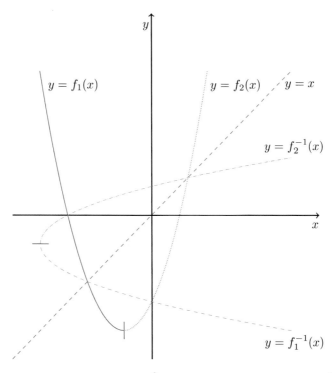

Abb. 3.34 Einschränkungen $f_1(x) = (x+1)^2 - 4, x \leq -1$, und $f_2(x) = (x+11)^2 - 4, x \geq -1$, und Umkehrfunktionen $f_1^{-1}(x) = -\sqrt{x+4} - 1, x \geq -4$, und $f_2^{-1}(x) = \sqrt{x+4} - 1, x \geq -4$,

Aufgabe 3.3

Man bestimme die Grenzwerte:

$$\lim_{x \to 1} \frac{x^2 + 2x - 3}{x^2 - 1}, \quad \lim_{x \to -1^+} \frac{x^2 + 2x - 3}{x^2 - 1}, \quad \lim_{x \to -1^-} \frac{x^2 + 2x - 3}{x^2 - 1},$$

$$\lim_{x \to -\infty} \frac{x^2 + 2x - 3}{x^2 - 1}, \quad \lim_{x \to +\infty} \frac{x^2 + 2x - 3}{x^2 - 1}.$$

Wir formen um ($x \neq \pm 1$):

$$\frac{x^2 + 2x - 3}{x^2 - 1} = \frac{(x - 1)(x + 3)}{(x - 1)(x + 1)} = \frac{x + 3}{x + 1}.$$

Hieraus folgt:

$$\lim_{x \to 1} \frac{x^2 + 2x - 3}{x^2 - 1} = 2$$

und

$$\lim_{x \to -1^+} \frac{x^2 + 2x - 3}{x^2 - 1} = +\infty, \quad \lim_{x \to -1^-} \frac{x^2 + 2x - 3}{x^2 - 1} = -\infty.$$

Mit der Umformung ($x \neq \pm 1, \ x \neq 0$):

$$\frac{x^2 + 2x - 3}{x^2 - 1} = \frac{1 + \frac{2}{x} - \frac{3}{x^2}}{1 - \frac{1}{x^2}}$$

bekommen wir die Grenzwerte (Abb. 3.35):

$$\lim_{x \to -\infty} \frac{x^2 + 2x - 3}{x^2 - 1} = 1, \quad \lim_{x \to +\infty} \frac{x^2 + 2x - 3}{x^2 - 1} = 1.$$

Aufgabe 3.4

Man bestimme den Grenzwert:

$$\lim_{x \to \infty} \frac{\sqrt{x + 1} - \sqrt{x - 3}}{x}.$$

Wir formen um:

$$\frac{\sqrt{x + 1} - \sqrt{x - 3}}{x} = \frac{\sqrt{x + 1} - \sqrt{x - 3}}{x} \frac{\sqrt{x + 1} + \sqrt{x - 3}}{\sqrt{x + 1} + \sqrt{x - 3}}$$

$$= \frac{x + 1 - (x - 3)}{x \sqrt{x + 1} + x \sqrt{x - 3}}$$

$$= \frac{4}{x \sqrt{x + 1} + x \sqrt{x - 3}}.$$

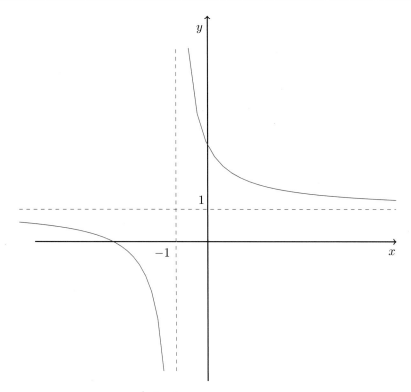

Abb. 3.35 Die Funktion $f(x) = \frac{x^2 + 2x - 3}{x^2 - 1}$

Offensichtlich gilt nun $\lim\limits_{x \to \infty} (x\sqrt{x+1} + x\sqrt{x-3}) = \infty$ und damit

$$\lim_{x \to \infty} \frac{\sqrt{x+1} - \sqrt{x-3}}{x} = 0.$$

Wir gehen einen anderen Weg. Aus

$$\lim_{x \to \infty} \frac{\sqrt{x+1}}{x} = \lim_{x \to \infty} \sqrt{\frac{1}{x} + \frac{1}{x^2}} = 0$$

und

$$\lim_{x \to \infty} \frac{\sqrt{x-3}}{x} = \lim_{x \to \infty} \sqrt{\frac{1}{x} - \frac{3}{x^2}} = 0$$

folgt das obige Ergebnis.

Aufgabe 3.5

Man bestimme die Grenzwerte:

$$\lim_{x \to 0} x \, \sin\left(\frac{1}{x}\right), \quad \lim_{x \to \infty} x \, \sin\left(\frac{1}{x}\right).$$

Es gilt:

$$\left| x \, \sin\left(\frac{1}{x}\right) \right| \le |x|$$

und damit

$$\lim_{x \to 0} x \, \sin\left(\frac{1}{x}\right) = 0.$$

Mit dem bekannten Grenzwert $\lim\limits_{y \to 0} \dfrac{\sin(y)}{y} = 1$ ergibt sich:

$$\lim_{x \to \infty} x \, \sin\left(\frac{1}{x}\right) = \lim_{x \to \infty} \frac{\sin\left(\frac{1}{x}\right)}{\frac{1}{x}}$$

$$= \lim_{y \to 0} \frac{\sin(y)}{y} = 1.$$

Aufgabe 3.6

Man bestimme den Grenzwert:

$$\lim_{x \to 0} \frac{\sin(a \, x)}{\sin(b \, x)}, \quad a, b \ne 0.$$

Mit dem bekannten Grenzwert $\lim\limits_{y \to 0} \dfrac{\sin(y)}{y} = 1$ gilt wieder:

$$\lim_{x \to 0} \frac{\sin(a \, x)}{\sin(b \, x)} = \lim_{x \to 0} \frac{a}{b} \frac{\frac{\sin(a \, x)}{a \, x}}{\frac{\sin(b \, x)}{b \, x}}$$

$$= \frac{a}{b} \frac{\lim\limits_{y \to 0} \dfrac{\sin(y)}{y}}{\lim\limits_{y \to 0} \dfrac{\sin(y)}{y}} = \frac{a}{b}.$$

Aufgabe 3.7

Man bestimme den Grenzwert:

$$\lim_{x \to 0} \frac{x^3 + 3}{x \, \sin(x)}.$$

Wir schreiben:

$$\frac{x^3 + 3}{x \, \sin(x)} = \frac{x + \frac{3}{x^2}}{\frac{\sin(x)}{x}}.$$

Nun gilt

$$\lim_{x \to 0} \left(x + \frac{3}{x^2} \right) = \infty.$$

Wegen $\lim\limits_{x \to 0} \dfrac{\sin(x)}{x} = 1$ bekommen wir also:

$$\lim_{x \to 0} \frac{x^3 + 3}{x \, \sin(x)} = \infty.$$

Aufgabe 3.8

Besitzen folgende Gleichungen Lösungen

$$i) \quad \frac{1}{2} \ln(x+1) = \ln(\sqrt{x+3}), \quad ii) \quad e^{2x} + e^x - 6 = 0 ?$$

i) Wir formen um:

$$\frac{1}{2} \ln(x+1) - \ln(\sqrt{x+3}) = \ln(\sqrt{x+1}) - \ln(\sqrt{x+3}) = \ln\left(\frac{\sqrt{x+1}}{\sqrt{x+3}} \right).$$

Die gegebene Gleichung ist also äquivalent mit

$$\ln\left(\frac{\sqrt{x+1}}{\sqrt{x+3}} \right) = 0.$$

Die Logarithmusfunktion ist injektiv, der Wert Null wird an der Stelle 1 angenommen, also:

$$\frac{\sqrt{x+1}}{\sqrt{x+3}} = 1.$$

Die Wurzelfunktion ist wiederum injektiv, der Wert 1 wird an der Stelle 1 angenommen. Die gegebene Gleichung ist schließlich äquivalent mit

$$\frac{x+1}{x+3} = 1.$$

Diese Gleichung besitzt aber keine Lösung.

ii) Wir setzen zunächst $e^x = y$ und bekommen:

$$y^2 + y - 6 = 0.$$

Diese Gleichung besitzt zwei Lösungen:

$$y_{1,2} = -\frac{1}{2} \pm \sqrt{\frac{1}{4} + 6} = -\frac{1}{2} \pm \sqrt{\frac{25}{4}} = -\frac{1}{2} \pm \frac{5}{2}.$$

Es gibt also zwei Lösungen $y_1 = 2$ und $y_2 = -3$. Die Exponentialfunktion nimmt nur positive Werte an, und wir müssen die zweite Lösung ausschließen. Wir haben also $e^x = 2$ und $x = \ln(2)$ als einzige Lösung der Ausgangsgleichung.

Aufgabe 3.9

i) Man zeige, dass für alle $a, b > 0$ und $x_1, x_2, x \in \mathbb{R}$ gilt:

$$a^{x_1+x_2} = a^{x_1}\, a^{x_2}, \quad \left(a^{x_1}\right)^{x_2} = a^{x_1\, x_2}, \quad a^x\, b^x = (a\, b)^x.$$

ii) Man zeige, dass für alle $a > 0$, $a \neq 1$, $\alpha \in \mathbb{R}$ und $x_1, x_2, x > 0$ gilt:

$$\log_a(x_1\, x_2) = \log_a(x_1) + \log_a(x_2), \quad \log_a\left(x^\alpha\right) = \alpha\, \log_a(x).$$

iii) Man rechnet definitionsgemäß nach (mit $(e^{x_1})^{x_2} = e^{\ln(e^{x_1})\, x_2} = e^{x_1\, x_2}$):

$$a^{x_1+x_2} = e^{\ln(a)\,(x_1+x_2)} = e^{\ln(a)\, x_1}\, e^{\ln(a)\, x_2} = a^{x_1}\, a^{x_1},$$

$$\left(a^{x_1}\right)^{x_2} = \left(e^{\ln(a)\, x_1}\right)^{x_2} = e^{\ln(a)\, x_1\, x_2} = a^{x_1\, x_2},$$

$$a^x\, b^x = e^{\ln(a)\, x}\, e^{\ln(b)\, x} = e^{(\ln(a)+\ln(b))\, x} = \left(e^{(\ln(a)+\ln(b))}\right)^x = (a\, b)^x.$$

iv) Man rechnet wieder definitionsgemäß nach:

$$\log_a(x_1\, x_2) = \frac{\ln(x_1\, x_2)}{\ln(a)} = \frac{\ln(x_1) + \ln(x_2)}{\ln(a)} = \log_a(x_1) + \log_a(x_2),$$

$$\log_a\left(x^\alpha\right) = \frac{\ln\left(x^\alpha\right)}{\ln(a)} = \alpha\, \frac{\ln(x)}{\ln(a)} = \alpha\, \log_a(x).$$

Aufgabe 3.10

Sei $a \geq b > 1$. Man zeige:

$$\log_a(x) \leq \log_b(x), \quad x \geq 1, \quad \text{und} \quad \log_b(x) \leq \log_a(x), \quad 0 < x < 1.$$

Mit der Monotonie des natürlichen Logarithmus ergibt sich: $\ln(a) \geq \ln(b) > 0$ bzw:

$$0 < \frac{1}{\ln(a)} \leq \frac{1}{\ln(b)}.$$

Multipliziert man diese Ungleichung mit $\ln(x)$ ($x > 0$), so gilt:

$$0 < \frac{\ln(x)}{\ln(a)} \leq \frac{\ln(x)}{\ln(b)},$$

falls $x > 1$ und

$$\frac{\ln(x)}{\ln(b)} \leq \frac{\ln(x)}{\ln(a)} < 0,$$

falls $x < 1$.

3.6 Übungsaufgaben

Übung 3.1
Man bestimme den maximalen Definitionsbereich $\mathbb{D}$:

i) $f: \mathbb{D} \to \mathbb{R}$, $f(x) = \frac{\sqrt{-x+1}}{x+4}$,   ii) $f: \mathbb{D} \to \mathbb{R}$, $f(x) = (e^{-x^2} - 1)\ln(2x + 7)$.

Übung 3.2
Man untersuche die Funktionen $f: \mathbb{R} \to \mathbb{R}$ auf Injektivität, Surjektivität und Bijektivität. Im Falle der Bijektivität bestimme man die Umkehrfunktion.

i) $f(x) = x(x + 8)$,

ii) $f(x) = -\frac{1}{3}x - 4$,

iii) $f(x) = \begin{cases} \frac{1}{x}, & \text{falls } x \leq -1, \\ -x^2 - 2x - 3, & \text{falls } x > -1, \end{cases}$

iv) $f(x) = x - x|x|$.

Übung 3.3
Gegeben seien die Folgen $\{a_n\}_{n=1}^{\infty}$ und $\{b_n\}_{n=1}^{\infty}$ mit $a_n = 3 - \frac{1}{n}$ und $b_n = 3 + \frac{1}{n}$. Man berechne $\lim_{n\to\infty} f(a_n)$ und $\lim_{n\to\infty} f(b_n)$ für $f: \mathbb{R} \to \mathbb{R}$ mit:

i) $f(x) = -x^2 + 4x + 1$,

ii) $f(x) = \begin{cases} \frac{x^2}{x+2}, & \text{falls } x \geq 3 \\ 4x - x^2, & \text{falls } x < 3 \end{cases}$.

Übung 3.4
Man berechne die Grenzwerte:

i) $\lim_{x\to-5} \dfrac{x^2 - 25}{2x + 10}$,

ii) $\lim_{x\to 1} \dfrac{\frac{3}{\sqrt{x}} - 3}{\sqrt{x} - 1}$,

iii) $\lim_{x\to-\infty} \dfrac{(x+1)^2 - (x-1)^2}{3x + 5}$,

iv) $\lim_{x\to 1} \dfrac{\frac{1}{x^2} - \frac{1}{x}}{x - 1}$,

v) $\lim_{x\to\infty} \sqrt{4x^2 + 3x} - 2x$,

vi) $\lim_{x\to-\infty} \dfrac{1 - 3x + 8x^2}{-2x^2 + 10x + 4}$.

Übung 3.5

Man untersuche die Funktionen auf Stetigkeit.

i) $f : \mathbb{R} \to \mathbb{R}$, $f(x) = \begin{cases} \frac{x^3+8}{x+3}, & \text{falls } x \geq -2, \\ \frac{x^2+5x+6}{x+2}, & \text{falls } x < -2, \end{cases}$

ii) $f : \mathbb{R} \to \mathbb{R}$, $f(x) = \begin{cases} \ln(x+1), & \text{falls } x > 0, \\ e^x - 1, & \text{falls } x \leq 0. \end{cases}$

Übung 3.6

Man berechne die Lösungen der Gleichung:

i) $\ln(4x + 28) = \dfrac{1}{2}\ln(16x^2) + 3\ln(2)$, $x > 0$,

ii) $2e^{2x+1} - 10e^{x+1} + 10e = 2e$.

Übung 3.7

Die Funktion f sei für $x \geq -1$ definiert und erfülle für $x \geq 0$ die Bedingung: $f(x^2 - 1) = x^4 + x^2$. Wie lautet die Zuordnung: $x \longrightarrow f(x)$, $x \geq -1$.

Übung 3.8

Man bestimme die Lösungen der Ungleichung: $\cos(-2x + 3) \geq \frac{1}{2}$.

Übung 3.9

Gegeben seien die Funktionen:

$$f_1(x) = x + |x| + 1, \, x \in \mathbb{R}, \quad f_2(x) = x|x|, \, x \in \mathbb{R}, \quad f_3(x) = x\sqrt{x^2 + 1}, \, x \geq -1.$$

Welche Funktionen sind umkehrbar? Wie lautet die Umkehrfunktion?

Differentiation 4

Wir gehen von Sekanten in einem Grenzprozess zur Tangente über, vom Differenzenquotienten zur Ableitung. Die Tangente wird in ihrer Eigenschaft als berührende Gerade betrachtet. Wir stellen Regeln für die Ableitung auf, sodass die Ableitung zusammengesetzter Funktionen aus den Ableitungen der Bestandteile erzeugt werden kann. Besonders eingehend behandeln wir die Kettenregel und die Ableitung der Umkehrfunktion. Der Mittelwertsatz garantiert, dass jede Sekante eine parallele Tangente besitzt und ermöglicht damit den Vergleich benachbarter Funktionswerte. Als wichtige Folgerungen chakterisieren wir Extremalstellen, konstante Funktionen und monotone Funktionen. Einen breiten Raum nimmt die Regel von de l'Hospital bei der Berechnung von Grenzwerten ein.

4.1   Begriff der Ableitung

Wir betrachten eine Funktion f, die ein Intervall in die reellen Zahlen abbildet. Durch einen festen Punkt $(x_0, f(x_0))$ und einen beliebigen Punkt $(x, f(x))$ legen wir eine Gerade. Man bezeichnet solche Geraden als Sekanten. Die Frage ist nun, was passiert, wenn der Punkt $(x, f(x))$ in einem Grenzprozess in den Punkt $(x_0, f(x_0))$ übergeht. Kommen wir dann zur Tangente an die Funktion? Die Tangente ist die Gerade, welche die Funktion im Punkt $(x_0, f(x_0))$ berührt (Abb. 4.1).

Der Anstieg der Sekante wird durch den Differenzenquotienten gegeben. Wir gehen nun vom Differenzenquotienten zum Differentialquotienten über.

W. Strampp und D. Janssen, *Höhere Mathematik 2*,

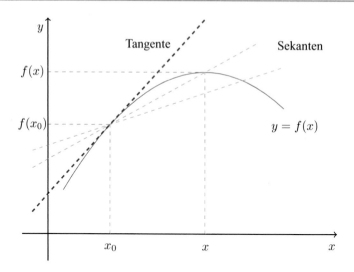

Abb. 4.1 Sekanten und Tangente einer Funktion f im Punkt $(x_0, f(x_0))$

Definition: Differenzierbarkeit

Die Funktion $f : (a, b) \longrightarrow \mathbb{R}$ heißt differenzierbar im Punkt $x_0 \in (a, b)$ (an der Stelle) x_0, wenn der folgende Grenzwert existiert:

$$\lim_{x \to x_0} \frac{f(x) - f(x_0)}{x - x_0}.$$

Der Grenzwert wird als Ableitung von f im Punkt x_0 (an der Stelle x_0) bezeichnet, und man schreibt:

$$f'(x_0) = \frac{d}{dx} f(x_0) = \frac{df}{dx}(x_0) = \lim_{x \to x_0} \frac{f(x) - f(x_0)}{x - x_0}.$$

Wir sprechen von rechtsseitiger bzw. linksseitiger Differenzierbarkeit (Ableitung) in einem Punkt x_0, wenn der rechtsseitige bzw. linksseitige Grenzwert existiert:

$$\lim_{x \to x_0^+} \frac{f(x) - f(x_0)}{x - x_0} \quad \text{bzw.} \quad \lim_{x \to x_0^-} \frac{f(x) - f(x_0)}{x - x_0}.$$

Diese Grenzwertwertbildung ist auch im linken bzw. rechten Randpunkt des Intervalls (a, b) sinnvoll.

Bei vielen Problemen ist es hilfreich den beliebigen Punkt $x = x_0 + (x - x_0) = x_0 + h$ mithilfe eines Zuwachses $h = x - x_0$ auszudrücken. Man erhält dann folgende äquivalente Definition der Differenzierbarkeit.

Satz: Differenzierbarkeit (Zuwachs-h-Definition)

Eine Funktion $f : (a, b) \longrightarrow \mathbb{R}$ ist genau dann differenzierbar im Punkt $x_0 \in (a, b)$, wenn der folgende Grenzwert existiert:

$$\lim_{h \to 0} \frac{f(x_0 + h) - f(x_0)}{h}.$$

Beispiel 4.1

Die konstante Funktion

$$f(x) = c, \quad x \in \mathbb{R},$$

besitzt in jedem Punkt x_0 die Ableitung

$$f'(x_0) = 0.$$

Wir betrachten den Differenzenquotienten ($x \neq x_0$):

$$\frac{f(x) - f(x_0)}{x - x_0} = \frac{c - c}{x - x_0} = 0.$$

Hieraus bekommen wir den Grenzwert:

$$\lim_{x \to x_0} \frac{f(x) - f(x_0)}{x - x_0} = 0.$$

$\bullet$

Beispiel 4.2

Die Wurzelfunktion

$$f(x) = \sqrt{x}, \quad x > 0,$$

besitzt in $x_0 > 0$ die Ableitung

$$f'(x_0) = \frac{1}{2\sqrt{x_0}}.$$

Wir betrachten den Differenzenquotienten ($x \neq x_0$):

$$\frac{\sqrt{x} - \sqrt{x_0}}{x - x_0} = \frac{\sqrt{x} - \sqrt{x_0}}{x - x_0} \frac{\sqrt{x} + \sqrt{x_0}}{\sqrt{x} + \sqrt{x_0}}$$

$$= \frac{1}{\sqrt{x} + \sqrt{x_0}}.$$

Hieraus entnimmt man den Grenzwert:

$$\lim_{x \to x_0} \frac{\sqrt{x} - \sqrt{x_0}}{x - x_0} = \frac{1}{2\sqrt{x_0}}.$$

Da die Wurzelfunktion in jedem Punkt aus ihrem Definitionsbereich abgeleitet werden kann, schreiben wir:

$$f'(x) = \frac{d}{dx}\sqrt{x} = \frac{1}{2\sqrt{x}}.$$

●

Beispiel 4.3

Die Potenz

$$f(x) = x^n, \quad x \in \mathbb{R}, \quad n \in \mathbb{N},$$

besitzt die Ableitung:

$$f'(x) = n\, x^{n-1}.$$

Wir nehmen einen festen Punkt x_0 und berechnen mit der binomischen Formel:

$$(x_0 + h)^n = \sum_{k=0}^{n} \binom{n}{k} x_0^{n-k}\, h^k$$

$$= \binom{n}{0} x_0^n + \binom{n}{1} x_0^{n-1}\, h + \binom{n}{2} x_0^{n-2}\, h^2 + \cdots + \binom{n}{n} x_0^0\, h^n$$

bzw.

$$(x_0 + h)^n - x_0^n = \binom{n}{1} x_0^{n-1}\, h + \binom{n}{2} x_0^{n-2}\, h^2 + \cdots + \binom{n}{n} x_0^0\, h^n.$$

Hieraus entnimmt man

$$\frac{(x_0 + h)^n - x_0^n}{h} = \binom{n}{1} x_0^{n-1} + \binom{n}{2} x_0^{n-2}\, h + \cdots + \binom{n}{n} x_0^0\, h^{n-1}$$

und

$$\lim_{h \to 0} \frac{(x_0 + h)^n - x_0^n}{h} = n\, x_0^{n-1}.$$

●

Beispiel 4.4

Die Betragsfunktion

$$f(x) = |x|, \quad x \in \mathbb{R},$$

ist im Punkt $x_0 = 0$ nicht differenzierbar.

Wir überlegen uns, dass der linksseitige und der rechtsseitige Grenzwert des Differenzenquotienten nicht übereinstimmen (Abb. 4.2):

$$\lim_{x \to 0^-} \frac{f(x) - f(x_0)}{x - x_0} = \lim_{x \to 0^-} \frac{-x}{x} = -1$$

und

$$\lim_{x \to 0^+} \frac{f(x) - f(x_0)}{x - x_0} = \lim_{x \to 0^+} \frac{x}{x} = +1.$$

●

Beispiel 4.5

Der natürliche Logarithmus ist differenzierbar:

$$\frac{d}{dx} \ln(x) = \frac{1}{x}, \quad x > 0.$$

Die Exponentialfunktion ist differenzierbar:

$$\frac{d}{dx} e^x = e^x, \quad x \in \mathbb{R}.$$

Wir gehen aus von den Ungleichungen:

$$1 - \frac{1}{x} \leq \ln(x) \leq x - 1$$

Abb. 4.2 Die Betragsfunktion $f(x) = |x|$. (Im Punkt $x_0 = 0$ liegt ein Knick vor)

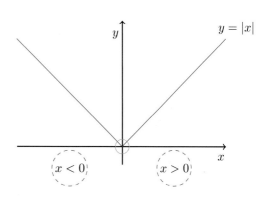

und ersetzen x durch $\frac{x}{x_0}$:

$$1 - \frac{1}{\frac{x}{x_0}} \leq \ln\left(\frac{x}{x_0}\right) \leq \frac{x}{x_0} - 1.$$

Umformen ergibt

$$\frac{x - x_0}{x} \leq \ln(x) - \ln(x_0) \leq \frac{x - x_0}{x_0}.$$

Hieraus bekommen wir an der festen Stelle x_0 den rechtsseitigen Differenzenquotienten $(x - x_0 > 0)$

$$\frac{1}{x} \leq \frac{\ln(x) - \ln(x_0)}{x - x_0} \leq \frac{1}{x_0}$$

und den linksseitigen Differenzenquotienten $(x - x_0 < 0)$

$$\frac{1}{x} \geq \frac{\ln(x) - \ln(x_0)}{x - x_0} \geq \frac{1}{x_0}.$$

Offenbar stimmen der rechts- und der linksseitige Grenzwert überein, und es gilt:

$$\frac{d}{dx} \ln(x_0) = \frac{1}{x_0}.$$

Ersetzt man in den Differenzenquotienten x durch e^x und x_0 durch e^{x_0}, so ergibt sich für $x > x_0$:

$$\frac{1}{e^x} \geq \frac{x - x_0}{e^x - e^{x_0}} \geq \frac{1}{e^{x_0}}$$

und für $x < x_0$:

$$\frac{1}{e^{x_0}} \geq \frac{x - x_0}{e^x - e^{x_0}} \geq \frac{1}{e^x}$$

Also:

$$\frac{d}{dx} e^x = e^x, \quad x \in \mathbb{R}.$$

Die Exponentialfunktion reproduziert sich beim Ableiten.   ●

Beispiel 4.6

Es gilt:

$$\sin'(x) = \frac{d}{dx} \sin(x) = \cos(x), \quad \cos'(x) = \frac{d}{dx} \cos(x) = -\sin(x), \quad x \in \mathbb{R}.$$

Wir zeigen den ersten Teil und gehen aus vom Additionstheorem:

$$\sin(x + h) = \sin(x) \cos(h) + \cos(x) \sin(h).$$

Damit formen wir den Differenzenquotienten um:

$$\frac{\sin(x+h) - \sin(x)}{h} = \frac{\sin(x)\cos(h) + \cos(x)\sin(h) - \sin(x)}{h}$$

$$= \frac{\sin(x)(\cos(h) - 1)}{h} + \frac{\cos(x)\sin(h)}{h}$$

$$= \sin(x)\frac{\cos(h) - 1}{h} + \cos(x)\frac{\sin(h)}{h}.$$

Wegen

$$\lim_{h\to 0}\frac{\cos(h) - 1}{h} = 0, \quad \lim_{h\to 0}\frac{\sin(h)}{h} = 1,$$

folgt

$$\lim_{h\to 0}\frac{\sin(x+h) - \sin(x)}{h} = \cos(x).$$

●

Wir kommen auf den Begriff der Tangente zurück. Die Berührung der Funktion durch die Tangente können wir nun präzisieren.

Satz: Berührungseigenschaft der Tangente
Die Funktion f sei differenzierbar im Punkt x_0. Die Gerade

$$t(x) = f(x_0) + f'(x_0)(x - x_0)$$

heißt Tangente an die Funktion f im Punkt $(x_0, f(x_0))$.
Die Tangente berührt die Funktion im Punkt $(x_0, f(x_0))$:

$$\lim_{x\to x_0}\frac{f(x) - t(x)}{x - x_0} = 0.$$

Wir müssen nur die Differenzierbarkeit

$$\lim_{x\to x_0}\frac{f(x) - f(x_0)}{x - x_0} = f'(x_0)$$

etwas anders formulieren

$$\lim_{x\to x_0}\left(\frac{f(x) - f(x_0)}{x - x_0} - f'(x_0)\right) = 0$$

bzw.

$$\lim_{x \to x_0} \frac{f(x) - (f(x_0) + f'(x_0)(x - x_0))}{x - x_0} = 0.$$

Man kann die Berührung auch so schreiben (Abb. 4.3):

$$\lim_{x \to x_0} \frac{f(x) - t(x)}{|x - x_0|} = 0.$$

Diese letzte Formulierung kann sofort auf den mehrdimensionalen Fall übertragen werden.

Die Differenzierbarkeit ist eine stärkere Eigenschaft als die Stetigkeit. Ist eine Funktion f in einem Punkt x_0 differenzierbar, dann ist f in x_0 auch stetig. Dies ergibt sich mit ähnlichen Überlegungen wie die Berührungseigenschaft.

Ist eine Funktion $f : (a, b) \longrightarrow \mathbb{R}$ an jeder Stelle differenzierbar, dann können wir die Ableitung wieder als Funktion nehmen: $f' : (a, b) \longrightarrow \mathbb{R}$. Ist f' wieder eine differenzierbare Funktion, dann schreiben wir:

$$(f')'(x) = f''(x).$$

Analog kommen wir zu weiteren höheren Ableitungen:

$$f'''(x), \quad f^{(4)}(x), \quad f^{(n)}(x).$$

Wieder benutzt man die Schreibweise:

$$f^{(n)}(x) = \frac{d^n}{dx^n} f(x) = \frac{d^n f}{dx^n}(x).$$

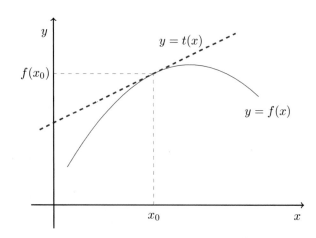

Abb. 4.3 Tangente $t(x) = f'(x_0)(x - x_0) + f(x_0)$ an eine Funktion f im Punkt $(x_0, f(x_0))$

4.2 Ableitungsregeln

Wir stellen nun einige Regeln für die Ableitung auf. Man kann anschließend von bekannten Ableitungen ausgehen und die Ableitung zusammengesetzter Funktionen aufbauen.

Satz: Summen-, Produkt- und Quotientenregel

Seien f und g differenzierbar mit gemeinsamem Definitionsbereich. Dann gilt:

1) die Summenregel:
$$(f + g)'(x) = f'(x) + g'(x),$$

2) die Produktregel:
$$(f\,g)'(x) = f'(x)\,g(x) + f(x)\,g'(x),$$

3) die Quotientenregel:
$$\left(\frac{f}{g}\right)'(x) = \frac{f'(x)\,g(x) - f(x)\,g'(x)}{g(x)^2}.$$

$(g(x) \neq 0)$.

Wir zeigen exemplarisch die Produktregel in einem festen Punkt x_0. Umformen des Differenzenquotienten ergibt:

$$\frac{(f\,g)(x) - (f\,g)(x_0)}{x - x_0} = \frac{f(x) - f(x_0)}{x - x_0}\,g(x_0) + \frac{g(x) - g(x_0)}{x - x_0}\,f(x)$$

Mit der Differenzierbarkeit von f und g in x_0 und der Stetigkeit von f in x_0 bekommen wir die Produktregel in x_0. Speziell folgt:

$$(c\,f)'(x) = c\,f'(x).$$

Ein konstanter Faktor bleibt beim Ableiten erhalten.

Beispiel 4.7

Die Ableitung des Quotienten

$$f(x) = \frac{1}{x^n}, \quad x > 0\,, (x < 0), \quad n \in \mathbb{N},$$

ergibt:

$$f'(x) = -n\,\frac{1}{x^{n+1}}.$$

Die Quotientenregel besagt:

$$f'(x) = \frac{0 \cdot x^n - 1 \cdot n \, x^{n-1}}{(x^n)^2} = \frac{-n \, x^{n-1}}{x^{2n}}.$$

Die Ableitung der Verkettung von Funktionen tritt sehr häufig auf.

Satz: Kettenregel
Seien

$$f : (a, b) \longrightarrow \mathbb{R} \quad \text{und} \quad g : f(a, b) \longrightarrow \mathbb{R}$$

differenzierbare Funktionen.
Dann ist die Verkettung

$$g \circ f : (a, b) \longrightarrow \mathbb{R}$$

differenzierbar, und es gilt:

$$(g \circ f)'(x) = g'(f(x)) \, f'(x).$$

Man bildet das Produkt der Ableitung der äußeren Funktion und der Ableitung der inneren Funktion. Die Ableitung der äußeren Funktion ist dabei an der inneren Funktion zu nehmen.

Beispiel 4.8
Sei $f(x) = \sin(x)$ und $g(x) = e^x$. Wir können beide Funktionen verketten:

$$(g \circ f)(x) = e^{\sin(x)} \quad \text{und} \quad (f \circ g)(x) = \sin(e^x).$$

Nach der Kettenregel ergibt sich:

$$(g \circ f)'(x) \frac{d}{dx} e^{\sin(x)} = \cos(x) \, e^{\sin(x)} \quad \text{und} \quad (f \circ g)'(x) \frac{d}{dx} \sin(e^x) = e^x \, \cos(e^x).$$

Beispiel 4.9
Es gilt ($a > 0$, $x \in \mathbb{R}$):

$$\frac{d}{dx} a^x = \ln(a) \, a^x.$$

Wir schreiben:

$$a^x = e^{\ln(a)\,x}$$

und bekommen mit der Kettenregel:

$$\frac{d}{dx} e^{\ln(a)\,x} = \ln(a)\, e^{\ln(a)\,x} = \ln(a)\, a^x.$$

Es gilt ($a \in \mathbb{R}$, $x > 0$):

$$\frac{d}{dx} x^a = a\, x^{a-1}.$$

Wir schreiben:

$$x^a = e^{\ln(x)\,a}$$

und bekommen mit der Kettenregel:

$$\frac{d}{dx} e^{\ln(x)\,a} = a\, \frac{1}{x}\, e^{\ln(x)\,a} = a\, x^{a-1}.$$

●

Beispiel 4.10

Die trigonometrischen Funktionen werden standardmäßig im Bogenmaß betrachtet. Wir rechnen zunächst das Gradmaß ϕ in das Bogenmaß x um:

$$x = \frac{\pi}{180}\, \phi, \quad \phi = \frac{180}{\pi}\, x.$$

Zur Unterscheidung führen wir den Sinus und Kosinus im Bogenmaß $\sin_B(x)$ bzw. $\cos_B(x)$ sowie den Sinus und Kosinus im Gradmaß $\sin_G(\phi)$ bzw. $\cos_G(\phi)$. Es gilt dann:

$$\sin_G(\phi) = \sin_B\left(\frac{\pi}{180}\, \phi\right), \quad \sin_B(x) = \sin_G\left(\frac{180}{\pi}\, x\right),$$

$$\cos_G(\phi) = \cos_B\left(\frac{\pi}{180}\, \phi\right), \quad \cos_B(x) = \cos_G\left(\frac{180}{\pi}\, x\right).$$

Im Bogenmaß gilt:

$$\frac{d}{dx} \sin_B(x) = \cos_B(x).$$

Wir zeigen nun im Gradmaß:

$$\frac{d}{d\phi} \sin_G(\phi) = \frac{\pi}{180}\, \cos_G(\phi).$$

Wir benutzen die Kettenregel:

$$\frac{d}{d\phi}\sin_G(\phi) = \frac{d}{d\phi}\sin_B\left(\frac{\pi}{180}\,\phi\right) = \cos_B\left(\frac{\pi}{180}\,\phi\right)\frac{\pi}{180} = \frac{\pi}{180}\,\cos_G(\phi).$$

●

Beispiel 4.11
Können drei differenzierbare Funktionen verkettet werden, so gilt:

$$(f \circ g \circ h)'(x) = \frac{d}{dx}f(g(h(x))) = f'(g(h(x)))\,g'(h(x))\,h'(x).$$

Man wendet zuerst die Kettenregel an:

$$(f \circ (g \circ h))'(x) = f'((g \circ h)(x))\,(g \circ h)'(x).$$

Anwendung der Kettenregel auf $g \circ h$ ergibt:

$$(g \circ h)'(x) = g'(h(x))\,h'(x).$$

●

Mit der Kettenregel kann man die Ableitung der Umkehrfunktion bekommen. Wir müssen allerdings voraussetzen, dass die Differenzierbarkeit der Umkehrfunktion auf anderem Weg gesichert wird. Aus der Beziehung $f^{-1}(f(x)) = x$ folgt $(f^{-1})'(f(x))\,f'(x) = 1$.

Satz: Ableitung der Umkehrfunktion
Die Funktion $f : [a, b] \longrightarrow \mathbb{R}$ sei differenzierbar, streng monoton, und es gelte $f'(x) \neq 0$ für alle $x \in [a, b]$. Dann besitzt f eine differenzierbare Umkehrfunktion $f^{-1} : f([a, b]) \longrightarrow [a, b]$, und es gilt:

$$(f^{-1})'(f(x)) = \frac{1}{f'(x)} \quad \text{bzw.} \quad (f^{-1})'(x) = \frac{1}{f'(f^{-1}(x))}.$$

Beispiel 4.12
Die Sinusfunktion ist im Intervall $[-\frac{\pi}{2}, \frac{\pi}{2}]$ streng monoton wachsend und kann umgekehrt werden. Die Umkehrfunktion der Funktion (Abb. 4.4)

$$\sin : \left[-\frac{\pi}{2}, \frac{\pi}{2}\right] \longrightarrow [-1, 1]$$

Abb. 4.4 Die Sinusfunktion
mit ihrer Umkehrfunktion
Arkussinus

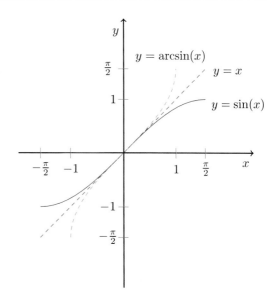

heißt Arkussinus:

$$\arcsin : [-1, 1] \longrightarrow \left[-\frac{\pi}{2}, \frac{\pi}{2}\right].$$

Wir zeigen:

$$\arcsin'(x) = \frac{1}{\sqrt{1 - x^2}}, \quad -1 < x < 1.$$

Wir gehen aus von der Ableitung des Sinus (Abb. 4.5):

$$\sin'(x) = \cos(x), \quad \cos(x) \neq 0 \quad \text{für} \quad x \in \left(-\frac{\pi}{2}, \frac{\pi}{2}\right).$$

Nun bekommen wir für die Ableitung der Umkehrfunktion:

$$\arcsin'(x) = \frac{1}{\cos(\arcsin(x))}.$$

Wegen $(\sin(y))^2 + (\cos(y))^2 = 1$ ergibt sich für $y \in (-\frac{\pi}{2}, \frac{\pi}{2})$:

$$\cos(y) = \sqrt{1 - (\sin(y))^2}.$$

Abb. 4.5 Sinus und Kosinus
im Intervall $[-\frac{\pi}{2}, \frac{\pi}{2}]$

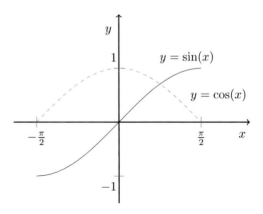

Insgesamt folgt:

$$\arcsin'(x) = \frac{1}{\sqrt{1 - (\sin(\arcsin(x)))^2}} = \frac{1}{\sqrt{1 - x^2}}.$$

•

Beispiel 4.13

Die Tangensfunktion ist im Intervall $(-\frac{\pi}{2}, \frac{\pi}{2})$ streng monoton wachsend und kann umgekehrt werden. Die Umkehrfunktion heißt Arkustangens (Abb. 4.6):

$$\tan : \left(-\frac{\pi}{2}, \frac{\pi}{2}\right) \longrightarrow \mathbb{R}, \quad \arctan : \mathbb{R} \longrightarrow \left(-\frac{\pi}{2}, \frac{\pi}{2}\right).$$

Wir zeigen:

$$\arctan'(x) = \frac{1}{1 + x^2}, \quad x \in \mathbb{R}.$$

Wir gehen aus von der Ableitung des Tangens:

$$\tan'(x) = \frac{d}{dx} \frac{\sin(x)}{\cos(x)} = \frac{(\cos(x))^2 + (\sin(x))^2}{(\cos(x))^2} = 1 + (\tan(x))^2.$$

Nun bekommen wir für die Ableitung der Umkehrfunktion:

$$\arctan'(x) = \frac{1}{1 + (\tan(\arctan(x)))^2} = \frac{1}{1 + x^2}.$$

•

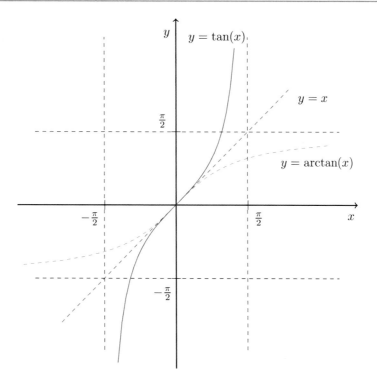

Abb. 4.6 Die Tangensfunktion mit ihrer Umkehrfunktion Arkustangens

4.3   Mittelwertsatz und Folgerungen

Wir charakterisieren zunächst Extremalstellen differenzierbarer Funktionen.

Satz: Notwendige Bedingung für Extremalstellen
Die Funktion $f : [a, b] \longrightarrow \mathbb{R}$ sei differenzierbar und besitze an der Stelle $x_0 \in (a, b)$ ein lokales Extremum. Dann gilt:

$$f'(x_0) = 0.$$

Wenn f eine lokale Maximalstelle in x_0 besitzt, dann gilt nahe bei x_0:

$$\frac{f(x) - f(x_0)}{x - x_0} \leq 0 \quad \text{für} \quad x > x_0$$

und

$$\frac{f(x) - f(x_0)}{x - x_0} \geq 0 \quad \text{für} \quad x < x_0.$$

Aus der ersten Ungleichung ergibt sich

$$\lim_{x \to x_0^+} \frac{f(x) - f(x_0)}{x - x_0} \leq 0$$

und aus der zweiten

$$\lim_{x \to x_0^-} \frac{f(x) - f(x_0)}{x - x_0} \geq 0.$$

Wegen der Differenzierbarkeit gilt:

$$\lim_{x \to x_0^+} \frac{f(x) - f(x_0)}{x - x_0} = \lim_{x \to x_0^-} \frac{f(x) - f(x_0)}{x - x_0} = f'(x),$$

und damit muss $f'(x_0) = 0$ sein. (Eine Minimalstelle wird analog behandelt).

Notwendig für eine Extremalstelle ist also eine waagerechte Tangente. Dieser Satz gibt nur für lokale Extremalstellen im Inneren des Definitionsintervalls eine notwendige Bedingung an. In den Randpunkten a, b einer dort rechts- bzw. linksseitig differenzierbaren Funktion können durchaus Extremalstellen mit nichtverschwindender Ableitung vorliegen (Abb. 4.7).

Außerdem betonen wir, dass die Bedingung zwar notwendig aber nicht hinreichend ist. Die Funktion $f(x) = x^3$ besitzt in $x_0 = 0$ die Ableitung $f'(0) = 0$ aber keine Extremalstelle.

Abb. 4.7 Extremalstellen einer Funktion f im Inneren und am Rand eines Intervalls $[a, b]$

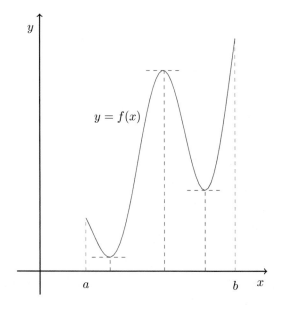

Satz: Satz von Rolle

Die Funktion $f : [a, b] \longrightarrow \mathbb{R}$ sei differenzierbar, und es gelte $f(a) = f(b)$.

Dann gibt es (mindestens) eine Stelle $\xi \in (a, b)$ mit waagerechter Tangente (Abb. 4.8):

$$f'(\xi) = 0.$$

Als stetige Funktion besitzt f im Intervall $[a, b]$ (mindestens) eine globale Minimalstelle und eine globale Maximalstelle.

Fallen beide Stellen auf die Intervallenden a und b, so ist die Funktion wegen $f(a) = f(b)$ konstant: $f(x) = f(a) = f(b)$. Die Ableitung ist dann an jeder Stelle $\xi \in (a, b)$ gleich null.

Hat man aber eine Extremalstelle ξ im Inneren des Intervalls $[a, b]$, dann haben wir die notwendige Bedingung $f'(\xi) = 0$.

Wir verallgemeinern nun den Satz von Rolle. Bei einer differenzierbaren Funktion betrachten wir die Sekante durch die Randpunkte des Definitionsintervalls. Es gibt mindestens eine Zwischenstelle im Inneren mit paralleler Tangente.

Satz: Mittelwertsatz

Die Funktion $f : [a, b] \longrightarrow \mathbb{R}$ sei differenzierbar. Dann gibt es ein $\xi \in (a, b)$ mit

$$f'(\xi) = \frac{f(b) - f(a)}{b - a}.$$

Abb. 4.8 Satz von Rolle

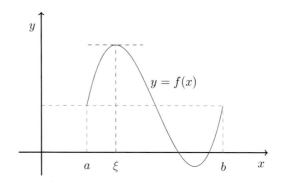

Anstelle von f betrachten wir folgende Hilfsfunktion (Funktion minus Sekante):

$$h(x) = f(x) - \left(f(a) + \frac{f(b) - f(a)}{b - a} (x - a) \right).$$

Die Funktion h ist wie die Funktion f in $[a, b]$ differenzierbar:

$$h'(x) = f'(x) - \frac{f(b) - f(a)}{b - a}.$$

Außerdem ist $h(a) = h(b) = 0$. Damit erfüllt h die Voraussetzungen des Satzes von Rolle, und es existiert ein $\xi \in (a, b)$ mit $h'(\xi) = 0$. Daraus folgt $f'(\xi) = \frac{f(b)-f(a)}{b-a}$ (Abb. 4.9).

Ist die differenzierbare Funktion $f : [a, b] \longrightarrow \mathbb{R}$ konstant, dann gilt $f'(x) = 0$ für alle $x \in [a, b]$. Mit dem Mittelwertsatz bekommen wir auch die Umkehrung: Für alle $x \in (a, b)$ sei

$$f'(x) = 0,$$

dann gilt für alle $x \in [a, b]$:

$$f(x) = f(a).$$

Wir wenden den Mittelwertsatz in jedem Teilintervall $[a, x] \subseteq [a, b]$ an:

$$\frac{f(x) - f(a)}{x - a} = f'(\xi_x) = 0$$

Abb. 4.9 Der Mittelwertsatz: Sekante und parallele Tangenten

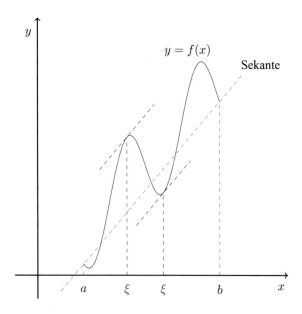

mit einem $\xi_x \in (a, x)$. Hieraus folgt $f(x) = f(a)$. Eine differenzierbare Funktion ist also genau dann eine konstante Funktion, wenn ihre Ableitung verschwindet.

Zwei Funktionen mit gleicher Ableitung können sich höchstens um eine additive Konstante unterscheiden.

Satz: Funktionen mit gleicher Ableitung
Die Funktione

$$f : [a, b] \longrightarrow \mathbb{R} \quad \text{und} \quad g : [a, b] \longrightarrow \mathbb{R}$$

seien differenzierbar. Für alle $x \in (a, b)$ sei

$$f'(x) = g'(x),$$

dann gilt für alle $x \in [a, b]$:

$$f(x) = g(x) + f(a) - g(a).$$

Der Beweis ergibt sich sofort aus der Tatsache, dass die Funktion $h(x) = f(x) - g(x)$ die Ableitung $h'(x) = 0$ besitzt.

Satz: Monotoniekriterium
Die Funktion $f : [a, b] \longrightarrow \mathbb{R}$ sei differenzierbar. Für alle $x \in (a, b)$ sei

$$f'(x) \leq 0 \quad \text{bzw.} \quad f'(x) \geq 0.$$

Dann ist $f(x)$ in $[a, b]$ monoton fallend bzw. monoton wachsend. Gilt für alle $x \in (a, b)$

$$f'(x) < 0 \quad \text{bzw.} \quad f'(x) > 0,$$

dann ist $f(x)$ in $[a, b]$ streng monoton fallend bzw. streng monoton wachsend.

Umgekehrt bekommen wir: Wenn f in $[a, b]$ monoton fallend bzw. monoton wachsend ist, dann gilt für alle $x \in [a, b]$ $f'(x) \leq 0$ bzw. $f'(x) \geq 0$.

Wir wenden im Intervall $[x_1, x_2]$ ($a \leq x_1 < x_2 \leq b$) den Mittelwertsatz an und bekommen:

$$f(x_2) - f(x_1) = f'(\xi_{x_1, x_2}) (x_2 - x_1)$$

mit einer Zwischenstelle $\xi_{x_1,x_2} \in (x_1, x_2)$. Hieraus entnehmen wir die behaupteten Monotonieeigenschaften unmittelbar. Bei einer monoton fallenden Funktion gilt stets

$$\frac{f(x) - f(x_0)}{x - x_0} \leq 0$$

und bei einer monoton wachsenden Funktion:

$$\frac{f(x) - f(x_0)}{x - x_0} \geq 0.$$

Daraus folgt der zweite Teil. Aus strenger Monotonie folgt aber nicht, dass die Ableitung nirgends verschwindet, wie das folgende Beispiel zeigt: $f(x) = x^3$ ist streng monoton wachsend, aber $f'(0) = 0$.

Schließlich verallgemeinern wir noch den Mittelwertsatz.

Satz: Verallgemeinerter Mittelwertsatz

Die Funktionen $f : [a, b] \longrightarrow \mathbb{R}$ und $g : [a, b] \longrightarrow \mathbb{R}$ seien differenzierbar. Es sei $g'(x) \neq 0$ für alle $x \in (a, b)$. Dann gibt es ein $\xi \in (a, b)$ mit

$$\frac{f(b) - f(a)}{g(b) - g(a)} = \frac{f'(\xi)}{g'(\xi)}.$$

Der Beweis verläuft ähnlich wie der Beweis des Mittelwertsatzes mit einer geeigneten Hilfsfunktion.

Wenn wir nach dem Grenzwert eines Quotienten

$$\lim_{x \to a} \frac{f(x)}{g(x)}$$

fragen und wissen, dass f und g jeweils einen Grenzwert besitzen, wenn x gegen a strebt, dann können wir unter der Voraussetzung $\lim_{x \to a} g(x) \neq 0$ die Rechenregeln für Grenzwerte anwenden und die Frage sofort beantworten. Häufig tritt jedoch die Situation auf, dass die Voraussetzungen für die Anwendung der Rechenregeln gerade nicht gegeben sind. In solchen Fällen helfen oft die Regeln von de l'Hospital weiter, die zur Behandlung von Grenzwerten der folgenden Gestalt herangezogen werden:

$$\frac{0}{0} \quad \text{und} \quad \frac{\infty}{\infty}.$$

Im einfachsten Fall

$$f(a) = g(a) = 0, \quad g'(a) \neq 0$$

schreibt man

$$\frac{f(x)}{g(x)} = \frac{\frac{f(x)-f(a)}{x-a}}{\frac{g(x)-g(a)}{x-a}}$$

und bekommt mit der Regel über den Grenzwert des Quotienten (Abb. 4.10):

$$\lim_{x \to a} \frac{f(x)}{g(x)} = \frac{f'(a)}{g'(a)}.$$

Beispiel 4.14

Es gilt:

$$\lim_{x \to 0} \frac{\sin(x)}{x} = 1.$$

Mit $f(x) = \sin(x)$ und $g(x) = x$ bekommen wir $f(0) = 0$ und $g(0) = 0$ sowie $f'(0) = \cos(0) = 1$ und $g'(0) = 1$. Damit ergibt sich:

$$\lim_{x \to 0} \frac{f(x)}{g(x)} = \frac{f'(0)}{g'(0)} = 1.$$

●

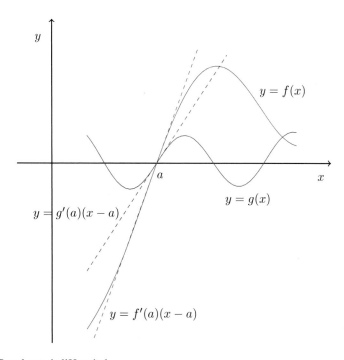

Abb. 4.10 Regel von de l'Hospital

Beispiel 4.15

Wir betrachten den Grenzwert:

$$\lim_{x \to 1} \frac{x^2 + x - 2}{x^2 - 1}.$$

Wir können umformen

$$\frac{x^2 + x - 2}{x^2 - 1} = \frac{(x + 2)(x - 1)}{(x + 1)(x - 1)} = \frac{x + 2}{x + 1}$$

und bekommen:

$$\lim_{x \to 1} \frac{x^2 + x - 2}{x^2 - 1} = \frac{3}{2}.$$

Mit $f(x) = x^2 + x - 2$ und $g(x) = x^2 - 1$ erhalten wir $f(1) = 0$ und $g(1) = 0$ sowie $f'(1) = 3$ und $g'(1) = 2$. Damit folgt wieder:

$$\lim_{x \to 1} \frac{f(x)}{g(x)} = \frac{f'(1)}{g'(1)} = \frac{3}{2}.$$

•

Die Voraussetzung $g'(a) \neq 0$ kann man durch die allgemeinere Voraussetzung

$$\lim_{x \to a} \frac{f'(x)}{g'(x)} = \rho$$

ersetzen. Man schreibt nun mit dem verallgemeinerten Mittelwertsatz und einer Stelle ξ_x zwischen a und x:

$$\frac{f(x)}{g(x)} = \frac{f(x) - f(a)}{g(x) - g(a)} = \frac{f'(\xi_x)}{g'(_,x)}.$$

Hieraus folgt

$$\lim_{x \to a} \frac{f(x)}{g(x)} = \rho.$$

Satz: Regel von de l'Hospital, einfache Form

Die Funktionen f und g seien differenzierbar in einer Umgebung von $a \in \mathbb{R}$.
Sei

$$\lim_{x \to a} f(x) = \lim_{x \to a} g(x) = 0 \quad \text{und} \quad \lim_{x \to a} \frac{f'(x)}{g'(x)} = \rho, \quad \rho \in \mathbb{R}.$$

Dann gilt:

$$\lim_{x \to a} \frac{f(x)}{g(x)} = \rho.$$

Beispiel 4.16

Wir betrachten den Grenzwert:

$$\lim_{x \to 0} \frac{1 - \cos(3x)}{1 - \cos(x)}.$$

Wir wenden die Regel von de l'Hospital zweimal an und bekommen:

$$\lim_{x \to 0} \frac{1 - \cos(3x)}{1 - \cos(x)} = \lim_{x \to 0} \frac{3 \sin(3x)}{\sin(x)} = \lim_{x \to 0} \frac{9 \cos(3x)}{\cos(x)} = 9.$$

In der allgemeinen Form der Regel von de l'Hospital lassen wir $-\infty \leq a \leq \infty$ (Grenzwert im Unendlichen) und $-\infty \leq \rho \leq \infty$ (Unendlich als Grenzwert) zu.

Satz: Regel von de l'Hospital, allgemeine Form
Die Funktionen f und g seien differenzierbar in einer Umgebung von a.
  Sei eine der beiden Voraussetzungen

$$\lim_{x \to a} f(x) = \lim_{x \to a} g(x) = 0 \quad \text{oder} \quad \lim_{x \to a} g(x) = \mp\infty$$

und die weitere Voraussetzung

$$\lim_{x \to a} \frac{f'(x)}{g'(x)} = \rho$$

erfüllt. Dann gilt:

$$\lim_{x \to a} \frac{f(x)}{g(x)} = \rho.$$

Die Regel von de l'Hospital gilt analog für rechts- und linksseitige Grenzwerte.

Beispiel 4.17

Die Exponentialfunktion wächst schneller als jede Potenz:

$$\lim_{x \to \infty} \frac{x^n}{e^x} = 0, \quad n \in \mathbb{N}_0.$$

Dies ergibt sich für $n \geq 1$ durch n-maliges Anwenden der Regel von de l'Hospital:

$$\lim_{x \to \infty} \frac{x^n}{e^x} = \lim_{x \to \infty} \frac{n\,x^{n-1}}{e^x} = \cdots = \lim_{x \to \infty} \frac{n!}{e^x} = 0.$$

Beispiel 4.18

Wir zeigen:

$$\lim_{x \to 0^+} x \, \ln(x) = 0.$$

Durch eine Umformung bekommt man zunächst:

$$x \, \ln(x) = \frac{\ln(x)}{\frac{1}{x}}.$$

Die Regel von de l'Hospital liefert dann:

$$\lim_{x \to 0^+} x \, \ln(x) = \lim_{x \to 0^+} \frac{\ln(x)}{\frac{1}{x}} = \lim_{x \to 0^+} \frac{\frac{1}{x}}{-\frac{1}{x^2}} = \lim_{x \to 0^+} (-x) = 0.$$

●

4.4 Beispielaufgaben

Aufgabe 4.1

An welchen Stellen ist die folgende Funktion differenzierbar (Abb. 4.11):

$$f(x) = |x^2 - 2x| ?$$

Die Funktion

$$g(x) = x^2 - 2x = (x - 1)^2 - 1$$

ist überall differenzierbar. Sie stellt eine Parabel mit dem Scheitelpunkt $(1, -1)$ dar und besitzt die Nullstellen $x = 0$ und $x = 2$.

Für $x < 0$ und für $x > 2$ gilt $f(x) = g(x)$ und damit $f'(x) = g'(x)$.

Für $0 < x < 2$ gilt $f(x) = -g(x)$ und damit $f'(x) = -g'(x)$.

Bleiben noch die Ausnahmestellen $x_0 = 0$ und $x_0 = 2$:

$$\lim_{x \to 0^-} \frac{f(x) - f(0)}{x - 0} = \lim_{x \to 0} \frac{g(x) - g(0)}{x - 0} = g'(0) = -2,$$

$$\lim_{x \to 0^+} \frac{f(x) - f(0)}{x - 0} = \lim_{x \to 0} \frac{(-g(x)) - (-g(0))}{x - 0} = -g'(0) = +2,$$

$$\lim_{x \to 2^-} \frac{f(x) - f(2)}{x - 2} = \lim_{x \to 0} \frac{(-g(x)) - (-g(2))}{x - 2} = -g'(2) = -2,$$

$$\lim_{x \to 2^+} \frac{f(x) - f(2)}{x - 2} = \lim_{x \to 0} \frac{g(x) - g(2)}{x - 2} = g'(2) = +2.$$

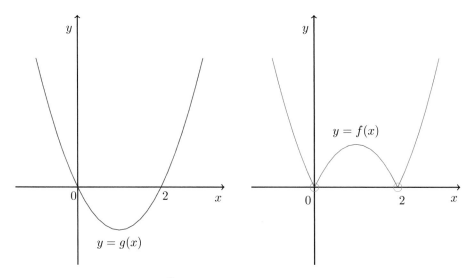

Abb. 4.11 Die Funktion $g(x) = x^2 - 2x$, (links), und die Funktion $f(x) = |g(x)|$, (rechts)

Rechts- und linksseitiger Grenzwert des Differenzenquotienten stimmen nicht überein. Die Funktion f ist nicht differenzierbar in $x_0 = 0$ und $x_0 = 2$.

Aufgabe 4.2

Die Funktion $f : \mathbb{R} \to \mathbb{R}$ wird erklärt durch:

$$f(x) = x \sin\left(\frac{1}{x}\right), \, x \neq 0, \, f(0) = 0.$$

Man berechne die Ableitung f' von f für $x \neq 0$ und zeige: f ist an der Stelle $x = 0$ nicht differenzierbar.

Die Funktion $g : \mathbb{R} \to \mathbb{R}$ wird erklärt durch (Abb. 4.12):

$$g(x) = x^2 \sin\left(\frac{1}{x}\right), \, x \neq 0, \, g(0) = 0.$$

Man berechne die Ableitung g' von g. Ist g' an der Stelle $x = 0$ stetig?

Es gilt:

$$f'(x) = \sin\left(\frac{1}{x}\right) - \frac{1}{x} \cos\left(\frac{1}{x}\right), \, x \neq 0.$$

Wir bilden den Differenzenquotienten:

$$\frac{f(x) - f(0)}{x - 0} = \sin\left(\frac{1}{x}\right).$$

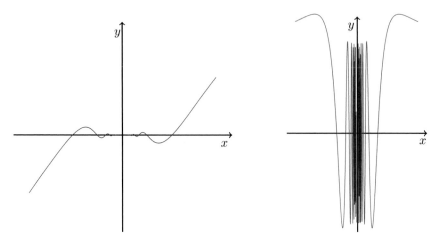

Abb. 4.12 Die Funktion $g(x) = x^2 \sin\left(\frac{1}{x}\right)$ (links) und ihre Ableitung $g'(x) = 2x \sin\left(\frac{1}{x}\right) - \cos\left(\frac{1}{x}\right)$ (rechts)

Nun greifen wir darauf zurück, dass $\sin(1/x)$ keinen Grenzwert an der Stelle $x = 0$ besitzt. Also ist die Funktion f nicht differenzierbar in $x = 0$.

Es gilt (Abb. 4.12):

$$g'(x) = 2\,x\,\sin\left(\frac{1}{x}\right) - \cos\left(\frac{1}{x}\right), \ x \neq 0.$$

Wir bilden wieder den Differenzenquotienten:

$$\frac{g(x) - g(0)}{x - 0} = x\,\sin\left(\frac{1}{x}\right)$$

und entnehmen:

$$g'(0) = \lim_{x \to 0} x\,\sin\left(\frac{1}{x}\right) = 0.$$

Analog zu $\sin(1/x)$ besitzt auch $\cos(1/x)$ keinen Grenzwert an der Stelle $x = 0$. Da $x\,\sin\left(\frac{1}{x}\right)$ an der Stelle $x = 0$ den Grenzwert null besitzt, existiert der Grenzwert $\lim_{x \to 0} g'(x)$ nicht. Die Funktion g' ist an der Stelle $x = 0$ nicht stetig.

Aufgabe 4.3
Man berechne für $n \in \mathbb{N}$: $\ln^{(n)}(x)$, $x > 0$. Es gilt:

$$\ln'(x) = \frac{1}{x}, \quad \ln''(x) = -\frac{1}{x^2}, \quad \ln'''(x) = 2\,\frac{1}{x^3}, \quad \ln^{(4)}(x) = 2\,(-3)\,\frac{1}{x^3}, \ldots$$

Durch eine einfache Induktion zeigt man: $\ln^{(n)}(x) = (-1)^{n-1}\,(n-1)!\,\dfrac{1}{x^n}$.

Man benutzt dabei den Grenzwert:

$$\lim_{x \to x_0} \frac{\frac{1}{x^n} - \frac{1}{x_0^n}}{x - x_0} = -\lim_{x \to x_0} \frac{1}{x^n\,x_0^n}\,\frac{x^n - x_0^n}{x - x_0} = -\frac{1}{x^{2n}}\,n\,x_0^{n-1} = -n\,\frac{1}{x_0^{n+1}}.$$

Aufgabe 4.4

Man zeige durch vollständige Induktion: Für die Funktion $f(x) = x^2\,e^x$ gilt:

$$f^{(n)}(x) = (x^2 + 2\,n\,x + n\,(n-1))\,e^x.$$

Für $n = 1$ ist die Behauptung richtig:

$$f'(x) = (x^2 + 2\,x)\,e^x.$$

Nehmen wir an, die Behauptung gilt für irgend ein n, dann folgt durch Ableiten:

$$\begin{aligned}
f^{(n+1)}(x) &= (x^2 + 2\,n\,x + n\,(n-1) + 2\,x + 2\,n)\,e^x \\
&= (x^2 + 2\,(n+1)\,x + (n+1)\,n)\,e^x.
\end{aligned}$$

Damit ist der Induktionsschritt getan, und die Behauptung bewiesen.

Aufgabe 4.5

Seien u und v differenzierbare Funktionen mit $u(x) > 0$. Man berechne die Ableitung von

$$f(x) = u(x)^{v(x)}.$$

Welche Ableitung ergibt sich für $f(x) = x^x$, $x > 0$?

Wir formen um

$$f(x) = u(x)^{v(x)} = e^{\ln(u(x))\,v(x)}$$

und bekommen mit der Ketten- und der Produktregel:

$$\begin{aligned}
f'(x) &= e^{\ln(u(x))\,v(x)} \left(\frac{u'(x)}{u(x)}\,v(x) + \ln(u(x)\,v'(x)) \right) \\
&= u(x)^{v(x)} \left(\frac{u'(x)}{u(x)}\,v(x) + \ln(u(x)\,v'(x)) \right).
\end{aligned}$$

Für $u(x) = x$ und $v(x) = x$ ergibt sich:

$$\frac{d}{dx}x^x = x^x\,(1 + \ln(x)), \quad x > 0.$$

Aufgabe 4.6

Die Hyperbelfunktionen Sinus Hyperbolicus und Kosinus Hyperbolicus sind erklärt durch
(Abb. 4.13):

$$\sinh(x) = \frac{e^x - e^{-x}}{2}, \quad \cosh(x) = \frac{e^x + e^{-x}}{2}, \quad x \in \mathbb{R}.$$

Man zeige:

$$(\cosh(x))^2 - (\sinh(x))^2 = 1$$

und

$$\sinh'(x) = \cosh(x), \quad \cosh'(x) = \sinh(x).$$

Für alle $x \in \mathbb{R}$ gilt:

$$
\begin{aligned}
(\cosh(x))^2 - (\sinh(x))^2 &= \frac{1}{4}\left(e^x + e^{-x}\right)^2 - \frac{1}{4}\left(e^x - e^{-x}\right)^2 \\
&= \frac{1}{4}\left(e^{2x} + 2e^x e^{-x} + e^{-2x}\right) \\
&\quad - \frac{1}{4}\left(e^{2x} - 2e^x e^{-x} + e^{-2x}\right) \\
&= 1.
\end{aligned}
$$

Man sieht sofort:

$$\sinh'(x) = \frac{e^x + e^{-x}}{2} = \cosh(x), \quad \cosh'(x) = \frac{e^x - e^{-x}}{2} = \sinh(x).$$

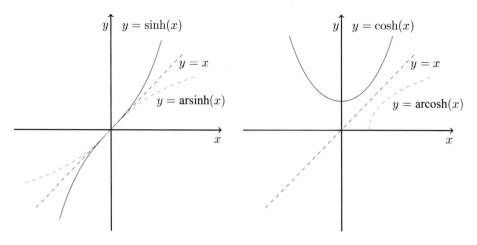

Abb. 4.13 Die Funktionen $\sinh(x)$ (links) und $\cosh(x)$ (rechts) und ihre durch Spiegelung an der 1.
Winkelhalbierenden erzeugten Umkehrfunktionen $\mathrm{arsinh}(x)$ (links) und $\mathrm{arcosh}(x)$ (rechts). (Dabei
wurde der Graph von $\cosh(x)$, $x \geq 0$ gespiegelt)

Aufgabe 4.7

Man leite folgende Umkehrfunktionen (Areasinus Hyperbolicus bzw. Areakosinus Hyperbolicus) für den Sinus Hyperbolicus bzw. Kosinus Hyperbolicus her (Abb. 4.13):

$$\operatorname{arsinh}(x) = \ln(x + \sqrt{x^2 + 1}), \quad x \in \mathbb{R},$$

$$\operatorname{arcosh}(x) = \ln(x + \sqrt{x^2 - 1}), \quad x \geq 1.$$

Ferner zeige man:

$$\operatorname{arsinh}'(x) = \frac{1}{\sqrt{x^2 + 1}}, \quad x \in \mathbb{R}, \quad \operatorname{arcosh}'(x) = \frac{1}{\sqrt{x^2 - 1}}, \quad x > 1.$$

Der Sinus Hyperbolicus ist streng monoton wachsend. Denn es gilt $\sinh'(x) = \cosh(x) > 0$. Genauso gilt für $x > 0$: $\cosh'(x) = \sinh(x) > 0$. Schränkt man also den Kosinus Hyperbolicus auf $x > 0$ ein, so erhält man eine umkehrbare Funktion.

Es gilt für alle $x \in \mathbb{R}$:

$$\operatorname{arsinh}(x) = y \iff x = \sinh(y) = \frac{1}{2}\left(e^y - e^{-y}\right)$$

$$\iff 2\,x\,e^y = e^{2y} - 1$$

$$\iff e^{2y} - 2\,x\,e^y + x^2 = 1 + x^2$$

$$\iff \left(e^y - x\right)^2 = 1 + x^2$$

Wegen $e^y > 0$ für alle $y \in \mathbb{R}$ folgt

$$e^y = x + \sqrt{1 + x^2}$$

und damit die behauptete Beziehung. Es gilt für alle $x \geq 1$:

$$\operatorname{arcosh}(x) = y \iff x = \cosh(y) = \frac{1}{2}\left(e^y + e^{-y}\right)$$

$$\iff 2\,x\,e^y = e^{2y} + 1$$

$$\iff e^{2y} - 2\,x\,e^y + x^2 = x^2 - 1$$

$$\iff \left(e^y - x\right)^2 = x^2 - 1$$

$$\iff e^y = x \pm \sqrt{x^2 - 1}$$

$$\iff y = \ln\left(x \pm \sqrt{x^2 - 1}\right)$$

Wegen $y > 0$ folgt $y = \ln\left(x + \sqrt{x^2 - 1}\right)$.

Mit der Ableitungsregel für die Umkehrfunktion bekommen wir:

$$\text{arsinh}'(x) = \frac{1}{\cosh(\text{arsinh}(x))} = \frac{1}{\sqrt{\sinh(\text{arsinh}(x))^2 + 1}} = \frac{1}{\sqrt{x^2 + 1}},$$

$$\text{arcosh}'(x) = \frac{1}{\sinh(\text{arcosh}(x))} = \frac{1}{\sqrt{\cosh(\text{arcosh}(x))^2 - 1}} = \frac{1}{\sqrt{x^2 - 1}}.$$

Aufgabe 4.8

Sei $f(x) = x^3 + 3x^2 + 5$ und $a = 1, b = 2$. Man bestimme ein $\xi \in (a, b)$ mit

$$f'(\xi) = \frac{f(b) - f(a)}{b - a}.$$

Es gilt:

$$f'(x) = 3x^2 + 6x \quad \text{und} \quad \frac{f(b) - f(a)}{b - a} = 16.$$

Wir suchen also ein $\xi \in (1, 2)$ mit

$$3\xi^2 + 6\xi = 16.$$

Die Gleichung

$$\xi^2 + 2\xi - \frac{16}{3} = 0$$

besitzt zwei Lösungen:

$$\xi_{1,2} = -1 \pm \sqrt{\frac{19}{3}}.$$

Wegen $\xi \in (1, 2)$ kommt nur die Lösung infrage:

$$\xi = -1 + \sqrt{\frac{19}{3}} = 1{,}51661....$$

Aufgabe 4.9

Mit dem Mittelwertsatz gebe man eine Abschätzung für

$$\left| \sqrt{1{,}0002} - 1 \right|, \quad \left| 0{,}9998^4 - 1 \right|.$$

Wir wenden den Mittelwertsatz an auf die Funktion $f(x) = \sqrt{x}$ im Intervall $[1, 1{,}0002]$:

$$\sqrt{1{,}0002} - 1 = \sqrt{1{,}0002} - \sqrt{1} = \frac{1}{2\sqrt{\xi}} (1{,}0002 - 1) = \frac{1}{2\sqrt{\xi}} \cdot 0{,}0002.$$

Wir haben hierbei die Ableitung $\dfrac{d}{dx}\sqrt{x} = \dfrac{1}{2\sqrt{x}}$ an einer Zwischenstelle $\xi \in (1, 1{,}0002)$ genommen. Die Wurzelfunktion ist streng monoton wachsend, und wir bekommen:

$$\frac{1}{2\sqrt{\xi}} < \frac{1}{2} \quad \text{für} \quad \xi \in (1, 1{,}002).$$

Also können wir abschätzen:

$$\left|\sqrt{1{,}0002} - 1\right| = \sqrt{1{,}0002} - 1 < \frac{1}{2} \cdot 0{,}0002 = 0{,}0001.$$

Wir wenden nun den Mittelwertsatz an auf die Funktion $f(x) = x^4$ im Intervall $[0{,}9998, 1]$:

$$1 - 0{,}9998^4 = 1^4 - 0{,}999^4 = 4\,\xi^3\,(1 - 0{,}9998) = 4\,\xi^3 \cdot 0{,}0002, \quad \xi \in (0{,}9998, 1).$$

Damit können wir abschätzen:

$$\left|0{,}9998^4 - 1\right| = 1 - 0{,}9998^4 < 4 \cdot 0{,}0002 = 0{,}0008.$$

Aufgabe 4.10

Man berechne folgende Grenzwerte

$$\lim_{x \to 0} \frac{x}{1 - e^{-x}}, \quad \lim_{x \to 0} \frac{\sin(x) - x}{x\,\sin(x)}, \quad \lim_{x \to \pi} \frac{\sin(5\,x)}{\tan(3\,x)}.$$

Wir wenden die Regel von de l'Hospital (zum Teil mehrfach) an:

$$\lim_{x \to 0} \frac{x}{1 - e^{-x}} = \lim_{x \to 0} \frac{1}{e^{-x}} = 1,$$

$$\lim_{x \to 0} \frac{\sin(x) - x}{x\,\sin(x)} = \lim_{x \to 0} \frac{\cos(x) - 1}{\sin(x) + x\,\cos(x)} = \lim_{x \to 0} \frac{-\sin(x)}{2\,\cos(x) - x\,\sin(x)} = 0,$$

$$\lim_{x \to \pi} \frac{\sin(5\,x)}{\tan(3\,x)} = \lim_{x \to \pi} \frac{5\,\cos(5\,x)}{3\,((\tan(3\,x))^2 + 1)} = -\frac{5}{3}.$$

Aufgabe 4.11

Man berechne den Grenzwert:

$$\lim_{x \to 0^+} \ln(x)\,x^2.$$

Welcher Wert ergibt sich für

$$\lim_{x \to 0^+} e^{\ln(x)\,x^2}\,?$$

Mit der Regel von de l' Hospital ergibt sich:

$$\lim_{x \to 0^+} \ln(x)\,x^2 = \lim_{x \to 0^+} \frac{\ln(x)}{\frac{1}{x^2}} = \lim_{x \to 0^+} \frac{\frac{1}{x}}{-2\frac{1}{x^3}} = \lim_{x \to 0^+} \left(-\frac{1}{2}x^2\right) = 0.$$

Damit bekommen wir aus Stetigkeitsgründen:

$$\lim_{x \to 0^+} e^{\ln(x)\,x^2} = e^0 = 1.$$

Aufgabe 4.12

Man berechne den Grenzwert:

$$\lim_{x \to \infty} x^{\frac{1}{x}}.$$

Wir schreiben:

$$x^{\frac{1}{x}} = e^{\frac{\ln(x)}{x}}.$$

Mit der Regel von de l' Hospital ergibt sich zunächst:

$$\lim_{x \to \infty} \frac{\ln(x)}{x} = \lim_{x \to \infty} \frac{1}{x} = 0.$$

Damit bekommen wir wieder aus Stetigkeitsgründen:

$$\lim_{x \to \infty} x^{\frac{1}{x}} = 1.$$

Wir bestätigen damit den Grenzwert der Folge $\sqrt[n]{n} = n^{\frac{1}{n}}$:

$$\lim_{n \to \infty} \sqrt[n]{n} = 1.$$

4.5   Übungsaufgaben

Übung 4.1 Man untersuche mit dem Differentialquotient, ob die Funktion an der Stelle x_0 differenzierbar ist:

i) $f : \mathbb{R} \to \mathbb{R},\, f(x) = x^2 - 4x + 5,\, x_0 = 2,$

ii) $f : \mathbb{R} \to \mathbb{R},\, f(x) = x|x - 4|,\, x_0 = 4,$

iii) $f : \mathbb{R}_{>0} \to \mathbb{R},\, f(x) = \frac{1}{\sqrt{x}},\, x_0 = 1,$

iv) $f : \mathbb{R} \to \mathbb{R},\, f(x) = \begin{cases} -\frac{1}{2}x + 1, & \text{falls } x \geq 0, \\ \sqrt{-x + 1}, & \text{falls } x < 0, \end{cases},\, x_0 = 0.$

Übung 4.2 Man berechne die erste Ableitung von:

i) $f(x) = 13x^2 - 4x + 9$,   ii) $f(x) = \dfrac{1}{\sqrt{x}} + 7\ln(x)$,

iii) $f(x) = e^x \cos(x)$,   iv) $f(x) = (x^3 + x^2 + x + 1)\sin(x)$,

v) $f(x) = \dfrac{x - 2}{x^2 - 6x + 8}$,   vi) $f(x) = \dfrac{\cos(x)}{\sin(x)}$,

vii) $f(x) = \sqrt{x^4 + 5x^2 + 8}$,   viii) $f(x) = 3\sin^2(x) + 2\sin(x) + 1$,

ix) $f(x) = e^{\sqrt{x}\cos(x)}$,   x) $f(x) = \dfrac{x\ln(x)}{x - 1}$.

Übung 4.3 Gegeben sei $f : \mathbb{R} \setminus \{1\} \to \mathbb{R}$, $f(x) = \frac{x}{1-x}$. Man zeige mit vollständiger Induktion, dass $f^{(n)}(x) = \frac{n!}{(1-x)^{n+1}}$ für alle $n > 0$ gilt.

Übung 4.4 Man berechne mit der Regel von de l'Hospital die Grenzwerte:

i) $\displaystyle\lim_{x\to\infty} \dfrac{x^2 - 2x + 1}{x^2 - 8}$,   ii) $\displaystyle\lim_{x\to 3} \dfrac{x^2 - 7x + 12}{x - 3}$,

iii) $\displaystyle\lim_{x\to\infty} \dfrac{e^x}{x^3}$,   iv) $\displaystyle\lim_{x\to 1} \dfrac{\ln(x)}{e^{x^3-1} - 1}$,

v) $\displaystyle\lim_{x\to 0^+} \dfrac{\sin(x)}{\sqrt{x}}$,   vi) $\displaystyle\lim_{x\to 0} \dfrac{(e^x - 1)^3}{x^3}$.

Übung 4.5

i) Welchen maximalen Definitionsbereich besitzt die Funktion:

$$f(x) = \ln(|\ln(|x|)|)?$$

Man berechne die Ableitung $f'(x)$.

ii) Wie lautet die Umkehrfunktion der auf das Intervall $(0, 1)$ eingeschränkten Funktion:

$$f(x) = \ln(|\ln(|x|)|), \, x \in (0, 1)?$$

Man berechne die Ableitung der Umkehrfunktion.

Übung 4.6 Die Funktionen $h_1, h_2, ..., h_n$ seien $n + 1$-mal differenzierbar. Man zeige: Für die Funktionen, $(k = 1, ..., n)$,

$$
f_k(x) = \det \begin{pmatrix} h_1(x) & h_2(x) & \cdots & h_k(x) \\ h_1'(x) & h_2'(x) & \cdots & h_k'(x) \\ \vdots & \vdots & \cdots & \vdots \\ h_1^{(k-2)}(x) & h_2^{k-2}(x) & \cdots & h_k^{(k-2)}(x) \\ h_1^{(k-1)}(x) & h_2^{(k-1)}(x) & \cdots & h_k^{(k-1)}(x) \end{pmatrix}
$$

gilt:

$$
f_k'(x) = \det \begin{pmatrix} h_1(x) & h_2(x) & \cdots & h_k(x) \\ h_1'(x) & h_2'(x) & \cdots & h_k'(x) \\ \vdots & \vdots & \cdots & \vdots \\ h_1^{(k-2)}(x) & h_2^{(k-2)}(x) & \cdots & h_k^{(k-2)}(x) \\ h_1^{(k)}(x) & h_2^{(k)}(x) & \cdots & h_k^{(k)}(x) \end{pmatrix}.
$$

Hinweis: Man beginne mit der Ableitung von

$$
f_2(x) = \det \begin{pmatrix} h_1(x) & h_2(x) \\ h_1'(x) & h_2'(x) \end{pmatrix} \text{ und } f_3(x) = \det \begin{pmatrix} h_1(x) & h_2(x) & h_3(x) \\ h_1'(x) & h_2'(x) & h_3'(x) \\ h_1''(x) & h_2''(x) & h_3''(x) \end{pmatrix}.
$$

Integration

5

Der Integralbegriff baut auf dem Flächenbegriff auf, der zunächst auf Flächen unter Kurven erweitert wird. Allgemein werden Integrale mit Riemannschen Summen über Grenzwertbildungen definiert. Wichtige Eigenschaften, wie Linearität, Intervalladditivität sowie Abschätzungen gestatten die Umwandlung eines Integrals in eine Rechtecksfläche. Damit bekommt man den Hauptsatz: Das Integral kann nach der oberen Grenze abgeleitet werden und stellt eine Stammfunktion der Ausgangsfunktion dar. Die Berechnung des Integrals kann auf die Herstellung einer Stammfunktion reduziert werden.

5.1 Riemannsche Summen

Wir versuchen, die Fläche unter einer Kurve durch Rechtecksflächen anzunähern. Dazu unterteilen wir ein Intervall zunächst in Teilintervalle (Abb. 5.1).

Definition: Partition eines Intervalls

Sei $[a, b]$ ein abgeschlossenes Intervall. Die Menge der $n + 1$ reellen Zahlen

$$P = \{x_0, \ldots, x_n\}, \quad a = x_0 < x_1 < x_2 < \cdots < x_{n-1} < x_n = b.$$

bildet eine Partition von $[a, b]$. Eine Partition $P = \{x_0, \ldots, x_n\}$ unterteilt das Ausgangsintervall $[a, b]$ in n Teilintervalle: $I_k = [x_{k-1}, x_k], \quad k = 1, \ldots, n$.

Nun betrachten wir eine stetige Funktion auf dem Grundintervall und führen folgende Bezeichnungen ein.

W. Strampp und D. Janssen, *Höhere Mathematik 2*, https://doi.org/10.1007/978-3-662-63552-0_5

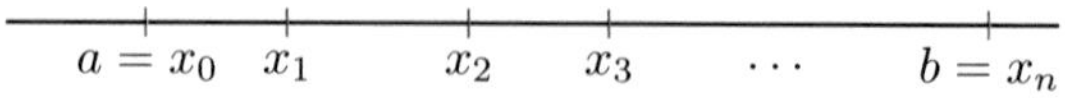

Abb. 5.1 Partition eines
Intervalls

$$a = x_0 \quad x_1 \qquad x_2 \qquad x_3 \qquad \cdots \qquad b = x_n$$

Definition: Minima und Maxima bei Partitionen

Sei $f : [a, b] \longrightarrow \mathbb{R}$ stetig und $P = \{x_0, \ldots, x_n\}$ eine Partition von $[a, b]$.
Wir schreiben (Abb. 5.2):

$$\underline{M}_k(f) = \min_{x \in I_k}\{f(x)\}, \quad \overline{M}_k(f) = \max_{x \in I_k}\{f(x)\},$$

und

$$\underline{M}(f) = \min_{x \in [a,b]}\{f(x)\}, \quad \overline{M}(f) = \max_{x \in [a,b]}\{f(x)\}.$$

Diese Bezeichnungen dienen als Vorbereitungen für Riemannsche Summen. Wir verwenden dabei die Stetigkeit. Man kann auch nur die Beschränktheit der Funktion voraussetzen. Man muss dann allerdings das Minimum und das Maximum, die nicht mehr garantiert sind, durch das Infimum und das Supremum ersetzen. Das Infimum ist die größte untere Schranke und das Supremum die kleinste obere Schranke der Funktionswerte (Abb. 5.3).

Abb. 5.2 Teilintervall I_k mit
Minimum und Maximum
$\underline{M}_k(f)$ und $\overline{M}_k(f)$

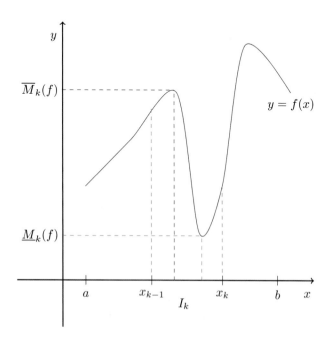

Abb. 5.3 Beschränkte
Funktion f mit Infimum und
Supremum

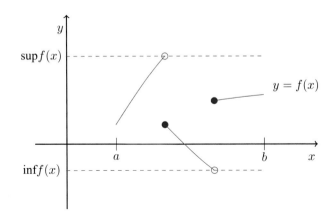

Beispiel 5.1
Wir betrachten die Funktion

$$f(x) = x$$

im Intervall $[a, b] = [0, 1]$. Wir wählen eine äquidistante Partition in n Teilintervalle
(Abb. 5.5):

$$P_n = \left\{ x_{n,k} \,\middle|\, x_{n,k} = \frac{k}{n}, k = 0, 1, ..., n \right\}.$$

Nun berechnen wir die Untersumme und die Obersumme:

$$\underline{S}(f, P_n) = \sum_{k=1}^{n} \frac{k-1}{n} \frac{1}{n}, \quad \overline{S}(f, P_n) = \sum_{k=1}^{n} \frac{k}{n} \frac{1}{n}.$$

Abb. 5.4 Untersumme und
Obersumme einer Funktion f.
(Im 1. und im 2. Intervall setzt
sich die Obersumme aus dem
hellen und dem dunklen
Rechteck zusammengesetzt. Im
4. Intervall setzt sich die
Untersumme aus dem dunklen
und dem hellen Rechteck
zusammen)

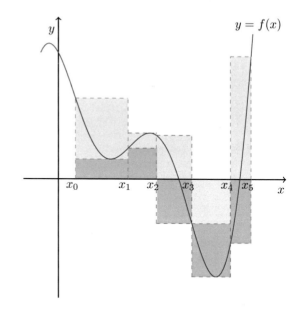

Abb. 5.5 Untersumme und
Obersumme der Funktion
$f(x) = x$ bei äquidistanter
Partition P_5,
$x_{5,k} = \frac{k}{5}, k = 0, 1, 2, 3, 4, 5,$
des Intervalls $[0, 1]$

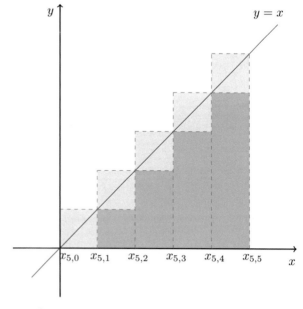

Wir formen um:

$$\underline{S}(f, P_n) = \frac{1}{n^2} \sum_{k=1}^{n} (k-1)$$

$$= \frac{1}{n^2} \left(\left(\sum_{k=1}^{n} k \right) - n \right) = \frac{1}{n^2} \left(\frac{n(n+1)}{2} - n \right)$$

$$= \frac{1}{2} \left(1 - \frac{1}{n} \right),$$

$$\overline{S}(f, P_n) = \frac{1}{n^2} \sum_{k=1}^{n} k = \frac{1}{n^2} \frac{n(n+1)}{2}$$

$$= \frac{1}{2} \left(1 + \frac{1}{n} \right).$$

Im Grenzfall gilt:

$$\lim_{n \to \infty} \underline{S}(f, P_n) = \frac{1}{2}, \quad \lim_{n \to \infty} \overline{S}(f, P_n) = \frac{1}{2}.$$

Die Untersummen $\underline{S}(f, P_n)$ und die Obersummen $\overline{S}(f, P_n)$ konvergieren also gegen den Flächeninhalt des Dreiecks, das von den Geraden $y = x$, $y = 0$ und $x = 1$ begrenzt wird.

•

Beispiel 5.2
Wir betrachten die Funktion

$$f(x) = \frac{1}{x}$$

im Intervall $[1, b]$. Wir wählen eine nichtäquidistante Partition in n Teilintervalle (Abb. 5.6):

$$P_n = \left\{ x_{n,k} \, \middle| \, x_{n,k} = b^{\frac{k}{n}}, \, k = 0, 1, ..., n \right\}.$$

Nun berechnen wir die Untersumme:

Abb. 5.6 Untersumme der Funktion $f(x) = \frac{1}{x}$ bei nichtäquidistanter Unterteilung des Intervalls $[1, b]$ durch $P_5, x_{5,k} = b^{\frac{k}{5}}, k = 0, 1, 2, 3, 4, 5$

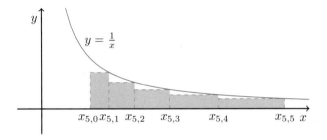

$$\underline{S}(f, P_n) = \sum_{k=1}^{n} \frac{1}{b^{\frac{k}{n}}} \left(b^{\frac{k}{n}} - b^{\frac{k-1}{n}} \right) = \sum_{k=1}^{n} \left(1 - b^{-\frac{1}{n}} \right)$$
$$= n \left(1 - b^{-\frac{1}{n}} \right).$$

Im Grenzfall gilt mit der Regel von de l'Hospital:

$$\lim_{x \to \infty} x \left(1 - b^{-\frac{1}{x}} \right) = \lim_{x \to \infty} \frac{1 - b^{-\frac{1}{x}}}{\frac{1}{x}} = \lim_{x \to \infty} \frac{-e^{-\ln(b)\frac{1}{x}} \ln(b) \frac{1}{x^2}}{-\frac{1}{x^2}}$$
$$= \lim_{x \to \infty} \ln(b) \, e^{-\ln(b)\frac{1}{x}} = \ln(b),$$

also:

$$\lim_{n \to \infty} \underline{S}(f, P_n) = \ln(b).$$

•

Man sieht unmittelbar, dass Untersummen stets kleiner als Obersummen sind (Abb. 5.7).

Satz: Anordnung von Untersummen und Obersummen

Sei $f : [a, b] \longrightarrow \mathbb{R}$ stetig und P eine Partition von $[a, b]$. Dann gilt:

$$\underline{M}(f)(b-a) \le \underline{S}(f, P) \le \overline{S}(f, P) \le \overline{M}(f)(b-a).$$

Abb. 5.7 Anordnung von
Untersumme und Obersumme
einer Funktion $f : [a, b] \to \mathbb{R}$:
Kleiner als das dunkle
Reckteck kann die
Untersumme nicht werden.
Größer als das helle und das
dunkle Rechteck zusammen
genommen kann die
Obersumme nicht werden

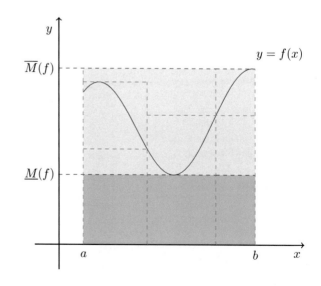

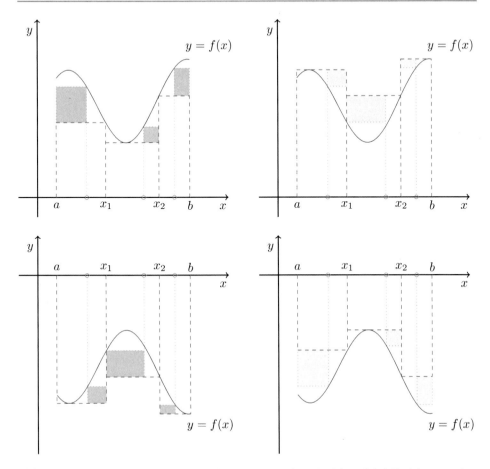

Abb. 5.8 Verhalten der Untersumme- und Obersumme einer Funktion f bei Verfeinerung einer Partition $\{a, x_1, x_2, b\}$ des Intervalls $[a, b]$ mit drei weiteren Unterteilungspunkten. Obere Bilder ($f(x) > 0$): Die Verfeinerung bewirkt Zunahme der Untersumme um die dunklen positiven Rechtecksflächen (links) und Abnahme der Obersumme um die hellen positiven Rechtecksflächen (rechts). Untere Bilder ($f(x) < 0$): Die Verfeinerung bewirkt Abnahme der Untersumme um die dunklen negativen Rechtecksflächen (links) und Zunahme der Obersumme um die hellen negativen Rechtecksflächen (rechts)

Durch Hinzunehmen von weiteren Unterteilungspunkten verfeinert man eine Partition (Abb. 5.8).

Satz: Verfeinerung einer Partition
Sei $f : [a, b] \longrightarrow \mathbb{R}$ stetig und P eine Partition von $[a, b]$. Eine Partition $\tilde{P}$ heißt Verfeinerung, wenn gilt: $P \subset \tilde{P}$.

Durch Verfeinerung werden die Untersummen größer und die Obersummen kleiner:

$$\underline{S}(f, \tilde{P}) \geq \underline{S}(f, P), \quad \overline{S}(f, \tilde{P}) \leq \overline{S}(f, P).$$

Anstatt in jedem Teilintervall Minimum und Maximum zu bestimmen, greifen wir einfach einen Funktionswert heraus.

Definition: Riemannsche Summe

Sei $f : [a, b] \longrightarrow \mathbb{R}$ eine stetige Funktion und $P = \{x_0, x_1, ..., x_n\}$ eine Partition von $[a, b]$. Aus jedem Teilintervall $I_k = [x_{k-1}, x_k]$ werde ein $\xi_k \in I_k$ beliebig gewählt und $\vec{\xi} = (\xi_1, ..., \xi_n)$ gesetzt.
Eine Riemannsche Summe von f zur Partition P wird gegeben durch (Abb. 5.9):

$$S(f, P, \vec{\xi}) = \sum_{k=1}^{n} f(\xi_k)(x_k - x_{k-1}).$$

Man sieht nun sofort, dass Riemannsche Summen stets zwischen Untersummen und Obersummen liegen. Untersummen und Obersummen sind spezielle Riemannsche Summen.

Satz: Riemannsche Summen, Untersummen und Obersummen

Sei $f : [a, b] \longrightarrow \mathbb{R}$ stetig und P eine Partition von $[a, b]$. Ferner sei durch $\vec{\xi}$ eine beliebige Wahl von Zwischenpunkten aus den Teilintervallen von P gegeben.
Dann gilt:

$$\underline{S}(f, \tilde{P}) \leq S(f, P, \vec{\xi}) \leq \overline{S}(f, P).$$

Damit wir allgemein Grenzübergänge von Riemannschen Summen vornehmen können, führen wir die Feinheit einer Partition ein.

Definition: Feinheit einer Partition

Sei $P = \{x_0, x_1, ..., x_n\}$ eine Partition von $[a, b]$.
Als Feinheit der Partition P bezeichnen wir das Maximum der Längen der Teilintervalle:

$$\|P\| = \max_{1 \leq k \leq n} (x_k - x_{k-1}).$$

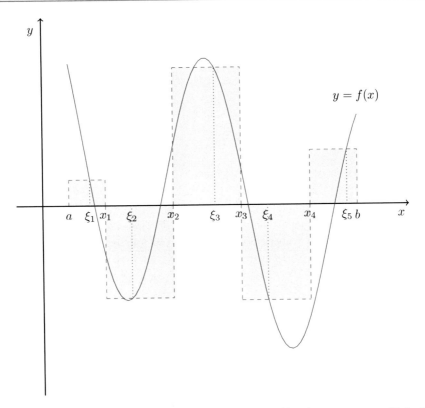

Abb. 5.9 Riemannsche Summe einer Funktion f bei einer Partition $\{a, x_1, x_2, x_3, x_4, b\}$ des Intervalls $[a, b]$ mit Zwischenpunkten $\xi_1, ..., \xi_5$

Wenn man nun die Eigenschaften von Riemannschen Summen geschickt ausnutzt, kann man folgende Aussage über den Grenzwert beweisen.

Satz: Riemannsches Integral

Sei $f : [a, b] \longrightarrow \mathbb{R}$ stetig und P_n eine beliebige Folge von Partitionen von $[a, b]$ mit

$$\lim_{n \to \infty} ||P_n|| = 0.$$

Durch $\vec{\xi}_n$ werde eine beliebige Wahl von Zwischenpunkten aus den Teilintervallen von P_n gegeben. Dann existiert der Grenzwert $\lim_{n \to \infty} S(f, P_n, \vec{\xi}_n)$ und ist unabhängig von

P_n und $\vec{\xi}_n$. Wir bezeichnen den Grenzwert als Riemannsches Integral (kurz Integral) der Funktion f über das Intervall $[a, b]$:

$$\int_a^b f(x)\,dx = \lim_{n\to\infty} S(f, P_n, \vec{\xi}_n).$$

Bei der Wahl der Folge der Partitionen P_n ist man völlig frei. P_n muss nicht in gleichgroße Teilintervalle unterteilt werden. Auch über die Anzahl der Teilintervalle von P_n wird nichts vorgeschrieben. Zwischenpunkte dürfen dem betreffenden Intervall beliebig entnommen werden. Die einzige Forderung ist, dass die Folge der Feinheiten gegen null geht.

Wenn wir eine Funktion f über ein Intervall $[a, b]$ integrieren, dann spielt die Bezeichnung der unabhängigen Variablen natürlich keine Rolle. Wir können schreiben:

$$\int_a^b f(x)\,dx = \int_a^b f(t)\,dt = \int_a^b f(\xi)\,d\xi = \dots$$

5.2   Der Hauptsatz

Über Riemannsche Summen und Grenzwerte kommen wir zu grundlegenden Eigenschaften des Integrals.

Satz: Linearität des Integrals
Seien $f, g : [a, b] \longrightarrow \mathbb{R}$ stetige Funktionen und $\alpha, \beta \in \mathbb{R}$.

Dann gilt:

$$\int_a^b (\alpha\, f(x) + \beta\, g(x))\,dx = \alpha \int_a^b f(x)\,dx + \beta \int_a^b g(x)\,dx.$$

Satz: Intervalladdition bei Integralen

Sei $f : [a, b] \longrightarrow \mathbb{R}$ eine stetige Funktion und $a < c < b$, dann gilt:

$$\int_a^b f(x)\,dx = \int_a^c f(x)\,dx + \int_c^b f(x)\,dx.$$

Satz: Abschätzung von Integralen

Seien $f, g : [a, b] \longrightarrow \mathbb{R}$ stetige Funktionen und

$$f(x) \leq g(x), \quad \text{für alle} \quad x \in [a, b].$$

Dann gilt:

$$\int_a^b f(x)\,dx \leq \int_a^b g(x)\,dx.$$

Ferner ist der Betrag eines Integrals stets kleiner oder gleich als das Integral des Betrags der Funktion (Abb. 5.10):

$$\left| \int_a^b f(x)\,dx \right| \leq \int_a^b |f(x)|\,dx.$$

Abb. 5.10 Betrag einer
Funktion $f : [a, b] \to \mathbb{R}$

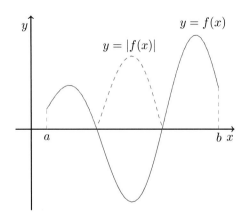

Die erste Aussage folgt unmittelbar aus den entsprechenden Abschätzungen von Summen.
Die zweite Aussage ist dann eine Folgerung:

$$f(x) \le |f(x)| \implies \int_a^b f(x)\,dx \le \int_a^b |f(x)|\,dx,$$

$$-f(x) \le |f(x)| \implies -\int_a^b f(x)\,dx \le \int_a^b |f(x)|\,dx.$$

Zusammen ergibt dies gerade die Behauptung.
Der Integralbegriff ist eng mit dem Flächenbegriff verknüpft.

Definition: Fläche unter einer Kurve
Sei $f : [a, b] \longrightarrow \mathbb{R}$ eine stetige Funktion und

$$f(x) \ge 0, \quad \text{für alle } x \in [a, b].$$

Das Integral

$$\int_a^b f(x)\,dx$$

fassen wir dann als Fläche unter der Kurve $f(x)$ auf. Das ist die Fläche, die von den
Geraden $x = a$, $x = b$, der x-Achse und dem Graphen der Funktion f begrenzt wird
(Abb. 5.11).

Wir können die Voraussetzung $f(x) \ge 0$ aufgeben und trotzdem nach der Fläche fragen,
die von den Geraden $x = a$, $x = b$, der x-Achse und dem Graphen der Funktion f begrenzt
wird. Wir berechnen dann die Fläche unter der Kurve $|f|$ (Abb. 5.12):

Abb. 5.11 Fläche unter der
Kurve: $\int_a^b f(x)dx$

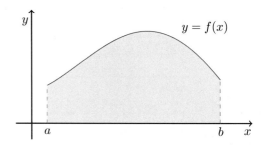

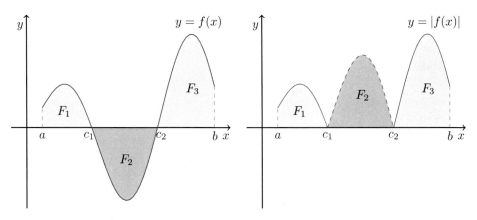

Abb. 5.12 Integral $\int_a^b f(x)dx$ (links). Fläche, die von den Geraden $x = a$, $x = b$, $y = 0$ und der Kurve $y = f(x)$ begrenzt wird: Es gilt: $\int_{c_1}^{c_2} f(x)dx < 0$ und $\int_{c_1}^{c_2} |f(x)|dx = F_2 > 0$. Insgesamt: $\int_a^b |f(x)|dx = F_1 + F_2 + F_3$

$$\int\limits_a^b |f(x)|\, dx.$$

Im Fall, dass die untere Grenze gleich der oberen Grenze ist, oder dass die untere Grenze größer als die obere Grenze ist, treffen wir folgende Vereinbarungen:

$$\int\limits_a^a f(x)\, dx = 0 \quad \text{und} \quad \int\limits_a^b f(x)\, dx = -\int\limits_b^a f(x)\, dx.$$

Damit wird:

$$\left| \int\limits_a^b f(x)\, dx \right| \le \left| \int\limits_a^b |f(x)|\, dx \right|.$$

Außerdem können wir mit diesen Vereinbarungen die Intervalladdition ohne Einschränkung an die Anordnung der Grenzen vornehmen:

$$\int\limits_a^b f(x)\, dx = \int\limits_a^c f(x)\, dx + \int\limits_c^b f(x)\, dx.$$

Die Voraussetzung der Stetigkeit des Integranden kann bei den bisherigen Überlegungen ersetzt werden durch die Stetigkeit mit Ausnahme endlich vieler Sprungstellen (stückweise Stetigkeit). Wir integrieren dann jeweils zwischen zwei Sprungstellen und addieren die Integrale (Abb. 5.13).

Abb. 5.13 Funktion
$f : [a, b] \longrightarrow \mathbb{R}$ mit
Sprungstellen. (Stückweise
Stetigkeit)

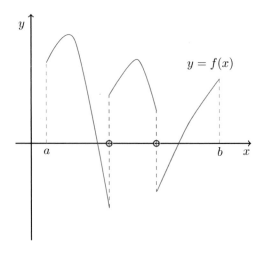

Mit dem Mittelwertsatz der Integralrechnung können wir anschaulich die Fläche unter einer Kurve in ein Rechteck verwandeln (Abb. 5.14).

Satz: Mittelwertsatz der Integralrechnung

Sei $f : [a, b] \longrightarrow \mathbb{R}$ eine stetige Funktion. Dann gibt es eine Zwischenstelle $\xi \in [a, b]$, sodass gilt:

$$\int_a^b f(x)\,dx = f(\xi)\,(b - a).$$

Zum Beweis gehen wir von der Ungleichung aus:

$$\min_{x \in [a,b]} f(x) \le f(x) \le \max_{x \in [a,b]} f(x).$$

Mit dem Integral $\displaystyle\int_a^b 1\,dx = b - a$ bekommen wir

$$\left(\min_{x \in [a,b]} f(x) \right)(b - a) \le \int_a^b f(x)\,dx \le \left(\max_{x \in [a,b]} f(x) \right)(b - a)$$

bzw.

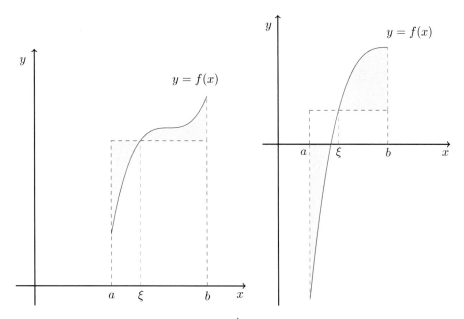

Abb. 5.14 Mittelwertsatz der Integralrechnung: $\int_a^b f(x)dx = f(\xi)(b-a)$ (Integral als Rechtecks-fläche)

$$\left(\min_{x \in [a,b]} f(x) \right) \leq \frac{\int_a^b f(x)\,dx}{b-a} \leq \left(\max_{x \in [a,b]} f(x) \right).$$

Nach dem Zwischenwertsatz nimmt eine stetige Funktion jeden Wert zwischen Minimum und Maximum an. Also gibt es (mindestens) ein $\xi \in [a,b]$ mit

$$\frac{\int_a^b f(x)\,dx}{b-a} = f(\xi).$$

Analog zur Differentialrechnung können wir den Mittelwertsatz verallgemeinern. Sind $f, g : [a,b] \longrightarrow \mathbb{R}$ eine stetige Funktionen und ist $g(x) \geq 0$ oder $g(x) \leq 0$ für alle $x \in [a,b]$, dann gibt es eine Zwischenstelle $\xi \in [a,b]$, sodass gilt:

$$\int_a^b f(x)\,g(x)\,dx = f(\xi) \int_a^b g(x)\,dx.$$

Wir betrachten nun Integrale mit variabler oberer Grenze und kommen zur Flächenfunktion (Abb. 5.15):

$$F(x) = \int_{x_0}^x f(t)\,dt.$$

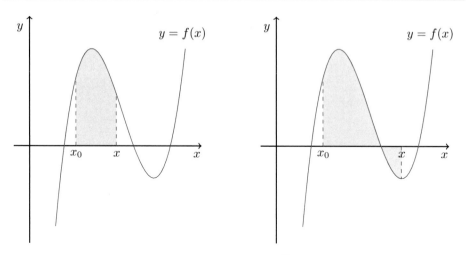

Abb. 5.15 Die Flächenfunktion einer Funktion f: $F(x) = \int\limits_{x_0}^{x} f(x)dx$

Die Ableitung der Flächenfunktion ergibt den Integranden an der oberen Grenze.

Satz: Hauptsatz der Differential- und Integralrechnung

Sei $f : [a, b] \longrightarrow \mathbb{R}$ eine stetige Funktion und $x_0 \in [a, b]$ beliebig. Dann ist die

Flächenfunktion $F(x) = \int\limits_{x_0}^{x} f(t)\,dt$ differenzierbar, und es gilt:

$$F'(x) = \frac{d}{dx} \int\limits_{x_0}^{x} f(t)\,dt = f(x).$$

Beim Beweis beschränken wir uns auf den Fall $x > x_0$, $h > 0$. In den anderen Fällen argumentiert man analog (Abb. 5.16).

Es gilt (auch im allgemeinen Fall):

$$F(x + h) - F(x) = \int\limits_{x_0}^{x+h} f(t)\,dt - \int\limits_{x_0}^{x} f(t)\,dt = \int\limits_{x}^{x+h} f(t)\,dt.$$

Der Mittelwertsatz garantiert eine Zwischenstelle ξ_x zwischen x und $x + h$ mit:

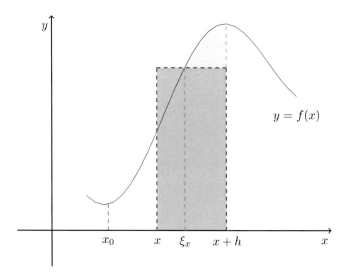

Abb. 5.16 Beweis des Hauptsatzes: $F(x + h) - F(x) = f(\xi_x)h$

$$\int\limits_x^{x+h} f(t)\, dt = f(\xi_x)\, h.$$

Damit bekommen wir den Differenzenquotienten

$$\frac{F(x + h) - F(x)}{h} = f(\xi_x).$$

Wenn h gegen Null geht, dann konvergiert die Zwischenstelle ξ_x gegen x und wegen der Stetigkeit der Funktion f folgt schließlich:

$$F'(x) = \lim_{h \to 0} \frac{F(x + h) - F(x)}{h} = f(x).$$

Beispiel 5.3

Sei $f : [a, b] \longrightarrow \mathbb{R}$ eine stückweise stetige Funktion. Da nur endlich viele Sprungstellen in $[a, b]$ vorliegen, ist f beschränkt. $|f(x)| \leq M$ für alle $x \in [a, b]$. Die Flächenfunktion $F(x) = \int_{x_0}^x f(t)\, dt$ ist dann differenzierbar in allen Stetigkeitsstellen von f und stetig im gesamten Intervall $[a, b]$.

Es genügt, wenn wir den Fall einer Unstetigkeitsstelle $a < x_1 < b$ betrachten. Wir schreiben:

$$F(x) - F(x_1) = \int\limits_{x_0}^x f(t)\, dt - \int\limits_{x_0}^{x_1} f(t)\, dt = \int\limits_{x_1}^x f(t)\, dt$$

und bekommen:

$$|F(x) - F(x_1)| \leq \left| \int_{x_1}^{x} f(t)\,dt \right| \leq \left| \int_{x_1}^{x} |f(t)|\,dt \right| \leq M\,|x - x_1|\,.$$

Hieraus folgt sofort die Stetigkeit (Abb. 5.17). Bei der Differenzierbarkeit greifen wir den Fall $a \leq x_0 < x_1 < b$ heraus und schreiben die Flächenfunktion:

$$F(x) = \int_{x_0}^{x} f(t)\,dt,\, x \leq x_1,$$

und

$$F(x) = \int_{x_0}^{x_1} f(t)\,dt + \int_{x_1}^{x} f(t)\,dt,\, x \geq x_1.$$

Der Hauptsatz liefert die Differenzierbarkeit für $a \leq x \leq b,\, x \neq x_1$. Für $x = x_1$ ergibt sich die linksseitige Ableitung (Abb. 5.17):

$$\lim_{x \to x_1^-} \frac{F(x) - F(x_1)}{x - x_1} = \lim_{x \to x_1^-} f(x)$$

und die rechtsseitige Ableitung (Abb. 5.17):

$$\lim_{x \to x_1^+} \frac{F(x) - F(x_1)}{x - x_1} = \lim_{x \to x_1^+} f(x).$$

●

Beispiel 5.4

Sei $x \in [0, 1]$ und $x_0 \in [0, 1]$. Wir betrachten die Flächenfunktion:

$$F(x) = \int_{x_0}^{x} \sqrt{1 - t^4}\,dt.$$

Mit dem Hauptsatz bekommen wir die Ableitung:

$$F'(x) = \sqrt{1 - x^4}.$$

Nun betrachten wir die Funktion

$$G(x) = \int_{x_0}^{(\sin(x))^2} \sqrt{1 - t^4}\,dt = F((\sin(x))^2).$$

Abb. 5.17 Funktion $f(x)$ mit Sprungstelle x_1 und der Flächenfunktion $F(x)$

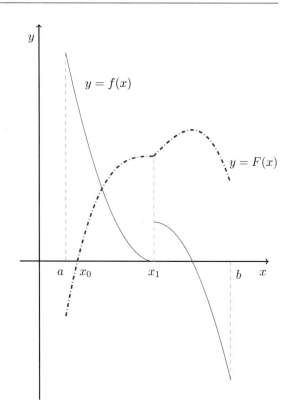

Mit dem Hauptsatz und der Kettenregel bekommen wir die Ableitung:

$$G'(x) = 2\sqrt{1 - (\sin(x))^8}\,\sin(x)\,\cos(x).$$

●

Beispiel 5.5

Wir berechnen die Ableitung der Funktion:

$$G(x) = \int\limits_{x}^{3x} e^{t^2}\,dt.$$

Damit wir den Hauptsatz anwenden können, formen wir um:

$$G(x) = \int\limits_{x}^{x_0} e^{t^2}\,dt + \int\limits_{x_0}^{3x} e^{t^2}\,dt = -\int\limits_{x_0}^{x} e^{t^2}\,dt + \int\limits_{x_0}^{3x} e^{t^2}\,dt.$$

Nun bekommen wir die Ableitung:

$$G'(x) = -e^{x^2} + 3\,e^{9\,x^2}.$$

•

Die Flächenfunktion stellt eine Stammfunktion dar.

Definition: Stammfunktion
Die Funktion F heißt Stammfunktion der Funktion f, wenn für alle x aus dem Definitionsbereich von f gilt:
$$F'(x) = f(x).$$

Zwei Stammfunktionen können sich nur durch eine additive Konstante unterscheiden.

Satz: Menge der Stammfunktionen
Die Funktionen F, G seien Stammfunktionen der Funktion f. Dann gilt für alle x aus dem Definitionsbereich von f mit einer Konstanten c:

$$G(x) = F(x) + c.$$

Offensichtlich verschwindet die Ableitung der Differenz:

$$G'(x) - F'(x) = f(x) - f(x) = 0.$$

Damit ist:

$$G(x) - F(x) = c.$$

Ist die Funktion $f \,:\, [a,b] \longrightarrow \mathbb{R}$ stetig, dann stellt die die Flächenfunktion

$$F(x) = \int\limits_{x_0}^{x} f(t)\, dt$$ nach dem Hauptsatz eine Stammfunktion dar.

Mit einer Stammfunktion können wir nun das Integral berechnen.

Satz: Integrale und Stammfunktionen

Die Funktion G sei eine Stammfunktion der stetigen Funktion $f : [a, b] \longrightarrow \mathbb{R}$. Dann gilt:

$$\int_a^b f(x)\,dx = G(b) - G(a).$$

Man benutzt auch die Schreibweise:

$$\int_a^b f(x)\,dx = G(x)\big|_a^b = G(b) - G(a).$$

Wir nehmen zunächst die Flächenfunktion:

$$F(x) = \int_a^x f(t)\,dt.$$

Dann folgt:

$$F(a) = 0 \quad \text{und} \quad F(b) = \int_a^b f(t)\,dt.$$

Sei nun G eine beliebige Stammfunktion:

$$G(x) = F(x) + c.$$

Dann gilt zunächst

$$G(a) = F(a) + c = c$$

und weiter

$$\int_a^b f(t)\,dt = F(b) = G(b) - c = G(b) - G(a).$$

Beispiel 5.6

Wir berechnen das Integral: $\int\limits_a^b e^x\,dx$.

Mit der Funktion $f(x) = e^x$ und der Stammfunktion $G(x) = e^x$ bekommen wir:

$$\int\limits_a^b e^x\,dx = e^x\big|_a^b = e^b - e^a.$$

●

Beispiel 5.7

Wir berechnen das Integral:

$$\int\limits_a^b \frac{1}{x}\,dx$$

zuerst für den Fall $0 < a < b$ und anschließend für den Fall $a < b < 0$ (Abb. 5.18).
Im ersten Fall gilt:

$$\int\limits_a^b \frac{1}{x}\,dx = \ln(x)\big|_a^b = \ln(b) - \ln(a)$$

$$= \ln\left(\frac{b}{a}\right).$$

Im zweiten Fall gilt:

$$\int\limits_a^b \frac{1}{x}\,dx = \ln(-x)\big|_a^b = \ln(-b) - \ln(-a)$$

$$= \ln\left(\frac{b}{a}\right).$$

Die Fläche, die von der Kurve $y = \frac{1}{x}$ und den Geraden $x = a, x = b, y = 0$ eingeschlossen
wird, ergibt sich in diesem Fall wie folgt:

$$\int\limits_a^b \left|\frac{1}{x}\right|\,dx = \int\limits_a^b \left(-\frac{1}{x}\right)\,dx = -\ln(-x)\big|_a^b = -\ln(-b) + \ln(-a)$$

$$= \ln\left(\frac{a}{b}\right).$$

●

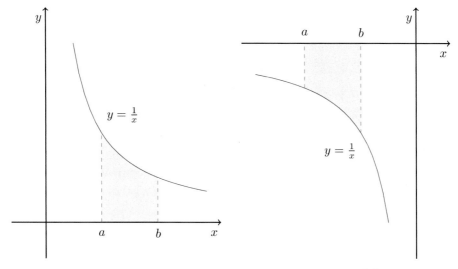

Abb. 5.18 Fläche unter der Kurve $f(x) = \frac{1}{x}$. Links: Die Fläche beträgt $\ln\left(\frac{b}{a}\right)$. Rechts: Die von $y = \frac{1}{x}$, $x = a$, $x = b$ und $y = 0$ begrenzte Fläche beträgt $\ln\left(\frac{a}{b}\right)$

Beispiel 5.8

Für $0 < a < b$ und $\alpha \in \mathbb{R}$, $\alpha \neq 1$, berechnen wir das Integral:

$$\int_a^b x^\alpha \, dx.$$

Mit der Stammfunktion $F(x) = \alpha\, x^{\alpha-1}$, $x > 0$, gilt:

$$\int_a^b x^\alpha \, dx = \alpha\, x^{\alpha-1}\Big|_a^b = \alpha\,(b^{\alpha-1} - a^{\alpha-1}).$$

•

Die Berechnung des Integrals einer Funktion über ein Intervall bezeichnet man auch als bestimmte Integration. Das Problem, eine Stammfunktion oder alle Stammfunktionen einer stetigen Funktion zu finden, wird dagegen als unbestimmte Integration bezeichnet.

Definition: Unbestimmtes Integral

Sei $f : [a, b] \longrightarrow \mathbb{R}$ stetig. Unter dem unbestimmten Integral über f versteht man die Menge aller Stammfunktionen von f:

$$\int f(x)\, dx = \{F \mid F : [a, b] \longrightarrow \mathbb{R},\ F'(x) = f(x) \text{ für alle } x \in [a, b]\}.$$

Hat man eine Stammfunktion F gefunden, so ergibt sich das Unbestimmte Integral, indem man eine beliebige Konstante zu F hinzu addiert. Deshalb schreiben wir kurz:

$$\int f(x)\, dx = F(x) + c.$$

Die unbestimmte Integration ist die Umkehrung der Differentiation:

$$\int f(x)\, dx = F(x) + c \iff F'(x) = f(x).$$

Beispiel 5.9

Wir geben einige einfache unbestimmte Integrale an:

$$\int e^{2x}\, dx = \frac{1}{2} e^{2x} + c,$$

$$\int \sin(17\, x)\, dx = -\frac{1}{17} \cos(17\, x) + c,$$

$$\int \cos(17\, x)\, dx = \frac{1}{17} \sin(17\, x) + c.$$

●

5.3   Beispielaufgaben

Aufgabe 5.1

Mit Riemannschen Summen berechne man das Integral:

$$\int_{0}^{1} e^{x}\, dx.$$

Man benutze äquidistante Zerlegungen und wähle den Mittelpunkt eines jeden Teilintervalls als Zwischenpunkt.

Wir unterteilen das Intervall $[0, 1]$ in n Teilintervalle und bekommen die Partitionen

$$P_n = \left\{ x_{n,k} = k\, \frac{1}{n}, k = 0, \ldots, n \right\}.$$

Als Zwischenpunkte $\xi_{n,k} \in [x_{n,k-1}, x_{n,k}]$ wählen wir jeweils die Mittelpunkte:

$$\xi_{n,k} = \frac{x_{n,k-1} + x_{n,k}}{2} = \left(k - \frac{1}{2} \right) \frac{1}{n}, \vec{\xi}_n = (\xi_{n,1}, \ldots, \xi_{n,n}).$$

Dies ergibt:

$$S(f, P_n, \vec{\xi}_n) = \sum_{k=1}^{n} e^{\left(k - \frac{1}{2} \right) \frac{1}{n}} \frac{1}{n} = \frac{1}{n} e^{-\frac{1}{2n}} \sum_{k=1}^{n} \left(e^{\frac{1}{n}} \right)^k.$$

Die geometrische Folge können wir aufsummieren:

$$\sum_{k=1}^{n} \left(e^{\frac{1}{n}} \right)^k = e^{\frac{1}{n}} \sum_{k=0}^{n-1} \left(e^{\frac{1}{n}} \right)^k = e^{\frac{1}{n}} \frac{\left(e^{\frac{1}{n}} \right)^n - 1}{e^{\frac{1}{n}} - 1}.$$

Insgesamt ergibt dies:

$$S(f, P_n, \vec{\xi}_n) = (e - 1)\, e^{\frac{1}{2n}}\, \frac{\frac{1}{n}}{1 - e^{-\frac{1}{n}}}$$

und im Grenzfall

$$\lim_{n \to \infty} S(f, P_n, \vec{\xi}_n) = e - 1 = \int_0^1 e^x \, dx.$$

Hierbei haben wir noch den Grenzwert benützt:

$$\lim_{x \to 0} \frac{x}{1 - e^{-x}} = \lim_{x \to 0} \frac{1}{e^{-x}} = 1.$$

Aufgabe 5.2

Mit Riemannschen Summen berechne man das Integral:

$$\int_0^b \sqrt{x} \, dx.$$

Man zerlege das Intervall $[0, b]$ mit nichtäquidistanten Unterteilungspunkten

$$x_{n,k} = b \left(\frac{k}{n} \right)^2, \quad k = 0, 1, 2, \ldots, n,$$

und wähle die linken Randpunkte als Zwischenpunkte der Teilintervalle.

Mit den Zwischenpunkten

$$\xi_{n,k} = x_{n,k-1} = b \left(\frac{k-1}{n}\right)^2, \quad k = 1, 2, \ldots, n,$$

bekommen wir folgende Riemannsche Summe:

$$S(f, P_n, \vec{\xi}_n) = \sum_{k=1}^{n} \sqrt{b}\, b\, \frac{k-1}{n} \left(\left(\frac{k}{n}\right)^2 - \left(\frac{k-1}{n}\right)^2\right)$$

$$= \sqrt{b}\, b\, \frac{1}{n^3} \sum_{k=1}^{n} \left(1 - 3k + 2k^2\right).$$

Ausrechnen der Summen ergibt:

$$S(f, P_n, \vec{\xi}_n) = \sqrt{b}\, b\, \frac{1}{n^3} \left(n - 3\frac{n(n+1)}{2} + 2\frac{n(n+1)(2n+1)}{6}\right)$$

$$= \sqrt{b}\, b\, \frac{2(n+1)(n-1)}{3n^2}.$$

Im Grenzfall erhalten wir:

$$\lim_{n \to \infty} S(f, P_n, \vec{\xi}_n) = \frac{2}{3} \sqrt{b}\, b = \int_0^b \sqrt{x}\, dx.$$

Aufgabe 5.3

Man berechne den Inhalt des Flächenstücks, das von den Graphen der Sinus-, der Kosinus-funktion und den Geraden $x = 0$, $x = \pi$ begrenzt wird (Abb. 5.19).

Es gilt

$$\sin\left(\frac{\pi}{4}\right) = \cos\left(\frac{\pi}{4}\right) = \frac{\sqrt{2}}{2},$$

und wir teilen die gesuchte Fläche F in drei Teile auf F_1, F_2, F_3: von $x = 0$ bis $x = \frac{\pi}{4}$, von $x = \frac{\pi}{4}$ bis $x = \frac{\pi}{2}$ und $x = \frac{\pi}{2}$ bis $x = \pi$. Aus Symmetriegründen gilt:

$$F_1 = F_2.$$

Für F_1 ergibt sich:

$$F_1 = \int_0^{\frac{\pi}{4}} (\cos(x) - \sin(x))\, dx = (\sin(x) + \cos(x))\big|_0^{\frac{\pi}{4}} = 2\frac{\sqrt{2}}{2} - 1 = \sqrt{2} - 1.$$

Für F_3 ergibt sich:

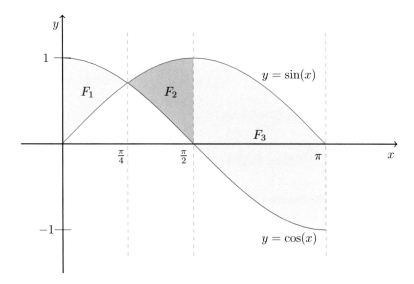

Abb. 5.19 Von den Graphen der Sinus-, der Kosinusfunktion und den Geraden $x = 0$, $x = \pi$ begrenztes Flächenstück

$$F_3 = \int_{\frac{\pi}{2}}^{\pi} (\sin(x) - \cos(x))\, dx = (-\cos(x) - \sin(x))|_{\frac{\pi}{2}}^{\pi} = 1 - (-1) = 2.$$

Insgesamt bekommen wir:

$$F = 2\, F_1 + F_3 = 2\sqrt{2}.$$

Aufgabe 5.4

Man berechne die Ableitung der Funktion:

$$F(x) = \int_{-e^{x^2}}^{3\,e^{x^2}} \sqrt{1 + t^4}\, dt.$$

Wir schreiben:

$$F(x) = \int_{0}^{3\,e^{x^2}} \sqrt{1 + t^4}\, dt - \int_{0}^{-e^{x^2}} \sqrt{1 + t^4}\, dt.$$

Mit dem Hauptsatz und der Kettenregel bekommen wir dann:

$$F'(x) = 6\,x\,\sqrt{1 + 81\,e^{4\,x^2}}\,e^{x^2} + 2\,x\,\sqrt{1 + e^{4\,x^2}}\,e^{x^2}.$$

5.4 Übungsaufgaben

Übung 5.1

Gegeben sei die Partition $P = \{x_k \mid x_k = \frac{k}{n}, k = 0, 1, \ldots, n\}$ des Intervalls $[0, 1]$. Man berechne die Untersumme $\underline{S}(f, P)$ und Obersumme $\overline{S}(f, P)$ von f zur Partition P, sowie $\lim\limits_{n\to\infty} \underline{S}(f, P)$ und $\lim\limits_{n\to\infty} \overline{S}(f, P)$ für:

i) $f(x) = 2x + 1$, ii) $f(x) = -x + 2$, iii) $f(x) = 6x^2$.

Bei iii) verwende man die Summenformel $\sum\limits_{k=1}^{n} k^2 = \frac{1}{6}n(2n + 1)(n + 1)$.

Übung 5.2

Mit Hilfe des Hauptsatzes der Differential- und Integralrechnung berechne man die Ableitung von:

i) $F(x) = \int_1^x t^2 + 4 \, dt$, ii) $F(x) = \int_0^x \cos(t^2) \, dt$,

iii) $F(x) = \int_0^{2x} \sqrt{t} \, dt$, iv) $F(x) = \int_3^{x^2+1} te^t \, dt$,

v) $F(x) = \int_{x+1}^{5x} \sin(t + 1) \, dt$, vi) $F(x) = \int_{x^2+x}^{x^3} t \ln(t) \, dt$.

Übung 5.3

i) Man berechne die Fläche, welche die Cosinusfunktion $f(x) = \cos(x)$ mit der x-Achse im Intervall $[2\pi, \frac{5}{2}\pi]$ einschließt.

ii) Man berechne die Fläche, die zwischen den Graphen der Funktionen $f(x) = x^2 - 8x + 16$ und $g(x) = -x^2 + 8x - 8$ liegt.

iii) Man berechne die Fläche, die der Graph von $f(x) = -4(x + 1)(x - 1)(x - 3) = -4x^3 + 12x^2 + 4x - 12$ mit der x-Achse im Intervall $[-2, 3]$ einschließt.

iv) Man berechne die Fläche, die die Graphen von $f(x) = -x^2 + 4x + 2$ und $g(x) = x^2 - 8x + 12$ miteinander einschließen.

Übung 5.4

Mit den Integralen $\int_0^\pi \sin(x) \, dx$, $\int_1^b \frac{1}{x} \, dx$, $b > 1$, und Riemannschen Summen zeige man:

$$\lim_{n\to\infty} \frac{1}{n} \sum_{k=1}^{n} \sin\left(\frac{k}{n}\right) = \frac{2}{\pi}, \quad \lim_{n\to\infty} \sum_{k=1}^{n} \frac{b - 1}{n + k\,(b - 1)} = \ln(b).$$

Übung 5.5

i) Man zeige für $n \in \mathbb{N}_0$ und $a, b \in \mathbb{R}$, $b > a$:

$$\frac{n+1}{b-a} \int_a^b x^n dx = \sum_{\nu=0}^n a^\nu b^{n-\nu}.$$

ii) Man zeige für $n = 0, 1, 2, 3$ (Simpson-Formel):

$$\int_a^b x^n dx = \frac{b-a}{6} \left(a^n + 4 \left(\frac{a+b}{2} \right)^n + b^n \right).$$

Übung 5.6

Sei

$$f(x) = \begin{cases} x^2, & 0 \le x < 2, \\ (x-4)^2, & 2 \le x < 4 \\ x-2, & 4 \le x \le 5. \end{cases}$$

Man berechne für $0 \le x \le 6$: $F(x) = \int_0^x f(t)dt$. An welchen Stellen ist die Funktion F differenzierbar?

Integrationsregeln, uneigentliche Integration 6

Der Abschnitt partielle Integration und Substitution ist dem Problem der Stammfunktion gewidmet. Neben den allgemeinen Zugängen gibt es zahlreichen Methoden für bestimmte Funktionenklassen. Wir betrachten nur die wichtige Klasse der rationalen Funktionen und die Methode der Partialbruchzerlegung. Schließlich geben wir die Voraussetzungen der stetigen Funktion und des beschränkten Integrationsintervalls auf. Durch Grenzübergänge behandeln wir diese Fälle im Rahmen der uneigentlichen Integration.

6.1 Partielle Integration und Substitution

Drei wichtige Regeln für die unbestimmte Integration entstehen durch die Umkehrung entsprechender Differentiationsregeln.

Satz: Summen und konstante Faktoren

Seien f und g stetig und a eine Konstante. Dann gilt:

$$\int (f(x) + g(x))\, dx = \int f(x)\, dx + \int g(x)\, dx$$

und

$$\int a\, f(x)\, dx = a \int f(x)\, dx.$$

Genauer bedeutet dies: Sei $\int f(x)dx = F(x) + C$ und $\int g(x)dx = G(x) + C$, dann folgt: $\int (f(x) + g(x))dx = F(x) + G(x) + C$ und $\int a\, f(x)dx = a\, F(x) + C)$. Der Beweis ergibt sich unmittelbar durch Differenzieren.

© Der/die Autor(en), exklusiv lizenziert durch Springer-Verlag GmbH, DE, ein Teil von Springer Nature 2021
W. Strampp und D. Janssen, *Höhere Mathematik 2*,
https://doi.org/10.1007/978-3-662-63552-0_6

Satz: Partielle Integration (Produktintegration)
Seien f und g stetig differenzierbar. Dann gilt:

$$\int f(x)\, g'(x)\, dx = f(x)\, g(x) - \int f'(x)\, g(x)\, dx.$$

Nach der Produktregel der Differentiation gilt:

$$\frac{d}{dx}(f(x)\, g(x)) = f(x)\, g'(x) + f'(x)\, g(x)$$

bzw.

$$f(x)\, g'(x) = \frac{d}{dx}(f(x)\, g(x)) - f'(x)\, g(x).$$

Die Regel über die Stammfunktion einer Summe führt dann auf die partielle Integration. Wir können die partielle Integration auch so formulieren:

$$\int f'(x)\, g(x)\, dx = f(x)\, g(x) - \int f(x)\, g'(x)\, dx.$$

Beispiel 6.1
Es gilt:

$$\int \underbrace{\ln(x)}_{f(x)}\ \underbrace{x}_{g'(x)}\, dx = \underbrace{\ln(x)}_{f(x)}\ \underbrace{\frac{x^2}{2}}_{g(x)} - \int \underbrace{\frac{1}{x}}_{f'(x)}\ \underbrace{\frac{x^2}{2}}_{g(x)}\, dx = \ln(x)\frac{x^2}{2} - \frac{x^2}{4} + c.$$

Wir überlegen noch, dass die Wahl der Stammfunktion $g(x)$ das Ergebnis nicht beeinflusst:

$$\int \ln(x)\, x\, dx = \ln(x)\left(\frac{x^2}{2} + \alpha\right) - \int \frac{1}{x}\left(\frac{x^2}{2} + \alpha\right) dx$$

$$= \ln(x)\frac{x^2}{2} + \alpha\, \ln(x) - \left(\frac{x^2}{4} + \alpha\, \ln(x)\right) + c$$

$$= \ln(x)\frac{x^2}{2} - \frac{x^2}{4} + c.$$

Beispiel 6.2
Es gilt:

$$\int (\sin(x))^2\, dx = \frac{x}{2} - \frac{1}{2}\sin(x)\cos(x) + c.$$

Partielle Integration ergibt:

$$\int (\sin(x))^2\, dx = \int \sin(x)\,\sin(x)\, dx$$

$$= \sin(x)\,(-\cos(x)) - \int \cos(x)\,(-\cos(x))\, dx$$

$$= -\sin(x)\,\cos(x) + \int (\cos(x))^2\, dx$$

$$= -\sin(x)\,\cos(x) + \int (1 - (\sin(x))^2)\, dx$$

$$= -\sin(x)\,\cos(x) + x - \int (\sin(x))^2\, dx.$$

Hieraus folgt die Beziehung

$$2 \int (\sin(x))^2\, dx = x - \sin(x)\,\cos(x) + c.$$

Umformen ergibt:

$$\int (\sin(x))^2\, dx = \frac{x}{2} - \frac{1}{2}\,\sin(x)\,\cos(x) + \frac{1}{2}\,c.$$

Man kann auch trigonometrische Umformungen (mit den Additionstheoremen) benutzen:

$$\cos(2\,x) = (\cos(x))^2 - (\sin(x))^2 = 1 - 2\,(\sin(x))^2 \implies (\sin(x))^2 = \frac{1}{2} - \frac{1}{2}\,\cos(2\,x),$$

$$\sin(2\,x) = \sin(x)\,\cos(x) + \cos(x)\,\sin(x) = 2\,\sin(x)\,\cos(x).$$

Damit ergibt sich

$$\int (\sin(x))^2\, dx = \int \left(\frac{1}{2} - \frac{1}{2}\,\cos(2\,x) \right) dx = \frac{x}{2} - \frac{1}{4}\,\sin(2\,x) + c$$

in Übereinstimmung mit dem obigen Ergebnis.

$\bullet$

Beispiel 6.3
Wir zeigen, dass gilt:

$$\int e^{\alpha\,x} \cos(\beta\,x)\, dx = \frac{1}{\alpha^2 + \beta^2} e^{\alpha\,x} (\alpha\,\cos(\beta\,x) + \beta\,\sin(\beta\,x)) + c$$

und

$$\int e^{\alpha\,x} \sin(\beta\,x)\, dx = \frac{1}{\alpha^2 + \beta^2} e^{\alpha\,x} (-\beta\,\cos(\beta\,x) + \alpha\,\sin(\beta\,x)) + c,$$

$(\alpha \neq 0, \beta \neq 0)$.

Durch partielle Integration erhält man:

$$\int e^{\alpha x} \cos(\beta x)\, dx = e^{\alpha x} \frac{\sin(\beta x)}{\beta} - \frac{\alpha}{\beta} \int e^{\alpha x} \sin(\beta x)\, dx$$

und

$$\int e^{\alpha x} \sin(\beta x)\, dx = -e^{\alpha x} \frac{\cos(\beta x)}{\beta} + \frac{\alpha}{\beta} \int e^{\alpha x} \cos(\beta x)\, dx.$$

Dies ergibt ein lineares Gleichungssystem für die gesuchten Integrale:

$$I_1 = R_1 - \frac{\alpha}{\beta} I_2, \quad I_2 = R_2 + \frac{\alpha}{\beta} I_1.$$

Die Lösung dieses Systems liefert gerade die Behauptung.

Satz: Substitutionsregel (erste Form)
Sei $f : [a, b] \longrightarrow \mathbb{R}$, $x \longrightarrow f(x)$, stetig und $\phi : [\alpha, \beta] \longrightarrow [a, b]$, $t \longrightarrow \phi(t)$, stetig differenzierbar. Dann gilt:

$$\int f(\phi(t))\, \phi'(t)\, dt = \left(\int f(x)\, dx \right)_{x = \phi(t)}.$$

Sei F eine Stammfunktion von f:

$$F'(x) = f(x) \quad \text{bzw.} \quad F(x) = \int f(x)\, dx.$$

Die Behauptung ist gleichbedeutend mit:

$$\int f(\phi(t))\, \phi'(t)\, dt = F(\phi(t)) + c.$$

Nach der Kettenregel gilt gerade:

$$\frac{d}{dt} F(\phi(t)) = f(\phi(t))\, \phi'(t).$$

Beispiel 6.4

Es gilt:

$$\int (\cos(t))^3 \sin(t)\, dt = -\frac{1}{4} (\cos(t))^4 + c.$$

Mit

$$f(x) = x^3 \quad \text{und} \quad \phi(t) = \cos(t)$$

folgt:

$$\int (\cos(t))^3 \sin(t)\, dt = -\int (\cos(t))^3 (-\sin(t))\, dt$$

$$= -\left(\int x^3\, dx\right)_{x=\cos(t)} = -\left(\frac{x^4}{4}\right)_{x=\cos(t)} + c$$

$$= -\frac{1}{4} (\cos(t))^4 + c.$$

●

Beispiel 6.5

Es gilt:

$$\int e^{\cos(x^2)} \sin(x^2)\, x\, dx = -\frac{1}{2} e^{\cos(x^2)} + c.$$

Mit

$$f(s) = e^s \quad \text{und} \quad \phi(x) = \cos(x^2)$$

folgt:

$$\int e^{\cos(x^2)} \sin(x^2)\, x\, dx = -\frac{1}{2} \int e^{\cos(x^2)} (-\sin(x^2))\, 2\, x\, dx$$

$$= -\frac{1}{2} \left(\int e^s\, ds\right)_{s=\cos(x^2)}$$

$$= -\frac{1}{2} \left(e^s\right)_{s=\cos(x^2)} + c$$

$$= -\frac{1}{2} e^{\cos(x^2)} + c.$$

●

Satz: Substitutionsregel (zweite Form)

Sei $f : [a, b] \longrightarrow \mathbb{R}$, $x \longrightarrow f(x)$, stetig und $\phi : [\alpha, \beta] \longrightarrow [a, b]$, $t \longrightarrow \phi(t)$, stetig differenzierbar. Sei ferner $\phi'(t) \neq 0$ für alle $t \in [\alpha, \beta]$. Dann gilt:

$$\int f(x)\, dx = \left(\int f(\phi(t))\, \phi'(t)\, dt\right)_{t=\phi^{-1}(t)}.$$

Wegen $\phi'(t) \neq 0$ ist ϕ streng monoton und besitzt eine Umkehrfunktion. Die zweite Form der Substitutionsregel folgt nun aus der ersten, indem man $t = \phi^{-1}(x)$ setzt. Formal merkt man sich die Substitution auch kurz so:

$$x = \phi(t), \quad \frac{dx}{dt} = \phi'(t), \quad dx = \phi'(t)\,dt,$$

bzw.

$$t = \phi^{-1}(x), \quad \frac{dt}{dx} = \left(\phi^{-1}\right)'(x), \quad dx = \frac{1}{\left(\phi^{-1}\right)'(x)}\,dt = \phi'(t)\,dt.$$

Beispiel 6.6

Wir berechnen das unbestimmte Integral:

$$\int \sqrt{1 - x^2}\,dx.$$

Mit $f(x) = \sqrt{1 - x^2}$, $x \in (-1, 1)$, und der Substitution $\phi(t) = \sin(t)$, $\phi : \left(-\frac{\pi}{2}, \frac{\pi}{2}\right) \to (-1, 1)$, $\phi'(t) > 0$, ergibt sich:

$$\int \sqrt{1 - x^2}\,dx = \left(\int \sqrt{1 - (\sin(t))^2}\,\cos(t)\,dt\right)_{t=\arcsin(x)}$$

$$= \left(\int (\cos(t))^2)\,dt\right)_{t=\arcsin(x)}$$

$$= \left(\int \left(\frac{1}{2} + \frac{1}{2}\cos(2t)\right)dt\right)_{t=\arcsin(x)}$$

$$= \left(\frac{1}{2}t + \frac{1}{4}\sin(2t)\right)_{t=\arcsin(x)} + c$$

$$= \left(\frac{1}{2}t + \frac{1}{2}\sin(t)\cos(t)\right)_{t=\arcsin(x)} + c$$

$$= \frac{1}{2}\arcsin(x) + \frac{1}{2}x\sqrt{1 - x^2} + c.$$

Wir verwenden hierbei die trigonometrische Umformungen:

$$\cos(2t) = (\cos(t))^2 - (\sin(t))^2 = 2(\cos(t))^2 - 1 \implies (\cos(t))^2 = \frac{1}{2} + \frac{1}{2}\cos(2t),$$

$$\sin(2t) = 2\sin(t)\cos(t).$$

Partielle Integration und Substitution lassen sich sofort für bestimmte Integrale formulieren.

Satz: Partielle Integration für bestimmte Integrale

Seien $f, g : [a, b] \longrightarrow \mathbb{R}$ stetig differenzierbar. Dann gilt:

$$\int_a^b f(x) \, g'(x) \, dx = f(x) \, g(x)|_a^b - \int_a^b f'(x) \, g(x) \, dx.$$

Satz: Substitutionsregel für bestimmte Integrale

Sei $f : [a, b] \longrightarrow \mathbb{R}$ stetig und $\phi : [\alpha, \beta] \longrightarrow [a, b]$ stetig differenzierbar. Dann gilt:

$$\int_\alpha^\beta f(\phi(t)) \, \phi'(t) \, dt = \int_{\phi(\alpha)}^{\phi(\beta)} f(x) \, dx.$$

Falls $\phi'(t) \neq 0$ für alle $t \in [\alpha, \beta]$ und $\phi([\alpha, \beta]) = [a, b]$, dann gilt:

$$\int_a^b f(x) \, dx = \int_{\phi^{-1}(a)}^{\phi^{-1}(b)} f(\phi(t)) \, \phi'(t) \, dt.$$

Beispiel 6.7

Es gilt:

$$\int_{-a}^a (\cosh(x))^2 \, dx = \sinh(a) \, \cosh(a) + a.$$

Partielle Integration liefert mit $f'(x) = \cosh(x)$ und $g(x) = \cosh(x)$:

$$\int\limits_{-a}^{a} (\cosh(x))^2 \, dx = \sinh(x) \, \cosh(x)|_{-a}^{a} - \int\limits_{-a}^{a} (\sinh(x))^2 \, dx$$

$$= \sinh(a) \, \cosh(a) - \sinh(-a) \, \cosh(-a)$$

$$- \int\limits_{-a}^{a} ((\cosh(x))^2 - 1) \, dx$$

$$= 2 \, \sinh(a) \, \cosh(a) + 2 \, a - \int\limits_{-a}^{a} (\cosh(x))^2 \, dx.$$

Hieraus bekommen wir folgende Gleichung für das gesuchte Integral I:

$$2 \int\limits_{-a}^{a} (\cosh(x))^2 \, dx = 2 \, \sinh(a) \, \cosh(a) + 2 \, a$$

und

$$\int\limits_{-a}^{a} (\cosh(x))^2 \, dx = \sinh(a) \, \cosh(a) + a.$$

●

Beispiel 6.8

Der Flächeninhalt des Einheitskreises beträgt π. Wir rechnen die Fläche des Viertelkreises nach, indem wir die Fläche unter der Kurve $\sqrt{1 - x^2}$ bestimmen.

Mit $f(x) = \sqrt{1 - x^2}$, $x \in [0, 1]$ und der Substitution $\phi(t) = \cos(t)$, $\phi : \left[0, \frac{\pi}{2}\right] \to [0, 1]$, $\phi'(t) < 0$, ergibt sich:

$$\int\limits_{0}^{1} \sqrt{1 - x^2} \, dx = \int\limits_{\phi^{-1}(0)}^{\phi^{-1}(1)} \sqrt{1 - (\cos(t))^2} \, (-\sin(t)) \, dt$$

$$= - \int\limits_{\frac{\pi}{2}}^{0} (\sin(t))^2 \, dt = \int\limits_{0}^{\frac{\pi}{2}} (\sin(t))^2 \, dt$$

$$= \int\limits_{0}^{\frac{\pi}{2}} \left(\frac{1}{2} - \frac{1}{2} \cos(2t)\right) dt = \left(\frac{1}{2} t - \frac{1}{4} \sin(2t)\right)\Bigg|_{0}^{\frac{\pi}{2}}$$

$$= \frac{\pi}{4}.$$

●

6.2   Gebrochen rationale Funktionen

Unter einer gebrochen rationalen Funktion versteht man einen Quotienten aus zwei Poly-
nomen:

$$f(x) = \frac{p(x)}{q(x)}.$$

(Ist x eine Nullstelle des Nenners, dann ist f natürlich nicht erklärt).
Die Integration dieser wichtigen Klasse von Funktionen bereiten wir mit einigen Grundin-
tegralen vor.

Satz: Logarithmische Integrale

$$\int \frac{f'(x)}{f(x)}\, dx = \ln(|f(x)|) + c.$$

Ist $f(x) > 0$, dann gilt:

$$\frac{d}{dx} \ln(f(x)) = \frac{f'(x)}{f(x)}.$$

Ist $f(x) < 0$, dann gilt:

$$\frac{d}{dx} \ln(-f(x)) = \frac{-f'(x)}{-f(x)} = \frac{f'(x)}{f(x)}.$$

Beide Fälle fassen wir zusammen zu:

$$\frac{d}{dx} \ln(|f(x)|) = \frac{f'(x)}{f(x)}.$$

Beispiel 6.9
Es gilt:

$$\int \frac{e^x}{2\,e^x + 1}\, dx = \frac{1}{2} \int \frac{2\,e^x}{2\,e^x + 1}\, dx = \frac{1}{2} \ln(2\,e^x + 1) + c.$$

●

Beispiel 6.10
Es gilt:

$$\int \frac{x}{x^2 + 1}\, dx = \frac{1}{2} \int \frac{2\,x}{x^2 + 1}\, dx = \frac{1}{2} \ln(x^2 + 1) + c$$

und

$$\int \frac{x}{x^2 - 1}\, dx = \frac{1}{2} \int \frac{2\,x}{x^2 - 1}\, dx = \frac{1}{2} \ln(|x^2 - 1|) + c.$$

Im zweiten Fall haben wir eigentlich drei Stammfunktionen:

$$\int \frac{x}{x^2-1}\,dx = \begin{cases} \frac{1}{2}\ln(x^2-1)+c, & x < -1, \\[2mm] \frac{1}{2}\ln(-(x^2-1))+c, & -1 < x < 1, \\[2mm] \frac{1}{2}\ln(x^2-1)+c, & 1 < x. \end{cases}$$

Satz: Integration eines Pols

$$\int \frac{1}{(x-x_0)^n}\,dx = \begin{cases} \ln(|x-x_0|)+c, & n = 1, \\[2mm] \frac{1}{-n+1}\frac{1}{(x-x_0)^{n-1}}, & n \in \mathbb{N}, n > 1, . \end{cases}$$

Satz: Arkustangens- und verwandte Integrale

Es gilt:

$$\int \frac{1}{1+x^2}\,dx = \arctan(x)+c$$

und für $n \in \mathbb{N}, n > 1$, die Rekursionsformel:

$$\int \frac{1}{(1+x^2)^n}\,dx = \frac{x}{2\,(n-1)\,(1+x^2)^{n-1}} \\[2mm] + \frac{2n-3}{2\,(n-1)}\int \frac{1}{(1+x^2)^{n-1}}\,dx.$$

Für $n > 1$ gilt:

$$\frac{d}{dx}\frac{x}{(1+x^2)^{n-1}} = \frac{2\,(n-1)}{(1+x^2)^n} - \frac{2n-3}{(1+x^2)^{n-1}}.$$

Daraus ergibt sich die Rekursionsformel.

Beispiel 6.11

Wir geben folgende Stammfunktionen an:

$$\int \frac{1}{(1+x^2)^2}\,dx, \quad \int \frac{1}{(1+x^2)^3}\,dx.$$

Mit der Rekursionsformel erhalten wir:

$$\int \frac{1}{(1+x^2)^2}\,dx = \frac{x}{2\,(1+x^2)} + \frac{\arctan(x)}{2} + c.$$

Mit diesem Ergebnis und der Rekursionsformel folgt wieder:

$$\int \frac{1}{(1+x^2)^3}\,dx = \frac{x}{4\,(1+x^2)^2} + \frac{3\,x}{8\,(1+x^2)} + \frac{3\,\arctan(x)}{8} + c.$$

Beispiel 6.12

Wir geben folgende Stammfunktion an:

$$\int \frac{4\,x+5}{x^2+3}\,dx.$$

Zuerst formen wir den Integranden um:

$$\frac{4\,x+5}{x^2+3} = \frac{4\,x}{x^2+3} + \frac{5}{x^2+3}$$

$$= 2\,\frac{2\,x}{x^2+3} + \frac{5}{3}\,\frac{1}{1+\left(\frac{x}{\sqrt{3}}\right)^2}.$$

Damit ergibt sich:

$$\int \frac{4\,x+5}{x^2+3}\,dx = 2\,\ln(x^2+3) + \frac{5}{3}\,\int \frac{1}{1+\left(\frac{x}{\sqrt{3}}\right)^2}\,dx$$

$$= 2\,\ln(x^2+3) + \frac{5}{3}\,\sqrt{3}\,\arctan\left(\frac{x}{\sqrt{3}}\right) + c$$

$$= 2\,\ln(x^2+3) + \frac{5}{\sqrt{3}}\,\arctan\left(\frac{x}{\sqrt{3}}\right) + c.$$

Anstatt die Stammfunktion des Arkustangensanteils direkt hinzuschreiben, kann man auch $t = \frac{x}{\sqrt{3}} = \phi^{-1}(x)$ bzw. $x = \sqrt{3}\,t$ substituieren:

$$\int \frac{1}{1+\left(\frac{x}{\sqrt{3}}\right)^2}\,dx = \int \left(\frac{1}{1+t^2}\,\sqrt{3}\,dt\right)_{t=\frac{x}{\sqrt{3}}} = \sqrt{3}\,\arctan\left(\frac{x}{\sqrt{3}}\right) + c.$$

Die angegebenen Grundintegrale kann man verwenden, nachdem eine gebrochen rationale Funktion in Partialbrüche zerlegt worden ist.

Satz: Partialbruchzerlegung

Die Funktion $f(x) = \frac{p(x)}{q(x)}$ werde als Quotient zweier Polynome $p(x)$ und $q(x)$ gegeben. Der Grad des Zählerpolynoms $p(x)$ sei kleiner als der Grad des Nennerpolynoms $q(x)$. Das Nennerpolynom $q(x)$ besitze die Faktorisierung:

$$q(x) = (x - x_1)^{k_1} \cdots (x - x_n)^{k_n} \cdot$$
$$(x^2 - (z_1 + \bar{z}_1) x + z_1 \bar{z}_1)^{l_1} \cdots$$
$$(x^2 - (z_m + \bar{z}_m) x + z_m \bar{z}_m)^{l_m}.$$

Dann lässt sich f folgendermaßen in eine Summe von Partialbrüchen zerlegen:

$$f(x) = \sum_{\nu=1}^{n} \sum_{\mu=1}^{k_\nu} \frac{a_{\nu\mu}}{(x - x_\nu)^\mu} + \sum_{\rho=1}^{m} \sum_{\sigma=1}^{l_\rho} \frac{b_{\rho\sigma}\, x + c_{\rho\sigma}}{(x^2 - (z_\rho + \bar{z}_\rho)\, x + z_\rho\, \bar{z}_\rho)^\sigma}.$$

Beispiel 6.13

Wir berechnen das folgende unbestimmte Integral:

$$\int \frac{1}{x^4 - 1}\, dx.$$

Der Nenner kann leicht faktorisiert werden:

$$x^4 - 1 = (x^2 - 1)(x^2 + 1)$$

und wir bekommen zwei reelle Nullstellen $x_1 = -1$, $x_2 = 1$, und zwei komplexe Nullstellen $z_1 = i$, $z_2 = -i$. Für die Partialbruchzerlegung machen wir den Ansatz:

$$\frac{1}{x^4 - 1} = \frac{a_{11}}{x + 1} + \frac{a_{21}}{x - 1} + \frac{b_{11}\, x + c_{11}}{x^2 + 1}.$$

Wir bringen die Partialbrüche auf den Hauptnenner

$$\frac{1}{x^4 - 1} = \frac{a_{11}\,(x - 1)\,(x^2 + 1) + a_{21}\,(x + 1)\,(x^2 + 1) + (b_{11}\, x + c_{11})\,(x^2 - 1)}{x^4 - 1}.$$

Koeffizientenvergleich im Zähler (x^3, x^2, x^1, x^0) ergibt folgendes System

$$a_{11} + a_{21} + b_{11} = 0, \quad -a_{11} + a_{21} + c_{11} = 0, \quad a_{11} + a_{21} - b_{11} = 0, \quad -a_{11} + a_{21} - c_{11} = 1$$

mit der Lösung:

$$a_{11} = -\frac{1}{4}, \quad a_{21} = \frac{1}{4}, \quad b_{11} = 0, \quad c_{11} = -\frac{1}{2}.$$

Die gesuchte Stammfunktion lautet also:

$$\int \frac{1}{x^4 - 1} \, dx = -\frac{1}{4} \ln(|x + 1|) + \frac{1}{4} \ln(|x - 1|) - \frac{1}{2} \arctan(x) + c.$$

●

Beispiel 6.14

Wir berechnen das folgende unbestimmte Integral:

$$\int \frac{x + 1}{x^3 - x^2 + 2x} \, dx.$$

Wir schreiben den Nenner um:

$$x^3 - x^2 + 2x = x(x^2 - x + 2) = x \left(\left(x - \frac{1}{2} \right)^2 + \frac{7}{4} \right).$$

Der Nenner besitzt also die reelle Nullstelle $x_1 = 0$ und die komplexen Nullstellen $z_1 = \frac{1}{2} + \frac{\sqrt{7}}{2} i$, $z_2 = \frac{1}{2} - \frac{\sqrt{7}}{2} i$. Es gibt also eine Partialbruchzerlegung der Gestalt:

$$\frac{x + 1}{x^3 - x^2 + 2x} = \frac{a_{11}}{x} + \frac{b_{11} x + c_{11}}{x^2 - x + 2}.$$

Wir stellen wieder einen gemeinsamen Nenner her:

$$\frac{x + 1}{x^3 - x^2 + 2x} = \frac{a_{11}(x^2 - x + 2) + b_{11} x^2 + c_{11} x}{x^3 - x^2 + 2x}$$

$$= \frac{(a_{11} + b_{11}) x^2 + (-a_{11} + c_{11}) x + 2 a_{11}}{x^3 - x^2 + 2x}.$$

Koeffizientenvergleich (x^2, x^1, x^0) im Zähler ergibt das System:
$a_{11} + b_{11} = 0, \quad -a_{11} + c_{11} = 1, \quad 2 a_{11} = 1$, mit der Lösung:

$$a_{11} = \frac{1}{2}, \quad b_{11} = -\frac{1}{2}, \quad c_{11} = \frac{3}{2}.$$

Nun schreiben wir den Integranden als:

$$
\begin{aligned}
\frac{x+1}{x^3 - x^2 + 2x} &= \frac{1}{2} \cdot \frac{1}{x} + \frac{-\frac{1}{2}x + \frac{3}{2}}{\left(x - \frac{1}{2}\right)^2 + \frac{7}{4}} \\
&= \frac{1}{2} \cdot \frac{1}{x} + \frac{-\frac{1}{2}\left(x - \frac{1}{2}\right) + \frac{3}{2} - \frac{1}{4}}{\left(x - \frac{1}{2}\right)^2 + \frac{7}{4}} \\
&= \frac{1}{2} \cdot \frac{1}{x} - \frac{1}{2} \cdot \frac{1}{2} \frac{2\left(x - \frac{1}{2}\right)}{\left(x - \frac{1}{2}\right)^2 + \frac{7}{4}} + \frac{\frac{5}{4}}{\left(x - \frac{1}{2}\right)^2 + \frac{7}{4}} \\
&= \frac{1}{2} \cdot \frac{1}{x} - \frac{1}{4} \frac{2\left(x - \frac{1}{2}\right)}{\left(x - \frac{1}{2}\right)^2 + \frac{7}{4}} + \frac{5}{4} \cdot \frac{1}{\frac{7}{4}} \frac{1}{1 + \frac{\left(x - \frac{1}{2}\right)^2}{\frac{7}{4}}} \\
&= \frac{1}{2} \cdot \frac{1}{x} - \frac{1}{4} \frac{2\left(x - \frac{1}{2}\right)}{\left(x - \frac{1}{2}\right)^2 + \frac{7}{4}} + \frac{5}{7} \frac{1}{1 + \left(\frac{x - \frac{1}{2}}{\frac{\sqrt{7}}{2}}\right)^2}.
\end{aligned}
$$

Damit können wir das unbestimmte Integral angeben:

$$
\begin{aligned}
\int \frac{x+1}{x^3 - x^2 + 2x} \, dx &= \frac{1}{2} \ln(|x|) - \frac{1}{4} \ln\left(\left(x - \frac{1}{2}\right)^2 + \frac{7}{4}\right) \\
&+ \frac{5}{7} \cdot \frac{\sqrt{7}}{2} \arctan\left(\frac{x - \frac{1}{2}}{\frac{\sqrt{7}}{2}}\right) + c.
\end{aligned}
$$

●

Beispiel 6.15

Wir berechnen das folgende unbestimmte Integral:

$$
\int \frac{1}{x\,(x^2 + 1)^2} \, dx.
$$

Der Nenner des Integranden besitzt folgende Nullstellen: $x_1 = 0$, (einfach), $z_1 = i$, $z_2 = -i$ (jeweils zweifach). Zur Partialbruchzerlegung machen wir den Ansatz:

$$
\begin{aligned}
\frac{1}{x\,(x^2 + 1)^2} &= \frac{a_{11}}{x} + \frac{b_{11} x + c_{11}}{x^2 + 1} + \frac{b_{12} x + c_{12}}{(x^2 + 1)^2} \\
&= \frac{a_{11}\,(x^2 + 1)^2 + (b_{11} x + c_{11})\,x\,(x^2 + 1) + (b_{12} x + c_{12})\,x}{x\,(x^2 + 1)^2}.
\end{aligned}
$$

Koeffizientenvergleich (x^4, x^3, x^2, x^1, x^0) im Zähler ergibt das System:

$$
a_{11} + b_{11} = 0, \quad c_{11} = 0, \quad 2\,a_{11} + b_{11} + b_{12} = 0, \quad c_{11} + c_{12} = 0, \quad a_{11} = 1.
$$

Das System besitzt die Lösung:

$$a_{11} = 1, \quad b_{11} = -1, \quad c_{11} = 0, \quad b_{12} = -1, \quad c_{12} = 0.$$

Wir haben damit folgende Partialbruchzerlegung

$$\frac{1}{x\,(x^2 + 1)^2} = \frac{1}{x} - \frac{x}{x^2 + 1} - \frac{x}{(x^2 + 1)^2}$$

und die Stammfunktion

$$\int \frac{1}{x\,(x^2 + 1)^2}\, dx = \ln(|x|) - \frac{1}{2}\,\ln(x^2 + 1) + \frac{1}{2}\,\frac{1}{x^2 + 1} + c.$$

•

6.3 Uneigentliche Integrale

Beim bestimmten Integral haben wir stetige Funktionen auf beschränkten Intervallen zugrunde gelegt. Wir wollen den Integralbegriff etwas erweitern, um auch unbeschränkte Integranden oder unbeschränkte Integrationsintervalle behandeln zu können.

Beispiel 6.16
Wir betrachten die Funktion

$$f(x) = \frac{1}{\sqrt{1 - x}}, \quad 0 \le x < 1.$$

Offenbar gilt:

$$\lim_{x \to 1^-} f(x) = \infty.$$

Kann man die Fläche unter der Kurve angeben, obwohl die Funktion am rechten Rand des Integrationsintervalls gegen Unendlich geht? Wir integrieren zunächst bis zu einer oberen Grenze $\beta < 1$:

$$\int_0^\beta \frac{1}{\sqrt{1 - x}}\, dx = -2\,\sqrt{1 - x}\,\Big|_0^\beta = -2\,\sqrt{1 - \beta} + 2.$$

Wir nehmen nun den Grenzwert als Fläche unter der Kurve (Abb. 6.1):

$$\lim_{\beta \to 1^-} \int_0^\beta \frac{1}{\sqrt{1 - x}}\, dx = \int_0^1 \frac{1}{\sqrt{1 - x}}\, dx = 2.$$

•

Abb. 6.1 Fläche unter der
Kurve $f(x) = \frac{1}{\sqrt{1-x}}$

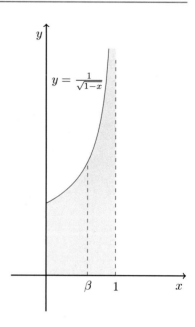

Beispiel 6.17
Wir betrachten die Funktion

$$f(x) = \frac{1}{x^2}, \quad 1 \le x.$$

Kann man die Fläche unter der Kurve angeben, obwohl das Integrationsintervall einseitig unbeschränkt ist? Wir integrieren zunächst wieder bis zu einer oberen Grenze $1 < \beta$

$$\int_1^\beta \frac{1}{x^2}\,dx = -\left.\frac{1}{x}\right|_1^\beta = -\frac{1}{\beta} + 1$$

und nehmen den Grenzwert als Fläche unter der Kurve (Abb. 6.2):

Abb. 6.2 Fläche unter der
Kurve $f(x) = \frac{1}{x^2}$

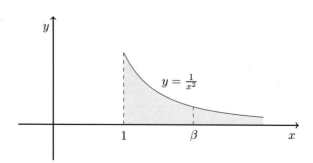

$$\lim_{\beta \to \infty} \int_1^\beta \frac{1}{x^2}\, dx = \int_1^\infty \frac{1}{x^2}\, dx = 1.$$

•

Definition: Uneigentliches Integral (Einseitiger Fall)

Sei $-\infty < a < b \leq \infty$ und $f : [a, b) \longrightarrow \mathbb{R}$ stetig. Die Funktion f heißt uneigentlich integrierbar auf $[a, b)$, wenn der folgende Grenzwert existiert:

$$\lim_{\beta \to b^-} \int_a^\beta f(x)\, dx = \int_a^b f(x)\, dx.$$

Analog verfährt man im Fall $-\infty \leq a < b < \infty$:

$$\lim_{\alpha \to a^+} \int_\alpha^b f(x)\, dx = \int_a^b f(x)\, dx.$$

Die Definition umfasst den Fall des unbeschränkten Integranden und den Fall des unbeschränkten Integrationsintervalls.

Beispiel 6.18

Wir betrachten das uneigentliche Integral

$$\int_0^\infty \frac{x}{(x^2 + 1)^2}\, dx\,?$$

Es gilt:

$$
\begin{aligned}
\int_0^\beta \frac{x}{(x^2 + 1)^2}\, dx &= \frac{1}{2} \int_0^\beta \frac{2\,x}{(x^2 + 1)^2}\, dx \\
&= -\frac{1}{2} \frac{1}{x^2 + 1} \Big|_0^\beta \\
&= -\frac{1}{2} \frac{1}{x^2 + 1} + \frac{1}{2}.
\end{aligned}
$$

Wir gehen zur Grenze über:

$$\lim_{\beta \to \infty} \int_0^\beta \frac{x}{(x^2 + 1)^2}\, dx = \int_0^\infty \frac{x}{(x^2 + 1)^2}\, dx = \frac{1}{2}.$$

●

Beispiel 6.19

Wir betrachten die Funktion

$$f(x) = x^3, \quad x \in \mathbb{R}.$$

Man kann das Integral mit symmetrischen Grenzen bilden (Abb. 6.3)

$$\int_{-\alpha}^{\alpha} x^3\, dx = \left.\frac{x^4}{4}\right|_{-\alpha}^{\alpha} = 0$$

und dann zur Grenze übergehen:

$$\lim_{\alpha \to \infty} \int_{-\alpha}^{\alpha} x^3\, dx = 0.$$

Abb. 6.3 Das uneigentliche
Integral über $f(x) = x^3$

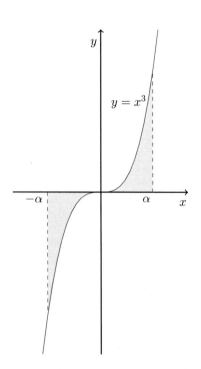

Wir können aber nicht von einer Fläche sprechen, die von der Funktion und der x-Achse begrenzt wird, weil die Integrale

$$\int\limits_{-\infty}^{0} x^3\,dx \quad \text{und} \quad \int\limits_{0}^{\infty} x^3\,dx$$

nicht existieren.

●

Definition: Uneigentliches Integral (Beidseitiger Fall)

Sei $-\infty \leq a < b \leq \infty$ und $f : (a, b) \longrightarrow \mathbb{R}$ stetig. Die Funktion f heißt uneigentlich integrierbar auf (a, b), wenn für ein $\gamma \in (a, b)$ die uneigentlichen Integrale existieren:

$$\int\limits_{a}^{\gamma} f(x)\,dx = \lim_{\alpha \to a^+} \int\limits_{\alpha}^{\gamma} f(x)\,dx$$

und

$$\int\limits_{\gamma}^{b} f(x)\,dx = \lim_{\beta \to b^-} \int\limits_{\gamma}^{\beta} f(x)\,dx.$$

Wir schreiben dann:

$$\int\limits_{a}^{b} f(x)\,dx = \int\limits_{a}^{\gamma} f(x)\,dx + \int\limits_{\gamma}^{b} f(x)\,dx.$$

Man sieht leicht ein, dass der Grenzwert $\int\limits_{a}^{b} f(x)\,dx$ nicht von der Wahl des Zwischenpunktes γ abhängt (Abb. 6.4).

Ein wichtiges Kriterium für die Konvergenz eines uneigentlichen Integrals bekommt man analog zur Konvergenz von Summen.

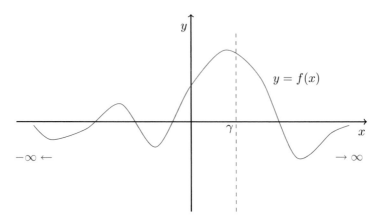

Abb. 6.4 Beidseitig uneigentliches Integral

Satz: Majorantenkriterium für uneigentliche Integrale

Sei $-\infty < a < b < \infty$. Die Funktionen $f, g : [a, b) \longrightarrow \mathbb{R}$ seien stetig und

$$0 \leq f(x) \leq g(x), \quad x \in [a, b).$$

Dann folgt aus der Konvergenz des uneigentlichen Integrals $\int\limits_a^b g(x)\,dx$ die Konvergenz

des uneigentlichen Integrals $\int\limits_a^b f(x)\,dx$ und die Ungleichung

$$\int\limits_a^b f(x)\,dx \leq \int\limits_a^b g(x)\,dx.$$

Ist $|f(x)| \leq g(x)$ für alle $x \in [a, b)$, dann folgt die Ungleichung:

$$\left| \int\limits_a^b f(x)\,dx \right| \leq \int\limits_a^b |f(x)|\,dx \leq \int\limits_a^b g(x)\,dx.$$

(Entsprechendes gilt im Fall $-\infty \leq a < b \leq \infty$).

Beispiel 6.20

Wir untersuchen die Existenz des uneigentlichen Integrals (Abb. 6.5):

$$\int_1^\infty \frac{\sin(x)}{x^2}\, dx.$$

Wir haben:

$$\left| \frac{\sin(x)}{x^2} \right| \leq \frac{1}{x^2}, \quad 1 \leq x,$$

und

$$\int_1^\infty \frac{1}{x^2}\, dx = 1.$$

Also existiert das Integral $\int_1^\infty \frac{\sin(x)}{x^2}\, dx$, und es gilt:

$$\left| \int_1^\infty \frac{\sin(x)}{x^2}\, dx \right| \leq \int_1^\infty \frac{1}{x^2}\, dx = 1.$$

•

Die konvergente Majorante findet ihr Analogon in der divergenten Minorante. Sei $-\infty < a < b \leq \infty$. Die Funktionen $f, g : [a, b) \longrightarrow \mathbb{R}$ seien stetig und $0 \leq f(x) \leq g(x)$, $x \in$

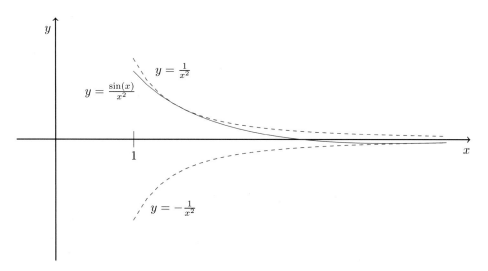

Abb. 6.5 Uneigentliches Integral der Funktion $\frac{\sin(x)}{x^2}$

$[a, b)$. Dann folgt aus der Divergenz des uneigentlichen Integrals $\int_a^b f(x)\,dx = \infty$ die Divergenz des uneigentlichen Integrals $\int_a^b g(x)\,dx = \infty$.

Beispiel 6.21

Wir betrachten das uneigentliche Integral

$$\int_1^\infty \frac{x+1}{\sqrt{x^4+1}}\,dx\,?$$

Für $x \geq 1$ gilt die Abschätzung:

$$\frac{x+1}{\sqrt{x^4+1}} \geq \frac{x+1}{\sqrt{(x+1)^4}} = \frac{1}{x+1}.$$

Das Integral über die Minorante existiert nicht:

$$\int_1^\infty \frac{1}{x+1}\,dx = \ln(x+1)\big|_1^\infty = \infty.$$

Damit existiert auch das gegebene Integral nicht:

$$\int_1^\infty \frac{x+1}{\sqrt{x^4+1}}\,dx = \infty.$$

●

6.4   Beispielaufgaben

Aufgabe 6.1

Man berechne die unbestimmten Integrale:

$$\int x^2\,e^x\,dx, \quad \int x^2\,\cos(x)\,dx.$$

Es gilt mit partieller Integration:

$$\int x^2\,e^x\,dx = x^2\,e^x - \int 2x\,e^x\,dx$$

und

$$\int x\,e^x\,dx = x\,e^x - \int e^x\,dx = x\,e^x - e^x + c,$$

also:

$$\int x^2 e^x \, dx = (x^2 - 2x + 2) \, e^x + c.$$

Genauso bekommen wir:

$$\int x^2 \cos(x) \, dx = x^2 \sin(x) - \int 2x \, \sin(x) \, dx$$

und

$$\int x \, \sin(x) \, dx = -x \cos(x) + \int \cos(x) \, dx = -x \cos(x) + \sin(x) + c,$$

also:

$$\int x^2 \cos(x) \, dx = x^2 \sin(x) + 2x \cos(x) - 2 \sin(x) + c.$$

•

Aufgabe 6.2

Man berechne die unbestimmten Integrale:

$$\int x^2 \ln(x) \, dx, \quad \int (\cos(x))^2 \, dx.$$

Es gilt mit partieller Integration:

$$\int x^2 \ln(x) \, dx = \frac{x^3}{3} \ln(x) - \int \frac{x^3}{3} \frac{1}{x} \, dx = \frac{x^3}{3} \ln(x) - \frac{x^3}{9} + c.$$

Beim zweiten Integral ergibt sich zunächst:

$$\int (\cos(x))^2 \, dx = \sin(x) \, \cos(x) - \int \sin(x) \, (-\sin(x)) \, dx$$

$$= \sin(x) \, \cos(x) + \int (1 - \cos(x)^2) \, dx.$$

Hieraus folgt:

$$2 \int (\cos(x))^2 \, dx = \sin(x) \, \cos(x) + \int 1 \, dx$$

bzw:

$$\int (\cos(x))^2 \, dx = \frac{1}{2} \sin(x) \, \cos(x) + \frac{x}{2} + c.$$

Aufgabe 6.3

Man berechne mit partieller Integration:

$$\int \sqrt{1 - x^2} \, dx.$$

Man verwende dabei das Integral:

$$\int \frac{1}{\sqrt{1 - x^2}}\, dx = \arcsin(x) + C.$$

Wir fügen den Faktor Eins ein und integrieren:

$$\int \sqrt{1 - x^2}\, dx = \int 1 \sqrt{1 - x^2}\, dx$$

$$= x\sqrt{1 - x^2} - \int x \frac{-2x}{2\sqrt{1 - x^2}}\, dx$$

$$= x\sqrt{1 - x^2} + \int \frac{x^2}{\sqrt{1 - x^2}}\, dx$$

Weiter gilt:

$$\int \frac{x^2}{\sqrt{1 - x^2}}\, dx = -\int \frac{1 - x^2 - 1}{\sqrt{1 - x^2}}\, dx$$

$$= -\int \frac{1 - x^2}{\sqrt{1 - x^2}}\, dx + \int \frac{1}{\sqrt{1 - x^2}}\, dx$$

$$= -\int \sqrt{1 - x^2}\, dx + \arcsin(x).$$

Insgesamt bekommen wir:

$$\int \sqrt{1 - x^2}\, dx = x\sqrt{1 - x^2} - \int \sqrt{1 - x^2}\, dx + \arcsin(x)$$

und

$$\int \sqrt{1 - x^2}\, dx = \frac{1}{2}\left(x\sqrt{1 - x^2} + \arcsin(x)\right) + c.$$

Aufgabe 6.4

Man berechne das unbestimmte Integral:

$$\int t\, e^{t^2}\, dt.$$

Mit $f(x) = e^x$ und $\phi(t) = t^2$ bekommt man:

$$\int t\, e^{t^2}\, dt = \frac{1}{2}\int e^{t^2}\, 2t\, dt = \left(\frac{1}{2}\int e^x\, dx\right)_{x=t^2}$$

$$= \frac{1}{2} e^{t^2} + c.$$

Aufgabe 6.5

Mit der Substitution $\phi(t) = \cosh(t)$, $(\phi : [0, \operatorname{arcosh}(b)] \rightarrow [1, b]$, $\phi'(t) = \sinh(t) > 0, t > 0)$ berechne man das Integral:

$$\int\limits_1^b \sqrt{x^2 - 1}\, dx, \quad b > 1.$$

Wir bekommen mit den Hyperbelfunktionen:

$$\int\limits_1^b \sqrt{x^2 - 1}\, dx = \int\limits_{\phi^{-1}(1)}^{\phi^{-1}(b)} \sqrt{(\cosh(t))^2 - 1}\, \sinh(t)\, dt$$

$$= \int\limits_0^{\operatorname{arcosh}(b)} (\sinh(t))^2\, dt = \int\limits_0^{\operatorname{arcosh}(b)} \frac{e^{2t} - 2 + e^{-2t}}{4}\, dt$$

$$= \frac{e^{2t}}{8} - \frac{e^{-2t}}{8} - \frac{t}{2}\Bigg|_0^{\operatorname{arcosh}(b)}$$

$$= \frac{1}{8}\left((b + \sqrt{b^2 - 1})^2 - \frac{1}{(b + \sqrt{b^2 - 1})^2}\right) - \frac{1}{2}\ln(b + \sqrt{b^2 - 1})$$

$$= \frac{1}{8}\left((b + \sqrt{b^2 - 1})^2 - (b - \sqrt{b^2 - 1})^2\right) - \frac{1}{2}\ln(b + \sqrt{b^2 - 1})$$

$$= \frac{1}{2}b\sqrt{b^2 - 1} - \frac{1}{2}\ln(b + \sqrt{b^2 - 1}).$$

Aufgabe 6.6

Man berechne das Integral

$$\int\limits_{-a}^a \sqrt{x^2 + b^2}\, dx, \quad a, b > 0.$$

Wir formen zunächst um:

$$\int\limits_{-a}^a \sqrt{x^2 + b^2}\, dx = b \int\limits_{-a}^a \sqrt{\left(\frac{x}{b}\right)^2 + 1}\, dx.$$

Nun substituieren wir

$$\frac{x}{b} = \sinh(t) \quad \text{bzw.} \quad x = \phi(t) = b\sinh(t)$$

und bekommen:

$$\int\limits_{-a}^{a} \sqrt{\left(\frac{x}{b}\right)^2 + 1}\, dx = b \int\limits_{-\operatorname{arsinh}(\frac{a}{b})}^{\operatorname{arsinh}(\frac{a}{b})} \sqrt{(\sinh(t))^2 + 1}\, \cosh(t)\, dt.$$

Insgesamt erhalten wir mit $\int\limits_{-\alpha}^{\alpha} (\cosh(x))^2\, dx = \sinh(\alpha)\, \cosh(\alpha) + \alpha$:

$$\int\limits_{-a}^{a} \sqrt{x^2 + b^2}\, dx = b^2 \int\limits_{-\operatorname{arsinh}(\frac{a}{b})}^{\operatorname{arsinh}(\frac{a}{b})} (\cosh(t))^2\, dt$$

$$= b^2 \left(\sinh\left(\operatorname{arsinh}\left(\frac{a}{b}\right)\right) \cosh\left(\operatorname{arsinh}\left(\frac{a}{b}\right)\right) + \operatorname{arsinh}\left(\frac{a}{b}\right) \right)$$

$$= b^2 \frac{a}{b} \sqrt{\left(\frac{a}{b}\right)^2 + 1} + b^2 \operatorname{arsinh}\left(\frac{a}{b}\right)$$

$$= a \sqrt{a^2 + b^2} + b^2 \operatorname{arsinh}\left(\frac{a}{b}\right).$$

Aufgabe 6.7

Man berechne das unbestimmte Integral:

$$\int \frac{x^2}{1 + x^2}\, dx.$$

Wir formen den Integranden um

$$\frac{x^2}{1 + x^2} = \frac{1 + x^2 - 1}{1 + x^2} = 1 - \frac{1}{1 + x^2}$$

und bekommen:

$$\int \frac{x^2}{1 + x^2}\, dx = x - \arctan(x) + c.$$

Aufgabe 6.8

Man berechne das unbestimmte Integral:

$$\int \frac{3\, x}{(x + 1)^3}\, dx.$$

Der Nenner besitzt eine dreifache Nullstelle bei $x = -1$. Für die Partialbruchzerlegung machen wir den Ansatz:

$$\frac{3\, x}{(x + 1)^3} = \frac{a}{x + 1} + \frac{b}{(x + 1)^2} + \frac{c}{(x + 1)^3} = \frac{a\, (x + 1)^2 + b\, (x + 1) + c}{(x + 1)^3}.$$

Ein Koeffizientenvergleich liefert das System: $0 = a, 3 = 2a + b, 0 = a + b + c$, mit der Lösung: $a = 0, b = 3, c = -3$. Wir können auch so vorgehen:

$$\frac{3x}{(x+1)^3} = \frac{3(x+1) - 3}{(x+1)^3} = \frac{3}{(x+1)^2} - \frac{3}{(x+1)^3}.$$

Damit bekommen wir:

$$\int \frac{3x}{(x+1)^3}\, dx = \int \frac{3}{(x+1)^2}\, dx - \int \frac{3}{(x+1)^3}\, dx = -\frac{3}{x+1} + \frac{3}{2}\frac{1}{(x+1)^2} + c.$$

Schließlich ergibt sich das Integral durch partielle Integration:

$$\int \frac{3x}{(x+1)^3}\, dx = -\frac{3}{2}x\frac{1}{(x+1)^2} + \frac{3}{2}\int \frac{1}{(x+1)^2}\, dx$$

$$= -\frac{3}{2}x\frac{1}{(x+1)^2} - \frac{3}{2}\frac{1}{x+1} + c = -\frac{3}{x+1} + \frac{3}{2}\frac{1}{(x+1)^2} + c.$$

Aufgabe 6.9

Man berechne das unbestimmte Integral:

$$\int \frac{1 + x + x^2 + x^3}{x^4 + 5x^2}\, dx.$$

Der Nenner des Integranden $x^4 + 5x^2 = x^2(x^2 + 5)$ besitzt eine doppelte Nullstelle bei $x = 0$. Für die Partialbruchzerlegung machen wir den Ansatz:

$$\frac{1 + x + x^2 + x^3}{x^4 + 5x^2} = \frac{a}{x} + \frac{b}{x^2} + \frac{cx + d}{x^2 + 5}$$

$$= \frac{ax(x^2 + 5) + b(x^2 + 5) + cx^3 + dx^2}{x^4 + 5x^2}.$$

Ein Koeffizientenvergleich liefert das System:

$$1 = 5b, \quad 1 = 5a, \quad 1 = b + d, \quad 1 = a + c,$$

mit der Lösung:

$$b = \frac{1}{5}, \quad a = \frac{1}{5}, \quad d = \frac{4}{5}, \quad c = \frac{4}{5}.$$

Damit bekommen wir:

$$\int \frac{1 + x + x^2 + x^3}{x^4 + 5x^2} \, dx = -\frac{1}{5}\frac{1}{x} + \frac{1}{5} \ln(|x|) + \frac{4}{5} \int \frac{x}{x^2 + 5} \, dx + \frac{4}{5} \int \frac{1}{x^2 + 5} \, dx$$

$$= -\frac{1}{5}\frac{1}{x} + \frac{1}{5} \ln(|x|) + \frac{2}{5} \ln(x^2 + 5) + \frac{4}{5\sqrt{5}} \int \frac{\frac{1}{\sqrt{5}}}{\left(\frac{x}{\sqrt{5}}\right)^2 + 1} \, dx$$

$$= -\frac{1}{5}\frac{1}{x} + \frac{1}{5} \ln(|x|) + \frac{2}{5} \ln(x^2 + 5) + \frac{4}{5\sqrt{5}} \arctan\left(\frac{x}{\sqrt{5}}\right) + c.$$

Aufgabe 6.10

Man berechne das unbestimmte Integral:

$$\int \frac{x^3 - x + 5}{x^4 + 2x^2 - 3} \, dx.$$

Partialbruchzerlegung ergibt:

$$\frac{x^3 - x + 5}{x^4 + 2x^2 - 3} = \frac{5}{8} \frac{1}{x - 1} - \frac{5}{8} \frac{1}{x + 1} + \frac{x - \frac{5}{4}}{x^2 + 3}$$

$$= \frac{5}{8} \frac{1}{x - 1} - \frac{5}{8} \frac{1}{x + 1} - \frac{5}{4\sqrt{3}} \frac{\frac{1}{\sqrt{3}}}{x^2 + 3} + \frac{1}{2} \frac{2x}{x^2 + 3}.$$

Hieraus ergibt sich:

$$\int \frac{x^3 - x + 5}{x^4 + 2x^2 - 3} \, dx = \frac{5}{8} \ln(|x - 1|) - \frac{5}{8} \ln(|x + 1|)$$

$$-\frac{5}{4\sqrt{3}} \arctan\left(\frac{x}{\sqrt{3}}\right) + \frac{1}{2} \ln(x^2 + 3).$$

Aufgabe 6.11

Konvergiert das folgende Integral

$$\int\limits_1^\infty \frac{\ln(x)}{x^3} \, dx \, ?$$

Wir berechnen eine Stammfunktion durch partielle Integration:

$$\int \frac{\ln(x)}{x^3} \, dx = -\frac{1}{4x^2} - \frac{\ln(x)}{2x^2} + c.$$

Mit der Regel von de l'Hospital bekommen wir den Grenzwert:

$$\lim_{x \to \infty} \frac{\ln(x)}{x^2} = \lim_{x \to \infty} \frac{1}{2x^2} = 0.$$

Damit ergibt sich:

$$\int\limits_1^\infty \frac{\ln(x)}{x^3}\, dx = \frac{1}{4}.$$

Aufgabe 6.12

Konvergiert das folgende Integral

$$\int\limits_0^\infty \frac{x^3}{e^x}\, dx\ ?$$

Durch wiederholte Anwendung partieller Integration bekommen wir folgende Stammfunktion:

$$\int \frac{x^3}{e^x}\, dx = -\frac{x^3 + 3\,x^2 + 6\,x + 6}{e^x} + c.$$

Die Eigenschaften der Exponentialfunktion liefern den Grenzwert

$$\lim_{x\to\infty} \frac{x^3 + 3\,x^2 + 6\,x + 6}{e^x} = 0,$$

und das uneigentliche Integral:

$$\int\limits_0^\infty \frac{x^3}{e^x}\, dx = 6.$$

Aufgabe 6.13

Man berechne das Integral:

$$\int\limits_0^\infty e^{-x}\,\cos(x)\, dx.$$

Mit der Stammfunktion

$$\int e^{-x}\,\cos(x)\, dx = \frac{1}{2} e^{-x}\,\sin(x) - \frac{1}{2} e^{-x}\,\cos(x) + c$$

bekommen wir:

$$\int\limits_0^\infty e^{-x}\,\cos(x)\, dx = \left(\frac{1}{2} e^{-x}\,\sin(x) - \frac{1}{2} e^{-x}\,\cos(x)\right)\Big|_0^\infty$$

$$= \lim_{x\to\infty}\left(\frac{1}{2} e^{-x}\,\sin(x) - \frac{1}{2} e^{-x}\,\cos(x)\right) + \frac{1}{2}$$

$$= \frac{1}{2}.$$

Aufgabe 6.14

Mit der Stammfunktion $\displaystyle\int \frac{1}{(x^2+1)^2}\,dx = \frac{x}{2\,(1+x^2)} + \frac{\arctan(x)}{2} + c$
berechne man die Integrale:

$$\int\limits_0^\infty \frac{1}{(x^2+1)^2}\,dx, \quad \int\limits_{-\infty}^0 \frac{1}{(x^2+1)^2}\,dx.$$

Es gilt:

$$\int\limits_0^\infty \frac{1}{(x^2+1)^2}\,dx = \left(\frac{x}{2\,(1+x^2)} + \frac{\arctan(x)}{2}\right)\Bigg|_0^\infty$$

$$= \lim_{x\to\infty}\left(\frac{x}{2\,(1+x^2)} + \frac{\arctan(x)}{2}\right) - \frac{\arctan(0)}{2}$$

$$= 0 + \frac{\pi}{4} - 0 = \frac{\pi}{4}.$$

Aus Symmetriegründen folgt:

$$\int\limits_0^\infty \frac{1}{(x^2+1)^2}\,dx = \int\limits_{-\infty}^0 \frac{1}{(x^2+1)^2}\,dx = \frac{\pi}{4}.$$

6.5   Übungsaufgaben

Übung 6.1
Man berechne die Integrale mit partieller Integration.

i) $\int (x+1)e^x\,dx,$ ii) $\int \sin(x)\cos(x)\,dx,$
iii) $\int \ln(x)\,dx = \int 1\cdot \ln(x)\,dx,$ iv) $\int (3x^2+6x+8)\cos(x)\,dx.$

Übung 6.2
Man berechne die Integrale mit Substitution. Hinweise: Die Integrale in iv) und v) führe man
auf $\displaystyle\int \frac{1}{x^2+1}\,dx = \arctan(x) + c, c \in \mathbb{R}$ zurück, und bei vii) substituiere man $t = \ln(x)$.

i) $\displaystyle\int (3x-7)^9\,dx,$ ii) $\displaystyle\int x\cos(x^2+4)\,dx,$ iii) $\displaystyle\int e^{-3x+5}\,dx,$

iv) $\displaystyle\int \frac{1}{x^2+9}\,dx,$ v) $\displaystyle\int \frac{1}{x^2-6x+11}\,dx,$ vi) $\displaystyle\int \frac{1}{e^{-x}-1}\,dx,$

vii) $\displaystyle\int \frac{1}{x\ln(x)}\,dx.$

Übung 6.3

Mit Partialbruchzerlegung berechne man:

i) $\displaystyle\int \frac{1}{(x-1)(x+2)}\,dx$, ii) $\displaystyle\int \frac{5x-4}{(x+1)(x+6)}\,dx$, iii) $\displaystyle\int \frac{3}{(x-1)(x-4)^2}\,dx$.

Übung 6.4

Man berechne die bestimmten Integrale:

i) $\displaystyle\int_{0}^{\pi} x \sin\left(\frac{1}{2}x\right)\,dx$, ii) $\displaystyle\int_{1}^{2} \frac{2x-2}{x^2-2x+2}\,dx$, iii) $\displaystyle\int_{1}^{e^{\pi}} \frac{\sin(\ln(x))}{x}\,dx$.

Übung 6.5

Man berechne die uneigentlichen Integrale:

i) $\displaystyle\int_{4}^{13} \frac{1}{\sqrt{x-4}}\,dx$, ii) $\displaystyle\int_{-\infty}^{0} xe^{-x^2}\,dx$, iii) $\displaystyle\int_{0}^{\infty} \frac{1}{9x^2+1}\,dx$.

Übung 6.6

Gegeben sind die stetigen Funktionen $f_g, f_u, f_p : \mathbb{R} \longrightarrow \mathbb{R}$. Sei f_g gerade, f_u ungerade und f_p periodisch mit der Periode T, d. h. für alle $x \in \mathbb{R}$ gilt:

$$f_g(-x) = f_g(x),\ f_u(-x) = -f_u(x),\ f_p(x+T) = f_p(x).$$

Man zeige mit Substitution für alle $a > 0$ und alle b:

$$\int_{-a}^{0} f_g(x)\,dx = \int_{0}^{a} f_g(x)\,dx,\ \int_{-a}^{0} f_u(x)\,dx = -\int_{0}^{a} f_u(x)\,dx,\ \int_{b}^{b+T} f_p(x)\,dx = \int_{0}^{T} f_p(x)\,dx.$$

Übung 6.7

Sei

$$\tilde{f}(x) = \begin{cases} 1, & 0 \le x < 1, \\ 0, & 1 \le x < 2. \end{cases}$$

Die Funktion $f : \mathbb{R}_{\geq 0} \to \mathbb{R}_{\geq 0}$ sei erklärt durch:

$$f(x) = \begin{cases} \tilde{f}(x), & 0 \leq x < 2, \\ \tilde{f}(x - 2k), & 2k \leq x < 2(k+1), k \in \mathbb{N}. \end{cases}$$

Man berechne für $x \geq 0$: $g(x) = \int_0^x f(t)dt$ und $h(x) = \int_0^x g(t)dt$.

Übung 6.8

Mittels partieller Integration berechne man Stammfunktionen für folgende Funktionen:

$$\text{i)} \quad \frac{\arcsin(x)}{\sqrt{x+1}}, -1 < x < 1, \quad \text{ii)} \quad \sqrt{x^2 + a^2}, x \in \mathbb{R}, a > 0.$$

Hinweis für (i): $\arcsin'(x) = \frac{1}{\sqrt{1-x^2}}$. Hinweis für (ii): $\operatorname{arsinh}'(x) = \frac{1}{\sqrt{x^2+1}}$.

Taylorentwicklung

7

Der Mittelwertsatz gibt die Abweichung der Funktionswerte in einer Umgebung eines Entwicklungspunktes. Die Funktion wird durch eine Konstante ersetzt. Der Satz von Taylor gibt eine wesentlich feinere Annäherung durch Taylorpolynome. Nicht nur die Funktionswerte sondern auch die Ableitungen bis zu einer gewissen Ordnung der Funktion und der Näherung stimmen überein. Wir fassen die Taylorpolynome als Teilsummen einer Reihe auf und gelangen zur Taylorreihe. Der Satz von Taylor liefert alle Hilfsmittel für die Untersuchung einer Funktion auf Monotoniebereiche, Extremalstellen, Wendepunkte. Taylorpolynome werden für Beispielfunktionen anhand der Definition aufgestellt. Es wird gezeigt, wie man bekannte Entwicklungen benutzen kann, um langwierige Ableitungen zu vermeiden. Taylorpolynome werden herangezogen zur Berechnung von Näherungen von Funktionswerten der Wurzel, des Sinus und anderer durch Reihenentwicklungen gegebener Funktionen.

7.1 Der Satz von Taylor

Wir verallgemeinern nun den Mittelwertsatz auf $n + 1$-mal differenzierbare Funktionen. Beim Beweis geht man analog vor und benutzt wieder eine geeignete Hilfsfunktion.

Satz: Satz von Taylor

Die Funktion $f : [a, b] \longrightarrow \mathbb{R}$ sei $n + 1$-mal differenzierbar. Sei $x_0 \in [a, b]$, dann gibt es zu jedem $x \in [a, b]$ eine Zwischenstelle ξ_x mit $x_0 < \xi_x < x$ oder $x < \xi_x < x_0$, sodass gilt:

$$f(x) = \sum_{v=0}^{n} \frac{f^{(v)}(x_0)}{v!} (x - x_0)^v + \frac{f^{(n+1)}(\xi_x)}{(n + 1)!} (x - x_0)^{n+1} .$$

© Der/die Autor(en), exklusiv lizenziert durch Springer-Verlag GmbH, DE, ein Teil von Springer Nature 2021
W. Strampp und D. Janssen, *Höhere Mathematik 2*,
https://doi.org/10.1007/978-3-662-63552-0_7

Wir können also eine Funktion (unter geeigneten Voraussetzungen) als Summe aus einem Polynom vom Grad $\leq n$ und einem Restglied darstellen.

Definition: Taylorpolynom

Die Funktion $f : [a, b] \longrightarrow \mathbb{R}$ sei $n + 1$-mal stetig differenzierbar. Das Polynom

$$T_n(f, x, x_0) = \sum_{\nu=0}^{n} \frac{f^{(\nu)}(x_0)}{\nu!} (x - x_0)^\nu$$

heißt n-tes Taylorpolynom der Funktion f um den Entwicklungspunkt $x_0 \in [a, b]$.

Die Abweichung des Taylorpolynoms von der Funktion

$$f(x) = T_n(f, x, x_0) + R_n(f, x, x_0)$$

wird durch das Restglied beschrieben:

$$R_n(f, x, x_0) = \frac{f^{(n+1)}(\xi_x)}{(n+1)!} (x - x_0)^{n+1} .$$

Bei der Formulierung des Restglieds können wir die Fallunterscheidung $x_0 < \xi_x < x$ oder $x < \xi_x < x_0$ vermeiden, wenn wir schreiben $\xi_x = x_0 + \theta_x (x - x_0)$ mit $\theta_x \in (0, 1)$.

Der Fall $n = 0$ entspricht gerade dem Mittelwertsatz:

$$f(x) = f(x_0) + f'(\xi_x) (x - x_0) .$$

Typischerweise formuliert man den Mittelwertsatz so:

$$\frac{f(x) - f(x_0)}{x - x_0} = f'(\xi_x) .$$

Im Fall $n = 1$ lautet der Satz von Taylor:

$$f(x) = f(x_0) + f'(x_0) (x - x_0) + \frac{f''(\xi_x)}{2} (x - x_0)^2$$

und im Fall $n = 2$:

$$f(x) = f(x_0) + f'(x_0) (x - x_0) + \frac{f''(x_0)}{2} (x - x_0)^2 + \frac{f'''(\xi_x)}{6} (x - x_0)^3 .$$

Ein Polynom $p(x) = a_n x^n + a_{n-1} x^{n-1} + \cdots + a_1 x + a_0$, $x \in \mathbb{R}$, hat genau dann den Grad n, wenn der Koeffizient $a_n \neq 0$ ist. Ein konstantes Polynom $p(x) = a_0$ hat den Grad 0, wenn $a_0 \neq 0$ ist. Das Nullpolynom hat keinen Grad. Das n-te Taylorpolynom muss nicht den Polynomgrad n haben. Es kann einen kleineren Polynomgrad oder sogar keinen Grad haben. Wenn wir vom n-ten Taylorpolynom sprechen, meinen wir, dass alle Ableitung im Entwicklungspunkt bis zur n-ten Ordnung berücksichtigt werden.

Beispiel 7.1
Wir betrachten die Funktion $f(x) = x^2$ und die Ableitung an der Stelle $x_0 = 0$. Es gilt $f'(x) = 2x$ und $f'(0) = 0$. Mit $f(0) = 0$ lauten die Taylorpolynome (Abb. 7.1):

$$T_0(f, x, 0) = 0, \quad T_1(f, x, 0) = 0.$$

Das 0-te Taylorpolynom hat nicht den Polynomgrad 0, und das 1. Taylorpolynom hat nicht den Polynomgrad 1.

Nehmen wir nun die Funktion:

$$g(x) = (\sin(x))^3.$$

Die ersten drei Ableitungen lauten:

$$g'(x) = 3(\sin(x))^2 \cos(x),$$
$$g''(x) = 6\sin(x)(\cos(x))^2 - 3(\sin(x))^3,$$
$$g'''(x) = 6(\cos(x))^3 - 21(\sin(x))^2 \cos(x).$$

Wir bekommen folgende Taylorpolynome von g um $x_0 = 0$ (Abb. 7.1):

$$T_0(g, x, 0) = 0, \quad T_1(g, x, 0) = 0, \quad T_2(g, x, 0) = 0, \quad T_3(g, x, 0) = x^3.$$

●

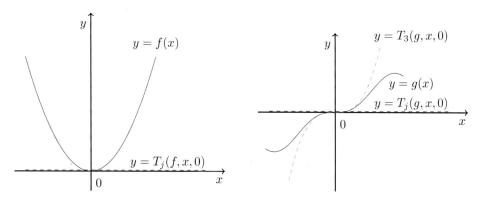

Abb. 7.1 Die Funktion $f(x) = x^2$ und die Taylorpolynome $T_j(f, x, 0) = 0$, $j = 0, 1$, (gestrichelt), um $x_0 = 0$, (links). Die Funktion $g(x) = (\sin(x))^2$ und die Taylorpolynome $T_j(g, x, 0) = 0$, $j = 0, 1, 2$, sowie $T_3(g, x, 0) = x$, (gestrichelt), um $x_0 = 0$, (rechts)

Beispiel 7.2

Wir betrachten die Funktion $f(x) = \cos(x)$ und bestimmen das 3. Taylorpolynom um den Entwicklungspunkt $x_0 = \frac{\pi}{2}$.

Die ersten Ableitungen lauten:

$$f(x) = \cos(x)\,, \quad f'(x) = -\sin(x)\,, \quad f''(x) = -\cos(x)\,,$$

$$f'''(x) = \sin(x)\,, \quad f^{(4)}(x) = \cos(x)\,,$$

und es gilt: $f(x_0) = 0$, $f'(x_0) = -1$, $f''(x_0) = 0$, $f'''(x_0) = 1$. Damit bekommen wir das 3. Taylorpolynom (Abb. 7.2)

$$T_3\left(f, x, \frac{\pi}{2}\right) = -\left(x - \frac{\pi}{2}\right) + \frac{1}{6}\left(x - \frac{\pi}{2}\right)^3$$

und die Darstellung der Funktion:

$$f(x) = T_3\left(f, x, \frac{\pi}{2}\right) + \frac{\cos(\xi_x)}{24}\left(x - \frac{\pi}{2}\right)^4\,.$$

Die Abweichung der Funktion vom Taylorpolynom können wir abschätzen:

$$\left|f(x) - T_3\left(f, x, \frac{\pi}{2}\right)\right| \le \left|\frac{\cos(\xi_x)}{24}\left(x - \frac{\pi}{2}\right)^4\right| \le \frac{1}{24}\left|x - \frac{\pi}{2}\right|^4\,.$$

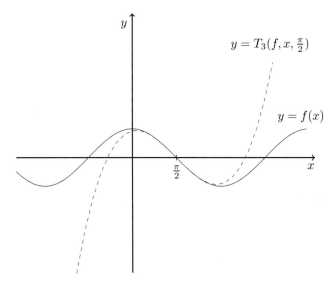

Abb. 7.2 Die Funktion $f(x) = \cos(x)$ und das 3. Taylorpolynom um $x_0 = \frac{\pi}{2}$, (gestrichelt)

Beispiel 7.3

Wir fragen nach einem Zahlenwert (Näherungswert) für sin(85°). Mit dem Taschenrechner bekommen wir die Dezimalentwicklung $\sin(85°) = 0,996194698091...$

Wir bestätigen diesen Zahlenwert, indem wir die Funktion $f(x) = \sin(x)$ durch ihr 4. Taylorpolynom um den Entwicklungspunkt $x_0 = \frac{\pi}{2}$ ersetzen:

$$T_4\left(f, x, \frac{\pi}{2}\right) = \sin\left(\frac{\pi}{2}\right) + \sin'\left(\frac{\pi}{2}\right)\left(x - \frac{\pi}{2}\right) + \sin''\left(\frac{\pi}{2}\right)\frac{\left(x - \frac{\pi}{2}\right)^2}{2!}$$

$$+ \sin'''\left(\frac{\pi}{2}\right)\frac{\left(x - \frac{\pi}{2}\right)^3}{3!} + \sin^{(4)}\left(\frac{\pi}{2}\right)\frac{\left(x - \frac{\pi}{2}\right)^4}{4!}$$

$$= 1 - \frac{1}{2}\left(x - \frac{\pi}{2}\right)^2 + \frac{1}{24}\left(x - \frac{\pi}{2}\right)^4.$$

Wir gehen zum Bogenmaß über und ersetzen den Sinuswert

$$\sin(85°) = \sin\left(85\,\frac{\pi}{180}\right)$$

durch den Wert des Taylorpolynoms (Abb. 7.3):

$$T_4\left(f, 85\,\frac{\pi}{180}, \frac{\pi}{2}\right) = 1 - \frac{1}{2}\left(-\frac{\pi}{36}\right)^2 + \frac{1}{24}\left(-\frac{\pi}{36}\right)^4 = 0,996194698705...$$

•

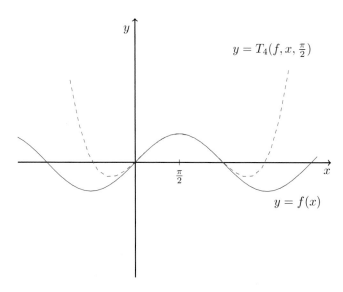

Abb. 7.3 Die Funktion $f(x) = \sin(x)$ und das 4. Taylorpolynom um $x_0 = \frac{\pi}{2}$

Beispiel 7.4

Wir berechnen das n-te Taylorpolynom um $x_0 = 0$ der Funktion:

$$f(x) = \sqrt{1+x}, \quad x > -1.$$

Anschließend bestimmen wir einen Näherungswert für $\sqrt{1,01}$.

Zuerst bilden wir die Ableitungen:

$$f(x) = \sqrt{1+x} = (1+x)^{\frac{1}{2}},$$

$$f'(x) = \frac{1}{2}(1+x)^{\frac{1}{2}-1},$$

$$f''(x) = \frac{1}{2}\left(\frac{1}{2}-1\right)(1+x)^{\frac{1}{2}-2},$$

$$f'''(x) = \frac{1}{2}\left(\frac{1}{2}-1\right)\left(\frac{1}{2}-2\right)(1+x)^{\frac{1}{2}-3},$$

$$\vdots$$

$$f^{(\nu)}(x) = \frac{1}{2}\left(\frac{1}{2}-1\right)\cdots\left(\frac{1}{2}-(\nu-1)\right)(1+x)^{\frac{1}{2}-\nu}.$$

Wir setzen noch zur Abkürzung (wie bei den Binomialkoeffizienten):

$$\binom{\frac{1}{2}}{\nu} = \frac{\frac{1}{2}\left(\frac{1}{2}-1\right)\cdots\left(\frac{1}{2}-(\nu-1)\right)}{\nu!}$$

und bekommen das n-te Taylorpolynom n:

$$T_n(f, x, 0) = \sum_{\nu=0}^{n} \binom{\frac{1}{2}}{\nu} x^{\nu}.$$

Das 3. Taylorpolynom lautet (Abb. 7.4):

$$T_3(f, x, 0) = \sum_{\nu=0}^{3} \binom{\frac{1}{2}}{\nu} x^{\nu} = 1 + \frac{1}{2}x - \frac{1}{8}x^2 + \frac{1}{16}x^3.$$

Ersetzen wir den Funktionswert

$$\sqrt{1,01} = \sqrt{1+0,01} = f(0,01)$$

durch den Wert des dritten Taylorpolynoms, so ergibt sich:

$$T_3(f, 0,01, 0) = 1,0049875625\ldots$$

Abb. 7.4 Die Funktion
$f(x) = \sqrt{1+x}$ und das 3.
Taylorpolynom um $x_0 = 0$
(gestrichelt)

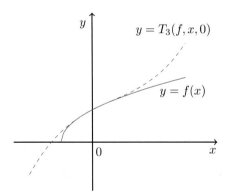

Mit einer Zwischenstelle $0 < \xi_{0,01} < 0,01$ schätzen wir den Fehler ab:

$$\left| f(0,01) - T_3(f, 0,01, 0) \right| = \left| \binom{\frac{1}{2}}{4} (1 + \xi_{0,01})^{\frac{1}{2}-4} \, 0,01^4 \right|$$

$$= \left| -\frac{5}{128} \frac{1}{(1 + \xi_{0,01})^{\frac{7}{2}}} \, 0,01^4 \right|$$

$$\leq \frac{5}{128} \, 0,01^4 \approx 3,9 \cdot 10^{-10} \, .$$

●

Beispiel 7.5
Wir suchen Näherungswerte für das Integral:

$$\int\limits_0^1 e^{x^2} \, dx \, .$$

Wir schreiben dazu die Exponentialfunktion mit dem n-ten Taylorpolynom um $x_0 = 0$ und dem Restglied:

$$e^x = \sum_{\nu=0}^n \frac{x^\nu}{\nu!} + e^{\xi_x} \frac{x^{n+1}}{(n+1)!} \, .$$

Hierbei ist $0 < \xi_x < x$ eine Zwischenstelle. Ersetzen wir x durch x^2, dann bekommen wir:

$$e^{x^2} = \sum_{\nu=0}^n \frac{x^{2\nu}}{\nu!} + e^{\xi_{x^2}} \frac{x^{2n+2}}{(n+1)!} \, .$$

Anstatt die Funktion e^{x^2} zu integrieren, integrieren wir über das Polynom:

$$\int_0^1 \sum_{\nu=0}^n \frac{x^{2\nu}}{\nu!}\, dx = \sum_{\nu=0}^n \frac{1}{\nu!} \int_0^1 x^{2\nu}\, dx = \sum_{\nu=0}^n \frac{1}{\nu!}\, \frac{1}{2\nu+1}\,.$$

Die Abweichung der Näherungswerte vom gesuchten Integral schätzen wir mithilfe des Restgliedes ab:

$$\left| \int_0^1 e^{x^2}\, dx - \sum_{\nu=0}^n \frac{1}{\nu!}\, \frac{1}{2\nu+1} \right| = \left| \int_0^1 e^{\xi_{x^2}}\, \frac{x^{2n+2}}{(n+1)!}\, dx \right| \leq \int_0^1 e\, \frac{x^{2n+2}}{(n+1)!}\, dx = \frac{e}{(n+1)!\,(2n+3)}\,.$$

$\bullet$

Beispiel 7.6

Wir betrachten den Grenzwert

$$\lim_{x \to 0} \frac{\cos(x^2) - \sqrt{1+x^3}}{x^3}\,.$$

Man könnte den Grenzwert dadurch bekommen, dass man die Regel von de l'Hospital dreimal anwendet. Wir wollen stattdessen mit Taylorpolynomen arbeiten. Dazu stellen wir zunächst die Funktionen $\cos(x)$ und $\sqrt{1+x}$ mit Hilfe ihrer zweiten Taylorpolynome um 0 dar:

$$\cos(x) = 1 - \frac{x^2}{2} + \sin(\xi_x)\frac{x^3}{6}\,,$$

und

$$\sqrt{1+x} = 1 + \frac{x}{2} - \frac{x^2}{8} + (1+\tilde{\xi}_x)^{-\frac{5}{2}}\frac{x^3}{16}\,.$$

Daraus folgt:

$$\cos(x^2) = 1 - \frac{x^4}{2} + \sin(\xi_{x^2})\frac{x^6}{6}\,,$$

und

$$\sqrt{1+x^3} = 1 + \frac{x^3}{2} - \frac{x^6}{8} + (1+\tilde{\xi}_{x^3})^{-\frac{5}{2}}\frac{x^9}{16}\,.$$

Insgesamt bekommen wir:

$$\frac{\cos(x^2) - \sqrt{1+x^3}}{x^3} = -\frac{1}{2} - \frac{x}{2} + \frac{x^3}{8} + \sin(\xi_{x^2})\frac{x^3}{6}$$
$$-(1+\tilde{\xi}_{x^3})^{-\frac{5}{2}}\frac{x^6}{16}$$

und damit

$$\lim_{x \to 0} \frac{\cos(x^2) - \sqrt{1 + x^3}}{x^3} = -\frac{1}{2}.$$

(Die Zwischenstellen ξ_{x^2}, $\tilde{\xi}_{x^3}$ streben gegen null, wenn x gegen null geht).

•

Eine einmal differenzierbare Funktion stellt genau dann ein Polynom vom Grad null (also eine Konstante) dar, wenn $f'(x) = 0$ ist. Mit dem Satz von Taylor können wir diese Folgerung aus dem Mittelwertsatz verallgemeinern. Eine $(n + 1)$-mal differenzierbare Funktion stellt genau dann ein Polynom dar, das höchstens den Grad n hat, wenn für alle x gilt: $f^{(n+1)}(x) = 0$. Polynome, die höchstens den Grad n haben, stimmen mit ihrem n-ten Taylorpolynom um einen beliebigen Entwicklungspunkt überein:

$$f(x) = T_n(f, x, x_0) = \sum_{\nu=0}^{n} \frac{f^{(\nu)}(x_0)}{\nu!} (x - x_0)^\nu,$$

denn das Restglied $\frac{f^{(n+1)}(\xi)}{\nu!} (x - x_0)^\nu$ verschwindet.

Hat das Poynom die Normalform $f(x) = \sum_{\nu=0}^{n} a_\nu x^\nu$, dann folgt: $a_\nu = \frac{f^{(\nu)}(0)}{\nu!}$. Man kann das n-te Taylorpolynom des Polynoms $f(x) = \sum_{\nu=0}^{n} a_\nu x^\nu$ um x_0 mit Hilfe der Ableitungen aufstellen. Man kann auch durch Umordnung endlicher Summen mit dem binomischen Satz zum Ziel kommen (Abb. 7.5):

$$f(x) = \sum_{\nu=0}^{n} a_\nu x^\nu = \sum_{\nu=0}^{n} a_\nu (x - x_0 + x_0)^\nu$$

$$= \sum_{\nu=0}^{n} a_\nu \sum_{\mu=0}^{\nu} \left(\binom{\nu}{\mu} (x - x_0)^\mu x_0^{\nu-\mu} \right)$$

$$= \sum_{\nu=0}^{n} \sum_{\mu=0}^{\nu} \left(\binom{\nu}{\mu} a_\nu x_0^{\nu-\mu} (x - x_0)^\mu \right)$$

$$= \sum_{\mu=0}^{n} \sum_{\nu=\mu}^{n} \left(\binom{\nu}{\mu} a_\nu x_0^{\nu-\mu} (x - x_0)^\mu \right)$$

$$= \sum_{\mu=0}^{n} \left(\sum_{\nu=\mu}^{n} \binom{\nu}{\mu} a_\nu x_0^{\nu-\mu} \right) (x - x_0)^\mu$$

$$= \sum_{\mu=0}^{n} b_\mu (x - x_0)^\mu = \sum_{\mu=0}^{n} \frac{f^{(\mu)}(x_0)}{\mu!} (x - x_0)^\mu.$$

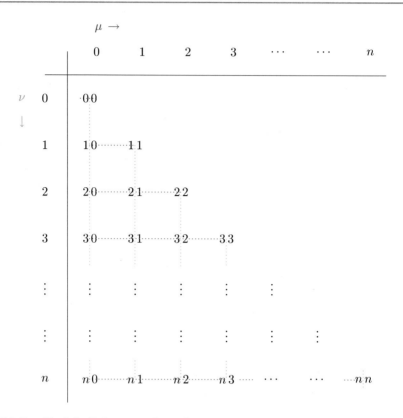

Abb. 7.5 Durchlauf der Indexmenge $\{(\nu, \mu)\}$, $\nu = 0, 1, \ldots, n$, $0 \le \mu \le \nu$, bei einer Summe. Zeilensummen (zeilenweiser Durchlauf der Indexmenge), Spaltensummen (spaltenweiser Durchlauf der Indexmenge):

$$\sum_{\nu=0}^{n} \left(\sum_{\mu=0}^{\nu} \alpha_{\nu\mu} \right) = \sum_{\mu=0}^{n} \left(\sum_{\nu=\mu}^{n} \alpha_{\nu\mu} \right)$$

Das n-te Taylorpolynom ist dasjenige Polynom, welches im Punkt x_0 mit der Funktion in n-ter Ordnung übereinstimmt:

$$T_n^{(\nu)}(f, x_0, x_0) = f^{(\nu)}(x_0), \quad \nu = 0, 1, \ldots, n.$$

7.2   Die Taylorreihe

Wir fassen das Taylorpolynom $T_n(f, x, x_0)$ als n-te Teilsumme einer Reihe auf.

Definition: Taylorreihe

Sei $f : [a, b] \longrightarrow \mathbb{R}$ beliebig oft differenzierbar und $x_0 \in [a, b]$. Die Reihe

$$\sum_{v=0}^{\infty} \frac{f^{(v)}(x_0)}{v!} (x - x_0)^v$$

heißt Taylorreihe der Funktion f um den Entwicklungspunkt x_0.

Es erheben sich folgende Fragen: 1.) In welchem Intervall konvergiert die Taylorreihe?
2.) Stellt die Taylorreihe in ihrem Konvergenzintervall auch die Funktion dar?

Aus dem Satz von Taylor bekommen wir unmittelbar das folgende Kriterium.

Satz: Konvergenz der Taylorreihe

Sei $f : [a, b] \longrightarrow \mathbb{R}$ beliebig oft differenzierbar und $x_0 \in [a, b]$. Die Taylorreihe
konvergiert an einer Stelle $x \in [a, b]$ gegen den Funktionswert $f(x)$ genau dann,
wenn das Restglied gegen null geht: $\lim\limits_{n \to \infty} R_n(f, x, x_0) = 0$.

Man sieht dies sofort aus der Darstellung

$$f(x) = T_n(f, x, x_0) + R_n(f, x, x_0)$$

und der Tatsache, dass eine Reihe genau dann konvergiert, wenn die Folge der Teilsummen
konvergiert. Zur Frage 2.) bemerken wir noch, dass die Taylorreihe an einer Stelle x zwar
konvergieren kann, ihr Wert aber nicht den Funktionswert $f(x)$ darstellt. Ein berühmtes
Beispiel stellt die folgende Funktion dar:

$$f(x) = \begin{cases} e^{-\frac{1}{x^2}}, & x \neq 0 \\ 0, & x = 0. \end{cases}$$

Man kann zeigen, dass f in $\mathbb{R}$ beliebig oft differenzierbar ist und dass alle Ableitungen an
der Stelle $x_0 = 0$ verschwinden: $f^{(v)}(0) = 0$. Damit bekommt man als Taylorreihe um den
Entwicklungspunkt $x_0 = 0$ die Nullreihe, die für $x \neq 0$ nicht mit $f(x)$ übereinstimmt.

Ferner gilt die Eindeutigkeit der Taylorreihe. Ist $f(x) = \sum_{\nu=0}^{\infty} a_\nu \, (x - x_0)^\nu$ für

$|x - x_0| < \rho$, dann haben wir die Taylorreihe $a_\nu = \frac{f^{(\nu)}(x_0)}{\nu!}$.

Beispiel 7.7

Wir betrachten die geometrische Reihe:

$$f(x) = \frac{1}{1 - x} = \sum_{\nu=0}^{\infty} x^\nu, \quad |x| < 1.$$

Die geometrische Reihe stellt gerade die Taylorreihe der Funktion $f(x)$ um $x_0 = 0$ dar. Es gilt:

$$f^{(\nu)}(0) = 1.$$

Wir können die Ableitungen bestätigen:

$$f(x) = \frac{1}{1 - x} = (1 - x)^{-1},$$
$$f'(x) = (-1)\,(1 - x)^{-2}\,(-1) = (1 - x)^{-2},$$
$$f''(x) = 2\,(1 - x)^{-3},$$
$$f'''(x) = 2 \cdot 3\,(1 - x)^{-4},$$
$$\vdots$$
$$f^{(\nu)}(x) = \nu!\,(1 - x)^{-(\nu+1)}.$$

Hieraus folgt sofort: $f^{(\nu)}(0) = \nu!$.

●

Beispiel 7.8

Es gilt die Taylorentwicklung um $x_0 = 0$:

$$f(x) = \ln(1 + x) = \sum_{\nu=1}^{\infty} \frac{(-1)^{\nu-1}}{\nu}\, x^\nu, \quad -1 < x \leq 1.$$

Wie bei der geometrischen Reihe bekommen wir die Ableitungen:

$$f(x) = \ln(1 + x),$$
$$f'(x) = \frac{1}{1 + x} = (1 + x)^{-1},$$
$$f''(x) = (-1)(1 + x)^{-2},$$
$$f'''(x) = (-1)(-2)(1 + x)^{-3},$$
$$f^{(4)}(x) = (-1)(-2)(-3)(1 + x)^{-4},$$
$$\vdots$$
$$f^{(\nu)}(x) = (-1)^{\nu-1}(\nu - 1)!(1 + x)^{-\nu}, \nu \geq 1.$$

Wir betrachten die Differenz:

$$f(x) - T_n(f, x, 0) = f(x) - \sum_{\nu=1}^{\infty} \frac{(-1)^{\nu-1}}{\nu} x^\nu = (-1)^\nu \nu! \frac{(1 + \theta_x x)^{-(\nu+1)}}{(\nu + 1)!} x^{\nu+1},$$

wobei $0 < \theta_x < 1$. Für $0 < x \leq 1$ bekommen wir mit $|x| < 1$ und $|1 + \theta_x x| > 1$:

$$|f(x) - T_n(f, x, 0)| \leq \frac{1}{\nu}$$

und $\lim_{\nu \to \infty}(f(x) - T_n(f, x, 0)) = 0$. Ist $-1 < x < 0$, so kann der Quotient $\frac{x}{1+\theta_x x}$ nicht geeignet abgeschätzt werden. Man muss eine andere Darstellung des Restglieds verwenden. Für $x = 1$ lifert die Taylorreihe gerade die harmonische Reihe:

$$\ln(2) = \sum_{\nu=1}^{\infty} \frac{(-1)^{\nu-1}}{\nu}.$$

●

Beispiel 7.9
Die Exponentialfunktion kann in $\mathbb{R}$ in eine Taylorreihe um $x_0 = 0$ entwickelt werden:

$$e^x = \sum_{\nu=0}^{\infty} \frac{x^\nu}{\nu!}, \quad x \in \mathbb{R}.$$

Das n-te Taylorpolynom der Funktion $f(x) = e^x$ lautet:

$$T_n(f, x, 0) = \sum_{\nu=0}^{n} \frac{f^{(\nu)}(0)}{\nu!} x^\nu = \sum_{\nu=0}^{n} \frac{x^\nu}{\nu!}.$$

Es gilt mit einer Zwischenstelle zwischen null und x:

$$f(x) = T_n(f, x, 0) + R_n(f, x, 0) = T_n(f, x, 0) + \frac{e^{\xi_x}}{(n + 1)!} x^{n+1}.$$

Mit dem Grenzwert

$$\lim_{n \to \infty} \frac{x^n}{n!} = 0, \quad x \in \mathbb{R},$$

folgt

$$\lim_{n \to \infty} R_n(f, x, 0) = 0, \quad x \in \mathbb{R},$$

und die behauptete Taylorentwicklung der Exponentialfunktion.

Mit ähnlichen Überlegungen bekommt man die ebenfalls in $\mathbb{R}$ konvergenten Entwicklungen der Sinus- und der Kosinusfunktion:

$$\sin(x) = \sum_{\nu=0}^{\infty} (-1)^\nu \frac{x^{2\nu+1}}{(2\nu+1)!}, \quad \cos(x) = \sum_{\nu=0}^{\infty} (-1)^\nu \frac{x^{2\nu}}{(2\nu)!}, \quad x \in \mathbb{R}.$$

●

Beispiel 7.10

Wir betrachten die Entwicklung:

$$f(x) = (1 + x)^\alpha = \sum_{\nu=0}^{\infty} \binom{\alpha}{\nu} x^\nu, \quad |x| < 1,$$

mit

$$\binom{\alpha}{\nu} = \frac{\alpha\,(\alpha-1)\,\cdots\,(\alpha-(\nu-1))}{\nu!}.$$

Wichtige Anwendungen stellen die bereits behandelte Funktion $\sqrt{1+x}$ und $\frac{1}{\sqrt{1+x}}$ dar. Wir bilden die Ableitungen:

$$f(x) = (1+x)^\alpha,$$
$$f'(x) = \alpha\,(1+x)^{\alpha-1},$$
$$f''(x) = \alpha\,(\alpha-1)\,(1+x)^{\alpha-2},$$
$$f'''(x) = \alpha\,(\alpha-1)\,(\alpha-2)\,(1+x)^{\alpha-3},$$
$$\vdots$$
$$f^{(\nu)}(x) = \alpha\,(\alpha-1)\,\cdots\,(\alpha-(\nu-1))\,(1+x)^{\alpha-\nu}.$$

Wir bekommen sofort

$$f^{(\nu)}(0) = \alpha\,(\alpha-1)\,\cdots\,(\alpha-(\nu-1))$$

und

$$f(x) = \sum_{\nu=0}^{\infty} \frac{f^{(\nu)}(0)}{\nu!} x^{\nu} = \sum_{\nu=0}^{\infty} \binom{\alpha}{\nu} x^{\nu}.$$

Beispiel 7.11

Wir entwickeln die Funktion

$$f(x) = \frac{1}{2 + 3x}$$

in eine Taylorreihe um $x_0 = 0$. Wir benutzen dazu die geometrische Reihe:

$$f(x) = \frac{1}{2 + 3x} = \frac{1}{2\left(1 + \frac{3}{2}x\right)} = \frac{1}{2} \frac{1}{1 - \left(-\frac{3}{2}x\right)}$$

$$= \frac{1}{2} \sum_{\nu=0}^{\infty} \left(-\frac{3}{2}x\right)^{\nu} = \sum_{\nu=0}^{\infty} \frac{1}{2} \left(-\frac{3}{2}\right)^{\nu} x^{\nu}.$$

Die Taylorreihe konvergiert für

$$\left| -\frac{3}{2}x \right| < 1 \quad \Longleftrightarrow \quad |x| < \frac{2}{3}.$$

Beispiel 7.12

Wir entwickeln die Funktion

$$f(x) = \frac{1}{x + a}, \quad a \in \mathbb{R},$$

in eine Taylorreihe um x_0, $x_0 \neq -a$. Wir benutzen dazu wieder die geometrische Reihe:

$$f(x) = \frac{1}{x + a} = \frac{1}{a + x_0 + x - x_0} = \frac{1}{a + x_0} \frac{1}{1 - \left(-\frac{x - x_0}{a + x_0}\right)}$$

$$= \frac{1}{a + x_0} \sum_{\nu=0}^{\infty} \left(-\frac{x - x_0}{a + x_0}\right)^{\nu} = \sum_{\nu=0}^{\infty} \frac{(-1)^{\nu}}{(a + x_0)^{\nu+1}} (x - x_0)^{\nu}.$$

Die Taylorreihe konvergiert für

$$\left| -\frac{x - x_0}{a + x_0} \right| < 1 \quad \Longleftrightarrow \quad |x - x_0| < |a + x_0|.$$

7.3   Extremalstellen

Damit eine differenzierbare Funktion f im inneren Punkt x_0 ihres Definitionsintervalls eine Extremalstelle besitzt, muss die notwendige Bedingung $f'(x_0) = 0$ erfüllt sein. Wir geben nun hinreichende Bedingungen an.

Wir betrachten das erste Taylorpolynom um den Punkt x_0:

$$f(x) = f(x_0) + f'(x_0)(x - x_0) + \frac{f''(\xi_x)}{2}(x - x_0)^2 = f(x_0) + \frac{f''(\xi_x)}{2}(x - x_0)^2$$

mit Zwischenstellen ξ_x zwischen x_0 und x. Ist die zweite Ableitung f'' stetig, so ist mit $f''(x_0) < 0$ bzw. $f''(x_0) > 0$ auch $f''(\xi_x) < 0$ bzw. $f''(\xi_x) > 0$, falls x in einer genügend kleinen Umgebung von x_0 liegt.

Satz: Hinreichende Bedingungen für Extremalstellen
Sei $f : [a, b] \longrightarrow \mathbb{R}$ 2-mal stetig differenzierbar. Im Punkt $x_0 \in (a, b)$ gelte $f'(x_0) = 0$ und $f''(x_0) \neq 0$. Dann besitzt f in x_0 ein lokales Maximum, falls $f''(x_0) < 0$ und ein lokales Minimum, falls $f''(x_0) > 0$ ist.

Man kann diese Bedingungen wie folgt verallgemeinern. Sei $f : [a, b] \longrightarrow \mathbb{R}$ n-mal stetig differenzierbar. Im Punkt $x_0 \in (a, b)$ gelte

$$f'(x_0) = f''(x_0) = \cdots = f^{(n-1)}(x_0) = 0 \quad \text{und} \quad f^{(n)}(x_0) \neq 0$$

mit geradem $n \in \mathbb{N}$, $n \geq 2$. Dann besitzt f in x_0 ein lokales Maximum, falls $f^{(n)}(x_0) < 0$ und ein lokales Minimum, falls $f^{(n)}(x_0) > 0$ ist. Man benutzt dazu die Entwicklung:

$$f(x) = f(x_0) + \frac{f^{(n)}(\xi_x)}{n!}(x - x_0)^n$$

Gelten die obigen Voraussetzungen mit ungeradem $n \in \mathbb{N}$, $n \geq 1$, dann kann f in x_0 keine Extremalstelle besitzen. Die hinreichenden Bedingungen sorgen sogar für ein strenges lokales Maximum (Minimum): $f(x) < f(x_0)$ $(f(x) > f(x_0))$ für $x \neq x_0$ nahe bei x_0.

Beispiel 7.13
Wir suchen die Extremalstellen der Funktion:

$$f(x) = x + \sin(2x), \quad x \in (-\pi, \pi).$$

Die notwendige Bedingung $f'(x) = 1 + 2\cos(2x) = 0$ bzw. $\cos(2x) = -\frac{1}{2}$ führt auf die Stellen: $x_0 = \pm\frac{1}{3}\pi$ und $x_0 = \pm\frac{2}{3}\pi$. Da $f''(\pm\frac{1}{3}\pi) = -4\sin(\pm\frac{2}{3}\pi) = \mp 2\sqrt{3}$ und

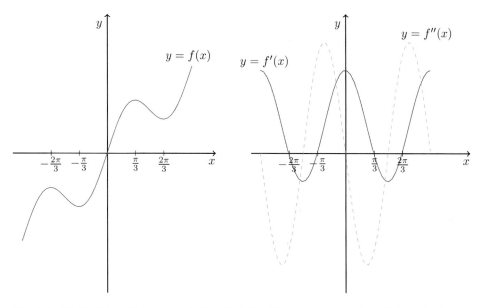

Abb. 7.6 Die Funktion $f(x) = x + \sin(2\,x)$ (links) und ihre erste und zweite Ableitung (rechts) im Intervall $-\pi < x < \pi$

$f''(\pm \frac{2}{3}\pi) = -4\,\sin(\pm\frac{4}{3}\pi) = \pm 2\,\sqrt{3}$ gilt, liegt in $-\frac{1}{3}\pi$ und in $\frac{2}{3}\pi$ ein Minimum und in $-\frac{2}{3}\pi$ und in $\frac{1}{3}\pi$ ein Maximum vor (Abb. 7.6).

•

Ist eine Funktion auf einem abgeschlossenen Intervall erklärt, dann können außer Extremalstellen im Inneren des Intervalls auch noch Extremalstellen in den Randpunkten auftreten. Für Randextrema gilt die notwendige Bedingung der waagerechten Tangente nicht. Nehmen wir die Funktion

$$f : [-1, 1] \longrightarrow \mathbb{R}, \quad f(x) = x^2.$$

Außer der Minimalstelle im Inneren $x_0 = 0$ kommen noch zwei Maximalstellen $x_0 = -1$, $x_0 = 1$ am Rand des Definitionsintervalls hinzu (Abb. 7.7).

Definition: Wendestelle

Sei $f : (a, b) \longrightarrow \mathbb{R}$ 3- mal stetig differenzierbar. Jede Extremalstelle $x_0 \in (a, b)$ der Ableitung $f' : (a, b) \longrightarrow \mathbb{R}$ heißt Wendestelle von f.

Abb. 7.7 Die Funktion
$f(x) = x^2$, $x \in [-1, 1]$,
Minimalstelle im Inneren und
Maximalstellen am Rand des
Definitionsintervalls

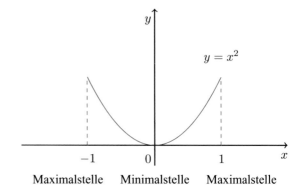

Maximalstelle   Minimalstelle   Maximalstelle

Jede Wendestelle x_0 erfüllt die Bedingung $f''(x_0) = 0$. Falls $f'''(x_0) < 0$ hat f' in x_0 eine lokale Maximalstelle. Falls $f'''(x_0) > 0$ hat f' in x_0 eine lokale Minimalstelle. Ist f' konstant, also f ein Polynom ersten Grades, dann ist jede Stelle aus dem Definitionbereich eine Wendestelle. Man kann dies ausschließen und einen Vorzeichenwechsel von f'' in der Wendestelle verlangen. Die hinreichenden Bedingungen $f''(x_0) = 0$, $f'''(x_0) \neq 0$ garantieren diesen Vorzeichenwechsel (Abb. 7.8).

Folgende Bezeichnungen sind üblich. Wenn $f''(x) \geq 0$ gilt, also f' monoton wächst, dann bezeichnet man den Graphen der Funktion f als konvex (konvexe Funktion, Links-kurve). Wenn $f''(x) \leq 0$ gilt, also f' monoton fällt, dann bezeichnet man den Graphen der Funktion f als konkav (konkave Funktion, Rechtskurve). Die Wendepunkte liegen also dort, wo der Graph von einer Rechtskurve in eine Linkskurve übergeht oder umgekehrt (Abb. 7.9).

Abb. 7.8 Funktion f mit
Minimalstelle x_1,
Maximalstelle x_2 und
Wendestelle x_0

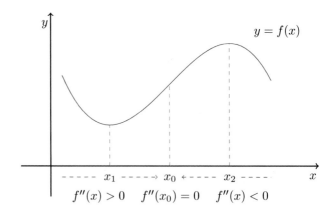

Abb. 7.9 Konvexe Funktion f
und konkave Funktion g

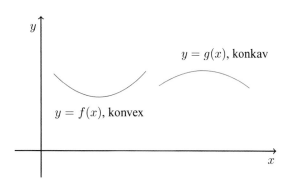

Einen Wendepunkt mit waagerechter Tangente bezeichnet man als Sattelpunkt (Abb. 7.10). Hinreichende Bedingungen für einen Sattelpunkt sind: $f'(x_0) = 0$, $f''(x_0) = 0$, $f'''(x_0) \neq 0$.

Beispiel 7.14

Wir suchen Extremal- und Wendestellen der Funktion:

$$f(x) = \frac{1}{1 + x^2}, \quad x \in \mathbb{R}.$$

Wir berechnen die Ableitungen:

$$f'(x) = -\frac{2x}{(1 + x^2)^2}, \quad f''(x) = \frac{6x^2 - 2}{(1 + x^2)^3}, \quad f'''(x) = -\frac{24x(x^2 - 1)}{(1 + x^2)^4}.$$

Die Bedingung $f'(x) = 0$ ist äquivalent mit $x = 0$. Wegen $f''(0) = -2 < 0$ liegt eine Maximalstelle vor.
Die Bedingung $f''(x) = 0$ ist äquivalent mit $6x^2 - 2 = 0$. Es gibt zwei Lösungen: $x_1 = -\frac{1}{\sqrt{3}}$, $x_2 = \frac{1}{\sqrt{3}}$. Wegen $f'''(x_1) < 0$ und $f'''(x_2) > 0$ liegen Wendestellen vor (Abb. 7.11).

●

Abb. 7.10 Sattelpunkt einer
Funktion f

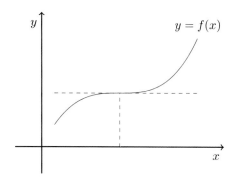

Beispiel 7.15

In jedem Punkt $x_k = k\,\pi, k \in \mathbb{Z}$, besitzt die Funktion

$$f(x) = x + \sin(x), \quad x \in \mathbb{R},$$

eine Wendestelle. Offenbar ergibt sich

$$f''(x) = -\sin(x) \quad \text{und} \quad f'''(x) = -\cos(x),$$

sodass als Wendestellen nur die x_k infrage kommen. Wegen $\cos((2k+1)\,\pi) = -1$ und $\cos(2\,k\,\pi) = 1$ liegen tatsächlich Wendestellen vor.

Wir fragen noch nach den Extremalstellen von f. Wegen $f'(x) = 1 + \cos(x)$ kommen nur die Stellen $(2k+1)\,\pi, k \in \mathbb{Z}$, infrage. Dort gilt aber $f''((2k+1)\,\pi) = 0$ und $f'''((2k+1)\,\pi) = 1 > 0$, sodass keine Extremalstellen vorliegen können. An den Stellen $2\,k\,\pi, k \in \mathbb{Z}$, liegen Sattelpunkte vor (Abb. 7.12).

●

Beispiel 7.16

Wir betrachten eine 2-mal stetig differenzierbare konvexe Funktion $f : [a, b] \rightarrow \mathbb{R}$, $f''(x) > 0, x \in [a, b]$. Wir zeigen: 1) Die Funktion verläuft oberhalb jeder Tangente. 2) Die Funktion verläuft unterhalb der Sekante durch $(a, f(a))$ und $(b, f(b))$ (Abb. 7.13).

1) Sei $x_0 \in [a, b]$. Mit dem Satz von Taylor gilt:

$$f(x) = f(x_0) + f'(x_0)\,(x - x_0) + \frac{f''(\xi_x)}{2}\,(x - x_0)^2.$$

Die zweite Ableitung ist positiv und damit:

$$\frac{f''(\xi_x)}{2}\,(x - x_0)^2 \geq 0.$$

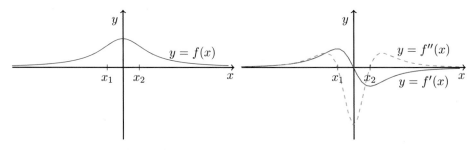

Abb. 7.11 Die Funktion $f(x) = \frac{1}{1+x^2}$ (links) und ihre erste und zweite Ableitung (rechts)

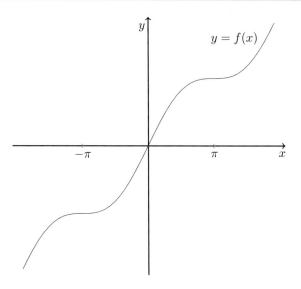

Abb. 7.12 Die Funktion $f(x) = x + \sin(x)$ mit einer Wendestelle bei 0 und Sattelpunkten bei $-\pi$ und π

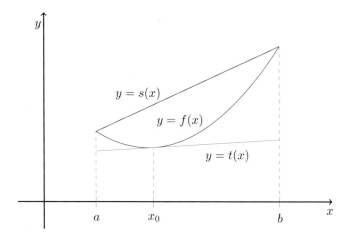

Abb. 7.13 Sekante s und Tangente t einer konvexen Funktion f

Hieraus folgt für die Tangente $t(x)$ im Punkt x_0:

$$f(x) \geq t(x) = f(x_0) + f'(x_0)\,(x - x_0)\,, x \in [a, b]\,.$$

2) Wir betrachten zunächst den Anstieg einer Sekante durch $(a, f(a))$ und einen Punkt $(x, f(x)), x \in (a, b]$ (Abb. 7.14):

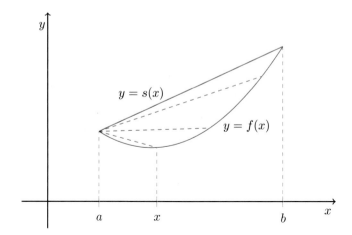

Abb. 7.14 Sekante s durch $(a, f(a))$ und $(b, f(b))$ und weitere Sekanten durch $(a, f(a))$ und $(x, f(x))$ einer konvexen Funktion f. Die Sekantenanstiege wachsen monoton

$$m(x) = \frac{f(x) - f(a)}{x - a} \, .$$

Wir zeigen, dass $m(x)$ monoton wächst und berechnen die Ableitung:

$$m'(x) = \frac{f'(x)}{x - a} - \frac{f(x) - f(a)}{(x - a)^2} = \frac{1}{x - a} \left(f'(x) - m(x) \right) \, .$$

Wegen 1) gilt für die Tangente an der Stelle x:

$$f(a) \geq f(x) + f'(x)\,(a - x) \quad \text{bzw.} \quad f'(x)\,(x - a) \geq f(x) - f(a) \, .$$

Mit $x - a > 0$ folgt hieraus:

$$f'(x) \geq m(x)$$

und somit $m'(x) \geq 0$. Wir können nun von der Ungleichung ausgehen:

$$m(x) = \frac{f(x) - f(a)}{x - a} \leq m(b) = \frac{f(b) - f(a)}{b - a} \, , \quad x \in (a, b) \, ,$$

und multipilizieren mit $x - a > 0$

$$f(x) - f(a) \leq \frac{f(b) - f(a)}{b - a}\,(x - a) \, .$$

Hieraus ergibt sich für die Sekante s durch $(a, f(a))$ und $(b, f(b))$:

$$f(x) \le s(x) = f(a) + \frac{f(b) - f(b)}{b - b}(x - a).$$

•

7.4 Beispielaufgaben

Aufgabe 7.1

Man berechne das 3. Taylorpolynom um $x_0 = 0$ der Funktion

$$f(x) = \frac{1}{\sqrt{1 + x}}, \quad x > -1.$$

Man gebe eine Abschätzung für die Abweichung des Taylorpolynoms von der Funktion. Wir berechnen die ersten vier Ableitungen von $f(x) = (1 + x)^{-\frac{1}{2}}$:

$$f'(x) = -\frac{1}{2}(1 + x)^{-\frac{3}{2}},$$

$$f''(x) = \frac{1}{2} \cdot \frac{3}{2}(1 + x)^{-\frac{5}{2}},$$

$$f'''(x) = -\frac{1}{2} \cdot \frac{3}{2} \cdot \frac{5}{2}(1 + x)^{-\frac{7}{2}},$$

$$f^{(4)}(x) = \frac{1}{2} \cdot \frac{3}{2} \cdot \frac{5}{2} \cdot \frac{7}{2}(1 + x)^{-\frac{7}{2}}.$$

Hieraus ergibt sich mit einem $\xi_x \in (0, x)$:

$$\frac{1}{\sqrt{1 + x}} = 1 - \frac{x}{2} + \frac{3x^2}{8} - \frac{5x^3}{16} + \frac{1}{4!}\frac{105}{16(1 + \xi_x)^{\frac{9}{2}}}x^4.$$

Ersetzen wir den Funktionswert durch das Taylorpolynom, so kann bei $x > 0$ der Fehler wie folgt abgeschätzt werden (Abb. 7.15):

$$\left| \frac{1}{\sqrt{1 + x}} - \left(1 - \frac{x}{2} + \frac{3x^2}{8} - \frac{5x^3}{16} \right) \right| \le \frac{1}{4!}\frac{105}{16}x^4.$$

Abb. 7.15 Die Funktion
$f(x) = (1 + x)^{-\frac{1}{2}}$ und das 3.
Taylorpolynom um $x_0 = 0$
(gestrichelt)

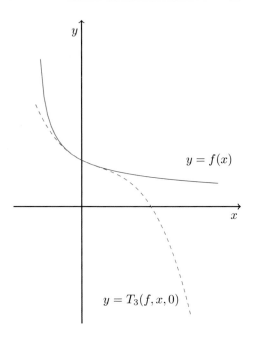

$y = f(x)$

$y = T_3(f, x, 0)$

Aufgabe 7.2

Mit Hilfe von Taylorpolynomen berechne man Näherungswerte für das Integral:

$$\int_0^1 \sin(x^2)\, dx \,.$$

Aus der Taylorentwicklung ($2n + 2$-tes Taylorpolynom):

$$\sin(x) = \sum_{\nu=0}^{n} (-1)^\nu \frac{x^{2\nu+1}}{(2\nu+1)!} + \sin^{(2n+3)}(\xi_x) \frac{x^{2n+3}}{(2n+3)!}, \quad \xi_x \in (0, x)$$

bekommt man zunächst

$$\sin(x^2) = \sum_{\nu=0}^{n} (-1)^\nu \frac{(x^2)^{2\nu+1}}{(2\nu+1)!} + \sin^{(2n+3)}(\xi_{x^2}) \frac{(x^2)^{2n+3}}{(2n+3)!}, \quad \xi_{x^2} \in (0, x^2) \,.$$

Wir integrieren und schätzen das Integral über das Restglied ab:

$$\left| \int\limits_0^1 \sin(x^2)\, dx - \int\limits_0^1 \sum_{\nu=0}^n (-1)^\nu \frac{x^{4\nu+2}}{(2\nu+1)!}\, dx \right|$$

$$= \left| \int\limits_0^1 \sin(x^2)\, dx - \sum_{\nu=0}^n (-1)^\nu \frac{1}{(4\nu+3)(2\nu+1)!} \right|$$

$$\leq \frac{1}{(4n+7)(2n+3)!}.$$

Aufgabe 7.3

Man entwickle das Polynom $f(x) = x^5 - x^3 + 2$ in eine Taylorreihe um $x_0 = 3$.
Das Polynom hat den Grad 5 und stimmt mit dem 5. Taylorpolynom überein:

$$f(x) = T_5(f, x, 3) = \sum_{\nu=0}^5 \frac{f^{(\nu)}(3)}{\nu!} (x-3)^\nu.$$

Das Taylorpolynom von $f(x)$ kann durch Umordnen oder durch Berechnen der Ableitungen bestimmt werden. Es ergibt sich:

$$T_5(f, x, 3) = 218 + 378\,(x-3) + 261\,(x-3)^2 + 89\,(x-3)^3$$
$$+ 15\,(x-3)^4 + (x-3)^5.$$

Aufgabe 7.4

Man entwickle die folgende Funktionen in eine Taylorreihe um $x_0 = 0$:

$$f(x) = \frac{1}{1-x^2}, \quad g(x) = \frac{5}{2+3x^3}$$

Wir benutzen die geometrische Reihe und bekommen:

$$f(x) = \frac{1}{1-x^2} = \sum_{\nu=0}^\infty x^{2\nu}, \quad |x^2| < 1 \Longleftrightarrow |x| < 1.$$

Wir formen um:

$$g(x) = \frac{5}{2} \frac{1}{1 + \frac{3}{2} x^3} = \frac{5}{2} \frac{1}{1 - \left(-\frac{3}{2} x^3\right)}$$

und bekommen

$$g(x) = \frac{5}{2} \sum_{\nu=0}^\infty \left(-\frac{3}{2} x^3\right)^\nu$$
$$= \sum_{\nu=0}^\infty (-1)^\nu \frac{5}{2} \left(\frac{3}{2}\right)^\nu x^{3\nu},$$

für

$$\left| -\frac{3}{2} x^3 \right| < 1 \iff |x| < \sqrt[3]{\frac{2}{3}} .$$

Aufgabe 7.5

Man entwickle die folgende Funktion in eine Taylorreihe um $x_0 = 0$:

$$f(x) = \frac{x^2}{1 + x^2} .$$

Wir benutzen zuerst die geometrische Reihe und bekommen:

$$\frac{1}{1 + x^2} = \frac{1}{1 - (-x^2)} = \sum_{\nu=0}^{\infty} (-1)^\nu x^{2\nu} , \quad |x| < 1 .$$

Eine Reihe kann man mit einem Faktor multiplizieren:

$$f(x) = x^2 \sum_{\nu=0}^{\infty} (-1)^\nu x^{2\nu} = \sum_{\nu=0}^{\infty} (-1)^\nu x^{2\nu+2} , \quad |x| < 1 .$$

Aufgabe 7.6

Man entwickle die folgende Funktion in eine Taylorreihe um $x_0 = 0$:

$$f(x) = e^{x^2} .$$

Wir benutzen dazu die Exponentialreihe:

$$f(x) = \sum_{\nu=0}^{\infty} \frac{(x^2)^\nu}{\nu!} = \sum_{\nu=0}^{\infty} \frac{1}{\nu!} x^{2\nu} .$$

Die Taylorreihe konvergiert für $x \in \mathbb{R}$.

Aufgabe 7.7

Man bestimme die Extremalstellen der Funktion:

$$f(x) = x - \cos(2x) , \quad x \in (-\pi, \pi) .$$

Wir berechnen zuerst die erste und die zweite Ableitung:

$$f'(x) = 1 + 2 \sin(2x) , \quad f''(x) = 4 \cos(2x) .$$

Die notwendige Bedingung $f'(x) = 0$ führt auf die Bedingung $\sin(2x) = -\frac{1}{2}$. Wegen $\sin(\frac{\pi}{6}) = \frac{1}{2}$ bekommen wir

$$2x = -\pi + \frac{\pi}{6}, \quad 2x = -\frac{\pi}{6}, \quad 2x = \pi + \frac{\pi}{6}, \quad 2x = 2\pi - \frac{\pi}{6}.$$

Dies ergibt folgende 4 Stellen mit waagerechter Tangente:

$$x_1 = -\frac{\pi}{2} + \frac{\pi}{12}, \quad x_2 = -\frac{\pi}{12}, \quad x_3 = \frac{\pi}{2} + \frac{\pi}{12}, \quad x_4 = \pi - \frac{\pi}{12}.$$

Auswerten der zweiten Ableitung zeigt, dass x_1 eine Maximalstelle, x_2 eine Minimalstelle, x_3 eine Maximalstelle und x_4 eine Minimalstelle darstellt (Abb. 7.16).

Aufgabe 7.8
Gegeben sei die Funktion:

$$f(x) = x^x, \quad x > 0.$$

Man bestimme Extremalstellen und den Grenzwert: $\lim_{x \to 0^+} x^x$.

Wir schreiben:

$$f(x) = e^{\ln(x)\,x}$$

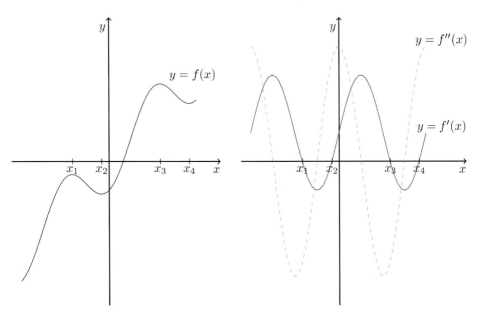

Abb. 7.16 Die Funktion $f(x) = x - \cos(2x)$ (links) und ihre erste und zweite Ableitung (rechts) im Intervall $-\pi < x < \pi$

Abb. 7.17 Die Funktion
$f(x) = x^x$

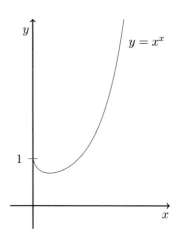

und berechnen zuerst die erste und die zweite Ableitung:

$$f'(x) = e^{\ln(x)\,x}\,(1 + \ln(x))\,,$$

$$f''(x) = e^{\ln(x)\,x}\,(1 + \ln(x))^2 + e^{\ln(x)\,x}\,\frac{1}{x} = e^{\ln(x)\,x}\left((1 + \ln(x))^2 + \frac{1}{x}\right).$$

Die notwendige Bedingung $f'(x) = 0$ führt auf die Beziehung:

$$1 + \ln(x) = 0\,, \quad \Longleftrightarrow \quad x = e^{-1}\,.$$

Man sieht sofort, dass $f''(x) > 0$ für alle $x > 0$ gilt. Wir haben also eine einzige Extremal-stelle und zwar die Minimalstelle $x = e^{-1}$.

Nun berechnen wir den folgenden Grenzwert mit der Regel von de l'Hospital:

$$\lim_{x\to 0^+}\ln(x)\,x = \lim_{x\to 0^+}\frac{\ln(x)}{\frac{1}{x}} = \lim_{x\to 0^+}\frac{\frac{1}{x}}{-\frac{1}{x^2}} = \lim_{x\to 0^+}(-x) = 0\,.$$

Aus Stetigkeitsgründen folgt dann:

$$\lim_{x\to 0^+}x^x = e^0 = 1\,.$$

Nehmen wir den Grenzwert zur Funktion hinzu und berücksichtigen $f'(x) < 0$ für $0 < x < e^{-1}$, so bekommen wir eine weitere Extremalstelle: die Maximalstelle am Rand $x = 0$ (Abb. 7.17).

7.5 Übungsaufgaben

Übung 7.1

Man berechne das n-te Taylorpolynom $T_n(f, x, x_0)$ von f mit Entwicklungspunkt x_0 mit der Formel $T_n(f, x, x_0) = \sum_{\nu=0}^{n} \frac{f^{(\nu)}(x_0)}{\nu!}(x - x_0)^{\nu}$ für:

i) $f(x) = \dfrac{1}{x}, x_0 = 1, n = 3,$ ii) $f(x) = e^x, x_0 = -1, n = 4,$

iii) $f(x) = x \sin(x), x_0 = \dfrac{\pi}{2}, n = 3,$ iv) $f(x) = x^2 - x - 1, x_0 = 4, n = 6.$

Übung 7.2

Man berechne die Taylorreihe von f mit Entwicklungspunkt x_0, indem man bekannte Taylorreihen verwendet.

i) $f(x) = x \cos(x^2) - x, x_0 = 0,$ ii) $f(x) = e^x, x_0 = 2,$

iii) $f(x) = \frac{x^2}{6+12x}, x_0 = 0,$ iv) $f(x) = \frac{1}{1+x}, x_0 = 3,$

v) $f(x) = \ln\left(9x^2 + 3\right), x_0 = 0.$

Übung 7.3

Man benutze Taylorpolynome zur Berechnung folgender Grenzwerte und bestätige das Ergebnis anschließend mit der Regel von de l'Hospital:

i) $\lim\limits_{x \to 0} \left(\dfrac{1}{x} - \dfrac{1}{\sin(x)} \right),$ ii) $\lim\limits_{x \to 1} \left(\dfrac{1}{\ln(x)} + \dfrac{1}{1 - x} \right).$

Übung 7.4

Man gebe die Taylorentwicklung des natürlichen Logarithmus um den beliebigen Entwicklungspunkt $x_0 > 0$.

Übung 7.5

Man wähle eine geeignete Funktion, um Näherungswerte y_n für $\sqrt[5]{71}$ zu berechnen, und schätze den Fehler $|y_n - \sqrt[5]{71}|$ ab.

Reihen

8

Wir gehen näher auf den Konvergenzbegriff ein und unterscheiden bedingte und absolute Konvergenz. Das Problem der Umordnung wird diskutiert und der Vorteil der absoluten Konvergenz herausgearbeitet. Das Wurzel- und das Quotientenkriterium werden in einer Version bereitgestellt, die für eine große Klasse von Beispielen ausreicht. Darüber hinaus betrachten wir noch das Leibniz- und das Integralkriterium. Mit diesen Vorbereitungen kann die Frage nach der Konvergenz einer Taylor- bzw. Potenzreihe geklärt werden. Viele Funktionen aus den Anwendungen werden durch Potenzreihen gegeben. Der letzte Abschnitt beschäftigt sich mit dem Rechnen mit Potenzreihen: der Multiplikation durch das Cauchy-Produkt, der Differentiation und der Integration. Summation und Differentiation bzw. Integration dürfen vertauscht werden. Die Differentiation und Integration von Potenzreihen erfolgt termweise.

8.1   Konvergenzkriterien

Eine Reihe $\sum_{v=0}^{\infty} a_v$ heißt konvergent, wenn die Folge der Teilsummen konvergiert:

$$\lim_{n \to \infty} \sum_{v=0}^{n} a_v = \lim_{n \to \infty} s_n.$$

Beispiel 8.1

Die harmonische Reihe $\sum_{v=1}^{\infty} \frac{1}{v}$ divergiert. Die Folge der Teilsummen $s_n = \sum_{v=1}^{n} \frac{1}{v}$ besitzt keinen endlichen Grenzwert. Die alternierende harmonische Reihe konvergiert:

$$\sum_{\nu=1}^{\infty}(-1)^{\nu-1}\frac{1}{\nu}=\ln(2)\,.$$

(Wir bekommen dies aus der Taylorreihe von $\ln(1+x)$, die für $-1 < x \le 1$ konvergiert).

•

Die alternierende harmonische Reihe konvergiert. Gehen wir zu den Beträgen über, so kommen wir zur divergenten harmonischen Reihe.

Definition: Absolute Konvergenz

Die Reihe $\sum_{\nu=0}^{\infty} a_\nu$ heißt absolut konvergent, wenn die Reihe $\sum_{\nu=0}^{\infty} |a_\nu|$ konvergiert.

Die Reihe konvergiert bedingt, wenn $\sum_{\nu=0}^{\infty} a_\nu$ konvergiert, aber $\sum_{\nu=0}^{\infty} |a_\nu|$ divergiert.

Die absolute Konvergenz ist stärker als die Konvergenz: Aus der absoluten Konvergenz einer Reihe folgt die Konvergenz.

Beispiel 8.2

Die alternierende harmonische Reihe konvergiert:

$$\sum_{\nu=1}^{\infty}(-1)^{\nu+1}\frac{1}{\nu}=\ln(2)\,.$$

Dies ist äquivalent damit, dass die Folge der Teilsummen gegen $\ln(2)$ konvergiert:

$$s_1 = 1\,,$$
$$s_2 = 1 - \frac{1}{2}\,,$$
$$s_3 = 1 - \frac{1}{2} + \frac{1}{3}\,,$$
$$s_4 = 1 - \frac{1}{2} + \frac{1}{3} - \frac{1}{4}\,,$$
$$s_5 = 1 - \frac{1}{2} + \frac{1}{3} - \frac{1}{4} + \frac{1}{5}\,,$$
$$\vdots$$

Behandeln wir die alternierende Reihe wie eine endliche Summe:

$$\sum_{v=1}^{\infty}(-1)^{v+1}\frac{1}{v} = 1 - \frac{1}{2} + \frac{1}{3} - \frac{1}{4} + \frac{1}{5} - \frac{1}{6} + \frac{1}{7} - \frac{1}{8} + \frac{1}{9} + \cdots$$

und summieren in einer anderen Reihenfolge:

$$\sum_{v=1}^{\infty}(-1)^{v+1}\frac{1}{v} = 1 - \frac{1}{2} - \frac{1}{4} + \frac{1}{3} - \frac{1}{6} - \frac{1}{8} + \frac{1}{5} - \frac{1}{10} - \frac{1}{12} + \cdots$$

(Auf ein Glied mit positivem Vorzeichen folgen zwei Glieder mit negativem Vorzeichen).
Wir bekommen dann eine neue Folge von Teilsummen $\tilde{s}_n$. Wir betrachten eine Teilfolge:

$$\tilde{s}_2 = 1 - \frac{1}{2} = \frac{1}{2} = \frac{1}{2} \cdot 1 = \frac{1}{2} s_1,$$

$$\tilde{s}_5 = 1 - \frac{1}{2} - \frac{1}{4} + \frac{1}{3} - \frac{1}{6} = \frac{1}{2} - \frac{1}{4} + \frac{1}{6} = \frac{1}{2}\left(1 - \frac{1}{2} + \frac{1}{3}\right) = \frac{1}{2} s_3,$$

$$\tilde{s}_8 = 1 - \frac{1}{2} - \frac{1}{4} + \frac{1}{3} - \frac{1}{6} - \frac{1}{8} + \frac{1}{5} - \frac{1}{10} = \frac{1}{2} - \frac{1}{4} + \frac{1}{6} - \frac{1}{8} + \frac{1}{10},$$

$$= \frac{1}{2}\left(1 - \frac{1}{2} + \frac{1}{3} - \frac{1}{4} + \frac{1}{5}\right) = \frac{1}{2} s_5$$

$$\vdots$$

Wir kommen also durch Umordnung zu einer anderen Summe: $\lim_{n \to \infty} \tilde{s}_n = \frac{1}{2}\ln(2)$. ●

Satz: Umordnung von Reihe
Bei einer bedingt konvergenten Reihe kann man durch Umordnung jede beliebige
Summe (auch $\pm\infty$) herstellen.
Bei einer absolut konvergenten Reihe wird die Summe durch eine Umordnung nicht
verändert.

Absolut konvergente Reihen darf man gliedweise mit einer Konstanten multiplizieren und
addieren. Die Multiplikation von zwei Reihen ergibt wieder eine Reihe mit dem Cauchy-
Produkt.

Satz: Addition und Multiplikation von Reihen (Cauchy-Produkt)

Die Reihen $\sum\limits_{\nu=0}^{\infty} a_\nu$ und $\sum\limits_{\nu=0}^{\infty} b_\nu$ seien absolut konvergent. Dann konvergieren folgende Reihen absolut:

$$\sum_{\nu=0}^{\infty}(a_\nu + b_\nu) = \sum_{\nu=0}^{\infty} a_\nu + \sum_{\nu=0}^{\infty} b_\nu,$$

$$\sum_{\nu=0}^{\infty} c\, a_\nu = c\sum_{\nu=0}^{\infty} a_\nu,$$

$$\sum_{\nu=0}^{\infty}\left(\sum_{\mu=0}^{\nu} a_\mu\, b_{\nu-\mu}\right) = \left(\sum_{\nu=0}^{\infty} a_\nu\right)\left(\sum_{\mu=0}^{\infty} b_\mu\right).$$

Absolut konvergente Reihen darf man wie endliche Summen (mit dem Distributivgesetz) multiplizieren. Man erhält dann eine Doppelreihe:

$$\left(\sum_{\nu=0}^{\infty} a_\nu\right)\left(\sum_{\mu=0}^{\infty} b_\mu\right) = (a_0 + a_1 + a_2 + a_3 + \cdots)(b_0 + b_1 + b_2 + b_3 + \cdots)$$

$$= a_0\, b_0 + a_0\, b_1 + a_0\, b_2 + a_0\, b_3 + \cdots$$
$$+ a_1\, b_0 + a_1\, b_1 + a_1\, b_2 + a_1\, b_3 + \cdots$$
$$+ a_2\, b_0 + a_2\, b_1 + a_2\, b_2 + a_2\, b_3 + \cdots$$
$$= a_0\, b_0 + a_1\, b_0 + a_2\, b_0 + a_3\, b_0 + \cdots$$
$$+ a_0\, b_1 + a_1\, b_1 + a_2\, b_1 + a_3\, b_1 + \cdots$$
$$+ a_0\, b_2 + a_1\, b_2 + a_2\, b_2 + a_3\, b_2 + \cdots$$
$$\vdots$$
$$= \sum_{\nu=0}^{\infty}\sum_{\mu=0}^{\infty} a_\nu\, b_\mu = \sum_{\mu=0}^{\infty}\sum_{\nu=0}^{\infty} a_\nu\, b_\mu.$$

Die Doppelreihe können wir mit dem Cauchy-Produkt vermeiden. Wir stellen eine Einfach-Reihe auf, deren Glieder von den Diagonalsummen gebildet werden (Abb. 8.1):

$$\left(\sum_{\nu=0}^{\infty} a_\nu\right)\left(\sum_{\mu=0}^{\infty} b_\mu\right) = \sum_{\nu=0}^{\infty}\left(\sum_{\mu=0}^{\nu} a_\mu\, b_{\nu-\mu}\right).$$

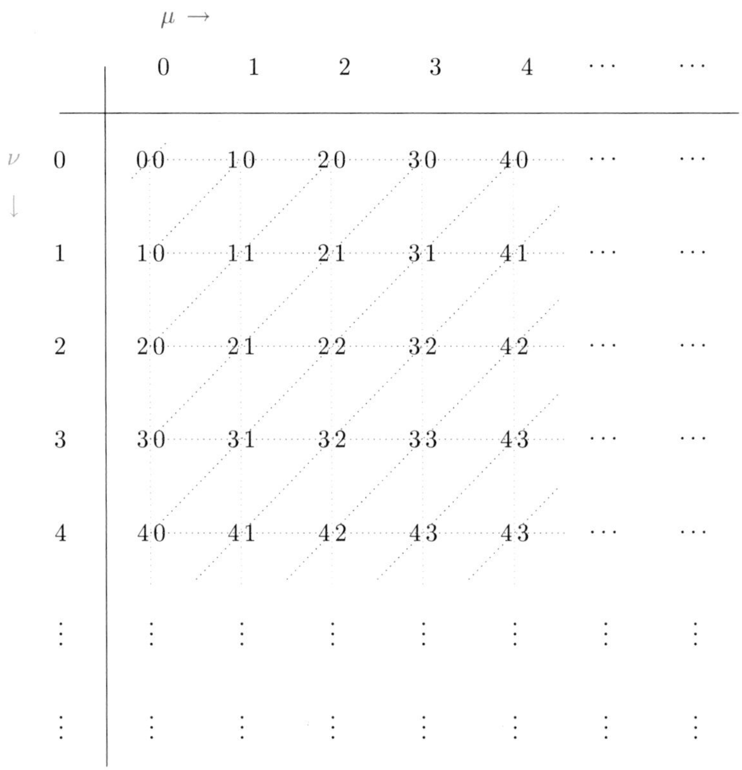

Abb. 8.1 Produkt absolut konvergenter Reihen: Zeilensummen (zeilenweiser Durchlauf der Indexmenge), Spaltensummen (spaltenweiser Durchlauf der Indexmenge), Diagonalsummen (diagonalenweiser Durchlauf der Indexmenge): $\displaystyle\sum_{\nu=0}^{\infty}\left(\sum_{\mu=0}^{\infty} a_\nu\, b_\mu\right) = \sum_{\mu=0}^{\infty}\left(\sum_{\nu=0}^{\infty} a_\nu\, b_\mu\right) = \sum_{\nu=0}^{\infty}\left(\sum_{\mu=0}^{\nu} a_\mu\, b_{\nu-\mu}\right)$

Beispiel 8.3

Die Exponentialreihe $e^x = \displaystyle\sum_{\nu=0}^{\infty} \frac{x^\nu}{\nu!}$ konvergiert absolut. Wir multiplizieren die Reihen

$e^x = \displaystyle\sum_{\nu=0}^{\infty} \frac{x^\nu}{\nu!}$ und $e^y = \displaystyle\sum_{\mu=0}^{\infty} \frac{y^\mu}{\mu!}$ mit dem Cauchy-Produkt:

$$e^x \, e^y = \sum_{\nu=0}^{\infty} \frac{x^{\nu}}{\nu!} \sum_{\mu=0}^{\infty} \frac{y^{\mu}}{\mu!} = \sum_{\nu=0}^{\infty} \left(\sum_{\mu=0}^{\nu} \frac{x^{\mu}}{\mu!} \frac{y^{\nu-\mu}}{(\nu-\mu)!} \right)$$

$$= \sum_{\nu=0}^{\infty} \frac{1}{\nu!} \left(\sum_{\mu=0}^{\nu} \frac{\nu!}{\mu! \, (\nu-\mu)!} x^{\mu} \, y^{\nu-\mu} \right) = \sum_{\nu=0}^{\infty} \frac{1}{\nu!} \left(\sum_{\mu=0}^{\nu} \binom{\nu}{\mu} x^{\mu} \, y^{\nu-\mu} \right) .$$

Mit dem binomischen Satz erhalten wir schließlich:

$$e^x \, e^y = \sum_{\nu=0}^{\infty} \frac{(x+y)^{\nu}}{\nu!} = e^{x+y} \, .$$

Das Cauchy-Produkt bestätigt also die Funktionalgleichung der e-Funktion.

●

Man möchte gerne entscheiden, ob eine Reihe konvergiert oder nicht, ohne die Folge von Teilsummen zu untersuchen. Ein einfaches, aber wirkungsvolles Konvergenzkriterium stellt der Vergleich mit einer konvergenten oder divergenten Reihe dar.

Satz: Majorantenkriterium (Vergleichskriterium) für Reihen
Für alle $\nu \geq \nu_0 \geq 0$ sei $0 \leq a_{\nu} \leq b_{\nu}$.

1) Wenn die Reihe $\displaystyle\sum_{\nu=0}^{\infty} b_{\nu}$ konvergiert, dann konvergiert auch die Reihe $\displaystyle\sum_{\nu=\nu_0}^{\infty} a_{\nu}$, und es gilt:

$$\sum_{\nu=\nu_0}^{\infty} a_{\nu} \leq \sum_{\nu=0}^{\infty} b_{\nu} \, .$$

2) Wenn die Reihe $\displaystyle\sum_{\nu=0}^{\infty} a_{\nu}$ divergiert, dann divergiert auch die Reihe $\displaystyle\sum_{\nu=0}^{\infty} b_{\nu}$.

Im Fall 1) vergleicht man mit einer konvergenten Majorante und im Fall 2) mit einer divergenten Minorante.

Beispiel 8.4
Die folgende Reihe konvergiert:

$$\sum_{\nu=1}^{\infty} \frac{1}{\nu^2} \, .$$

Wir gehen aus von der Summe:

$$\sum_{\nu=1}^{n} \frac{1}{\nu\,(\nu+1)} = \sum_{\nu=1}^{n} \left(\frac{1}{\nu} - \frac{1}{\nu+1} \right) = 1 - \frac{1}{n+1}\,.$$

Daraus folgt:

$$\sum_{\nu=1}^{\infty} \frac{1}{\nu\,(\nu+1)} = 1\,.$$

Wir haben für alle $\nu \geq 2$:

$$\frac{1}{\nu^2} \leq \frac{1}{(\nu-1)\,\nu}$$

und damit

$$\sum_{\nu=2}^{\infty} \frac{1}{\nu^2} \leq \sum_{\nu=2}^{\infty} \frac{1}{(\nu-1)\,\nu} = \sum_{\nu=1}^{\infty} \frac{1}{\nu\,(\nu+1)}\,.$$

Nach dem Vergleichskriterium konvergiert nun die Reihe: $\displaystyle\sum_{\nu=1}^{\infty} \frac{1}{\nu^2}$. (Mit der Fourieranalyse erhält man den Wert $\displaystyle\sum_{\nu=1}^{\infty} \frac{1}{\nu^2} = \frac{\pi^2}{6}$).

●

Beispiel 8.5

Die harmonische Reihe $\displaystyle\sum_{\nu=1}^{\infty} \frac{1}{\nu}$ divergiert und mit $0 < \alpha < 1$ gilt für alle $\nu \geq 1$:

$$\nu^{\alpha} \leq \nu \implies \frac{1}{\nu^{\alpha}} \geq \frac{1}{\nu}\,.$$

Nach dem Vergleichskriterium divergiert die Reihe:

$$\sum_{\nu=1}^{\infty} \frac{1}{\nu^{\alpha}}\,.$$

●

Die folgenden beiden Kriterien gehen auf das Vergleichskriterium zurück und spielen eine große Rolle.

Satz: Quotientenkriterium

Sei $a_\nu \neq 0$, $\nu \geq 0$ und $\lim\limits_{\nu \to \infty} \left| \dfrac{a_{\nu+1}}{a_\nu} \right| = g$.

1) Ist $g < 1$, dann konvergiert die Reihe $\sum\limits_{\nu=0}^{\infty} a_\nu$ absolut.

2) Ist $g > 1$, dann divergiert die Reihe $\sum\limits_{\nu=0}^{\infty} a_\nu$.

Satz: Wurzelkriterium

Sei $\lim\limits_{\nu \to \infty} \sqrt[\nu]{|a_\nu|} = g$. (Wir betrachten $\sqrt[\nu]{|a_\nu|}$ für $\nu \geq 1$).

1) Ist $g < 1$, dann konvergiert die Reihe $\sum\limits_{\nu=0}^{\infty} a_\nu$ absolut.

2) Ist $g > 1$, dann divergiert die Reihe $\sum\limits_{\nu=0}^{\infty} a_\nu$.

Ist der Grenzwert $\lim\limits_{\nu \to \infty} \left| \dfrac{a_{\nu+1}}{a_\nu} \right| = 1$ bzw. der Grenzwert $\lim\limits_{\nu \to \infty} \sqrt[\nu]{|a_\nu|} = 1$, dann gibt das Quotientenkriterium bzw. das Wurzelkriterium keinen Aufschluß über die Konvergenz. Die Reihe kann im Einzelfall konvergent oder divergent sein.

Das Wurzelkriterium ist das stärkere Kriterium. Wenn der Grenzwert $\lim\limits_{\nu \to \infty} \left| \dfrac{a_{\nu+1}}{a_\nu} \right| = g_Q$ existiert, dann existiert auch der Grenzwert $\lim\limits_{\nu \to \infty} \sqrt[\nu]{|a_\nu|} = g_W$, und es gilt $g_Q = g_W$.

Wir beweisen das Quotientenkriterium. Es sei $\lim\limits_{\nu \to \infty} \left| \dfrac{a_{\nu+1}}{a_\nu} \right| = g$ mit $0 \leq g < 1$. Wir nehmen ein $\epsilon > 0$ mit $0 \leq g < g + \epsilon < 1$. Nun gibt es einen Index ν_ϵ, sodass für alle $\nu \geq \nu_\epsilon$ gilt:

$$\left| \frac{a_{\nu+1}}{a_\nu} \right| < g + \epsilon = q < 1 \, .$$

Aus der Ungleichungskette:

$$|a_{\nu_\epsilon+1}| < q \, |a_{\nu_\epsilon}| \, , \quad |a_{\nu_\epsilon+2}| < q \, |a_{\nu_\epsilon+1}| \, , \quad \cdots \, , \quad |a_{\nu_\epsilon+k}| < q \, |a_{\nu_\epsilon+k-1}| \, ,$$

folgt

$$|a_{v_\epsilon+1}| < q\,|a_{v_\epsilon}|,\quad |a_{v_\epsilon+2}| < q^2\,|a_{v_\epsilon}|,\quad \cdots,\quad |a_{v_\epsilon+k}| < q^k\,|a_{v_\epsilon}|.$$

Vergleichen wir mit der geometrischen Reihe, dann bekommen wir den ersten Teil des Quotientenkriteriums. Der zweite Teil folgt analog.

Beispiel 8.6

Wir betrachten eine divergente, eine bedingt konvergente und eine absolut konvergente Reihe. In allen Fällen erlaubt das Quotientenkriterium (oder das Wurzelkriterium) keine Aussage.

1.) Die harmonische Reihe $\displaystyle\sum_{v=1}^{\infty}\frac{1}{v}$ divergiert. Mit $a_v = \dfrac{1}{v}$ haben wir:

$$\lim_{v\to\infty}\left|\frac{a_{v+1}}{a_v}\right| = \lim_{v\to\infty}\frac{\frac{1}{v+1}}{\frac{1}{v}} = \lim_{v\to\infty}\frac{v}{v+1} = 1\,.$$

2.) Die alternierende harmonische Reihe $\displaystyle\sum_{v=1}^{\infty}(-1)^{v-1}\frac{1}{v}$ konvergiert, aber nicht absolut. Mit $a_v = (-1)^{v-1}\dfrac{1}{v}$ gilt wieder:

$$\lim_{v\to\infty}\left|\frac{a_{v+1}}{a_v}\right| = \lim_{v\to\infty}\frac{v}{v+1} = 1\,.$$

3.) Die Reihe $\displaystyle\sum_{v=1}^{\infty}\frac{1}{v^2}$ konvergiert (absolut). Mit $a_v = \dfrac{1}{v^2}$ haben wir:

$$\lim_{v\to\infty}\left|\frac{a_{v+1}}{a_v}\right| = \lim_{v\to\infty}\frac{\frac{1}{(v+1)^2}}{\frac{1}{v^2}} = \lim_{v\to\infty}\frac{v^2}{(v+1)^2} = 1\,.$$

$\bullet$

Beispiel 8.7

Wir betrachten die Reihe: $\displaystyle\sum_{v=0}^{\infty}\frac{v^2}{3^v}$.

Wir nehmen das Wurzelkriterium:

$$\lim_{v\to\infty}\sqrt[v]{|a_v|} = \lim_{v\to\infty}\sqrt[v]{\frac{v^2}{3^v}} = \lim_{v\to\infty}\frac{\left(\sqrt[v]{v}\right)^2}{3} = \frac{1}{3}\,.$$

Wir verwenden hierbei den Grenzwert $\displaystyle\lim_{v\to\infty}\sqrt[v]{v} = 1$. Die Reihe konvergiert also absolut.

$\bullet$

Beispiel 8.8

Wir betrachten die Exponentialreihe:

$$\sum_{\nu=0}^{\infty} \frac{x^\nu}{\nu!}, \quad x \in \mathbb{R}.$$

Wir formen den Betrag des Quotienten zweier aufeinander folgender Glieder um

$$\left| \frac{a_{\nu+1}}{a_\nu} \right| = \frac{\frac{|x|^{\nu+1}}{(\nu+1)!}}{\frac{|x|^\nu}{\nu!}} = |x| \frac{\nu!}{(\nu+1)!} = |x| \frac{1}{\nu+1}$$

und bekommen:

$$\lim_{\nu \to \infty} \left| \frac{a_{\nu+1}}{a_\nu} \right| = 0.$$

Die Exponentialreihe konvergiert absolut für jedes $x \in \mathbb{R}$.

Wir betrachten als Nächstes alternierende Reihen.

Satz: Leibniz-Kriterium für alternierende Reihen

Sei $\{a_\nu\}_{\nu=1}^{\infty}$ eine Nullfolge und $a_{\nu+1} \leq a_\nu$ für alle ν. Dann ist die Reihe konvergent:
$s = \sum_{\nu=1}^{\infty} (-1)^{\nu+1} a_\nu$. Für die n-te Teilsumme $s_n = \sum_{\nu=1}^{n} (-1)^{\nu+1} a_\nu$ gilt die Abschätzung:
$|s - s_n| \leq a_{n+1}$.

Beispiel 8.9

Durch Taylorentwicklung ergibt sich die alternierende harmonische Reihe:

$$\ln(2) = \sum_{\nu=1}^{\infty} (-1)^{\nu+1} \frac{1}{\nu}.$$

Aus dem Leibniz-Kriterium bekommen wir für die n-te Teilsumme die Abschätzung:

$$\left| \ln(2) - \sum_{\nu=1}^{n} (-1)^{\nu+1} \frac{1}{\nu} \right| \leq \frac{1}{n+1}.$$

Der Beweis des Leibniz-Kriteriums geschieht in vier Schritten:

1.) Die Folge der Teilsummen mit geraden Indizes s_{2n} ist monoton wachsend und nach oben beschränkt: $s_{2(n+1)} \geq s_{2n}$, $s_{2n} \leq a_1$ für alle n.

2.) Die Folge der Teilsummen mit ungeraden Indizes s_{2n+1} ist monoton wachsend und nach unten beschränkt: $s_{2(n+1)+1} \leq s_{2n+1}$, $s_{2n} \geq 0$ für alle n.

3.) Beide Folgen besitzen denselben Grenzwert.

4.) Es gilt: $|s - s_n| \leq a_{n+1}$.

Wir zeigen 1.) und formen um:

$$
\begin{aligned}
s_{2(n+1)} &= \sum_{\nu=1}^{2(n+1)} (-1)^{\nu+1} a_\nu \\
&= \sum_{\nu=1}^{2n} (-1)^{\nu+1} a_\nu + (-1)^{2n+1+1} a_{2n+1} + (-1)^{2n+2+1} a_{2n+2} \\
&= s_{2n} + a_{2n+1} - a_{2n+2}.
\end{aligned}
$$

Wegen der Monotonie folgt sofort: $s_{2(n+1)} \geq s_{2n}$.

Weiter bekommen wir mit der Monotonie:

$$
s_{2n} = a_1 \underbrace{-a_2 + a_3}_{\leq 0} \underbrace{-a_4 + a_5}_{\leq 0} - \cdots \underbrace{-a_{2n-2} + a_{2n-1}}_{\leq 0} \underbrace{-a_{2n}}_{\leq 0} \leq a_1.
$$

Die anderen Schritte zeigt man mit analogen Überlegungen.

Beispiel 8.10

Wir betrachten die Kosinusreihe $\cos(x) = \sum_{\nu=0}^{\infty} (-1)^\nu \dfrac{x^{2\nu}}{(2\nu)!}$ und untersuchen mit dem Leibniz-Kriterium die Abweichung der Teilsumme $\sum_{\nu=0}^{n} (-1)^\nu \dfrac{x^{2\nu}}{(2\nu)!}$ von $\cos(x)$ für $|x| \leq 1$.

Umformen ergibt zunächst:

$$
\cos(x) = \sum_{\nu=0}^{\infty} (-1)^\nu \frac{x^{2\nu}}{(2\nu)!} = 1 + \sum_{\nu=1}^{\infty} (-1)^\nu \frac{x^{2\nu}}{(2\nu)!} = 1 - \sum_{\nu=1}^{\infty} (-1)^{\nu+1} \frac{x^{2\nu}}{(2\nu)!}.
$$

Das Leibniz-Kriterium liefert:

$$\left| \cos(x) - \sum_{v=0}^{n}(-1)^v \frac{x^{2v}}{(2v)!} \right| = \left| \cos(x) - 1 - \left(\sum_{v=0}^{n}(-1)^v \frac{x^{2v}}{(2v)!} - 1 \right) \right|$$

$$= \left| -\sum_{v=1}^{\infty}(-1)^{v+1} \frac{x^{2v}}{(2v)!} + \sum_{v=1}^{n}(-1)^{v+1} \frac{x^{2v}}{(2v)!} \right|$$

$$= \left| \sum_{v=1}^{\infty}(-1)^{v+1} \frac{x^{2v}}{(2v)!} - \sum_{v=1}^{n}(-1)^{v+1} \frac{x^{2v}}{(2v)!} \right|$$

$$\leq \frac{x^{2(n+1)}}{(2(n+1))!} \leq \frac{1}{(2(n+1))!} .$$

Wir betrachten $x = 1$ und bekommen mit dem Taschenrechner: $\cos(1) = 0.54030205....$ Die Summe ergibt mit $n = 5$:

$$\sum_{v=0}^{5}(-1)^v \frac{1}{(2v)!} = 0.54030203...$$

Die Abweichung ist nach dem Leibniz-Kriterium kleiner als $\dfrac{1}{(2(5+1))!} = 2.08...10^{-9}$.

•

Das folgende Kriterium geht vom Zusammenhang von Integralen und Reihen aus (Abb. 8.2).

Satz: Integralkriterium für Reihen

Sei $f : [1, \infty) \longrightarrow \mathbb{R}$, $f(x) \geq 0$, für alle $x \in [1, \infty]$. Ferner sei f stetig, monoton fallend, und die Folge $a_v = f(v)$, $v \in \mathbb{N}$, konvergiere gegen null. Die Reihe $\displaystyle\sum_{v=1}^{\infty} a_v$ konvergiert genau dann, wenn das uneigentliche Integral $\displaystyle\int_{1}^{\infty} f(x)\, dx$ konvergiert.

Für $x \in [v, v+1]$ gilt

$$f(v+1) \leq f(x) \leq f(v)$$

und damit:

$$a_{v+1} = f(v+1) \leq \int_{v}^{v+1} f(x)\, dx \leq f(v) = a_v .$$

Summieren wir diese Ungleichung, so ergibt sich:

Abb. 8.2 Integralkriterium: die Summe $\sum\limits_{\nu=1}^{n} a_{\nu+1}$ stellt eine Untersumme und die Summe $\sum\limits_{\nu=1}^{n} a_{\nu}$ eine Obersumme für das Integral $\int\limits_{1}^{n+1} f(x)\,dx$ dar

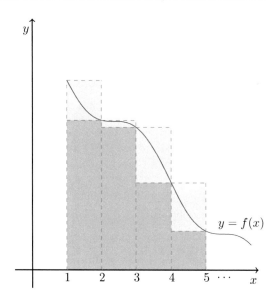

$$\sum_{\nu=1}^{n} a_{\nu+1} \leq \int_{1}^{n+1} f(x)\,dx \leq \sum_{\nu=1}^{n} a_{\nu}.$$

Wir formen um

$$\sum_{\nu=1}^{n} a_{\nu+1} = \sum_{\nu=1}^{n+1} a_{\nu} - a_1$$

und erhalten:

$$\sum_{\nu=1}^{n+1} a_{\nu} - a_1 \leq \int_{1}^{n+1} f(x)\,dx \leq \sum_{\nu=1}^{n} a_{\nu}.$$

Hieraus folgt nun die Behauptung. Wenn das Integral konvergiert, bekommen wir eine obere Schranke für die Summen:

$$\sum_{\nu=1}^{n} a_{\nu} \leq \int_{1}^{\infty} f(x)\,dx - 1$$

und damit die Konvergenz der Reihe. Wenn die Reihe konvergiert, bekommen wir eine obere Schranke für die Integrale:

$$\int_{1}^{n} f(x)\,dx \leq \sum_{\nu=1}^{\infty} a_{\nu}$$

und damit Konvergenz der Folge $\int_{1}^{n} f(x)\,dx$. Das Integral ist eine monton wachsende Funktion der oberen Grenze, und wir bekommen:

$$\lim_{n \to \infty} \int_1^n f(x)\,dx = \lim_{\beta \to \infty} \int_1^{\beta} f(x)\,dx\,.$$

Beispiel 8.11

Die folgende Reihe konvergiert für $\alpha > 1$:

$$\sum_{\nu=1}^{\infty} \frac{1}{\nu^{\alpha}}\,.$$

Wir nehmen das Integralkriterium mit der Funktion $f(x) = \dfrac{1}{x^{\alpha}}$ (Abb. 8.3). Das uneigentliche Integral ergibt:

$$\int_1^{\infty} \frac{1}{x^{\alpha}}\,dx = \lim_{\beta \to \infty} \int_1^{\infty} \frac{1}{x^{\alpha}}\,dx = \lim_{\beta \to \infty} \left.\frac{x^{-\alpha+1}}{-\alpha+1}\right|_1^{\infty}$$

$$= \lim_{\beta \to \infty} \left(\frac{\beta^{-\alpha+1}}{-\alpha+1} - \frac{1}{-\alpha+1} \right) = \frac{1}{\alpha-1}\,.$$

●

Beispiel 8.12

Die folgende Reihe divergiert:

$$\sum_{\nu=2}^{\infty} \frac{1}{\nu\,\ln(\nu)}\,.$$

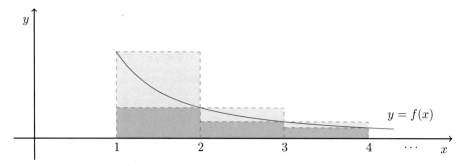

Abb. 8.3 Die Summe $\displaystyle\sum_{\nu=1}^{\infty} \frac{1}{\nu^{\alpha}}$ und die Funktion $f(x) = \dfrac{1}{x^{\frac{3}{2}}}$

Das Integralkriterium besagt hier, dass diese Reihe genau dann konvergiert, wenn das uneigentliche Integral $\int_{2}^{\infty} \frac{1}{x \ln(x)} \, dx$ konvergiert (Abb. 8.4).

Mit der Stammfunktion

$$\int \frac{1}{x \ln(x)} \, dx = \ln(\ln(x))$$

sieht man sofort, dass das uneigentliche Integral nicht konvergiert.

•

Abb. 8.4 Die Funktion $f(x) = \dfrac{1}{x \ln(x)}$

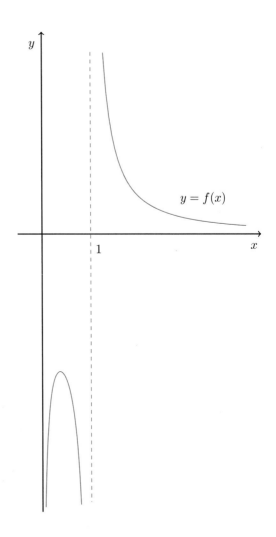

8.2   Potenzreihen

Viele Funktionen aus den Anwendungen werden durch Reihen gegeben. Die Potenzreihen treten besonders häufig auf.

Definition: Potenzreihe

Sei $\{a_\nu\}_{\nu=0}^\infty$ eine Folge und $x_0 \in \mathbb{R}$. Die Reihe $\displaystyle\sum_{\nu=0}^\infty a_\nu (x - x_0)^\nu$ heißt Potenzreihe mit Koeffizienten a_ν um den Entwicklungspunkt x_0.

Die Taylorreihe einer Funktion $f(x) = \displaystyle\sum_{\nu=0}^\infty \frac{f^{(\nu)}(x_0)}{\nu!} (x - x_0)^\nu$ stellt also eine Potenzreihe dar. Wir fragen nun nach der Konvergenz einer Potenzreihe.

Satz: Konvergenz einer Potenzreihe

Wir betrachten die Potenzreihe $\displaystyle\sum_{\nu=0}^\infty a_\nu (x - x_0)^\nu$.

Sei $\lim\limits_{\nu \to \infty} \sqrt[\nu]{|a_\nu|} = g$.

1) Ist $g = 0$, dann konvergiert die Potenzreihe absolut für alle x.

2) Ist $0 < g < \infty$, dann konvergiert die Potenzreihe absolut für alle x mit $|x - x_0| < \dfrac{1}{g}$. Die Potenzreihe divergiert für alle x mit $|x - x_0| > \dfrac{1}{g}$.

3) Ist $g = \infty$, dann konvergiert die Potenzreihe nur für $x = x_0$.

Wir bezeichnen $\rho = \dfrac{1}{g}$ als Konvergenzradius.

Im Fall 2) kann über die Konvergenz in den Randpunkten des Konvergenzintervalls $x = x_0 \pm \rho$ keine allgemeine Aussage gemacht werden (Abb. 8.5).

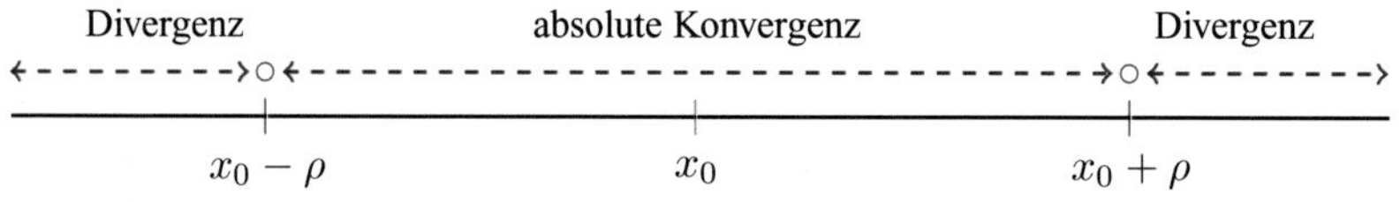

Abb. 8.5 Konvergenz einer Potenzreihe

Zum Beweis gehen wir von dem Wurzelkriterium aus und betrachten die Reihe:

$$\sum_{\nu=0}^{\infty} a_\nu \, (x - x_0)^\nu = \sum_{\nu=0}^{\infty} b_\nu \, .$$

Nach dem Wurzelkriterium entscheidet der folgende Grenzwert über die Konvergenz:

$$\lim_{\nu \to \infty} \sqrt[\nu]{|b_\nu|} = \lim_{\nu \to \infty} \sqrt[\nu]{|a_\nu \, |x - x_0|^\nu|} = \lim_{\nu \to \infty} \sqrt[\nu]{|a_\nu|} \, |x - x_0| \, .$$

Offensichtlich ist nun $\lim_{\nu \to \infty} \sqrt[\nu]{|b_\nu|} < 1$ für $|x - x_0| < \dfrac{1}{g}$ und $\lim_{\nu \to \infty} \sqrt[\nu]{|b_\nu|} > 1$ für $|x - x_0| > \dfrac{1}{g}$.

Man kann den Konvergenzradius

$$\rho = \frac{1}{\lim\limits_{\nu \to \infty} \sqrt[\nu]{|a_\nu|}}$$

auch mit dem Quotientenkriterium berechnen. Wenn der Grenzwert $\lim\limits_{\nu \to \infty} \left| \dfrac{a_{\nu+1}}{a_\nu} \right|$ existiert, dann gilt:

$$\rho = \frac{1}{\lim\limits_{\nu \to \infty} \left| \dfrac{a_{\nu+1}}{a_\nu} \right|} = \lim_{\nu \to \infty} \left| \frac{a_\nu}{a_{\nu+1}} \right| \, .$$

Beispiel 8.13

Die folgende Reihe besitzt den Konvergenzradius 1:

$$\sum_{\nu=0}^{\infty} \nu \, (x - x_0)^\nu \, .$$

Es gilt (Wurzelkriterium):

$$\lim_{\nu \to \infty} \sqrt[\nu]{|a_\nu|} = \lim_{\nu \to \infty} \sqrt[\nu]{\nu} = 1 \, .$$

Es gilt (Quotientenkriterium):

$$\lim_{\nu \to \infty} \left| \frac{a_{\nu+1}}{a_\nu} \right| = \lim_{\nu \to \infty} \frac{\nu + 1}{\nu} = \lim_{\nu \to \infty} \left(1 + \frac{1}{\nu} \right) = 1 \, .$$

Wir haben also absolute Konvergenz für $|x - x_0| < 1$ und Divergenz für $|x - x_0| > 1$. In den Randpunkten $x = x_0 \pm 1$ bekommen wir die Reihen:

$$\sum_{\nu=0}^{\infty} \nu \quad \text{bzw.} \quad \sum_{\nu=0}^{\infty} (-1)^\nu \, \nu \, .$$

Die Glieder beider Reihen sind keine Nullfolgen. Die Reihen können also nicht konvergieren.

•

Beispiel 8.14

Die folgende Reihe besitzt den Konvergenzradius 2:

$$\sum_{\nu=0}^{\infty} \frac{(x-x_0)^\nu}{2^\nu} .$$

Mit $a_\nu = \dfrac{1}{2^\nu}$ gilt (Wurzelkriterium):

$$\lim_{\nu \to \infty} \sqrt[\nu]{|a_\nu|} = \lim_{\nu \to \infty} \sqrt[\nu]{\frac{1}{2^\nu}} = \frac{1}{2} .$$

Nach dem Quotientenkriterium bekommen wir:

$$\lim_{\nu \to \infty} \left| \frac{\frac{1}{2^{\nu+1}}}{\frac{1}{2^\nu}} \right| = \lim_{\nu \to \infty} \frac{2^\nu}{2^{\nu+1}} = \lim_{\nu \to \infty} \frac{1}{2} = \frac{1}{2} .$$

Wir haben also absolute Konvergenz für $|x - x_0| < 2$ und Divergenz für $|x - x_0| > 2$. Wir können auch auf die geometrische Reihe zurückgreifen:

$$\sum_{\nu=0}^{\infty} \frac{(x-x_0)^\nu}{2^\nu} = \sum_{\nu=0}^{\infty} \left(\frac{x-x_0}{2} \right)^\nu .$$

Die geometrische Reihe konvergiert absolut für $\left| \dfrac{x-x_0}{2} \right| < 1$ und divergiert für $\left| \dfrac{x-x_0}{2} \right| \geq 1$. In den Randpunkten $x = x_0 \pm 2$ bekommen wir also auch Divergenz.

•

Beispiel 8.15

Die folgende Reihe besitzt den Konvergenzradius $\rho = 1$:

$$\sum_{\nu=0}^{\infty} (-1)^\nu \frac{x^\nu}{\sqrt{3\nu+2}} .$$

Der Entwicklungspunkt ist $x_0 = 0$ und die Koeffizienten lauten $a_\nu = \dfrac{(-1)^\nu}{\sqrt{3\nu+2}}$. Wir berechnen den Quotienten

$$\left| \frac{a_{\nu+1}}{a_\nu} \right| = \frac{\frac{1}{\sqrt{3(\nu+1)+2}}}{\frac{1}{\sqrt{3\nu+2}}} = \sqrt{\frac{3\nu+2}{3\nu+5}} = \sqrt{\frac{3+\frac{2}{\nu}}{3+\frac{5}{\nu}}}$$

und erhalten den Grenzwert:

$$\lim_{v \to \infty} \left| \frac{a_{v+1}}{a_v} \right| = 1 \,.$$

Dies ergibt den Konvergenzradius 1. Wir betrachten noch die Randpunkte des Konvergenzinteravalls $x = \pm 1$. Für $x = 1$ bekommen wir die alternierende Reihe

$$\sum_{v=0}^{\infty} (-1)^v \, \frac{1}{\sqrt{3\,v + 2}} \,,$$

welche nach dem Leibniz-Kriterium konvergiert. Für $x = -1$ bekommen wir die Reihe

$$\sum_{v=0}^{\infty} (-1)^v \, \frac{(-1)^v}{\sqrt{3\,v + 2}} = \sum_{v=0}^{\infty} \frac{1}{\sqrt{3\,v + 2}} \,.$$

Diese Reihe divergiert, wie der Vergleich mit der Reihe $\sum_{v=1}^{\infty} \frac{1}{\sqrt{v}}$ zeigt.

$\bullet$

8.3 Rechnen mit Potenzreihen

Wir betrachten zwei Potenzreihen mit einem gemeinsamen Entwicklungspunkt x_0 und einem gemeinsamen Konvergenzradius ρ:

$$\sum_{v=0}^{\infty} a_v \, (x - x_0)^v \,, \quad \sum_{v=0}^{\infty} b_v \, (x - x_0)^v \,.$$

Satz: Addition und Multiplikation von Potenzreihen
Durch Addition und Multiplikation entstehen Potenzreihen mit demselben Konvergenzradius ρ, und es gilt:

$$\sum_{v=0}^{\infty} a_v \, (x - x_0)^v + \sum_{v=0}^{\infty} b_v \, (x - x_0)^v = \sum_{v=0}^{\infty} (a_v + b_v) \, (x - x_0)^v \,,$$

$$\left(\sum_{v=0}^{\infty} a_v \, (x - x_0)^v \right) \left(\sum_{\mu=0}^{\infty} b_\mu \, (x - x_0)^\mu \right) = \sum_{v=0}^{\infty} \left(\sum_{\mu=0}^{v} a_\mu \, b_{v-\mu} \right) (x - x_0)^v \,.$$

Satz: Differentiation und Integration von Potenzreihen

Durch Differentiation und Integration entstehen Potenzreihen mit demselben Konvergenzradius ρ, und es gilt:

$$\frac{d}{dx}\left(\sum_{\nu=0}^{\infty} a_\nu \, (x-x_0)^\nu\right) = \sum_{\nu=0}^{\infty} (\nu+1)\, a_{\nu+1} \, (x-x_0)^\nu \,,$$

$$\int_{x_0}^{x}\left(\sum_{\nu=0}^{\infty} a_\nu \, (t-x_0)^\nu\right) dt = \sum_{\nu=1}^{\infty} \frac{a_{\nu-1}}{\nu} \, (x-x_0)^\nu \,.$$

Die gliedweise Addition und das Cauchy-Produkt von Potenzreihen bekommt man mit den entsprechenden Aussagen über Reihen.

Beim Differenzieren und Integrieren darf man ebenfalls gliedweise vorgehen:

$$\frac{d}{dx}\left(\sum_{\nu=0}^{\infty} a_\nu \, (x-x_0)^\nu\right) = \sum_{\nu=0}^{\infty} \frac{d}{dx}\left(a_\nu \, (x-x_0)^\nu\right) = \sum_{\nu=1}^{\infty} \nu \, a_\nu \, (x-x_0)^{\nu-1}$$

$$= \sum_{\nu=0}^{\infty} (\nu+1)\, a_{\nu+1} \, (x-x_0)^\nu \,,$$

$$\int_{x_0}^{x}\left(\sum_{\nu=0}^{\infty} a_\nu \, (t-x_0)^\nu\right) dt = \sum_{\nu=0}^{\infty}\left(\int_{x_0}^{x} a_\nu \, (t-x_0)^\nu \, dt\right) = \sum_{\nu=0}^{\infty} \frac{a_\nu}{\nu+1} \, (x-x_0)^{\nu+1}$$

$$= \sum_{\nu=1}^{\infty} \frac{a_{\nu-1}}{\nu} \, (x-x_0)^\nu \,.$$

Innerhalb des Konvergenzradius kann man Potenzreihen wie Polynome differenzieren und integrieren:

$$\frac{d}{dx}\left(a_0 + a_1 \, (x-x_0) + a_2 \, (x-x_0)^2 + \cdots\right) = a_1 + 2\, a_2 \, (x-x_0) + 3\, a_3 \, (x-x_0)^2 + \cdots \,,$$

$$\int_{x_0}^{x}\left(a_0 + a_1 \, (t-x_0) + a_2 \, (t-x_0)^2 + \cdots\right) dt = a_0 \, (x-x_0) + \frac{a_1}{2} \, (x-x_0)^2 + \frac{a_2}{3} \, (x-x_0)^3 + \cdots \,.$$

Aus dem Satz über die Differenzierbarkeit einer Potenzreihe ergeben sich als Folgerungen:

1.) Eine Potenzreihe ist beliebig oft differenzierbar.
2.) Eine Potenzreihe

$$f(x) = \sum_{\nu=0}^{\infty} a_\nu \, (x - x_0)^\nu \, , \quad |x - x_0| < \rho \, .$$

stimmt mit ihrer Taylorreihe überein:

$$a_\nu = \frac{f^{(\nu)}(x_0)}{\nu!} \, .$$

3.) Zwei Potenzreihen

$$f(x) = \sum_{\nu=0}^{\infty} a_\nu \, (x - x_0)^\nu \, , \quad g(x) = \sum_{\nu=0}^{\infty} b_\nu \, (x - x_0)^\nu \, , \quad |x - x_0| < \rho \, ,$$

stimmen genau dann überein $f(x) = g(x)$, $|x - x_0| < \rho$, wenn $a_\nu = b_\nu$ für alle $\nu \geq 0$ gilt. Die Folgerung 3.) wird als Identitätssatz für Potenzreihen bezeichnet. Wie bei Polynomen stellt man die Gleichheit zweier Potenzreihen durch Koeffizientenvergleich fest.

Das Rechnen mit Potenzreihen kann noch wesentlich weiter ausgebaut werden. Potenzreihen dürfen auch ineinander eingesetzt werden. Wir betrachten der Einfachheit halber Potenzreihen mit dem Entwicklungspunkt $x_0 = 0$. Ist $f(x) = \sum_{\nu=0}^{\infty} a_\nu \, x^\nu$ eine Potenzreihe mit dem Konvergenzradius ρ_f und $g(x) = \sum_{\nu=0}^{\infty} b_\nu \, x^\nu$ eine Potenzreihe mit dem Konvergenzradius ρ_g, wobei $|b_0| \leq \rho_f$ gilt, dann ist die Funktion $f \circ g$ um den Nullpunkt in eine Potenzreihe entwickelbar. Der Konvergenzradius von $f \circ g$ ist höchstens gleich ρ_g und kann nicht allgemein bestimmt werden. Die Grundidee zum Beweis ist, durch Cauchy-Produkte die ν-ten Potenzen von $g(x)$ zu bilden, anschließend in die Reihe $f(x)$ einzusetzen und mit Hilfe des Umordnungssatzes die Konvergenz der Reihenentwicklung von $f(g(x))$ zu zeigen.

Beispiel 8.16
Wir betrachten eine Potenzreihe:

$$g(x) = \sum_{\nu=0}^{\infty} b_\nu \, x^\nu \, , \, b_0 \neq 0 \, ,$$

und schreiben zur Entwicklung von $\frac{1}{g(x)}$:

$$\frac{1}{g(x)} = \frac{1}{b_0 + \sum_{\nu=1}^{\infty} b_\nu \, x^\nu} = \frac{1}{b_0} \frac{1}{1 + \sum_{\nu=1}^{\infty} \frac{b_\nu}{b_0} \, x^\nu} \, .$$

Nun kann die Reihe $\sum_{\nu=1}^{\infty} \frac{b_\nu}{b_0} x^\nu$ in die geometrische Reihe

$$f(x) = \frac{1}{1+x} = \sum_{\nu=0}^{\infty} (-1)^\nu x^\nu$$

eingesetzt werden. Praktischer ist es, die gesuchte Potenzreihenentwicklung $\frac{1}{g(x)} = \sum_{\nu=0}^{\infty} c_\nu x^\nu$ durch Koeffizientenvergleich aus der folgenden Gleichung zu berechnen:

$$1 = g(x) \sum_{\nu=0}^{\infty} c_\nu x^\nu = \sum_{\nu=0}^{\infty} \left(\sum_{\mu=0}^{\infty} b_{\nu-\mu}\, c_\nu \right) x^\nu.$$

Koeffizientenvergleich ergibt:

$$1 = b_0\, c_0\,,$$
$$0 = b_1\, c_0 + b_0\, c_1\,,$$
$$0 = b_2\, c_0 + b_1\, c_1 + b_0\, c_2\,,$$
$$\vdots$$

mit der Lösung:

$$c_0 = \frac{1}{b_0}\,,\ c_1 = -\frac{b_1}{b_0^2}\,,\ c_2 = -\frac{b_2}{b_0^2} + \frac{b_1^2}{b_0^3}\,, \cdots$$

$\bullet$

Beispiel 8.17

Wir setzen die Potenzreihen:

$$f(x) = \sum_{\nu=1}^{\infty} a_\nu x^\nu\,,\quad g(x) = \sum_{\nu=1}^{\infty} b_\nu x^\nu\,,$$

ineinander ein und geben die ersten Entwicklungskoeffizienten der Verkettung. Wir bilden:

$$
\begin{aligned}
f(g(x)) &= a_1 (b_1\, x + b_2\, x^2 + b_3\, x^3 + \cdots) + a_2 (b_1\, x + b_2\, x^2 + b_3\, x^3 + \cdots)^2 \\
&\quad + a_3 (b_1\, x + b_2\, x^2 + b_3\, x^3 + \cdots)^3 + \cdots \\
&= a_1 b_1\, x + (a_2 b_1^2 + a_1 b_2)\, x^2 + (a_3 b_1^3 + 2 a_2 b_1 b_2 + a_1 b_3)\, x^3 \\
&\quad + (a_4 b_1^4 + 3 a_3 b_1^2 b_2 + a_2 b_2^2 + 2 a_2 b_1 b_3 + a_1 b_4)\, x^4 + \cdots.
\end{aligned}
$$

$\bullet$

Beispiel 8.18

Wir entwickeln die folgende Funktion in eine Potenzreihe um $x_0 = 0$:

$$f(x) = \frac{2}{3 + 2x}.$$

Wir benutzen die geometrische Reihe $\dfrac{1}{1-x} = \sum\limits_{\nu=0}^{\infty} x^{\nu}$, $|x| < 1$. Wir formen um:

$$f(x) = 2\,\frac{1}{3+2x} = \frac{2}{3}\,\frac{1}{1 + \frac{2}{3}x} = \frac{2}{3}\,\frac{1}{1 - \left(-\frac{2}{3}x\right)}$$

und bekommen:

$$f(x) = \frac{2}{3} \sum_{\nu=0}^{\infty} \left(-\frac{2}{3}x\right)^{\nu}, \quad \left|-\frac{2}{3}x\right|.$$

Insgesamt ergibt sich die Entwicklung:

$$f(x) = \sum_{\nu=0}^{\infty} (-1)^{\nu} \left(\frac{2}{3}\right)^{\nu+1} x^{\nu}, \quad |x| < \frac{3}{2}.$$

Wir entnehmen noch die Ableitungen:

$$f^{(\nu)}(0) = (-1)^{\nu} \left(\frac{2}{3}\right)^{\nu+1} \nu!.$$

●

Beispiel 8.19

Wir bestimmen den Konvergenzradius der Potenzreihe

$$\sum_{\nu=0}^{\infty} 2\,x^{2\nu} = 2\,x^0 + 0\,x^1 + 2\,x^2 + 0\,x^3 + \cdots.$$

Versuchen wir das Wurzelkriterium mit den Koeffizienten

$$a_{\nu} = \begin{cases} 2 & , \quad \nu = 2k, \\ 0 & , \quad \nu = 2k+1, \end{cases}$$

$(k \in \mathbb{N}_0)$. Offensichtlich existiert der Grenzwert $\lim\limits_{\nu \to \infty} \sqrt[\nu]{|a_{\nu}|}$ nicht.
Es gibt ein allgemeineres Wurzelkriterium, das in diesem Fall greift. Wir können die Schwierigkeit aber auch umgehen, indem wir die Reihe $\sum\limits_{\nu=0}^{\infty} 2\,y^{\nu}$ mit den Koeffizienten $b_{\nu} = 2$ betrachten. Nun gilt: $\lim\limits_{\nu \to \infty} \sqrt[\nu]{|b_{\nu}|} = 1$ und wir bekommen absolute Konvergenz für $|y| < 1$.
Damit konvergiert die Ausgangsreihe absolut für $|x^2| < 1$ bzw. $|x| < 1$.
  Schließlich können wir wieder die geometrische Reihe heranziehen:

$$\sum_{\nu=0}^{\infty} 2x^{2\nu} = 2\sum_{\nu=0}^{\infty} (x^2)^{\nu} = \frac{2}{1-x^2}, \quad |x^2| < 1 \iff |x| < 1.$$

Beispiel 8.20

Wir entwickeln die folgende Funktion in eine Potenzreihe um $x_0 = 0$:

$$f(x) = \frac{\ln(1+x)}{1-x}.$$

Wir benutzen die Reihenentwicklungen

$$\ln(1+x) = \sum_{\nu=1}^{\infty} \frac{(-1)^{\nu-1}}{\nu} x^{\nu}, \quad \frac{1}{1-x} = \sum_{\nu=0}^{\infty} x^{\nu}, \quad |x| < 1,$$

und das Cauchy-Produkt. Mit $a_0 = 0$ ergibt sich:

$$f(x) = \ln(1+x) \frac{1}{1-x}$$

$$= \sum_{\nu=0}^{\infty} a_{\nu} x^{\nu} \sum_{\mu=0}^{\infty} b_{\mu} x^{\mu}$$

$$= \sum_{\nu=0}^{\infty} \left(\sum_{\mu=0}^{\nu} a_{\mu} b_{\nu-\mu} \right) x^{\nu} = \sum_{\nu=0}^{\infty} \left(\sum_{\mu=0}^{\nu} a_{\mu} \right) x^{\nu}$$

$$= a_0 x^0 + \sum_{\nu=1}^{\infty} \left(\sum_{\mu=0}^{\nu} a_{\mu} \right) x^{\nu} = \sum_{\nu=1}^{\infty} \left(\sum_{\mu=1}^{\nu} a_{\mu} \right) x^{\nu}$$

$$= \sum_{\nu=1}^{\infty} \left(\sum_{\mu=1}^{\nu} \frac{(-1)^{\mu-1}}{\mu} \right) x^{\nu}.$$

Die Entwicklung beginnt wie folgt:

$$\frac{\ln(1+x)}{1-x} = 1 \cdot x + \left(1 - \frac{1}{2} \right) x^2 + \left(1 - \frac{1}{2} + \frac{1}{3} \right) x^3$$

$$+ \left(1 - \frac{1}{2} + \frac{1}{3} - \frac{1}{4} \right) x^4 + \cdots$$

$$= x + \frac{1}{2} x^2 + \frac{5}{6} x^3 + \frac{7}{12} x^4 + \cdots.$$

Beispiel 8.21

Wir entwickeln die folgende Funktion in eine Potenzreihe um $x_0 = 3$:

$$f(x) = \frac{1}{(x+2)^2}.$$

Wir schreiben

$$\frac{1}{(x+2)^2} = -\frac{d}{dx}\frac{1}{x+2}$$

und entwickeln $\dfrac{1}{x+2}$ mit der geometrischen Reihe für $\left|\dfrac{x-3}{5}\right| < 1$ bzw. $|x-3| < 5$:

$$\frac{1}{x+2} = \frac{1}{2+x} = \frac{1}{5+x-3}$$

$$= \frac{1}{5}\frac{1}{1+\frac{x-3}{5}} = \frac{1}{5}\sum_{\nu=0}^{\infty}\left(-\frac{x-3}{5}\right)^{\nu}$$

$$= \sum_{\nu=0}^{\infty}\frac{1}{5}\left(-\frac{1}{5}\right)^{\nu}(x-3)^{\nu}.$$

Durch Differenzieren ergibt sich nun:

$$f(x) = -\sum_{\nu=1}^{\infty}\nu\frac{1}{5}\left(-\frac{1}{5}\right)^{\nu}(x-3)^{\nu-1} = \sum_{\nu=1}^{\infty}\nu\left(-\frac{1}{5}\right)^{\nu+1}(x-3)^{\nu-1}$$

$$= \sum_{\nu=0}^{\infty}(\nu+1)\left(-\frac{1}{5}\right)^{\nu+2}(x-3)^{\nu}, \quad |x-3| < 5.$$

●

Beispiel 8.22

Wir zeigen, die folgende Funktion um $x_0 = 0$

$$f(x) = \frac{\sin(x)}{x}$$

in eine Potenzreihe entwickelt werden kann. Anschließend geben wir eine Stammfunktion an.

Wir gehen von der Sinusreihe aus:

$$\sin(x) = \sum_{\nu=0}^{\infty}(-1)^{\nu}\frac{x^{2\nu+1}}{(2\nu+1)!}.$$

Die Sinusreihe besitzt den Konvergenzradius $\rho = \infty$. Wenn man x ausklammert, entsteht die Reihe

$$\sum_{\nu=0}^{\infty}(-1)^{\nu}\frac{x^{2\nu}}{(2\nu+1)!}$$

mit demselben Konvergenzradius.

Also konvergiert die folgende Entwicklung für alle $x \in \mathbb{R}$ absolut:

$$f(x) = \sum_{\nu=0}^{\infty}(-1)^{\nu}\frac{x^{2\nu}}{(2\nu+1)!}\,.$$

Wir integrieren die Reihe und bekommen:

$$\int_{0}^{x} f(t)\,dt = \sum_{\nu=0}^{\infty}(-1)^{\nu}\frac{x^{2\nu+1}}{(2\nu+1)\,(2\nu+1)!}\,.$$

Man bezeichnet die Funktion

$$\mathrm{Si}(x) = \int_{0}^{x}\frac{\sin(t)}{t}\,dt$$

als Integralsinus (Abb. 8.6).

●

Beispiel 8.23

Wir berechnen die ersten vier Koeffizienten der Pontenzreihenentwicklung um $x_0 = 0$ der folgenden Funktion:

$$f(x) = \frac{x}{e^x - 1}\,.$$

Wir gehen von der Gleichung aus:

$$(e^x - 1)\,f(x) = x\,.$$

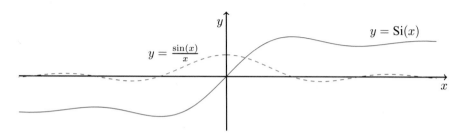

Abb. 8.6 Der Integralsinus $\mathrm{Si}(x) = \int_{0}^{x}\frac{\sin(t)}{t}\,dt$ und die Funktion $\frac{\sin(x)}{x}$

Mit der Exponentialreihe bekommen wir zuerst:

$$e^x - 1 = \left(\sum_{v=0}^{\infty} \frac{1}{v!} x^v\right) - 1 = \sum_{v=1}^{\infty} \frac{1}{v!} x^v = \sum_{v=0}^{\infty} a_v \, x^v \,,$$

$$a_0 = 0 \,, a_1 = 1 \,, a_2 = \frac{1}{2!} \,, a_3 = \frac{1}{3!} \,, a_4 = \frac{1}{4!} \,, \ldots .$$

Wir setzen $f(x) = \sum_{v=0}^{\infty} b_v \, x^v$ und bilden das Cauchy-Produkt:

$$(e^x - 1) \, f(x) = \sum_{v=0}^{\infty} \left(\sum_{\mu=0}^{v} a_\mu \, b_{v-\mu}\right) x^v = x \,.$$

Wir vergleichen die Koeffizienten:

$$x^0 : \sum_{\mu=0}^{0} a_\mu \, b_{v-\mu} = a_0 \, b_0 = 0 \,,$$

$$x^1 : \sum_{\mu=0}^{1} a_\mu \, b_{v-\mu} = a_0 \, b_1 + a_1 \, b_0 = 1 \,,$$

$$x^2 : \sum_{\mu=0}^{2} a_\mu \, b_{v-\mu} = a_0 \, b_2 + a_1 \, b_1 + a_2 \, b_0 = 0 \,,$$

$$x^3 : \sum_{\mu=0}^{3} a_\mu \, b_{v-\mu} = a_0 \, b_3 + a_1 \, b_2 + a_2 \, b_1 + a_3 \, b_0 = 0 \,,$$

$$x^4 : \sum_{\mu=0}^{4} a_\mu \, b_{v-\mu} = a_0 \, b_4 + a_1 \, b_3 + a_2 \, b_2 + a_3 \, b_1 + a_4 \, b_0 = 0 \,,$$

$$\vdots$$

bzw.

$$x^0 : \; = 0 \cdot b_0 = 0 \,,$$

$$x^1 : \; = b_0 = 1 \,,$$

$$x^2 : \; = b_1 + \frac{1}{2!} \, b_0 = 0 \,,$$

$$x^3 : \; = b_2 + \frac{1}{2!} \, b_1 + \frac{1}{3!} \, b_0 = 0 \,,$$

$$x^4 : \ = b_3 + \frac{1}{2!}\, b_2 + \frac{1}{3!}\, b_1 + \frac{1}{4!}\, b_0 = 0\,,$$

$$\vdots$$

und bekommen: $b_0 = 1$, $b_1 = -\frac{1}{2}$, $b_2 = \frac{1}{12}$, $b_3 = 0, \cdots$. Die Potenzreihenentwicklung beginnt wie folgt:

$$f(x) = \frac{x}{e^x - 1} = 1 - \frac{1}{2}\, x + \frac{1}{12}\, x^2 - \frac{1}{720}\, x^4 + \frac{1}{30240}\, x^6 + \cdots .$$

$\bullet$

Wir wollen das Verhalten einer Potenzreihe am Rand des Konvergenzintervalls näher betrachten. Was kann ausgesagt werden, wenn die Reihe in einem Randpunkt konvergiert?

Satz: Abelscher Grenzwertsatz

Die Potenzreihe

$$f(x) = \sum_{v=0}^{\infty} a_v\, (x - x_0)^v$$

besitze den Konvergenzradius ρ. In einem Randpunkt $x = x_0 + \rho$ oder $x = x_0 - \rho$ konvergiere die Reihe $\sum_{v=0}^{\infty} a_v\, (x - x_0)^v$. Dann existieren die Grenzwerte:

$$\lim_{x \to (x_0 + \rho)^-} f(x) \quad \text{und} \quad \lim_{x \to (x_0 - \rho)^+} f(x)\,.$$

Mit anderen Worten: die Reihe stellt eine auf dem Intervall $(x_0 - \rho, x_0 + \rho]$, $[x_0 - \rho, x_0 + \rho)$ oder $[x_0 - \rho, x_0 + \rho]$ stetige Funktion dar.

Beim Beweis gehen wir schrittweise vor.

1) Durch einen Shift kann man $x_0 = 0$ bekommen, und durch eine Skalierung $\rho = 1$:

$$f(x) = \sum_{v=0}^{\infty} a_v\, (x - x_0)^v = \sum_{v=0}^{\infty} a_v\, \rho^v \left(\frac{x - x_0}{\rho} \right)^v .$$

Setze $y = \frac{x - x_0}{\rho}$. Die Potenzreihe $\sum_{v=0}^{\infty} a_v\, \rho^v\, y^v$ besitzt genau dann den Konvergenzradius 1, wenn die Ausgangsreihe den Konvergenzradius ρ besitzt. Wir betrachten also folgende Potenzreihe mit dem Konvergenzradius 1:

$$f(x) = \sum_{v=0}^{\infty} a_v\, x^v$$

und konzentrieren uns auf den rechten Randpunkt $x = 1$.
Wir setzen:

$$s_\nu = \sum_{\mu=0}^{\nu} a_\mu .$$

Nach Voraussetzung existiert:

$$s = \lim_{\nu \to \infty} s_\nu = \sum_{\nu=0}^{\infty} a_\nu .$$

2) Wir formen um für $-1 < x < 1$ und benutzen das Cauchy-Produkt:

$$f(x) = f(x)\,(1-x)\,\frac{1}{1-x}$$

$$= (1-x) \sum_{\mu=0}^{\infty} a_\mu\, x^\mu \sum_{\nu=0}^{\infty} x^\nu = (1-x) \sum_{\nu=0}^{\infty} \left(\sum_{\mu=0}^{\nu} a_\mu \right) x^\nu$$

$$= (1-x) \sum_{\nu=0}^{\infty} s_\nu\, x^\nu .$$

3) Eine weitere Umformung ergibt:

$$s = s\,(1-x)\,\frac{1}{1-x} = (1-x) \sum_{\nu=0}^{\infty} s\, x^\nu .$$

4) Damit können wir den Grenzübergang vorbereiten. Für $-1 < x < 1$ schreiben wir

$$f(x) - s = (1-x) \sum_{\nu=0}^{\infty} (s_\nu - s)\, x^\nu , \quad x \in (-1, 1) ,$$

und bekommen die Abschätzung:

$$|f(x) - s| \le (1-x) \left(\sum_{\nu=0}^{n} |s_\nu - s|\, x^\nu + \sum_{\nu=n+1}^{\infty} |s_\nu - s|\, x^\nu \right) .$$

5) Zu $\epsilon > 0$ wählen wir n, sodass für $\nu > n$: $|s_\nu - s| < \frac{\epsilon}{2}$, dann gilt:

$$|f(x) - s| \le (1-x) \left(\sum_{\nu=0}^{n} |s_\nu - s| + \frac{\epsilon}{2} \sum_{\nu=n+1}^{\infty} x^\nu \right)$$

$$\le (1-x) \sum_{\nu=0}^{n} |s_\nu - s| + (1-x)\,\frac{\epsilon}{2}\,\frac{x^{n+1}}{1-x} ,$$

also:

$$|f(x) - s| \leq (1 - x) \sum_{\nu=0}^{n} |s_\nu - s| + \frac{\epsilon}{2}.$$

Als Nächstes wählen wir $\delta > 0$, sodass für $1 - x < \delta$ gilt: $(1 - x) \sum_{\nu=0}^{n} |s_\nu - s| < \frac{\epsilon}{2}$, dann ist $|f(x) - s| < \epsilon$ für $1 - x < \delta$. Also gilt insgesamt: $\lim_{x \to 1^-} f(x) = s$.

6) Der linke Randpunkt wird auf die vorigen Überlegungen zurückgeführt. Die Potenzreihe mit dem Konvergenzradius 1:

$$f(x) = \sum_{\nu=0}^{\infty} a_\nu x^\nu$$

konvergiere für $x = -1$:

$$\sum_{\nu=0}^{\infty} (-1)^\nu a_\nu.$$

Wir betrachten die Potenzreihe:

$$h(x) = \sum_{\nu=0}^{\infty} (-1)^\nu a_\nu x^\nu.$$

$h(x)$ besitzt den Konvergenzradius 1 und erfüllt die Konvergenzvoraussetzung im rechten Randpunkt $x = 1$. Wegen

$$f(x) = h(-x)$$

folgt nun:

$$\lim_{x \to (-1)^+} f(x) = \lim_{x \to 1^-} h(x) = \sum_{\nu=0}^{\infty} (-1)^\nu a_\nu.$$

8.4   Beispielaufgaben

Aufgabe 8.1

Man zeige, dass die folgende Reihe für $|q| > 1$ (absolut) konvergiert:

$$\sum_{\nu=0}^{\infty} \frac{1}{(2\nu + 1) q^{2\nu}}.$$

Man benutze sowohl das Majorantenkriterium als auch das Quotientenkriterium.

Für alle $\nu \geq 0$ gilt:

$$\left| \frac{1}{(2\nu + 1) q^{2\nu}} \right| = \frac{1}{(2\nu + 1)} \left(\frac{1}{q^2} \right)^\nu \leq \left(\frac{1}{q^2} \right)^\nu.$$

Für $|q| > 1$ ist $\frac{1}{q^2} < 1$, und wir bekommen mit der geometrischen Reihe:

$$\sum_{\nu=0}^{\infty} \left(\frac{1}{q^2}\right)^{\nu} = \frac{1}{1 - \frac{1}{q^2}} \, .$$

Die gegebene Reihe konvergiert absolut nach dem Majorantenkriterium.
Wir bilden den Betrag des Quotienten zweier aufeinander folgender Glieder:

$$\left|\frac{a_{\nu+1}}{a_{\nu}}\right| = \left|\frac{\frac{1}{(2\,(\nu+1)+1)\,q^{2\,(\nu+1)}}}{\frac{1}{(2\,\nu+1)\,q^{2\nu}}}\right| = \frac{2\,\nu+1}{2\,\nu+3}\,\frac{1}{q^2} \, .$$

Die gegebene Reihe konvergiert absolut nach dem Quotientenkriterium, wegen:

$$\lim_{\nu \to \infty} \left|\frac{a_{\nu+1}}{a_{\nu}}\right| = \lim_{\nu \to \infty} \frac{2 + \frac{1}{\nu}}{2 + \frac{3}{\nu}}\,\frac{1}{q^2} = \frac{1}{q^2} < 1 \, .$$

Aufgabe 8.2
Konvergieren folgende Reihen

$$\sum_{\nu=0}^{\infty} \frac{\nu^{\nu}}{\nu!} \, , \quad \sum_{\nu=0}^{\infty} \frac{\nu^2}{q^{\nu}} \, , \quad q \neq 0 \, ?$$

Mit $a_{\nu} = \frac{\nu^{\nu}}{\nu!}$ bekommen wir:

$$\left|\frac{a_{\nu+1}}{a_{\nu}}\right| = \frac{(\nu+1)^{\nu+1}\,\nu!}{(\nu+1)!\,\nu^{\nu}} = \frac{(\nu+1)^{\nu}}{\nu^{\nu}} = \left(1 + \frac{1}{\nu}\right)^{\nu} \, .$$

Hieraus folgt

$$\lim_{\nu \to \infty} \left|\frac{a_{\nu+1}}{a_{\nu}}\right| = e > 1$$

und die Reihe $\sum_{\nu=0}^{\infty} \frac{\nu^{\nu}}{\nu!}$ divergiert.
Mit $a_{\nu} = \frac{\nu^2}{q^{\nu}}$ ergibt sich:

$$\lim_{\nu \to \infty} \sqrt[\nu]{|a_{\nu}|} = \frac{1}{|q|}\,\lim_{\nu \to \infty}\sqrt[\nu]{\nu^2} = \frac{1}{|q|}\,\left(\lim_{\nu \to \infty}\sqrt[\nu]{\nu}\right)^2 = \frac{1}{|q|} \, .$$

Nach dem Wurzelkriterium konvergiert die Reihe absolut für $|q| > 1$ und divergiert für $|q| < 1$.
Für $q = 1$ bzw. $q = -1$ erhalten wir die Reihen:

$$\sum_{\nu=0}^{\infty} \nu^2 \quad \text{bzw.} \quad \sum_{\nu=0}^{\infty} (-1)^{\nu}\,\nu^2 \, .$$

In beiden Fällen bilden die Glieder der Reihe keine Nullfolge, und es liegt Divergenz vor.

Aufgabe 8.3

Konvergiert die folgende Reihe:

$$\sum_{v=2}^{\infty} \frac{1}{\sqrt{v^2-1}} \, ?$$

Es gilt für $v \geq 2$:

$$v^2 - 1 < v^2 \implies \frac{1}{v^2-1} > \frac{1}{v^2} \implies \frac{1}{\sqrt{v^2-1}} > \frac{1}{v} \, .$$

Die Reihe $\sum\limits_{v=2}^{\infty} \dfrac{1}{v}$ divergiert und nach dem Vergleichskriterium divergiert auch:

$$\sum_{v=2}^{\infty} \frac{1}{\sqrt{v^2-1}} \, .$$

Aufgabe 8.4

Es gilt:

$$\sum_{v=1}^{\infty} \frac{1}{v^2} = \frac{\pi^2}{6} \, .$$

Welchen Wert ergibt die Summe

$$1 + \frac{1}{3^2} + \frac{1}{5^2} + \cdots \cdot ?$$

Wir berechnen zuerst:

$$\frac{1}{2^2} + \frac{1}{4^2} + \frac{1}{6^2} + \cdots \cdot = \sum_{v=1}^{\infty} \frac{1}{(2v)^2} = \frac{1}{4} \sum_{v=1}^{\infty} \frac{1}{v^2} = \frac{\pi^2}{24} \, .$$

Damit bekommen wir:

$$1 + \frac{1}{3^2} + \frac{1}{5^2} + \cdots \cdot = \sum_{v=1}^{\infty} \frac{1}{v^2} - \sum_{v=1}^{\infty} \frac{1}{(2v)^2} = \frac{\pi^2}{6} - \frac{\pi^2}{24} = \frac{\pi^2}{8} \, .$$

Aufgabe 8.5

Konvergieren folgende Reihen:

$$\sum_{v=1}^{\infty} \frac{\sin(v)}{v^2} \, , \quad \sum_{v=1}^{\infty} (-1)^v \sin\left(\frac{1}{v^2}\right) ?$$

Es gilt für $v \geq 1$:

$$\left|\frac{\sin(v)}{v^2}\right| \le \frac{1}{v^2}.$$

Die Reihe $\sum_{v=1}^{\infty} \frac{1}{v^2}$ konvergiert und nach dem Majorantenkriterium konvergiert die Reihe $\sum_{v=1}^{\infty} \frac{\sin(v)}{v^2}$ absolut.

Mit dem Mittelwertsatz bekommen wir für $0 \le x \le \frac{\pi}{2}$:

$$\sin(x) = \cos(\xi_x)\,x \le x.$$

Wir haben

$$0 < \frac{1}{v^2} \le 1 < \frac{\pi}{2}$$

und damit

$$\left|(-1)^v \sin\left(\frac{1}{v^2}\right)\right| \le \frac{1}{v^2}.$$

Die Reihe $\sum_{v=1}^{\infty}(-1)^v \sin\left(\frac{1}{v^2}\right)$ konvergiert also wieder nach dem Majorantenkriterium absolut.

Aufgabe 8.6

Man ersetze $\sin(1)$ durch

$$\sum_{v=0}^{n}(-1)^v \frac{1}{(2v+1)!}, \quad n > 1,$$

und schätze den Fehler mit dem Leibniz-Kriterium ab.

Wir formen um:

$$\sum_{v=0}^{n}(-1)^v \frac{1}{(2v+1)!} = \sum_{v=1}^{n+1}(-1)^{v-1} \frac{1}{(2(v-1)+1)!}$$

$$= \sum_{v=1}^{n+1}(-1)^{v+1} \frac{1}{(2v+1)!}.$$

Nach dem Leibniz-Kriterium gilt nun:

$$\left|\sin(1) - \sum_{v=0}^{n}(-1)^v \frac{1}{(2v+1)!}\right| = \left|\sum_{v=1}^{\infty}(-1)^{v+1} \frac{1}{(2v+1)!} - \sum_{v=1}^{n+1}(-1)^{v+1} \frac{1}{(2v+1)!}\right|$$

$$\le \frac{1}{(2(n+2)+1)!} = \frac{1}{(2n+5)!}.$$

Aufgabe 8.7

Man zeige mit dem Integralkriterium, dass die harmonische Reihe $\sum\limits_{\nu=1}^{\infty} \dfrac{1}{\nu}$ divergiert und gebe

eine untere Abschätzung für die Teilsummen $\sum\limits_{\nu=1}^{n} \dfrac{1}{\nu}$ an.

Die Voraussetzungen des Integralkriteriums sind erfüllt für die Funktion $f(x) = \frac{1}{x}$. Das

Integral $\int\limits_{1}^{\infty} \dfrac{1}{x}\, dx$ divergiert, und damit divergiert die harmonische Reihe. Es gilt

$$\int\limits_{1}^{n+1} \frac{1}{x}\, dx \le \sum_{\nu=1}^{n} \frac{1}{\nu}.$$

Hiermit bekommen wir die Abschätzung für das Anwachsen der harmonischen Teilsummen:

$$\ln(n + 1) \le \sum_{\nu=1}^{n} \frac{1}{\nu}.$$

Aufgabe 8.8

Man bestimme den Konvergenzradius der folgenden Potenzreihen:

$$i) \ \sum_{\nu=0}^{\infty} \frac{\nu^{\nu}}{\nu!}\, (x - x_0)^{\nu}, \quad ii) \ \sum_{\nu=0}^{\infty} \nu^{\nu}\, (x - x_0)^{\nu}, \quad iii) \ \sum_{\nu=0}^{\infty} 2^{\nu}\, (x - x_0)^{\nu}.$$

i) Wir benutzen das Quotientenkriterium und bekommen:

$$\frac{a_{\nu+1}}{a_{\nu}} = \frac{(\nu + 1)^{\nu+1}}{(\nu + 1)!}\, \frac{(\nu)!}{(\nu)^{\nu}} = \left(\frac{\nu + 1}{\nu} \right)^{\nu}$$

und damit

$$\lim_{\nu \to \infty} \left| \frac{a_{\nu+1}}{a_{\nu}} \right| = e.$$

Der Konvergenzradius lautet $\rho = \dfrac{1}{e}$.

ii) Wir benutzen das Wurzelkriterium:

$$\lim_{\nu \to \infty} \sqrt[\nu]{|a_{\nu}|} = \lim_{\nu \to \infty} \sqrt[\nu]{\nu^{\nu}} = \lim_{\nu \to \infty} \nu = \infty.$$

Der Konvergenzradius lautet $\rho = 0$.

iii) Mit $a_{\nu} = 2^{\nu}$ gilt nach dem Wurzelkriterium:

$$\lim_{\nu \to \infty} \sqrt[\nu]{|a_{\nu}|} = \lim_{\nu \to \infty} \sqrt[\nu]{2^{\nu}} = 2.$$

Mit dem Quotientenkriterium bekommen wir:

$$\lim_{\nu \to \infty} \left| \frac{2^{\nu+1}}{2^{\nu}} \right| = \lim_{\nu \to \infty} 2 = 2 \,.$$

Wir haben also absolute Konvergenz für $|x - x_0| < \frac{1}{2}$ und Divergenz für $|x - x_0| > \frac{1}{2}$. Wir können auch wieder mit der geometrischen Reihe argumentieren:

$$\sum_{\nu=0}^{\infty} 2^{\nu} (x - x_0)^{\nu} = \sum_{\nu=0}^{\infty} (2 (x - x_0))^{\nu} \,.$$

Die geometrische Reihe konvergiert absolut für $|2 (x - x_0)| < 1$ und divergiert für $|2 (x - x_0)| \geq 1$. In den Randpunkten $x = x_0 \pm \frac{1}{2}$ divergiert die Reihe.

Aufgabe 8.9

Man berechne den Konvergenzradius der Potenzreihe:

$$\sum_{\nu=0}^{\infty} \cosh(\nu) (x - x_0)^{\nu} \,.$$

Welche Funktion wird durch die Potenzreihe dargestellt?

Wir schreiben zunächst:

$$\sum_{\nu=0}^{\infty} \cosh(\nu) (x - x_0)^{\nu} = \sum_{\nu=0}^{\infty} \frac{e^{\nu} + e^{-\nu}}{2} (x - x_0)^{\nu} \,.$$

Es gilt:

$$\frac{a_{\nu+1}}{a_{\nu}} = \frac{e^{\nu+1} + e^{-\nu-1}}{e^{\nu} + e^{-\nu}} = \frac{e + e^{-2\nu-1}}{1 + e^{-2\nu}}$$

und damit

$$\lim_{\nu \to \infty} \left| \frac{a_{\nu+1}}{a_{\nu}} \right| = e \,.$$

Der Konvergenzradius lautet $\rho = \dfrac{1}{e}$.

Wir setzen die Reihe zusammen:

$$\sum_{\nu=0}^{\infty} \cosh(\nu) (x - x_0)^{\nu} = \sum_{\nu=0}^{\infty} \frac{e^{\nu}}{2} (x - x_0)^{\nu} + \sum_{\nu=0}^{\infty} \frac{e^{-\nu}}{2} (x - x_0)^{\nu} \,.$$

(Der erste Summand konvergiert absolut für $|x| < e^{-1}$, der zweite Summand konvergiert absolut für $|x| < e$). Mit der geometrischen Reihe bekommen wir:

$$\sum_{v=0}^{\infty} \cosh(v)\,(x - x_0)^v = \frac{1}{2} \sum_{v=0}^{\infty} (e\,(x - x_0))^v + \frac{1}{2} \sum_{v=0}^{\infty} (e^{-1}\,(x - x_0))^v$$

$$= \frac{1}{2} \frac{1}{1 - e\,(x - x_0)} + \frac{1}{2} \frac{1}{1 - e^{-1}\,(x - x_0)}\,.$$

Aufgabe 8.10

Man entwickle folgende Funktionen

$$f(x) = \frac{1}{(1 + x)^2}\,, \quad g(x) = \frac{1 - x}{(1 + x)^2}$$

in eine Potenzreihe um $x_0 = 0$ und gebe jeweils den Konvergenzradius an.

Es gilt für $|x| < 1$:

$$\frac{1}{1 + x} = \sum_{v=0}^{\infty} (-1)^v\,x^v\,.$$

Differenzieren ergibt:

$$-\frac{1}{(1 + x)^2} = \sum_{v=1}^{\infty} (-1)^v\,v\,x^{v-1}$$

und somit

$$f(x) = -\sum_{v=1}^{\infty} (-1)^v\,v\,x^{v-1}\,, \quad |x| < 1\,.$$

Wir formen noch um:

$$f(x) = -\sum_{v=0}^{\infty} (-1)^{v+1}\,(v + 1)\,x^v = \sum_{v=0}^{\infty} (-1)^{v+2}\,(v + 1)\,x^v = \sum_{v=0}^{\infty} (-1)^v\,(v + 1)\,x^v\,.$$

Durch Multiplikation bekommen wir für $|x| < 1$:

$$g(x) = (1 - x)\left(\sum_{v=0}^{\infty} (-1)^v\,(v + 1)\,x^v\right)$$

$$= \sum_{v=0}^{\infty} (-1)^v\,(v + 1)\,x^v + \sum_{v=0}^{\infty} (-1)^{v+1}\,(v + 1)\,x^{v+1}$$

$$= \sum_{v=0}^{\infty} (-1)^v\,(v + 1)\,x^v + \sum_{v=1}^{\infty} (-1)^v\,v\,x^v$$

$$= 1 + \sum_{v=1}^{\infty} (-1)^v\,(v + 1)\,x^v + \sum_{v=1}^{\infty} (-1)^v\,v\,x^v$$

$$= 1 + \sum_{v=1}^{\infty} (-1)^v\,(2\,v + 1)\,x^v = \sum_{v=0}^{\infty} (-1)^v\,(2\,v + 1)\,x^v\,.$$

Aufgabe 8.11

Man entwickle die Funktion

$$f(x) = \arctan(x)$$

in eine Potenzreihe um $x_0 = 0$ und gebe den Konvergenzradius an. Mit dem Abelschen Grenzwertsatz zeige man:

$$\frac{\pi}{4} = \sum_{\nu=0}^{\infty} (-1)^{\nu} \frac{1}{2\nu + 1} \, ,$$

Für die Ableitung des Arkustangens gilt:

$$\arctan'(x) = \frac{1}{1 + x^2} \, .$$

Mit der geometrischen Reihe bekommen wir:

$$\frac{1}{1 + x^2} = \sum_{\nu=0}^{\infty} (-1)^{\nu} x^{2\nu} \, , \quad |x| < 1 \, .$$

Gliedweise Integration ergibt:

$$\arctan(x) = \int_0^x \frac{1}{1 + t^2} \, dt = \sum_{\nu=0}^{\infty} (-1)^{\nu} \frac{x^{2\nu+1}}{2\nu + 1} \, , \quad |x| < 1 \, .$$

Die Potenzreihe konvergiert in beiden Randpunkten. Für $x = 1$ ergibt sich wegen $(1)^{2\nu+1} = 1$:

$$\sum_{\nu=0}^{\infty} (-1)^{\nu} \frac{1}{2\nu + 1}$$

und für $x = -1$ wegen $(-1)^{2\nu+1} = -1$:

$$-\sum_{\nu=0}^{\infty} (-1)^{\nu} \frac{1}{2\nu + 1} \, .$$

Die Reihe konvergiert nach dem Leibnizschen Kriterium. Nach dem Abelschen Grenzwertsatz gilt nun:

$$\frac{\pi}{4} = \lim_{x \to 1^-} \arctan(x) = \sum_{\nu=0}^{\infty} (-1)^{\nu} \frac{1}{2\nu + 1} \, .$$

Aufgabe 8.12

Es gilt folgende Entwicklung

$$f(x) = (1 + x)^{\alpha} = \sum_{\nu=0}^{\infty} \binom{\alpha}{\nu} x^{\nu} \, , \quad |x| < 1 \, .$$

Man berechne das Cauchy-Produkt $(1 + x)^\alpha (1 + x)^\beta$. Welche Folgerung ergibt sich?

Das Cauchy-Produkt ergibt für $|x| < 1$:

$$(1 + x)^\alpha (1 + x)^\beta = \left(\sum_{v=0}^{\infty} \binom{\alpha}{v} x^v \right) \left(\sum_{\mu=0}^{\infty} \binom{\beta}{\mu} x^\mu \right) = \sum_{v=0}^{\infty} \left(\sum_{\mu=0}^{v} \binom{\alpha}{\mu} \binom{\beta}{v - \mu} \right) x^v.$$

Andererseits gilt:

$$(1 + x)^\alpha (1 + x)^\beta = (1 + x)^{\alpha + \beta} = \sum_{v=0}^{\infty} \binom{\alpha + \beta}{v} x^v, \quad |x| < 1.$$

Der Koeffizientenvergleich liefert die Beziehung:

$$\binom{\alpha + \beta}{v} = \sum_{\mu=0}^{v} \binom{\alpha}{\mu} \binom{\beta}{v - \mu}.$$

Aufgabe 8.13

Man gehe aus von

$$\int_0^\infty e^{-x^2} \, dx = \frac{\sqrt{\pi}}{2}$$

und zeige durch vollständige Induktion:

$$\int_0^\infty x^{2n} e^{-x^2} \, dx = \frac{\sqrt{\pi}}{2} \frac{(2n)!}{n!} \frac{1}{4^n}.$$

Hiermit berechne man das Integral:

$$\int_0^\infty e^{-x^2} \cos(x) \, dx.$$

Die Behauptung gilt für $n = 0$:

$$\int_0^\infty x^{2 \cdot 0} e^{-x^2} \, dx = \int_0^\infty e^{-x^2} \, dx = \frac{\sqrt{\pi}}{2}.$$

Wir nehmen an, die Behauptung gilt für ein $n > 0$ und schließen daraus auf $n + 1$. Mit partieller Integration ergibt sich:

$$\int_0^\infty x^{2(n+1)} e^{-x^2} \, dx = \int_0^\infty x^{2n+1} \, x \, e^{-x^2} \, dx$$

$$= x^{2n+1} \left(-\frac{1}{2}\right) e^{-x^2} \Big|_0^\infty - \int_0^\infty 2(n+1) \, x^{2n} \left(-\frac{1}{2} e^{-x^2}\right) dx$$

$$= \frac{1}{2} (2n+1) \int_0^\infty x^{2n} e^{-x^2} \, dx$$

$$= \frac{1}{2} (2n+1) \frac{\sqrt{\pi}}{2} \frac{(2n)!}{n!} \frac{1}{4^n} \, .$$

Wir formen um:

$$\frac{1}{2} (2n+1) \frac{\sqrt{\pi}}{2} \frac{(2n)!}{n!} \frac{1}{4^n} = \frac{\sqrt{\pi}}{2} (2n+1) \frac{(2n)!}{n!} \frac{1}{2 \cdot 4^n}$$

$$= \frac{\sqrt{\pi}}{2} \frac{(2n)! \, (2n+1) \, (2n+2)}{(2n+2) \, n!} \frac{1}{2 \cdot 4^n}$$

$$= \frac{\sqrt{\pi}}{2} \frac{(2(n+1))!}{(n+1) \, n!} \frac{1}{4 \cdot 4^n}$$

$$= \frac{\sqrt{\pi}}{2} \frac{(2(n+1))!}{(n+1)!} \frac{1}{4^{n+1}} \, .$$

Also haben wir mithilfe der Induktionsannahme gezeigt:

$$\int_0^\infty x^{2(n+1)} e^{-x^2} \, dx = \frac{\sqrt{\pi}}{2} \frac{(2(n+1))!}{(n+1)!} \frac{1}{4^{n+1}} \, .$$

Nun können wir gliedweise integrieren:

$$\int_0^\infty e^{-x^2} \cos(x) \, dx = \int_0^\infty e^{-x^2} \left(\sum_{v=0}^\infty (-1)^v \frac{x^{2v}}{(2v)!} \right) dx$$

$$= \sum_{v=0}^\infty \left(\int_0^\infty \frac{(-1)^v}{(2v)!} x^{2v} e^{-x^2} \, dx \right)$$

$$= \sum_{v=0}^\infty \frac{(-1)^v}{(2v)!} \frac{\sqrt{\pi}}{2} \frac{(2v)!}{n!} \frac{1}{4^v} = \frac{\sqrt{\pi}}{2} \sum_{v=0}^\infty \frac{1}{v!} \left(-\frac{1}{4}\right)^v$$

$$= \frac{\sqrt{\pi}}{2} e^{-\frac{1}{4}} \, .$$

Aufgabe 8.14

Man bestimme die ersten fünf Glieder der Taylorentwicklung um $x_0 = 0$ der Funktion (Abb. 8.7):

$$f(x) = \frac{1}{\cos(x)}$$

mithilfe der Identität $f(x)\,\cos(x) = 1$.

Wir schreiben mit unbekannten Koeffizienten

$$f(x) = \sum_{\nu=0}^{\infty} a_\nu\, x^\nu$$

und für die Kosinusreihe

$$\cos(x) = \sum_{\mu=0}^{\infty} b_\mu\, x^\mu = \sum_{k=0}^{\infty} (-1)^k\, \frac{x^{2k}}{(2k)!}\,.$$

Wir entnehmen die Koeffizienten:

$$b_0 = 1\,,\quad b_1 = 0\,,\quad b_2 = -\frac{1}{2}\,,\quad b_3 = 0\,,\dots$$

Das Cauchy-Produkt ergibt:

Abb. 8.7 Die Funktion $f(x) = \dfrac{1}{\cos(x)}$, die Funktion $\cos(x)$ und die Geraden $x = \pm\frac{\pi}{2}$ (gestrichelt)

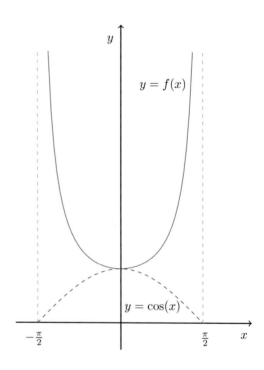

$$f(x)\cos(x) = \left(\sum_{\nu=0}^{\infty} a_\nu \, x^\nu\right)\left(\sum_{\mu=0}^{\infty} b_\mu \, x^\mu\right) = \sum_{\nu=0}^{\infty}\left(\sum_{\mu=0}^{\nu} a_\mu \, b_{\nu-\mu}\right) x^\nu = 1\,.$$

Vergleich der Koeffizienten x^0, x^1, x^2, x^3, x^4 liefert das System:

$$a_0\, b_0 = 1\,,$$
$$a_0\, b_1 + a_1\, b_0 = 0\,,$$
$$a_0\, b_2 + a_1\, b_1 + a_2\, b_0 = 0\,,$$
$$a_0\, b_3 + a_1\, b_2 + a_2\, b_1 + a_3\, b_0 = 0\,,$$
$$a_0\, b_4 + a_1\, b_3 + a_2\, b_2 + a_3\, b_1 + a_4\, b_0 = 0\,,$$

bzw.

$$a_0 = 1\,,$$
$$a_1 = 0\,,$$
$$a_2 + a_0\left(-\frac{1}{2}\right) = 0\,,$$
$$a_3 + a_1\left(-\frac{1}{2}\right) = 0\,,$$
$$a_4 + a_2\left(-\frac{1}{2}\right) + a_0\,\frac{1}{4!} = 0\,.$$

Die gesuchten Koeffizienten ergeben sich zu:

$$a_0 = 1\,,\quad a_1 = 0\,,\quad a_2 = \frac{1}{2}\,,\quad a_3 = 0\,,\quad a_4 = \frac{5}{24}\,,$$

und die Entwicklung beginnt wie folgt:

$$f(x) = \frac{1}{\cos(x)} = 1 + \frac{1}{2}\,x^2 + \frac{5}{24}\,x^4 + \cdots$$

8.5 Übungsaufgaben

Übung 8.1
Man untersuche die Reihen auf Konvergenz mit dem

i) Integralkriterium:

a) $\displaystyle\sum_{\nu=1}^{\infty} \frac{1}{\sqrt{5\nu-1}}\,,$

b) $\displaystyle\sum_{\nu=1}^{\infty} \frac{\nu^2}{e^\nu}\,.$

ii) Wurzelkriterium:

a) $\sum_{\nu=0}^{\infty} \left(\frac{1}{4}\right)^{\nu} \nu^3,$ b) $\sum_{\nu=1}^{\infty} \frac{5^{\nu}}{\nu(\nu+1)}.$

iii) Quotientenkriterium:

a) $\sum_{\nu=0}^{\infty} \frac{\nu^3}{2^{\nu}},$ b) $\sum_{\nu=0}^{\infty} \frac{\nu^2 \cdot 5^{\nu}}{\nu!}.$

iv) Majorantenkriterium:

a) $\sum_{\nu=2}^{\infty} \frac{1}{\nu^3 - \nu^2},$ b) $\sum_{\nu=1}^{\infty} \frac{1}{\sqrt{\nu(3+\nu)}}.$

v) Leibniz-Kriterium:

a) $\sum_{\nu=1}^{\infty} \frac{1}{2\nu - 1},$ b) $\sum_{\nu=3}^{\infty} (-1)^{\nu} \frac{\ln(\nu)}{\nu}.$

Übung 8.2

i) Man bestimme den Konvergenzradius ρ:

a) $\sum_{\nu=0}^{\infty} (\nu+1)(\nu+3)(x-3)^{\nu},$ b)
$\sum_{\nu=0}^{\infty} (-1)^{\nu} \frac{1}{2^{2\nu+1}(2\nu+1)!} x^{2\nu+1}.$

ii) Man bestimme alle $x \in \mathbb{R}$ für die die Reihe konvergiert:

a) $\sum_{\nu=1}^{\infty} \frac{1}{\nu(\nu+1)} x^{\nu},$ b) $\sum_{\nu=1}^{\infty} \frac{1}{\nu \cdot 4^{\nu}} (x-4)^{\nu}.$

Übung 8.3

Die Reihe $\sum_{\nu=1}^{\infty} a_\nu^2$ sei konvergent. Man zeige: die Reihe $\sum_{\nu=1}^{\infty} \dfrac{a_\nu}{\nu}$ konvergiert absolut. Hinweis:

man benutze die Konvergenz der Reihe $\sum_{\nu=1}^{\infty} \dfrac{1}{\nu^2}$ und das Vergleichskriterium. Wie kann damit

die Konvergenz der Reihe $\sum_{\nu=1}^{\infty} \dfrac{1}{\nu \sqrt{\nu!}}$ nachgewiesen werden?

Übung 8.4

Man gebe den Konvergenzradius an und summiere die Reihe:

$$\sum_{\nu=1}^{\infty} \nu^3 x^\nu \, .$$

Übung 8.5

Man berechne jeweils die ersten sechs Koeffizienten der Taylorreihenentwicklung um $x_0 = 0$ der Funktionen:

$$f(x) = \sin(\sin(x)) \, , \quad g(x) = \cos(\sin(x)) \, .$$

Hinweis: Man differenziere f und g und suche Gleichungen für die Koeffizienten.

Grundlagen der Analysis im $\mathbb{R}^n$ 9

Die Grundbegriffe der Analysis müssen zunächst in den mehrdimensionalen Raum übertragen werden: Folgen, Funktionen, Grenzwerte. Folgen und Funktionen werden in Komponenten zerlegt, sodass möglichst viele Konzepte aus der eindimensionalen Analysis übernommen werden können. Die reellwertige Funktion von zwei Variablen dient immer wieder als Modellfall. Wir können eine solche Funktion durch eine Fläche im Raum oder durch Höhenlinien in der Ebene veranschaulichen. Der Einstieg in die Differentialrechnung erfolgt mit der partiellen Ableitung.

9.1   Folgen, Funktionen, Grenzwerte

Wir wollen zunächst einige Grundbegriffe aus dem $\mathbb{R}^1$ übertragen und für die Analysis im $\mathbb{R}^n$ erweitern. Anstelle des Betrages einer reellen Zahl ordnen wir jedem Punkt im $\mathbb{R}^n$ eine Norm zu.

Definition: Norm

Sei $x = (x_1, \ldots, x_n)$ ein Punkt im $\mathbb{R}^n$. Dann bezeichnen wir die Länge des Ortsvektors x als (Euklidische) Norm von x:

$$||x|| = \sqrt{\sum_{j=1}^{n} x_j^2}.$$

Man könnte im Folgenden genauso gut andere Normen benutzen, beispielsweise die Maximumsnorm $||x||_m = \max\limits_{j=1,\ldots,n} \{|x_j|\}$.

W. Strampp und D. Janssen, *Höhere Mathematik 2,*

In den Fällen $n = 1, 2, 3$ nimmt die Norm folgende Gestalt an:

$$||x|| = \sqrt{x_1^2} = |x_1|, \quad (n = 1),$$

$$||x|| = \sqrt{x_1^2 + x_2^2}, \quad (n = 2),$$

$$||x|| = \sqrt{x_1^2 + x_2^2 + x_3^2}, \quad (n = 3).$$

Im Folgenden werden wir nicht mehr zwischen x als Punkt und x als Vektor im $\mathbb{R}^n$ unterscheiden.

Beispiel 9.1

Das skalare Produkt zweier Vektoren $x = (x_1, ..., x_n)$, $y = (y_1, ..., y_n) \in \mathbb{R}^n$ wird erklärt durch:

$$x \, y = (x_1, ..., x_n) \, (y_1, ..., y_n) = \sum_{j=1}^{n} x_j \, y_j.$$

Man kann das skalare Produkt genauso gut als Produkt einer $n \times 1$-Matrix mir einer $1 \times n$-Matrix auffassen:

$$x \, y = x \, y^T = (x_1, ..., x_n) \begin{pmatrix} y_1 \\ \vdots \\ y_n \end{pmatrix}.$$

Das skalare Produkt liefert die Norm eines Vektors: $||x|| = \sqrt{x \, x}$.

Folgende Eigenschaften kann man leicht nachrechnen: $x \, y = y \, x$, $(\lambda \, x) \, y = \lambda \, (x \, y), \lambda \in \mathbb{R}, (x + y) \, z = x \, z + y \, z$.

Die Norm eines Vektors besitzt ähnliche Eigenschaften wie der Betrag einer Zahl: $x \, x = ||x||^2, ||x|| \geq 0, ||x|| = 0 \Leftrightarrow x = 0, ||\lambda \, x|| = |\lambda| \, ||x||, \lambda \in \mathbb{R}$. Es gilt die Cauchy-Schwarzsche Ungleichung und die Dreiecksungleichung:

$$|x \, y| \leq ||x|| \, ||y||, \quad ||x + y|| \leq ||x|| + ||y||.$$

Die Cauchy-Schwarzsche Ungleichung kann man durch Betrachten der Normen $||x - \lambda \, y|| \geq 0$ bekommen. Aus der Cauchy-Schwarzschen Ungleichung folgt dann die Dreieckungleichung sofort.

●

Definition: Abstand zweier Punkte im $\mathbb{R}^n$

Seien $x = (x_1, \ldots, x_n)$ und $y = (y_1, \ldots, y_n)$ zwei Punkte im $\mathbb{R}^n$. Dann wird der Abstand der beiden Punkte gegeben durch:

$$\|x - y\| = \sqrt{\sum_{j=1}^{n} (x_j - y_j)^2}.$$

In den Fällen $n = 1, 2, 3$ nimmt der Abstand wieder folgende Gestalt an:

$$\|x - y\| = \sqrt{(x_1 - y_1)^2} = |x_1 - y_1|, \quad (n = 1),$$

$$\|x - y\| = \sqrt{(x_1 - y_1)^2 + (x_2 - y_2)^2}, \quad (n = 2),$$

$$\|x - y\| = \sqrt{(x_1 - y_1)^2 + (x_2 - y_2)^2 + (x_3 - y_3)^2}, \quad (n = 3).$$

Definition: Umgebung, innerer Punkt, offene Menge

Man bezeichnet die Menge

$$U_\epsilon(a) = \{x \in \mathbb{R}^n \mid \|x - a\| < \epsilon\}, \quad \epsilon > 0,$$

als ϵ-Umgebung des Punktes $a \in \mathbb{R}^n$.

Sei $\mathbb{D} \subseteq \mathbb{R}^n$ und $x_0 \in \mathbb{D}$. Der Punkt x_0 heißt innerer Punkt von $\mathbb{D}$, wenn es eine Umgebung $U_\epsilon(x_0)$ von x_0 gibt, die ganz in $\mathbb{D}$ liegt: $U_\epsilon(x_0) \subset \mathbb{D}$.

Eine Menge $\mathbb{D} \subseteq \mathbb{R}^n$ heißt offen, wenn jeder Punkt $x \in \mathbb{D}$ innerer Punkt ist.

Beispiel 9.2

Wir betrachten eine ϵ-Umgebung des Punktes $a \in \mathbb{R}^n$ für $n = 1, 2, 3$ (Abb. 9.1).

Im Fall $n = 1$ bekommen wir ein Intervall $|x_1 - a_1| < \epsilon$.

Im Fall $n = 2$ betrachten wir zunächst den Kreis mit dem Mittelpunkt a und dem Radius ϵ: $\sqrt{(x_1 - a_1)^2 + (x_2 - a_2)^2} = \epsilon$. Die ϵ-Umgebung von a wird vom Inneren des Kreises gebildet:

$$\sqrt{(x_1 - a_1)^2 + (x_2 - a_2)^2} < \epsilon.$$

Im Fall $n = 3$ haben wir eine Kugel mit dem Mittelpunkt a und dem Radius ϵ:

$$\sqrt{(x_1 - a_1)^2 + (x_2 - a_2)^2 + (x_3 - a_3)^2} = \epsilon.$$

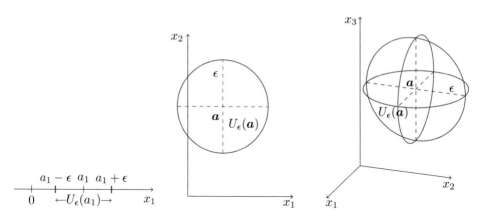

Abb. 9.1 ϵ-Umgebung $U_\epsilon(a)$ in den Fällen $n = 1$, $(a = a_1)$ (links), $n = 2$ (Mitte), $n = 3$ (rechts)

Die ϵ-Umgebung von a wird vom Inneren der Kugel gebildet:

$$\sqrt{(x_1 - a_1)^2 + (x_2 - a_2)^2 + (x_3 - a_3)^2} < \epsilon.$$

Eine offene Menge enthält also mit jedem ihrer Punkte noch eine ganze Umgebung dieses Punktes. Insbesondere stellen offene Intervalle im $\mathbb{R}^1$ offene Mengen dar.

Von den Zahlenfolgen im $\mathbb{R}^1$ gehen wir nun zu Punktfolgen (Folgen von Punkten) im $\mathbb{R}^n$ über. Der Index n ist nun für die Dimension des Raumes vergeben. Wir nummerieren die Folgenglieder mit dem Index k.

Definition: Punktfolge

Eine Folge $\{a_k\}_{k=1}^{\infty}$ ist eine Zuordnung, die jedem $k \in \mathbb{N}$ einen Punkt

$$a_k = (a_{k,1}, \ldots, a_{k,n}) \in \mathbb{R}^n$$

zuordnet. Das Bildelement a_k heißt Folgenglied mit dem Index k.

Eine Punktfolge $a_k = (x_{k,1}, \ldots, a_{k,n})$ im $\mathbb{R}^n$ besteht aus n Komponentenfolgen: $\{a_{k,j}\}_{k=1}^{\infty}$, $j = 1, \ldots, n$. Jede Komponentenfolge stellt eine Zahlenfolge dar.

Mit dem Abstand können wir den Konvergenzbegriff einführen (Abb. 9.2).

Abb. 9.2 Konvergenz einer
Punktfolge a_k gegen $\tilde{a}$ im $\mathbb{R}^2$

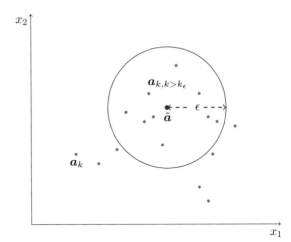

Definition: Konvergente Punktfolge

Eine Folge $\{a_k\}_{k=1}^{\infty} \subset \mathbb{R}^n$ heißt konvergent gegen den Grenzwert $\tilde{a} \in \mathbb{R}^n$, wenn es zu jeder reellen Zahl $\epsilon > 0$ einen Index $k_\epsilon \in \mathbb{N}$ gibt, sodass für alle Indizes $k > k_\epsilon$ gilt: $||a_k - \tilde{a}|| < \epsilon$. Hierfür schreibt man wieder: $\lim\limits_{k \to \infty} a_k = \tilde{a}$.

Grenzwerte von Punktfolgen werden auf Grenzwerte von Zahlenfolgen zurückgeführt.

Satz: Grenzwert einer Punktfolge

Eine Punktfolge $a_k = (a_{k,1}, \ldots, a_{k,n})$, $k \geq 1$, im $\mathbb{R}^n$ konvergiert genau dann gegen den Grenzwert $\tilde{a} = (\tilde{a}_1, \ldots, \tilde{a}_n)$, wenn jede Komponentenfolge $\{a_{k,j}\}_{k=1}^{\infty}$, $j = 1, \ldots, n$, gegen $\tilde{a}_j$ konvergiert:

$$\lim_{k \to \infty} a_k = \lim_{k \to \infty} (a_{k,1}, \ldots, a_{k,n}) = \left(\lim_{k \to \infty} a_{k,1}, \ldots, \lim_{k \to \infty} a_{k,n} \right) = \tilde{a}.$$

Beispiel 9.3

Die Folge

$$a_k = \left(\frac{1}{k}, \frac{1}{k} + 1 \right) \in \mathbb{R}^2$$

konvergiert gegen $\tilde{a} = (0, 1)$. Es gilt:

$$\lim_{k\to\infty}\left(\frac{1}{k},\frac{1}{k}+1\right)=\left(\lim_{k\to\infty}\frac{1}{k},\lim_{k\to\infty}\left(\frac{1}{k}+1\right)\right)=(0,1).$$

Die Folge

$$a_k=\left(\frac{1}{k},k\right)\in\mathbb{R}^2$$

konvergiert nicht. Die zweite Komponentenfolge $a_{k,2}=k$ besitzt keinen endlichen Grenzwert.

Die Folge

$$a_k=\left(\frac{3k^3+1}{4k^3+k^2},\frac{2}{k^2},\frac{(-1)^k}{k^2}\right)\in\mathbb{R}^3$$

konvergiert gegen $\tilde{a}=\left(\frac{3}{4},0,0\right)$. Es gilt:

$$\lim_{k\to\infty}\left(\frac{3k^3+1}{4k^3+k^2},\frac{2}{k^2},\frac{(-1)^k}{k^2}\right)=\left(\lim_{k\to\infty}\frac{3k^3+1}{4k^3+k^2},\lim_{k\to\infty}\frac{2}{k^2},\lim_{k\to\infty}\frac{(-1)^k}{k^2}\right)=\left(\frac{3}{4},0,0\right).$$

Wir betrachten nun Funktionen, die eine Teilmenge $\mathbb{D}$ des $\mathbb{R}^n$ in $\mathbb{R}$ abbilden.

Im Fall $n=1$ können wir die Funktion $f:x_1\longrightarrow f(x_1)$ durch einen Graphen veranschaulichen. Im Fall $n=2$, $f:(x_1,x_2)\longrightarrow f(x_1,x_2)$ kann man das Prinzip übernehmen (Abb. 9.3).

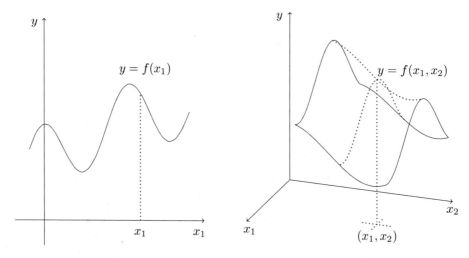

Abb. 9.3 Graph einer Funktion $f:\mathbb{R}\longrightarrow\mathbb{R}$ (links) und einer Funktion von $f:\mathbb{R}^2\longrightarrow\mathbb{R}$ (rechts)

Eine Funktion von $\mathbb{R}^2$ in $\mathbb{R}$ kann anstatt mit dem Graphen auch mithilfe von Höhenlinien (Niveaulinien) veranschaulicht werden.

Definition: Höhenlinien (Niveaulinien)

Sei $f : \mathbb{D} \longrightarrow \mathbb{R}, \mathbb{D} \subseteq \mathbb{R}^2$, eine Funktion und $c \in \mathbb{R}$ eine Konstante.
   Bilden die Punkte mit der Eigenschaft $f(x_1, x_2) = c$ eine Kurve im $\mathbb{R}^2$, so heißt diese Kurve Höhenlinie.

Höhenlinien fassen Punkte mit gleichem Funktionswert zusammen.

Beispiel 9.4

Wir betrachten die Funktion

$$f : \mathbb{R}^2 \longrightarrow \mathbb{R}, \quad f(x_1, x_2) = x_1^2 + x_2^2.$$

Die Höhenlinien ergeben sich aus der Gleichung:

$$f(x_1, x_2) = x_1^2 + x_2^2 = c.$$

Für $c < 0$ gibt es keine Höhenlinie. Für $c = 0$ wird die Bedingung nur vom Nullpunkt erfüllt. Für $c > 0$ stellen die Höhenlinien Kreise mit dem Radius $\sqrt{c}$ dar (Abb. 9.4). ●

Wie bei Funktionen einer Variablen spielt die Bezeichnung der Variablen keine Rolle. Bei einer Funktion von $\mathbb{R}^n$ in $\mathbb{R}$ ist die Bezeichnung bequem:

$$x = (x_1, \ldots, x_n), \quad f(x) = f(x_1, \ldots, x_n).$$

Im Fall $n = 2$ bzw. $n = 3$ nimmt man of die Bezeichnungen:

$$f(x, y) \quad \text{bzw.} \quad f(x, y, z).$$

Beispiel 9.5

Anstatt $f(x_1, x_2) = x_1^2 + x_2^2$ können wir schreiben $f(x, y) = x^2 + y^2$.
Anstatt $g(x_1, x_2, x_3) = x_1 \sin(x_1 + x_2 + x_3)$ können wir schreiben $g(x, y, z) = x \sin (x + y + z)$. ●

Funktionen von $\mathbb{R}^n$ in $\mathbb{R}^m$ setzen sich aus m Komponentenfunktionen zusammen. Man muss nur den Bildpunkt in Komponenten zerlegen.

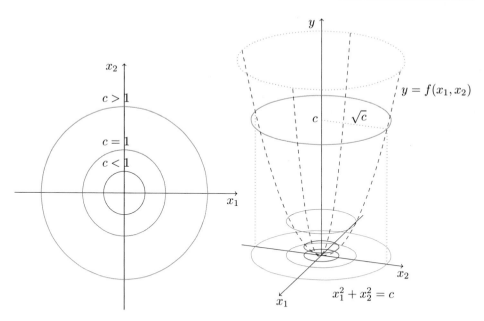

Abb. 9.4 Höhenlinien $x_1^2 + x_2^2 = c$ (links) und Graph der Funktion $f(x_1, x_2) = x_1^2 + x_2^2$ (rechts)

Definition: Komponentenfunktion

Sei $f : \mathbb{D} \longrightarrow \mathbb{R}^m$, $\mathbb{D} \subseteq \mathbb{R}^n$, eine Funktion.

Durch die Zerlegung $f(x) = (f^1(x), \ldots, f^m(x))$ des Bildpunktes $f(x)$, $x \in \mathbb{D}$, werden m Komponentenfunktionen $f^j : \mathbb{D} \longrightarrow \mathbb{R}$, $j = 1, \ldots, m$ erklärt.

Beispiel 9.6

Wir betrachten die Funktion $f : \mathbb{R}^2 \longrightarrow \mathbb{R}^3$,

$$f(x_1, x_2) = (x_1 + x_2, x_1 x_2, \cos(x_1 + x_2)).$$

Die Funktion f zerfällt in folgende drei Komponenten:

$$f^1(x_1, x_2) = x_1 + x_2, \quad f^2(x_1, x_2) = x_1 x_2, \quad f^3(x_1, x_2) = \cos(x_1 + x_2).$$

Jede Komponente bildet $\mathbb{R}^2$ in $\mathbb{R}$ ab.

Abb. 9.5 Definitionsbereich
der Funktion $f(x_1, x_2) =$
$(\sqrt{x_1\,x_2}, \ln(|x_1 + x_2|))$

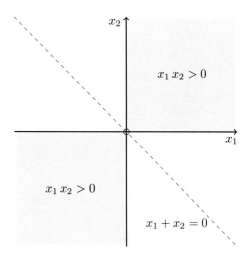

Beispiel 9.7

Wir betrachten die Funktionen

$$f^1(x_1, x_2) = \sqrt{x_1\,x_2}, \quad x_1 x_2 \geq 0, \quad f^2(x_1, x_2) = \ln(|x_1 + x_2|), \quad x_1 + x_2 \neq 0.$$

Wir können die Funktionen zu einer Funktion zusammensetzen (Abb. 9.5): $f : \mathbb{D} \longrightarrow \mathbb{R}^2$,
$\mathbb{D} = \{(x_1, x_2)\,|\,x_1\,x_2 > 0\}$, $f(x_1, x_2) = (\sqrt{x_1\,x_2}, \ln(|x_1 + x_2|))$.

                                                                          •

Definition: Stetigkeit

Eine Funktion $f : \mathbb{D} \longrightarrow \mathbb{R}$, $\mathbb{D} \subseteq \mathbb{R}^n$, heißt stetig im Punkt $x_0 \in \mathbb{D}$, wenn es zu
jedem $\epsilon > 0$ ein $\delta_\epsilon > 0$ gibt, sodass für alle $x \in \mathbb{D}$ gilt:

$$||x - x_0|| < \delta_\epsilon \quad \Longrightarrow \quad |f(x) - f(x_0)| < \epsilon.$$

Die Funktion f heißt stetig in $\mathbb{D}$, wenn f in jedem Punkt $x_0 \in \mathbb{D}$ stetig ist.

Äquivalent dazu ist die Folgendefinition der Stetigkeit. Wenn die beliebige Folge $\{a_k\} \subset \mathbb{D}$,
$k = 1, \ldots$ gegen x_0 konvergiert, dann konvergiert die Folge der Funktionswerte $\{f(a_k)\}$
gegen $f(x_0)$. Eine Funktion $f : \mathbb{D} \longrightarrow \mathbb{R}^m$, $\mathbb{D} \subseteq \mathbb{R}^n$, ist stetig im Punkt x_0, wenn alle
Komponentenfunktionen f^j stetig in x_0 sind.

Beispiel 9.8

Die Funktion:

$$f(\boldsymbol{x}) = f(x_1, x_2) = \begin{cases} \frac{x_1 x_2}{x_1^2 + x_2^2}, & \boldsymbol{x} \neq (0, 0) \\ 0, & \boldsymbol{x} = (0, 0) \end{cases}$$

ist im Punkt $\boldsymbol{x}_0 = (0, 0)$ unstetig.

Wir betrachten Folgen:

$$\boldsymbol{a}_k = (a_{k,1}, a_{k,2}) = \left(\frac{1}{k}, c\, \frac{1}{k} \right), \quad c \neq 0.$$

Es gilt:

$$\lim_{k \to \infty} \boldsymbol{a}_k = \boldsymbol{x}_0 = (0, 0).$$

Wir berechnen die Funktionswerte:

$$f(\boldsymbol{a}_k) = \frac{\frac{1}{k}\, c\, \frac{1}{k}}{\left(\frac{1}{k}\right)^2 + \left(\frac{c}{k}\right)^2} = \frac{c}{1 + c^2} \neq 0 = f(\boldsymbol{x}_0).$$

Die Funktion ist also nicht stetig im Nullpunkt (Abb. 9.6).

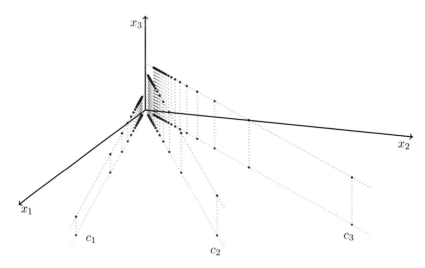

Abb. 9.6 Folgen $\boldsymbol{a}_k = \left(\dfrac{1}{k}, c_j\, \dfrac{1}{k} \right)$ für drei verschiedene c_j mit zugehörigen Funktionswerten $f(\boldsymbol{a}_k) = \dfrac{c_j}{1 + c_j^2}$. Die Folgen der Funktionswerte haben jeweils verschiedene Grenzwerte $\dfrac{c_j}{1 + c_j^2} \neq f(0, 0) = 0$

Beispiel 9.9

Die Funktion:

$$f(\boldsymbol{x}) = f(x_1, x_2) = \sin\left(\frac{1}{x_1^2 + x_2^2}\right), \quad (x_1, x_2) \neq (0, 0), \, f(0, 0) = 0,$$

ist im Punkt $\boldsymbol{x}_0 = (0, 0)$ unstetig.

Wir betrachten die Folge:

$$\boldsymbol{a}_k = (a_{k,1}, a_{k,2}) = \left(\frac{1}{\sqrt{k\,\pi}}, \frac{1}{\sqrt{k\,\pi}}\right).$$

Es gilt wieder:

$$\lim_{k \to \infty} \boldsymbol{a}_k = \boldsymbol{x}_0 = (0, 0).$$

Wir berechnen die Funktionswerte:

$$f(\boldsymbol{a}_k) = \sin\left(\frac{1}{\frac{1}{k\,\pi} + \frac{1}{k\,\pi}}\right) = \sin\left(\frac{k\,\pi}{2}\right).$$

Die Folge der Funktionswerte hat also die Gestalt $\{1, 0, -1, 0, 1, 0, -1, 0, \ldots\}$ und besitzt keinen Grenzwert. Die Funktion ist unstetig im Nullpunkt.

●

Definition: Grenzwert einer Funktion

Eine Funktion $f : \mathbb{D} \longrightarrow \mathbb{R}$, $\mathbb{D} \subseteq \mathbb{R}^n$, besitzt im inneren Punkt $\boldsymbol{x}_0 \in \mathbb{D}$ den Grenzwert g, wenn die folgende Funktion in $\boldsymbol{x}_0$ stetig ist:

$$\tilde{f}(\boldsymbol{x}) = \begin{cases} f(\boldsymbol{x}), & \boldsymbol{x} \in \mathbb{D} \setminus \{\boldsymbol{x}_0\}, \\ g, & \boldsymbol{x} = \boldsymbol{x}_0. \end{cases}$$

Man spricht von der stetigen Fortsetzbarkeit der Funktion f in den Punkt $\boldsymbol{x}_0$ und verfährt bei Randpunkten, die aber keine isolierten Punkte sind, genauso (Abb. 9.7).

Beispiel 9.10

Die Funktion:

$$f(\boldsymbol{x}) = f(x_1, x_2) = x_1 \sin\left(\frac{1}{x_1^2 + x_2^2}\right), \quad (x_1, x_2) \neq (0, 0),$$

kann im Punkt $\boldsymbol{x}_0 = (0, 0)$ stetig ergänzt werden durch den Funktionswert 0.

Abb. 9.7 Innerer Punkt x_{01},
Randpunkt x_{02} und isolierter
Punkt x_{03} einer Menge $\mathbb{D}$

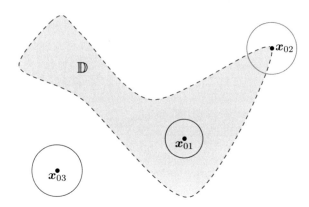

Wir wenden das $\epsilon - \delta$-Kriterium an:

$$|f(x) - 0| = \left| x_1 \, \sin \left(\frac{1}{x_1^2 + x_2^2} \right) \right| \leq |x_1|.$$

Offenbar kann man zu vorgegebenem $\epsilon > 0$ wählen $\delta_\epsilon = \epsilon$.

●

9.2 Partielle Ableitung

Wir betrachten zunächst eine Funktion $f : \mathbb{D} \longrightarrow \mathbb{R}, \mathbb{D} \subseteq \mathbb{R}^2$. Wir schränken die Funktion f ein auf eine Parallele zur x_1-Achse bzw. x_2-Achse durch den Punkt $x_0 = (x_{0,1}, x_{0,2})$. Es entstehen Funktionen von einer Variablen h (Abb. 9.8):

$$f(x_0 + h \, \vec{e}_1) = f((x_{0,1}, x_{0,2}) + h \, (1, 0)) = f(x_{0,1} + h, x_{0,2}),$$

$$f(x_0 + h \, \vec{e}_2) = f((x_{0,1}, x_{0,2}) + h \, (0, 1)) = f(x_{0,1}, x_{0,2} + h).$$

Wir bezeichnen die folgenden Grenzwerte als partielle Ableitungen im Punkt x_0:

$$\lim_{h \to 0} \frac{f(x_0 + h \, \vec{e}_1) - f(x_0)}{h} = \frac{\partial f}{\partial x_1}(x_0), \quad \lim_{h \to 0} \frac{f(x_0 + h \, \vec{e}_2) - f(x_0)}{h} = \frac{\partial f}{\partial x_2}(x_0).$$

Wenn die partiellen Ableitungen existieren, dann gilt:

$$\frac{\partial f}{\partial x_1}(x_0) = \frac{d}{dh} f(x_0 + h \, \vec{e}_1) \bigg|_{h=0}, \quad \frac{\partial f}{\partial x_2}(x_0) = \frac{d}{dh} f(x_0 + h \, \vec{e}_2) \bigg|_{h=0}.$$

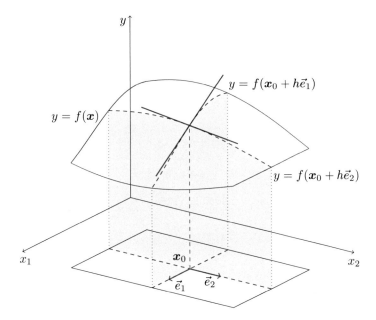

Abb. 9.8 Einschränkung einer Funktion $f(x) = f(x_1, x_2)$ auf achsenparallele Geraden mit Tangenten an die Einschränkungen. Partielle Ableitung

Man kann die Parallelen zur x_1-Achse bzw. x_2-Achse auch so beschreiben:

$$(x_{0,1} + h, x_{0,2}) = (x_1, x_{0,2}), \quad (x_{0,1}, x_{0,2} + h) = (x_{0,1}, x_2),$$

mit x_1 aus einer Umgebung von $x_{0,1}$ bzw. x_2 aus einer Umgebung von $x_{0,2}$. Wir bekommen dann:

$$\frac{\partial f}{\partial x_1}(x_0) = \frac{d}{dx_1} f(x_1, x_{0,2})\bigg|_{x_1 = x_{0,1}}, \quad \frac{\partial f}{\partial x_2}(x_0) = \frac{d}{dx_2} f(x_{0,1}, x_2)\bigg|_{x_2 = x_{0,2}}.$$

Wir merken uns die partielle Ableitung kurz: eine Variable wird festgehalten, nach der anderen Variablen wird abgeleitet.

Beispiel 9.11

Wir betrachten die Funktion

$$f(x_1, x_2) = x_1^2 + x_2^2$$

und bilden die partielle Ableitung nach x_1 im Punkt $x_0 = (x_{0,1}, x_{0,2})$.

Wir bilden $f(x_0) = x_{0,1}^2 + x_{0,2}^2$ und $f(x_0 + h\,\vec{e}_1) = (x_{0,1} + h)^2 + x_{0,2}^2$ und berechnen die partielle Ableitung auf drei Arten:

1.) $\lim_{h \to 0} \frac{f(\boldsymbol{x}_0 + h\,\vec{e}_1) - f(\boldsymbol{x}_0)}{h} = \lim_{h \to 0} \frac{2\,h\,x_{0,1} + h^2}{h} = 2\,x_{0,1},$

2.) $\frac{d}{dh} f(\boldsymbol{x}_0 + h\,\vec{e}_1)\big|_{h=0} = \frac{d}{dh}((x_{0,1} + h)^2 + x_{0,2}^2)\big|_{h=0} = 2\,(x_{0,1} + h)\big|_{h=0} = 2\,x_{0,1},$

3.) $\frac{d}{dx_1} f(x_1, x_{0,2})\big|_{x_1 = x_{0,1}} = \frac{d}{dx_1}(x_1^2 + x_{0,2}^2)\big|_{x_1 = x_{0,1}} = 2\,x_1\big|_{x_1 = x_{0,1}} = 2\,x_{0,1}.$

•

Beispiel 9.12

Wir betrachten die Funktion

$$f(x_1, x_2) = x_1^3\,x_2^2.$$

Die partiellen Ableitungen in einem beliebigen Punkt (x_1, x_2) lauten:

$$\frac{\partial f}{\partial x_1}(x_1, x_2) = 3\,x_1^2\,x_2^2, \quad \frac{\partial f}{\partial x_2}(x_1, x_2) = 2\,x_1^3\,x_2.$$

Verwenden wir andere unabhängige Variable, so schreiben wir $f(x, y) = x^3\,y^2$ und

$$\frac{\partial f}{\partial x}(x, y) = 3\,x^2\,y^2, \quad \frac{\partial f}{\partial y}(x, y) = 2\,x^3\,y.$$

•

Beispiel 9.13

Wir betrachten die Funktion

$$f(x, y) = \sin(x\,y)$$

und bilden die partielle Ableitung nach y im Punkt $(2, y)$.

1) Wir können zuerst die partielle Ableitung nach y beliebigen Punkt (x, y) berechnen

$$\frac{\partial f}{\partial y}(x, y) = x\,\cos(x\,y)$$

und dann $x = 2$ setzen:

$$\frac{\partial f}{\partial y}(2, y) = 2\,\cos(2\,y).$$

2) Wir setzen sofort $x = 2$ und bekommen:

$$\frac{\partial f}{\partial y}(2, y) = \frac{d}{dy}(\sin(2\,y)) = 2\,\cos(2\,y).$$

•

Beispiel 9.14

Gegeben ist die Funktion

$$f(x_1, x_2) = \left(x_1^{x_1} \right)^{x_2}, \quad x_1 > 0.$$

Wir bilden die partielle Ableitung nach x_2 im Punkt $(1, x_2)$.

1) Wir können wieder zuerst die partielle Ableitung nach x_2 in einem beliebigen Punkt (x_1, x_2) berechnen

$$
\begin{aligned}
\frac{\partial f}{\partial x_2}(x_1, x_2) &= \frac{\partial}{\partial x_2} e^{\ln(x_1) \, x_1 \, x_2} \\
&= e^{\ln(x_1) \, x_1 \, x_2} \, \ln(x_1) \, x_1
\end{aligned}
$$

und dann $x_1 = 1$ setzen:

$$\frac{\partial f}{\partial x_2}(x_1, x_2) = 0.$$

2) Wir setzen sofort $x_1 = 1$ und bekommen:

$$\frac{\partial f}{\partial x_2}(1, x_2) = \frac{d}{dx_2} e^{\ln(1) \, x_2} = \frac{d}{dx_2}(1) = 0.$$

●

Wir erklären nun die partielle Ableitung für Funktionen von beliebig vielen Variablen.

Definition: Partielle Ableitung

Sei $f : \mathbb{D} \longrightarrow \mathbb{R}$, $\mathbb{D} \subseteq \mathbb{R}^n$, eine Funktion und $\boldsymbol{x}_0 \in \mathbb{D}$ ein innerer Punkt. Wenn der Grenzwert $\displaystyle\lim_{h \to 0} \frac{f\left(\boldsymbol{x}_0 + h\, \vec{e}_j\right) - f(\boldsymbol{x}_0)}{h}$ existiert, dann heißt f in $\boldsymbol{x}_0$ partiell differenzierbar nach x_j. (Hierbei ist $\vec{e}_j = (0, \ldots, 0, 1, 0, \ldots, 0)$ der Einheitsvektor in Richtung der j-ten Koordinatenachse). Für die partielle Ableitung von f nach x_j im Punkt $\boldsymbol{x}_0$ schreiben wir

$$\frac{\partial f}{\partial x_j}(\boldsymbol{x}_0) = \frac{\partial}{\partial x_j} f(\boldsymbol{x}_0) = \lim_{h \to 0} \frac{f\left(\boldsymbol{x}_0 + h\, \vec{e}_j\right) - f(\boldsymbol{x}_0)}{h}.$$

Beispiel 9.15

Wir berechnen die partiellen Ableitungen der folgenden Funktionen:

$$f(x_1, x_2) = x_1^4 + x_2^3, \quad g(x_1, x_2, x_3) = x_1 \, x_2 \, x_3, \quad h(x_1, x_2, x_3) = x_1 \, x_2^2 \, \sqrt{x_3}, \quad x_3 > 0.$$

Es ergibt sich:

$$\frac{\partial f}{\partial x_1}(x_1, x_2) = 4\,x_1^3, \quad \frac{\partial f}{\partial x_2}(x_1, x_2) = 3\,x_2^2,$$

$$\frac{\partial g}{\partial x_1}(x_1, x_2, x_3) = x_2\,x_3, \quad \frac{\partial g}{\partial x_2}(x_1, x_2, x_3) = x_1\,x_3, \quad \frac{\partial g}{\partial x_3}(x_1, x_2, x_3) = x_1\,x_2,$$

$$\frac{\partial h}{\partial x_1}(x_1, x_2, x_3) = x_2^2\,\sqrt{x_3}, \quad \frac{\partial h}{\partial x_2}x_1, x_2, x_3) = 2\,x_1\,x_2\,\sqrt{x_3},$$

$$\frac{\partial h}{\partial x_3}(x_1, x_2, x_3) = \frac{1}{2}\,x_1\,x_2^2\,\frac{1}{\sqrt{x_3}}.$$

•

Die partiellen Ableitungen einer Funktion fassen wir zu einem Vektor zusammen.

Definition: Der Gradient

Die Funktion $f : \mathbb{D} \longrightarrow \mathbb{R}, \quad \mathbb{D} \subseteq \mathbb{R}^n$, sei im inneren Punkt $x_0 \in \mathbb{D}$ nach allen Variablen $x_j, \ j = 1, \ldots, n$, partiell differenzierbar. Der folgende Vektor heißt Gradient von f im Punkt x_0:

$$\operatorname{grad} f(x_0) = \left(\frac{\partial f}{\partial x_1}(x_0), \ldots, \frac{\partial f}{\partial x_n}(x_0) \right).$$

Beispiel 9.16

Wir berechnen den Gradienten der Funktion

$$f(x_1, x_2) = x_1^2 + x_2^2.$$

Es gilt:

$$\frac{\partial f}{\partial x_1}(x_1, x_2) = 2\,x_1, \quad \frac{\partial f}{\partial x_2}(x_1, x_2) = 2\,x_2$$

und (Abb. 9.9):

$$\operatorname{grad} f(x_1, x_2) = (2\,x_1, 2\,x_2).$$

•

Beispiel 9.17

Wir betrachten die Funktion:

$$f(x_1, x_2) = \int\limits_{x_2}^{x_1} g(t)\,dt$$

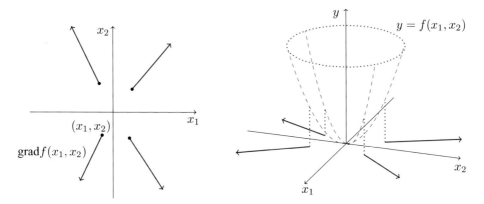

Abb. 9.9 Gradientenvektoren der Funktion $f(x_1, x_2) = x_1^2 + x_2^2$ im $\mathbb{R}^2$ in vier verschiedenen Punkten (links), Gradientenvektoren und Funktionswerte im $\mathbb{R}^3$ (rechts)

mit einer differenzierbaren Funktion $g : \mathbb{R} \longrightarrow \mathbb{R}$.

Es gilt:

$$f(x_1, x_2) = \int_0^{x_1} g(t)\, dt - \int_0^{x_2} g(t)\, dt$$

und

$$\frac{\partial f}{\partial x_1}(x_1, x_2) = g(x_1), \quad \frac{\partial f}{\partial x_2}(x_1, x_2) = -g(x_2).$$

Damit bekommen wir den Gradienten:

$$\operatorname{grad} f(x_1, x_2) = (g(x_1), -g(x_2)).$$

●

Beispiel 9.18

Wir betrachten die Funktion:

$$f(x_1, x_2, x_3) = x_1^2 \sin(x_2\, x_3).$$

Der Gradient lautet:

$$\operatorname{grad} f(x_1, x_2, x_3) = (2\, x_1 \sin(x_2\, x_3), x_1^2\, x_3 \cos(x_2\, x_3), x_1^2\, x_2 \cos(x_2\, x_3)).$$

●

Der Begriff der partiellen Ableitung lässt sich erweitern. Wir leiten eine Funktion in Richtung eines beliebigen Einheitsvektors ab, indem wir die Funktion auf eine beliebige Gerade einschränken (Abb. 9.10).

Definition: Richtungsableitung

Sei $f : \mathbb{D} \longrightarrow \mathbb{R}$, $\mathbb{D} \subseteq \mathbb{R}^n$, eine Funktion, $\boldsymbol{x}_0 \in \mathbb{D}$ ein innerer Punkt und $\vec{e} \in \mathbb{R}^n$ ein Einheitsvektor. Wenn der Grenzwert $\lim\limits_{h \to 0} \dfrac{f(\boldsymbol{x}_0 + h\,\vec{e}) - f(\boldsymbol{x}_0)}{h}$ existiert, dann heißt f in $\boldsymbol{x}_0$ differenzierbar in Richtung des Vektors $\vec{e}$. Für die Richtungsableitung von f in Richtung $\vec{e}$ im Punkt $\boldsymbol{x}_0$ schreiben wir

$$\frac{\partial f}{\partial \vec{e}}(\boldsymbol{x}_0) = \lim_{h \to 0} \frac{f(\boldsymbol{x}_0 + h\,\vec{e}) - f(\boldsymbol{x}_0)}{h}.$$

Wir könnten statt eines Einheitsvektors $\vec{e}$ auch einen Vektor $\lambda\,\vec{e}$ mit $\lambda \neq 0$ nehmen. Wir bekämen dann den Grenzwert:

$$\lim_{h \to 0} \frac{f(\boldsymbol{x}_0 + h\,\lambda\,\vec{e}) - f(\boldsymbol{x}_0)}{h} = \lim_{h \to 0} \lambda \, \frac{f(\boldsymbol{x}_0 + \lambda\,h\,\vec{e}) - f(\boldsymbol{x}_0)}{\lambda\,h} = \lambda \, \frac{\partial f}{\partial \vec{e}}(\boldsymbol{x}_0).$$

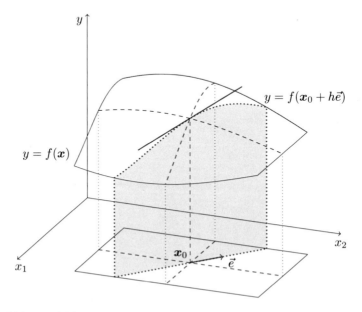

Abb. 9.10 Richtungsableitung einer Funktion $f(\boldsymbol{x}) = f(x_1, x_2)$ im Punkt $\boldsymbol{x}_0$ in Richtung des Einheitsvektors $\vec{e}$

Die Richtungsableitung wäre dann nicht nur von der Richtung abhängig. Es ginge auch der Streckungsfaktor λ ein, der mit der zugrunde liegenden Funktion in keiner Beziehung steht.

Die Richtungsableitung kann man wie die partielle Ableitung berechnen:

$$\frac{\partial f}{\partial \vec{e}}(\mathbf{x}_0) = \frac{d}{dh} f(\mathbf{x}_0 + h\,\vec{e})\bigg|_{h=0}.$$

Die partiellen Ableitungen stellen spezielle Richtungsableitungen dar, nämlich in Richtung der kanonischen Einheitsvektoren $\vec{e}_j = (0, \dots, 0, 1, 0 \dots, 0)$. Wir werden später sehen, dass die Richtungsableitung direkt aus den partiellen Ableitungen hervorgeht.

Beispiel 9.19

Wir berechnen die Richtungsableitung der Funktion $f(x_1, x_2) = \sin(x_1\,x_2)$ im Punkt $\mathbf{x}_0 = (x_{0,1}, x_{0,2})$ in Richtung des Vektors $\left(\dfrac{1}{\sqrt{2}}, \dfrac{1}{\sqrt{2}}\right)$.

Es gilt:

$$
\begin{aligned}
\frac{\partial f}{\partial \vec{e}}(\mathbf{x}_0) &= \frac{d}{dh} f(\mathbf{x}_0 + h\,\vec{e})\bigg|_{h=0} = \frac{d}{dh} \sin\left(\left(x_{0,1} + \frac{h}{\sqrt{2}}\right)\left(x_{0,2} + \frac{h}{\sqrt{2}}\right)\right)\bigg|_{h=0} \\
&= \cos\left(\left(x_{0,1} + \frac{h}{\sqrt{2}}\right)\left(x_{0,2} + \frac{h}{\sqrt{2}}\right)\right) \\
&\quad \cdot \left(\left(x_{0,1} + \frac{h}{\sqrt{2}}\right)\frac{1}{\sqrt{2}} + \left(x_{0,2} + \frac{h}{\sqrt{2}}\right)\frac{1}{\sqrt{2}}\right)\bigg|_{h=0} \\
&= \frac{1}{\sqrt{2}}\cos(x_{0,1}\,x_{0,2})\,(x_{0,1} + x_{0,2}).
\end{aligned}
$$

●

Beispiel 9.20

Wir berechnen die Richtungsableitung der Funktion $f(x, y) = x^2 + y^2$ im beliebigen Punkt (x, y) in Richtung des Vektors $(\cos(\phi), \sin(\phi))$ (Abb. 9.11).

Es gilt:

$$
\begin{aligned}
\frac{\partial f}{\partial \vec{e}}(x, y) &= \frac{d}{dh} f((x, y) + h\,\vec{e})\bigg|_{h=0} = \frac{d}{dh}\left((x + h\,\cos(\phi))^2 + (y + h\,\sin(\phi))^2\right)\bigg|_{h=0} \\
&= \left(2\,(x + h\,\cos(\phi))\cos(\phi) + 2\,(y + h\,\sin(\phi))\sin(\phi)\right)\big|_{h=0} \\
&= 2\,x\,\cos(\phi) + 2\,y\,\sin(\phi).
\end{aligned}
$$

●

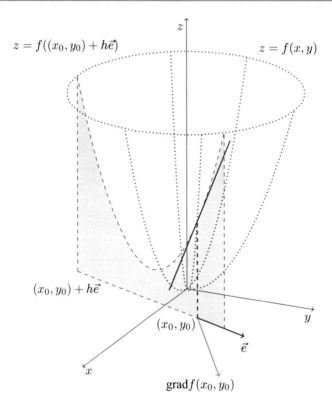

Abb. 9.11 Richtungsableitung der Funktion $f(x, y) = x^2 + y^2$ im Punkt (x_0, y_0) in Richtung $\vec{e}$

Definition: Partielle Ableitungen höherer Ordnung

Die Funktion $f : \mathbb{D} \longrightarrow \mathbb{R}, \mathbb{D} \subseteq \mathbb{R}^n$, sei nach der Variablen x_k partiell differenzierbar.

Im Punkt $\boldsymbol{x}_0 \in \mathbb{D}$ existiere die partielle Ableitung der Funktion $\dfrac{\partial f}{\partial x_k}(x) : \mathbb{D} \to \mathbb{R}$ nach x_j. Dann bezeichnet man

$$\frac{\partial \frac{\partial f}{\partial x_k}}{\partial x_j}(\boldsymbol{x}_0) = \frac{\partial^2 f}{\partial x_j \, \partial x_k}(\boldsymbol{x}_0) = \frac{\partial^2}{\partial x_j \, \partial x_k} f(\boldsymbol{x}_0)$$

als partielle Ableitung zweiter Ordnung der Funktion f nach den Variablen x_k und x_j im Punkt $\boldsymbol{x}_0$. Entsprechend werden partielle Ableitungen höherer Ordnung erklärt.

Beispiel 9.21

Wir berechnen die höheren partiellen Ableitungen der folgenden Funktion:

$$f(x_1, x_2) = x_1^3 \, x_2^2.$$

Zunächst ergeben sich die partiellen Ableitungen erster Ordnung:

$$\frac{\partial f}{\partial x_1}(x_1, x_2) = 3 \, x_1^2 \, x_2^2, \quad \frac{\partial f}{\partial x_2}(x_1, x_2)(x_1, x_2) = 2 \, x_1^3 \, x_2.$$

Damit können die partiellen Ableitungen zweiter Ordnung berechnet werden:

$$\frac{\partial^2 f}{\partial x_1^2}(x_1, x_2) = \frac{\partial^2 f}{\partial x_1 \, \partial x_1}(x_1, x_2) = 6 \, x_1 \, x_2^2, \quad \frac{\partial^2 f}{\partial x_2 \, \partial x_1}(x_1, x_2) = 6 \, x_1^2 \, x_2,$$

und

$$\frac{\partial^2 f}{\partial x_1 \, \partial x_2}(x_1, x_2) = 6 \, x_1^2 \, x_2, \quad \frac{\partial^2 f}{\partial x_2^2}(x_1, x_2) = \frac{\partial^2 f}{\partial x_2 \, \partial x_2}(x_1, x_2) = 2 \, x_1^3.$$

Wir geben noch zwei dritte Ableitungen:

$$\frac{\partial^3 f}{\partial x_1^2 \, \partial x_2}(x_1, x_2) = 12 \, x_1 \, x_2, \quad \frac{\partial^3 f}{\partial x_2 \, \partial x_1^2}(x_1, x_2) = 12 \, x_1 \, x_2.$$

Offenbar spielt die Reihenfolge keine Rolle bei der Bildung der partiellen Ableitungen.

•

Bevor wir die Frage der Vertauschbarkeit der partiellen Ableitungen klären, führen wir Differenzierbarkeitsklassen ein.

Definition: Differenzierbarkeitsklasse

Sei $\mathbb{D} \subseteq \mathbb{R}^n$ eine offene Menge und $f : \mathbb{D} \longrightarrow \mathbb{R}$. Die Funktion f gehört zur Klasse $C^j(\mathbb{D})$, $j \in \mathbb{N}$, wenn sämtliche partiellen Ableitungen bis zur j-ten Ordnung existieren und stetig sind. Wir sagen auch kurz: die Funktion ist j-mal stetig differenzierbar.

Satz: Vertauschbarkeit der partiellen Ableitungen (Satz von Schwarz)

Sei $\mathbb{D} \subseteq \mathbb{R}^n$ eine offene Menge, und die Funktion $f : \mathbb{D} \longrightarrow \mathbb{R}$ sei j-mal stetig differenzierbar, $j \geq 2$. Bei der Bildung der partiellen Ableitungen j-ter Ordnung spielt die Reihenfolge keine Rolle.

Der Beweis ist sehr technisch und kommt mit dem Mittelwertsatz für Funktionen einer Variablen aus. Es genügt dabei zu zeigen, dass die zweiten partiellen Ableitungen vertauscht werden können:

$$\frac{\partial^2 f}{\partial x_{k_1} \, \partial x_{k_2}}(\boldsymbol{x}) = \frac{\partial^2 f}{\partial x_{k_2} \, \partial x_{k_1}}(\boldsymbol{x}).$$

Ist allgemein

$$\frac{\partial^j f}{\partial x_{k_1} \, \partial x_{k_2} \dots \partial x_{k_j}}(\boldsymbol{x})$$

irgend eine partielle Ableitung j-ter Ordnung, dann gilt für jede Permutation π der Indizes:

$$\frac{\partial^j f}{\partial x_{k_1} \, \partial x_{k_2} \dots \partial x_{k_j}}(\boldsymbol{x}) = \frac{\partial^j f}{\partial x_{\pi(k_1)} \, \partial x_{\pi(k_2)} \dots \partial x_{\pi(k_j)}}(\boldsymbol{x}).$$

Beispiel 9.22

Sei $f : \mathbb{R}^3 \longrightarrow \mathbb{R}$ eine dreimal stetig differenzierbare Funktion.

Dann gilt:

$$\begin{aligned}
\frac{\partial^3 f}{\partial x_1 \, \partial x_2 \, \partial x_3}(\boldsymbol{x}) &= \frac{\partial^3 f}{\partial x_1 \, \partial x_3 \, \partial x_2}(\boldsymbol{x}) \\
&= \frac{\partial^3 f}{\partial x_2 \, \partial x_1 \, \partial x_3}(\boldsymbol{x}) \\
&= \frac{\partial^3 f}{\partial x_2 \, \partial x_3 \, \partial x_1}(\boldsymbol{x}) \\
&= \frac{\partial^3 f}{\partial x_3 \, \partial x_1 \, \partial x_2}(\boldsymbol{x}) \\
&= \frac{\partial^3 f}{\partial x_3 \, \partial x_2 \, \partial x_1}(\boldsymbol{x}),
\end{aligned}$$

usw...

Wir betrachten noch die partiellen Ableitungen von parameterabhängigen Integralen.

Satz: Ableitung von parameterabhängigen Integralen

Sei $g(x, t), a \le x \le b, \alpha \le t \le \beta$ eine stetige, reellwertige Funktion mit einer stetigen partiellen Ableitung $\dfrac{\partial g}{\partial t}(x, t)$. Dann ist für beliebiges $x_0 \in [a, b]$ die Funktion

$$f(x, t) = \int_{x_0}^{x} g(s, t) \, ds, \quad a \le x \le b, \quad \alpha \le t \le \beta,$$

stetig und besitzt stetige partielle Ableitungen:

$$\frac{\partial f}{\partial x}(x,t) = g(x,t), \quad \frac{\partial f}{\partial t}(x,t) = \int\limits_{x_0}^{x} \frac{\partial g}{\partial t}(s,t)\,ds.$$

Der Integrand hängt nicht nur von der Integrationsvariablen ab, sondern von einer weiteren Variablen, dem sogenannten Parameter. Die partielle Ableitung nach der oberen Grenze ergibt sich aus dem Hauptsatz unmittelbar. Die partielle Ableitung nach dem Parameter kann unter das Integral gezogen werden. Partielle Ableitung nach einem Parameter und Integration sind vertauschbar.

Beispiel 9.23
Wir berechnen die partielle Ableitung nach der Variablen t der Funktion:

$$f(x,t) = \int\limits_{0}^{x} \sin(s - t)\,ds.$$

1.) Wir wenden den Satz über die Ableitung parameterabhängiger Integrale an:

$$\frac{\partial f}{\partial t}(x,t) = \int\limits_{0}^{x} \frac{\partial}{\partial t}\sin(s-t)\,ds$$

$$= \int\limits_{0}^{x} (-\cos(s-t))\,ds = (-\sin(s-t))\big|_{s=0}^{s=x}$$

$$= -\sin(x-t) + \sin(-t)$$

$$= -\sin(x-t) - \sin(t).$$

2.) Wir rechnen zuerst das Integral aus

$$\int\limits_{0}^{x} \sin(s-t)\,ds = (-\cos(s-t))\big|_{s=0}^{s=x} = -\cos(x-t) + \cos(-t)$$

$$= -\cos(x-t) + \cos(t)$$

und bekommen wieder:

$$\frac{\partial f}{\partial t}(x,t) = -\sin(x-t) - \sin(t).$$

9.3   Beispielaufgaben

Aufgabe 9.1

Welchen maximalen Definitionsbereich besitzen die Funktionen:

$$f^1(x_1, x_2) = \frac{1}{\sqrt{x_1\, x_2}}, \quad f^2(x_1, x_2) = \ln(x_2^2 - x_1)\,?$$

Welchen maximalen Definitionsbereich besitzt die Funktion $: \mathbb{R}^2 \to \mathbb{R}^2$:

$$\boldsymbol{f}(x_1, x_2) = (f^1(x_1, x_2), f^2(x_1, x_2))\,?$$

Die Funktion f^1 kann für alle (x_1, x_2) mit $x_1\, x_2 > 0$ erklärt werden.

Die Funktion f^2 kann für alle (x_1, x_2) mit $x_1 < x_2^2$ erklärt werden.

Die Funktion kann für alle (x_1, x_2) mit $x_1\, x_2 > 0$ und $x_1 < x_2^2$ erklärt werden. Der Durchschnitt der jeweiligen maximalen Definitionsbereiche ergibt den maximalen Definitionsbereich der Komposition (Abb. 9.12).

Aufgabe 9.2

Man gebe die Höhenlinien der folgenden Funktionen an und skizziere sie:

$$f(x_1, x_2) = e^{3x_1 - 4x_2}, \ g(x_1, x_2) = 3\,x_1^2 + 4\,x_2^2 + 2, \ h(x_1, x_2) = 3\,x_1^2 - 4\,x_2^2 + 2.$$

Die Höhenlinien der Funktion f ergeben sich aus: $3\,x_1 - 4\,x_2 = \ln(c),\, c > 0$. Die Höhenlinien stellen Geraden dar (Abb. 9.13):

$$x_2 = \frac{3}{4}\, x_1 - \frac{\ln(c)}{4}.$$

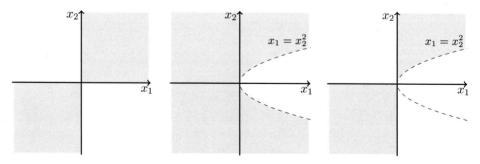

Abb. 9.12 Definitionsbereich der Funktionen $f^1(x_1, x_2) = \frac{1}{\sqrt{x_1\, x_2}}$ (links), $f^2(x_1, x_2) = \ln(x_2^2 - x_1)$ (Mitte) und $\boldsymbol{f}(x_1, x_2) = (f^1(x_1, x_2), f^2(x_1, x_2))$ (rechts)

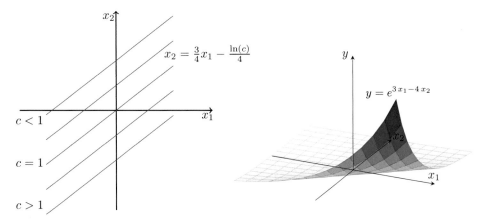

Abb. 9.13 Höhenlinien $x_2 = \frac{3}{4} x_1 - \frac{\ln(c)}{4}$, $c > 0$ (links) und Graph der Funktion $f(x_1, x_2) = e^{3x_1 - 4x_2} = e^{-(4x_2 - 3x_1)}$ (rechts)

Die Höhenlinien der Funktion g ergeben sich aus: $3x_1^2 + 4x_2^2 = c - 2, c > 2$. Die Höhenlinien stellen Ellipsen dar (Abb. 9.14):

$$\frac{x_1^2}{\left(\frac{\sqrt{c-2}}{\sqrt{3}}\right)^2} + \frac{x_2^2}{\left(\frac{\sqrt{c-2}}{2}\right)^2} = 1.$$

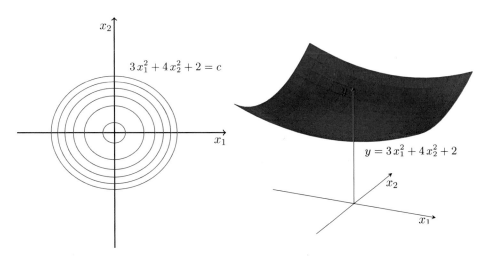

Abb. 9.14 Höhenlinien $\dfrac{x_1^2}{\left(\frac{\sqrt{c-2}}{\sqrt{3}}\right)^2} + \dfrac{x_2^2}{\left(\frac{\sqrt{c-2}}{2}\right)^2} = 1$ (links) und Graph der Funktion $g(x_1, x_2) = 3x_1^2 + 4x_2^2 + 2$ (rechts)

Die Höhenlinien der Funktion h ergeben sich aus: $3\,x_1^2 - 4\,x_2^2 = c - 2$. Die Höhenlinien stellen für $c > 2$ folgende Hyperbeln dar:

$$\frac{x_1^2}{\left(\frac{\sqrt{c-2}}{\sqrt{3}}\right)^2} - \frac{x_2^2}{\left(\frac{\sqrt{c-2}}{2}\right)^2} = 1.$$

Für $c < 2$ erhalten wir folgende Hyperbeln:

$$\frac{x_2^2}{\left(\frac{\sqrt{2-c}}{2}\right)^2} - \frac{x_1^2}{\left(\frac{\sqrt{2-c}}{\sqrt{3}}\right)^2} = 1.$$

Für $c = 2$ erhalten wir noch die Geraden (Abb. 9.15):

$$x_2 = \pm\frac{\sqrt{3}}{2}\,x_1.$$

Aufgabe 9.3
Gegeben sei die Funktion:

$$f(x_1, x_2) = \frac{x_1^2 - x_2^2}{x_1^2 + x_2^2}, \quad (x_1, x_2) \neq (0, 0).$$

Für $c \in \mathbb{R}$ berechne man die Grenzwerte:

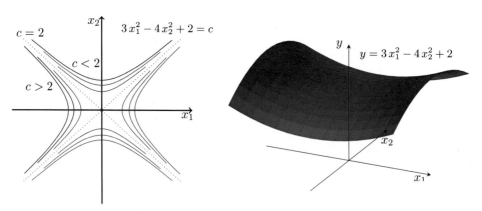

Abb. 9.15 Höhenlinien $\dfrac{x_1^2}{\left(\frac{\sqrt{c-2}}{\sqrt{3}}\right)^2} - \dfrac{x_2^2}{\left(\frac{\sqrt{c-2}}{2}\right)^2} = 1, c > 2, \dfrac{x_2^2}{\left(\frac{\sqrt{2-c}}{\sqrt{3}}\right)^2} - \dfrac{x_1^2}{\left(\frac{\sqrt{2-c}}{2}\right)^2} = 1, c < 2$, (links)
und Graph der Funktion $h(x_1, x_2) = 3\,x_1^2 - 4\,x_2^2 + 2$ (rechts)

$$\lim_{x_1 \to 0} f(x_1, c\,x_1).$$

Besitzt die Funktion einen Grenzwert im Nullpunkt?

Wir vereinfachen:

$$f(x_1, c\,x_1) = \frac{x_1^2 - c^2\,x_1^2}{x_1^2 + c^2\,x_1^2} = \frac{1 - c^2}{1 + c^2}.$$

Hiermit ergibt sich:

$$\lim_{x_1 \to 0} f(x_1, c\,x_1) = \frac{1 - c^2}{1 + c^2}.$$

Für $c = 1$ gilt

$$\lim_{x_1 \to 0} f(x_1, c\,x_1) = 0.$$

Für $c = 2$ gilt

$$\lim_{x_1 \to 0} f(x_1, c\,x_1) = -\frac{3}{5}.$$

Wenn die Funktion einen Grenzwert besitzt, kann die Einschränkung auf beliebige Geraden nicht zu verschiedenen Grenzwerten führen.

Aufgabe 9.4

Man berechne folgende Grenzwerte:

$$\lim_{(x_1, x_2) \to (0,0)} \frac{(x_1^2 - x_2^2)^3}{x_1^2 + x_2^2}, \qquad \lim_{(x_1, x_2) \to (0,0)} (x_1 + x_2)^2 \sin\left(\frac{2}{x_1^2 + x_2^2}\right),$$

$$\lim_{(x, y) \to (0,0)} \frac{x\,\sin(x) + y\,\sin(y)}{x^2 + y^2}.$$

Wir schreiben

$$\frac{(x_1^2 - x_2^2)^3}{x_1^2 + x_2^2} = (x_1^2 - x_2^2)^2 \frac{x_1^2 - x_2^2}{x_1^2 + x_2^2}.$$

Mit $|x_1^2 - x_2^2| \le |x_1^2| + |x_2^2| = x_1^2 + x_2^2$ schätzen wir ab:

$$\left| \frac{(x_1^2 - x_2^2)^3}{x_1^2 + x_2^2} \right| \le (x_1^2 - x_2^2)^2 \frac{x_1^2 + x_2^2}{x_1^2 + x_2^2} \le (x_1^2 + x_2^2)^2.$$

Hieraus folgt mit der $\epsilon - \delta$-Definition:

$$\lim_{(x_1, x_2) \to (0,0)} \frac{(x_1^2 - x_2^2)^3}{x_1^2 + x_2^2} = 0.$$

Es gilt:

$$\left| (x_1 + x_2)^2 \, \sin\left(\frac{2}{x_1^2 + x_2^2} \right) \right| \le (x_1 + x_2)^2$$

und hieraus folgt sofort:

$$\lim_{(x_1, x_2) \to (0,0)} (x_1 + x_2)^2 \, \sin\left(\frac{2}{x_1^2 + x_2^2} \right) = 0.$$

Wir formen um:

$$\frac{x \, \sin(x) + y \, \sin(y)}{x^2 + y^2} = \frac{\sin(x)}{x} + \frac{y^2}{x^2 + y^2} \left(\frac{\sin(y)}{y} - \frac{\sin(x)}{x} \right).$$

Mit den Grenzwerten:

$$\lim_{x \to 0} \frac{\sin(x)}{x} = 1, \quad \lim_{(x,y) \to (0,0)} \left(\frac{\sin(y)}{y} - \frac{\sin(x)}{x} \right) = 0,$$

und

$$\frac{y^2}{x^2 + y^2} \le 1$$

folgt:

$$\lim_{(x,y) \to (0,0)} \frac{x \, \sin(x) + y \, \sin(y)}{x^2 + y^2} = 1.$$

Aufgabe 9.5

Gegeben ist die Funktion:

$$f(x, y) = x^{(x^y)}, \quad x > 0.$$

Man berechne die partielle Ableitung

$$\frac{\partial f}{\partial x}(x, y).$$

Wir schreiben zuerst um:

$$f(x, y) = e^{\ln(x)\, x^y} = e^{\ln(x)\, e^{\ln(x)\, y}}.$$

Nun berechnen wir:

$$\frac{\partial f}{\partial x}(x, y) = e^{\ln(x)\, e^{\ln(x)\, y}} \left(\frac{1}{x} e^{\ln(x)\, y} + \frac{\ln(x)\, y}{x} e^{\ln(x)\, y} \right) = x^{(x^y)}\, x^{y-1} \left(1 + \ln(x)\, y \right).$$

Aufgabe 9.6

Man berechne die partiellen Ableitungen der Funktionen:

$$f(x, y) = \log_y(x), \quad x, y > 0, y \ne 1,$$

$$g(a, \omega, t, \phi) = a \sin(\omega t + \phi).$$

Wie lautet jeweils der Gradient?

Wir berücksichtigen zunächst:

$$\log_y(x) = \frac{\ln(x)}{\ln(y)}.$$

Nun bekommen wir die partiellen Ableitungen:

$$\frac{\partial f}{\partial x}(x, y) = \frac{1}{x \ln(y)}, \quad \frac{\partial f}{\partial y}(x, y) = -\frac{\ln(x)}{(\ln(y))^2 \, y}.$$

Der Gradient lautet:

$$\operatorname{grad} f(x, y) = \left(\frac{1}{x \ln(y)}, -\frac{\ln(x)}{y \, (\ln(y))^2} \right).$$

Im zweiten Fall gilt:

$$\frac{\partial g}{\partial a}(a, \omega, t, \phi) = \sin(\omega t + \phi), \quad \frac{\partial g}{\partial \omega}(a, \omega, t, \phi) = at \cos(\omega t + \phi),$$

$$\frac{\partial g}{\partial t}(a, \omega, t, \phi) = a\omega \cos(\omega t + \phi), \quad \frac{\partial g}{\partial \phi}(a, \omega, t, \phi) = a \cos(\omega t + \phi),$$

Damit ist:

$$\operatorname{grad} g(a, \omega, t, \phi) = (\sin(\omega t + \phi), at \cos(\omega t + \phi), a\omega \cos(\omega t + \phi), a \cos(\omega t + \phi)).$$

Aufgabe 9.7

Gegeben sei die Funktion:

$$f(x_1, x_2) = e^{-(x_1^2 + 3 x_2^2)}.$$

Man berechne die Richtungsableitung im Punkt $(1, 3)$ von f in Richtung eines Einheitsvektors $\vec{e} = (e_1, e_2)$.

Die Richtungsableitung ergibt sich wie folgt:

$$\frac{\partial f}{\partial \vec{e}}(1, 3) = \lim_{h \to 0} \frac{f((1, 3) + h \, (e_1, e_2)) - f(1, 3)}{h}$$

$$= \frac{d}{dh} f((1, 3) + h \, (e_1, e_2)) \Big|_{h=0}$$

$$= \frac{d}{dh} e^{-((1 + h \, e_1)^2 + 3 \, (3 + h \, e_2)^2)} \Big|_{h=0}$$

$$= -e^{-(1 + 3 \cdot 3^2)} (2 \, e_1 + 2 \cdot 3 \cdot 3 \, e_2)$$

$$= -e^{-28} (2 \, e_1 + 18 \, e_2).$$

Aufgabe 9.8

Sei $g : \mathbb{R} \to \mathbb{R}$ eine stetige Funktion. Man berechne den Gradienten der Funktion

$$f(x, y) = \int\limits_{3-x}^{y^2} (g(t))^2 \, dt.$$

Wir schreiben:

$$f(x, y) = \int\limits_{3-x}^{y^2} (g(t))^2 \, dt = \int\limits_{0}^{y^2} (g(t))^2 \, dt - \int\limits_{0}^{3-x} (g(t))^2 \, dt$$

und bekommen folgende partielle Ableitungen:

$$\frac{\partial f}{\partial x}(x, y) = (g(3 - x))^2, \quad \frac{\partial f}{\partial y}(x, y) = (g(y^2))^2 \, 2 \, y.$$

Der Gradient lautet:

$$\operatorname{grad} f(x, y) = ((g(3 - x))^2, 2 \, y \, (g(y^2))^2).$$

Aufgabe 9.9

Man berechne die partiellen Ableitungen:

$$\frac{\partial^2}{\partial x_1^2} \ln\left(\sqrt{x_1^2 + x_2^2}\right), \quad (x_1, x_2) \neq (0, 0),$$

und

$$\frac{\partial^2}{\partial x_1^2} \frac{1}{\sqrt{x_1^2 + x_2^2 + x_3^2}}, \quad (x_1, x_2, x_2) \neq (0, 0, 0).$$

Für die erste partielle Ableitung erhält man im ersten Fall:

$$\frac{\partial}{\partial x_1} \ln\left(\sqrt{x_1^2 + x_2^2}\right) = \frac{1}{\sqrt{x_1^2 + x_2^2}} \frac{x_1}{\sqrt{x_1^2 + x_2^2}} = \frac{x_1}{x_1^2 + x_2^2}$$

und daraus:

$$\frac{\partial^2}{\partial x_1^2} \ln\left(\sqrt{x_1^2 + x_2^2}\right) = \frac{1}{x_1^2 + x_2^2} - \frac{2 x_1^2}{(x_1^2 + x_2^2)^2}.$$

Für die erste partielle Ableitungen erhält man im zweiten Fall:

$$\frac{\partial}{\partial x_1} \frac{1}{\sqrt{x_1^2 + x_2^2 + x_3^2}} = -\frac{x_1}{\sqrt{(x_1^2 + x_2^2 + x_3^2)^3}}.$$

Damit ergibt sich:

$$\frac{\partial^2}{\partial x_1^2} \frac{1}{\sqrt{x_1^2 + x_2^2 + x_3^2}} = -\frac{1}{\sqrt{(x_1^2 + x_2^2 + x_3^2)^3}} + \frac{3\,x_1^2}{\sqrt{(x_1^2 + x_2^2 + x_3^2)^5}}.$$

Aufgabe 9.10

Gegeben ist die Funktion:

$$f(x, t) = \int_0^x h(s\,t)\,ds, \quad t > 0,$$

mit einer differenzierbaren Funktion $h : \mathbb{R} \longrightarrow \mathbb{R}$. Man berechne die partiellen Ableitungen von f.

Die Ableitung nach x ergibt:

$$\frac{\partial f}{\partial x}(x, t) = h(x\,t).$$

Die Ableitung nach t ergibt mit dem Satz über die Ableitung parameterabhängiger Integrale:

$$\frac{\partial f}{\partial t}(x, t) = \int_0^x h'(s\,t)\,s\,ds.$$

Wir schreiben

$$\int_0^x h'(s\,t)\,s\,ds = \frac{1}{t} \int_0^x h'(s\,t)\,t\,s\,ds$$

und bekommen durch partielle Integration:

$$\frac{\partial f}{\partial t}(x, t) = \frac{1}{t}\left(h(s\,t)\,s\,\big|_{s=0}^{s=x} - \int_0^x h(s\,t)\,ds \right)$$

$$= \frac{x}{t} h(x\,t) - \frac{1}{t} \int_0^x h(s\,t)\,ds$$

$$= \frac{x}{t} h(x\,t) - \frac{1}{t} f(x, t).$$

9.4 Übungsaufgaben

Übung 9.1
Für $x = (x_1, ..., x_n)$, $y = (y_1, ..., y_n) \in \mathbb{R}^n$ zeige man:

i) $x \, y = \frac{1}{4} (||x + y||^2 - ||x - y||^2)$,   ii) $|x \, y| \le ||x|| \, ||y||$.

Hinweis zu ii): Man unterscheide linear abhängige und unabhängige Vektoren und betrachte die Beziehung: $(x - \lambda y)(x - \lambda y) = x \, x - 2\lambda(x \, y) + \lambda^2(y \, y)$.

Übung 9.2
Man prüfe, ob die Funktion $f : \mathbb{R}^2 \to \mathbb{R}$ im Punkt $x_0 = (0, 0)$ stetig ist für:

i) $f(x, y) = \begin{cases} \frac{x^2 e^y + y^2 e^y}{x^2 + y^2} & \text{, für } (x, y) \ne (0, 0), \\ 1 & \text{, für } (x, y) = (0, 0), \end{cases}$

ii) $f(x, y) = \begin{cases} \frac{x^2 y^2}{x^4 + y^4} & \text{, für } (x, y) \ne (0, 0), \\ 0 & \text{, für } (x, y) = (0, 0). \end{cases}$

Übung 9.3
Man bestimme die Höhenlinien von $f : \mathbb{R}^2 \to \mathbb{R}$ für:

i) $f(x, y) = x^2 + 4y$,   ii) $f(x, y) = x^2 - 2x + y^2 + 4y + 5$,

iii) $f(x, y) = -\frac{x}{2} + \sqrt{\frac{x^2}{4} - y}$, $\frac{x^2}{4} - y \ge 0$. Man vergleiche die Höhenlinien mit den Tangenten an die Funktion $y = \frac{x^2}{4}$.

Übung 9.4
Man berechne alle partiellen Ableitungen zweiter Ordnung, ohne den Satz von Schwarz zu verwenden.

i) $f : \mathbb{R}^2 \to \mathbb{R}$, $f(x, y) = x \sin(y) + y \cos(x)$,
ii) $f : \mathbb{R}^3 \to \mathbb{R}$, $f(x, y, z) = x^3 y - xyz + 4y^2 z^2$.

Übung 9.5
Man berechne die Richtungsableitung $\frac{\partial f}{\partial \vec{e}}(x_0)$ von $f : \mathbb{R}^2 \to \mathbb{R}$ im Punkt x_0 in Richtung des Einheitsvektors $\vec{e}$ für:

i) $f(x, y) = x^2 + 2xy - 3y^2$, $x_0 = (1, 2)$, $\vec{e} = (e_1, e_2)$,
ii) $f(x, y) = xy e^{x+y}$, $x_0 = (0, 1)$, $\vec{e} = \frac{1}{5}(3, 4)$.

Übung 9.6

Gegeben sei die Funktion $f(x, y) = \sqrt{|xy|}$. Man berechne die partiellen Ableitungen $\frac{\partial f}{\partial x}(0, 0)$, $\frac{\partial f}{\partial y}(0, 0)$. Existiert die Richtungsableitung $\frac{\partial f}{\partial \vec{e}}(0, 0)$ für Einheitsvektoren $\vec{e}$, die von den Einheitsvektoren $\vec{e}_1 = (1, 0)$ und $\vec{e}_2 = (0, 1)$ verschieden sind?

Übung 9.7

Gegeben sei die Funktion $f(x, y) = \frac{x}{\sqrt{x^2 + y^2}}$, $(x, y) \neq (0, 0)$. Man bestimme die Höhenlinien von f. Existiert der Grenzwert $\lim\limits_{(x,y) \to (0,0)} f(x, y)$? Wie lauten die partiellen Ableitungen von f?

Differentiation im $\mathbb{R}^n$ — 10

Über den Gradienten kommen wir zur totalen Ableitung einer Funktion. Anstelle der Tangente tritt nun die Tangentialebene, anstelle der Ableitung die Funktionalmatrix. Die Kettenregel bezieht die Matrizenmultiplikation ein, die für die Verkettung linearer Abbildungen steht. Der Satz von Taylor für Funktionen einer Variablen besitzt eine unmittelbare Verallgemeinerung auf den mehrdimensionalen Fall. Wie bei der partiellen Ableitung schränken wir die Funktion auf eine Gerade ein und greifen auf den eindimensionalen Fall zurück. Wieder hilft der Satz von Taylor bei der Charakterisierung von Extremalstellen. Die zweiten Ableitungen stellen quadratische Formen dar. Ihre Definitheit liefert notwendige Kriterien für Extremalstellen.

10.1 Differenzierbarkeit im $\mathbb{R}^n$

Wir gehen zurück auf den Differenzierbarkeitsbegriff bei Funktionen von einer Variablen. Eine Funktion f heißt differenzierbar, wenn der Differenzenquotient einen Grenzwert besitzt:

$$\lim_{x \to x_0} \frac{f(x) - f(x_0)}{x - x_0} = f'(x_0).$$

Wir können dies auch so schreiben:

$$\lim_{x \to x_0} \left(\frac{f(x) - f(x_0)}{x - x_0} - f'(x_0) \right) = 0.$$

Denken wir an die Berührung der Funktion durch die Tangente, dann lautet die Differenzierbarkeit

$$\lim_{x \to x_0} \frac{f(x) - f(x_0) - f'(x_0)(x - x_0)}{x - x_0} = 0 \text{ bzw. } \lim_{x \to x_0} \frac{f(x) - f(x_0) - f'(x_0)(x - x_0)}{|x - x_0|} = 0.$$

© Der/die Autor(en), exklusiv lizenziert durch Springer-Verlag GmbH, DE, ein Teil von Springer Nature 2021
W. Strampp und D. Janssen, *Höhere Mathematik 2*,

Diese Form der Definition der Differenzierbarkeit lässt sich direkt in den $\mathbb{R}^n$ übertragen, wenn man das Skalarprodukt $c\,(x - x_0) = (c_1, \ldots, c_n)\,(x_1 - x_{0,1}, \ldots, x_n - x_{0,n})$ und die Länge des Vektors $x - x_0$ verwendet.

Definition: Differenzierbarkeit im $\mathbb{R}^n$

Sei $f : \mathbb{D} \longrightarrow \mathbb{R}$, $\mathbb{D} \subseteq \mathbb{R}^n$, eine Funktion und $x_0 \in \mathbb{D}$ ein innerer Punkt. Die Funktion f heißt differenzierbar im Punkt x_0, wenn es ein $c \in \mathbb{R}^n$ gibt, sodass gilt:

$$\lim_{x \to x_0} \frac{f(x) - f(x_0) - c\,(x - x_0)}{\|x - x_0\|} = 0.$$

Äquivalent dazu ist folgende Definition. Es gibt ein $c \in \mathbb{R}^n$ und eine auf einer ϵ-Umgebung $U_\epsilon(x_0) \subset \mathbb{D}$ erklärte Funktion $r : U_\epsilon(x_0) \to \mathbb{R}$ mit

$$f(x) = f(x_0) + c\,(x - x_0) + r(x)\,\|x - x_0\| \quad \text{und} \quad \lim_{x \to x_0} r(x) = 0.$$

Aus dieser letzten Form entnehmen wir sofort, dass aus der Differenzierbarkeit wieder die Stetigkeit folgt.

Satz: Differenzierbarkeit und Stetigkeit

Sei $f : \mathbb{D} \longrightarrow \mathbb{R}$, $\mathbb{D} \subseteq \mathbb{R}^n$, eine Funktion und $x_0 \in \mathbb{D}$ ein innerer Punkt.
Wenn f im Punkt x_0 differenzierbar ist, dann ist f auch stetig in x_0.

Die Differenzierbarkeit einer Funktion zieht die Existenz von sämtlichen partiellen Ableitungen nach sich. Man spricht deshalb auch von totaler Differenzierbarkeit. Der Vektor c aus der Definition der Differenzierbarkeit ist eindeutig und stimmt mit dem Gradienten überein. Wir ersetzen in der Definition x durch $x_0 + h\,\vec{e}_j$. Dann gilt $x \to x_0 \Longleftrightarrow h \to 0$, $x - x_0 = h\,\vec{e}_j$, $c\,(x - x_0) = h\,c_j$ und

$$\lim_{h \to 0} \frac{f(x_0 + h\,\vec{e}_j) - f(x_0) - h\,c_j}{|h|} = \lim_{h \to 0} \operatorname{sign}(h)\,\frac{f(x_0 + h\,\vec{e}_j) - f(x_0) - h\,c_j}{h} = 0$$

mit dem Vorzeichen $\operatorname{sign}(h) = \pm 1$ von h. Dieser Grenzwert kann dann und nur dann Null ergeben, wenn

$$\lim_{h \to 0} \frac{f(x_0 + h\,\vec{e}_j) - f(x_0) - h\,c_j}{h} = \lim_{h \to 0} \left(\frac{f(x_0 + h\,\vec{e}_j) - f(x_0)}{h} - c_j \right) = 0,$$

also:

$$\frac{\partial f}{\partial x_j}(x_0) = \lim_{h \to 0} \frac{f(x_0 + h\,\vec{e}_j) - f(x_0)}{h} = c_j.$$

Satz: Differenzierbarkeit und partielle Differenzierbarkeit

Sei $f : \mathbb{D} \longrightarrow \mathbb{R}$ eine Funktion und $x_0 \in \mathbb{D} \subseteq \mathbb{R}^n$ ein innerer Punkt.

Wenn es ein $c \in \mathbb{R}^n$ gibt mit der Eigenschaft

$$\lim_{x \to x_0} \frac{f(x) - f(x_0) - c\,(x - x_0)}{\|x - x_0\|} = 0,$$

dann stimmt c mit dem Gradienten überein:

$$c = \operatorname{grad} f(x_0).$$

Wir können einen Schritt weitergehen und die Richtungsableitung betrachten.

Satz: Differenzierbarkeit und Richtungsableitung

Die Funktion $f : \mathbb{D} \longrightarrow \mathbb{R}$, $\mathbb{D} \subseteq \mathbb{R}^n$, sei im inneren Punkt x_0 von $\mathbb{D}$ differenzierbar, und $\vec{e} \in \mathbb{R}^n$ sei ein Einheitsvektor.

Dann existiert die Richtungsableitung von f in Richtung $\vec{e}$, und es gilt:

$$\frac{\partial f}{\partial \vec{e}}(x_0) = \operatorname{grad} f(x_0)\,\vec{e} = \operatorname{grad} f(x_0)\,\vec{e}^{\,T}.$$

Wir argumentieren wie bei der partiellen Ableitung: Wir ersetzen in der Definition der Differenzierbarkeit x durch $x_0 + h\vec{e}$. Dann gilt wieder $x \to x_0 \Longleftrightarrow h \to 0$, $x - x_0 = h\vec{e}$, $\operatorname{grad} f(x_0)\,(x - x_0) = h\operatorname{grad} f(x_0)\,\vec{e}$ und

$$\lim_{h \to 0} \frac{f(x_0 + h\,\vec{e}) - f(x_0) - h\operatorname{grad} f(x_0)\,\vec{e}}{|h|}$$

$$= \lim_{h \to 0} \operatorname{sign}(h) \frac{f(x_0 + h\,\vec{e}) - f(x_0) - h\operatorname{grad} f(x_0)\,\vec{e}}{h} = 0.$$

Dies zieht nach sich:

$$\lim_{h \to 0} \frac{f(x_0 + h\,\vec{e}) - f(x_0) - h\operatorname{grad} f(x_0)\,\vec{e}}{h}$$

$$= \lim_{h \to 0} \left(\frac{f(x_0 + h\,\vec{e}) - f(x_0)}{h} - \operatorname{grad} f(x_0)\,\vec{e} \right) = 0$$

und:

$$\frac{\partial f}{\partial \vec{e}}(x_0) = \lim_{h \to 0} \frac{f(x_0 + h\,\vec{e}) - f(x_0)}{h} = \operatorname{grad} f(x_0)\,\vec{e} = \operatorname{grad} f(x_0)\,\vec{e}^{\,T}.$$

Umgekehrt gilt, wenn alle partiellen Ableitungen $\dfrac{\partial f}{\partial x_j}(x)$ in einer ϵ-Umgebung von x_0 existieren und in x_0 stetig sind, dann ist f in x_0 differenzierbar.

Die Richtungsableitung $\dfrac{\partial f}{\partial \vec{e}}(x_0)$ gibt den Anstieg der (reellwertigen) Funktion $h \longrightarrow$ $f(x_0 + h\,\vec{e})$ in $h = 0$ an. Der Gradient zeigt in die Richtung, in der die Funktionswerte $f(x)$ in maximaler Weise zunehmen. Dies ist eine der wichtigsten Eigenschaften des Gradienten.

Satz: Maximalitätseigenschaft des Gradienten

Die Funktion $f : \mathbb{D} \longrightarrow \mathbb{R}$, $\mathbb{D} \subseteq \mathbb{R}^n$, sei im inneren Punkt x_0 von $\mathbb{D}$ differenzierbar und $\operatorname{grad} f(x_0) \neq \mathbf{0}$.

Sei $\vec{e}$ ein Einheitsvektor und : $\vec{e}_m = \dfrac{\operatorname{grad} f(x_0)}{\|\operatorname{grad} f(x_0)\|}$,

dann gilt

$$\left| \frac{\partial f}{\partial \vec{e}}(x_0) \right| \leq \|\operatorname{grad} f(x_0)\|$$

und

$$\frac{\partial f}{\partial \vec{e}_m}(x_0) = \|\operatorname{grad} f(x_0)\| \quad \text{und} \quad \frac{\partial f}{\partial (-\vec{e}_m)}(x_0) = -\|\operatorname{grad} f(x_0)\|.$$

Mit der Cauchy-Schwarzschen Ungleichung bekommen wir folgende Abschätzung:

$$\left| \frac{\partial f}{\partial \vec{e}}(x_0) \right| \leq \|\operatorname{grad} f(x_0)\|\, \|\vec{e}\| = \|\operatorname{grad} f(x_0)\|.$$

Der Betrag der Richtungsableitung ist somit durch $\|\operatorname{grad} f(x_0)\|$ nach oben beschränkt. Ferner gilt:

$$\frac{\partial f}{\partial \vec{e}_m}(x_0) = \frac{1}{\|\operatorname{grad} f(x_0)\|} \operatorname{grad} f(x_0)\,\operatorname{grad} f(x_0)^{\,T} = \|\operatorname{grad} f(x_0)\|.$$

Der Betrag der Ableitung der Funktion $h \longrightarrow f(x_0 + h\,\vec{e})$ besitzt also dann ein Maximum in $h = 0$, wenn die Richtung $\vec{e} = \vec{e}_m$ gewählt wird. (Wir leiten also in Richtung des Gradienten ab. In diesem Fall ist der Anstieg echt positiv und die Funktion $f(x_0 + h\,\vec{e}_m)$ ist nahe bei $h = 0$ streng monoton wachsend). (Ist $\operatorname{grad} f(x_0) = \mathbf{0}$, dann sind alle Richtungsableitungen gleich null).

Beispiel 10.1

Wir betrachten die Funktion $f : \mathbb{R}^2 \longrightarrow \mathbb{R}$, $f(x_1, x_2) = x_1^2 + x_2^2$. In einem beliebigen Punkt $(x_1, x_2) \neq (0, 0)$ suchen wir die Richtung mit maximaler bzw. mit minimaler Richtungsableitung. In welche Richtung muss man ableiten, damit die Richtungsableitung null ergibt?

Der Gradient lautet:

$$\operatorname{grad} f(x_1, x_2) = (2\, x_1, 2\, x_2).$$

Die maximale Richtungsableitung ergibt sich für den Vektor:

$$\vec{e}_m = \frac{(2\, x_1, 2\, x_2)}{2 \sqrt{x_1^2 + x_2^2}} = \frac{(x_1, x_2)}{\sqrt{x_1^2 + x_2^2}}.$$

Die minimale Richtungsableitung ergibt sich für den Vektor:

$$-\vec{e}_m = -\frac{(x_1, x_2)}{\sqrt{x_1^2 + x_2^2}}.$$

Die Richtungsableitung verschwindet $\operatorname{grad} f(x_1, x_2), \vec{e}_0 = 0$, wenn der Vektor $\vec{e}$ senkrecht auf dem Gradienten steht (Abb. 10.1):

$$\vec{e}_0 = \pm \frac{(x_2, -x_1)}{\sqrt{x_1^2 + x_2^2}}.$$

●

Abb. 10.1 Richtung $\vec{e}_m$ maximaler und Richtungen $\pm \vec{e}_0$ verschwindender Richtungsableitung der Funktion $f(x_1, x_2) = x_1^2 + x_2^2$

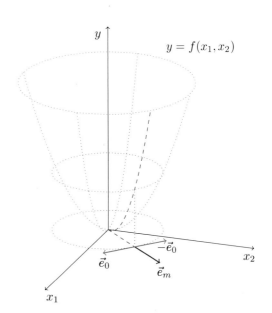

Wenn eine Funktion $f : \mathbb{D} \to \mathbb{R}, \mathbb{D} \subseteq \mathbb{R}^1$, in x_0 differenzierbar ist, dann berührt die Tangente $t(x) = f(x_0) + f'(x_0)(x - x_0)$ die Funktion in x_0:

$$\lim_{x \to x_0} \frac{f(x) - t(x)}{|x - x_0|} = 0.$$

Wir können die Tangente in Form einer Geradengleichung im $\mathbb{R}^2$ schreiben:

$$y = f(x_0) + f'(x_0)(x - x_0).$$

Wenn eine Funktion $f : \mathbb{D} \to \mathbb{R}, \mathbb{D} \subseteq \mathbb{R}^n$, in $\boldsymbol{x}_0$ differenzierbar ist, dann erfüllt die Funktion

$$t(\boldsymbol{x}) = f(\boldsymbol{x}_0) + \operatorname{grad} f(\boldsymbol{x}_0)(\boldsymbol{x} - \boldsymbol{x}_0)$$

in $\boldsymbol{x}_0$ die Berührungsbedingung:

$$\lim_{\boldsymbol{x} \to \boldsymbol{x}_0} \frac{f(\boldsymbol{x}) - t(\boldsymbol{x})}{||\boldsymbol{x} - \boldsymbol{x}_0||} = 0.$$

Wir schreiben $t(\boldsymbol{x})$ oft in Form einer Hyperebene im $\mathbb{R}^{n+1}$ mit $\boldsymbol{x} = (x_1, \ldots, x_n)$ und $\boldsymbol{x}_0 = (x_{0,1}, \ldots, x_{0,n})$:

$$x_{n+1} = f(\boldsymbol{x}_0) + \operatorname{grad} f(\boldsymbol{x}_0)(\boldsymbol{x} - \boldsymbol{x}_0).$$

Anstelle des skalaren Produkts verwendet man auch das Matrizenprodukt:

$$\begin{aligned}
t(\boldsymbol{x}) &= f(\boldsymbol{x}_0) + \operatorname{grad} f(\boldsymbol{x}_0)(\boldsymbol{x} - \boldsymbol{x}_0) \\
&= f(\boldsymbol{x}_0) + \left(\frac{\partial f}{\partial x_1}(\boldsymbol{x}_0), \ldots, \frac{\partial f}{\partial x_n}(\boldsymbol{x}_0) \right) \cdot (x_1 - x_{0,1}, \ldots, x - x_{0,n}) \\
&= f(\boldsymbol{x}_0) + \left(\frac{\partial f}{\partial x_1}(\boldsymbol{x}_0), \ldots, \frac{\partial f}{\partial x_n}(\boldsymbol{x}_0) \right) \begin{pmatrix} x_1 - x_{0,1} \\ \vdots \\ x_n - x_{0,n} \end{pmatrix}.
\end{aligned}$$

Ist $n = 2$, so stellt $t(\boldsymbol{x})$ eine Ebene im $\mathbb{R}^3$ dar:

$$x_3 = f(\boldsymbol{x}_0) + \frac{\partial f}{\partial x_1}(\boldsymbol{x}_0)\, (x_1 - x_{0,1}) + \frac{\partial f}{\partial x_2}(\boldsymbol{x}_0)\, (x_2 - x_{0,2}).$$

Diese Ebene heißt Tangentialebene.

Beispiel 10.2

Wir betrachten die Funktion $f : \mathbb{D} \longrightarrow \mathbb{R}, \mathbb{D} \subseteq \mathbb{R}^2$, von zwei Variablen. Die Tangential-ebene im Punkt $\boldsymbol{x}_0 = (x_{0,1}, x_{0,2})$ besitzt die Richtungsvektoren

$$t_1(\boldsymbol{x}_0) = \begin{pmatrix} 1 \\ 0 \\ \frac{\partial f}{\partial x_1}(\boldsymbol{x}_0) \end{pmatrix}, \quad t_2(\boldsymbol{x}_0) = \begin{pmatrix} 0 \\ 1 \\ \frac{\partial f}{\partial x_2}(\boldsymbol{x}_0) \end{pmatrix},$$

den Normalenvektor

$$n(\boldsymbol{x}_0) = t_1(\boldsymbol{x}_0) \times t_2(\boldsymbol{x}_0) = \begin{pmatrix} -\frac{\partial f}{\partial x_1}(\boldsymbol{x}_0) \\ -\frac{\partial f}{\partial x_2}(\boldsymbol{x}_0) \\ 1 \end{pmatrix}.$$

Wir gehen von der Tangentialebene aus

$$x_3 = f(\boldsymbol{x}_0) + \frac{\partial f}{\partial x_1}(\boldsymbol{x}_0)\,(x_1 - x_{0,1}) + \frac{\partial f}{\partial x_2}(\boldsymbol{x}_0)\,(x_2 - x_{0,2})$$

und formen um:

$$0 = \frac{\partial f}{\partial x_1}(\boldsymbol{x}_0)\,(x_1 - x_{0,1}) + \frac{\partial f}{\partial x_2}(\boldsymbol{x}_0)\,(x_2 - x_{0,2}) - (x_3 - f(\boldsymbol{x}_0))$$

$$= \begin{pmatrix} \frac{\partial f}{\partial x_1}(\boldsymbol{x}_0) \\ \frac{\partial f}{\partial x_2}(\boldsymbol{x}_0) \\ -1 \end{pmatrix} \begin{pmatrix} x_1 - x_{0,1} \\ x_2 - x_{0,2} \\ x_3 - x_{0,3} \end{pmatrix}.$$

Andererseits lösen wir die Gleichung der Tangentialebene auf, indem wir $x_1 = x_{0,1} + \lambda$, $x_2 = x_{0,2} + \mu$ mit Parametern $\lambda, \mu \in \mathbb{R}$ setzen. Dann folgt

$$x_1 = x_{0,1} + \lambda, \quad x_2 = x_{0,2} + \mu, \quad x_3 = f(\boldsymbol{x}_0) + \frac{\partial f}{\partial x_1}(\boldsymbol{x}_0)\,\lambda + \frac{\partial f}{\partial x_2}(\boldsymbol{x}_0)\,\mu$$

bzw.

$$\begin{pmatrix} x_1 \\ x_2 \\ x_3 \end{pmatrix} = \begin{pmatrix} x_{0,1} \\ x_{0,2} \\ f(x_{0,1}, x_{0,2}) \end{pmatrix} + \lambda \begin{pmatrix} 1 \\ 0 \\ \frac{\partial f}{\partial x_1}(x_0) \end{pmatrix} + \mu \begin{pmatrix} 0 \\ 1 \\ \frac{\partial f}{\partial x_2}(x_0) \end{pmatrix}.$$

Bezeichnen wir die unabhängigen Variablen mit x und y und den festen Punkt mit (x_0, y_0), dann lautet die Tangentialebene (Abb. 10.2):

$$\frac{\partial f}{\partial x}(x_0, y_0)\,(x - x_0) + \frac{\partial f}{\partial y}(y)\,(y - y_0) - (z - f(x_0, y_0)) = 0$$

bzw.

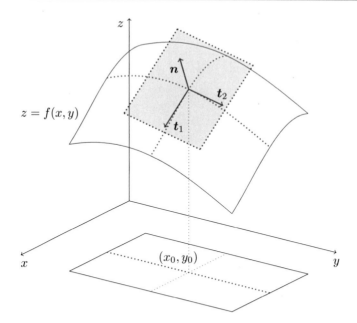

Abb. 10.2 Richtungsvektoren t_1 t_2 und Normalenvektor $n = t_1 \times t_2$ der Tangentialebene der Funktion $f(x, y)$ im Punkt (x_0, y_0)

$$\begin{pmatrix} x \\ y \\ z \end{pmatrix} = \begin{pmatrix} x_0 \\ y_0 \\ f(x_0, y_0) \end{pmatrix} + \lambda \begin{pmatrix} 1 \\ 0 \\ \frac{\partial f}{\partial x}(x_0, y_0) \end{pmatrix} + \mu \begin{pmatrix} 0 \\ 1 \\ \frac{\partial f}{\partial y}(x_0, y_0) \end{pmatrix}.$$

•

Beispiel 10.3

Wir stellen die Gleichung der Tangentialebene im Punkt $(1, 1)$ an die folgende Funktion auf:

$$f(x, y) = \cos(x y).$$

Die partiellen Ableitungen lauten:

$$\frac{\partial f}{\partial x}(x, y) = -y \sin(x y) \quad \frac{\partial f}{\partial y}(x, y) = -x \sin(x y).$$

Wir bekommen damit:

$$f(1, 1) = \cos(1), \quad \frac{\partial f}{\partial x}(1, 1) = -\sin(1), \quad \frac{\partial f}{\partial y}(1, 1) = -\sin(1),$$

und die Tangentialebene (Abb. 10.3):

Abb. 10.3 Die Funktion
$f(x, y) = \cos(x\, y)$ mit der
Tangentialebene im Punkt
$(1, 1)$: $t(x, y) = \cos(1) -$
$\sin(1)\,(x - 1) - \sin(1)\,(y - 1)$

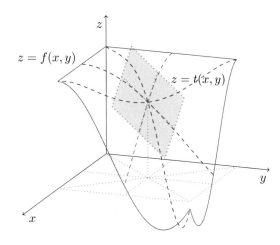

$$z = \cos(1) - \sin(1)\,(x - 1) - \sin(1)\,(y - 1).$$

Die Differenzierbarkeit von Funktionen mit Werten im $\mathbb{R}^m$ wird wie die Stetigkeit komponentenweise erklärt.

Definition: Funktionalmatrix (Jacobi-Matrix)

Sei $\boldsymbol{f} : \mathbb{D} \longrightarrow \mathbb{R}^m$, $\mathbb{D} \subseteq \mathbb{R}^n$, eine Funktion und $\boldsymbol{x}_0 \in \mathbb{D}$ ein innerer Punkt. Die Funktion $\boldsymbol{f}$ heißt differenzierbar im Punkt $\boldsymbol{x}_0$ wenn jede Komponente $f^k : \mathbb{D} \longrightarrow \mathbb{R}\, k = 1 \ldots, m$ in $\boldsymbol{x}_0$ differenzierbar ist. Die Matrix

$$\frac{d\,\boldsymbol{f}}{d\,\boldsymbol{x}}(\boldsymbol{x}_0) = \begin{pmatrix} \operatorname{grad} f^1(\boldsymbol{x}_0) \\ \vdots \\ \operatorname{grad} f^m(\boldsymbol{x}_0) \end{pmatrix} = \left(\frac{\partial f^k}{\partial x_j}(\boldsymbol{x}_0) \right)_{\substack{k=1\ldots,m \\ j=1\ldots,n}}$$

heißt Funktionalmatrix (oder Jacobi-Matrix) von $\boldsymbol{f}$ in $\boldsymbol{x}_0$.

Die Gradienten der Komponentenfunktionen von $\boldsymbol{f}$ bilden also gerade die Zeilenvektoren der Funktionalmatrix. Wir haben folgende Spezialfälle:

$f : \mathbb{R} \longrightarrow \mathbb{R}$: Die Funktionalmatrix $\dfrac{d\,f}{d\,x}(x_0)$ ist eine 1×1-Matrix.

$f : \mathbb{R}^n \longrightarrow \mathbb{R}$: Die Funktionalmatrix $\dfrac{d\,f}{d\,\boldsymbol{x}}(\boldsymbol{x}_0) = \operatorname{grad} f(\boldsymbol{x}_0)$ ist eine $1 \times n$-Matrix.

Beispiel 10.4

Wir stellen die Funktionalmatrix der folgenden Funktionen auf:

$$f(x_1, x_2, x_3) = (x_1\, x_2^2, \sin(x_2 + x_3))$$

und

$$g(r, \phi) = (r \cos(\phi), r \sin(\phi)).$$

Die Funktion f bildet $\mathbb{R}^3$ in $\mathbb{R}^2$ ab und die Funktion g bildet $\mathbb{R}^2$ in $\mathbb{R}^2$ ab. Wir bekommen also durch Ableiten der Komponenten:

$$\frac{d\,f}{d(x_1, x_2, x_3)}(x_1, x_2, x_3) = \begin{pmatrix} x_2^2 & 2\,x_1\,x_2 & 0 \\ 0 & \cos(x_2 + x_3) & \cos(x_2 + x_3) \end{pmatrix}.$$

und

$$\frac{d\,g}{d(r, \phi)}(r, \phi) = \begin{pmatrix} \cos(\phi) & -r \sin(\phi) \\ \sin(\phi) & r \cos(\phi) \end{pmatrix}.$$

Die Kettenregel spielt auch bei Funktionen von mehreren Variablen eine große Rolle.

Satz: Kettenregel

Sei $f : \mathbb{D} \longrightarrow \mathbb{R}^m, \mathbb{D} \subseteq \mathbb{R}^n$, $g : f(\mathbb{D}) \longrightarrow \mathbb{R}^p$, $x_0 \in \mathbb{D}$ ein innerer Punkt von $\mathbb{D}$ und $f(x_0) \in f(\mathbb{D})$ ein innerer Punkt von $f(\mathbb{D})$.

Wenn f in x_0 und g in $f(x_0)$ differenzierbar ist, dann ist die Verkettung $g \circ f$ in x_0 differenzierbar, und es gilt:

$$\frac{d\,(g \circ f)}{d\,x}(x_0) = \frac{d\,g}{d\,y}(f(x_0)) \frac{d\,f}{d\,x}(x_0).$$

Beim Beweis der Kettenregel geht man mit ähnlichen Überlegungen wie im Fall einer Variablen vor. Die Multiplikation der Ableitungen wird ersetzt durch die Multiplikation der Funktionalmatrizen:

$$\underbrace{\frac{d(g \circ f)}{dx}(x_0)}_{p \times n-\text{Matrix}} = \underbrace{\frac{dg}{dy}(f(x_0))}_{p \times m-\text{Matrix}} \underbrace{\frac{d\,f}{dx}(x_0)}_{m \times n-\text{Matrix}} .$$

Von besonderem Interesse ist der Fall, dass die äußere Funktion in den $\mathbb{R}^1$ abbildet ($p = 1$).
Wir haben dann folgende Situation $\underbrace{\dfrac{d(g \circ f)}{dx}(x_0)}_{1 \times n-\text{Matrix}} = \underbrace{\dfrac{dg}{dy}(f(x_0))}_{1 \times m-\text{Matrix}} \underbrace{\dfrac{df}{dx}(x_0)}_{m \times n-\text{Matrix}}$ bzw.

$$\left(\frac{\partial(g \circ f)}{\partial x_1}(x_0) \ldots \frac{\partial(g \circ f)}{\partial x_n}(x_0) \right) =$$

$$\left(\frac{\partial g}{\partial y_1}(f(x_0)) \ldots \frac{\partial g}{\partial y_m}(f(x_0)) \right) \begin{pmatrix} \frac{\partial f^1}{\partial x_1}(x_0) & \cdots & \frac{\partial f^1}{\partial x_n}(x_0) \\ & \vdots & \\ \frac{\partial f^m}{\partial x_1}(x_0) & \cdots & \frac{\partial f^m}{\partial x_n}(x_0) \end{pmatrix}.$$

Wir können uns also auf die partiellen Ableitungen der Verkettung konzentrieren.

Satz: Partielle Ableitung einer Verkettung
Sei $f : \mathbb{D} \longrightarrow \mathbb{R}^m, \mathbb{D} \subseteq \mathbb{R}^n, g : f(\mathbb{D}) \longrightarrow \mathbb{R}, x_0 \in \mathbb{D}$ ein innerer Punkt von $\mathbb{D}$ und $f(x_0) \in f(\mathbb{D})$ ein innerer Punkt von $f(\mathbb{D})$.

Wenn f in x_0 und g in $f(x_0)$ differenzierbar ist, dann ist die Verkettung $g \circ f$ in x_0 differenzierbar. Die partiellen Ableitungen der Verkettung ergeben sich wie folgt:

$$\frac{\partial(g \circ f)}{\partial x_j}(x_0) = \sum_{k=1}^m \frac{\partial g}{\partial y_k}(f(x_0)) \frac{\partial f^k}{\partial x_j}(x_0), \quad j = 1 \ldots, n.$$

Man schreibt oft kurz:

$$\frac{\partial}{\partial x_j} g(y(x)) = \sum_{k=1}^m \frac{\partial g}{\partial y_k}(y(x)) \frac{\partial y^k}{\partial x_j}(x), \quad j = 1, \ldots, n.$$

Beispiel 10.5
Wir betrachten die Funktionen

$$f(x) = f(x_1, x_2) = (f^1(x_1, x_2), f^2(x_1, x_2)) = \left(x_1^2 + x_2^2, \frac{x_2}{x_1} \right), \quad x_1 > 0,$$

$$g(y) = g(y_1, y_2) = y_1 y_2.$$

Wir berechnen die partiellen Ableitungen der Verkettung $g \circ f$, 1.) indem wir zuerst verketten und dann ableiten, 2.) indem wir sofort die Kettenregel anwenden.

1.) Die Verkettung lautet:

$$(g \circ f)(x) = (x_1^2 + x_2^2)\frac{x_2}{x_1} = x_1\,x_2 + \frac{x_2^3}{x_1}.$$

Hieraus ergibt sich:

$$\frac{\partial(g \circ f)}{\partial x_1}(x) = x_2 - \frac{x_2^3}{x_1^2}, \quad \frac{\partial(g \circ f)}{\partial x_2}(x) = x_1 + 3\frac{x_2^2}{x_1}.$$

2.) Wir wenden die Kettenregel an:

$$\frac{\partial(g \circ f)}{\partial x_j}(x) = \sum_{k=1}^{2} \frac{\partial g}{\partial y_k}(f(x))\frac{\partial f^k}{\partial x_j}(x), \quad j = 1, 2.$$

Also:

$$\frac{\partial(g \circ f)}{\partial x_1}(x) = \frac{\partial g}{\partial y_1}(f(x))\frac{\partial f^1}{\partial x_1}(x) + \frac{\partial g}{\partial y_2}(f(x))\frac{\partial f^2}{\partial x_1}(x)$$

$$= \frac{x_2}{x_1}2\,x_1 + (x_1^2 + x_2^2)\left(-\frac{x_2}{x_1^2}\right) = x_2 - \frac{x_2^3}{x_1^2},$$

$$\frac{\partial(g \circ f)}{\partial x_2}(x) = \frac{\partial g}{\partial y_1}(f(x))\frac{\partial f^1}{\partial x_2}(x) + \frac{\partial g}{\partial y_2}(f(x))\frac{\partial f^2}{\partial x_2}(x)$$

$$= \frac{x_2}{x_1}2\,x_2 + (x_1^2 + x_2^2)\frac{1}{x_1} = x_1 + 3\frac{x_2^2}{x_1}.$$

$\bullet$

Beispiel 10.6

Wir betrachten die Funktionen

$$f(x) = (f^1(x), f^2(x), f^3(x)) = (\cos(x), \sin(x), x), \quad x \in \mathbb{R},$$

$$g(y) = g(y_1, y_2, y_3) = y_1\,y_2\,y_3^2.$$

Wir berechnen wieder die Ableitung der Verkettung $g \circ f$ 1.) indem wir zuerst verketten und dann ableiten, 2.) indem wir sofort die Kettenregel anwenden.

1.) Die Verkettung lautet: $(g \circ f)(x) = \cos(x)\,\sin(x)\,x^2$. Hieraus ergibt sich:

$$\frac{d(g \circ f)}{dx}(x) = -(\sin(x))^2\,x^2 + (\cos(x))^2\,x^2 + 2\,\cos(x)\,\sin(x)\,x.$$

2.) Wir wenden die Kettenregel an:

$$\frac{d(g \circ f)}{dx}(x) = \sum_{k=1}^{3} \frac{\partial g}{\partial y_k}(f(x)) \frac{df^k}{dx}(x)$$

$$= \sin(x)\, x^2\, (-\sin(x)) + \cos(x)\, x^2\, \cos(x) + 2\, x\, \cos(x)\, \sin(x)$$

$$= -(\sin(x))^2\, x^2 + (\cos(x))^2\, x^2 + 2\, \cos(x)\, \sin(x)\, x.$$

●

Beispiel 10.7

Seien $h(t)$ und $f(x, t), a \leq x \leq b, \alpha \leq t \leq \beta$ stetige Funktionen und $a \leq h(t) \leq b$. Wir berechnen die Ableitung der Funktion:

$$v(t) = \int_{a}^{h(t)} f(x, t)\, dx.$$

Wir fassen die Funktion $v(t)$ als Verkettung der Funktion

$$u(y, s) = \int_{a}^{y} f(x, s)\, dx$$

mit der Funktion $g(t) = (h(t), t)$ auf. Offenbar ist die Funktion $v(t) = u(h(t), t)$ nach t differenzierbar. Mit dem Satz über die Ableitung parameterabhängiger Integrale bekommen wir:

$$\operatorname{grad} u(y, s) = \left(f(y, s), \int_{a}^{y} \frac{\partial f}{\partial s}(x, s)\, dx \right).$$

Die Kettenregel liefert dann:

$$\frac{dv}{dt}(t) = \left(f(h(t), t), \int_{a}^{h(t)} \frac{\partial f}{\partial s}(x, t)\, dx \right) \begin{pmatrix} \frac{dh}{dt}(t) \\ 1 \end{pmatrix}$$

bzw.

$$\frac{dv}{dt}(t) = f(h(t), t) \frac{dh}{dt}(t) + \int_{a}^{h(t)} \frac{\partial f}{\partial s}(x, t)\, dx.$$

Schließlich kann man von $\dfrac{\partial f}{\partial s}(x, t)$ wieder zu $\dfrac{\partial f}{\partial t}(x, t)$ zurückgehen:

$$\frac{dv}{dt}(t) = f(h(t), t)\,\frac{d\,h}{d\,t}(t) + \int\limits_{a}^{h(t)} \frac{\partial f}{\partial t}(x, t)\,dx.$$

•

Beispiel 10.8

Wir betrachten den Zusammenhang zwischen der Richtungsableitung und dem Gradienten mit Hilfe der Kettenregel. Die Funktion $f : \mathbb{D} \longrightarrow \mathbb{R}$, $\mathbb{D} \subseteq \mathbb{R}^n$, sei im inneren Punkt x_0 von $\mathbb{D}$ differenzierbar, und $\vec{e} \in \mathbb{R}^n$ sei ein Einheitsvektor, dann gilt:

$$\frac{\partial f}{\partial \vec{e}}(x_0) = \operatorname{grad} f(x_0)\,\vec{e}^{\,T}.$$

Wir definieren die Funktion $g : \mathbb{R} \longrightarrow \mathbb{R}^n$ $\quad h \longrightarrow x_0 + h\,\vec{e}$,

$$g(h) = (g^1(h), \ldots, g^n(h)) = (x_{0,1} + h\,e_1 \ldots, x_{0,n} + h\,e_n).$$

Für kleine $h \in \mathbb{R}$ ist dann die Verkettung $f \circ g$ erklärt. Offenbar ist die Funktion g in $h = 0$ differenzierbar:

$$\frac{dg}{dh}(0) = \begin{pmatrix} \frac{dg^1}{dh}(0) \\ \vdots \\ \frac{dg^n}{dh}(0) \end{pmatrix} = \begin{pmatrix} e_1 \\ \vdots \\ e_n \end{pmatrix} = \vec{e}^{\,T}.$$

Nach der Definition der Richtungsableitung und mit der Kettenregel gilt dann:

$$\frac{\partial f}{\partial \vec{e}}(x_0) = \frac{d(f \circ g)}{dh}(0) = \operatorname{grad} f(x_0)\,\vec{e}^{\,T}.$$

•

10.2 Der Satz von Taylor im $\mathbb{R}^n$

Der Satz von Taylor für Funktionen einer Variablen besitzt eine unmittelbare Verallgemeinerung auf den n-dimensionalen Fall. Wir müssen nur sicherstellen, dass mit zwei Punkten aus dem Definitionsbereich auch ihre Verbindungsstrecke im Definitionsbereich liegt (Abb. 10.4).

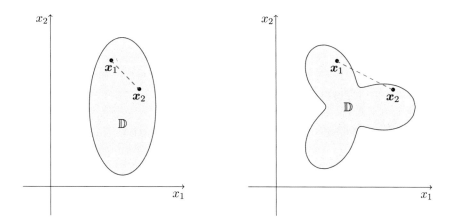

Abb. 10.4 Konvexe Menge $\mathbb{D}$ (links) und nicht konvexe Menge $\mathbb{D}$ (rechts) im $\mathbb{R}^2$. Jede Verbindungsstrecke verläuft in $\mathbb{D}$ (links). Nicht jede Verbindungsstrecke verläuft in $\mathbb{D}$ (rechts)

Definition: Konvexe Menge

Sei $\mathbb{D} \subseteq \mathbb{R}^n$ eine Menge. Die Menge $\mathbb{D}$ heißt konvex, wenn mit je zwei Punkten $x_1 \in \mathbb{D}$ und $x_2 \in \mathbb{D}$ auch die Verbindungsstrecke zu $\mathbb{D}$ gehört:

$$\{x \mid x = x_1 + \theta\,(x_2 - x_1),\ \theta \in [0, 1]\} \subseteq \mathbb{D}.$$

Satz: Mittelwertsatz

Sei $\mathbb{D} \subseteq \mathbb{R}^n$ eine offene, konvexe Menge und $f : \mathbb{D} \longrightarrow \mathbb{R}$ differenzierbar. Sei x_0 ein fester Punkt aus $\mathbb{D}$. Dann gibt es zu jedem Punkt $x \in \mathbb{D}$ ein $\theta_x \in (0, 1)$, sodass gilt:

$$f(x) = f(x_0) + \sum_{j=1}^{n} \frac{\partial f}{\partial x_j}(x_0 + \theta_x\,(x - x_0))\,(x_j - x_{0,j}).$$

Wir betrachten die Funktion

$$g : [0, 1] \longrightarrow \mathbb{R}^n \ t \longrightarrow x_0 + t\,(x - x_0) = (x_{0,1} + t\,(x_1 - x_{0,1}) \ldots, x_{0,n} + t\,(x_n - x_{0,n})).$$

Wegen der Konvexität von $\mathbb{D}$ ist die Verkettung $h = f \circ g : [0, 1] \longrightarrow \mathbb{R}$ erklärt. Die Funktion g ist in t differenzierbar:

$$\frac{d\boldsymbol{g}}{dt}(t) = \begin{pmatrix} \frac{dg^1}{dt}(t) \\ \vdots \\ \frac{dg^n}{dt}(t) \end{pmatrix} = \begin{pmatrix} x_1 - x_{0,1} \\ \vdots \\ x_n - x_{0,n} \end{pmatrix} = (\boldsymbol{x} - \boldsymbol{x}_0)^T$$

und mit der Kettenregel gilt dann:

$$\frac{dh}{dt}(t) = \operatorname{grad} f(\boldsymbol{g}(t))\,(\boldsymbol{x} - \boldsymbol{x}_0)^T = \sum_{j=1}^{n} \frac{\partial f}{\partial x_j}(\boldsymbol{g}(t))\,(x_j - x_{0,j}).$$

Nun ist $h(0) = f(\boldsymbol{x}_0)$ und $h(1) = f(\boldsymbol{x})$, und die Behauptung folgt aus dem Mittelwertsatz für Funktionen von einer Variablen: $h(1) - h(0) = \dfrac{dh}{dt}(\theta_{\boldsymbol{x}})$.

Wie im eindimensionalen Fall erlaubt der Mittelwertsatz die Charakterisierung konstanter Funktionen. Sind alle partiellen Ableitungen gleich null, dann ist die Funktion konstant.

Satz: Konstante Funktionen

Sei $\mathbb{D} \subseteq \mathbb{R}^n$ eine offene, konvexe Menge und $f : \mathbb{D} \longrightarrow \mathbb{R}$ differenzierbar mit $\operatorname{grad} f(\boldsymbol{x}) = \boldsymbol{0}$ für alle $\boldsymbol{x} \in \mathbb{D}$. Sei $\boldsymbol{x}_0 \in \mathbb{D}$ ein beliebiger Punkt aus $\mathbb{D}$, dann gilt für alle $\boldsymbol{x} \in \mathbb{D}$: $f(\boldsymbol{x}) = f(\boldsymbol{x}_0)$.

Die Ableitung der Hilfsfunktion $f \circ \boldsymbol{g}$ im Beweis des Mittelwertsatzes können wir auch schreiben als:

$$\frac{d(f \circ \boldsymbol{g})}{dt}(t) = \sum_{j=1}^{n} \frac{\partial f}{\partial x_j}(\boldsymbol{g}(t))\,(x_j - x_{0,j}) = (\boldsymbol{x} - \boldsymbol{x}_0)\operatorname{grad} f(\boldsymbol{g}(t)).$$

Ist f zweimal stetig differenzierbar, so können wir die zweite Ableitung von $f \circ \boldsymbol{g}$ berechnen:

$$\frac{d^2(f \circ \boldsymbol{g})}{dt^2}(t) = \sum_{j_1=1}^{n}\sum_{j_2=1}^{n} \frac{\partial^2 f}{\partial x_{j_1}\,\partial x_{j_2}}(\boldsymbol{g}(t))\,(x_{j_1} - x_{0,j_1})\,(x_{j_2} - x_{0,j_2}).$$

Bei höherer Differenzierbarkeit bekommen wir analog:

$$\frac{d^\nu(f \circ \boldsymbol{g})}{dt^\nu}(t) = \sum_{j_1=1}^{n}\cdots\sum_{j_\nu=1}^{n} \frac{\partial^\nu f}{\partial x_{j_1}\ldots\partial x_{j_\nu}}(\boldsymbol{g}(t))\,(x_{j_1} - x_{0,j_1})\cdots(x_{j_\nu} - x_{0,j_\nu}).$$

Wir führen folgende Schreibweise ein:

$$(a \text{ grad})^{\nu} f(x) = \sum_{j_1=1}^{n} \cdots \sum_{j_{\nu}=1}^{n} a_{j_1} \cdots a_{j_{\nu}} \frac{\partial^{\nu} f}{\partial x_{j_1} \ldots \partial x_{j_{\nu}}}(x) \quad a = (a_1, \ldots, a_n).$$

Beispiel 10.9

Wir schreiben die Operation $(a \text{ grad})^{\nu} f(x)$ aus für den Fall $n = 2$ und $\nu = 1, 2, 3$.

Für $\nu = 1$ gilt:

$$(a \text{ grad}) f(x) = \sum_{j_1=1}^{2} a_{j_1} \frac{\partial f}{\partial x_{j_1}}(x) = a_1 \frac{\partial f}{\partial x_1}(x) + a_2 \frac{\partial f}{\partial x_2}(x),$$

Für $\nu = 2$ gilt:

$$
\begin{aligned}
(a \text{ grad})^2 f(x) &= \sum_{j_1=1}^{2} \sum_{j_2=1}^{2} a_{j_1} a_{j_2} \frac{\partial^2 f}{\partial x_{j_1} \partial x_{j_2}}(x) \\
&= a_1 a_1 \frac{\partial^2 f}{\partial x_1^2}(x) + a_1 a_2 \frac{\partial^2 f}{\partial x_1 \partial x_2}(x) \\
&\quad + a_2 a_1 \frac{\partial^2 f}{\partial x_2 \partial x_1}(x) + a_2^2 \frac{\partial^2 f}{\partial x_2^2}(x) \\
&= a_1^2 \frac{\partial^2 f}{\partial x_1^2}(x) + 2 a_1 a_2 \frac{\partial^2 f}{\partial x_2 \partial x_2}(x) + a_2^2 \frac{\partial^2 f}{\partial x_2^2}(x).
\end{aligned}
$$

Für $\nu = 3$ gilt:

$$
\begin{aligned}
(a \text{ grad})^3 f(x) &= \sum_{j_1=1}^{2} \sum_{j_2=1}^{2} \sum_{j_3=1}^{2} a_{j_1} a_{j_2} a_{j_3} \frac{\partial^3 f}{\partial x_{j_1} \partial x_{j_2} \partial x_{j_3}}(x) \\
&= a_1^3 \frac{\partial^3 f}{\partial x_1^3}(x) + 3 a_1^2 a_2 \frac{\partial^3 f}{\partial x_1^2 \partial x_2}(x) + 3 a_1 a_2^2 \frac{\partial^3 f}{\partial x_1 \partial x_2^2}(x) + a_2^3 \frac{\partial^3 f}{\partial x_2^3}(x).
\end{aligned}
$$

■

Beispiel 10.10

Wir zeigen, dass im allgemeinen Fall gilt:

$$(a \text{ grad})^{\nu} f(x) = \sum_{l_1 + \cdots + l_n = \nu} \frac{\nu!}{l_1! \cdots l_n!} a_1^{l_1} \cdots a_n^{l_n} \frac{\partial^{\nu} f}{\partial x_1^{l_1} \cdots \partial x_n^{l_n}}.$$

Dazu betrachten wir die Operation:

$$(a \text{ grad})^{\nu} f(x) = \sum_{j_1=1}^{n} \cdots \sum_{j_{\nu}=1}^{n} a_{j_1} \cdots a_{j_{\nu}} \frac{\partial^{\nu} f}{\partial x_{j_1} \cdots \partial x_{j_{\nu}}}(x)$$

und überlegen, dass jeder Summand von folgender Gestalt sein muss:

$$a_1^{l_1} \cdots a_n^{l_n} \frac{\partial^\nu f}{\partial x_1^{l_1} \cdots \partial x_n^{l_n}}, \quad l_1 + \cdots + l_n = \nu.$$

Die Anzahl der Differentialoperatoren im Nenner (bzw. der Vorfaktoren) beträgt ν, wobei mehrfach auftretende Operatoren mehrfach gezählt werden. Es gibt $\nu!$ Möglichkeiten für die Anordnung der Operationen. Jeweils $l_1! \cdots l_n!$ dieser Anordnungen sind aber gleich wegen der Vertauschbarkeit der partiellen Ableitungen. Damit kommen wir auf den Faktor $\frac{\nu!}{l_1! \cdots l_n!}$.

Diese Multinomialkoeffizienten treten in der Verallgemeinerung des binomischen Satzes auf:

$$(a_1 + \cdots + a_n)^\nu = \sum_{l_1 + \cdots + l_n = \nu} \frac{\nu!}{l_1! \cdots l_n!} a_1^{l_1} \cdots a_n^{l_n}.$$

Im Fall $\nu = 2$ schreiben wir noch (entsprechend zum binomischen Satz):

$$((a_1, a_2)\,\mathrm{grad})^\nu\, f(x_1, x_2) = \sum_{l=0}^{\nu} \frac{\nu!}{l!\,(\nu - l)!}\, a_1^l\, a_2^{\nu-l}\, \frac{\partial^\nu f}{\partial x_1^l\, \partial x_2^{\nu-l}}(x_1, x_2)$$

$$= \sum_{l=0}^{\nu} \binom{\nu}{l}\, a_1^l\, a_2^{\nu-l}\, \frac{\partial^\nu f}{\partial x_1^l\, \partial x_2^{\nu-l}}(x_1, x_2).$$

(Man setzt dazu $l_1 = l$ und $l_2 = \nu - l$. Die Summe der Indizes beträgt stets ν und alle Summanden werden erfasst).

•

Satz: Satz von Taylor

Sei $\mathbb{D} \subseteq \mathbb{R}^n$ eine offene, konvexe Menge und x_0 ein fester Punkt aus $\mathbb{D}$. Die Funktion $f : \mathbb{D} \longrightarrow \mathbb{R}$ sei $m + 1$-mal differenzierbar, $m \geq 1$. Dann gibt es zu jedem Punkt $x \in \mathbb{D}$ ein $\theta_x \in (0, 1)$, sodass gilt:

$$f(x) = f(x_0) + \sum_{\nu=1}^{m} \frac{1}{\nu!} ((x - x_0)\,\mathrm{grad})^\nu\, f(x_0)$$

$$+ \frac{1}{(m+1)!} ((x - x_0)\,\mathrm{grad})^{m+1}\, f(x_0 + \theta_x\,(x - x_0)).$$

Der Satz von Taylor in $\mathbb{R}^n$ wird analog zum Mittelwertsatz auf den eindimensionalen Fall zurückgeführt, indem man die Einschränkung $f(x_0 + t\,(x - x_0))$ betrachtet.

Wir bezeichnen das folgende Polynom wieder als m-tes Taylorpolynom der Funktion f um den Entwicklungspunkt $\boldsymbol{x}_0$:

$$T_m(f, \boldsymbol{x}, \boldsymbol{x}_0) = f(\boldsymbol{x}_0) + \sum_{\nu=1}^{m} \frac{1}{\nu!} \left((\boldsymbol{x} - \boldsymbol{x}_0) \operatorname{grad}\right)^\nu f(\boldsymbol{x}_0).$$

Als Taylorreihe von f um den Entwicklungspunkt $\boldsymbol{x}_0$ bezeichnen wir die Mehrfachreihe:

$$f(\boldsymbol{x}_0) + \sum_{\nu=1}^{\infty} \frac{1}{\nu!} \left((\boldsymbol{x} - \boldsymbol{x}_0) \operatorname{grad}\right)^\nu f(\boldsymbol{x}_0).$$

Das Taylorpolynom und die Taylorreihe (unter der Voraussetzung der absoluten Konvergenz) sind wieder eindeutig. Absolute Konvergenz liegt bei Taylorreihen im Allgemeinen in einer Umgebung des Entwicklungspunktes vor: $\|\boldsymbol{x} - \boldsymbol{x}_0\| < \rho$. (Man bezeichnet dann ρ wieder als Konvergenzradius). Das Konvergenzgebiet kann aber wesentlich größer sein.

Beispiel 10.11
Wir stellen das zweite Taylorpolynom der Funktion $f(x_1, x_2) = \sin(x_1 + x_2^2)$ (Abb. 10.5) um den Entwicklungspunkt $(0, 0)$ auf.
   Wir berechnen die Ableitungen:

$$\frac{\partial f}{\partial x_1}(x_1, x_2) = \cos(x_1 + x_2^2),$$

$$\frac{\partial f}{\partial x_2}(x_1, x_2) = 2\, x_2 \cos(x_1 + x_2^2),$$

$$\frac{\partial^2 f}{\partial x_1^2}(x_1, x_2) = -\sin(x_1 + x_2^2),$$

$$\frac{\partial^2 f}{\partial x_1\, \partial x_2}(x_1, x_2) = -2\, x_2 \sin(x_1 + x_2^2),$$

$$\frac{\partial^2 f}{\partial x_2^2}(x_1, x_2) = -4\, x_2^2 \sin(x_1 + x_2^2) + 2\cos(x_1 + x_2^2),$$

und bekommen (Abb. 10.5):

$$T_2(f, (x_1, x_2)(0, 0)) = 0 + 1 \cdot x_1 + 0 \cdot x_2 + \frac{1}{2} \cdot 0 \cdot x_1^2 + 0 \cdot x_1 \cdot x_2 + \frac{1}{2} \cdot 2 \cdot x_2^2$$

$$= x_1 + x_2^2.$$

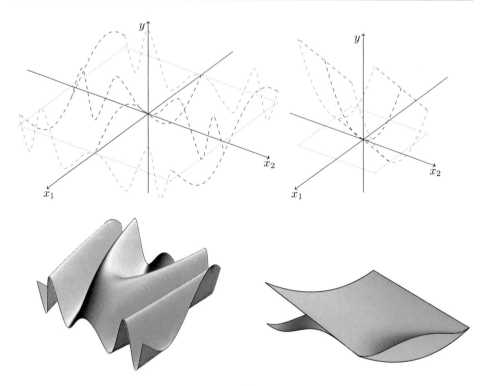

Abb. 10.5 Die Funktion $f(x_1, x_2) = \sin(x_1 + x_2^2)$, (oben, links), und das zweite Taylorpolynom $T_2(f, (x_1, x_2)(0, 0)) = x_1 + x_2^2$, (oben, rechts). Die Funktion f (unten, links). Die Funktion f mit dem Taylorpolynom (unten, rechts)

Beispiel 10.12

Wir entwickeln die Funktion:

$$f(x_1, x_2) = \frac{1 + x_1}{1 + x_2}$$

in eine Taylorreihe um den Nullpunkt.

Wir berechnen folgende partiellen Ableitungen:

$$\frac{\partial f}{\partial x_1}(x_1, x_2) = \frac{1}{1 + x_2},$$

$$\frac{\partial f}{\partial x_2}(x_1, x_2) = -\frac{1 + x_1}{(1 + x_2)^2},$$

$$\frac{\partial^2 f}{\partial x_1 \, \partial x_2}(x_1, x_2) = -\frac{1}{(1 + x_2)^2},$$

$$\frac{\partial^2 f}{\partial x_2^2}(x_1, x_2) = 2\,\frac{1 + x_1}{(1 + x_2)^3}.$$

Allgemein gilt:

$$\frac{\partial^{\nu+1} f}{\partial x_1 \, \partial x_2^{\nu}}(x_1, x_2) = (-1)^{\nu} \, \nu! \, \frac{1}{(1+x_2)^{\nu+1}},$$

$$\frac{\partial^{\nu+1} f}{\partial x_2^{\nu+1}}(x_1, x_2) = (-1)^{\nu+1} \, (\nu+1)! \, \frac{1+x_1}{(1+x_2)^{\nu+2}}.$$

Alle anderen partiellen Ableitungen verschwinden. Damit bekommen wir das m-te Taylorpolynom:

$$T_m(f, x_1, x_2, 0, 0) = 1 + x_1 - x_2 - x_1 x_2 + x_2^2 + x_1 x_2^2 - x_2^3 + \cdots$$
$$+ (-1)^{m-1} x_1 x_2^{m-1} + (-1)^m x_2^m.$$

Mit der geometrischen Reihe kommt man schneller zum Ziel:

$$\frac{1}{1+x_2} = \sum_{\nu=0}^{\infty} (-1)^{\nu} x_2^{\nu}, \quad |x_2| < 1.$$

Man erhält man für $x_1 \in \mathbb{R}, |x_2| < 1$:

$$f(x_1, x_2) = (1 + x_1) \sum_{\nu=0}^{\infty} (-1)^{\nu} x_2^{\nu} = \sum_{\nu=0}^{\infty} (-1)^{\nu} x_2^{\nu} + \sum_{\nu=0}^{\infty} (-1)^{\nu} x_1 x_2^{\nu}$$

und kann das Taylorpolynom $T_m(f, x_1, x_2, 0, 0)$ entnehmen.

●

10.3 Extremalstellen im $\mathbb{R}^n$

Globale und lokale Extremalstellen einer Funktion $f : \mathbb{D} \to \mathbb{R}, \mathbb{D} \subseteq \mathbb{R}^n$, werden analog zum eindimensionalen Fall erklärt.

Satz: Notwendige Bedingung für Extremalstellen

Sei $\mathbb{D} \subseteq \mathbb{R}^n$ eine offene Menge. Die Funktion $f : \mathbb{D} \longrightarrow \mathbb{R}$ sei stetig differenzierbar. Im Punkt $x_0 \in \mathbb{D}$ liege eine Extremalstelle vor. Dann gilt:

$$\text{grad } f(x_0) = 0.$$

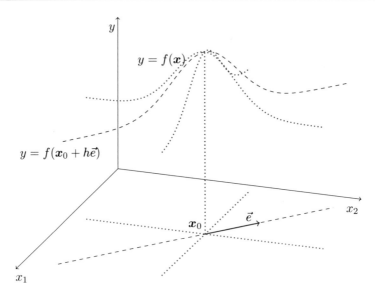

Abb. 10.6 Maximalstelle einer Funktion $f(x)$ und der Einschränkung $f(x_0 + h\,\vec{e})$ im Punkt x_0

Wir betrachten wieder die für hinreichend kleine h erklärte Funktion $g : h \longrightarrow x_0 + h\,\vec{e}$, $\vec{e} \in \mathbb{R}^n$. Die Verkettung $(f \circ g)(h) = f((x_0 + h\,\vec{e})$ ist differenzierbar und besitzt eine Extremalstelle im Punkt $h = 0$ (Abb. 10.6). Mit der notwendigen Bedingung im eindimensionalen Fall folgt:

$$\frac{d(f \circ g)}{dh}(0) = \operatorname{grad} f(x_0)\,\vec{e}^{\,T} = 0.$$

Da dies für jeden Vektor $\vec{e}$ gilt, muss der Gradient gleich dem Nullvektor sein.

Um hinreichende Bedingungen für Extremalstellen zu bekommen, ziehen wir die zweite Ableitung heran. Im eindimensionalen Fall gehen wir von der Beziehung aus:

$$f(x) - f(x_0) = \frac{1}{2}\,f''(x_0 + \theta_x\,(x - x_0))\,(x - x_0)^2, \quad \theta_x \in (0, 1).$$

Ist $f''(x_0) > 0$ bzw. $f''(x_0) < 0$, dann überträgt sich diese Eigenschaft aus Stetigkeitsgründen auf $f''(x_0 + \theta_x\,(x - x_0))$, und wir können ablesen, ob ein Minimum oder Maximum vorliegt.

Analog dazu bekommen wir im n-dimensionalen Fall:

$$f(x) - f(x_0) = \frac{1}{2}\sum_{j_1=1}^{n}\sum_{j_2=1}^{n}\frac{\partial^2 f}{\partial x_{j_1}\,\partial x_{j_2}}(x_0 + \theta_x\,(x - x_0))\,(x_{j_1} - x_{0,j_1})\,(x_{j_2} - x_{0,j_2}).$$

Das Vorzeichen des Ausdrucks auf der rechten Seite ist nun nicht mehr so einfach festzulegen.

Definition: Hessematrix

Die Funktion $f : \mathbb{D} \longrightarrow \mathbb{R}$, $\mathbb{D} \subseteq \mathbb{R}^n$, sei zweimal stetig differenzierbar. Für $x \in \mathbb{D}$ erklären wir die Hessematrix:

$$H(x) = \left(\frac{\partial^2 f}{\partial x_{j_1} \, \partial x_{j_2}}(x) \right)_{j_1, j_2 = 1 \ldots, n} = \begin{pmatrix} \frac{\partial^2 f}{\partial x_1^2}(x) & \cdots & \frac{\partial^2 f}{\partial x_1 \, \partial x_n}(x) \\ \vdots & \vdots & \vdots \\ \frac{\partial^2 f}{\partial x_n \, \partial x_1}(x) & \cdots & \frac{\partial^2 f}{\partial x_n^2}(x) \end{pmatrix}.$$

Die Hessematrix ist symmetrisch.

Beispiel 10.13

Im Fall $n = 2$ lautet die Hessematrix:

$$H(x) = \begin{pmatrix} \frac{\partial^2 f}{\partial x_1^2}(x) & \frac{\partial^2 f}{\partial x_1 \, \partial x_2}(x) \\ \frac{\partial^2 f}{\partial x_1 \, \partial x_2}(x) & \frac{\partial^2 f}{\partial x_2^2}(x) \end{pmatrix}.$$

Wir bekommen ferner:

$$((a_1, a_2) \operatorname{grad} f)^2(x) = (a_1, a_2) \, H(x) \begin{pmatrix} a_1 \\ a_2 \end{pmatrix}.$$

Dazu multiplizieren wir die Matrizen auf der rechten Seite:

$$(a_1, a_2) \, H(x) \begin{pmatrix} a_1 \\ a_2 \end{pmatrix} = (a_1, a_2) \begin{pmatrix} a_1 \frac{\partial^2 f}{\partial x_1^2}(x) + a_2 \frac{\partial^2 f}{\partial x_1 \, \partial x_2}(x) \\ a_1 \frac{\partial^2 f}{\partial x_1 \, \partial x_2}(x) + a_2 \frac{\partial^2 f}{\partial x_2^2}(x) \end{pmatrix}$$

$$= a_1^2 \frac{\partial^2 f}{\partial x_1^2}(x) + 2 \, a_1 \, a_2 \frac{\partial^2 f}{\partial x_1 \, \partial x_2}(x) + a_2^2 \frac{\partial^2 f}{\partial x_2^2}(x).$$

Mit der Hessematrix schreiben wir allgemein:

$$f(x) - f(x_0) = \frac{1}{2} \underbrace{(x_1 - x_{0,1} \ldots, x_n - x_{0,n})}_{1 \times n-\text{Matrix}} \underbrace{H(x_0 + \theta_x \, (x - x_0))}_{n \times n-\text{Matrix}} \underbrace{\begin{pmatrix} x_1 - x_{0,1} \\ \vdots \\ x_n - x_{0,n} \end{pmatrix}}_{n \times 1-\text{Matrix}}.$$

Analog zum Fall $n = 1$ fragen wir nun:

1.) Ist $\boldsymbol{a}\,H(\boldsymbol{x}_0)\,\boldsymbol{a}^T > 0$ für alle $\boldsymbol{a} = (a_1, \ldots, a_n) \neq \boldsymbol{0} \in R^n$?
2.) Ist $\boldsymbol{a}\,H(\boldsymbol{x}_0)\,\boldsymbol{a}^T < 0$ für alle $\boldsymbol{a} = (a_1, \ldots, a_n) \neq \boldsymbol{0} \in \mathbb{R}^n$?

Im Fall 1.) heißt die Matrix $H(\boldsymbol{x}_0)$ positiv definit und im Fall 2.) negativ definit.

Wir begründen kurz, dass man die Definitheit einer symmetrischen Matrix an ihren Eigenwerten ablesen kann. Eine symmetrische Matrix kann stets in Diagonalform gebracht werden. Es gibt eine Transformationsmatrix $\tilde{B}$, sodass die Matrix $\tilde{H}(\boldsymbol{x}_0) = \tilde{B}^T H(\boldsymbol{x}_0)\,\tilde{B}$ eine Diagonalmatrix mit den Eigenwerten $\lambda_1 \ldots \lambda_n$ darstellt:

$$\tilde{H}(\boldsymbol{x}_0) = \tilde{B}^T H(x_0)\,\tilde{B} = \begin{pmatrix} \lambda_1 & 0 & \cdots & 0 \\ 0 & \lambda_2 & \cdots & 0 \\ \vdots & \vdots & \vdots & \vdots \\ 0 & 0 & \cdots & \lambda_n \end{pmatrix}.$$

Die Spaltenvektoren $\vec{v}_j$ von $\tilde{B}$ stellen orthogonalisierte Eigenvektoren der Hessematrix dar: $H\,\vec{v}_j = \lambda_j\,\vec{v}_j,\ \vec{v}_j\,\vec{v}_k = \delta_{jk}$. Wir führen neue Koordinaten ein:

$$\begin{pmatrix} a_1 \\ \vdots \\ a_n \end{pmatrix} = \tilde{B}\begin{pmatrix} \tilde{a}_1 \\ \vdots \\ \tilde{a}_n \end{pmatrix} \quad \text{bzw.} \quad \boldsymbol{a} = \tilde{B}\,\tilde{\boldsymbol{a}}^T.$$

In den neuen Koordinaten gilt:

$$\begin{aligned} \boldsymbol{a}\,H(\boldsymbol{x}_0)\,\boldsymbol{a}^T &= (\tilde{B}\,\tilde{\boldsymbol{a}}^T)^T\,H(\boldsymbol{x}_0)\,(\tilde{B}\,\tilde{\boldsymbol{a}}) = \tilde{\boldsymbol{a}}^T\,(\tilde{B}^T\,H(\boldsymbol{x}_0)\,\tilde{B})\,\tilde{\boldsymbol{a}} \\ &= \tilde{\boldsymbol{a}}^T\,\tilde{H}(\boldsymbol{x}_0)\,\tilde{\boldsymbol{a}} \end{aligned}$$

und schließlich

$$\begin{aligned} \boldsymbol{a}\,H(\boldsymbol{x}_0)\,\boldsymbol{a}^T &= \tilde{\boldsymbol{a}}^T\,\tilde{H}(\boldsymbol{x}_0)\,\tilde{\boldsymbol{a}} \\ &= (\tilde{a}_1, \ldots, \tilde{a}_n)\begin{pmatrix} \lambda_1 & 0 & \cdots & 0 \\ 0 & \lambda_2 & \cdots & 0 \\ \vdots & \vdots & \cdots & \vdots \\ 0 & 0 & \cdots & \lambda_n \end{pmatrix}\begin{pmatrix} \tilde{a}_1 \\ \vdots \\ \tilde{a}_n \end{pmatrix} \\ &= \lambda_1\,\tilde{a}_1^2 + \cdots + \lambda_n\,\tilde{a}_n^2. \end{aligned}$$

Sind alle Eigenwerte positiv, dann ist die Matrix positiv definit. Sind alle Eigenwerte negativ, dann ist die Matrix negativ definit. Als Nächstes überlegen wir, dass man die Bedingungen 1) bzw. 2) der Definitheit durch die Bedingungen $\boldsymbol{a}\,H(\boldsymbol{x}_0)\,\boldsymbol{a}^T > 0$ bzw. $\boldsymbol{a}\,H(\boldsymbol{x}_0)\,\boldsymbol{a}^T < 0$ für alle $\boldsymbol{a}$ mit $\|\boldsymbol{a}\| = 1$ äquivalent ersetzen kann. Die quadratischen Formen $\boldsymbol{a}\,H(\boldsymbol{x})\,\boldsymbol{a}^T$

sind stetig auf der Einheitskugel und besitzen Minimum und Maximum. So kann man schließen, dass die Definitheit von H im Punkt x_0 sich auf eine hinreichend kleine Umgebung überträgt. Ein positiver Eigenwert sorgt dafür, dass in der Nähe des kritischen Punktes Funktionswerte angenommen werden, die größer als $f(x_0)$ sind. Ein negativer Eigenwert für Funktionswerte, die kleiner als $f(x_0)$ sind. Sind positive und negative Eigenwerte zugleich vorhanden, dann kann keine Extremalstelle vorliegen.

Satz: Hinreichende Bedingungen für Extremalstellen

Sei $\mathbb{D} \subseteq \mathbb{R}^n$ offen, $f : \mathbb{D} \longrightarrow \mathbb{R}$ zweimal stetig differenzierbar, und im Punkt $x_0 \in \mathbb{D}$ gelte

$$\operatorname{grad} f(x_0) = \mathbf{0}.$$

Dann besitzt f in x_0 ein lokales Maximum (lokales Minimum), falls die Hessematrix $H(x_0) = (f_{x_j\, x_k}(x_0))_{j,k=1\ldots,n}$ negativ definit (positiv definit) ist.

Der zweidimensionale Fall ist von besonderem Interesse. Die Eigenwerte der Hessematrix:

$$H(x_0) = \begin{pmatrix} \frac{\partial^2 f}{\partial x_1^2}(x_0) & \frac{\partial^2 f}{\partial x_1\, \partial x_2}(x_0) \\ \frac{\partial^2 f}{\partial x_1\, \partial x_2}(x_0) & \frac{\partial^2 f}{\partial x_2^2}(x_0) \end{pmatrix}$$

ergeben sich zu:

$$\lambda_{1,2} = \frac{\frac{\partial^2 f}{\partial x_1^2}(x_0) + \frac{\partial^2 f}{\partial x_2^2}(x_0)}{2} \pm \frac{\sqrt{\left(\frac{\partial^2 f}{\partial x_1^2}(x_0) + \frac{\partial^2 f}{\partial x_2^2}(x_0)\right)^2 - 4\,d}}{2},$$

$$d = \frac{\partial^2 f}{\partial x_1^2}(x_0)\, \frac{\partial^2 f}{\partial x_2^2}(x_0) - \left(\frac{\partial^2 f}{\partial x_1\, \partial x_2}(x_0)\right)^2.$$

Ist $d < 0$, dann haben wir einen positiven und einen negativen Eigenwert. Eine Extremalstelle kann nicht vorliegen. Man kann nun leicht sehen, wann die beiden Eigenwerte gleiches Vorzeichen haben und die Definitheit ablesen.

Satz: Extremalstellen von Funktionen von zwei Variablen

Sei $\mathbb{D} \subseteq \mathbb{R}^2$ offen, $f : \mathbb{D} \longrightarrow \mathbb{R}$ zweimal stetig differenzierbar, und im Punkt $x_0 \in \mathbb{D}$ gelte $\mathrm{grad}\, f(x_0) = 0$. Sei ferner

$$d = \det(H(x_0)) = \frac{\partial^2 f}{\partial x_1^2}(x_0)\, \frac{\partial^2 f}{\partial x_2^2}(x_0) - \left(\frac{\partial^2 f}{\partial x_1\, \partial x_2}(x_0)\right)^2.$$

Ist $d < 0$, so besitzt f in x_0 keine Extremalstelle. Der Punkt x_0 wird dann als Sattelpunkt bezeichnet (Abb. 10.7).

Ist $d > 0$ und $\dfrac{\partial^2 f}{\partial x_1^2}(x_0) < 0$, so besitzt f in x_0 ein lokales Maximum.

Ist $d > 0$ und $\dfrac{\partial^2 f}{\partial x_1^2}(x_0) > 0$, so besitzt f in x_0 ein lokales Minimum.

(Ist $d = 0$, so können wir keine allgemeine Aussage treffen).

Die Bedingung $d > 0$ kann nur dann erfüllt sein, wenn $\dfrac{\partial^2 f}{\partial x_1^2}(x_0)$ und $\dfrac{\partial^2 f}{\partial x_2^2}(x_0)$ gleiches Vorzeichen haben. Man kann also die hinreichende Bedingung sowohl mit der zweiten Ableitung nach x_1 als auch nach x_2 formulieren.

Abb. 10.7 Sattelpunkt $x_0 = (x_{0,1} x_{0,2})$ einer Funktion $f(x) = f(x_1, x_2)$. Auf der Geraden durch x_0 mit dem Richtungsvektor $\tilde{e}_1$ nehmen die Funktionswerte im Sattelpunkt ein Minimum an. Auf der Geraden durch x_0 mit dem Richtungsvektor $\tilde{e}_2$ wird ein Maximum angenommen

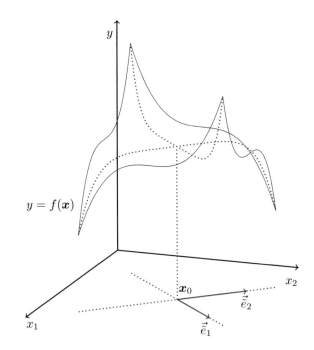

Kann die Definitheit einer symmetrischen Matrix auch ohne Kenntnis der Eigenwerte λ_j geklärt werden? Diese Frage beantwortet das Hauptminoren-Kriterium. Sei $H = (f_{jk})_{j,k=1,\ldots,n}$ eine symmetrische Matrix: $h_{jk} = h_{kj}$. Die folgenden Determinanten heißen Hauptminoren:

$$\det(H_k) = \det \begin{pmatrix} f_{11} & f_{12} & \cdots & f_{1k} \\ f_{21} & f_{12} & \cdots & f_{2k} \\ \vdots & \vdots & \cdots & \vdots \\ f_{k1} & f_{2k} & \cdots & f_{kk} \end{pmatrix}.$$

Genau dann ist die Matrix H positiv definit, wenn für alle Hauptminoren gilt $\det(H_k) > 0$, $k = 1, \ldots, n$. Eine Matrix H ist genau dann negativ definit, wenn $-H$ positiv definit ist. Daraus folgt, dass eine Matrix H genau dann negativ definit ist, wenn die Hauptminoren das Vorzeichen wechseln: $\det(H_k) < 0$ für ungerade k und $\det(H_k) > 0$ für gerade k. Das Hauptminoren-Kriterium sorgt für ausschließlich positive bzw. negative Eigenwerte. Gilt lediglich $\det(H_k) \geq 0$, $k = 1, \ldots, n$, bzw. $\det(H_k) \leq 0$, $k = 1, \ldots, n$, dann ist H semidefinit: $\lambda_j \geq 0$, $j = 1, \ldots, n$, bzw. $\lambda_j \leq 0$, $j = 1, \ldots, n$. Wenn ein Hauptminor mit geradem Index negativ ist, oder wenn zwei Hauptminoren mit ungeradem Index nicht das gleiche Vorzeichen haben, dann ist keine der obigen Bedingungen erfüllt. Die Matrix ist in diesem Fall indefinit und besitzt einen positiven und einen negativen Eigenwert. Bei Indefinitheit der Hessematrix liegt ein Sattelpunkt vor. Bei Semidefinitheit ist eine Klassifikation des kritischen Punktes nicht möglich. Das Hauptminoren-Kriterium verallgemeinert das für Funktionen von zwei Variablen hergeleitete Kriterium. Dort werden die Hauptminoren der Hessematrix $H(\boldsymbol{x}_0)$ untersucht: $\det(H_1(\boldsymbol{x}_0)) = \frac{\partial^2 f}{\partial x_1^2}(\boldsymbol{x}_0)$ und

$$\det(H_2(\boldsymbol{x}_0)) = \begin{pmatrix} \frac{\partial^2 f}{\partial x_1^2}(\boldsymbol{x}_0) & \frac{\partial^2 f}{\partial x_1 \partial x_2}(\boldsymbol{x}_0) \\ \frac{\partial^2 f}{\partial x_1 \partial x_2}(\boldsymbol{x}_0) & \frac{\partial^2 f}{\partial x_2^2}(\boldsymbol{x}_0) \end{pmatrix}.$$

Beispiel 10.14

Wir suchen Extremalstellen der Funktion:

$$f(x_1, x_2) = (x_1 - 1)^2 + (x_2 - 2)^2.$$

Infrage kommen nur solche Stellen, an denen der Gradient verschwindet. Es gilt:

$$\operatorname{grad} f(x_1, x_2) = (2(x_1 - 1), 2(x_2 - 2))$$

und $\operatorname{grad} f(x_1, x_2) = (0, 0) \iff x_1 - 1 = 0 \, x_2 - 2 = 0$. Der einzige kritische Punkt ist also der Punkt: $(x_1, x_2) = (1, 2)$. Wir berechnen die Hessematrix: $H(x_1, x_2) = \begin{pmatrix} 2 & 0 \\ 0 & 2 \end{pmatrix}$.

Damit ergibt sich:

$$\det(H(1, 2)) = 4 > 0 \quad \text{und} \quad \frac{\partial^2 f}{\partial x_1^2}(1, 2) = 2 > 0.$$

Abb. 10.8 Die Funktion $f(x_1, x_2) = (x_1 - 1)^2 + (x_2 - 2)^2$ mit einem Minimum im Punkt $(1, 2)$

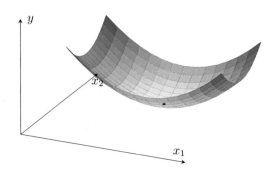

Der Punkt $(1, 2)$ stellt also eine Minimalstelle dar (Abb. 10.8).

Beispiel 10.15

Wir betrachten die Funktion:

$$f : \mathbb{R}^2 \longrightarrow \mathbb{R}, \quad f(x, y) = (x + y)^2 + \sin(x\,y).$$

Liegt im Nullpunkt eine Extremalstelle oder ein Sattelpunkt vor?

Es gilt:

$$\operatorname{grad} f(x, y) = (2\,(x + y) + y\,\cos(x\,y),\, 2\,(x + y) + x\,\cos(x\,y))$$

und damit

$$\operatorname{grad} f(0, 0) = (0, 0).$$

Wir berechnen die Hessematrix:

$$H(x, y) = \begin{pmatrix} 2 - y^2\,\sin(x\,y) & 2 + \cos(x\,y) - x\,y\,\sin(x\,y) \\ 2 + \cos(x\,y) - x\,y\,\sin(x\,y) & 2 - y^2\,\sin(x\,y) \end{pmatrix}.$$

Damit ergibt sich:

$$H(0, 0) = \begin{pmatrix} 2 & 3 \\ 3 & 2 \end{pmatrix}$$

und

$$\det(H(0, 0)) = -5 < 0.$$

Der Punkt $(0, 0)$ stellt also einen Sattelpunkt dar (Abb. 10.9).

In einer hinreichend kleinen Umgebung des Nullpunkts können wir die Funktion f mit beliebig kleiner Abweichung durch das Taylorpolynom ersetzen:

$$T_2(f, (x, y), (0, 0)) = (x, y)\,H(0, 0)\,(x, y)^T = (x, y)\begin{pmatrix} 2 & 3 \\ 3 & 2 \end{pmatrix}(x, y)^T.$$

Abb. 10.9 Die Funktion $f(x, y) = (x + y)^2 + \sin(x\, y)$ mit einem Sattelpunkt im Nullpunkt

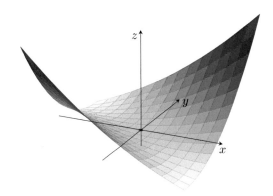

Wir betrachten die Eigenwerte und Eigenvektoren von $H(0, 0)$:

$$\det(H(0, 0) - \lambda\, E) = \det \begin{pmatrix} 2 - \lambda & 3 \\ 3 & 2 - \lambda \end{pmatrix} = (\lambda - 2)^2 + 9 = 0.$$

Die Eigenwerte lauten: $\lambda_1 = 5\ \lambda_2 = -1$. Wir bekommen Eigenvektoren:

$$\begin{pmatrix} -3 & 3 \\ 3 & -3 \end{pmatrix} \vec{v}_1^T = \vec{0}^T \qquad \begin{pmatrix} 3 & 3 \\ 3 & 3 \end{pmatrix} \vec{v}_2^T = \vec{0}^T$$

mit orthonormierten Eigenvektoren $\vec{v}_1 = \frac{1}{\sqrt{2}}\,(1, 1)$, $\vec{v}_2 = \frac{1}{\sqrt{2}}\,(1, -1)$. Damit kann $H(0, 0)$ diagonalisiert werden:

$$\tilde{B}^T\, H(0, 0)\, \tilde{B} = \begin{pmatrix} 5 & 0 \\ 0 & -1 \end{pmatrix} \qquad \tilde{B} = \begin{pmatrix} \frac{1}{\sqrt{2}} & \frac{1}{\sqrt{2}} \\ \frac{1}{\sqrt{2}} & -\frac{1}{\sqrt{2}} \end{pmatrix}.$$

In Richtung $\vec{v}_1$ bekommen wir ein Minimum: $T_2(f, (h, h), (0, 0)) = 10\, h^2$. In Richtung $\vec{v}_2$ bekommen wir ein Maximum: $T_2(f, (h, -h), (0, 0)) = -2\, h^2$ (Abb. 10.10).

$\bullet$

Beispiel 10.16

Wir betrachten die Approximation im quadratischen Mittel durch Polynome. Zu einer gegebenen stetigen Funktion $g : [0, 1] \to \mathbb{R}$ ist ein Polynom $p(t) = x_1 + x_2\, t + \ldots + x_n\, t^{n-1}$, $n \geq 1$, höchstens $n - 1$-ten Grades zu bestimmen, sodass die mittlere quadratische Abweichung: $\int_0^1 (g(t) - p(t))^2\, dt$ minimal wird.

Wir schauen dazu auf die Funktion:

$$f(x_1, \ldots, x_n)$$

$$= \int_0^1 (g(t) - (x_1 + x_2\,t + \ldots + x_n\,t^{n-1}))^2\,dt = \int_0^1 \left(g(t) - \left(\sum_{j=1}^n x_j\,t^{j-1} \right) \right)^2\,dt$$

$$= \int_0^1 (g(t))^2\,dt - 2 \left(\sum_{j=1}^n \int_0^1 g(t)\,t^{j-1}\,dt \right) x_j + \sum_{j=1}^n \sum_{k=1}^n \left(\int_0^1 t^{j+k-2}\,dt \right) x_j\,x_k$$

$$= \|g\|^2 - 2 \sum_{j=1}^n g_j\,x_j + \sum_{j=1}^n \sum_{k=1}^n h_{jk}\,x_j\,x_k$$

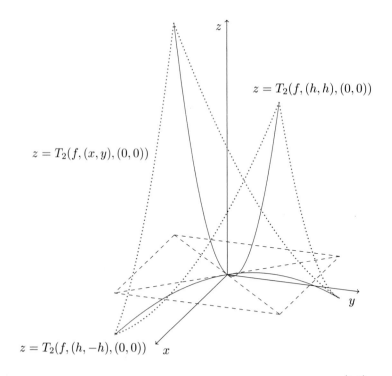

Abb. 10.10 Das zweite Taylorpolynom $T_2(f, (x, y), (0, 0)) = (x, y) \begin{pmatrix} 2 & 3 \\ 3 & 2 \end{pmatrix} (x, y)^T$ in der Nähe des Nullpunkts. Die Kurve $T_2(f, (h, h), (0, 0))$ nimmt ein Minimum, Die Kurve $T_2(f, (h, -h), (0, 0))$ nimmt ein Maximum im Nullpunkt an

mit

$$||g||^2 = \int\limits_0^1 (g(t))^2\, dt,\ g_j = \int\limits_0^1 g(t)\, t^{j-1}\, dt,\ h_{jk} = \int\limits_0^1 t^{j+k-2}\, dt = \frac{1}{j+k-1}.$$

Notwendig für eine Minimalstelle ist das Verschwinden der partiellen Ableitungen ($l = 1 \ldots, n$):

$$\frac{\partial f}{\partial x_l}(x_1, \ldots, x_n) = -2\,g_l + \sum_{j=1}^{n}\sum_{k=1}^{n} h_{jk}\,(\delta_{lj}\,x_k + x_j\,\delta_{lk}$$

$$= -2\,g_l + 2\sum_{j=1}^{n} h_{lk}\,x_k.$$

Der Gradient wird also zum Nullvektor, genau dann wenn die Normalgleichungen erfüllt sind:

$$\sum_{k=1}^{n} h_{jk}\,x_k = g_j, \quad j = 1, \ldots, n.$$

Die Funktion f stellt ein Polynom vom Grad 2 in den Variablen $x_1, \ldots, x_n$ dar. Die zweiten Ableitungen sind konstant:

$$\frac{\partial^2 f}{\partial x_j\,\partial x_k}(x_1, \ldots, x_n) = 2\,h_{jk}.$$

Wir überlegen, dass die Hessematrix:

$$H = \begin{pmatrix} 1 & 1/2 & \ldots & 1/n \\ 1/2 & 1/3 & \ldots & 1/n+1 \\ \vdots & \vdots & \ldots & \vdots \\ 1/n & 1/n+1 & \ldots & 1/2n-1 \end{pmatrix}$$

positiv definit ist. Bei beliebigem $a_k \in \mathbb{R}, k = 1, \ldots, n$ gilt:

$$\sum_{j=1}^{n}\sum_{k=1}^{n} h_{jk}\,a_j\,a_k = \int\limits_0^1 \left(\sum_{j=1}^{n}\sum_{k=1}^{n} a_j\,a_k\,t^{j+k-2} \right) dt = \int\limits_0^1 \left(\sum_{j=1}^{n} a_j\,t^{j-1} \right)^2 dt \geq 0,$$

und das Gleichheitszeichen gilt genau dann, wenn $a_1 = \ldots = a_n = 0$ ist. Daher bekommen wir mit beliebigen Vektoren $(a_1, \ldots, a_n) \neq (0, \ldots, 0)$

$$\sum_{j=1}^{n}\sum_{k=1}^{n} h_{jk}\,a_j\,a_k > 0,$$

und H ist positiv definit: $(a_1, \ldots, a_n)\,(H\,(a_1, \ldots, a_n)^T) \geq 0$, falls $(a_1, \ldots, a_n) \neq (0, \ldots 0)$. Hieraus folgt sofort, dass die homogene Gleichung: $H\,(a_1, \ldots, a_n)^T = (0, \ldots, 0)^T$ nur die Nulllösung besitzen kann. Die Matrix H ist also nichtsingulär, und die Normalgleichungen besitzen genau eine Lösung, welche eine Minimalstelle für f liefert.

•

10.4   Beispielaufgaben

Aufgabe 10.1

Sei $f(x, y, z) = 2\,x^2 + 3\,y^2 + z$ und $\vec{e} = \frac{1}{\sqrt{3}}\,(1, 1, 1)$. Man berechne die Richtungsableitung

$$\frac{\partial f}{\partial \vec{e}}(x, y, z).$$

In welche Richtung muss man ableiten, damit die Richtungsableitung ein Minimum annimmt?

Die Richtungsableitung ergibt sich aus:

$$\frac{\partial f}{\partial \vec{e}}(x, y, z) = \operatorname{grad} f(x, y, z) \begin{pmatrix} \frac{1}{\sqrt{3}} \\ \frac{1}{\sqrt{3}} \\ \frac{1}{\sqrt{3}} \end{pmatrix}.$$

Mit dem Gradienten:

$$\operatorname{grad} f(x, y, z) = (4\,x, 6\,y, 1)$$

bekommen wir:

$$\frac{\partial f}{\partial \vec{e}}(x, y, z) = \frac{4}{\sqrt{3}}\,x + \frac{6}{\sqrt{3}}\,y + \frac{1}{\sqrt{3}}.$$

Die Richtungsableitung wird minimal für folgenden Vektor:

$$-\frac{\operatorname{grad} f(x, y, z)}{\|\operatorname{grad} f(x, y, z)\|} = -\frac{(4\,x, 6\,y, 1)}{\sqrt{16\,x^2 + 36\,y^2 + 1}}.$$

Aufgabe 10.2

Gegeben sei die Funktion:

$$f(x_1, x_2) = \frac{1}{x_1\,x_2 + 1}, \quad x_1\,x_2 \neq -1.$$

Im Punkt (2, 3) bestimme man die Richtung des stärksten Anstiegs und des stärksten Gefälles der Funktion. In welche Richtungen muss man gehen, damit die Richtungsableitung null ergibt?

Wir berechnen den Gradienten:

$$\operatorname{grad} f(x_1, x_2) = \left(-\frac{x_2}{(x_1\, x_2 + 1)^2}, -\frac{x_1}{(x_1\, x_2 + 1)^2} \right)$$

und bekommen:

$$\operatorname{grad} f(2, 3) = \left(-\frac{3}{49}, -\frac{2}{49} \right).$$

Die Richtung des stärksten Anstiegs lautet:

$$\frac{\operatorname{grad} f(2, 3)}{\|\operatorname{grad} f(2, 3)\|} = \left(-\frac{3}{\sqrt{13}}, -\frac{2}{\sqrt{13}} \right).$$

Die Richtung des stärksten Gefälles lautet:

$$-\frac{\operatorname{grad} f(2, 3)}{\|\operatorname{grad} f(2, 3)\|} = \left(\frac{3}{\sqrt{13}}, \frac{2}{\sqrt{13}} \right).$$

Die Richtungsableitung ergibt null für:

$$\vec{e} = \pm \left(-\frac{2}{\sqrt{13}}, \frac{3}{\sqrt{13}} \right).$$

Aufgabe 10.3

Man berechne die Tangentialebene der Funktion

$$f(x_1, x_2) = \frac{1}{1 + x_1^2 + x_2^4}$$

im Punkt (3, 1).

Wir bilden zuerst die partiellen Ableitungen:

$$\frac{\partial f}{\partial x_1}(x_1, x_2) = -\frac{2\,x_1}{(1 + x_1^2 + x_2^4)^2}, \quad \frac{\partial f}{\partial x_2}(x_1, x_2) = -\frac{4\,x_2^3}{(1 + x_1^2 + x_2^4)^2}.$$

Im Punkt (3, 1) bekommen wir:

$$f(3, 1) = \frac{1}{11}, \quad \frac{\partial f}{\partial x_1}(3, 1) = -\frac{6}{121}, \quad \frac{\partial f}{\partial x_2}(3, 1) = -\frac{4}{121}.$$

Damit erhalten wir die Tangentialebene:

$$x_3 = \frac{1}{11} - \frac{6}{121}(x_1 - 3) - \frac{4}{121}(x_2 - 1).$$

Aufgabe 10.4

Gegeben seien die Funktionen $f : \mathbb{R}^2 \to \mathbb{R}$ und $g : \mathbb{R}^2 \to \mathbb{R}^2$ durch:

$$f(y_1, y_2) = \sin(y_1)\, y_2, \quad g(x_1, x_2) = (x_1 + x_2,\, x_1 x_2).$$

Man berechne den Gradienten der Verkettung $f \circ g$ mit der (mehrdimensionalen) Kettenregel.

Es gilt:

$$\frac{df}{d(y_1, y_2)}(y_1, y_2) = \operatorname{grad} f(y_1, y_2) = (\cos(y_1)\, y_2,\, \sin(y_1)),$$

$$\frac{dg}{d(x_1, x_2)}(x_1, x_2) = \begin{pmatrix} \operatorname{grad} g^1(x_1, x_2) \\ \operatorname{grad} g^2(x_1, x_2) \end{pmatrix} = \begin{pmatrix} 1 & 1 \\ x_2 & x_1 \end{pmatrix}.$$

Mit der Kettenregel folgt:

$$\operatorname{grad}(f \circ g)(x_1, x_2)$$

$$= \frac{df}{d(y_1, y_2)}(g^1(x_1, x_2), g^2(x_1, x_2)) \frac{dg}{d(x_1, x_2)}(x_1, x_2)$$

$$= \left(\cos(x_1 + x_2)\, x_1 x_2,\, \sin(x_1 + x_2)\right) \begin{pmatrix} 1 & 1 \\ x_2 & x_1 \end{pmatrix}$$

$$= (\cos(x_1 + x_2)\, x_1 x_2 + x_2 \sin(x_1 + x_2),\, \cos(x_1 + x_2)\, x_1 x_2 + x_1 \sin(x_1 + x_2)).$$

Aufgabe 10.5

Sei $f : \mathbb{R} \to \mathbb{R}^3$ gegeben durch $f(t) = (\sin(t)\, \cos(t)\, e^t)$ und $g : \mathbb{R}^3 \to \mathbb{R}$ gegeben durch: $g(x_1, x_2, x_3) = x_1\,(x_2 - x_3)$. Man berechne die partiellen Ableitungen der Verkettung $g \circ f$ auf direktem Weg und mit der (mehrdimensionalen) Kettenregel.

Wir bekommen auf direktem Weg:

$$(g \circ f)(t) = g(f(t)) = \sin(t)\left(\cos(t) - e^t\right)$$

und

$$\frac{d(g \circ f)}{dt} = \frac{d}{dt} g(f(t)) = \cos(t)\left(\cos(t) - e^t\right) + \sin(t)\left(-\sin(t) - e^t\right).$$

Mit den Funktionalmatrizen:

$$\frac{dg}{d(x_1, x_2, x_3)}(x_1, x_2, x_3) = \operatorname{grad} g(x_1, x_2, x_3) = (x_2 - x_3,\, x_1,\, -x_1),$$

$$\frac{df}{dt}(t) = \begin{pmatrix} \frac{df^1}{dt}(t) \\ \frac{df^2}{dt}(t) \\ \frac{df^3}{dt}(t) \end{pmatrix} = \begin{pmatrix} \cos(t) \\ -\sin(t) \\ e^t \end{pmatrix}$$

ergibt sich nach der Kettenregel:

$$\frac{d(g \circ f)}{dt} = \frac{dg}{d(x_1, x_2, x_3)}(f(t)) \frac{df}{dt}(t)$$

$$= (\cos(t) - e^t, \sin(t), -\sin(t)) \begin{pmatrix} \cos(t) \\ -\sin(t) \\ e^t \end{pmatrix}$$

$$= (\cos(t) - e^t) \cos(t) - (\sin(t))^2 - \sin(t) e^t.$$

Aufgabe 10.6

Sei $f : \mathbb{R}^2 \to \mathbb{R}$ eine stetig differenzierbare Funktion. Man vergleiche die Ableitungen:

$$\frac{d}{dt} \left(\int_a^b f(t, x) \, dx \right) \quad \text{und} \quad \frac{d}{dt} \left(\int_a^t f(t, x) \, dx \right).$$

($a < b$ sind beliebige reelle Zahlen).

Die Ableitung nach dem Parameter t ergibt:

$$\frac{d}{dt} \left(\int_a^b f(t, x) \, dx \right) = \int_a^b \frac{\partial f}{\partial t}(t, x) \, dx.$$

Wir führen die Hilfsfunktion ein:

$$h(s, t) = \int_a^s f(t, x) \, dx.$$

Offenbar gilt dann:

$$\int_a^t f(t, x) \, dx = h(t, t).$$

Die Verkettung $t \to (t, t) \to h(t, t)$ leiten wir mit der Kettenregel ab:

$$\frac{d}{dt}\left(\int_a^t f(t,x)\,dx\right) = \frac{d}{dt}h(t,t)$$

$$= \left(\tfrac{\partial h}{\partial s}(t,t)\ \tfrac{\partial h}{\partial t}(t,t)\right)\begin{pmatrix}1\\1\end{pmatrix}$$

$$= \left(f(t,t)\ \int_a^t \tfrac{\partial f}{\partial t}(t,x)\,dx\right)\begin{pmatrix}1\\1\end{pmatrix}$$

$$= f(t,t) + \int_a^t \frac{\partial f}{\partial t}(t,x)\,dx.$$

Aufgabe 10.7

Sei A eine $m \times n$-Matrix mit Elementen aus $\mathbb{R}$. Man berechne die Funktionalmatrix der Abbildung $f : \mathbb{R}^n \to \mathbb{R}^m$:

$$\boldsymbol{f}(\boldsymbol{x}) = \boldsymbol{f}(x_1,\ldots,x_n) = (A\,(x_1,\ldots,x_n)^T)^T.$$

Wir multiplizieren aus:

$$A\,(x_1,\ldots,x_n)^T = \begin{pmatrix} a_{11} & a_{12} & \cdots & a_{1n} \\ \vdots & \vdots & \cdots & \vdots \\ a_{m1} & a_{m2} & \cdots & a_{mn} \end{pmatrix} \begin{pmatrix} x_1 \\ x_2 \\ \vdots \\ x_n \end{pmatrix} = \begin{pmatrix} \displaystyle\sum_{k=1}^n a_{1k}\,x_k \\ \displaystyle\sum_{k=1}^n a_{2k}\,x_k \\ \vdots \\ \displaystyle\sum_{k=1}^n a_{mk}\,x_k \end{pmatrix}$$

bzw.

$$\boldsymbol{f}(\boldsymbol{x}) = \left(\sum_{k=1}^n a_{1k}\,x_k, \sum_{k=1}^n a_{2k}\,x_k, \ldots, \sum_{k=1}^n a_{mk}\,x_k\right)$$

$$= (f^1(\boldsymbol{x}),\, f^2(\boldsymbol{x}),\, \ldots,\, f^m(\boldsymbol{x})).$$

Nun bekommen wir die Funktionalmatrix:

$$\frac{d\boldsymbol{f}}{d\boldsymbol{x}}(\boldsymbol{x}) = \begin{pmatrix} \operatorname{grad} f^1(\boldsymbol{x}) \\ \operatorname{grad} f^2(\boldsymbol{x}) \\ \vdots \\ \operatorname{grad} f^1(\boldsymbol{x}) \end{pmatrix} = \begin{pmatrix} a_{11} & a_{12} & \cdots & a_{1n} \\ \vdots & \vdots & \cdots & \vdots \\ a_{m1} & a_{m2} & \cdots & a_{mn} \end{pmatrix} = A.$$

Aufgabe 10.8

Man berechne das m-te Taylorpolynom um den Nullpunkt der Funktionen:

$$f_1(x, y) = x\, y^3, \quad f_2(x, y) = e^{x+y}.$$

Das m-te Taylorpolynom einer Funktion $f(x, y)$ um den Nullpunkt lautet:

$$T_m(f, (x, y), (0, 0)) = \sum_{\nu=0}^{m} \sum_{k=0}^{\nu} \frac{1}{k!\,(\nu - k)!} \frac{\partial^\nu f}{\partial x^k\, \partial y^{\nu-k}}(0, 0)\, x^k\, y^{\nu-k}.$$

Die Funktion $f_1(x, y) = x\, y^3$ stellt bereits ein Polynom dar, und wir entnehmen:

$$T_m(f_1, x, y, 0, 0) = 0, \quad m = 0, 1, 2, 3,$$

$$T_m(f_1, x, y, 0, 0) = x\, y^3, \quad m \geq 4.$$

Wegen

$$\frac{\partial^\nu f_2}{\partial x^k\, \partial y^{\nu-k}}(0, 0) = 1$$

erhalten wir:

$$T_m(f_2, x, y, 0, 0) = \sum_{\nu=0}^{m} \sum_{k=0}^{\nu} \frac{1}{k!\,(\nu - k)!}\, x^k\, y^{\nu-k}.$$

Dasselbe Ergebnis bekommen wir aus der Reihenentwicklung:

$$f_2(x, y) = e^x\, e^y = \sum_{\nu=0}^{\infty} \frac{1}{\nu!} x^\nu \sum_{k=0}^{\infty} \frac{1}{k!} y^k = \sum_{\nu=0}^{\infty} \left(\sum_{k=0}^{\nu} \frac{1}{k!\,(\nu - k)!}\, x^k\, y^{\nu-k} \right).$$

Brechen wir die Reihe bei $\nu = m$ ab, so erhalten wir das m-te Taylorpolynom.

Aufgabe 10.9

Man entwickle die Funktion

$$f(x, y) = \frac{x}{1 + y}$$

in eine Taylorreihe um den Punkt $(1, 2)$. Welches Konvergenzgebiet der Taylorreihe ergibt sich? Wir greifen auf die geometrische Reihe zurück und formen um:

$$f(x, y) = \frac{x}{1 + y} = \frac{(x - 1) + 1}{3 + (y - 2)} = \frac{1}{3} \frac{1 + (x - 1)}{1 + \frac{y - 2}{3}}$$

$$= \frac{1}{3}(1 + (x - 1)) \sum_{v=0}^{\infty}(-1)^v \left(\frac{y - 2}{3}\right)^v$$

$$= \frac{1}{3}(1 + (x - 1)) \sum_{v=0}^{\infty}(-1)^v \left(\frac{1}{3}\right)^v (y - 2)^v$$

$$= \sum_{v=0}^{\infty}(-1)^v \left(\frac{1}{3}\right)^{v+1} (y - 2)^v$$

$$+ \sum_{v=0}^{\infty}(-1)^v \left(\frac{1}{3}\right)^{v+1} (x - 1)(y - 2)^v.$$

Die Reihenentwicklung konvergiert absolut für $\left|\dfrac{y - 2}{3}\right| < 1$ bzw. $|y - 2| < 3$ und $x \in \mathbb{R}$.

Aufgabe 10.10

Besitzt die Funktion

$$f(x_1, x_2) = 4 x_1^2 - 2 x_1 x_2 + 2 x_2^2 - 4 x_1$$

Extremalstellen?

Wir berechnen die ersten partiellen Ableitungen:

$$\frac{\partial f}{\partial x_1}(x_1, x_2) = 8 x_1 - 2 x_2 - 4, \quad \frac{\partial f}{\partial x_2}(x_1, x_2) = -2 x_1 + 4 x_2.$$

Die notwendige Bedingung $\operatorname{grad} f(x_1, x_2) = (0, 0)$ führt auf das System:

$$8 x_1 - 2 x_2 = 4, \quad -2 x_1 + 4 x_2 = 0$$

mit der Lösung:

$$x_1 = \frac{4}{7}, \quad x_2 = \frac{2}{7}.$$

Die Hessematrix lautet (für alle (x_1, x_2)):

$$H(x_1, x_2) = \begin{pmatrix} 8 & -2 \\ -2 & 4 \end{pmatrix}.$$

Wir lesen ab:

$$\det\left(H\left(\frac{4}{7}, \frac{2}{7}\right)\right) = 28, \quad \frac{\partial^2 f}{\partial x_1^2}\left(\frac{4}{7}, \frac{2}{7}\right) = 8 > 0.$$

Im Punkt $\left(\frac{4}{7}, \frac{2}{7}\right)$ liegt also eine Minimalstelle vor.

Aufgabe 10.11

Gegeben sei die Funktion:

$$f(x, y) = x^3 - 3 x^2 y + 3 x y^2 + y^3 - 3 x - 21 y.$$

Man bestimme alle Punkte mit verschwindendem Gradienten (kritischen Punkte) und klassifiziere sie (Minimal-, Maximal-,Sattelpunkt).

Der Gradient lautet: $\operatorname{grad} f(x, y) = (3 x^2 - 6 x y + 3 y^2 - 3, -3 x^2 + 6 x y + 3 y^2 - 21)$.
Die kritischen Punkte ergeben sich aus den Bedingungen:

$$3 x^2 - 6 x y + 3 y^2 = 3, \quad -3 x^2 + 6 x y + 3 y^2 = 21.$$

Addieren der beiden Gleichungen liefert: $6 y^2 = 24$ bzw. $y = \pm 2$.
Wir dividieren die erste Gleichung durch 3: $x^2 - 2 x y + y^2 - 1 = 0$. Diese quadratische
Gleichung kann aufgelöst werden: $x_{1,2} = y \pm \sqrt{y^2 - (y^2 - 1)} = y \pm 1$.
Wir bekommen damit folgende kritischen Punkte (Abb. 10.11): $(3, 2)$, $(1, 2)$ $(-1 - 2)$ $(-3 - 2)$. Die Hessematrix lautet:

$$H(x, y) = \begin{pmatrix} 6 x - 6 y & -6 x + 6 y \\ -6 x + 6 y & 6 x + 6 y \end{pmatrix}.$$

Im Punkt $(3, 2)$ liegt eine Minimalstelle vor, denn

$$\det(H(3, 2)) = 144, \quad \frac{\partial^2 f}{\partial x^2}(3, 2) = 6.$$

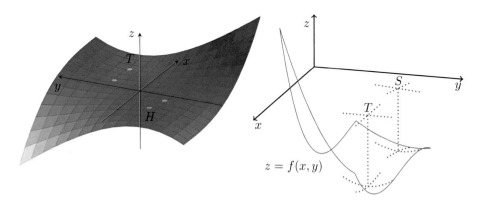

Abb. 10.11 Die Funktion $f(x, y) = x^3 - 3 x^2 y + 3 x y^2 + y^3 - 3 x - 21 y$ mit einem Minimum T, einem Maximum H und zwei Sattelpunkten (links). Ausschnitt aus dem 1. Quadranten mit Minimum T und Sattel S (rechts). (Zum Ausgleich der großen Funktionswerte wird die z-Achse skaliert)

Im Punkt $(1, 2)$ und im Punkt $(-1 - 2)$ liegt jeweils ein Sattelpunkt vor. In beiden Fällen gilt:

$$\det(H(1, 2)) = \det(H(-1 - 2)) = -144.$$

Im Punkt $(-3 - 2)$ liegt eine Maximalstelle vor, denn

$$\det(H(-3 - 2)) = 144, \quad \frac{\partial^2 f}{\partial x^2}(-3 - 2) = -6.$$

Aufgabe 10.12

Man zeige, dass die folgende Funktion einen Sattelpunkt (x_0, y_0, z_0) besitzt:

$$f(x, y, z) = x^2 + \frac{1}{2}y^2 + \frac{1}{2}z^2 - 2yz + x + y.$$

Man gebe Geraden durch (x_0, y_0, z_0) an, auf denen f in (x_0, y_0, z_0) ein Minimum bzw. ein Maximum annimmt.
Der Gradient lautet:

$$\operatorname{grad} f(x, y, z) = (2x + 1, y - 2z + 1, -2y + z).$$

Die Bedingung $\operatorname{grad} f(x, y, z) = (0, 0, 0)$ führt auf das System:

$$2x = -1, y - 2z = -1, -2y + z = 0,$$

und liefert den kritischen Punkt $(x_0, y_0, z_0) = \left(-\frac{1}{2}, \frac{1}{3}, \frac{2}{3}\right)$. Wir bestimmen die Hessematrix im Punkt (x_0, y_0, z_0):

$$H(x_0, y_0, z_0) = \begin{pmatrix} 2 & 0 & 0 \\ 0 & 1 & -2 \\ 0 & -2 & 1 \end{pmatrix}.$$

Die Eigenwerte von $H(x_0, y_0, z_0)$ ergeben sich aus:

$$\det \begin{pmatrix} 2 - \lambda & 0 & 0 \\ 0 & 1 - \lambda & -2 \\ 0 & -2 & 1 - \lambda \end{pmatrix} = (2 - \lambda)\left((1 - \lambda)^2 - 4\right) = 0.$$

Wir bekommen folgende Eigenwerte: $\lambda_1 = 2$, $\lambda_2 = 3$, $\lambda_3 = -1$. Der Punkt ist also ein Sattelpunkt. Wir können das noch verdeutlichen, indem wir die Funktion auf Geraden durch den kritischen Punkt in Richtung der Eigenvektoren berachten. Zunächst bestimmen wir die Eigenvektoren:

$$(H(x_0, y_0, z_0) - \lambda_1 E)\,\vec{v}_1^T = \begin{pmatrix} 0 & 0 & 0 \\ 0 & -1 & -2 \\ 0 & -2 & -1 \end{pmatrix} \vec{v}_1^T = \vec{0}^T,$$

$$(H(x_0, y_0, z_0) - \lambda_2 E) \vec{v}_2^T = \begin{pmatrix} -1 & 0 & 0 \\ 0 & -2 & -2 \\ 0 & -2 & -2 \end{pmatrix} \vec{v}_2^T = \vec{0}^T,$$

$$(H(x_0, y_0, z_0) - \lambda_3 E) \vec{v}_3^T = \begin{pmatrix} 3 & 0 & 0 \\ 0 & 2 & -2 \\ 0 & 2 & -2 \end{pmatrix} \vec{v}_3^T = \vec{0}^T.$$

Wir nehmen $\vec{v}_1 = (1, 0, 0)$, $\vec{v}_2 = (0, -1, 1)$, $\vec{v}_3 = (0, 1, 1)$ und bekommen:

$$f\left(\left(-\frac{1}{2}, \frac{1}{3}, \frac{2}{3}\right) + h (1, 0, 0)\right) = f\left(-\frac{1}{2} + h, \frac{1}{3}, \frac{2}{3}\right) = -\frac{1}{12} + h^2,$$

$$f\left(\left(-\frac{1}{2}, \frac{1}{3}, \frac{2}{3}\right) + h (0 - 1, 1)\right) = f\left(-\frac{1}{2}, \frac{1}{3} - h, \frac{2}{3} + h\right) = -\frac{1}{12} + 3 h^2,$$

$$f\left(\left(-\frac{1}{2}, \frac{1}{3}, \frac{2}{3}\right) + h (0, 1, 1)\right) = f\left(-\frac{1}{2}, \frac{1}{3} + h, \frac{2}{3} + h\right) = -\frac{1}{12} - h^2.$$

Wir überprüfen die Ergebnisse noch mit dem Hauptminoren-Kriterium. Die Hessematrix $H(x_0, y_0, z_0)$ besitzt die folgenden Hauptminoren:

$$\det(H_1(x_0, y_0, z_0)) = 2, \det(H_2(x_0, y_0, z_0)) = \det \begin{pmatrix} 2 & 0 \\ 0 & 1 \end{pmatrix} = 2,$$

$$\det(H_3(x_0, y_0, z_0)) = \begin{pmatrix} 2 & 0 & 0 \\ 0 & 1 & -2 \\ 0 & -2 & 1 \end{pmatrix} = -6,$$

und somit einen Sattelpunkt.

10.5 Übungsaufgaben

Übung 10.1
Man berechne die Funktionalmatrix für:

i) $f(x, y, z) = (\sin(y \cos(x)), e^{yz})$, ii) $f(x, y) = (\sin(xy), \cos(\cos(y)), \cos(x^2 + y^2))$.

Übung 10.2
Man berechne die Richtungsableitung von f im Punkt $\boldsymbol{x}_0$ in Richtung des Einheitsvektors $\vec{e}$ und bestimme die Richtung mit maximaler bzw. minimaler Richtungsableitung im Punkt $\boldsymbol{x}_0$.

i) $f(x, y) = x^2 y^2 + 1$, $\vec{e} = \frac{1}{\sqrt{2}}(1, 1)$, $x_0 = (-1, 1)$,

ii) $f(x, y, z) = e^{xyz}$, $\vec{e} = \frac{1}{\sqrt{3}}(1, 1, 1)$, $x_0 = (2, 1, 2)$.

Übung 10.3

Man berechne die Funktionalmatrix von $(f \circ g)(x, y)$ bzw. $(f \circ g)(x, y, z)$ mit der Ketten-regel für:

i) $f(x, y, z) = x^2 + 2xyz - z$, $g(x, y) = (x + y, x - y, 2x)$,

ii) $f(x, y) = (ye^x, xe^y)$, $g(x, y, z) = (xyz, x + y + z)$.

Übung 10.4

i) Man berechne das 2-te Taylorpolynom der Funktion f mit Entwicklungspunkt x_0 für:

    a) $f(x, y) = \sin^2(xy)$, $x_0 = (1, \pi)$,   b) $f(x, y) = \ln(x + y + 1)$,

                                                 $x_0 = (0, 0)$, $x + y > -1$.

ii) Man berechne das 3-te Talyorpolynom der Funktion f mit Entwicklungspunkt x_0 unter Zuhilfenahme bekannter Taylorreihen.

    a) $f(x, y) = \frac{x+2}{1+y^2}$, $x_0 = (-1, 0)$,   b) $f(x, y) = e^x \cos(y)$, $x_0 = (0, 0)$.

Übung 10.5

Man berechne die Extrema von f und die Tangentialebene im Punkt $(1, 1)$ für (Abb. 10.12):

    i) $f(x, y) = x^3 + \frac{1}{3}y^3 - \frac{3}{2}x^2 - y$,   ii) $f(x, y) = x^4 + y^4 - x^2 - y^2$.

Abb. 10.12 Die Funktion $f(x, y) = x^3 + \frac{1}{3}y^3 - \frac{3}{2}x^2 - y$ (links) und die Funktion $f(x, y) = x^4 + y^4 - x^2 - y^2$ (rechts)

Übung 10.6

Sei $f : \{(x_1, \ldots, x_n) \in \mathbb{R}^n | x_j > 0\} \longrightarrow \mathbb{R}$ eine differenzierbare Funktion und $\mu \in \mathbb{R}$. Die Funktion f heißt homogen vom Grad μ, wenn für alle $t > 0$ gilt:

$$f(tx_1, \ldots, tx_n) = t^{\mu} f(x_1, \ldots, x_n).$$

Man zeige für eine homogene Funktion f vom Grad μ:

$$x_1 \frac{\partial f}{\partial x_1}(x_1, \ldots, x_n) + \cdots + x_n \frac{\partial f}{\partial x_n}(x_1, \ldots, x_n) = \mu f(x_1, \ldots, x_n).$$

Man gebe ein Beispiel einer homogenen Funktion der Ordnung $\mu = \frac{5}{2}$.

Übung 10.7

Gegeben seien zwei stetig differenzierbare Funktionen $f(x, y, z)$ und $\tilde{f}(r, \phi, z)$ mit $\tilde{f}(r, \phi, z) = f(r \cos(\phi), r \sin(\phi), z), r > 0$. Man zeige:

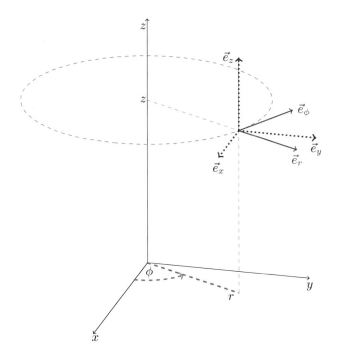

Abb. 10.13 Kartesisches System und Zylinderkoordinatensystem im Punkt (x, y, z) $=$ $(r \cos(\phi), r \sin(\phi), z)$. (Die Abhängigkeit der Einheitsvektoren $\vec{e}_r, \vec{e}_\phi$ von der Koordinate ϕ wird der Kürze halber unterdrückt)

$$\operatorname{grad} f(r\cos(\phi), r\sin(\phi), z) = \frac{\partial f}{\partial x}(r\cos(\phi), r\sin(\phi), z)\,\vec{e}_x + \frac{\partial f}{\partial y}(r\cos(\phi), r\sin(\phi), z)\,\vec{e}_y$$

$$+\frac{\partial f}{\partial z}(r\cos(\phi), r\sin(\phi), z)\,\vec{e}_z$$

$$= \frac{\partial \tilde{f}}{\partial r}(r, \phi, z)\,\vec{e}_r + \frac{1}{r}\cos(\phi)\frac{\partial \tilde{f}}{\partial \phi}(r, \phi, z)\,\vec{e}_\phi + \frac{\partial \tilde{f}}{\partial z}(r, \phi, z)\,\vec{e}_z$$

mit den Vektoren $\vec{e}_x = (1, 0, 0)$, $\vec{e}_y = (0, 1, 0)$, $\vec{e}_z = (0, 0, 1)$ und $\vec{e}_r = (\cos(\phi), \sin(\phi), 0)$, $\vec{e}_\phi = (-\sin(\phi), \cos(\phi), 0)$, (Abb. 10.13).

Implizite Funktionen

11

Die Umkehrfunktion einer Funktion f lässt sich als Auflösung des Gleichungssystems $f(x) = y$ nach x verstehen: $f^{-1}(y) = x$. Als Modellfall kann das lineare System $(Ax^T)^T = y$ mit einer invertierbaren $n \times n$-Matrix A dienen: $(A^{-1}y^T)^T = x$. Bei impliziten Funktionen nehmen wir das Modellsystem $(Ax^T)^T + (By^T)^T = 0$ mit einer $m \times n$-Matrix A und einer invertierbaren $m \times m$-Matrix B. Die Auflösung $-(B^{-1}Ax^T)^T = y$ ist eindeutig. Wir übertragen diese Überlegung auf das allgemeine System $f(x, y) = 0$. Implizit gegebene Funktionen $g(x) = y$ werden durch Auflösung des Systems gewonnen. Im mehrdimensionalen Fall spielen Extremalstellen unter Nebenbedingungen eine große Rolle. Dabei wird eine Funktion auf Kurven oder Flächen eingeschränkt, die implizit gegeben werden.

11.1 Auflösen von Gleichungen

Im Fall $n = 1$ wissen wir, dass eine stetig differenzierbare Funktion $f(x)$ mit $f'(x) \neq 0$ eine stetig differenzierbare Umkehrfunktion hat. Die Ableitung der Umkehrfunktion ergibt sich durch den Quotienten: $(f^{-1})'(y) = \dfrac{1}{f'(f^{-1}(y))}$. Diese Aussage gilt analog im Fall $n > 1$. Die Inversion der Ableitung durch Division muss durch Bildung der inversen Funktionalmatrix ersetzt werden.

© Der/die Autor(en), exklusiv lizenziert durch Springer-Verlag GmbH,
DE, ein Teil von Springer Nature 2021
W. Strampp und D. Janssen, *Höhere Mathematik 2*,

Satz: Satz über inverse Funktionen

Sei $\mathbb{D} \subseteq \mathbb{R}^n$ eine offene Menge. Die Funktion $f : \mathbb{D} \longrightarrow \mathbb{R}^n$ sei stetig differenzierbar. Im Punkt x_0 gelte: $\det\left(\dfrac{df}{dx}(x_0)\right) \neq 0$. Dann gibt es lokal eine stetig differenzierbare Umkehrfunktion f^{-1}. Für alle alle $y \in f(U_\epsilon(x_0))$ gilt:

$$\frac{df^{-1}}{dy}(y) = \left(\frac{df}{dx}(f^{-1}(y))\right)^{-1}.$$

Anstatt lokal müsste man genauer sagen: Es gibt eine offene Umgebung $U_\epsilon(x_0)$ mit offener Bildmenge $f(U_\epsilon(x_0))$, sodass die Funktion $f : U_\epsilon(x_0) \longrightarrow f(U_\epsilon(x_0))$ eine stetig differenzierbare Umkehrfunktion f^{-1} besitzt. Die Funktionalmatrix der Umkehrfunktion im Punkt y ist gleich der Inversen der Funktionalmatrix der Funktion im Punkt $f^{-1}(y)$. Wie im eindimensionalen Fall, kann man sich mit der Kettenregel (und der $n \times n$ Einheitsmatrix E) merken:

$$f(f^{-1})(y) = y \implies \frac{df}{dx}(f^{-1}(y))\frac{df^{-1}}{dy}(y) = E \implies \frac{df^{-1}}{dy}(y) = \left(\frac{df}{dx}(f^{-1}(y))\right)^{-1}.$$

Der Beweis des Satzes über inverse Funktionen ist anspruchsvoll. Man muss sich dabei auf die Invertierbarkeit der linearen Abbildung $\left(\left(\dfrac{df}{dx}(x_0)\right) x^T\right)^T = y$ stützen.

Beispiel 11.1

Wir betrachten die Funktion $f : \mathbb{R}^n \to \mathbb{R}^n$:

$$f(x) = f(x_1, \dots, x_n) = (A\,(x_1, \dots, x_n)^T)^T$$

mit der invertierbaren Matrix $A = (a_{jk})_{j,k=1,\dots,n}$. Wir schreiben

$$f(x_1, \dots, x_n) = \left(\sum_{k=1}^n a_{1k}\,x_k, \sum_{k=1}^n a_{2k}\,x_k, \dots, \sum_{k=1}^n a_{mk}\,x_k\right)$$

$$= (f^1(x_1, \dots, x_n), f^2(x_1, \dots, x_n), \dots, f^n(x_1, \dots, x_n))$$

und bekommen die Funktionalmatrix:

$$\frac{df}{dx}(x) = \begin{pmatrix} \operatorname{grad} f^1(x) \\ \operatorname{grad} f^2(x) \\ \vdots \\ \operatorname{grad} f^1(x) \end{pmatrix} = \begin{pmatrix} a_{11} & a_{12} & \cdots & a_{1n} \\ \vdots & \vdots & \cdots & \vdots \\ a_{n1} & a_{n2} & \cdots & a_{nn} \end{pmatrix} = A.$$

Es gilt $\det(A) \neq 0$. Nach dem Satz über invertierbare Funktionen besitzt f eine Umkehr-funktion f^{-1}. Die Funktionalmatrix der Umkehrfunktion ist die Inverse von A: $\dfrac{d f^{-1}}{d y}(y) = A^{-1}$. Offenbar lautet die Umkehrfunktion: $f^{-1}(y) = (A^{-1}(y_1, \ldots, y_n)^T)^T$.

•

Beispiel 11.2

Gegeben sei die Funktion $f(x_1, x_2) = \left(x_1 + x_2, \dfrac{x_1}{x_2} \right)$, $x_2 > 0$.
Die Funktionalmatrix lautet:

$$\frac{d f}{d(x_1, x_2)}(x_1, x_2) = \begin{pmatrix} 1 & 1 \\ \frac{1}{x_2} & -\frac{x_1}{x_2^2} \end{pmatrix}$$

und besitzt die Determinante:

$$\det \left(\frac{d f}{d(x_1, x_2)}(x_1, x_2) \right) = -\frac{x_1}{x_2^2} - \frac{1}{x_2}.$$

Die Determinante ist ungleich null, falls $x_1 \neq -x_2$. Wir können also im Gebiet $\{(x_1, x_2) \mid x_2 > 0, x_1 > -x_2\}$ oder im Gebiet $\{(x_1, x_2) \mid x_2 > 0, x_1 < -x_2\}$ eine Umkehrfunktion angeben. Im ersten Fall lautet der Definitionsbereich der Umkehrfunktion $\{(y_1, y_2) \mid y_1 > 0, y_2 > -1\}$ und im zweiten Fall $\{(y_1, y_2) \mid y_1 < 0, y_2 < -1\}$ (Abb. 11.1).

Wir lösen das System auf

$$x_1 + x_2 = y_1, \quad \frac{x_1}{x_2} = y_2,$$

und bekommen $x_1 = x_2 y_2$, $x_2 y_2 + x_2 = y_1$, bzw.

$$x_1 = \frac{y_1 y_2}{1 + y_2}, \quad x_2 = \frac{y_1}{1 + y_2}.$$

Abb. 11.1 Definitionsbereich der Funktion $f(x_1, x_2) = \left(x_1 + x_2, \frac{x_1}{x_2} \right)$, $x_2 > 0$ und Einschränkung des Definitionsbereichs auf $x_1 > -x_2$ bzw. $x_1 < -x_2$

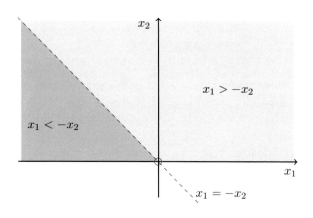

Hierbei ist $y_2 \neq -1$ wegen $\dfrac{x_1}{x_2} \neq -1$. Wir haben also die Umkehrfunktion:

$$f^{-1}(y_1, y_2) = \left(\frac{y_1 \, y_2}{1 + y_2}, \frac{y_1}{1 + y_2} \right), \quad y_2 \neq -1,$$

und es gilt:

$$\frac{d\boldsymbol{f}}{d(x_1, x_2)}(\boldsymbol{f}^{-1}(y_1, y_2)) \, \frac{d\boldsymbol{f}^{-1}}{d(y_1, y_2)}(y_1, y_2)$$

$$= \begin{pmatrix} \frac{1}{1+y_2} & \frac{1}{\frac{y_1}{y_1}} \\ \frac{1+y_2}{y_1} & -\frac{y_2\,(1+y_2)}{y_1} \end{pmatrix} \begin{pmatrix} \frac{y_2}{1+y_2} & \frac{y_1}{1+y_2} - \frac{y_1\,y_2}{(1+y_2)^2} \\ \frac{1}{1+y_2} & -\frac{y_1}{(1+y_2)^2} \end{pmatrix}$$

$$= \begin{pmatrix} 1 & 0 \\ 0 & 1 \end{pmatrix}.$$

●

Der Satz über inverse Funktionen gestattet es, Gleichungen der Gestalt $\boldsymbol{f}(\boldsymbol{y}) = \boldsymbol{x}$ nach $\boldsymbol{y}$ aufzulösen. Der folgende Satz befasst sich allgemeiner mit der Auflösbarkeit von Gleichungen vom Typ $\boldsymbol{f}(\boldsymbol{x}, \boldsymbol{y}) = 0$. Das Problem $f^1(y_1, \ldots, y_n) = x_1, \ldots, f^n(y_1, \ldots, y_n) = x_n$, wird also verallgemeinert zu folgendem Problem:

$$f^1(x_1, \ldots, x_n, y_1, \ldots, y_m) = (0, \ldots, f^m(x_1, \ldots, x_n, y_1, \ldots, y_m) = 0.$$

Satz: Satz über implizite Funktionen

Seien $\mathbb{D}_n \subseteq \mathbb{R}^n$ und $\mathbb{D}_m \subseteq \mathbb{R}^m$ offene Mengen.

Die Funktion $\boldsymbol{f} \; : \; \mathbb{D}_n \times \mathbb{D}_m \; \longrightarrow \; \mathbb{R}^m, (\boldsymbol{x}, \boldsymbol{y}) \; \longrightarrow \; \boldsymbol{f}(\boldsymbol{x}, \boldsymbol{y})$, $(x_1, \ldots, x_n, y_1, \ldots, y_m) \; \to \; (f^1(x_1, \ldots, x_n, y_1, \ldots, y_m), \ldots, f^m(x_1, \ldots, x_n, y_1, \ldots, y_m))$ sei stetig differenzierbar. Sei $(\boldsymbol{x}_0, \boldsymbol{y}_0) \in \mathbb{D}_n \times \mathbb{D}_m$ ein Punkt mit

$$\boldsymbol{f}(\boldsymbol{x}_0, \boldsymbol{y}_0) = \boldsymbol{0} \quad \text{und} \quad \det\left(\left(\frac{\partial f^k}{\partial y_j}(\boldsymbol{x}_0, \boldsymbol{y}_0) \right)_{k, j = 1, \ldots m} \right) \neq 0.$$

Dann kann man die Gleichung $\boldsymbol{f}(\boldsymbol{x}, \boldsymbol{y}) = \boldsymbol{0}$ lokal nach $\boldsymbol{y}$ auflösen mit einer Funktion $\boldsymbol{g}(\boldsymbol{x})$: $\boldsymbol{f}(\boldsymbol{x}, \boldsymbol{g}(\boldsymbol{x})) = \boldsymbol{0}$. Die Auflösung $\boldsymbol{g}(\boldsymbol{x})$ ist eindeutig und stetig differenzierbar.

Genauer muss man sagen: Es gibt offene Umgebungen $U_{\epsilon_n}(\boldsymbol{x}_0)$ und $U_{\epsilon_m}(\boldsymbol{y}_0)$, sodass zu jedem Punkt $\boldsymbol{x} \in U_{\epsilon_n}(\boldsymbol{x}_0)$ genau ein Punkt $\boldsymbol{g}(\boldsymbol{x}) \in U_{\epsilon_m}(\boldsymbol{y}_0)$ existiert mit $\boldsymbol{f}(\boldsymbol{x}, \boldsymbol{g}(\boldsymbol{x})) = \boldsymbol{0}$. Die Funktion $\boldsymbol{g} \; : \; U_{\epsilon_n}(\boldsymbol{x}_0) \longrightarrow U_{\epsilon_m}(\boldsymbol{y}_0)$ ist stetig differenzierbar. Der Beweis beruht auf dem Satz über inverse Funktionen. Bei festem x ist die Funktion $h_x : y \longrightarrow (x, y)$ invertierbar. Die Gleichung $f(x, y) = 0$ besitzt genau eine Lösung $(h_x)^{-1}(0) = y$. Die technische Schwierigkeit besteht dann darin, zu zeigen, dass $g(x) = (h_x)^{-1}(0)$ die behaupteten Eigenschaften besitzt.

Beispiel 11.3

Wir vergleichen den Satz über implizite Funktionen mit der Lösbarkeit linearer Gleichungen.

1.) $n = 1$, $m = 1$. Seien $a_1, a_2 \in \mathbb{R}$ und $b \in \mathbb{R}$. Die Gleichung

$$f(x, y) = a_1\,x + a_2\,y - b = 0$$

kann eindeutig nach y aufgelöst werden, wenn $a_2 \neq 0$ ist. Gerade diese Voraussetzung macht der Satz über implizite Funktionen:

$$\det\left(\frac{\partial f}{\partial y}(x_0, y_0)\right) = a_2 \neq 0.$$

2.) $n = 1$, $m = 2$. Seien $a_{jk} \in \mathbb{R}$ und $b_j \in \mathbb{R}$. Das Gleichungssystem

$$f^1(x, y) = a_{11}\,x + a_{12}\,y_1 + a_{13}\,y_2 - b_1 = 0,$$
$$f^2(x, y) = a_{21}\,x + a_{22}\,y_1 + a_{23}\,y_2 - b_2 = 0,$$

kann eindeutig nach y_1, y_2 aufgelöst werden, wenn die folgende Voraussetzung erfüllt ist:

$$\det\begin{pmatrix} \frac{\partial f^1}{\partial y_1}(x_0, y_0) & \frac{\partial f^1}{\partial y_2}(x_0, y_0) \\ \frac{\partial f^2}{\partial y_1}(x_0, y_0) & \frac{\partial f^2}{\partial y_2}(x_0, y_0) \end{pmatrix} = \det\begin{pmatrix} a_{12} & a_{13} \\ a_{22} & a_{23} \end{pmatrix} \neq 0.$$

3.) Allgemein: Sei $A = (a_{jk})_{\substack{j=1,\dots,m \\ k=1,\dots,n}}$ eine $m \times n$-Matrix und $B = (b_{jk})_{j,k=1,\dots,m}$ eine invertierbare $m \times m$-Matrix jeweils mit Elementen aus $\mathbb{R}$. Die Funktion:

$$f : \mathbb{R}^n \times \mathbb{R}^m \longrightarrow \mathbb{R}^m, (x, y) \longrightarrow f(x, y),$$

$$(x_1, \dots, x_n, y_1, \dots, y_m) \to (f^1(x_1, \dots, x_n, y_1, \dots, y_m), \dots, f^m(x_1, \dots, x_n, y_1, \dots, y_m))$$

werde gegeben durch:

$$f(x, y) = (A\,x^T)^T + (B\,y^T)^T.$$

Wir schreiben

$$f(x_1, \dots, x_n, y_1, \dots, y_m)$$
$$= \left(\sum_{k=1}^{n} a_{1k}\,x_k + \sum_{k=1}^{m} b_{1k}\,y_k, \dots, \sum_{k=1}^{n} a_{mk}\,x_k + \sum_{k=1}^{m} b_{mk}\,y_k\right)$$
$$= (f^1(x_1, \dots, x_n, y_1, \dots, y_m), \dots, \dots, f^n(x_1, \dots, x_n, y_1, \dots, y_m))$$

und bekommen die Funktionalmatrix:

$$\left(\frac{\partial f^k}{\partial y_j}(x, y)\right)_{k, j=1,\dots m} = B.$$

Es gilt $\det(B) \neq 0$. Sei $b = (b_1, \dots, b_m) \in \mathbb{R}^m$. Nach dem Satz über implizite Funktionen gibt es eine eindeutige Auflösung $f(x, g(x)) = b$ mit einer Funktion $g(x) = y$. Offenbar lautet die Auflösung:

$$g(x) = -(B^{-1} A\, x^T)^T + (B^{-1}\, b^T)^T = y.$$

•

Beispiel 11.4
Wir betrachten die Funktion ($n = 1, m = 1$):

$$f(x, y) = x^2 + y^2 - R^2, \quad R > 0.$$

Sei (x_0, y_0) ein Punkt mit $f(x_0, y_0) = 0$ also ein Punkt auf dem Kreis $x^2 + y^2 = R^2$.
1) Sei $\dfrac{\partial f}{\partial y}(x_0, y_0) = 2 y_0 \neq 0$. Der Satz über implizite Funktionen garantiert eine eindeutige Auflösung nach y. Diese Auflösung wird gegeben durch (Abb. 11.2):

$$g(x) = \sqrt{R^2 - x^2}, \quad \text{für} \quad y_0 > 0$$

und

$$g(x) = -\sqrt{R^2 - x^2}, \quad \text{für} \quad y_0 < 0.$$

Die Funktion g ist jeweils erklärt und differenzierbar für $-R < x < R$.
2) Sei $\dfrac{\partial f}{\partial x}(x_0, y_0) = 2 x_0 \neq 0$. Der Satz über implizite Funktionen garantiert wieder eine eindeutige Auflösung, diesmal nach x. (Die Rollen von x und y sind vertauschbar). Diese Auflösung wird gegeben durch (Abb. 11.2):

$$g(y) = \sqrt{R^2 - y^2}, \quad \text{für} \quad x_0 > 0$$

und

$$g(y) = -\sqrt{R^2 - y^2}, \quad \text{für} \quad x_0 < 0.$$

Die Funktion g ist jeweils erklärt und differenzierbar für $-R < y < R$.

•

Beispiel 11.5
Wir betrachten die Funktion ($n = 1, m = 1$):

$$f(x, y) = e^y \cos(x + y) - 1.$$

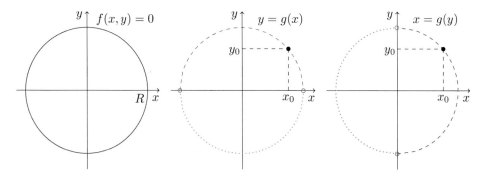

Abb. 11.2 Die Kreislinie $f(x, y) = x^2 + y^2 - R = 0$, (links). Auflösung nach y durch den Punkt (x_0, y_0), $x_0 > 0$: $y = g(x) = \sqrt{R^2 - x^2}$, (Mitte). Auflösungen nach x durch den Punkt (x_0, y_0), $x_0 > 0$: $x = g(y) = \sqrt{R^2 - y^2}$, (rechts)

Es gilt $f(0, 0) = 0$. Wir betrachten die Auflösung der Gleichung $f(x, y) = 0$.
Wir bekommen

$$\frac{\partial f}{\partial y}(x, y) = e^y \cos(x + y) - e^y \sin(x + y) \quad \text{und} \quad \frac{\partial f}{\partial y}(0, 0) = 1.$$

Es gibt somit lokal (in einer Umgebung von $x_0 = 0$) genau eine Funktion $g(x)$ mit (Abb. 11.3):

$$e^{g(x)} \cos(x + g(x)) - 1 = 0.$$

Wir fragen nach Punkten auf der Kurve, in denen gilt:

$$\frac{\partial f}{\partial y}(x, y) = e^y \cos(x + y) - e^y \sin(x + y) = 0.$$

Für Punkte mit $x + y = \frac{\pi}{4}$ und

$$e^y \cos(x + y) = e^y \frac{1}{\sqrt{2}} = 1$$

ist dies der Fall, also für den Punkt $\left(-\frac{\ln(2)}{2} + \frac{\pi}{4}, \frac{\ln(2)}{2} \right)$.
Die Voraussetzung für eine eindeutige Auflösung nach x ist nicht gegeben:

$$\frac{\partial f}{\partial x}(x, y) = -e^y \sin(x + y), \quad \frac{\partial f}{\partial x}(0, 0) = 0.$$

Die Auflösung lässt sich aber durchführen:

$$e^y \cos(x + y) - 1 = 0 \quad \Longleftrightarrow \quad \cos(x + y) = e^{-y}, \, y > 0.$$

Die Gleichung $\cos(x + y) = e^{-y}$, $y > 0$, besitzt zwei Lösungen:

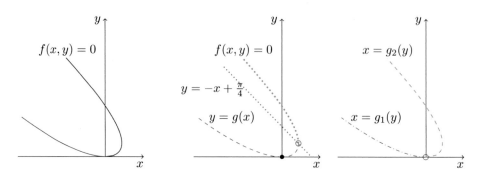

Abb. 11.3 Die Kurve $f(x, y) = e^y \cos(x + y) - 1 = 0$, (links). Auflösung nach y durch den Nullpunkt: $y = g(x)$, (Mitte). Auflösungen nach x: $x = g_1(y) = -y - \arccos(e^{-y})$ und $x = g_2(y) = -y + \arccos(e^{-y})$ (rechts)

$$x + y = \pm \arccos(e^{-y}), \quad 0 < e^{-y} < 1,$$

also (Abb. 11.3):

$$x = -y \pm \arccos(e^{-y}), \quad y > 0.$$

●

Beispiel 11.6

Wir betrachten die Gleichungen ($n = 1, m = 2$):

$$f^1(x, y_1, y_2) = x^2 + y_1^2 + y_2^2 - 1 = 0, \quad f^2(x, y_1, y_2) = \frac{(x-1)^2}{2} + \frac{y_1^2}{3} + \frac{y_2^2}{2} - 1 = 0.$$

Wir suchen die Auflösung nach y_1, y_2.

Wir bekommen

$$\det \begin{pmatrix} \frac{\partial f^1}{\partial y_1}(x, y_1, y_2) & \frac{\partial f^1}{\partial y_2}(x, y_1, y_2) \\ \frac{\partial f^2}{\partial y_1}(x, y_1, y_2) & \frac{\partial f^2}{\partial y_2}(x, y_1, y_2) \end{pmatrix} = \det \begin{pmatrix} 2\,y_1 & 2\,y_2 \\ \frac{2}{3}\,y_1 & y_2 \end{pmatrix} = \frac{2}{3}\,y_1\,y_2.$$

In allen Punkten mit $y_1 \neq 0$ und $y_2 \neq 0$ ist also eine Auflösung $y_1 = g^1(x)$, $y_2 = g^2(x)$ gewährleistet (Abb. 11.4).

Die Gleichung $f^1 = 0$ stellt die Oberfläche einer Kugel dar, die Gleichung $f^2 = 0$ stellt die Oberfläche eines Ellipsoids dar. Der Schnitt ergibt eine Kurve im $\mathbb{R}^3$. Wir ersetzen $y_1^2 = 1 - x^2 - y_2^2$ ($f^1 = 0$) in $f^2 = 0$:

$$\frac{(x-1)^2}{2} + \frac{1 - x^2 - y_2^2}{3} + \frac{y_2^2}{2} = 1$$

bzw.

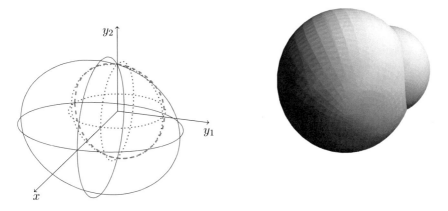

Abb. 11.4 Die Kugel $x^2 + y_1^2 + y_2^2 = 1$ (gepunktet) und das Ellipsoid $\frac{(x-1)^2}{2} + \frac{y_1^2}{3} + \frac{y_2^2}{2} = 1$ mit der Schnittkurve (gestrichelt), (links). Oberflächen von Kugel und Ellipsoid (rechts)

$$3\,(x-1)^2 + 2\,(1 - x^2 - y_2^2) + 3\,y_2^2 = 6 \iff y_2^2 = -x^2 + 6\,x + 1,\ 3 - \sqrt{10} < x < 3 - \sqrt{10}.$$

Einsetzen in $f^1 = 0$ ergibt: $y_1^2 = -6\,x,\ x < 0$. Insgesamt bekommen wir die Auflösungen:

$$(y_1, y_2) = (g^1(x), g^2(x)) = (\pm\sqrt{-6\,x},\ \pm\sqrt{-x^2 + 6\,x + 1}),\ 3 - \sqrt{10} < x < 0.$$

$\bullet$

Beispiel 11.7

Gegeben sei eine stetig differenzierbare Funktion:

$$f : \mathbb{R}^2 \longrightarrow \mathbb{R}, \quad (x, y) \longrightarrow f(x, y).$$

Es sei $\frac{\partial f}{\partial y}(x, y) \neq 0$ und $g(x)$ die Auflösung von $f(x, y) = c$ nach y also:

$$f(x, g(x)) = c.$$

Wir zeigen:

$$\frac{dg}{dx}(x) = -\frac{\frac{\partial f}{\partial x}(x, g(x))}{\frac{\partial f}{\partial y}(x, g(x))}.$$

Wir betrachten dazu die Verkettung:

$$\underbrace{x}_{\mathbb{R}^1} \quad \underset{h}{\longrightarrow} \quad \underbrace{(x, g(x))}_{\mathbb{R}^2} \quad \underset{f}{\longrightarrow} \quad \underbrace{f(x, g(x))}_{\mathbb{R}^1}.$$

Nach der Kettenregel gilt:

$$\frac{d(f \circ h)}{dx}(x) = \frac{df}{d(x, y)}(h(x)) \frac{dh}{dx}(x)$$

$$= \left(\frac{\partial f}{\partial x}(x, g(x)) \ \frac{\partial f}{\partial y}(x, g(x))\right) \begin{pmatrix} \frac{dh^1}{dx}(x) \\ \frac{dh^2}{dx}(x) \end{pmatrix}$$

$$= \left(\frac{\partial f}{\partial x}(x, g(x)) \ \frac{\partial f}{\partial y}(x, g(x))\right) \begin{pmatrix} 1 \\ \frac{dg}{dx}(x) \end{pmatrix}$$

$$= \frac{\partial f}{\partial x}(x, g(x)) + \frac{\partial f}{\partial y}(x, g(x)) \frac{dg}{dx}(x).$$

Wegen $\frac{d(f \circ h)}{dx} = 0$ folgt die Behauptung.

Man kann das Ergebnis so interpretieren: Durch die Gleichung $f(x, y) = c$ werden Höhenlinien (Niveaulinien) gegeben. Wir schreiben eine Höhenlinie explizit: $y = g(x)$. Der Gradient steht senkrecht auf Höhenlinien:

$$\left(\frac{\partial f}{\partial x}(x, g(x)), \ \frac{\partial f}{\partial y}(x, g(x))\right) \cdot \begin{pmatrix} 1 \\ \frac{dg}{dx}(x) \end{pmatrix} = 0.$$

Der erste Vektor im Skalarprodukt ist der Gradient, der zweite Vektor stellt den Tagentenvektor an die Höhenlinie dar (Abb. 11.5).

Beispiel 11.8

Gegeben sei eine stetig differenzierbare Funktion:

$$f : \mathbb{R}^3 \longrightarrow \mathbb{R}, \quad (x_1, x_2, y) \longrightarrow f(x_1, x_2, y).$$

Abb. 11.5 Gradient und Niveaulinie einer Funktion $f(x, y) = c_1 : y = g(x)$. Der Gradientenvektor $n = \left(\frac{\partial f}{\partial x}, \frac{\partial f}{\partial y}\right)$ im Punkt $(x_0, g(x_0))$ steht senkrecht auf dem Tangentenvektor $t = \left(1, \frac{dg}{dx}(x_0)\right)^T$. Der Gradient zeigt in Richtung der Niveaulinie $f(x, y) = c_2$, $c_2 > c_1$

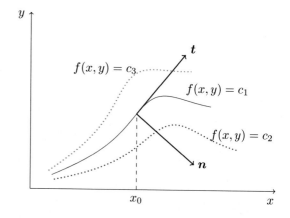

Es sei $\frac{\partial f}{\partial y}(x_1, x_2, y) \neq 0$ und $g(x_1, x_2)$ die Auflösung von $f(x_1, x_2, y) = c$ nach y.

Wir haben also die Beziehung:

$$f(x_1, x_2, g(x_1, x_2)) = c.$$

Wir zeigen:

$$\frac{\partial g}{\partial x_1}(x_1, x_2) = -\frac{\frac{\partial f}{\partial x_1}(x_1, x_2, g(x_1, x_2))}{\frac{\partial f}{\partial y}(x_1, x_2, g(x_1, x_2))},$$

$$\frac{\partial g}{\partial x_2}(x_1, x_2) = -\frac{\frac{\partial f}{\partial x_2}(x_1, x_2, g(x_1, x_2))}{\frac{\partial f}{\partial y}(x_1, x_2, g(x_1, x_2))}.$$

Wir betrachten dazu wieder die Verkettung:

$$\underbrace{x_1, x_2}_{\mathbb{R}^2} \underset{h}{\longrightarrow} \underbrace{(x_1, x_2, g(x_1, x_2))}_{\mathbb{R}^3} \underset{f}{\longrightarrow} \underbrace{f(x_1, x_2, g(x_1, x_2))}_{\mathbb{R}}.$$

Nach der Kettenregel gilt:

$$\frac{d(f \circ h)}{d(x_1, x_2)}(x_1, x_2) = \frac{df}{d(x_1, x_2, y)}(h(x_1, x_2)) \frac{dh}{d(x_1, x_2)}(x_1, x_2)$$

$$= \left(\frac{\partial f}{\partial x_1}(x_1, x_2, g(x_1, x_2)) \ \frac{\partial f}{\partial x_2}(x_1, x_2, g(x_1, x_2)) \ \frac{\partial f}{\partial y}(x_1, x_2, g(x_1, x_2)) \right)$$

$$\begin{pmatrix} \frac{\partial h^1}{\partial x_1}(x_1, x_2) & \frac{\partial h^1}{\partial x_2}(x_1, x_2) \\ \frac{\partial h^2}{\partial x_1}(x_1, x_2) & \frac{\partial h^2}{\partial x_2}(x_1, x_2) \\ \frac{\partial h^3}{\partial x_1}(x_1, x_2) & \frac{\partial h^3}{\partial x_2}(x_1, x_2) \end{pmatrix}$$

$$= \left(\frac{\partial f}{\partial x_1}(x_1, x_2, g(x_1, x_2)) \ \frac{\partial f}{\partial x_2}(x_1, x_2, g(x_1, x_2)) \ \frac{\partial f}{\partial y}(x_1, x_2, g(x_1, x_2)) \right)$$

$$\begin{pmatrix} 1 & 0 \\ 0 & 1 \\ \frac{\partial g}{\partial x_1}(x_1, x_2) & \frac{\partial g}{\partial x_2}(x_1, x_2) \end{pmatrix}.$$

Wegen $\frac{\partial(f \circ h)}{\partial x_1} = 0$ und $\frac{\partial(f \circ h)}{\partial x_2} = 0$ folgt die Behauptung, die man auch so ausdrücken kann:

$$\operatorname{grad} f(x_1, x_2, g(x_1, x_2)) \cdot \begin{pmatrix} 1 \\ 0 \\ \frac{\partial g}{\partial x_1}(x_1, x_2) \end{pmatrix} = 0,$$

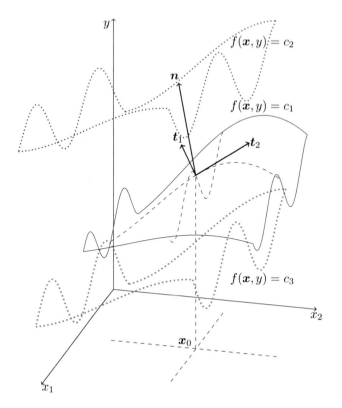

Abb. 11.6 Gradient und Niveaufläche einer Funktion $f(\boldsymbol{x}, y) = f(x_1, x_2, y) = c_1$: $y = g(\boldsymbol{x})$. Der Gradientenvektor $\boldsymbol{n} = \left(\frac{\partial f}{\partial x_1}, \frac{\partial f}{\partial x_2}, \frac{\partial f}{\partial y} \right)^T$ im Punkt $(\boldsymbol{x}_0, g(\boldsymbol{x}_0)$ steht senkrecht auf den beiden Tangentenvektoren $\boldsymbol{t}_1 = \left(0, 1, \frac{\partial g}{\partial x_1}(\boldsymbol{x}_0) \right)^T$ und $\boldsymbol{t}_2 = \left(0, 1, \frac{\partial g}{\partial x_2}(\boldsymbol{x}_0) \right)^T$. Der Gradient zeigt in Richtung der Niveaufläche $f(\boldsymbol{x}, y) = c_2, c_2 > c_1$

$$\operatorname{grad} f(x_1, x_2, g(x_1, x_2)) \cdot \begin{pmatrix} 0 \\ 1 \\ \frac{\partial g}{\partial x_2}(x_1, x_2) \end{pmatrix} = 0,$$

Durch die Gleichung $f(x_1, x_2, y) = c$ werden Niveauflächen gegeben: $y = g(x_1, x_2)$. Der Gradient steht senkrecht auf den Richtungsvektoren der Tangentialebene von g (Abb. 11.6).

●

11.2 Extremwerte unter Nebenbedingungen

Bei einer Funktion von mehreren Variablen erhebt sich zusätzlich zum Problem der lokalen Extremalstellen noch die Frage nach Extremalstellen, die unter gewissen Nebenbedingungen angenommen werden. Dabei schränkt die Nebenbedingung die Funktion auf eine Teilmenge des Definitionsbereichs ein.

Wir beginnen mit dem zweidimensionalen Fall und betrachten zweimal stetig differenzierbare Funktionen $f(x, y)$, $g(x, y)$, f, $g : \mathbb{D} \longrightarrow \mathbb{R}$, $\mathbb{D} \subset \mathbb{R}^2$ mit $\operatorname{grad} g(x, y) \neq (0, 0)$. Wir nehmen an, dass gilt: $\frac{\partial g}{\partial y}(x_0, y_0) \neq 0$, und können lokal nach y auflösen: $g(x, h(x)) = 0$, $y_0 = h(x_0)$. Wir führen die Funktionen ein:

$$\tilde{f}(x) = f(x, h(x)), \quad \tilde{g}(x) = g(x, h(x)) = 0.$$

Wir suchen nun Extremalstellen der Funktion $\tilde{f}(x)$ (Abb. 11.7).

Notwendig für das Vorliegen einer Extremalstellen im Punkt x_0 ist die Bedingung:

$$\frac{d\tilde{f}}{dx}(x_0, y_0) = \frac{\partial f}{\partial x}(x_0, y_0) + \frac{\partial f}{\partial y}(x_0, y_0)\frac{dh}{dx}(x_0) = 0.$$

Eine analoge Bedingung ergibt sich aus $\tilde{g}(x) = 0$:

$$\frac{d\tilde{g}}{dx}(x_0, y_0) = \frac{\partial g}{\partial x}(x_0, y_0) + \frac{\partial g}{\partial y}(x_0, y_0)\frac{dh}{dx}(x_0) = 0.$$

Beide Bedingungen lassen sich mithilfe der Gradienten schreiben:

Abb. 11.7 Extremalstellen einer Funktion f unter der Nebenbedingung $g(x, y) = 0$

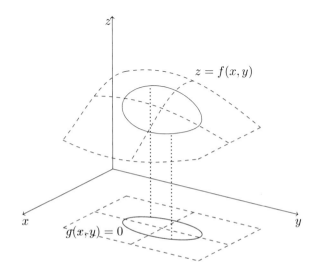

$$\text{grad} f(x_0, y_0) \begin{pmatrix} 1 \\ \frac{dh}{dx}(x_0) \end{pmatrix} = 0, \quad \text{grad} g(x_0, y_0) \begin{pmatrix} 1 \\ \frac{dh}{dx}(x_0) \end{pmatrix} = 0.$$

Diese Gleichungen bedeuten gerade, dass die Gradienten jeweils senkrecht auf dem Tangentenvektor der Kurve stehen. Damit müssen die Gradienten parallel sein. Als Extremalstellen der Funktion f unter der Nebenbedingung g kommen also nur solche Punkte infrage, welche die Bedingungen notwendige Bedingung erfüllen:

$$g(x_0, y_0) = 0, \quad \text{grad} f(x_0, y_0) + \lambda_0 \, \text{grad} \, g(x_0, y_0) = (0, 0).$$

Der Faktor λ_0 heißt Lagrange-Multiplikator. Wir können so argumentieren: Das lineare, homogene Gleichungssystem mit der Systemmatrix mit dem Rang 1: $\left(1 \; \dfrac{dh}{dx}(x_0)\right)$, (eine Gleichung, zwei Unbekannte), hat einen Lösungsraum der Dimension 1. Eine Basis liefert $(\text{grad} \, g(x_0, y_0))^T$, und die Lösung $(\text{grad} \, f(x_0, y_0))^T$ muss durch $(\text{grad} \, g(x_0, y_0))^T$ ausgedrückt werden können.

Wir suchen nun nach einem hinreichenden Kriterium für das Vorliegen eines Maximums bzw. Minimums und berechnen die zweite Ableitung:

$$\frac{d^2 \tilde{f}}{dx^2}(x_0) = \frac{\partial^2 f}{\partial x^2}(x_0, y_0) + 2 \frac{\partial^2 f}{\partial x \partial y}(x_0, y_0) \frac{dh}{dx}(x_0) + \frac{\partial^2 f}{\partial y^2}(x_0, y_0) \left(\frac{dh}{dx}(x_0)\right)^2$$
$$+ \frac{\partial f}{\partial y}(x_0, y_0) \frac{d^2 h}{dx^2}(x_0).$$

Analog gilt für $\tilde{g}(x)$:

$$\frac{d^2 \tilde{g}}{dx^2}(x_0) = \frac{\partial^2 g}{\partial x^2}(x_0, y_0) + 2 \frac{\partial^2 g}{\partial x \partial y}(x_0, y_0) \frac{dh}{dx}(x_0) + \frac{\partial^2 g}{\partial y^2}(x_0, y_0) \left(\frac{dh}{dx}(x_0)\right)^2$$
$$+ \frac{\partial g}{\partial y}(x_0, y_0) \frac{d^2 h}{dx^2}(x_0)$$
$$= 0.$$

Multiplizieren mit λ_0 und Addieren ergibt:

$$\frac{d^2 \tilde{f}}{dx^2}(x_0) = \frac{d^2 \tilde{f}}{dx^2}(x_0) + \lambda_0 \frac{d^2 \tilde{g}}{dx^2}(x_0)$$
$$= \frac{\partial^2 f}{\partial x^2}(x_0, y_0) + 2 \frac{\partial^2 f}{\partial x \partial y}(x_0, y_0) \frac{dh}{dx}(x_0) + \frac{\partial^2 f}{\partial y^2}(x_0, y_0) \left(\frac{dh}{dx}(x_0)\right)^2$$
$$+ \lambda_0 \frac{\partial^2 g}{\partial x^2}(x_0, y_0) + 2 \lambda_0 \frac{\partial^2 g}{\partial x \partial y}(x_0, y_0) \frac{dh}{dx}(x_0) + \lambda_0 \frac{\partial^2 g}{\partial y^2}(x_0, y_0) \left(\frac{dh}{dx}(x_0)\right)^2.$$

Hierbei wurde $\frac{\partial f}{\partial y}(x_0, y_0) + \lambda_0 \frac{\partial g}{\partial y}(x_0, y_0) = 0$ berücksichtigt. Mit

$$\frac{dh}{dx}(x_0) = -\frac{\frac{\partial g}{\partial x}(x_0, y_0)}{\frac{\partial g}{\partial y}(x_0, y_0)}$$

folgt schließlich:

$$\left(\frac{\partial g}{\partial y}(x_0, y_0)\right)^2 \frac{d^2 \tilde{f}}{dx^2}(x_0)$$

$$= \left(\frac{\partial^2 f}{\partial x^2}(x_0, y_0) + \lambda_0 \frac{\partial^2 g}{\partial x^2}(x_0, y_0)\right)\left(\frac{\partial g}{\partial y}(x_0, y_0)\right)^2$$

$$- 2\left(\frac{\partial^2 f}{\partial x \partial y}(x_0, y_0) + \lambda_0 \frac{\partial^2 g}{\partial x \partial y}(x_0, y_0)\right) \frac{\partial g}{\partial x}(x_0, y_0) \frac{\partial g}{\partial y}(x_0, y_0)$$

$$+ \left(\frac{\partial^2 f}{\partial y^2}(x_0, y_0) + \lambda_0 \frac{\partial^2 g}{\partial y^2}(x_0, y_0)\right)\left(\frac{\partial g}{\partial x}(x_0, y_0)\right)^2$$

$$= \frac{\partial g}{\partial x}(x_0, y_0) \det \begin{pmatrix} \frac{\partial g}{\partial x}(x_0, y_0) & \frac{\partial^2 f}{\partial x \partial y}(x_0, y_0) + \lambda_0 \frac{\partial^2 g}{\partial x \partial y}(x_0, y_0) \\ \frac{\partial g}{\partial y}(x_0, y_0) & \frac{\partial^2 f}{\partial y^2}(x_0, y_0) + \lambda_0 \frac{\partial^2 g}{\partial y^2}(x_0, y_0) \end{pmatrix}$$

$$- \frac{\partial g}{\partial y}(x_0, y_0) \det \begin{pmatrix} \frac{\partial g}{\partial x}(x_0, y_0) & \frac{\partial^2 f}{\partial x^2}(x_0, y_0) + \lambda_0 \frac{\partial^2 g}{\partial x^2}(x_0, y_0) \\ \frac{\partial g}{\partial y}(x_0, y_0) & \frac{\partial^2 f}{\partial x \partial y}(x_0, y_0) + \lambda_0 \frac{\partial^2 g}{\partial x \partial y}(x_0, y_0) \end{pmatrix}$$

Nun lässt sich die zweite Ableitung als Determinante schreiben (Entwickeln nach der ersten Zeile):

$$\left(\frac{\partial g}{\partial y}(x_0, y_0)\right)^2 \frac{d^2 \tilde{f}}{dx^2}(x_0)$$

$$= -\det \begin{pmatrix} 0 & \frac{\partial g}{\partial x}(x_0, y_0) & \frac{\partial g}{\partial y}(x_0, y_0) \\ \frac{\partial g}{\partial x}(x_0, y_0) & \frac{\partial^2 f}{\partial x^2}(x_0, y_0) + \lambda_0 \frac{\partial^2 g}{\partial x^2}(x_0, y_0) & \frac{\partial^2 f}{\partial x \partial y}(x_0, y_0) + \lambda_0 \frac{\partial^2 g}{\partial x \partial y}(x_0, y_0) \\ \frac{\partial g}{\partial y}(x_0, y_0) & \frac{\partial^2 f}{\partial y \partial x}(x_0, y_0) + \lambda_0 \frac{\partial^2 g}{\partial y \partial x}(x_0, y_0) & \frac{\partial^2 f}{\partial y^2}(x_0, y_0) + \lambda_0 \frac{\partial^2 g}{\partial y^2}(x_0, y_0) \end{pmatrix}.$$

Man bezeichnet die folgende Matrix als geränderte Hessematrix:

$$\tilde{H}(x, y, \lambda) =$$

$$\begin{pmatrix} 0 & \frac{\partial g}{\partial x}(x\upsilon y) & \frac{\partial g}{\partial y}(x, y) \\ \frac{\partial g}{\partial x}(x, y) & \frac{\partial^2 f}{\partial x^2}(x, y) + \lambda \frac{\partial^2 g}{\partial x^2}(x, y) & \frac{\partial^2 f}{\partial x \partial y}(x, y) + \lambda \frac{\partial^2 g}{\partial x \partial y}(x, y) \\ \frac{\partial g}{\partial y}(x, y) & \frac{\partial^2 f}{\partial y \partial x}(x, y) + \lambda \frac{\partial^2 g}{\partial y \partial x}(x, y) & \frac{\partial^2 f}{\partial y^2}(x, y) + \lambda \frac{\partial^2 g}{\partial y^2}(x, y) \end{pmatrix}.$$

Die Überlegungen wären völlig analog verlaufen, hätten wir die Gleichung $g(x, y) = 0$ anstatt nach y nach x aufgelöst. Mit der geränderten Hessematrix macht man sich von der Auflösung unabhängig. Wir fassen die Aussagen zusammen.

Satz: Extremwerte unter Nebenbedingungen, zweidimensionaler Fall

Seien $f(x, y)$, $g(x, y)$, $f, g : \mathbb{D} \longrightarrow \mathbb{R}$, $\mathbb{D} \subset \mathbb{R}^2$, zweimal stetig differenzierbare Funktionen. Gesucht werden lokale Extrema $f(x_0, y_0)$ der Funktionswerte $\{f(x, y) | (x, y) \in \mathbb{D}, g(x, y) = 0\}$. Sei $\operatorname{grad} g(x_0, y_0) \neq (0, 0)$. Notwendig für das Vorliegen einer Extremalstelle im Punkt (x_0, y_0) ist die Existenz eines Lagrange-Multiplikators λ_0 mit:

$$\operatorname{grad} f(x_0, y_0) + \lambda_0 \operatorname{grad} g(x_0, y_0) = (0, 0).$$

Wenn $\det(\tilde{H}(x_0, y_0, \lambda_0)) > 0$ ist, dann stellt (x_0, y_0) ein Maximum dar.
Wenn $\det(\tilde{H}(x_0, y_0, \lambda_0)) < 0$ ist, dann stellt (x_0, y_0) ein Minimum dar.
(Falls $\det(\tilde{H}(x_0, y_0, \lambda_0)) = 0$ ist, kann keine Aussage gemacht werden).

Beispiel 11.9

Wir suchen Extremalstellen der Funktion

$$f(x, y) = x^2 + y^2, \quad (x, y) \in \mathbb{R}^2,$$

unter der Nebenbedingung

$$g(x, y) = \frac{x^2}{4} + \frac{y^2}{3} - 1 = 0.$$

Als Extremalstellen kommen nur Punkte infrage mit

$$g(x, y) = 0 \quad \text{bzw.} \quad \frac{x^2}{4} + \frac{y^2}{3} = 1,$$

$$\operatorname{grad} f(x, y) + \lambda \operatorname{grad} g(x, y) = (0, 0) \quad \text{bzw.} \quad (2\,x, 2\,y) + \lambda \left(\frac{1}{2} x, \frac{2}{3} y \right) = (0, 0).$$

Die zweite Bedingung liefert zwei Gleichungen

$$2\,x + \lambda \frac{1}{2} x = 0, \quad 2\,y + \lambda \frac{2}{3} y = 0,$$

bzw.

$$\left(2 + \frac{1}{2} \lambda \right) x = 0, \quad \left(2 + \frac{2}{3} \lambda \right) y = 0.$$

Der Punkt $(x, y) = (0, 0)$ erfüllt die Nebenbedingung nicht, wir haben also zwei Fälle: (a) $x \neq 0$ und (b) $y \neq 0$. Im Fall (a) haben wir: $\lambda = -4$, $y = 0$ und aus der Nebenbedingung $x = \pm 2$. Im Fall (b) haben wir: $\lambda = -3$, $x = 0$ und aus der Nebenbedingung $y = \pm\sqrt{3}$. Als Extremalstellen kommen also infrage $(2, 0)$, $(-2, 0)$, $(0, \sqrt{3})$, $(0, -\sqrt{3})$.

Ob Minimalstellen oder Maximalstellen vorliegen, muss die Analyse der Funktion auf der Ellipse ergeben (Abb. 11.8). Man könnte mit der Auflösung der Ellipsengleichung arbeiten oder die geränderte Hessematrix benutzen. Wir bekommen die geränderte Hessematrix:

$$\tilde{H}(x, y, \lambda) = \begin{pmatrix} 0 & \frac{1}{2}x & \frac{2}{3}y \\ \frac{1}{2}x & 2 + \frac{1}{2}\lambda & 0 \\ \frac{2}{3}y & 0 & 1 + \frac{2}{3}\lambda \end{pmatrix}.$$

Nun gilt:

$$\det(\tilde{H}(2, 0, -4)) = \frac{5}{3}, \det(\tilde{H}(-2, 0, -4)) = \frac{5}{3},$$

$$\det(\tilde{H}(0, \sqrt{3}, -3)) = -\frac{2}{3}, \det(\tilde{H}(0, -\sqrt{3}, -3)) = -\frac{2}{3}.$$

Die Punkte $(\pm 2, 0)$ liefern also Maximalstellen. Die Punkte $(0, \pm\sqrt{3})$ liefern Minimalstellen.

Abb. 11.8 Extremalstellen der Funktion $f(x, y) = x^2 + y^2$ unter der Nebenbedingung $g(x, y) = \frac{x^2}{4} + \frac{y^2}{3} - 1 = 0$

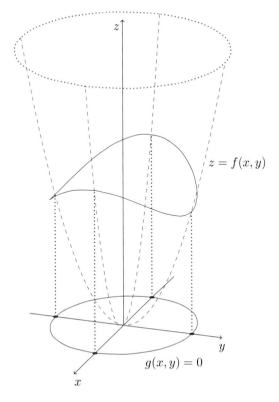

Die Argumentation hinsichtlichtlich der notwendigen Bedingung lässt leicht sich auf mehrere Dimensionen übertragen. Die Übertragung der hinreichenden Bedingung ist technisch aufwändig und erfordert weitere Hilfsmittel aus der Linearen Algebra. Allgemein gilt folgender Satz.

Satz: Extremwerte unter Nebenbedingungen, n-dimensionaler Fall
Sei $\mathbb{D} \subseteq \mathbb{R}^n$, $n \geq 2$, eine offene Menge. Die Funktionen

$$f : \mathbb{D} \longrightarrow \mathbb{R} \quad \text{und} \quad g : \mathbb{D} \longrightarrow \mathbb{R}^l, \quad l < n,$$

seien stetig differenzierbar. Sei $x_0 \in \mathbb{D}$ ein Punkt mit

$$g(x_0) = 0 \quad \text{und} \quad \mathrm{Rg}\left(\frac{dg}{dx}(x_0)\right) = l.$$

Ferner sei $f(x_0)$ ein lokales Extremum der Funktionswerte: $\{f(x) \mid x \in \mathbb{D},\ g(x) = 0\}$. Dann gibt es l Lagrange-Multiplikatoren $\lambda_{0,1}, \ldots, \lambda_{0,l} \in \mathbb{R}$, sodass für alle $k = 1, \ldots, n$ gilt:

$$\frac{\partial f}{\partial x_k}(x_0) + \sum_{j=1}^{l} \lambda_{0,j} \frac{\partial g^j}{\partial x_k}(x_0) = 0,$$

bzw.

$$\mathrm{grad}\, f(x_0) + \sum_{j=1}^{l} \lambda_{0,j}\, \mathrm{grad}\, g^j(x_0) = 0.$$

Der Satz gibt eine notwendige Bedingung dafür, dass eine Stelle als Extremalstelle der Funktion f unter der Nebenbedingung g infrage kommt. Wenn man also die Extrema einer Funktion f unter den Nebenbedingungen $g(x) = 0$ bestimmen will, stellt man zunächst das Gleichungssystem auf:

$$g^i(x) = 0, \quad i = 1, \ldots, l$$

$$\frac{\partial f}{\partial x_k}(x) + \sum_{j=1}^{l} \lambda_j \frac{\partial g^j}{\partial x_k}(x) = 0, \quad k = 1, \ldots, n$$

Dies ergibt ein System von $n+l$ Gleichungen für $n+l$ Unbekannte, nämlich den Koordinaten der Extremalstellen und den Lagrange-Multiplikatoren. Die Lagrange-Multiplikatoren sind Hilfsgrößen, die nur der Eindeutigkeit des Systems dienen.

Beispiel 11.10

Im dreidimensionalen Fall betrachten wir zunächst zweimal stetig differenzierbare Funktionen

$f(x_1, x_2, y)$, $g(x_1, x_2, y)$, $f, g : \mathbb{D} \longrightarrow \mathbb{R}$, $\mathbb{D} \subset \mathbb{R}^3$, mit $\operatorname{grad} g(x_1, x_2, y) \neq (0, 0)$.
Wir nehmen an, dass gilt: $\frac{\partial g}{\partial y}(x_{0,1}, x_{0,2}, y_0) \neq 0$, und können lokal nach y auflösen:
$g(x_1, x_2, h(x_1, x_2)) = 0$, $y_0 = h(x_{0,1}, x_{0,2})$. Wir führen die Funktionen ein:

$$\tilde{f}(x_1, x_2) = f(x_1, x_2, h(x_1, x_2)), \quad \tilde{g}(x_1, x_2) = g(x_1, x_2, h(x_1, x_2)) = 0.$$

Wir suchen nun Extremalstellen der Funktion $\tilde{f}(x_1, x_2)$. Damit die Formeln übersichtlich bleiben, werden wir im Folgenden die Argumente $(x_{0,1}, x_{0,2})$ der Funktionen $\tilde{f}$ $\tilde{g}$ und $(x_{0,1}, x_{0,2}, y_0)$ der Funktionen f, g weglassen. Notwendig für das Vorliegen einer Extremalstelle ist die Bedingung:

$$\operatorname{grad} f + \lambda_0 \operatorname{grad} g = (0, 0, 0).$$

Für die Funktion $\tilde{f}$ gilt äquivalent im Punkt $(x_{0,1}, x_{0,2})$:

$$\frac{\partial \tilde{f}}{\partial x_j} = \frac{\partial f}{\partial x_j} + \frac{\partial \tilde{f}}{\partial y} \frac{\partial h}{\partial x_j} = 0, \; j = 1, 2,$$

und für die Funktion $\tilde{g}$ gilt identisch:

$$\frac{\partial \tilde{g}}{\partial x_j} = \frac{\partial g}{\partial x_j} + \frac{\partial \tilde{g}}{\partial y} \frac{\partial h}{\partial x_j} = 0, \; j = 1, 2.$$

Wir berechnen die zweiten Ableitungen:

$$\frac{\partial^2 \tilde{f}}{\partial x_j \partial x_k} = \frac{\partial^2 f}{\partial x_j \partial x_k} + \frac{\partial^2 f}{\partial x_j \partial y} \frac{\partial h}{\partial x_k} + \frac{\partial^2 f}{\partial x_k \partial y} \frac{\partial h}{\partial x_j} + \frac{\partial^2 f}{\partial y^2} \frac{\partial h}{\partial x_j} \frac{\partial h}{\partial x_k}$$
$$+ \frac{\partial f}{\partial y} \frac{\partial^2 h}{\partial x_k \partial x_k},$$

$$\frac{\partial^2 \tilde{g}}{\partial x_j \partial x_k} = \frac{\partial^2 g}{\partial x_j \partial x_k} + \frac{\partial^2 g}{\partial x_j \partial y} \frac{\partial h}{\partial x_k} + \frac{\partial^2 g}{\partial x_k \partial y} \frac{\partial h}{\partial x_j} + \frac{\partial^2 g}{\partial y^2} \frac{\partial h}{\partial x_j} \frac{\partial h}{\partial x_k}$$
$$+ \frac{\partial g}{\partial y} \frac{\partial^2 h}{\partial x_k \partial x_k}$$
$$= 0.$$

Multiplizieren mit λ_0, Addieren und die Multiplikatorbedingung $\frac{\partial f}{\partial y} + \lambda_0 \frac{\partial g}{\partial y} = 0$ verwenden ergibt:

$$\frac{\partial^2 \tilde{f}}{\partial x_j \partial x_k} = \frac{\partial^2 \tilde{f}}{\partial x_j \partial x_k} + \lambda_0 \frac{\partial^2 \tilde{g}}{\partial x_j \partial x_k}$$

$$= \frac{\partial^2 f}{\partial x_j \partial x_k} + \lambda_0 \frac{\partial^2 g}{\partial x_j \partial x_k} + \left(\frac{\partial^2 f}{\partial x_j \partial y} + \lambda_0 \frac{\partial^2 g}{\partial x_j \partial y}\right) \frac{\partial h}{\partial x_k} + \left(\frac{\partial^2 f}{\partial x_k \partial y} + \lambda_0 \frac{\partial^2 g}{\partial x_k \partial y}\right) \frac{\partial h}{\partial x_j}$$

$$+ \left(\frac{\partial^2 f}{\partial y^2} + \lambda_0 \frac{\partial^2 g}{\partial y^2}\right) \frac{\partial h}{\partial x_j} \frac{\partial h}{\partial x_k}.$$

Wir ersetzen die Ableitungen

$$\frac{\partial h}{\partial x_1} = -\frac{\frac{\partial g}{\partial x_1}}{\frac{\partial g}{\partial y}}, \quad \frac{\partial h}{\partial x_2} = -\frac{\frac{\partial g}{\partial x_2}}{\frac{\partial g}{\partial y}}$$

und bekommen:

$$\left(\frac{\partial g}{\partial y}\right)^2 \frac{\partial^2 \tilde{f}}{\partial x_j \partial x_k} = \left(\frac{\partial^2 f}{\partial x_j \partial x_k} + \lambda_0 \frac{\partial^2 g}{\partial x_j \partial x_k}\right)\left(\frac{\partial g}{\partial y}\right)^2$$

$$- \left(\frac{\partial^2 f}{\partial x_j \partial y} + \lambda_0 \frac{\partial^2 g}{\partial x_j \partial y}\right)\frac{\partial g}{\partial x_k}\frac{\partial g}{\partial y} - \left(\frac{\partial^2 f}{\partial x_k \partial y} + \lambda_0 \frac{\partial^2 g}{\partial x_k \partial y}\right)\frac{\partial g}{\partial x_j}\frac{\partial g}{\partial y}$$

$$+ \left(\frac{\partial^2 f}{\partial y^2} + \lambda_0 \frac{\partial^2 g}{\partial y^2}\right)\frac{\partial g}{\partial x_j}\frac{\partial g}{\partial x_k}.$$

Wie im zweidimensionalen Fall schreiben wir die Ableitung $\frac{\partial^2 \tilde{f}}{\partial x_1^2}$ als Determinante einer geränderten Hessematrix:

$$\left(\frac{\partial g}{\partial y}\right)^2 \frac{\partial^2 \tilde{f}}{\partial x_1^2} = -\det \begin{pmatrix} 0 & \frac{\partial g}{\partial x_1} & \frac{\partial g}{\partial y} \\ \frac{\partial g}{\partial x_1} & \frac{\partial^2 f}{\partial x_1^2} + \lambda_0 \frac{\partial^2 g}{\partial x_1^2} & \frac{\partial^2 f}{\partial x_1 \partial y} + \lambda_0 \frac{\partial^2 g}{\partial x_1 \partial y} \\ \frac{\partial g}{\partial y} & \frac{\partial^2 f}{\partial x_1 \partial y} + \lambda_0 \frac{\partial^2 g}{\partial x_1 \partial y} & \frac{\partial^2 f}{\partial y^2} + \lambda_0 \frac{\partial^2 g}{\partial y^2} \end{pmatrix} = -\det \tilde{H}_2.$$

Durch Entwickeln der Determinanten zeigt man weiter:

$$\left(\frac{\partial g}{\partial y}\right)^2 \det \begin{pmatrix} \frac{\partial^2 \tilde{f}}{\partial x_1^2} & \frac{\partial^2 \tilde{f}}{\partial x_1 \partial x_2} \\ \frac{\partial^2 \tilde{f}}{\partial x_1 \partial x_2} & \frac{\partial^2 \tilde{f}}{\partial x_2^2} \end{pmatrix}$$

$$= -\det \begin{pmatrix} 0 & \frac{\partial g}{\partial x_1} & \frac{\partial g}{\partial x_2} & \frac{\partial g}{\partial y} \\ \frac{\partial g}{\partial x_1} & \frac{\partial^2 f}{\partial x_1^2} + \lambda_0 \frac{\partial^2 g}{\partial x_1^2} & \frac{\partial^2 f}{\partial x_1 \partial x_2} + \lambda_0 \frac{\partial^2 g}{\partial x_1 \partial x_2} & \frac{\partial^2 f}{\partial x_1 \partial y} + \lambda_0 \frac{\partial^2 g}{\partial x_1 \partial y} \\ \frac{\partial g}{\partial x_2} & \frac{\partial^2 f}{\partial x_1 \partial x_2} + \lambda_0 \frac{\partial^2 g}{\partial x_1 \partial x_2} & \frac{\partial^2 f}{\partial x_2^2} + \lambda_0 \frac{\partial^2 g}{\partial x_2^2} & \frac{\partial^2 f}{\partial x_2 \partial y} + \lambda_0 \frac{\partial^2 g}{\partial x_2 \partial y} \\ \frac{\partial g}{\partial y} & \frac{\partial^2 f}{\partial x_1 \partial y} + \lambda_0 \frac{\partial^2 g}{\partial x_1 \partial y} & \frac{\partial^2 f}{\partial x_2 \partial y} + \lambda_0 \frac{\partial^2 g}{\partial x_2 \partial y} & \frac{\partial^2 f}{\partial y^2} + \lambda_0 \frac{\partial^2 g}{\partial y^2} \end{pmatrix}$$

$$= -\det \tilde{H}_{3,1}.$$

Wenden wir den Satz über die Extremalstellen einer Funktion in zwei Variablen auf $\tilde{f}$ an, so ergeben sich folgende hinreichende Bedingungen mit den geränderten Hessematrizen.

Ist det $\tilde{H}_{3,1} < 0$ und det $\tilde{H}_2 > 0$, dann stellt $(x_{0,1}, x_{0,2}, y_0)$, (λ_0), ein Maximum dar.

Ist det $\tilde{H}_{3,1} < 0$ und det $\tilde{H}_2 < 0$, dann stellt $(x_{0,1}, x_{0,2}, y_0)$, (λ_0), ein Minimum dar.

Ist det $\tilde{H}_{3,1} > 0$, dann stellt $(x_{0,1}, x_{0,2}, y_0)$, (λ_0), einen Sattelpunkt dar.

Ist det $\tilde{H}_{3,1} = 0$, dann kann keine Aussage gemacht werden.

(Dieses Ergebnis ist wie im zweidimensionalen Fall nicht von der Art der Auflösung abhängig).

•

Beispiel 11.11

Im dreidimensionalen Fall betrachten wir nun zweimal stetig differenzierbare Funktionen

$$f, g^1, g^2 : \mathbb{D} \longrightarrow \mathbb{R}, \mathbb{D} \subset \mathbb{R}^3, \quad f(x, y_1, y_2), g^1(x, y_1, y_2), g^2(x, y_1, y_2),$$

mit

$$\det \left(\left(\frac{\partial g^j}{\partial y_k}(x_0, y_{0,1}, y_{0,2}) \right)_{j,k=1,2} \right) \neq 0.$$

Wir können lokal nach y_1, y_2 auflösen: $g(x, h^1(x), h^2(x)) = 0$, $(y_{0,1}, y_{0,2}) = (h^1(x_0), h^2(x_0))$. Wir führen die Funktionen ein:

$$\tilde{f}(x) = f(x, h^1(x), h^2(x)), \quad \tilde{g}^j(x) = g^j(x, h^1(x), h^2(x)) = 0, j = 1, 2,$$

und suchen Extremalstellen der Funktion $\tilde{f}(x)$. Damit die Formeln übersichtlich bleiben, werden wir wieder im Folgenden die Argumente x_0 bzw. $(x_0, y_{0,1}, y_{0,2})$ weglassen. Notwendig für das Vorliegen einer Extremalstelle ist die Bedingung:

$$\operatorname{grad} f + \lambda_{0,1} \operatorname{grad} g^1 + \lambda_{0,2} \operatorname{grad} g^2 = (0, 0, 0).$$

Für die Funktion $\tilde{f}$ gilt äquivalent im Punkt x_0:

$$\frac{\partial \tilde{f}}{\partial x} = \frac{\partial f}{\partial x} + \frac{\partial \tilde{f}}{\partial y_1} \frac{\partial h^1}{\partial x} + \frac{\partial \tilde{f}}{\partial y_2} \frac{\partial h^2}{\partial x} = 0,$$

und für die Funktionen $\tilde{g}^j$ gilt identisch:

$$\frac{\partial \tilde{g}^j}{\partial x} = \frac{\partial g}{\partial x} + \frac{\partial \tilde{g}^j}{\partial y_1} \frac{\partial h^1}{\partial x} + \frac{\partial \tilde{g}^j}{\partial y_2} \frac{\partial h^2}{\partial x} = 0, j = 1, 2.$$

Wir berechnen die zweiten Ableitungen:

$$\frac{\partial^2 \tilde{f}}{\partial x^2} = \frac{\partial^2 f}{\partial x^2} + 2\frac{\partial^2 f}{\partial x \partial y_1}\frac{\partial h^1}{\partial x} + 2\frac{\partial^2 f}{\partial x \partial y_2}\frac{\partial h^2}{\partial x}$$

$$+ \frac{\partial^2 f}{\partial y_1^2}\left(\frac{\partial h^1}{\partial x}\right)^2 + 2\frac{\partial^2 f}{\partial y_1 \partial y_2}\frac{\partial h^1}{\partial x}\frac{\partial h^2}{\partial x} + \frac{\partial^2 f}{\partial y_2^2}\left(\frac{\partial h^2}{\partial x}\right)^2$$

$$+ \frac{\partial f}{\partial y_1}\frac{\partial^2 h^1}{\partial x^2} + \frac{\partial f}{\partial y_2}\frac{\partial^2 h^2}{\partial x^2},$$

$$\frac{\partial^2 \tilde{g}^j}{\partial x^2} = \frac{\partial^2 g^j}{\partial x^2} + 2\frac{\partial^2 g^j}{\partial x \partial y_1}\frac{\partial h^1}{\partial x} + 2\frac{\partial^2 g^j}{\partial x \partial y_2}\frac{\partial h^2}{\partial x}$$

$$+ \frac{\partial^2 g^j}{\partial y_1^2}\left(\frac{\partial h^1}{\partial x}\right)^2 + 2\frac{\partial^2 g^j}{\partial y_1 \partial y_2}\frac{\partial h^1}{\partial x}\frac{\partial h^2}{\partial x} + \frac{\partial^2 g^j}{\partial y_2^2}\left(\frac{\partial h^2}{\partial x}\right)^2$$

$$+ \frac{\partial g^j}{\partial y_1}\frac{\partial^2 h^1}{\partial x^2} + \frac{\partial g^j}{\partial y_2}\frac{\partial^2 h^2}{\partial x^2} = 0, j = 1, 2,$$

Multiplizieren mit $\lambda_{0,1}$, $\lambda_{0,2}$, Addieren und die Multiplikatorbedingung

$$\frac{\partial f}{\partial y_j} + \lambda_{0,1}\frac{\partial g^1}{\partial y_j} + \lambda_{0,2}\frac{\partial g^2}{\partial y_j} = 0, j = 1, 2$$

verwenden ergibt:

$$\frac{\partial^2 \tilde{f}}{\partial x^2} = \frac{\partial^2 L}{\partial x^2} + 2\frac{\partial^2 L}{\partial x \partial y_1}\frac{\partial h^1}{\partial x} + 2\frac{\partial^2 L}{\partial x \partial y_2}\frac{\partial h^2}{\partial x}$$

$$+ \frac{\partial^2 L}{\partial y_1^2}\left(\frac{\partial h^1}{\partial x}\right)^2 + 2\frac{\partial^2 L}{\partial y_1 \partial y_2}\frac{\partial h^1}{\partial x}\frac{\partial h^2}{\partial x} + \frac{\partial^2 f}{\partial y_2^2}\left(\frac{\partial h^2}{\partial x}\right)^2,$$

wobei zur Abkürzung die Lagrange-Funktion eingeführt wurde:

$$L(x, y_1, y_2, \lambda_1, \lambda_2) = f(x, y_1, y_2) + \lambda_1 g^1(x, y_1, y_2) + \lambda_2 g^2(x, y_1, y_2).$$

Wir ersetzen wieder die Ableitungen

$$\frac{\partial h^1}{\partial x} = -\frac{\frac{\partial g^1}{\partial x}\frac{\partial g^2}{\partial y_2} - \frac{\partial g^2}{\partial x}\frac{\partial g^1}{\partial y_2}}{\frac{\partial g^1}{\partial y_1}\frac{\partial g^2}{\partial y_2} - \frac{\partial g^1}{\partial y_2}\frac{\partial g^2}{\partial y_1}},$$

$$\frac{\partial h^2}{\partial x} = \frac{\frac{\partial g^1}{\partial x}\frac{\partial g^2}{\partial y_1} - \frac{\partial g^2}{\partial x}\frac{\partial g^1}{\partial y_1}}{\frac{\partial g^1}{\partial y_1}\frac{\partial g^2}{\partial y_2} - \frac{\partial g^1}{\partial y_2}\frac{\partial g^2}{\partial y_1}},$$

und bekommen durch Entwickeln von Determinanten:

$$\left(\frac{\partial g^1}{\partial y_1}\frac{\partial g^2}{\partial y_2} - \frac{\partial g^1}{\partial y_2}\frac{\partial g^2}{\partial y_1}\right)^2 \frac{\partial^2 \tilde{f}}{\partial x^2}$$

$$= \det \begin{pmatrix} 0 & 0 & \frac{\partial g^1}{\partial x} & \frac{\partial g^1}{\partial y_1} & \frac{\partial g^1}{\partial y_2} \\ 0 & 0 & \frac{\partial g^2}{\partial x} & \frac{\partial g^2}{\partial y_1} & \frac{\partial g^2}{\partial y_2} \\ \frac{\partial g^1}{\partial x} & \frac{\partial g^2}{\partial x} & \frac{\partial^2 L}{\partial x^2} & \frac{\partial^2 L}{\partial x \partial y_1} & \frac{\partial^2 L}{\partial x \partial y_2} \\ \frac{\partial g^1}{\partial y_1} & \frac{\partial g^2}{\partial y_1} & \frac{\partial^2 L}{\partial x \partial y_1} & \frac{\partial^2 L}{\partial y_1^2} & \frac{\partial^2 L}{\partial y_1 \partial y_2} \\ \frac{\partial g^1}{\partial y_2} & \frac{\partial g^2}{\partial y_2} & \frac{\partial^2 L}{\partial x \partial y_2} & \frac{\partial^2 L}{\partial y_1 \partial y_2} & \frac{\partial^2 L}{\partial y_2^2} \end{pmatrix}$$

$$= \det \tilde{H}_{3,2}.$$

Wir bekommen folgende hinreichende Bedingungen mit der geränderten Hessematrix.

Ist $\det \tilde{H}_{3,2} < 0$, dann stellt $(x_0, y_{0,1}, y_{0,2})$, $(\lambda_{0,1}, \lambda_{0,2})$ ein Maximum dar.

Ist $\det \tilde{H}_{3,2} > 0$, dann stellt $(x_0, y_{0,1}, y_{0,2})$, $(\lambda_{0,1}, \lambda_{0,2})$ ein Minimum dar.

Ist $\det \tilde{H}_{3,2} = 0$, dann kann keine Aussage gemacht werden.

(Dieses Ergebnis ist wiederum nicht von der Art der Auflösung abhängig).

●

Beispiel 11.12

Gesucht werden Extremalstellen der Funktion

$$f(x, y_1, y_2) = 2x^2 + 2y_1^2 - 3y_2^2$$

unter den Nebenbedingungen

$$g^1(x, y_1, y_2) = x^2 + y_1^2 + y_2^2 - 1 = 0, \quad g^2(x, y_1, y_2) = x + y_1 + 1 = 0.$$

Wir stellen die Multiplikator-Bedingung auf:

$$\operatorname{grad} f(x, y_1, y_2) + \lambda_1 \operatorname{grad} g^1(x, y_1, y_2) + \lambda_2 \operatorname{grad} g^2(x, y_1, y_2)$$

$$= (4x, 4y_1, 4y_2) + \lambda_1 (2x, 2y_1, 2y_2) + \lambda_2 (1, 1, 0) = (0, 0, 0).$$

Extremalstellen können also nur unter den Lösungen des folgenden Systems zu finden sein:

1) $x^2 + y_1^2 + y_2^2 - 1 = 0,$

2) $x + y_1 + 1 = 0,$

3) $4x + 2\lambda_1 x + \lambda_2 = (4 + 2\lambda_1)x + \lambda_2 = 0,$

4) $4y_1 + 2\lambda_1 y_1 + \lambda_2 = (4 + 2\lambda_1)y_1 + \lambda_2 = 0,$

5) $-6y_2 + 2\lambda_1 y_2 = (-6 + 2\lambda_1)y_2 = 0.$

Zur Lösung des Systems unterscheiden wir Fälle.

a) $x = 0$ und $y_1 = 0$ ist wegen 1) und 2) nicht möglich.

b) $x = 0$. Aus 2) folgt $y_1 = -1$. Aus 1) folgt $y_2 = 0$. Aus 3) folgt $\lambda_2 = 0$. Aus 4) folgt $\lambda_1 = -2$.

c) $y_1 = 0$. Aus 2) folgt $x = -1$. Aus 1) folgt $y_2 = 0$. Aus 4) folgt $\lambda_2 = 0$. Aus 3) folgt $\lambda_1 = -2$.

d) $x \neq 0$ und $y_1 \neq 0$. Aus 3) und 4) folgt $x = y_1$. Aus 2) folgt $x = y_1 = -\frac{1}{2}$. Aus 1) folgt $y_2 = \pm \frac{1}{\sqrt{2}}$. Aus 5) folgt $\lambda_1 = 3$. Aus 3) folgt $\lambda_2 = 5$.

Folgende Punkte kommen als Extremalstellen von f unter $g^1 = 0$ und $g^2 = 0$ infrage:

$$(x, y_1, y_2) = (0, -1, 0), \lambda_1 = -2, \lambda_2 = 0,$$

$$(x, y_1, y_2) = (-1, 0, 0), \lambda_1 = 0, \lambda_2 = -2,$$

$$(x, y_1, y_2) = \left(-\frac{1}{2}, -\frac{1}{2}, \pm\frac{1}{\sqrt{2}}\right), \lambda_1 = 1, \lambda_2 = 5.$$

Die geränderte Hessematrix lautet:

$$\tilde{H}_{3,2}(x, y_1, y_2, \lambda_1, \lambda_2) = \begin{pmatrix} 0 & 0 & 2x & 2y_1 & 2y_2 \\ 0 & 0 & 1 & 1 & 0 \\ 2x & 1 & 4+2\lambda_1 & 0 & 0 \\ 2y_1 & 1 & 0 & 4+2\lambda_1 & 0 \\ 2y_2 & 0 & 0 & 0 & -6+2\lambda_1 \end{pmatrix}.$$

Es gilt:

$$\det \tilde{H}(0, -1, 0, -2, 0) = -40, \quad \det \tilde{H}(-1, 0, 0, 0, -2) = -24.$$

Die Punkte liefern Maxima. Es gilt:

$$\det \tilde{H}\left(-\frac{1}{2}, -\frac{1}{2}, \pm\frac{1}{\sqrt{2}}, 1, 5\right) = 24.$$

Die Punkte liefern Minima (Abb. 11.9).

In den Punkten $(-1, 0, 0)$ und $(0, -1, 0)$, ist det $\left(\left(\frac{\partial g^j}{\partial y_k}\right)_{j,k=1,2}\right) = 0$ und eine Auflösung des Systems $g^1(x, y_1, y_2) = 0, g^2(x, y_1, y_2) = 0$ nach y_1, y_2 nicht möglich. Eine Auflösung nach x, y_2 ergibt: $x = \frac{1}{2}\left(-1 - \sqrt{1 - 2y_2^2}\right), y_1 = \frac{1}{2}\left(-1 + \sqrt{1 - 2y_2^2}\right)$ (Auflösung durch den Punkt $(-1, 0, 0)$) und $x = \frac{1}{2}\left(-1 + \sqrt{1 - 2y_2^2}\right), y_1 = \frac{1}{2}\left(-1 - \sqrt{1 - 2y_2^2}\right)$ (Auflösung durch den Punkt $(0, -1, 0)$). In den Punkten $\left(-\frac{1}{2}, -\frac{1}{2}, -\frac{1}{\sqrt{2}}\right)$ und $\left(-\frac{1}{2}, -\frac{1}{2}, -\frac{1}{\sqrt{2}}\right)$ kann nach y_1, y_2 aufgelöst werden: $y_1 = -1 - x, y_2 = -\sqrt{-2(x + x^2)}$ und $y_1 = -1 - x,$ $y_2 = \sqrt{-2(x + x^2)}$. Die Kurve $g^1(x, y_1, y_2) = 0, g^2(x, y_1, y_2) = 0$ stellt einen Kreis

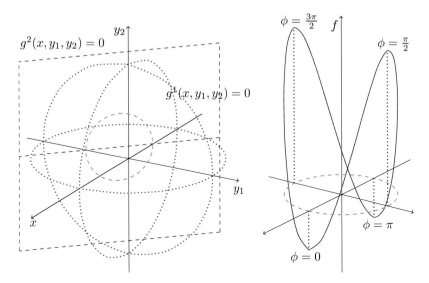

Abb. 11.9 Die Kugelfläche $g^1(x, y_1, y_2) = 0$ und die Ebene $g^2(x, y_1, y_2) = 0$ mit dem Kreis $\left(-\frac{1}{2} - \frac{1}{2} \sin(\phi), -\frac{1}{2} + \frac{1}{2} \sin(\phi), \frac{1}{\sqrt{2}} \cos(\phi)\right)$, $\phi \in [0, 2\pi]$ als Schnittkurve (links). Symbolische Darstellung der Funktion $f(x(\phi), y_1(\phi), y_2(\phi))$ auf dem Schnittkreis (rechts)

mit dem Mittelpunkt $(-\frac{1}{2}, -\frac{1}{2}, 0)$ und dem Radius $\frac{1}{\sqrt{2}}$ in der Ebene $x + y_1 = -1$ mit der Parameterdarstellung:

$$(x(\phi), y_1(\phi), y_2(\phi)) = \left(-\frac{1}{2} - \frac{1}{2} \sin(\phi), -\frac{1}{2} + \frac{1}{2} \sin(\phi), \frac{1}{\sqrt{2}} \cos(\phi)\right), \phi \in [0, 2\pi).$$

Es gilt:

$$(x(0), y_1(0), y_2(0)) = \left(-\frac{1}{2}, -\frac{1}{2}, \frac{1}{\sqrt{2}}\right), (x(\pi), y_1(\pi), y_2(\pi)) = \left(-\frac{1}{2}, -\frac{1}{2}, -\frac{1}{\sqrt{2}}\right),$$

$$\left(x\left(\frac{\pi}{2}\right), y_1\left(\frac{\pi}{2}\right), y_2\left(\frac{\pi}{2}\right)\right) = (-1, 0, 0), \left(x\left(\frac{3\pi}{2}\right), y_1\left(\frac{3\pi}{2}\right), y_2\left(\frac{3\pi}{2}\right)\right) = (0, -1, 0).$$

Die Funktionswerte ergeben sich zu (Abb. 11.9):

$$f(x(\phi), y_1(\phi), y_2(\phi)) = \frac{1}{4}\left(3 - 5\left((\cos(\phi))^2 - (\sin(\phi))^2\right)\right).$$

11.3   Beispielaufgaben

Aufgabe 11.1

Gegeben sei die Funktion:

$$f(x_1, x_2) = \left(x_1 - x_2, \frac{x_2}{x_1} \right), \quad x_1 \neq 0.$$

In welchen Punkten wird durch den Satz über inverse Funktionen lokal eine Umkehrfunktion garantiert und wie lautet diese?

Wir können die Funktion in der rechten Halbebene ($x_1 > 0$) oder in der linken Halbebene ($x_1 < 0$) betrachten. Die Funktionalmatrix lautet:

$$\frac{df}{d(x_1, x_2)}(x_1, x_2) = \begin{pmatrix} 1 & -1 \\ -\frac{x_2}{x_1^2} & \frac{1}{x_1} \end{pmatrix}.$$

Wir berechnen die Determinante:

$$\det \left(\frac{df}{d(x_1, x_2)}(x_1, x_2) \right) = \frac{1}{x_1} - \frac{x_2}{x_1^2} = \frac{x_1 - x_2}{x_1^2}.$$

In allen Punkten mit $x_1 \neq 0$ und $x_1 \neq x_2$ wird also lokal eine Auflösung garantiert. Die Gerade $x_1 = x_2$ wird auf den Punkt $(0, 1)$ abgebildet. Andere Punkte $(y_1, 1)$ oder $(0, y_2)$ werden nicht als Bilder angenommen. Die Teilmenge $x_1 > 0, x_1 < x_2$ der x-Ebene wird abgebildet auf die Teilmenge $y_1 < 0, y_2 > 1$. Die Teilmenge $x_1 > 0, x_1 > x_2$ wird abgebildet auf die Teilmenge $y_1 > 0, y_2 < 1$. Die Teilmenge $x_1 < 0, x_1 < x_2$ wird abgebildet auf die Teilmenge $y_1 < 0, y_2 < 1$. Die Teilmenge $x_1 < 0, x_1 > x_2$ wird abgebildet auf die Teilmenge $y_1 > 0, y_2 > 1$. Zur Berechnung der Umkehrfunktion lösen wir die Gleichungen

$$y_1 = x_1 - x_2, \quad y_2 = \frac{x_2}{x_1},$$

nach x_1, x_2 auf. Aus der zweiten Gleichung folgt: $x_2 = x_1 \, y_2$. Einsetzen in die erste Gleichung ergibt: $y_1 = x_1 - x_1 \, y_2 = x_1 \, (1 - y_2)$. Die Umkehrfunktion wird gegeben durch:

$$f^{-1}(y_1, y_2) = \left(\frac{y_1}{1 - y_2}, \frac{y_1 \, y_2}{1 - y_2} \right), \quad y_2 \neq 1.$$

Aufgabe 11.2

Man zeige, dass im Nullpunkt genau eine Auflösung $x = g(y)$ der Gleichung:

$$f(x, y) = e^{-y} - \sin(x + y) - 1 = 0$$

existiert und berechne sie explizit.

Es gilt zunächst $f(0, 0) = 0$. Wir berechnen die partielle Ableitung

$$\frac{\partial f}{\partial x}(x, y) = -\cos(x + y)$$

und bekommen:

$$\frac{\partial f}{\partial x}(0, 0) = -1.$$

Der Satz über implizite Funktionen garantiert also lokal eine eindeutige Auflösung nach x. Wir schreiben

$$\sin(x + y) = e^{-y} - 1.$$

Die Umkehrfunktion arcsin : $[-1, 1] \to [-\frac{\pi}{2}, \frac{\pi}{2}]$ liefert

$$x = \arcsin\left(e^{-y} - 1\right) - y.$$

Die Auflösung ist erklärt, falls $-1 \le e^{-y} - 1 \le 1$. Wegen $0 < e^{-y}$ gilt dies für $y \ge -\ln(2)$.

Aufgabe 11.3
Die Funktion $f : \mathbb{R}^2 \to \mathbb{R}$ wird gegeben durch:

$$f(x, y) = x\,y - (1 - y)^2 = 0.$$

Man bestimme die Auflösung $y = g(x)$ mit

$$g(1) = \frac{1}{2}(3 - \sqrt{5}).$$

Man bestimme ferner die Ableitung $g'(x)$ mit Hilfe der partiellen Ableitungen von f.
Wir schreiben die Gleichung $f(x, y) = 0$ um:

$$x\,y - (1 - y)^2 = 0 \iff y^2 - (x + 2)\,y + 1 = 0.$$

Die quadratische Gleichung besitzt zwei Lösungen:

$$y = \frac{x + 2}{2} \pm \sqrt{\frac{(x + 2)^2}{4} - 1} = \frac{x + 2}{2} \pm \frac{1}{2}\sqrt{x\,(x + 4)}.$$

Damit die Auflösung durch den Punkt $(1, \frac{1}{2}(3 - \sqrt{5}))$ geht, müssen wir wählen:

$$y = g(x) = \frac{x + 2}{2} - \frac{1}{2}\sqrt{x\,(x + 4)}, \quad x > 0.$$

Wir leiten die Beziehung $f(x, g(x)) = 0$ ab:

$$\frac{\partial f}{\partial x}(x, g(x)) + \frac{\partial f}{\partial y}(x, g(x))\,\frac{dg}{dx}(x) = g(x) + x + 2\,(1 - g(x))\,\frac{dg}{dx}(x) = 0.$$

Hieraus ergibt sich:

$$\frac{dg}{dx}(x) = -\frac{g(x)}{x + 2(1 - g(x))}.$$

Aufgabe 11.4

Man bestimme mithilfe des Gradienten die Tangentialebene an die Oberfläche des Ellipsoids
$(a > 0, b > 0, c > 0)$:

$$\frac{x^2}{a^2} + \frac{y^2}{b^2} + \frac{z^2}{c^2} = 1$$

in einem beliebigen Punkt (x_0, y_0, z_0) auf der Oberfläche.

Der Gradient steht senkrecht auf Niveauflächen. Die Oberfläche des Ellipsoids stellt eine
Niveaufläche der Funktion dar:

$$f(x, y, z) = \frac{x^2}{a^2} + \frac{y^2}{b^2} + \frac{z^2}{c^2}.$$

Der Gradient steht also senkrecht auf der Tangentialebene an die Oberfläche des Ellipsoids.
Damit bekommen wir folgende Gleichung der Tangentialebene:

$$\operatorname{grad} f(x_0, y_0, z_0)\, ((x, y, z) - (x_0, y_0, z_0)) = 0$$

bzw.

$$\left(\frac{2\,x_0}{a^2}, \frac{2\,y_0}{b^2}, \frac{2\,z_0}{c^2}\right)((x, y, z) - (x_0, y_0, z_0)) = 0 \quad \Longleftrightarrow \quad \frac{x_0\,x}{a^2} + \frac{y_0\,y}{b^2} + \frac{z_0\,z}{c^2} = 1.$$

Aufgabe 11.5

Welche Punkte kommen als Extremalstellen der Funktion

$$f(x, y) = x^2 + 3\,x\,y + y^2$$

unter der Nebenbedingung

$$g(x, y) = x^2 + y^2 = 1$$

infrage?

Extremalstellen von f unter der Nebenbedingung $g(x, y) = 1$ müssen die folgenden
Bedingungen mit dem Lagrange-Multiplikator λ erfüllen:

$$(1)\ x^2 + y^2 = 1, \quad (2)\ 2\,x + 3\,y + \lambda\,2\,x = 0, \quad (3)\ 3\,x + 2\,y + \lambda\,2\,y = 0.$$

Wäre $x = 0$, so ergäbe sich aus (2) $y = 0$ im Widerspruch zu (1). Wäre $y = 0$, so ergäbe
sich aus (3) $x = 0$ im Widerspruch zu (1). Punkte auf der x-Achse oder auf der y-Achse
kommen also nicht infrage. Wir multiplizieren (2) mit y und (3) mit x:

$$2\,x\,y + 3\,y^2 + \lambda\,2\,x\,y = 0, \quad 3\,x^2 + 2\,x\,y + \lambda\,2\,x\,y = 0,$$

bzw. $3x^2 = 3y^2$. Hieraus folgt $y = \pm x$ und $2y^2 = 1$. Als Extremalstellen von f unter $g(x, y) = 1$ kommen also folgende Punkte infrage:

$$(x_1, y_1) = \left(\frac{\sqrt{2}}{2}, \frac{\sqrt{2}}{2}\right), \quad (x_2, y_2) = \left(-\frac{\sqrt{2}}{2}, -\frac{\sqrt{2}}{2}\right), \quad \lambda = -4,$$

$$(x_3, y_3) = \left(\frac{\sqrt{2}}{2}, -\frac{\sqrt{2}}{2}\right), \quad (x_4, y_4) = \left(-\frac{\sqrt{2}}{2}, \frac{\sqrt{2}}{2}\right), \quad \lambda = 4.$$

Die geränderte Hessematrix lautet:

$$\tilde{H}(x, y, \lambda) = \begin{pmatrix} 0 & 2x & 2y \\ 2x & 2 + 2\lambda & 3 \\ 2y & 3 & 2 + 2\lambda \end{pmatrix}.$$

Es gilt:

$$\det \tilde{H}(x_1, y_1, -4) = \det \tilde{H}(x_2, y_2, -4) = 36,$$

$$\det \tilde{H}(x_3, y_3, -4) = \det \tilde{H}(x_4, y_4, -4) = -52.$$

Die Punkte (x_1, y_1) und (x_2, y_2) liefern Maxima. Die Punkte (x_3, y_3) und (x_4, y_4) liefern Minima (Abb. 11.10).

Abb. 11.10 Die Funktion $f(x, y) = x^2 y$ dargestellt auf der Kurve $g(x, y) = 0$ mit Extremalstellen

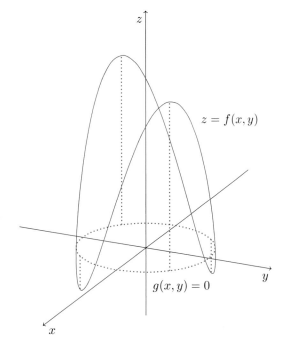

Aufgabe 11.6

Welche Punkte kommen als Extremalstellen der Funktion:

$$f(x, y) = x^2 y$$

unter der folgenden Nebenbedingung infrage:

$$g(x, y) = \frac{x^2}{3} + \frac{y^2}{4} - 1 = 0?$$

Als Extremalstellen kommen alle Lösungen des Gleichungssystems:

$$g(x, y) = 0,$$

$$\operatorname{grad} f(x, y) + \lambda \operatorname{grad} g(x, y) = (0, 0),$$

infrage.

Die zweite Gleichung schreiben wir mit

$$\operatorname{grad} f(x, y) = (2 x y, x^2) \quad \text{und} \quad \operatorname{grad} g(x, y) = \left(\frac{2}{3} x, \frac{1}{2} y \right)$$

in Komponenten:

$$2 x y + \lambda \frac{2}{3} x = 0, \quad x^2 + \lambda \frac{1}{2} y = 0.$$

Wir unterscheiden nun zwei Fälle: $x = 0$ und $x \neq 0$. Im ersten Fall wird mit $\lambda = 0$ die Multiplikatorbedingung erfüllt und aus der Nebenbedingung ergibt sich $y^2 = 4$. Im zweiten Fall wird die Multiplikatorbedingung erfüllt mit $\lambda = -3 y$ und $x^2 = \frac{3}{2} y^2$, und die Nebenbedingung liefert $y^2 = \frac{4}{3}$. Somit kommen folgende Punkte als Extremalstellen infrage:

$$(0, 2), (0, -2),$$

$$\left(\sqrt{2}, \frac{2}{\sqrt{3}} \right), \left(\sqrt{2}, -\frac{2}{\sqrt{3}} \right), \left(-\sqrt{2}, \frac{2}{\sqrt{3}} \right), \left(-\sqrt{2}, -\frac{2}{\sqrt{3}} \right).$$

Man kann auch auf direktem Weg vorgehen. Die Kurve $g(x, y) = 0$ stellt eine Ellipse dar mit der Parameterdarstellung:

$$(x(\phi), y(\phi)) = (\sqrt{3} \cos(\phi), 2 \sin(\phi)), \quad \phi \in [0, 2\pi).$$

Damit bekommen wir:

$$f(x(\phi), y(\phi)) = 6 (\cos(\phi))^2 \sin(\phi).$$

Extremalstellen im offenen Intervall $(0, 2\pi)$ können dort vorliegen, wo die Ableitung verschwindet:

$$\frac{d}{d\phi} f(x(\phi), y(\phi)) = -12 \cos(\phi) (\sin(\phi))^2 + 6 (\cos(\phi))^3 = 6 \cos(\phi) ((\cos(\phi))^2 - 2 (\sin(\phi))^2) = 0.$$

Das ist äquivalent mit: $\cos(\phi) = 0$ oder $\tan(\phi) = \pm\frac{1}{\sqrt{2}}$ und führt auf die sechs Extremalpunkte von oben (Abb. 11.11).

Aufgabe 11.7
Welche Punkte kommen als Extremalstellen der Funktion

$$f(x_1, x_2, y) = x_1^2 \, x_2^2 \, y^2$$

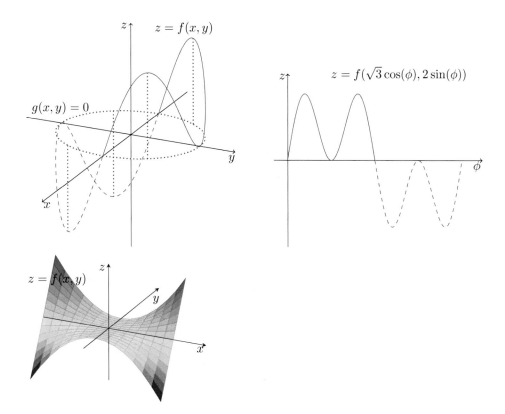

Abb. 11.11 Die Funktion $f(x, y) = x^2 y$ dargestellt auf der Kurve $g(x, y) = 0$ mit Extremalstellen (oben, links). Die Funktion auf der Kurve dargestellt mit der Parametrisierung $(x(\phi), y(\phi)) = (\sqrt{3} \cos(\phi), 2 \sin(\phi))$ (oben, rechts). Die Funktion $z = f(x, y)$ (unten)

unter der folgenden Nebenbedingung infrage:

$$x_1^2 + x_2^2 + y^2 = 1?$$

Extremalstellen müssen die folgenden vier Bedingungen erfüllen:

$$(1) \quad g(x_1, x_2, y) = x_1^2 + x_2^2 + y^2 - 1 = 0,$$

$$(2) \quad \frac{\partial f}{\partial x_1}(x_1, x_2, y) + \lambda \frac{\partial g}{\partial x_1}(x_1, x_2, y) = 2\, x_1\, x_2^2\, y^2 + 2\, \lambda\, x_1 = 0,$$

$$(3) \quad \frac{\partial f}{\partial x_2}(x_1, x_2, y) + \lambda \frac{\partial g}{\partial x_2}(x_1, x_2, y) = 2\, x_1^2\, x_2\, y^2 + 2\, \lambda\, x_2 = 0,$$

$$(4) \quad \frac{\partial f}{\partial y}(x_1, x_2, y) + \lambda \frac{\partial g}{\partial y}(x_1, x_2, y) = 2\, x_1^2\, x_2^2\, y + 2\, \lambda\, y = 0.$$

Wir multiplizieren (2) mit x_1, (3) mit x_2, (4) mit y und bekommen:

$$x_1^2\, x_2^2\, y^2 + \lambda\, x_1^2 = 0, \quad x_1^2\, x_2^2\, y^2 + \lambda\, x_2^2 = 0, \quad x_1^2\, x_2^2\, y^2 + \lambda\, y^2 = 0,$$

bzw.

$$\lambda\, x_1^2 = \lambda\, x_2^2 = \lambda\, y^2.$$

Im Fall $\lambda \neq 0$ ergibt sich daraus $x_1^2 = x_2^2 = y^2$ und mit (1): $x_1^2 = x_2^2 = y^2 = \frac{1}{3}$. Als Extremalstellen kommen infrage Punkte mit Koordinaten:

$$x_1 = \pm\frac{1}{\sqrt{3}}, \quad x_2 = \pm\frac{1}{\sqrt{3}}, \quad y = \pm\frac{1}{\sqrt{3}}, \quad \lambda = -\frac{1}{9}.$$

Im Fall $\lambda = 0$ ergibt sich $x_1 = 0$ oder $x_2 = 0$ oder $y = 0$. Als Extremalstellen kommen infrage Punkte mit Koordinaten:

$$x_1 = 0, x_2^2 + y^2 = 1, \quad x_2 = 0, x_1^2 + y^2 = 1, \quad y = 0, x_1^2 + x_2^2 = 1.$$

Wir berechnen die geränderten Hessematrizen:

$$\tilde{H}_2(x_1, x_2, y, \lambda) = \begin{pmatrix} 0 & 2\,x_1 & 2\,y \\ 2\,x_1 & 2\,x_2^2\,y^2 + 2\,\lambda & 4\,x_1\,x_2^2\,y \\ 2\,y & 4\,x_1\,x_2^2\,y & 2\,x_1^2\,x_2^2 + 2\,\lambda \end{pmatrix},$$

$$\tilde{H}_{3,1}(x_1, x_2, y, \lambda) = \begin{pmatrix} 0 & 2\,x_1 & 2\,x_1 & 2\,y \\ 2\,x_1 & 2\,x_2^2\,y^2 + 2\,\lambda & 4\,x_1\,x_2\,y^2 & 4\,x_1\,x_2^2\,y \\ 2\,x_2 & 4\,x_1\,x_2\,y^2 & 2\,x_1^2\,y^2 + 2\,\lambda & 4\,x_1^2\,x_2\,y \\ 2\,y & 4\,x_1\,x_2^2\,y & 4\,x_1^2\,x_2\,y & 2\,x_1^2\,x_2^2 + 2\,\lambda \end{pmatrix}.$$

Es gilt:

$$\det \tilde{H}_2 \left(\pm \frac{1}{\sqrt{3}}, \pm \frac{1}{\sqrt{3}}, \pm \frac{1}{\sqrt{3}}, -\frac{1}{9} \right) = \frac{32}{27} > 0,$$

$$\det \tilde{H}_{3,1} \left(\pm \frac{1}{\sqrt{3}}, \pm \frac{1}{\sqrt{3}}, \pm \frac{1}{\sqrt{3}}, -\frac{1}{9} \right) = \frac{64}{81} < 0.$$

Die Punkte sind Maximalstellen. Im Fall $\lambda = 0$ ist $x_1 = 0$ oder $x_2 = 0$ oder $y = 0$ und damit $f(x_1, x_2, y) = 0$. Da f keine negativen Funktionswerte annimmt, liegen Minimalstellen vor (Abb. 11.12).

Abb. 11.12 Symbolische Darstellung der Funktion $f(x_1, x_2, y) = x_1^2 x_2^2 y^2$ auf der Kugel $x_1^2 + x_2^2 + y^2 = 1$. In jedem Punkt (x_1, x_2, y) wird der Normaleneinheitsvektor multipliziert mit dem Funktionswert abgetragen:
$(x_1, x_2, y) +$
$f(x_1, x_2, y) \frac{(x_1, x_2, y)}{\sqrt{x_1^2 + x_2^2 + y^2}}$
(oben). Die Minima:
$x_1 = 0, x_2^2 + y^2 = 1, x_2 = 0, x_1^2 + y^2 = 1, y = 0, x_1^2 + x_2^2 = 1$, (Kreise) und die Maxima von f unter der Nebenbedingung g (unten)

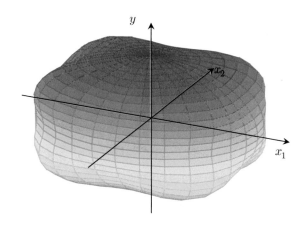

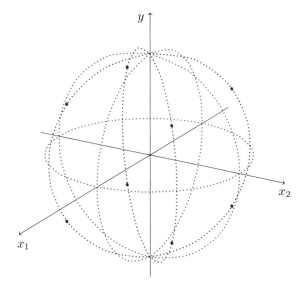

11.4 Übungsaufgaben

Übung 11.1

Was sagt der Satz über implizite Funktionen über die Auflösbarkeit des Gleichungssystems
($R > 0, a > 0$):

$$x^2 + y^2 + z^2 = R^2, (x - a)^2 + y^2 = a^2, z \geq 0,$$

nach x, z im Punkt $(0, 0, R)$? Man gebe die Auflösung explizit an. (Die Kurve, die für $a = \frac{R}{2}$
entsteht, heißt Vivianisches Fenster.)

Übung 11.2

Welche Punkte kommen als Extremalstellen der Funktion:

$$f(x, y) = x\, y^2$$

unter der folgenden Nebenbedingung infrage

$$g(x, y) = \frac{x^2}{3} + \frac{y^2}{4} - 1 = 0\,?$$

Man klassifiziere die gefundenen Punkte mit der geränderten Hessematrix.

Übung 11.3

Man zeige, dass die Gleichung $f(x, y) = 0$ bzw. $f(x, y_1, y_2) = (0, 0)$ im Punkt P eine
lokale Auflösung nach y bzw. $y = (y_1, y_2)$ besitzt und bestimme die Auflösung:

i) $f : \mathbb{R} \times \mathbb{R} \to \mathbb{R}, f(x, y) = x^3 + 2xy + y^2 - 9, P = (1, 2)$,
ii) $\boldsymbol{f} : \mathbb{R} \times \mathbb{R}^2 \;\to\; \mathbb{R}^2, \boldsymbol{f}(x, y_1, y_2) \;=\; (x^2 + xy_1y_2 + y_2^2 - 1, x + y_1 + y_2 - 1)$,
    $P = (0, 2, 1)$.

Übung 11.4

Man bestimme die Extremstellen der Funktion $f : \mathbb{R}^2 \to \mathbb{R}$ unter der Nebenbedingung
$g(x, y) = 0$ für (Abb. 11.13):

i) $f(x, y) = \frac{1}{3}x^3 + \frac{1}{3}y^3 - x - y, \; g(x, y) = x^2 + y^2 - 6$,
ii) $f(x, y) = -x^2 - 4xy, \; g(x, y) = \frac{x^2}{2} + y^2 - 1$.

Man verwende die geränderte Hessematrix.

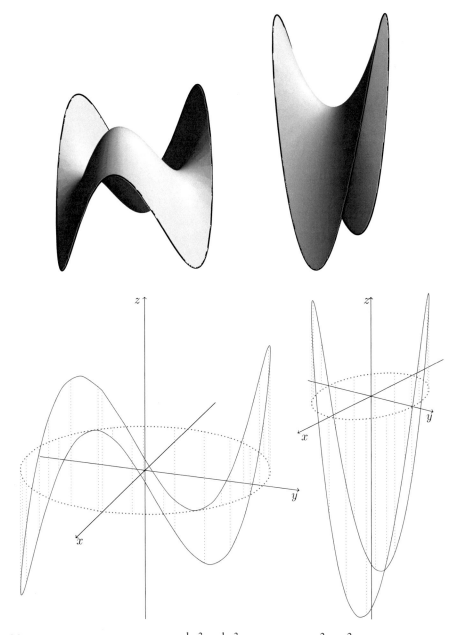

Abb. 11.13 Die Funktion $f(x, y) = \frac{1}{3}x^3 + \frac{1}{3}y^3 - x - y$, $0 \leq x^2 + y^2 \leq 6$, (oben, links) und die Funktion $f(x, y) = -x^2 - 4xy$, $0 \leq \frac{x^2}{2} + y^2 \leq 1$, (oben, rechts). Die Funktion $f(x, y) = \frac{1}{3}x^3 + \frac{1}{3}y^3 - x - y$ eingeschränkt auf $g(x, y) = x^2 + y^2 - 6 = 0$ (unten, links) und die Funktion $f(x, y) = -x^2 - 4xy$ eingeschränkt auf $g(x, y) = \frac{x^2}{2} + y^2 - 1 = 0$ (unten, rechts)

Übung 11.5

Man bestimme die Punkte auf der Fläche

$$g(x, y, z) = x^2 + 3y^2 + 2z^2 - 2yz - 2 = 0$$

mit dem kleinsten Abstand vom Nullpunkt.

Integration im $\mathbb{R}^n$

12

Mehrdimensionale Intervalle, Partitionen und ihre Feinheit werden eingeführt und Riemannsche Summen bei Funktionen von mehreren Variablen erklärt. Das Integral ergibt sich wieder als Grenzwert Riemannscher Summen. Vertauschungen bei der Summenbildung führen auf das fundamentale Konzept der iterierten Integration und den Satz von Fubini. Integrale über mehrdimensionale Intervalle können auf eindimensionale Integrationen zurückgeführt werden. Der weitere Aufbau zielt auf die Verallgemeinerung des Integrationsgebiets. Von Intervallen gehen wir zu Mengen über, die längs einer Koordinatenachse projiziert werden können. Die Volumenberechnung kann nach dem Prinzip von Cavalieri iteriert unter Reduktion der Dimension ausgeführt werden.

12.1 Integration über Intervalle, Iterierte Integration

Wir übertragen zunächst den Begriff des Intervalls in den $\mathbb{R}^n$.

Definition: n-dimensionales Intervall

Seien $a_j \in \mathbb{R}$, $b_j \in \mathbb{R}$ mit $a_j < b_j, j = 1, \ldots, n$. Die folgende Menge heißt (abgeschlossenes), n-dimensionales Intervall (Abb. 12.1):

$$I = \{x = (x_1, \ldots, x_n) \in \mathbb{R}^n \mid a_j \le x_j \le b_j, \; j = 1, \ldots, n\}.$$

Das Volumen von I wird gegeben durch:

$$\text{Vol}(I) = \prod_{j=1}^{n} (b_j - a_j).$$

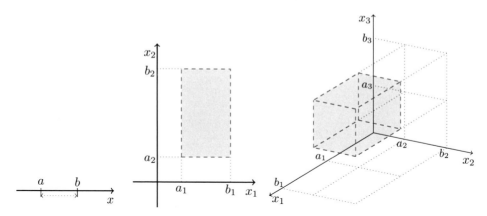

Abb. 12.1 Intervalle im $\mathbb{R}^1$ (links), im $\mathbb{R}^2$ (Mitte), im $\mathbb{R}^3$ (rechts)

Der Durchmesser von I wird gegeben durch:

$$L(I) = \sqrt{\sum_{j=1}^{n} (b_j - a_j)^2}.$$

Wir zerlegen Intervalle nun wieder in Teilintervalle. Die Vereinigung aller Teilintervalle muss das Ausgangsintervall ergeben. Zwei Teilintervalle dürfen nur Randpunkte gemeinsam haben.

Definition: Partition, Feinheit

Sei I ein n-dimensionales Intervall und $I_k \subseteq I, k = 1, \ldots, l$, n-dimensionale Intervalle. Die Menge $P = \{I_k\}_{k=1,\ldots,l}$ bildet eine Partition von I, wenn folgende beiden Bedingungen erfüllt sind (Abb. 12.2):

$$\cup_{k=1}^{l} I_k = I,$$

$$x \in I_{k_1} \cap I_{k_2} \implies x \text{ ist Randpunkt von } I_{k_1} \text{ und von } I_{k_2}.$$

Die Feinheit der Partition P wird gegeben durch:

$$\|P\| = \max_{k=1,\ldots,l} L(I_k).$$

Abb. 12.2 Partition eines
Intervalls I im $\mathbb{R}^2$. (Die
Teilintervalle I_k dürfen sich
nicht überlappen)

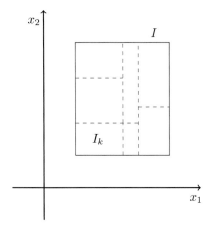

Aus dem eindimensionalen Fall können wir nun die Riemannschen Summen und das Integral
übernehmen (Abb. 12.3).

Definition: Riemannsche Summe

Sei $I \subset \mathbb{R}^n$ ein Intervall, $f : I \longrightarrow \mathbb{R}$ eine stetige Funktion. Sei $P = \{I_k\}_{k=1,\dots,l}$
eine Partition von I. Aus jedem Teilintervall I_k werde ein $\boldsymbol{\xi}_k \in I_k$ beliebig gewählt
und $\vec{\boldsymbol{\xi}} = (\boldsymbol{\xi}_1, \dots, \boldsymbol{\xi}_l)$ gesetzt. Eine Riemannsche Summe von f zur Partition P wird
gegeben durch:

$$S(f, P, \vec{\boldsymbol{\xi}}) = \sum_{k=1}^{l} f(\boldsymbol{\xi}_k) \operatorname{Vol}(I_k).$$

Satz: Riemannsches Integral

Sei $I \subset \mathbb{R}^n$ ein Intervall und $f : I \longrightarrow \mathbb{R}$ stetig. P_m stelle eine beliebige Folge
von Partitionen von I dar, deren Feinheit gegen null geht: $\lim\limits_{m \to \infty} ||P_m|| = 0$. Durch
$\vec{\boldsymbol{\xi}}_m$ werde eine beliebige Wahl von Zwischenpunkten aus den Teilintervallen von P_m
gegeben.

Dann existiert der Grenzwert

$$\lim_{m \to \infty} S(f, P_m, \vec{\boldsymbol{\xi}}_m)$$

und ist unabhängig von P_m und $\vec{\boldsymbol{\xi}}_m$.

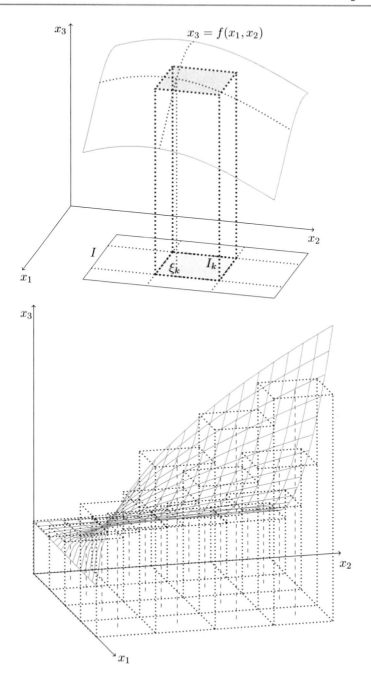

Abb. 12.3 Zur Riemannschen Summe einer Funktion $f(x_1, x_2)$. Der Summand $f(\boldsymbol{\xi}_k)\,\mathrm{Vol}(I_k)$ (oben). Riemannsche Summe einer Funktion mit Partition in 16 gleichgroße Teilintervalle (unten)

Wir bezeichnen den Grenzwert als Riemannsches Integral (kurz Integral) der Funktion f über das Intervall I:

$$\int_I f(\boldsymbol{x})\,d\boldsymbol{x} = \int_I f(x_1, \ldots, x_n)\,d(x_1, \ldots, x_n) = \lim_{m \to \infty} S(f, P_m, \vec{\boldsymbol{\xi}}_m).$$

Wie im eindimensionalen Fall kann man das Integral auch im zweidimensionalen Fall geometrisch interpretieren. Wenn eine Funktion nur positive Werte annimmt $f(\boldsymbol{x}) \geq 0$, dann gibt das Integral den Inhalt des Volumens unter der Fläche an (Abb. 12.4).

Beispiel 12.1
Sei

$$f(\boldsymbol{x}) = f(x_1, x_2) = x_1$$

und

$$I = \{\boldsymbol{x} = (x_1, x_2) \in \mathbb{R}^2 \mid 0 \leq a_1 \leq x_1 \leq b_1,\ 0 \leq a_2 \leq x_2 \leq b_2\}$$

ein zweidimensionales Intervall. Wir berechnen das Integral

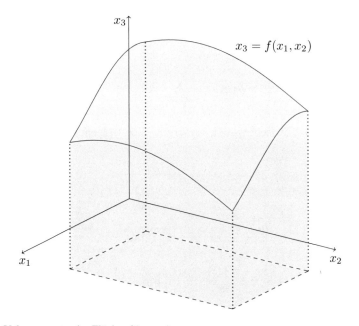

Abb. 12.4 Volumen unter der Fläche $f(x_1, x_2)$

Abb. 12.5 Partition P_4 des
Intervalls $0 \le a_1 \le x_1 \le b_1$,
$0 \le a_2 \le x_2 \le b_2$,

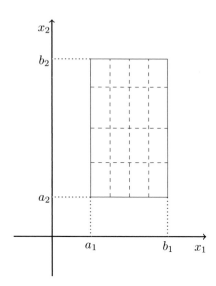

Abb. 12.5 Partition P_4 des
Intervalls $0 \le a_1 \le x_1 \le b_1$,
$0 \le a_2 \le x_2 \le b_2$,

$$\int\limits_I f(x)\,dx$$

mithilfe Riemannscher Summen.

Wir können auf einfache Weise eine Partition P_m von I in $n = m^2$ Teilintervalle vornehmen, wenn wir $[a_1, b_1]$ und $[a_2, b_2]$ jeweils in m äquidistante Teilintervalle zerlegen (Abb. 12.5).

Nehmen wir noch den Randpunkt

$$\boldsymbol{\xi}_{m,k_1,k_2} = \left(a_1 + k_1 \frac{b_1 - a_1}{m}, a_2 + k_2 \frac{b_2 - a_2}{m}\right), \vec{\boldsymbol{\xi}}_m = (\boldsymbol{\xi}_{m,k_1,k_2})_{k_1,k_2=1,\dots,m},$$

des Intervalls I_k als Zwischenpunkt, so ergibt sich folgende Riemannsche Summe (Abb. 12.6):

$$
\begin{aligned}
S(f, P_m, \vec{\boldsymbol{\xi}}_m) &= \frac{(b_1 - a_1)(b_2 - a_2)}{m^2} \sum_{k_1=1}^{m} \sum_{k_2=1}^{m} \left(a_1 + k_1 \frac{b_1 - a_1}{m}\right) \\
&= \frac{(b_1 - a_1)(b_2 - a_2)}{m} \sum_{k_1=1}^{m} \left(a_1 + k_1 \frac{b_1 - a_1}{m}\right) \\
&= \frac{(b_1 - a_1)(b_2 - a_2)}{m} \left(m\,a_1 + \frac{1}{2} \frac{b_1 - a_1}{m} m\,(m + 1)\right) \\
&= (b_1 - a_1)(b_2 - a_2) \left(a_1 + \frac{1}{2}(b_1 - a_1)\left(1 + \frac{1}{m}\right)\right).
\end{aligned}
$$

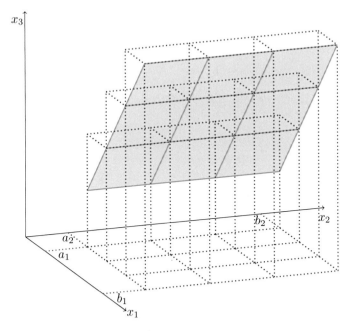

Abb. 12.6 Riemannsche Summe $S(f, P_3, \vec{\xi}_3)$ der Funktion $f(x_1, x_2) = x_1$

Offenbar geht die Feinheit der Partition P gegen Null, wenn m gegen Unendlich strebt, sodass gilt:

$$\int_I f(\boldsymbol{x})\, d\boldsymbol{x} = \lim_{m \to \infty} S(f, P_m, \vec{\xi}_m) = \frac{1}{2}(b_1^2 - a_1^2)(b_2 - a_2).$$

Das Integral $\int_I f(\boldsymbol{x})\, d\boldsymbol{x}$ stellt gerade das Volumen unter der gegebenen Fläche $f(x_1, x_2) = x_1$ dar. Dieses Volumen setzt sich zusammen aus einem Quader mit den Kantenlängen $b_1 - a_1, b_2 - a_2, a_1$ und einem Prisma mit der Grundfläche $\frac{1}{2}(b_1 - a_1)^2$ und der Höhe $b_2 - a_2$.

•

Integrale über Intervalle im $\mathbb{R}^n$ werden durch iterierte Integration auf n eindimensionale Integrale zurückgeführt. Die Integration im $\mathbb{R}^n$ wird dabei zunächst auf eine $n - 1$-dimensionale und eine eindimensionale Integration reduziert. Man bekommt diese Aussage aus den Riemannschen Summen durch Vertauschen von Summation und Grenzwertbildung.

Wir beginnen mit dem zweidimensionalen Fall. Das Integral einer stetigen Funktion über ein Intervall wird berechnet, indem man zwei eindimensionale Integrationen nacheinander ausführt.

Satz: Iterierte Integration im $\mathbb{R}^2$ (Satz von Fubini)

Sei $I = \{x = (x_1, x_2) \,|\, a_1 \leq x_1 \leq b_1, a_2 \leq x_2 \leq b_2\} \subset \mathbb{R}^2$ ein Intervall und $f : I \longrightarrow \mathbb{R}$ stetig. Dann gilt:

$$\int\limits_I f(x)\, dx = \int\limits_I f(x_1, x_2)\, d(x_1, x_2)$$

$$= \int\limits_{a_1}^{b_1} \left(\int\limits_{a_2}^{b_2} f(x_1, x_2)\, dx_2 \right) dx_1 = \int\limits_{a_2}^{b_2} \left(\int\limits_{a_1}^{b_1} f(x_1, x_2)\, dx_1 \right) dx_2.$$

Das Integral wird durch iterierte Integration in zwei eindimensionale Integrale aufgeteilt. Bei der inneren Integration wird die Variable x_2 bzw. x_1 festgehalten. Der Wert des inneren Integrals hängt dann von dieser Variablen ab. Häufig verwendet man die Bezeichnung (x, y) anstatt (x_1, x_2) und schreibt:

$$\int\limits_I f(x, y)\, d(x, y) = \int\limits_{a_1}^{b_1} \left(\int\limits_{a_2}^{b_2} f(x, y)\, dy \right) dx = \int\limits_{a_2}^{b_2} \left(\int\limits_{a_1}^{b_1} f(x, y)\, dx \right) dy.$$

(Die Klammern um das innere Integral werden oft weggelassen).

Beispiel 12.2

Wir berechnen das Integral der Funktion $f(x_1, x_2) = x_1^2 x_2^4$ über das Intervall $I = \{(x_1, x_2) \,|\, -1 \leq x_1 \leq 1, -2 \leq x_2 \leq 2\}$.

Wir haben zwei Möglichkeiten (Abb. 12.7):

$$\int\limits_I f(x_1, x_2)\, d(x_1, x_2) = \int\limits_{-1}^{1} \left(\int\limits_{-2}^{2} x_1^2 x_2^4\, dx_2 \right) dx_1 = \int\limits_{-1}^{1} \left(x_1^2 \frac{x_2^5}{5} \Big|_{x_2=-2}^{x_2=2} \right) dx_1$$

$$= \int\limits_{-1}^{1} \frac{64}{5} x_1^2\, dx_1 = \frac{64}{5} \frac{x_1^3}{3} \Big|_{x_1=-1}^{x_1=1} = \frac{128}{15}$$

Abb. 12.7 Aufteilung der Integration über das Intervall $I = \{(x_1, x_2) \mid -1 \leq x_1 \leq 1, -2 \leq x_1 \leq 2\}$

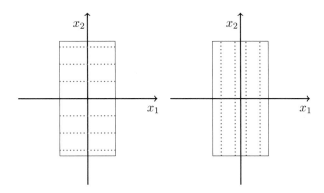

und

$$
\int_I f(x_1, x_2)\, d(x_1, x_2) = \int_{-2}^{2} \left(\int_{-1}^{1} x_1^2\, x_2^4\, dx_1 \right) dx_2 = \int_{-2}^{2} \left(\left. \frac{x_1^3}{3}\, x_2^4 \right|_{x_1=-1}^{x_1=1} \right) dx_2
$$

$$
= \int_{-2}^{2} \frac{2}{3}\, x_2^4\, dx_2 = \frac{2}{3}\, \left. \frac{x_2^5}{5} \right|_{x_2=-2}^{x_2=2} = \frac{128}{15}
$$

●

Im dreidimensionalen Fall haben wir mehr Möglichkeiten. Wir bauen ein Integrationsintervall $I = \{(x_1, x_2, x_3) \mid a_1 \leq x_1 \leq b_1, a_2 \leq x_2 \leq b_2, a_3 \leq x_3 \leq b_3\}$ zunächst in der Schnittflächendarstellung und dann in der Grundflächendarstellung auf. Wir legen dazu eine Grundfläche $I_1 = \{(x_2, x_3) \mid a_2 \leq x_2 \leq b_2, a_3 \leq x_3 \leq b_3\}$ in der (x_2, x_3)-Ebene fest. Im ersten Fall machen wir für jedes $a_1 \leq x_1 \leq b_1$ einen Schnitt parallel zur (x_2, x_3)-Ebene. Alle Schnitte zusammen ergeben das Intervall I. Die innere Integration erfolgt über I_1. Im zweiten Fall wird das Intervall I durch alle Senkrechten $\{(x_1, x_2, x_3) \mid a_1 \leq x_1 \leq b_1\}$ über Grundflächenpunkten zusammengesetzt. Die äußere Integration erfolgt über I_1. Genauso sind Schnitte parallel zu bzw. Projektionen senkrecht auf Grundflächen in der (x_1, x_3)-Ebene oder (x_1, x_2)-Ebene möglich (Abb. 12.8).

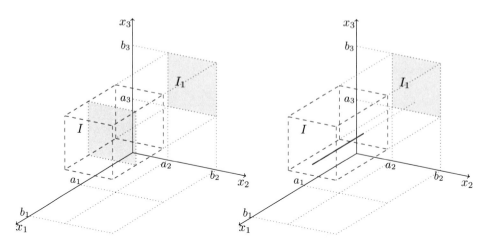

Abb. 12.8 Schnittflächendarstellung (links) und Grundflächendarstellung (rechts) eines dreidimensionalen Intervalls $I = \{(x_1, x_2, x_3) \mid a_1 \leq x_1 \leq b_1, a_2 \leq x_2 \leq b_2, a_3 \leq x_3 \leq b_3\}$ über dem zweidimensionalen Intervall $I_1 = \{(x_2, x_3) \mid a_2 \leq x_2 \leq b_2, a_3 \leq x_3 \leq b_3\}$

Satz: Iterierte Integration im $\mathbb{R}^3$ (Satz von Fubini)

Sei $I = \{(x_1, x_2, x_3) \mid a_1 \leq x_1 \leq b_1, a_2 \leq x_2 \leq b_2, a_3 \leq x_3 \leq b_3\} \subset \mathbb{R}^3$ ein Intervall und $f : I \longrightarrow \mathbb{R}$ stetig.

Dann gilt mit $I_1 = \{(x_2, x_3) \mid a_2 \leq x_2 \leq b_2, a_3 \leq x_3 \leq b_3\} \subset \mathbb{R}^2$:

$$\int_I f(\boldsymbol{x})\, d\boldsymbol{x} = \int_I f(x_1, x_2, x_3)\, d(x_1, x_2, x_3)$$

$$= \int_{a_1}^{b_1} \left(\int_{I_1} f(x_1, x_2, x_3)\, d(x_2, x_3) \right) dx_1$$

$$= \int_{I_1} \left(\int_{a_1}^{b_1} f(x_1, x_2, x_3)\, dx_1 \right) d(x_2, x_3).$$

Genauso gilt mit $I_2 = \{(x_1, x_3) \mid a_1 \leq x_1 \leq b_1, a_3 \leq x_3 \leq b_3\} \subset \mathbb{R}^2$ und $I_3 = \{(x_1, x_2) \mid a_1 \leq x_1 \leq b_1, a_2 \leq x_2 \leq b_2\} \subset \mathbb{R}^2$:

$$\int_I f(\boldsymbol{x})\, d\boldsymbol{x} = \int_{a_2}^{b_2} \left(\int_{I_2} f(x_1, x_2, x_3) d(x_1, x_3) \right) dx_2$$

$$= \int_{I_2} \left(\int_{a_2}^{b_2} f(x_1, x_2, x_3) dx_2 \right) d(x_1, x_3)$$

$$= \int_{a_3}^{b_3} \left(\int_{I_3} f(x_1, x_2, x_3) d(x_1, x_2) \right) dx_3$$

$$= \int_{I_3} \left(\int_{a_3}^{b_3} f(x_1, x_2, x_3) dx_3 \right) d(x_1, x_2).$$

Die zweidimensionalen Integrale kann man wieder nach dem Satz von Fubini im $\mathbb{R}^2$ in zwei eindimensionale Integrale zerlegen. Man erhält dann folgende iterierte Integration:

$$\int_I f(\boldsymbol{x})\, d\boldsymbol{x} = \int_I f(x_1, x_2, x_3)\, d(x_1, x_2, x_3)$$

$$= \int_{a_1}^{b_1} \left(\int_{a_2}^{b_2} \left(\int_{a_3}^{b_3} f(x_1, x_2, x_3)\, dx_3 \right) dx_2 \right) dx_1.$$

Es gibt fünf weitere Möglichkeiten, das Integral zu berechnen. Die Reihenfolge spielt bei der iterierten Integration einer stetigen Funktion über ein Intervall keine Rolle.

Beispiel 12.3

Wir berechnen das Integral der Funktion $f(x_1, x_2, x_3) = x_1^2 x_2^2 x_3^2$ über das Intervall $I = \{(x_1, x_2, x_3) \mid 0 \leq x_1 \leq 1, -1 \leq x_2 \leq 1, 0 \leq x_3 \leq 2\}$.

Wir wählen folgende Integrationsreihenfolge (Abb. 12.9):

Abb. 12.9 Aufteilung der
Integration über das Intervall
$I = \{(x_1, x_2, x_3) \mid 0 \le x_1 \le 1,$
$-1 \le x_2 \le 1, 0 \le x_3 \le 2\}$

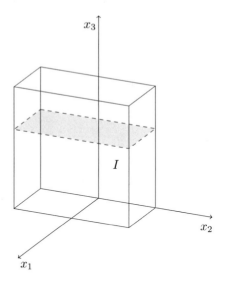

$$\int_I f(x_1, x_2, x_3)\, d(x_1, x_2, x_3) = \int_0^2 \left(\int_{-1}^1 \left(\int_0^1 x_1^2 x_2^2 x_3^2\, dx_1 \right) dx_2 \right) dx_3$$

$$= \int_0^2 \left(\int_{-1}^1 \left(\frac{x_1^3}{3} x_2^2 x_3^2 \Big|_{x_1=0}^{x_1=1} \right) dx_2 \right) dx_3$$

$$= \int_0^2 \left(\frac{1}{3} \frac{x_2^3}{3} x_3^2 \Big|_{x_2=-1}^{x_2=1} \right) dx_3$$

$$= \frac{2}{9} \frac{x_3^3}{3} \Big|_{x_3=0}^{x_3=2} = \frac{16}{27}.$$

           •

Wir formulieren den Satz von Fubini noch allgemein im $\mathbb{R}^n$.

Satz: Iterierte Integration im $\mathbb{R}^n$ (Satz von Fubini)

Sei $I = \{x = (x_1, \ldots, x_n) \in \mathbb{R}^n \mid a_j \le x_j \le b_j,\ j = 1, \ldots, n\}$ ein n-dimensionales Intervall. Für $\nu \in \{1, \ldots, n\}$, bezeichne I_ν das $n-1$-dimensionale Intervall:

$$I_\nu = \{(x_1, \ldots, x_{\nu-1}, x_{\nu+1}, \ldots, x_n) \in \mathbb{R}^{n-1} \mid a_j \le x_j \le b_j,\ j = 1, \ldots, \nu-1, \nu+1, \ldots, n\}.$$

Dann gilt für stetiges $f : I \longrightarrow \mathbb{R}$:

$$\int_I f(x)dx = \int_{a_\nu}^{b_\nu} \left(\int_{I_\nu} f(x_1, \ldots, x_{\nu-1}, x_\nu, x_{\nu+1}, \ldots, x_n) \right.$$
$$\left. d(x_1, \ldots, x_{\nu-1}, x_{\nu+1}, \ldots, x_n) \right) dx_\nu,$$

(Schnittflächendarstellung) und

$$\int_I f(x)dx = \int_{I_\nu} \left(\int_{a_\nu}^{b_\nu} f(x_1, \ldots, x_{\nu-1}, x_\nu, x_{\nu+1}, \ldots, x_n)dx_\nu \right)$$
$$d(x_1, \ldots, x_{\nu-1}, x_{\nu+1}, \ldots, x_n).$$

(Grundflächendarstellung).

12.2 Prinzip von Cavalieri

Im Folgenden erweitern wir den Integralbegriff zunächst auf unstetige Funktionen. Man fordert, dass alle Riemannschen Summen gegen denselben Grenzwert konvergieren, wenn die Feinheit gegen null geht. Wir beginnen mit dem Volumen einer beschränkten Menge. Sei $\mathbb{D} \subset \mathbb{R}^n$ eine beschränkte Menge. Wir können nur über Intervalle integrieren und wählen deshalb ein Intervall $I \subset \mathbb{R}^n$ mit $\mathbb{D} \subset I$. Wir bilden die charakteristische Funktion (Abb. 12.10):

$$\chi_{\mathbb{D}}(x) = \begin{cases} 1, & x \in \mathbb{D} \\ 0, & x \in I \backslash \mathbb{D} \end{cases}.$$

Wenn das Integral $\int_I \chi_{\mathbb{D}}(x)\,dx = \int_{\mathbb{D}} 1\,dx = \int_{\mathbb{D}} dx$ existiert, haben wir das Volumen von $\mathbb{D}$. Wir können leicht sehen, dass $\int_{\mathbb{D}} dx$ nicht von der Wahl von I abhängt. Bei der Integration gilt der Satz von Fubini entsprechend zum stetigen Fall.

Abb. 12.10 Die
charakteristische Funktion $\chi_\mathbb{D}$
ist unstetig in den Randpunkten
von $\mathbb{D}$

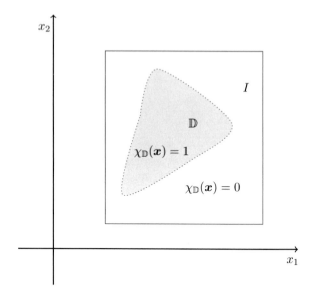

Definition: Volumen einer Menge

Sei $\mathbb{D} \subset \mathbb{R}^n$ eine beschränkte Menge. Es existiere $\int_I \chi_\mathbb{D}(x)\,dx = \int_\mathbb{D} 1\,dx = \int_\mathbb{D} dx$.
Dann wird das Volumen der Menge $\mathbb{D}$ gegeben durch:

$$\mathrm{Vol}(\mathbb{D}) = \int_\mathbb{D} dx.$$

(Die charakteristische Funktion von $\mathbb{D}$ wird bezüglich eines Intervalls I, $\mathbb{D} \subset I$, genommen).

Beispiel 12.4

Wir betrachten den Halbkreis (Abb. 12.11): $\mathbb{D} = \{x = (x_1, x_2) \mid x_1^2 + x_2^2 \le 1,\, x_2 \ge 0\}$. Das Volumen von $\mathbb{D}$ kennen wir als Fläche unter der Kurve:

$$\int_{-1}^{1} \sqrt{1 - x_1^2}\,dx_1 = \int_{0}^{1} \left(\sqrt{1 - x_2^2} - \left(-\sqrt{1 - x_2^2} \right) \right) dx_2 = \frac{\pi}{2}.$$

Entsprechend bekommen wir die Fläche des Halbkreises durch zweidimensionale Integration. Wir wählen ein Intervall $\mathbb{D} \subset I$ und integrieren:

Abb. 12.11 Volumen eines
Halbkreises $\mathbb{D}$

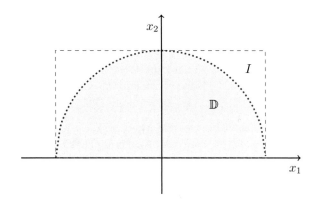

$$\mathrm{Vol}(\mathbb{D}) = \int\limits_{I} \chi_{\mathbb{D}}(\boldsymbol{x})\,d\boldsymbol{x} = \int\limits_{-1}^{1} \left(\int\limits_{0}^{1} \chi_{\mathbb{D}}(x_1, x_2)\,dx_2 \right) dx_1$$

$$= \int\limits_{-1}^{1} \left(\int\limits_{0}^{\sqrt{1-x_1^2}} 1\,dx_2 + \int\limits_{\sqrt{1-x_1^2}}^{1} 0\,dx_2 \right) dx_1$$

$$= \int\limits_{-1}^{1} (x_2)\Big|_{x_2=0}^{x_2=\sqrt{1-x_1^2}}\,dx_1$$

$$= \int\limits_{-1}^{1} \sqrt{1 - x_1^2}\,dx_1 = 2 \int\limits_{0}^{1} \sqrt{1 - x_1^2}\,dx_1 = \frac{\pi}{2}.$$

Wir können auch eine andere Integrationsreihenfolge wählen:

$$\mathrm{Vol}(\mathbb{D}) = \int\limits_{0}^{1} \left(\int\limits_{-1}^{1} \chi_{\mathbb{D}}(x_1, x_2)\,dx_1 \right) dx_2$$

$$= \int\limits_{0}^{1} \left(\int\limits_{-\sqrt{1-x_2^2}}^{\sqrt{1-x_2^2}} 1\,dx_1 \right) dx_2 = \int\limits_{0}^{1} (x_1)\Big|_{x_1=-\sqrt{1-x_2^2}}^{x_1=\sqrt{1-x_2^2}}\,dx_2$$

$$= \int\limits_{0}^{1} \left(\sqrt{1 - x_2^2} - \left(-\sqrt{1 - x_2^2} \right) \right) dx_2 = 2 \int\limits_{0}^{1} \sqrt{1 - x_2^2}\,dx_2 = \frac{\pi}{2}.$$

$\bullet$

Beispiel 12.5

Wir betrachten einen geraden Kreiskegel $K \subset \mathbb{R}^3$ mit dem Grundkreisradius R und der Höhe H. Die x_3-Achse bilde die Mittelachse und der Grundkreis liege in der $x_1 - x_2$-Ebene. Wir berechnen das Volumen des Kegels Abb. (12.12).

Legen wir in der Höhe x_3 einen zur $x_1 - x_2$-Ebene parallelen Schnitt durch den Kegel, so erhalten wir eine Kreisfläche mit dem Radius $\dfrac{R}{H}(H - x_3)$. Diese Fläche stellt gerade den Wert des inneren Integrals dar. Man kann diese Kreisfläche wieder durch iterierte Integration bekommen. Das Volumen des Kegels ergibt sich zu:

$$\mathrm{Vol}(K) = \int\limits_I \chi_K(\boldsymbol{x})\, d\boldsymbol{x} = \int\limits_0^H \left(\int\limits_{-R}^R \int\limits_{-R}^R \chi_K(x_1, x_2)\, d(x_1, x_2) \right) dx_3$$

$$= \int\limits_0^H \pi\, \frac{R^2}{H^2}(H - x_3)^2\, dx_3$$

$$= -\pi\, \frac{R^2}{3\,H^2}(H - x_3)^3 \Big|_0^H = \frac{\pi}{3}\, R^2\, H.$$

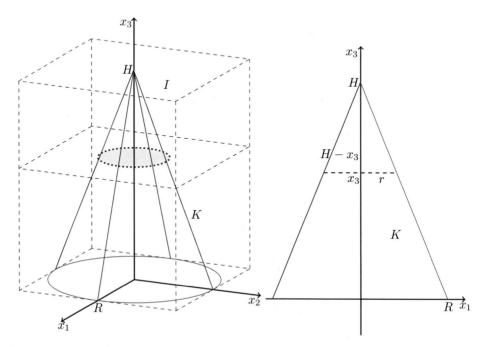

Abb. 12.12 Kreiskegel K mit dreidimensionalem Intervall I, $K \subset I$, (links). Projektion des Kreiskegels K in die $x_1 - x_3$-Ebene: $\dfrac{r}{H - x_3} = \dfrac{R}{H}$, (rechts)

Abb. 12.13 Prinzip von
Cavalieri. Schnitt durch den
Körper $\mathbb{D} \subset I$. Projektion der
Schnittfläche $\tilde{\mathbb{D}}_\nu(c_3)$ auf das
Intervall I_3 ergibt die Fläche
$\mathbb{D}_\nu(c_3)$

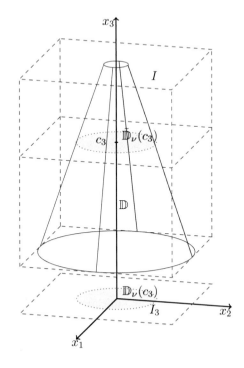

Wendet man den ersten Teil des Satzes von Fubini bei der Berechnung des Volumens einer beschränkten Menge an, so ergibt sich das Prinzip von Cavalieri (Abb. 12.13).

Satz: Prinzip von Cavalieri

Sei $I = \{x = (x_1, \ldots, x_n) \mid a_j \leq x_j \leq b_j, \ j = 1, \ldots, n\}$ ein n-dimensionales Intervall, $\mathbb{D} \subset I$, und es existiere $\mathrm{Vol}(\mathbb{D}) = \int\limits_{\mathbb{D}} dx$. Wir schneiden $\mathbb{D}$ mit Ebenen senkrecht zur x_ν-Achse und bilden: $\tilde{\mathbb{D}}_\nu(c_\nu) = \mathbb{D} \cap \{(x_1, \ldots, x_n) \mid x_\nu = c_\nu, a_\nu \leq c_\nu \leq b_\nu\}$.

Projiziert man die Menge $\tilde{\mathbb{D}}_\nu(c_\nu)$ auf das Intervall

$$I_\nu = \{(x_1, \ldots, x_{\nu-1}, x_{\nu+1}, \ldots, x_n) \mid a_j \leq x_j \leq b_j, \quad j = 1, \ldots, \nu-1, \nu+1, \ldots, n\},$$

so entsteht eine Teilmenge $\mathbb{D}_\nu(c_\nu)$ von I_ν. Wir nehmen an, dass für jedes $x_\nu \in [a_\nu, b_\nu]$ das Integral:

$$\mathrm{Vol}(\mathbb{D}_\nu(x_\nu)) = \int\limits_{\mathbb{D}_\nu(x_\nu)} d(x_1, \ldots, x_{\nu-1}, x_{\nu+1}, \ldots, x_n)$$

existiert. Dann gilt:

$$\text{Vol}(\mathbb{D}) = \int\limits_{a_v}^{b_v} \text{Vol}(\mathbb{D}_v(x_v))\,dx_v.$$

Entstehen bei der Projektion eines dreidimensionalen Körpers ebene Flächen, die durch Parallelverschiebung auseinander hervorgehen, so erhält man das Volumen des Körpers als Produkt der Grundfläche mit der Höhe (Abb. 12.14).

Beispiel 12.6
Wir betrachten einen Tetraeder T. Wir begrenzen T durch die $x_1 - x_2$-, die $x_2 - x_3$-, die $x_1 - x_3$-Ebene und die Ebene $\frac{1}{a}x_1 + \frac{1}{b}x_2 + \frac{1}{c}x_3 = 1$, $a > 0$, $b > 0$, $c > 0$, und berechnen das Volumen des Tetraeders mit dem Prinzip von Cavalieri (Abb. 12.15).

Legen wir zur x_3-Achse senkrechte Schnitte durch den Tetraeder, so entstehen Dreiecks-flächen, die nach der Projektion in die $x_1 - x_2$-Ebene die Gestalt annehmen:

$$\{(x_1, x_2)\,|\,0 \le x_2 \le b - \frac{b}{c}x_3, \quad 0 \le x_1 \le a - \frac{a}{b}x_2 - \frac{a}{c}x_3\}.$$

Das Volumen der Schnittfläche beträgt:

$$\text{Vol}(T(x_3)) = \frac{1}{2}\left(a - \frac{a}{c}x_3\right)\left(b - \frac{b}{c}x_3\right) = \frac{1}{2}ab\left(1 - \frac{1}{c}x_3\right)^2.$$

Abb. 12.14 Prinzip von Cavalieri: Grundfläche mal Höhe. (In jedem Schnitt entsteht dieselbe Fläche)

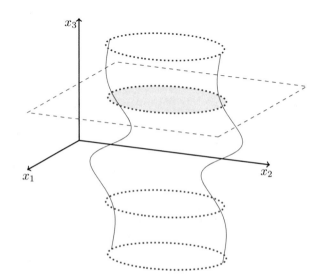

Abb. 12.15 Der Tetraeder T
mit Schnittfläche senkrecht zur
x_3-Achse

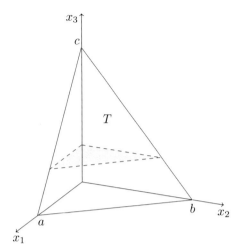

Wir können die Schnittflächen auch wieder mit dem Prinzip von Cavalieri berechnen:

$$\text{Vol}(T(x_3)) = \int\limits_{0}^{b-\frac{b}{c}x_3} \left(\int\limits_{0}^{a-\frac{a}{b}x_2-\frac{a}{c}x_3} dx_1 \right) dx_2 = \frac{1}{2}\,a\,b\,\left(1 - \frac{1}{c}\,x_3 \right)^2.$$

Insgesamt bekommen wir:

$$\text{Vol}(T) = \int\limits_{0}^{c} \text{Vol}(T(x_3))\,dx_3 = \int\limits_{0}^{c} \frac{1}{2}\,a\,b\,\left(1 - \frac{1}{c}\,x_3 \right)^2 dx_3$$

$$= \frac{1}{2}\,a\,b\,\left(1 - \frac{1}{c}\,x_3 \right)^3 \left(-\frac{c}{3} \right)\Bigg|_{x_3=0}^{x_3=c}$$

$$= \frac{1}{6}\,a\,b\,c.$$

●

12.3   Beispielaufgaben

Aufgabe 12.1

Durch Nachrechnen bestätige man, dass gilt:

$$\int_{a_2}^{b_2} \left(\int_{a_1}^{b_1} \sin(x+y)\,dx \right) dy = \int_{a_1}^{b_1} \left(\int_{a_2}^{b_2} \sin(x+y)\,dy \right) dx.$$

Für die Integrationsreihenfolge auf der linken Seite gilt:

$$\int_{a_2}^{b_2} \left(\int_{a_1}^{b_1} \sin(x+y)\,dx \right) dy = \int_{a_2}^{b_2} \left(-\cos(x+y)\big|_{x=a_1}^{x=b_1} \right) dy$$

$$= \int_{a_2}^{b_2} \left(-\cos(b_1+y) + \cos(a_1+y) \right) dy$$

$$= \left(-\sin(b_1+y) + \sin(a_1+y) \right)\big|_{y=a_2}^{y=b_2}$$

$$= -\sin(b_1+b_2) + \sin(a_2+b_1) + \sin(a_1+b_2) - \sin(a_1+a_2).$$

Für die Integrationsreihenfolge auf der rechten Seite gilt:

$$\int_{a_1}^{b_1} \left(\int_{a_2}^{b_2} \sin(x+y)\,dy \right) dx = \int_{a_1}^{b_1} \left(-\cos(x+y)\big|_{y=a_2}^{y=b_2} \right) dx$$

$$= \int_{a_1}^{b_1} \left(-\cos(x+b_2) + \cos(x+a_2) \right) dx$$

$$= \left(-\sin(x+b_2) + \sin(x+a_2) \right)\big|_{x=a_1}^{x=b_1}$$

$$= -\sin(b_1+b_2) + \sin(a_1+b_2) + \sin(a_2+b_1) - \sin(a_1+a_2).$$

Aufgabe 12.2

Man berechne das Integral

$$\int_{-1}^{2} \left(\int_{-1}^{1} \left(\int_{-1}^{3} (x_1^2 + x_2^2)\,dx_1 \right) dx_2 \right) dx_3.$$

Iterierte Integration ergibt:

$$\int\limits_{-1}^{2}\left(\int\limits_{-1}^{1}\left(\int\limits_{-1}^{3}(x_1^2+x_2^2)\,dx_1\right)dx_2\right)dx_3=\int\limits_{-1}^{2}\left(\int\limits_{-1}^{1}\left(\frac{x_1^3}{3}+x_2^2\,x_1\right)\bigg|_{x_1=-1}^{|x_1=3}dx_2\right)dx_3$$

$$=\int\limits_{-1}^{2}\left(\int\limits_{-1}^{1}\left(\frac{28}{3}+4\,x_2^2\right)dx_2\right)dx_3$$

$$=\int\limits_{-1}^{2}\left(\frac{28}{3}x_2+\frac{4}{3}\,x_2^3\right)\bigg|_{x_2=-1}^{|x_2=1}dx_3$$

$$=\frac{64}{3}x_3\bigg|_{x_3=-1}^{|x_3=2}=64.$$

Aufgabe 12.3

Man berechne das Integral:

$$\int\limits_{0}^{2}\left(\int\limits_{-1}^{1}\left(\int\limits_{-1}^{3}\frac{x^2+e^y}{1+z}\,dx\right)dy\right)dz.$$

Iterierte Integration ergibt:

$$\int\limits_{0}^{2}\left(\int\limits_{-1}^{1}\left(\int\limits_{-1}^{3}\frac{x^2+e^y}{1+z}\,dx\right)dy\right)dz=\int\limits_{0}^{2}\left(\int\limits_{-1}^{1}\left(\frac{\frac{x^3}{3}+e^y\,x}{1+z}\right)\bigg|_{x=-1}^{|x=3}dy\right)dz$$

$$=\int\limits_{0}^{2}\left(\int\limits_{-1}^{1}\left(\frac{\frac{28}{3}+4\,e^y}{1+z}\right)dy\right)dz$$

$$=\int\limits_{0}^{2}\left(\frac{\frac{28}{3}\,y+4\,e^y}{1+z}\right)\bigg|_{y=-1}^{|y=1}dz$$

$$=\int\limits_{0}^{2}\frac{1}{1+z}\left(\frac{56}{3}+4\,e-4\,e^{-1}\right)dz$$

$$=\left(\ln(1+z)\left(\frac{56}{3}+4\,e-\frac{4}{e}\right)\right)\bigg|_{z=0}^{|z=2}$$

$$=\ln(3)\left(\frac{56}{3}+4\,e-\frac{4}{e}\right).$$

Aufgabe 12.4

Durch iterierte Integration bestimme man das Volumen des Prismas $\mathbb{D}$, das von den Vektoren $(a, 0, 0)$, $(0, b, 0)$ und $(0, 0, c)$ mit $a > 0, b > 0, c > 0$ aufgespannt wird.

Wir legen Schnittflächen senkrecht zur x_3-Achse und beschreiben sie durch:

$$0 \leq x_1 \leq a, \quad 0 \leq x_2 \leq b - \frac{b}{a} x_1.$$

Das Volumen ergibt sich mit dem Prinzip von Cavalieri durch iterierte Integration (Abb. 12.16):

$$\mathrm{Vol}(\mathbb{D}) = \int_{\mathbb{D}} d(x_1, x_2, x_3) = \int_0^c \left(\int_0^a \left(\int_0^{b - \frac{b}{a} x_1} dx_2 \right) dx_1 \right) dx_3$$

$$= c \int_0^a \left(\int_0^{b - \frac{b}{a} x_1} dx_2 \right) dx_1$$

$$= c \int_0^a \left(b - \frac{b}{a} x_1 \right) dx_1$$

$$= c \left. \left(b x_1 - \frac{b}{a} \frac{x_1^2}{2} \right) \right|_0^a$$

$$= \frac{a b c}{2}.$$

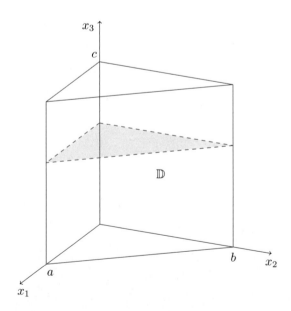

Abb. 12.16 Das Prisma $\mathbb{D}$ mit Schnittfläche senkrecht zur x_3-Achse

12.4 Übungsaufgaben

Übung 12.1

Seien $f_1, f_2, f_3 : \mathbb{R} \longrightarrow \mathbb{R}$ stetige Funktionen, $f(\boldsymbol{x}) = f(x_1, x_2, x_3) = f_1(x_1) f_2(x_2) f_3(x_3)$ und

$$I = \{\boldsymbol{x} = (x_1, x_2, x_3) \in \mathbb{R}^3 \mid a_1 \leq x_1 \leq b_1,\ a_2 \leq x_2 \leq b_2,\ a_1 \leq x_3 \leq b_3\}.$$

Man zeige:

$$\int\limits_I f(\boldsymbol{x})\, d\boldsymbol{x} = \left(\int\limits_{a_1}^{b_1} f_1(x_1)\, dx_1 \right) \left(\int\limits_{a_2}^{b_2} f_2(x_2)\, dx_2 \right) \left(\int\limits_{a_3}^{b_3} f_3(x_3)\, dx_3 \right).$$

Welcher Wert ergibt sich für das Integral: $\int\limits_I f(\boldsymbol{x})\, d\boldsymbol{x}$ mit $f(\boldsymbol{x}) = e^{x_1} x_2^3 \sin(x_3)$ und $I = \{\boldsymbol{x} = (x_1, x_2, x_3) \in \mathbb{R}^3 \mid 0 \leq x_1 1,\ 0 \leq x_2 \leq 1,\ -\pi \leq x_3 \leq \pi\}$?

Übung 12.2

Man berechne: $\displaystyle \int\limits_0^1 \left(\int\limits_0^1 \frac{x}{(1 + x^2 + y^2)^3}\, dy \right) dx.$

Übung 12.3

Man zeige für eine stetige Funktion $f : \mathbb{R} \to \mathbb{R}$:

$$\int\limits_1^2 \left(\int\limits_0^1 f(xy)\, dx \right) dy = \ln(2) \int\limits_0^2 f(y)\, dy - \int\limits_1^2 \ln(y) f(y)\, dy.$$

Hinweis: Substitution im inneren und partielle Integration im äußeren Integral anwenden.

Übung 12.4

Sei $f(x, y) = xy$ und $I = \{(x, y) \in \mathbb{R}^2 \mid 0 \leq x \leq 1,\ 0 \leq y \leq 1\}$. Man berechne das Integral $\int\limits_I f(x, y)\, d(x, y)$. mithilfe Riemannscher Summen. Man zerlege dazu $[0, 1]$ in m äquidistante Teilintervalle und I in m^2 Teilintervalle. Als Zwischenpunkte wähle man die Punkte: $\boldsymbol{\xi}_{k_1, k_2} = \left(k_1 \dfrac{1}{m},\ k_2 \dfrac{1}{m} \right)$. Man bestätige das Ergebnis durch Integration.

Übung 12.5

Man berechne die folgenden Integrale.

i) $\displaystyle\int_0^1 \int_0^6 (x^2 + xy)\, dx\, dy,$ ii) $\displaystyle\int_0^{\frac{\pi}{2}} \int_\pi^{2\pi} x \cos(y)\, dx\, dy,$

iii) $\displaystyle\int_2^3 \int_1^2 \int_0^1 xye^z\, dz\, dy\, dx,$ iv) $\displaystyle\int_0^1 \int_{-1}^1 \int_0^1 \int_{-1}^1 (x_1 + x_1 x_2 - x_1 x_3)\, dx_1\, dx_2\, dx_3\, dx_4.$

Übung 12.6

Man berechne das Volumen von $\mathbb{D}$ für:

i) $\mathbb{D} = \{(x, y) \mid 0 \le x \le 2, (x-1)^3 - 1 \le y \le -x^2 + 2x\}$ (Abb. 12.17),

ii) $\mathbb{D} = \left\{(x, y, z) \mid 0 \le x \le 2, -(x+1) \le y \le x+1, 0 \le z \le -\dfrac{4}{(x+1)^2} y^2 + 4\right\}$
   (Abb. 12.17).

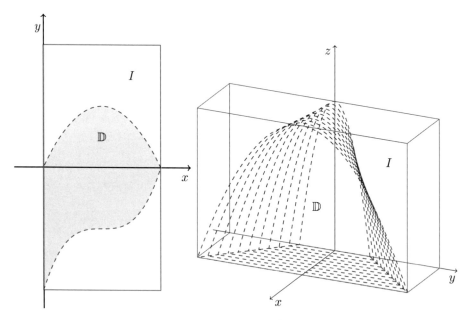

Abb. 12.17 $\mathbb{D} = \{(x, y) \mid 0 \le x \le 2, (x-1)^3 - 1 \le y \le -x^2 + 2x\}$ (links),
$\mathbb{D} = \left\{(x, y, z) \mid 0 \le x \le 2, -(x+1) \le y \le x+1, 0 \le z \le -\dfrac{4}{(x+1)^2} y^2 + 4\right\}$ (rechts), jeweils
mit umgebendem Intervall I.

Integration über Mengen

13

Wir übertragen das Prinzip der iterierten Integration und integrieren Funktionen über Mengen. Der zwei- und der dreidimensionale Fall wird eingehend betrachtet. Die Beschreibung des Integrationsgebiets stellt eine der wesenlichen Schwierigkeiten der mehrdimensionalen Integration dar. Die Substitutionsregel hat nicht nur wie im eindimensionalen Fall die Aufgabe die Integration zu vereinfachen, sondern das Integrationsgebiet einer übersichtlichen Beschreibung zuzuführen. Typische Beispiele schildern die Beschreibung von Gebieten in den klassischen Koordinatensystemen Polar-, Zylinder- und Kugelkoordinaten.

13.1 Iterierte Integration über Mengen

Analog zur Berechnung des Volumens erklärt man das Integral einer Funktionen über eine beschränkte Menge.

Definition: Riemannsches Integral über beschränkte Mengen

Sei $\mathbb{D} \subset \mathbb{R}^n$ eine beschränkte Menge, $I \subset \mathbb{R}^n$ ein Intervall mit $\mathbb{D} \subset I$ und $f : I \longrightarrow \mathbb{R}$ eine stetige Funktion. Wenn das Integral $\int_I f_I(x)\, dx$ über die Funktion

$$f_I(x) = \begin{cases} f(x), \ x \in \mathbb{D} \\ 0, \ x \in I \backslash \mathbb{D} \end{cases} \tag{13.1}$$

existiert, dann wird das Integral der Funktion f über die Menge $\mathbb{D}$ gegeben durch:

$$\int_{\mathbb{D}} f(x)\, dx = \int_I f_I(x)\, dx.$$

W. Strampp und D. Janssen, *Höhere Mathematik 2*,

Man kann zeigen, dass das Integral tatsächlich nicht von der Wahl des Intervalls I abhängt. Bei der Auswertung dieser Integrale greifen wir wieder auf den Satz von Fubini zurück, damit wir auf eindimensionale Integrale kommen. Wir beginnen mit zweidimensionalen Integralen.

Satz: Iterierte Integrale über beschränkte Mengen im $\mathbb{R}^2$

Die beschränkte Menge $\mathbb{D} \subset \mathbb{R}^2$ werde mit stetigen Funktionen g_{1u}, g_{1o}, g_{2u}, g_{2o}, beschrieben durch (Abb. 13.1):

$$\mathbb{D} = \{(x_1, x_2) \mid a \leq x_1 \leq b, g_{1u}(x_1) \leq x_2 \leq g_{1o}(x_1)\}$$

bzw. durch (Abb. 13.1):

$$\mathbb{D} = \{(x_1, x_2) \mid c \leq x_2 \leq d, g_{2u}(x_2) \leq x_1 \leq g_{2o}(x_2)\}.$$

Dann gilt für stetiges f:

$$\int_{\mathbb{D}} f(x_1, x_2) \, d(x_1, x_2) = \int_a^b \left(\int_{g_{1u}(x_1)}^{g_{1o}(x_1)} f(x_1, x_2) \, dx_2 \right) dx_1$$

bzw.

$$\int_{\mathbb{D}} f(x_1, x_2) \, d(x_1, x_2) = \int_c^d \left(\int_{g_{2u}(x_2)}^{g_{2o}(x_2)} f(x_1, x_2) \, dx_1 \right) dx_2.$$

Beispiel 13.1

Wir berechnen das Integral der Funktion $f(x_1, x_2) = x_2$ über den Teil $\mathbb{D}$ der Ellipsenscheibe, der im ersten Quadranten liegt (Abb. 13.2): $\mathbb{D} = \left\{ (x_1, x_2) \; \middle| \; \dfrac{x_1^2}{a^2} + \dfrac{x_2^2}{b^2} \leq 1, x_1 \geq 0, x_2 \geq 0 \right\}$.

Wir können den Integrationsbereich auf zwei Arten beschreiben:

$$\mathbb{D} = \left\{ (x_1, x_2) \mid 0 \leq x_1 \leq a, 0 \leq x_2 \leq \sqrt{b^2 - \frac{b^2}{a^2} x_1^2} \right\},$$

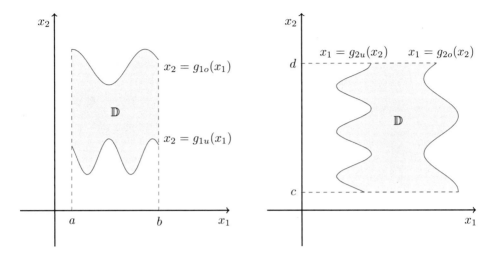

Abb. 13.1 Menge $\mathbb{D}$ im $\mathbb{R}^2$ projiziert auf die x_1-Achse (links) und auf die x_2-Achse (rechts) mit unterer und oberer Begrenzungsfunktion

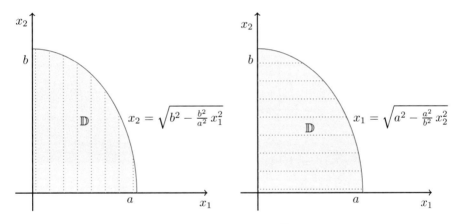

Abb. 13.2 Die Ellipsenscheibe $\mathbb{D}$ (im ersten Quadranten). Äußere Integration über x_1, Projektion auf die x_2-Achse, (links). Äußere Integration über x_2, Projektion auf die x_1-Achse, (rechts)

bzw.

$$\mathbb{D} = \left\{ (x_1, x_2) \,|\, 0 \le x_2 \le b, 0 \le x_1 \le \sqrt{a^2 - \frac{a^2}{b^2} x_2^2} \right\}.$$

Im ersten Fall ergibt sich:

$$
\int_{\mathbb{D}} f(x_1, x_2) \, d(x_1, x_2) = \int_0^a \left(\int_0^{\sqrt{b^2 - \frac{b^2}{a^2} x_1^2}} x_2 \, dx_2 \right) dx_1
$$

$$
= \int_0^a \frac{x_2^2}{2} \Bigg|_{x_2=0}^{x_2=\sqrt{b^2 - \frac{b^2}{a^2} x_1^2}} \, dx_1
$$

$$
= \int_0^a \frac{1}{2} \left(b^2 - \frac{b^2}{a^2} x_1^2 \right) dx_1
$$

$$
= \left(\frac{1}{2} b^2 x_1 - \frac{1}{2} \frac{b^2}{a^2} \frac{x_1^3}{3} \right) \Bigg|_{x_1=0}^{x_1=a} = \frac{1}{3} a \, b^2.
$$

Im zweiten Fall ergibt sich:

$$
\int_{\mathbb{D}} f(x_1, x_2) \, d(x_1, x_2) = \int_0^b \left(\int_0^{\sqrt{a^2 - \frac{a^2}{b^2} x_2^2}} x_2 \, dx_1 \right) dx_2
$$

$$
= \int_0^b x_2 \, x_1 \big|_{x_1=0}^{x_1=\sqrt{a^2 - \frac{a^2}{b^2} x_2^2}} \, dx_2
$$

$$
= \int_0^b x_2 \sqrt{a^2 - \frac{a^2}{b^2} x_2^2} \, dx_2
$$

$$
= \left(\left(a^2 - \frac{a^2}{b^2} x_2^2 \right)^{\frac{3}{2}} \frac{2}{3} \left(-\frac{b^2}{2a^2} \right) \right) \Bigg|_{x_2=0}^{x_2=b} = \frac{1}{3} a \, b^2.
$$

$\bullet$

Beispiel 13.2

Wir berechnen das Integral

$$\int\limits_0^1 \left(\int\limits_{x^2}^{-(x-1)^2+1} x\, dy \right) dx$$

und vertauschen anschließend die Integrationsreihenfolge (Abb. 13.3).

Ausführen der Integration ergibt zunächst:

$$\int\limits_0^1 \left(\int\limits_{x^2}^{-(x-1)^2+1} x\, dy \right) dx = \int\limits_0^1 (x\, y)|_{y=x^2}^{y=-(x-1)^2+1}\, dx$$

$$= \int\limits_0^1 \left(x\left(-(x-1)^2+1\right) - x\, x^2 \right) dx$$

$$= \int\limits_0^1 \left(2\, x^2 - 2\, x^3 \right) dx = \frac{1}{6}.$$

Mit den Umkehrfunktionen:

$$y = -(x-1)^2+1 \iff x = -\sqrt{1-y}+1 \quad \text{und} \quad y = x^2 \iff x = \sqrt{y}$$

lautet das Integral in der anderen Reihenfolge:

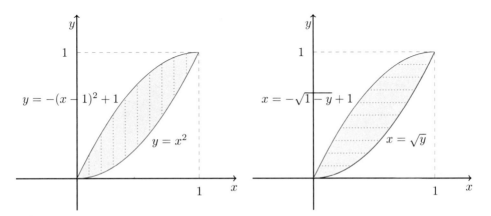

Abb. 13.3 Das Integrationsgebiet $0 \le x \le 1$, $x^2 \le y \le -(x-1)^2+1$. Äußere Integration über x, Projektion auf die x-Achse, (links). Äußere Integration über y, Projektion auf die y-Achse, (rechts)

$$\int\limits_{0}^{1}\left(\int\limits_{x^2}^{-(x-1)^2+1} x\, dy\right) dx = \int\limits_{0}^{1}\left(\int\limits_{-\sqrt{1-y}+1}^{\sqrt{y}} x\, dx\right) dy.$$

●

Wir kommen nun zum dreidimensionalen Fall. Der Satz von Fubini liefert mit der Grundflächendarstellung die folgende Iteration.

Satz: Iterierte Integrale über beschränkte Mengen im $\mathbb{R}^3$

Wird die beschränkte Menge $\mathbb{D} \subset \mathbb{R}^3$ mit stetigen Funktionen g_{2u}, g_{2o}, g_{3u}, g_{3o}, beschrieben durch (Abb. 13.4):

$$\mathbb{D} = \{(x_1, x_2, x_3) \mid a \le x_1 \le b,\ g_{2u}(x_1) \le x_2 \le g_{2o}(x_1),$$
$$g_{3u}(x_1, x_2) \le x_3 \le g_{3o}(x_1, x_2)\},$$

dann gilt für stetiges f:

$$\int\limits_{\mathbb{D}} f(x_1, x_2, x_3)\, d(x_1, x_2, x_3) = \int\limits_{a}^{b}\left(\int\limits_{g_{2u}(x_1)}^{g_{2o}(x_1)}\left(\int\limits_{g_{3u}(x_1,x_2)}^{g_{3o}(x_1,x_2)} f(x_1, x_2, x_3)\, dx_3\right) dx_2\right) dx_1.$$

Wir haben eine der möglichen Integrationsmengen herausgegriffen. Die Menge kann zunächst in Richtung der x_3-Achse projiziert werden und dann in Richtung der x_2-Achse. Es gibt wieder fünf weitere Möglichkeiten, die man analog formulieren kann. Beispielsweise gilt (Abb. 13.5):

$$\int\limits_{D} f(x_1, x_2, x_3)\, d(x_1, x_2, x_3) = \int\limits_{c}^{d}\left(\int\limits_{g_{2u}(x_3)}^{g_{2o}(x_3)}\left(\int\limits_{g_{3u}(x_1,x_3)}^{g_{3o}(x_1,x_3)} f(x_1, x_2, x_3)\, dx_2\right) dx_1\right) dx_3.$$

Beispiel 13.3

Wir legen erneut einen Tetraeder T zugrunde und begrenzen T wieder durch die $x_1 - x_2$-, die $x_2 - x_3$-, die $x_1 - x_3$-Ebene und die Ebene $\frac{1}{a} x_1 + \frac{1}{b} x_2 + \frac{1}{c} x_3 = 1$, $a > 0$, $b > 0$, $c > 0$. Wir betrachten das Integral

$$\int\limits_{T} f(x_1, x_2, x_3)\, d(x_1, x_2, x_3).$$

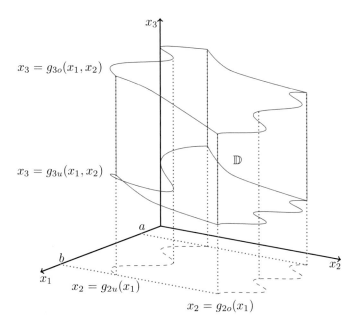

Abb. 13.4 Das Integrationsgebiet $\mathbb{D} = \{(x_1, x_2, x_3) \mid a \leq x_1 \leq b, g_{2u}(x_1) \leq x_2 \leq g_{2o}(x_1), g_{3u}(x_1, x_2) \leq x_3 \leq g_{3o}(x_1, x_2)\}$

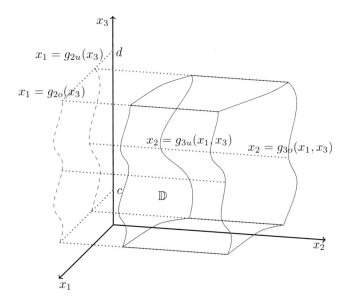

Abb. 13.5 Das Integrationsgebiet $\mathbb{D} = \{(x_1, x_2, x_3) \mid c \leq x_3 \leq d, g_{2u}(x_3) \leq x_1 \leq g_{2o}(x_3), g_{3u}(x_1, x_3) \leq x_2 \leq g_{3o}(x_1, x_3)\}$

Wir beschreiben den Tetraeder wie folgt:

$$T = \{(x_1, x_2, x_3) \mid 0 \leq x_1 \leq a, \quad 0 \leq x_2 \leq b - \frac{b}{a} x_1, \quad 0 \leq x_3 \leq c - \frac{c}{a} x_1 - \frac{c}{b} x_2\}.$$

Für das Integral bekommen wir damit folgende iterierte Darstellung:

$$\int_T f(x_1, x_2, x_3)\, d(x_1, x_2, x_3) = \int_0^a \left(\int_0^{b - \frac{b}{a} x_1} \left(\int_0^{c - \frac{c}{a} x_1 - \frac{c}{b} x_2} f(x_1, x_2, x_3)\, dx_3 \right) dx_2 \right) dx_1.$$

●

Beispiel 13.4

Wir betrachten zwei achsenparallele Zylinder im $\mathbb{R}^3$ mit den Oberflächen:

$$x^2 + y^2 = 1, z \in \mathbb{R} \quad \text{und} \quad x^2 + z^2 = 1, y \in \mathbb{R}.$$

Wir berechnen das Volumen des Schnittkörpers S der beiden Zylinder (Abb. 13.6). (S stellt einen Steinmetz-Körper dar).

Wir schränken uns auf den ersten Oktanden ein und beschreiben den Volumenanteil von S durch:

$$0 \leq x \leq 1, \quad 0 \leq y \leq \sqrt{1 - x^2}, \quad 0 \leq z \leq \sqrt{1 - x^2}.$$

Das Volumen des Schnittkörpers ergibt sich wie folgt:

$$\mathrm{Vol}(S) = 8 \int_0^1 \left(\int_0^{\sqrt{1-x^2}} \left(\int_0^{\sqrt{1-x^2}} dz \right) dy \right) dx$$

$$= 8 \int_0^1 \left(\int_0^{\sqrt{1-x^2}} z \big|_{z=0}^{z=\sqrt{1-x^2}} dy \right) dx$$

$$= 8 \int_0^1 \left(\int_0^{\sqrt{1-x^2}} \sqrt{1 - x^2}\, dy \right) dx$$

$$= 8 \int_0^1 \sqrt{1 - x^2}\, y \big|_{y=0}^{y=\sqrt{1-x^2}} dx$$

$$= 8 \int_0^1 (1 - x^2)\, dx = 8 \left(x - \frac{x^3}{3} \right)_{x=0}^{x=1}$$

$$= \frac{16}{3}.$$

●

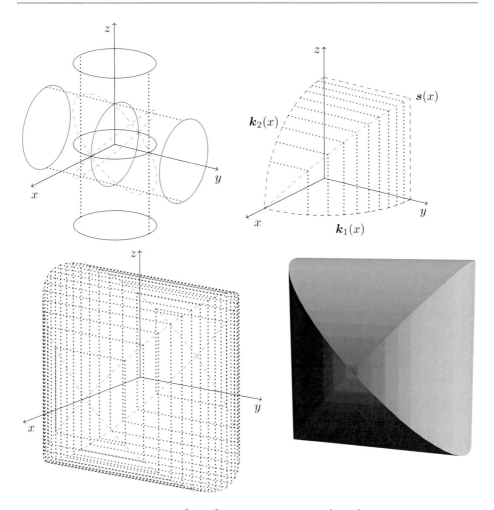

Abb. 13.6 Die beiden Zylinder $x^2 + y^2 = 1, z \in \mathbb{R}$, und $x^2 + z^2 = 1, y \in \mathbb{R}$, mit den Schnittkurven. Die Schnittkurven stellen Ellipsen mit den Halbachsen 1 und $\sqrt{2}$ in den Ebenen $y = \pm z$ dar, (oben links). Der Anteil des Schnittkörpers im ersten Oktanden mit Schnittkurve $s(x) = (x, \sqrt{1 - x^2}, \sqrt{1 - x^2})$ und Randkurven $k_1(x) = (x, \sqrt{1 - x^2}, 0)$, $k_2(x) = (x, 0, \sqrt{1 - x^2})$, (oben rechts). Der Schnittkörper (unten)

Wir notieren noch den n-dimensionalen Fall. Wir reduzieren hier die n-dimensionale Integration auf eine eindimensionale und eine $n - 1$-dimensionale.

Satz: Iterierte Integrale über beschränkte Mengen im $\mathbb{R}^n$

Sei $\mathbb{D}_{n-1} \subset \mathbb{R}^{n-1}$ eine Menge und die beschränkte Menge $\mathbb{D}$ habe die Gestalt:

$$\mathbb{D} = \{x = (x_1, \ldots, x_n) | (x_1, \ldots, x_{\nu-1}, x_{\nu+1}, \ldots, x_n) \in D_{n-1},$$
$$g_u(x_1, \ldots, x_{\nu-1}, x_{\nu+1}, \ldots, x_n) \le x_\nu$$
$$x_\nu \le g_o(x_1, \ldots, x_{\nu-1}, x_{\nu+1}, \ldots, x_n)\}$$

mit stetigen Funktionen $g_u : \mathbb{D}_{n-1} \longrightarrow \mathbb{R}$ und $g_o : \mathbb{D}_{n-1} \longrightarrow \mathbb{R}$.

Sei $f : \mathbb{D} \longrightarrow \mathbb{R}$ stetig. Dann gilt:

$$\int_{\mathbb{D}} f(x)\, dx = \int_{\mathbb{D}_{n-1}} \int_{g_u(x_1,\ldots,x_{\nu-1},x_{\nu+1},\ldots,x_n)}^{g_o(x_1,\ldots,x_{\nu-1},x_{\nu+1},\ldots,x_n)} f(x_1, \ldots, x_\nu, \ldots, x_n)\, dx_\nu$$
$$d(x_1, \ldots, x_{\nu-1}, x_{\nu+1}, \ldots, x_n).$$

Die Integrationsmenge $\mathbb{D}$ ist in Richtung der x_ν-Achse projizierbar. Ist $n = 2, 3$, so bezeichnen wir $\mathbb{D}$ auch als Normalbereich.

13.2 Die Substitutionsregel

Wir erinnern uns an die Substitutionsregel für eindimensionale Integrale. Für stetiges f und stetig differenzierbares g mit $g'(x) \neq 0$ gilt:

$$\int_{g(a)}^{g(b)} f(y)\, dy = \int_a^b f(g(x))\, g'(x)\, dx.$$

Sei $a < b$. Wir unterscheiden die Fälle: 1) $g'(x) > 0$ und 2) $g'(x) < 0$. Im Fall 1) gilt $g(a) < g(b)$ und:

$$\int_{g(a)}^{g(b)} f(y)\, dy = \int_a^b f(g(x))\, g'(x)\, dx.$$

Im Fall 2) gilt $g(a) > g(b)$ und:

$$-\int_{g(a)}^{g(b)} f(y)\,dy = \int_a^b f(g(x))\,(-g'(x))\,dx$$

bzw.

$$\int_{g(b)}^{g(a)} f(y)\,dy = \int_a^b f(g(x))\,|g'(x)|\,dx.$$

Wir fassen beide Fälle zusammen:

$$\int_{g([a,b])} f(y)\,dy = \int_{[a,b]} f(g(x))\,|g'(x)|\,dx.$$

Satz: Substitutionsregel im $\mathbb{R}^n$

Sei $\mathbb{D} \subset \mathbb{R}^n$ eine beschränkte Menge, und es existiere $\mathrm{Vol}(\mathbb{D})$. Sei $I \subset \mathbb{R}^n$ ein Intervall mit $\mathbb{D} \subset I$. Sei $\boldsymbol{g} : I \longrightarrow \mathbb{R}^n$ eine stetig differenzierbare, auf $\mathbb{D}$ umkehrbare Funktion, und für alle $\boldsymbol{x} \in \mathbb{D}$ sei: $\det\left(\frac{d\boldsymbol{g}}{d\boldsymbol{x}}(\boldsymbol{x})\right) \neq 0$.

Sei $J \subset \mathbb{R}^n$ ein Intervall mit $\boldsymbol{g}(\mathbb{D}) \subset J$. Dann gilt für jede stetige Funktion $f : J \longrightarrow \mathbb{R}$:

$$\int_{\boldsymbol{g}(\mathbb{D})} f(\boldsymbol{y})\,d\boldsymbol{y} = \int_{\mathbb{D}} f(\boldsymbol{g}(\boldsymbol{x}))\left|\det\left(\frac{d\boldsymbol{g}}{d\boldsymbol{x}}(\boldsymbol{x})\right)\right|\,d\boldsymbol{x}.$$

Wir geben einen kurzen Einblick in die Beweisidee. Ein Intervall $I = \{\boldsymbol{x} \in \mathbb{R}^2 \,|\, a_1 \leq x_1 \leq b_1,\ a_2 \leq x_2 \leq b_2\}$ können wir auch darstellen als:

$$I = \{\boldsymbol{x} \in \mathbb{R}^2 \,|\, \boldsymbol{x} = \boldsymbol{a} + \lambda_1\,\vec{e}_1 + \lambda_2\,\vec{e}_2,\, 0 \leq \lambda_1 \leq b_1 - a_1,\, 0 \leq \lambda_2 \leq b_2 - a_2\}.$$

Sein Flächeninhalt ist gleich dem Inhalt des von den beiden Vektoren $(b_1 - a_1)\vec{e}_1$ und $(b_2 - a_2)\vec{e}_2$ aufgespannten Intervalls:

$$|\det((b_1 - a_1)\,\vec{e}_1{}^T, (b_2 - a_2)\,\vec{e}_2{}^T| = (b_1 - a_1)\,(b_2 - a_2).$$

Ist M eine 2×2-Matrix und $\vec{v}$ ein konstanter Vektor, so stellt $(M x^T)^T + \vec{v}$ eine affine Abbildung des $\mathbb{R}^2$ in sich dar. Wegen

$$a + w \longrightarrow (M(a+w)^T)^T + \vec{v} = (M a^T)^T + \vec{v} + (M w^T)^T$$

wird das am Punkt a abgetragene Intervall I auf ein am Punkt $(M a^T)^T + \vec{v}$ abgetragenes Parallelogramm abgebildet. Dieses Parallelogramm wird von den Vektoren $(b_1 - a_1)(M \vec{e_1}^T)^T$ und $(b_2 - a_2)(M \vec{e_2}^T)^T$ aufgespannt. Sein Flächeninhalt beträgt:

$$|\det((b_1 - a_1) M \vec{e_1}^T, (b_2 - a_2) M \vec{e_2}^T)| = (b_1 - a_1)(b_2 - a_2) |\det(M)|.$$

Ist $\det(M) \neq 0$, so bekommen wir für $g(x) = Mx + \vec{v}$ wegen $\left(\dfrac{dg}{dx}(x) \right) = M$ die Beziehung:

$$\int\limits_{g(I)} dy = \int\limits_{I} \left| \det\left(\frac{dg}{dx}(x) \right) \right| dx.$$

Wenn man dies auf beliebige Funktionen g ausdehnt, so geht man von der Linearisierung

$$g(x) = g(x_0) + \left(\frac{dg}{dx}(x_0) \right)(x - x_0)^T$$

aus und kann lokal auf die obigen Überlegungen zurückgreifen.

Die klassische Anwendung der Substitutionsregel besteht in der Berechnung von Integralen mithilfe von Polar-, Zylinder- und Kugelkoordinaten. Die Abbildung g wird dabei gegeben durch die Polar-, Zylinder- und Kugelkoordinatenabbildung. Typischerweise, aber nicht ausschließlich, geht man dabei zu folgenden Bezeichnungen über:

$$(x_1, x_2) \rightsquigarrow (r, \phi), \quad (x_1, x_2, x_3) \rightsquigarrow (r, \phi, z), \quad (x_1, x_2, x_3) \rightsquigarrow (r, \theta, \phi),$$

$$(y_1, y_2) \rightsquigarrow (x, y), \quad (y_1, y_2, y_3) \rightsquigarrow (x, y, z).$$

Definition: Polarkoordinatenabbildung
Die Polarkoordinatenabbildung wird gegeben durch (Abb. 13.7):

$$g : (r, \phi) \longrightarrow (r \cos(\phi), r \sin(\phi)), \quad r \geq 0, 0 \leq \phi \leq 2\pi.$$

Die Funktionaldeterminante lautet:

$$\det\left(\frac{dg}{d(r, \phi)}(r, \phi) \right) = r.$$

Abb. 13.7 Polarkoordinaten (r, ϕ) und ihre Überführung in kartesische Koordinaten $x = r\cos(\phi)$, $y = r\sin(\phi)$

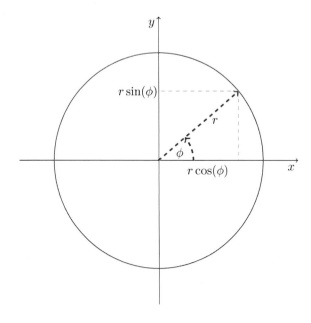

Aus der Funktionalmatrix:

$$\left(\frac{d\mathbf{g}}{d(r, \phi)}(r, \phi)\right) = \begin{pmatrix} \cos(\phi) & -r\sin(\phi) \\ \sin(\phi) & r\cos(\phi) \end{pmatrix}$$

ergibt sich die Determinante:

$$\det\left(\frac{d\mathbf{g}}{d(r, \phi)}(r, \phi)\right) = r\left((\cos(\phi))^2 + (\sin(\phi))^2\right) = r.$$

Definition: Zylinderkoordinatenabbildung

Die Zylinderkoordinatenabbildung wird gegeben durch (Abb. 13.8):

$$\mathbf{g} : (r, \phi, z) \longrightarrow (r\cos(\phi), r\sin(\phi), z), \quad r \geq 0, 0 \leq \phi \leq 2\pi, z \in \mathbb{R}.$$

Die Funktionaldeterminante lautet:

$$\det\left(\frac{d\mathbf{g}}{d(r, \phi, z)}(r, \phi, z)\right) = r.$$

Abb. 13.8 Zylinderkoordinaten (r, ϕ, z) und ihre Überführung in kartesische Koordinaten $x = r\cos(\phi)$, $y = r\sin(\phi)$, $z = z$

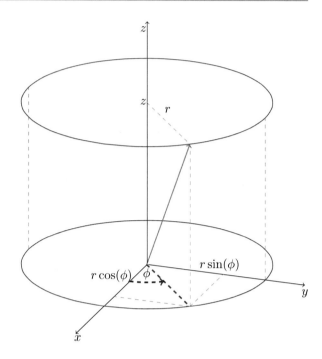

Die Funktionaldeterminante entnimmt man sofort aus der Funktionalmatrix:

$$\frac{d\boldsymbol{g}}{d(r, \phi, z)}(r, \phi, z) = \begin{pmatrix} \cos(\phi) & -r\sin(\phi) & 0 \\ \sin(\phi) & r\cos(\phi) & 0 \\ 0 & 0 & 1 \end{pmatrix}.$$

Definition: Kugelkoordinatenabbildung

Die Kugelkoordinatenabbildung wird gegeben durch (Abb. 13.9):

$$\boldsymbol{g} : (r, \theta, \phi) \longrightarrow (r\sin(\theta)\cos(\phi), r\sin(\theta)\sin(\phi), r\cos(\theta)),$$

$$r \geq 0, 0 \leq \theta \leq \pi, 0 \leq \phi \leq 2\pi.$$

Die Funktionaldeterminante lautet:

$$\left| \det\left(\frac{d\boldsymbol{g}}{d(r, \theta, \phi)}(r, \theta, \phi) \right) \right| = r^2 \sin(\theta).$$

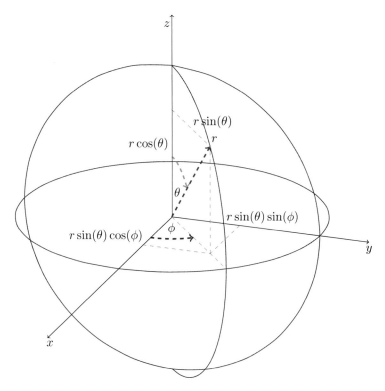

Abb. 13.9 Kugelkoordinaten (r, θ, ϕ) und ihre Überführung in kartesische Koordinaten $x = r \sin(\theta) \cos(\phi)$, $y = r \sin(\theta) \sin(\phi)$, $z = r \cos(\theta)$

Mit der Funktionalmatrix

$$\frac{d\mathbf{g}}{d(r, \theta, \phi)}(r, \theta, \phi) = \begin{pmatrix} \sin(\theta)\cos(\phi) & r\cos(\theta)\cos(\phi) & -r\sin(\theta)\sin(\phi) \\ \sin(\theta)\sin(\phi) & r\cos(\theta)\sin(\phi) & r\sin(\theta)\cos(\phi) \\ \cos(\theta) & -r\sin(\theta) & 0 \end{pmatrix}$$

gilt (Entwickeln nach der dritten Zeile):

$$\begin{aligned}
\det & \left(\frac{d\mathbf{g}}{d(r, \theta, \phi)}(r, \theta, \phi) \right) \\
&= r^2 \cos(\theta) \, (\sin(\theta)\cos(\theta)(\cos(\phi))^2 + \sin(\theta)\cos(\theta)(\sin(\phi))^2) \\
&\quad + r^2 \sin(\theta)((\sin(\theta))^2(\cos(\phi))^2 + (\sin(\theta))^2(\sin(\phi))^2) \\
&= r^2 (\cos(\theta))^2 \sin(\theta) + r^2 (\sin(\theta))^3 \\
&= r^2 \sin(\theta).
\end{aligned}$$

Beispiel 13.5

Wir berechnen den Flächeninhalt eines Kreises mit Polarkoordinaten und der Substitutionsregel. Wir fassen den Kreis K_R mit dem Radius R als Bild der folgenden Menge $\mathbb{D}$ unter
der Polarkoordinatenabbildung auf (Abb. 13.10):

$$\mathbb{D} = \{(r, \phi) \in \mathbb{R}^2 \mid 0 \leq r \leq R, \, 0 \leq \phi \leq 2\pi\}.$$

Durch die Abbildung $\boldsymbol{g}(r, \phi) = (r\cos(\phi), r\sin(\phi))$ wird $\mathbb{D}$ auf eine Kreisscheibe abgebildet:

$$\boldsymbol{g}(\mathbb{D}) = \{(x, y) \in \mathbb{R}^2 \mid x^2 + y^2 \leq R^2\}.$$

Wir bekommen damit:

$$\int\limits_{K_R} d(x, y) = \int\limits_{\boldsymbol{g}(\mathbb{D})} d(x, y) = \int\limits_{\mathbb{D}} r \, d(r, \phi)$$

$$= \int\limits_0^{2\pi} \left(\int\limits_0^R r \, dr \right) d\phi = \int\limits_0^{2\pi} \left(\frac{r^2}{2} \right) \bigg|_{r=0}^{r=R} d\phi = \pi R^2.$$

$\bullet$

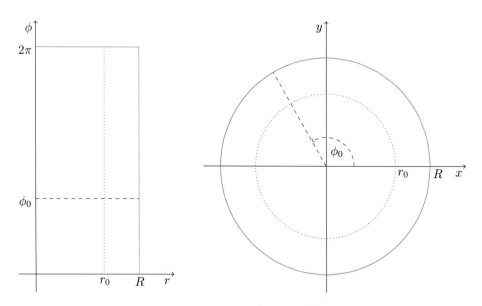

Abb. 13.10 Abbildung eines Rechtecks (links) auf eine Kreisscheibe (rechts) durch die Polarkoordinatenabbildung $x = r\cos(\phi)$, $y = r\sin(\phi)$

Beispiel 13.6

Wir betrachten erneut eine Kreisscheibe K_R mit dem Radius R und berechnen das Integral:

$$\int\limits_{K_R} e^{-x^2-y^2} \, d(x,y).$$

Aus dem Ergebnis schließen wir auf das Fehlerintegral: $\int\limits_{-\infty}^{\infty} e^{-x^2} \, dx = \sqrt{\pi}.$

Mit Polarkoordinaten bekommen wir:

$$\int\limits_{K_R} e^{-x^2-y^2} \, d(x,y) = \int\limits_0^{2\pi} \left(\int\limits_0^R e^{-r^2} r \, dr \right) d\phi$$

$$= \int\limits_0^{2\pi} \left(-\frac{1}{2} e^{-r^2} \right) \Bigg|_{r=0}^{r=R} d\phi$$

$$= 2\pi \left(-\frac{1}{2} e^{-R^2} + \frac{1}{2} \right) = \pi \left(1 - e^{-R^2} \right).$$

In kartesischen Koordinaten bekommen wir für das Integral über ein Quadrat:

$$\int\limits_{-S}^{S} \left(\int\limits_{-S}^{S} e^{-x^2-y^2} \, dx \right) dy = \int\limits_{-S}^{S} e^{-y^2} \left(\int\limits_{-S}^{S} e^{-x^2} \, dx \right) dy$$

$$= \left(\int\limits_{-S}^{S} e^{-x^2} \, dx \right) \left(\int\limits_{-S}^{S} e^{-y^2} \, dy \right) = \left(\int\limits_{-S}^{S} e^{-x^2} \, dx \right)^2.$$

Im Grenzfall wird über die ganze Ebene integriert, und es ergibt sich:

$$\lim_{R \to \infty} \int\limits_0^{2\pi} \left(\int\limits_0^R e^{-r^2} r \, dr \right) d\phi = \lim_{S \to \infty} \left(\int\limits_{-S}^{S} e^{-x^2} \, dx \right)^2,$$

also

$$\lim_{S \to \infty} \left(\int\limits_{-S}^{S} e^{-x^2} \, dx \right)^2 = \pi.$$

Insgesamt folgt: $\displaystyle\int_{-\infty}^{\infty} e^{-x^2}\, dx = \sqrt{\pi}$ bzw. $\displaystyle\int_{0}^{\infty} e^{-x^2}\, dx = \frac{\sqrt{\pi}}{2}.$

●

Beispiel 13.7

Sei K wieder ein gerader Kreiskegel mit der Spitze im Nullpunkt und der z-Achse als Mittelachse. Der Radius des Grundkreises sei R und die Höhe H (Abb. 13.11). Wir berechnen das Integral:

$$\int_{K} (x^2 + y^2)\, d(x, y, z).$$

Wir fassen den Kegel als Bild des Bereichs

$$\{(r, \phi, z) \in \mathbb{R}^3 \mid 0 \le r \le \frac{R}{H} z,\ 0 \le \phi \le 2\pi,\ 0 \le z \le H\}$$

unter der Zylinderkoordinatenabbildung $g(r, \phi, z) = (r\cos(\phi), r\sin(\phi), z)$ auf (Abb. 13.12).

Mit der Funktionaldeterminante: $\left| \dfrac{d\,g}{d(r, \phi, z)}(r, \phi, z) \right| = r$ gilt:

$$\int_{K} (x^2 + y^2)\, d(x, y, z) = \int_{0}^{2\pi} \left(\int_{0}^{H} \left(\int_{0}^{\frac{R}{H}z} r^2\, r\, dr \right) dz \right) d\phi$$

$$= \int_{0}^{2\pi} \left(\int_{0}^{H} \left(\int_{0}^{\frac{R}{H}z} r^3\, dr \right) dz \right) d\phi$$

Abb. 13.11 Der Kegel K in der $x - z$-Ebene. Es gilt: $\frac{r}{z} = \frac{R}{H}$ bzw. $r = \frac{R}{H} z$

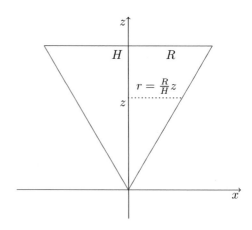

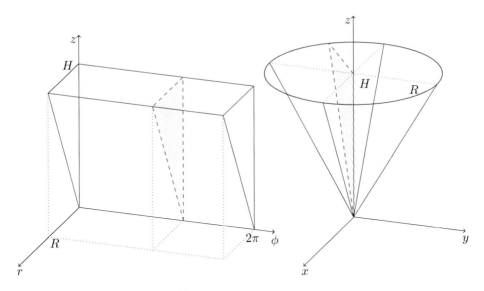

Abb. 13.12 Der Bereich $0 \le r \le \frac{R}{H} z$, $0 \le \phi \le 2\pi$, $0 \le z \le H\}$ (links) und sein Bild unter der Zylinderkoordinatenabbildung (rechts)

$$= \int\limits_{0}^{2\pi} \left(\int\limits_{0}^{H} \left. \frac{r^4}{4} \right|_{r=0}^{r=\frac{R}{H} z} dz \right) d\phi$$

$$= 2\pi \frac{R^4}{4H} \int\limits_{0}^{H} z^4 \, dz = \frac{\pi}{10} R^4 H.$$

●

Beispiel 13.8
Ein Körper K wird von der Fläche $z = \sqrt{x^2 + y^2}$ von unten und von der Fläche $z = 1 + \sqrt{1 - (x^2 + y^2)}$ von oben eingeschlossen. Wir berechnen das Volumen des Körpers K.

Die Fläche $z = \sqrt{x^2 + y^2} = r$ stellt einen Kreiskegel dar. Die Fläche $x^2 + y^2 + (z-1)^2 = 1$ stellt eine Kugel mit dem Mittelpunkt $(0, 0, 1)$ und dem Radius 1 dar (Abb. 13.13).

Wir können das Volumen direkt (mit kartesischen Koordinaten) berechnen:

$$\int\limits_{K} d(x, y, z) = \int\limits_{-1}^{1} \left(\int\limits_{-\sqrt{1-x^2}}^{\sqrt{1-x^2}} \left(\int\limits_{\sqrt{x^2+y^2}}^{1+\sqrt{1-(x^2+y^2)}} dz \right) dy \right) dx.$$

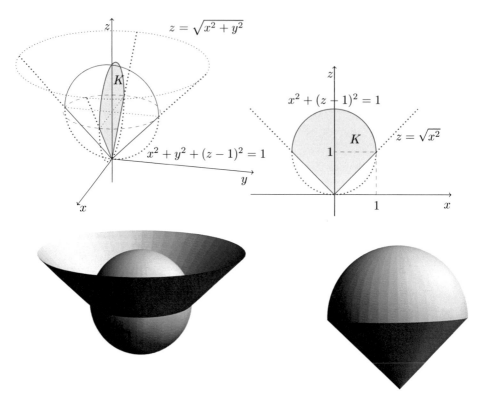

Abb. 13.13 Von dem Kegel $z = \sqrt{x^2 + y^2}$ und der Kugel $x^2 + y^2 + (z - 1)^2 = 1$ begrenzter Körper K (oben, rechts). Projektion in die $x - z$-Ebene: $z = \sqrt{x^2}$, $x^2 + (z - 1)^2 = 1$ (oben, links). Schnittkörper (unten)

Wir fassen den Körper als Bild des Bereichs

$$\{(r, \pi, z) \in \mathbb{R}^3 \mid 0 \leq r \leq 1,\ 0 \leq \phi \leq 2\pi,\ r \leq z \leq 1 + \sqrt{1 - r^2}\}$$

unter der Zylinderkoordinatenabbildung auf.

Mit Zylinderkoordinaten gilt:

$$\int_K d(x, y, z) = \int_0^{2\pi} \left(\int_0^1 \left(\int_r^{1+\sqrt{1-r^2}} r\, dz \right) dr \right) d\phi$$

$$= \int_0^{2\pi} \left(\int_0^1 \left(r(1 + \sqrt{1 - r^2}) - r^2 \right) dr \right) d\phi$$

$$= 2\pi \left. \left(\frac{r^2}{2} - \frac{1}{3}(1-r^2)^{\frac{3}{2}} - \frac{r^3}{3} \right) \right|_{r=0}^{r=1} = \pi.$$

●

Beispiel 13.9

Wir betrachten eine stetig differenzierbare Funktion $u(z)$, $z \in [a,b]$, $u(z) > 0$, und die Punkte in der $x-z$-Ebene $(u(z), 0, z)$, $z \in [a,b]$. Durch Rotation um die z-Achse im Raum entsteht ein Rotationskörper K (Abb. 13.14):

$$K = \{(x,y,z) \in \mathbb{R}^3 | (x,y,z) = (r\cos(\phi), r\sin(\phi), z), 0 \le r \le u(z), \phi \in [0, 2\pi], z \in [a,b]\}.$$

Man bestätige folgende Formel für das Volumen von K:

$$\mathrm{Vol}(K) = \pi \int_a^b (u(z))^2 \, dz.$$

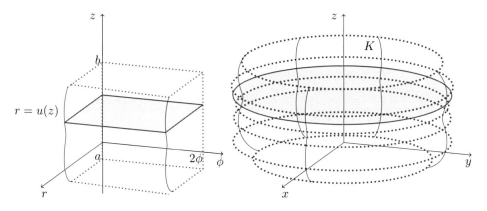

Abb. 13.14 Der Bereich $0 \le r \le u(z), 0 \le \phi \le 2\pi, a \le z \le b$, (links) und sein Bild K unter der Zylinderkoordinatenabbildung (rechts)

Zum Nachweis der Formel benutzen wir Zylinderkoordinaten:

$$\text{Vol}(K) = \int\limits_K d(x, y, z)$$

$$= \int\limits_a^b \left(\int\limits_0^{2\pi} \left(\int\limits_0^{u(z)} r\, dr \right) d\phi \right) dz = \int\limits_a^b \left(\int\limits_0^{2\pi} \frac{(u(z))^2}{2} d\phi \right) dz$$

$$= \pi \int\limits_a^b (u(z))^2 \, dz.$$

$\bullet$

Beispiel 13.10

Wir berechnen das Volumen einer Kugel K mit dem Radius R:

$$x^2 + y^2 + z^2 \le R^2.$$

Im (r, θ, ϕ)-Raum stellen wir die Kugel als Intervall (Quader) dar:

$$0 \le r \le R\,, 0 \le \theta \le \pi\,, 0 \le \phi \le 2\pi.$$

Durch die Kugelkoordinatenabbildung

$$\boldsymbol{g} : (r, \theta, \phi) \longrightarrow (r \sin(\theta) \cos(\phi), r \sin(\theta) \sin(\phi), r \cos(\theta)),$$

wird das Intervall auf die Kugel im (x, y, z)-Raum abgebildet (Abb. 13.15).

Mit der Funktionaldeterminante

$$\left| \det \left(\frac{d\boldsymbol{g}}{d(r, \theta, \phi)}(r, \theta, \phi) \right) \right| = r^2 \sin(\theta)$$

bekommen wir:

$$\int\limits_K d(x, y, z) = \int\limits_0^{2\pi} \left(\int\limits_0^{\pi} \left(\int\limits_0^R r^2 \sin(\theta)\, dr \right) d\theta \right) d\phi$$

$$= \int\limits_0^{2\pi} \left(\int\limits_0^{\pi} \frac{r^3}{3} \sin(\theta) \Big|_{r=0}^{r=R} d\theta \right) d\phi$$

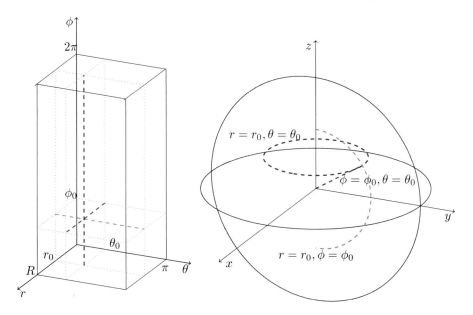

Abb. 13.15 Abbildung eines Quaders (links) auf eine Kugel (rechts) durch die Kugelkoordinaten-koordinatenabbildung $x = r \sin(\theta) \cos(\phi)$, $y = r \sin(\theta) \sin(\phi)$, $z = r \cos(\theta)$

$$= 2\pi \int_0^\pi \frac{R^3}{3} \sin(\theta)\,d\theta$$

$$= \frac{2}{3}\pi R^3 \left(-\cos(\theta)\right)\Big|_{\theta=0}^{\theta=\pi}$$

$$= \frac{4}{3}\pi R^3.$$

Man kann das Kugelvolumen auch mit Zylinderkoordinaten berechnen, und die Kugel als Rotationskörper auffassen (Abb. 13.16).

Mit der Formel für Rotationskörper ergibt sich:

$$\int_K d(x, y, z) = \pi \int_{-R}^R (u(z))^2\,dz = \pi \int_{-R}^R (R^2 - z^2)\,dz$$

$$= \pi \left(R^2 z - \frac{z^3}{3}\right)\Big|_{z=-R}^{z=R} = \frac{4}{3}\pi R^3.$$

Abb. 13.16 Die Kugel mit
dem Radius R als
Rotationskörper. Die Funktion
$x = u(z) = \sqrt{R^2 - z^2}$,
$-R \leq z \leq R$, rotiert um die
z-Achse (rechts)

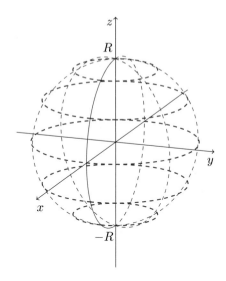

Beispiel 13.11

Wir berechnen das Integral

$$\int\limits_{KA} (x^2 + y^2 + z^2)\, d(x, y, z)$$

über einen Kugelabschnitt (Abb. 13.17):

$$\{(x, y, z) \mid x^2 + y^2 + z^2 \leq R^2 , 0 < R_0 \leq z \leq R\}.$$

Durch die Kugelkoordinatenabbildung wird der Bereich

$$\left\{ (r, \theta, \phi) \mid R_0 \leq r \leq R , 0 \leq \phi \leq 2\,\pi, 0 \leq \theta \leq \arccos\left(\frac{R_0}{r}\right) \right\}$$

auf den Kugelabschnitt abgebildet (Abb. 13.18).

Damit ergibt sich:

$$\int\limits_{KA} (x^2 + y^2 + z^2)\, d(x, y, z) = \int\limits_{R_0}^{R} \left(\int\limits_{0}^{2\pi} \left(\int\limits_{0}^{\arccos\left(\frac{R_0}{r}\right)} r^2\, r^2 \sin(\theta)\, d\theta \right) d\phi \right) dr$$

$$= \int\limits_{R_0}^{R} \left(\int\limits_{0}^{2\pi} r^4 \left(-\cos(\theta)\right)\Big|_{\theta=0}^{\theta=\arccos\left(\frac{R_0}{r}\right)} d\phi \right) dr$$

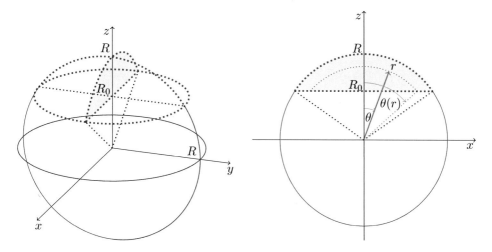

Abb. 13.17 Kugelabschnitt (links) mit Projektion in die $x - z$-Ebene (rechts). Aus der Projektion kann der $r - \theta$-Bereich entnommen werden: $0 \leq \theta \leq \theta(r) = \arccos\left(\frac{R_0}{r}\right)$

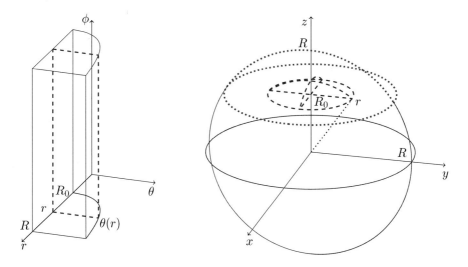

Abb. 13.18 Abbildung des Bereichs $\{(r, \phi, \theta) \mid R_0 \leq r \leq R, 0 \leq \phi \leq 2\pi, 0 \leq \theta \leq \theta(r) = \arccos\left(\frac{R_0}{r}\right)\}$ durch die Kugelkoordinatenabbildung. Das gestrichelte Rechteck (links) wird auf den gestrichelten Kugelabschnitt (rechts) abgebildet

$$= \int\limits_{R_0}^{R} 2\,\pi\,r^4 \left(1 - \frac{R_0}{r}\right) dr$$

$$= \pi \left(\frac{2}{5}\,R^5 - \frac{R_0}{2}\,R^4 + \frac{R_0^5}{10}\right).$$

Beispiel 13.12

Sei $\mathbb{D}$ der Teil des Ellipsoids:

$$\frac{x_1^2}{a^2} + \frac{x_2^2}{b^2} + \frac{x_3^2}{c^2} \leq 1\,,\, a > 0, b > 0, c > 0,$$

der im ersten Oktanden liegt (Abb. 13.19). Wir berechnen das Volumen Vol($\mathbb{D}$).

Wir beschreiben das Ellipsoid zunächst als:

$$\mathbb{D} = \left\{(x_1, x_2, x_3) \in \mathbb{R}^3 \,\middle|\, (x_1, x_2) \in \mathbb{D}_3\,,\, 0 \leq x_3 \leq c\sqrt{1 - \frac{x_1^2}{a^2} - \frac{x_2^2}{b^2}}\right\}$$

mit

$$\mathbb{D}_3 = \left\{(x_1, x_2) \in \mathbb{R}^2 \,\middle|\, \frac{x_1^2}{a^2} + \frac{x_2^2}{b^2} \leq 1,\, x_1 \geq 0, x_2 \geq 0\right\}.$$

Abb. 13.19 Ellipsoid im
ersten Oktanden

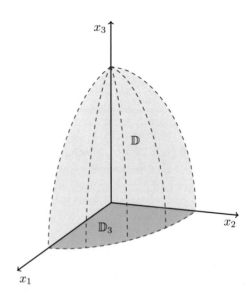

Damit bekommen wir:

$$\text{Vol}(\mathbb{D}) = \int\limits_{\mathbb{D}_3} \left(\int\limits_{0}^{c\sqrt{1 - x_1^2/a^2 - x_2^2/b^2}} dx_3 \right) d(x_1, x_2)$$

$$= \int\limits_{\mathbb{D}_3} c \sqrt{1 - \frac{x_1^2}{a^2} - \frac{x_2^2}{b^2}} \, d(x_1, x_2).$$

$\mathbb{D}_3$ fassen wir nun als Bild des Intervalls $0 \le r \le 1, 0 \le \phi \le \frac{\pi}{2}$ unter der Abbildung auf:

$$\boldsymbol{g}(r, \phi) = (ra\cos(\phi), rb\sin(\phi)).$$

Mit der Funktionaldeterminante

$$\det\left(\frac{d\boldsymbol{g}}{d(r, \phi)}(r, \phi) \right) = \det\begin{pmatrix} a\cos(\phi) & -ar\sin(\phi) \\ b\sin(\phi) & br\cos(\phi) \end{pmatrix} = abr$$

erhalten wir:

$$\text{Vol}(\mathbb{D}) = c \int\limits_{0}^{1} \left(\int\limits_{0}^{\frac{\pi}{2}} \sqrt{1 - r^2} \, abr \, d\phi \right) dr$$

$$= \frac{\pi}{2} abc \int\limits_{0}^{1} \sqrt{1 - r^2} r \, dr$$

$$= \frac{\pi}{2} abc \left(-\frac{1}{3}(1 - r^2)^{\frac{3}{2}} \right)\Big|_{r=0}^{r=1} = \frac{\pi}{6} abc.$$

●

13.3 Beispielaufgaben

Aufgabe 13.1

Man berechne das Integral:

$$\int\limits_{-1}^{1} \left(\int\limits_{-1}^{x} (x + 2xy) \, dy \right) dx.$$

Anschließend vertausche man die Integrationsreihenfolge (Abb. 13.20).
   Es gilt zunächst:

$$\int\limits_{-1}^{1}\left(\int\limits_{-1}^{x}(x+2\,x\,y)\,dy\right)dx = \int\limits_{-1}^{1}\left(x\,y+2\,x\,\frac{y^2}{2}\right)\Bigg|_{y=-1}^{y=x}dx$$

$$= \int\limits_{-1}^{1}\left(x^3+x^2\right)dx$$

$$= \left(\frac{x^4}{4}+\frac{x^3}{3}\right)\Bigg|_{x=-1}^{x=+1}=\frac{2}{3}.$$

Vertauschen der Integrationsreihenfolge führt auf:

$$\int\limits_{-1}^{1}\left(\int\limits_{y}^{1}(x+2\,x\,y)\,dx\right)dy = \int\limits_{-1}^{1}\left(\frac{x^2}{2}+x^2\,y\right)\Bigg|_{x=y}^{x=1}dy$$

$$= \int\limits_{-1}^{1}\left(-y^3-\frac{y^2}{2}+y+\frac{1}{2}\right)dy$$

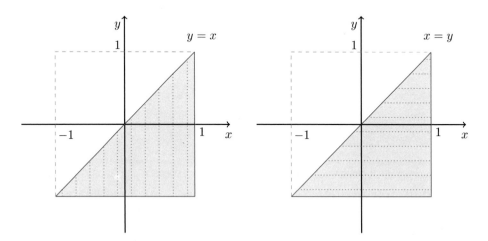

Abb. 13.20 Das Integrationsgebiet $-1 \le x \le 1$, $-1 \le y \le x$. Äußere Integration über x, Projektion auf die x-Achse, (links). Äußere Integration über y, Projektion auf die y-Achse, (rechts)

$$= \left(-\frac{y^4}{4} - \frac{y^3}{6} + \frac{y^2}{2} + \frac{y}{2}\right)\Bigg|_{y=-1}^{y=1}$$

$$= \frac{2}{3}.$$

•

Aufgabe 13.2

Gegeben sei die Funktion $f(x_1, x_2) = \dfrac{1 + x_2}{1 - 3x_1}, \quad x_1 \neq \dfrac{1}{3}$. Man integriere die Funktion f über den Bereich (Abb. 13.21):

$$\left\{(x_1, x_2) \in \mathbb{R}^2 \,\middle|\, \frac{1}{3}\left(1 - e^{x_2}\right) \leq x_1 \leq 0, 0 \leq x_2 \leq b, b > 0\right\}.$$

Wir berechnen durch iterierte Integration:

$$\int_0^b \left(\int_{\frac{1}{3}(1-e^{x_2})}^0 \frac{1 + x_2}{1 - 3x_1}\, dx_1\right) dx_2 = -\frac{1}{3}\int_0^b (1 + x_2)\ln(1 - 3x_1)\Big|_{x_1=\frac{1}{3}(1-e^{x_2})}^{x_1=0}\, dx_2$$

$$= \frac{1}{3}\int_0^b (1 + x_2)\, x_2\, dx_2 = \frac{1}{3}\left(\frac{x_2^2}{2} + \frac{x_2^3}{3}\right)\Bigg|_{x_2=0}^{x_2=b}$$

$$= \frac{b^2}{6} + \frac{b^3}{9}.$$

Man kann den Integrationsbereich auch so beschreiben: $\frac{1}{3}\left(1 - e^b\right) \leq x_1 \leq 0$, $\ln(1-3x_1) \leq x_2 \leq b$. Man bekommt dann mit vertauschter Integrationsreihenfolge:

$$\int_{\frac{1}{3}(1-e^b)}^0 \left(\int_{\ln(1-3x_1)}^b \frac{1 + x_2}{1 - 3x_1}\, dx_2\right) dx_1$$

$$= \int_{\frac{1}{3}(1-e^b)}^0 \left(\frac{2b + b^2 - 2\ln(1 - 3x_1) + (\ln(1 - 3x_1))^2}{2(1 - 3x_1)}\right) dx_1$$

$$= \left(-\frac{1}{3}(2b + b^2)\ln(1 - 3x_1) + \frac{1}{6}(\ln(1 - 3x_1))^2 + \frac{1}{18}(\ln(1 - 3x_1))^3\right)\Bigg|_{\frac{1}{3}(1-e^b)}^0$$

$$= \frac{b^2}{6} + \frac{b^3}{9}.$$

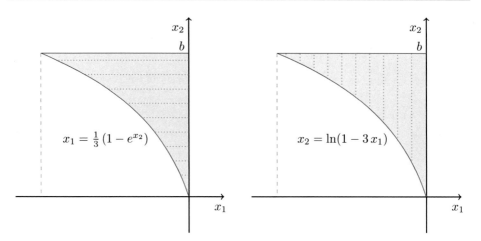

Abb. 13.21 Das Integrationsgebiet $\frac{1}{3}\left(1 - e^{x_2}\right) \leq x_1 \leq 0$, $0 \leq x_2 \leq b$. Äußere Integration über x_2, Projektion auf die x_2-Achse, (links). Äußere Integration über x_1, Projektion auf die x_1-Achse, (rechts)

Aufgabe 13.3

Man berechne das Integral:

$$\int\limits_{-R}^{R} \left(\int\limits_{-\sqrt{R^2-y^2}}^{\sqrt{R^2-y^2}} \sqrt{R^2 - x^2 - y^2}\, dx \right) dy, \quad R > 0.$$

Der Integrationsbereich stellt einen Kreis um den Nullpunkt mit dem Radius R dar. Mit Polarkoordinaten $x = r\cos(\phi)$, $y = r\sin(\phi)$, beschreiben wir den Kreis durch: $0 \leq r \leq R$, $0 \leq \phi \leq 2\pi$. Damit gilt:

$$\int\limits_{-R}^{R} \left(\int\limits_{-\sqrt{R^2-y^2}}^{\sqrt{R^2-y^2}} \sqrt{R^2 - x^2 - y^2}\, dx \right) dy = \int\limits_{0}^{2\pi} \left(\int\limits_{0}^{R} \sqrt{R^2 - r^2}\, r\, dr \right) d\phi$$

$$= \int\limits_{0}^{2\pi} \left(-\frac{1}{3}\,(R^2 - r^2)^{\frac{3}{2}} \right)\Bigg|_{r=0}^{r=R} d\phi = \frac{2\pi}{3}\, R^3.$$

Aufgabe 13.4

Man berechne das Integral

$$\int_{Kr} (x^2 + y^2) \, d(x, y)$$

über den Kreisring $Kr \subset \mathbb{R}^2$, der durch folgende Ungleichungen beschrieben wird ($0 < r_1 < r_2$) (Abb. 13.22):

$$r_1 \leq \sqrt{x^2 + y^2} \leq r_2.$$

Mit Polarkoordinaten

$$x = r \cos(\phi), \quad y = r \sin(\phi),$$

beschreiben wir den Kreisring durch:

$$r_1 \leq r \leq r_2, \quad 0 \leq \phi \leq 2\pi.$$

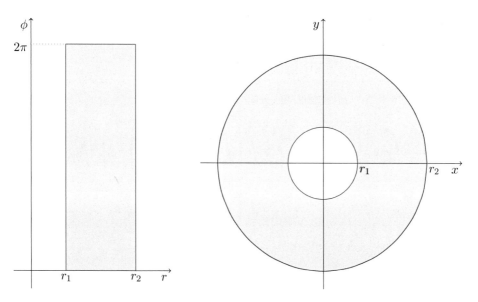

Abb. 13.22 Abbildung eines Rechtecks (links) auf einen Kreisring (rechts) durch die Polarkoordinatenabbildung $x = r \cos(\phi)$, $y = r \sin(\phi)$

Damit gilt:

$$\int\limits_{Kr} (x^2 + y^2)\, d(x, y) = \int\limits_0^{2\pi} \left(\int\limits_{r_1}^{r_2} (r^2\, (\cos(\phi))^2 + r^2\, (\sin(\phi))^2)\, r\, dr \right)\, d\phi$$

$$= \int\limits_0^{2\pi} \left(\int\limits_{r_1}^{r_2} r^3\, dr \right)\, d\phi = \frac{1}{2}\, \pi\, (r_2^4 - r_1^4).$$

Aufgabe 13.5

Der Bereich $\mathbb{D}$ im Halbraum $\{(x, y, z)\,|\,, (x, y, z) \in \mathbb{R}^3,\, y \geq 0\}$ wird begrenzt durch die Flächen $y = 0$, $y^2 = 2\,x - x^2$, sowie $z = 0$ und $z = 1$. Man berechne das Integral:

$$\int\limits_{\mathbb{D}} z\, \sqrt{x^2 + y^2}\, d(x, y, z).$$

Man verwende das Integral: $\int\limits_0^{\frac{\pi}{2}} (\cos(\phi))^3\, d\phi = \frac{2}{3}$.

Projiziert man den Bereich $\mathbb{D}$ in die $x - y$-Ebene, so entsteht der Halbkreis: $(x-1)^2 + y^2 \leq 1$, $0 \leq x \leq 2$. Auf dem Rand des Halbkreis gilt $r^2 = x^2 + y^2 = 2\,x = 2r\cos(\phi)$ bzw. $r = 2\cos(\phi)$ (Abb. 13.23). In Zylinderkoordinaten $x = r\cos(\phi)$, $y = r\sin(\phi)$, $z = z$, ergibt sich damit $0 \leq r \leq 2\cos(\phi)$ und das Integral:

$$\int\limits_{\mathbb{D}} z\, \sqrt{x^2 + y^2}\, d(x, y, z) = \int\limits_0^{\frac{\pi}{2}} \left(\int\limits_0^1 \left(\int\limits_0^{2\cos(\phi)} z\, r^2\, dr \right)\, dz \right)\, d\phi$$

$$= \int\limits_0^{\frac{\pi}{2}} \left(\int\limits_0^1 z\, \frac{8}{3}\, (\cos(\phi))^3\, dz \right)\, d\phi$$

$$= \frac{8}{3} \cdot \frac{1}{2} \cdot \frac{2}{3} = \frac{8}{9}.$$

Aufgabe 13.6

Die Kugel $x^2 + y^2 + z^2 = 8$ und das Paraboloid $4\,z = x^2 + y^2 + 4$ schließen im Halbraum $z \geq 1$ einen Körper K ein (Abb. 13.24). Man berechne sein Volumen $\mathrm{Vol}(K)$ mithilfe von Zylinderkoordinaten.

Mit Zylinderkoordinaten schreiben wir die Kugelfläche:

$$z = \sqrt{8 - r^2}$$

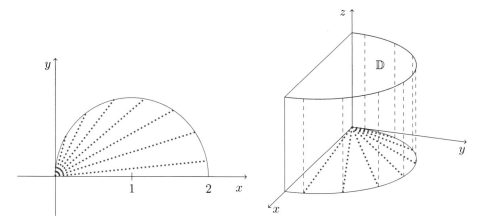

Abb. 13.23 Der Halbkreis $(x-1)^2 + y^2 = 1, 0 \leq y \leq 1$, mit vom Ursprung ausgehenden Strahlen. ($\phi = const.$), (links), und der Integrationsbereich $\mathbb{D}$, (rechts)

und das Paraboloid:

$$z = \frac{r^2}{4} + 1.$$

Wir setzen gleich:

$$\sqrt{8 - r^2} = \frac{r^2}{4} + 1$$

und bekommen $r = 2$ als Lösung. Hieraus entnehmen wir die Grenzen für r. Das Volumen ergibt sich nun durch das Integral:

$$\mathrm{Vol}(K) = \int_{0}^{2\pi} \left(\int_{0}^{2} \left(\int_{\frac{r^2}{4}+1}^{\sqrt{8-r^2}} r \, dz \right) dr \right) d\phi$$

$$= \int_{0}^{2\pi} \left(\int_{0}^{2} \left(\sqrt{8-r^2}\, r - \frac{r^3}{4} - r \right) dr \right) d\phi$$

$$= \int_{0}^{2\pi} \left(-\frac{1}{3} (8-r^2)^{\frac{3}{2}} - \frac{r^4}{16} - \frac{r^2}{2} \right) \Bigg|_{r=0}^{r=2} d\phi$$

$$= \int_{0}^{2\pi} \left(\frac{8}{3} \sqrt{8} - \frac{17}{3} \right) d\phi = 2\pi \left(\frac{16}{3} \sqrt{2} - \frac{17}{3} \right).$$

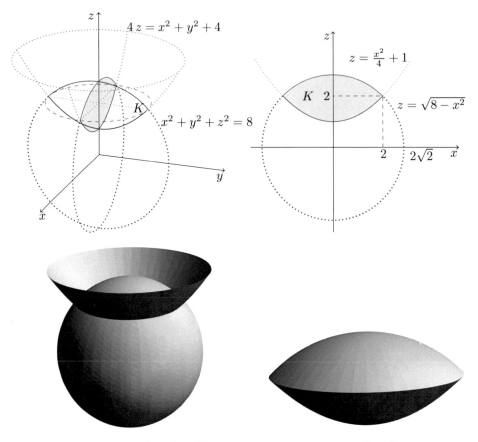

Abb. 13.24 Von der Kugel $x^2 + y^2 + z^2 = 8$ und dem Paraboloid $4z = x^2 + y^2 + 4$ begrenzter Körper K (oben, links). Projektion in die $x - z$-Ebene $x^2 + z^2 = 8$, $4z = x^2 + 4$, (oben, rechts). Schnittkörper (unten)

Aufgabe 13.7
Sei K ein gerader Kreiskegel mit der Spitze im Punkt $(0, 0, H)$, $H > 0$, und der z-Achse als Mittelachse. Der Radius des Grundkreises in der $x - y$-Ebene sei R (Abb. 13.25). Mit der Substitutionsregel und Zylinderkoordinaten berechne man das Integral:

$$\int_K (x^2 + y^2 + z^2) \, d(x, y, z).$$

Durch die Zylinderkoordinatenabbildung wird der (r, ϕ, z)-Bereich:

$$\left\{ (r, \phi, z) \in \mathbb{R}^3 \,\middle|\, 0 \le r \le R\left(1 - \frac{z}{H}\right), 0 \le \phi \le 2\pi, 0 \le z \le H \right\}$$

auf den Kegel K abgebildet.

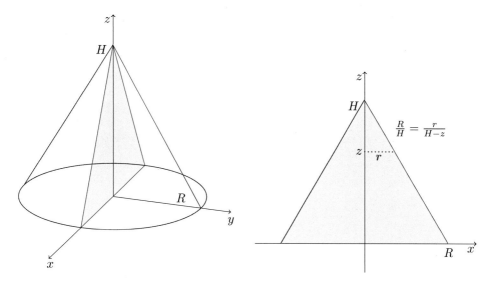

Abb. 13.25 Kreiskegel (links) mit Projektion in die $x - z$-Ebene (rechts). Aus der Projektion kann der $r - z$-Bereich entnommen werden

Die Substitutionsregel ergibt:

$$\int\limits_K (x^2 + y^2 + z^2)\, d(x, y, z)$$

$$= \int\limits_0^{2\pi} \left(\int\limits_0^H \left(\int\limits_0^{R(1-\frac{z}{H})} (r^2 + z^2)\, r\, dr \right) dz \right) d\phi$$

$$= 2\pi \int\limits_0^H \left(\int\limits_0^{R(1-\frac{z}{H})} (r^2 + z^2)\, r\, dr \right) dz.$$

Wir werten zunächst das innere Integral aus:

$$\int\limits_0^{R(1-\frac{z}{H})} (r^2 + z^2)\, r\, dr = \left(\frac{r^4}{4} + z^2 \frac{r^2}{2} \right)\Bigg|_0^{R(1-\frac{z}{H})}$$

$$= \frac{R^4}{4} \left(1 - \frac{z}{H} \right)^4 + \frac{R^2}{2} z^2 \left(1 - \frac{z}{H} \right)^2$$

und danach die beiden äußeren Integrale:

$$\int\limits_0^H \frac{R^4}{4}\left(1-\frac{z}{H}\right)^4 dz = \frac{R^4}{4}\left(1-\frac{z}{H}\right)^5 \frac{-H}{5}\Big|_0^H = \frac{R^4\,H}{20},$$

$$\int\limits_0^H \frac{R^2}{2}\,z\left(1-\frac{z}{H}\right)^2 dz = \frac{R^2}{2}\int\limits_0^H \left(z^2 - \frac{2}{H}z^3 + \frac{1}{H^2}z^4\right)^2 dz$$

$$= \frac{R^2}{2}\left(\frac{z^3}{3} - \frac{2}{4\,H}z^4 + \frac{1}{5\,H^2}z^5\right)\Big|_0^H$$

$$= \frac{R^2\,H^3}{60}.$$

Insgesamt bekommen wir:

$$\int\limits_K (x^2 + y^2 + z^2)\,d(x,y,z) = \frac{\pi\,R^2\,H}{30}\,(3\,R^2 + H^2).$$

Aufgabe 13.8

Mit der Substitutionsregel und Kugelkoordinaten berechne man das Integral:

$$\int\limits_{HK} z\,d(x,y,z)$$

über die Halbkugel $HK = \{(x,y,z) \in \mathbb{R}^3 \mid 0 \le x^2 + y^2 + z^2 \le R^2,\, z \ge 0\}$.
    Der (r,θ,ϕ)-Bereich

$$HK_K = \left\{(r,\theta,\phi) \in \mathbb{R}^3 \,\Big|\, 0 \le r \le R,\, 0 \le \theta \le \frac{\pi}{2},\, 0 \le \phi \le 2\,\pi\right\}$$

wird durch die Kugelkoordinatenabbildung in die Halbkugel HK überführt. Mit der Substitutionsregel bekommen wir:

$$\int\limits_{HK} z\,d(x,y,z) = \int\limits_0^{2\pi}\left(\int\limits_0^{\frac{\pi}{2}}\left(\int\limits_0^R r\cos(\theta)\,r^2\,\sin(\theta)\,dr\right)d\theta\right)d\phi$$

$$= \int\limits_0^{\frac{\pi}{2}}\left(\int\limits_0^{2\pi}\left(\int\limits_0^R r\cos(\theta)\,r^2\,\sin(\theta)\,dr\right)d\phi\right)d\theta$$

$$= \int\limits_{0}^{\frac{\pi}{2}} \left(\int\limits_{0}^{2\pi} \frac{R^4}{4} \, \sin(\theta) \, \cos(\theta) \, d\phi \right) d\theta$$

$$= 2\pi \, \frac{R^4}{4} \int\limits_{0}^{\frac{\pi}{2}} \sin(\theta) \, \cos(\theta) \, d\theta$$

$$= \pi \, \frac{R^4}{4}.$$

Aufgabe 13.9

Man bestimme das Volumen, das von der Fläche

$$f(x_1, x_2) = h \left(1 - \frac{x_1^2}{a^2} - \frac{x_2^2}{b^2} \right), \, a, b, h > 0,$$

und der $x_1 - x_2$-Ebene im $\mathbb{R}^3$ eingeschlossen wird (Abb. 13.26).

Für das Volumen Vol gilt:

$$\text{Vol} = \int\limits_{G} \left(\int\limits_{0}^{f(x_1, x_2)} dx_3 \right) d(x_1, x_2) = \int\limits_{G} f(x_1, x_2) \, (x_1, x_2).$$

Die ellipsenförmige Grundfläche G kann wieder als Bild des Intervalls

$$I = \{ (r, \phi) \, | \, 0 < r \le 1, \, 0 \le \phi \le 2\pi \}$$

unter Abbildung

$$\boldsymbol{g}(r, \phi) = (ar \cos(\phi), \, br \sin(\phi))$$

aufgefasst werden mit der Funktionaldeterminante von g:

$$\det \left(\frac{d\boldsymbol{g}}{d(r, \phi)} (r, \phi) \right) = a b r.$$

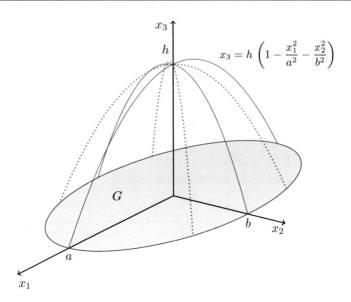

Abb. 13.26 Das von der Fläche $f(x_1, x_2) = = h\left(1 - \dfrac{x_1^2}{a^2} - \dfrac{x_2^2}{b^2}\right)$ und der $x_1 - x_2$-Ebene im $\mathbb{R}^3$

eingeschlossene Volumen

Somit gilt:

$$
\begin{aligned}
\text{Vol} &= \int\limits_{0}^{2\pi} \left(\int\limits_{0}^{1} h\,(1 - r^2)\, a\, b\, r\, dr \right) d\phi \\
&= h\, a\, b \int\limits_{0}^{2\pi} \left. \left(\frac{r^2}{2} - \frac{r^4}{4} \right) \right|_{r=0}^{r=1} d\phi \\
&= h\, a\, b\, \frac{\pi}{2}.
\end{aligned}
$$

13.4 Übungsaufgaben

Übung 13.1

Die Geraden $y = (1/2)x + 1$, $y = 2x + 1/2$ und $x = 2$ schließen ein Dreieck $\mathbb{D}$ in der Ebene ein. Man berechne das Integral der Funktion $f(x, y) = -x + 1$ über $\mathbb{D}$ und vertausche danach die Integrationsreihenfolge.

Übung 13.2

Man berechne das Volumen des Körpers S, der durch den Schnitt der Halbkugel $x^2 + y^2 + z^2 = a^2, z > 0$ mit dem Zylinder $x^2 + y^2 = b^2, z > 0$, entsteht. $(a > b > 0)$.

Übung 13.3

Sei $P(x, y, z) = \dfrac{1}{\sqrt{(x-x_0)^2+(y-y_0)^2+(z-z_0)^2}}$,

$K = \{(x, y, z) \in \mathbb{R}^3 | 0 < \rho_1 \leq \sqrt{x^2 + y^2 + z^2} \leq \rho_2\}$ und $(x_0, y_0, z_0) \in \mathbb{R}^3$.

Man berechne das Integral $\int_K P(x, y, z)\, d(x, y, z)$.

Übung 13.4

Sei G ein Normalbereich im $\mathbb{R}^2$. Für den schiefen Kegel $K \subset \mathbb{R}^3$ mit der Spitze $S = (s_1, s_2, s_3), s_3 > 0$:

$$K = \{x \mid x = ((1 - t)u_1 + ts_1, (1 - t)u_2 + ts_2, ts_3), (u_1, u_2) \in G, t \in [0, 1]\}$$

zeige man:

$$\mathrm{Vol}(K) = \frac{1}{3}G_f s_3 \text{ mit } G_F = \int\limits_G d(u_1, u_2).$$

(Das Volumen des schiefen Kegels ist gleich ein Drittel mal Grundfläche mal Höhe). Hinweis: Man benutze die Substitutionsregel im $\mathbb{R}^3$.

Kurven

14

Ausgehend vom Funktionsgraphen werden Kurven im Raum diskutiert. Parametrisierungen werden ineinander überführt. Tangentenvektoren werden eingeführt. Die Tangentenrichtung darf durch eine neue Parametrisierung nicht geändert werden, Die Orientierung einer Kurve bzw. Fläche durch Tangenten- bzw. Normalenrichtung damit die Kurve ihre Orientierung behält. Tangenteneinheitsvektoren und Kurvenintegrale bleiben so erhalten. Zuerst wird die Länge einer Kurve und mit dem Längenelement das Integral eines Vektorfelds längs einer Kurve definiert. Potentialfelder werden durch die Wegunabhängigkeit des Integrals charakterisiert.

14.1 Parameterdarstellung von Kurven

Wir betrachten differenzierbare Funktionen f, die Teilintervalle des $\mathbb{R}^1$ in den $\mathbb{R}^n$, $n = 2, 3$, abbilden. Im Sonderfall $n = 1$ veranschaulicht man sich die Funktion durch einen Graphen $(t, f(t))$ und spricht auch von einer Kurve im $\mathbb{R}^2$. Die Funktionalmatrix von f stellt im allgemeinen Fall eine $n \times 1$-Matrix dar. Wir verwenden im Folgenden die Schreibweise:

$$\frac{d\boldsymbol{f}}{dt}(t) = \begin{pmatrix} (f^1)'(t) \\ \vdots \\ (f^n)'(t) \end{pmatrix} = \boldsymbol{f}'(t).$$

© Der/die Autor(en), exklusiv lizenziert durch Springer-Verlag GmbH, DE, ein Teil von Springer Nature 2021
W. Strampp und D. Janssen, *Höhere Mathematik 2*,

Definition: Glatte Kurve

Sei $f : [a, b] \longrightarrow \mathbb{R}^n$, $n = 2, 3$, eine stetig differenzierbare Funktion und $f'(t) \neq 0^T$, $t \in [a, b]$. Dann bezeichnen wir die folgende Punktmenge als glatte Kurve:

$$K = \{x \in \mathbb{R}^n \mid x = f(t), t \in [a, b]\}.$$

Das Intervall $[a, b]$ heißt Parameterintervall und t Parameter.

Man lässt noch allgemeinere Kurven zu und setzt glatte Teilstücke aneinander.

Definition: Stückweise glatte Kurve

Sei $t_0, \ldots, t_m$ eine Partition des Parameterintervalls $[a, b]$. Sei $f : [a, b] \longrightarrow \mathbb{R}^n$, $n = 2, 3$, eine stetige Funktion, und auf jedem Teilintervall $[t_{j-1}, t_j]$, $j = 1, \ldots, n$, stelle $K_j = \{x \in \mathbb{R}^n \mid x = f(t), t \in [t_{j-1}, t_j]\}$ eine glatte Kurve dar. Dann bezeichnen wir die Punktmenge $K = \{x \in \mathbb{R}^n \mid x = f(t), t \in [a, b]\}$ als stückweise glatte Kurve.

Beispiel 14.1

Sei $\alpha > 0, \beta > 0$. Durch $f(t) = (\alpha \cos(t), \beta \sin(t))$, $t \in \mathbb{R}$, wird eine Kurve im $\mathbb{R}^2$, nämlich eine Ellipse, dargestellt (Abb. 14.1). Sie ist glatt wegen

$$f'(t) = \begin{pmatrix} -\alpha \sin(t) \\ \beta \cos(t) \end{pmatrix} \neq \begin{pmatrix} 0 \\ 0 \end{pmatrix}.$$

Dieselbe Ellipse können wir auch mit der Parametrisierung bekommen:

$$\tilde{f}(\tilde{t}) = (\alpha \cos(\omega \tilde{t}), \beta \sin(\omega \tilde{t})), \quad \omega > 0, \tilde{t} \in \left[0, \frac{2\pi}{\omega}\right].$$

Beispiel 14.2

Für die durch $f(t) = (t^2, t^3)$, $t \in \mathbb{R}$, im $\mathbb{R}^2$ dargestellte Kurve gilt:

$$f'(t) = \begin{pmatrix} 2t \\ 3t^2 \end{pmatrix}.$$

Die Kurve ist ist nicht glatt, wegen:

$$f'(0) = \begin{pmatrix} 0 \\ 0 \end{pmatrix}.$$

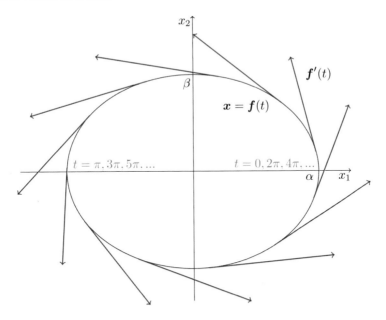

Abb. 14.1 Die Kurve $f(t) = (\alpha \cos(t), \beta \sin(t))$, $t \in \mathbb{R}$

Zur Darstellung der Kurve (Abb. 14.2) stellen wir folgende Überlegung an. Für $t \geq 0$ setzen wir $\tilde{t} = t^2$, $t = \sqrt{\tilde{t}}$, und bekommen:

$$\tilde{f}(\tilde{t}) = f(t(\tilde{t})) = (\tilde{t}, \tilde{t}^{\frac{3}{2}}).$$

Für $t < 0$ setzen wir $\tilde{t} = t^2$, $t = -\sqrt{\tilde{t}}$, und bekommen:

$$\tilde{f}(\tilde{t}) = f(t(\tilde{t})) = (\tilde{t}, -\tilde{t}^{\frac{3}{2}}).$$

●

Beispiel 14.3

Durch $f(t) = (\cos(t), \sin(t), t)$, $t \in [0, 4\pi]$, wird eine glatte Kurve im $\mathbb{R}^3$ gegeben (Abb. 14.3):

$$f'(t) = \begin{pmatrix} -\sin(t) \\ \cos(t) \\ 1 \end{pmatrix} \neq \begin{pmatrix} 0 \\ 0 \\ 0 \end{pmatrix}.$$

Die Kurve stellt eine auf dem Zylinder $x_1^2 + x_2^2 = 1$ verlaufende Schraubenlinie dar.

●

Abb. 14.2 Die Kurve
$f(t) = (t^2, t^3)$, $t \in \mathbb{R}$, mit
einer Spitze im Nullpunkt

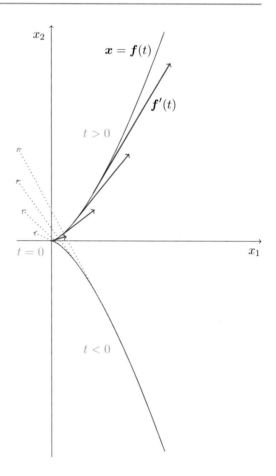

Wir führen die folgenden speziellen Kurven ein.

Definition: Geschlossene Kurve, doppelpunktfreie Kurve
Durch die Funktion $f : [a, b] \longrightarrow \mathbb{R}^n$ werde eine stückweise glatte Kurve dargestellt.
Ist $f(a) = f(b)$, dann heißt die Kurve K geschlossene Kurve.
Ist f auf dem Intervall $[a, b)$ injektiv, dann heißt die Kurve K doppelpunktfreie Kurve
(Abb. 14.4).

Abb. 14.3 Auf dem Zylinder $x_1^2 + x_2^2 = 1$ verlaufende Schraubenlinie $\boldsymbol{f}(t) = (\cos(t), \sin(t), t), t \in [0, 4\pi]$

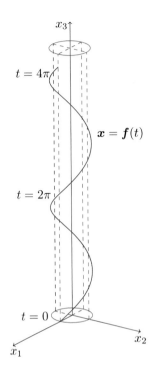

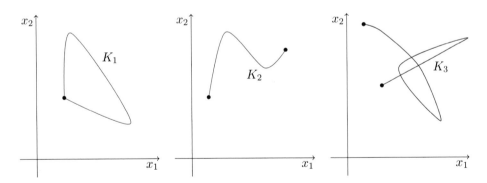

Abb. 14.4 Geschlossene Kurve K_1 (links), doppelpunktfreie Kurve K_2 (Mitte), Kurve mit Doppelpunkten K_3 (rechts) im $\mathbb{R}^2$

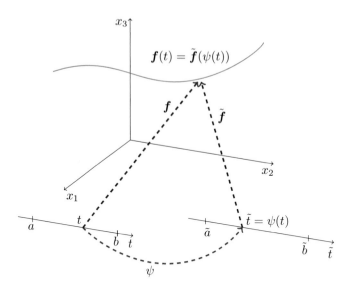

Abb. 14.5 Äquivalente Parametrisierung einer Kurve $\boldsymbol{f}(t)$ im $\mathbb{R}^3$

Bei der Parametrisierung einer Kurve hat man Freiheiten. Man kann von einer gegebenen Parametrisierung ausgehend eine neue, äquivalente erzeugen (Abb. 14.5).

Definition: Äquivalente Parametrisierung einer Kurve

Durch $\boldsymbol{f} : [a, b] \longrightarrow \mathbb{R}^n$ und $\tilde{\boldsymbol{f}} : [\tilde{a}, \tilde{b}] \longrightarrow \mathbb{R}^n, n = 2, 3$, werde jeweils eine stückweise glatte Kurve dargestellt. Es existiere eine stetig differenzierbare Funktion

$$\psi : [a, b] \longrightarrow [\tilde{a}, \tilde{b}]$$

mit $\psi(a) = \tilde{a}$, $\psi(b) = \tilde{b}$ und $\psi'(t) > 0$ für alle $t \in [a, b]$. Ferner gelte

$$\boldsymbol{f}(t) = \tilde{\boldsymbol{f}}(\psi(t))$$

für alle $t \in [a, b]$. Dann heißt die Darstellung $\tilde{\boldsymbol{f}} : [\tilde{a}, \tilde{b}] \longrightarrow \mathbb{R}^n$ eine zu $\boldsymbol{f} : [a, b] \longrightarrow \mathbb{R}^n$ äquivalente Darstellung der Kurve:

$$K = \{ \boldsymbol{x} \in \mathbb{R}^n \,|\, \boldsymbol{x} = \boldsymbol{f}(t), t \in [a, b] \}.$$

Die Funktion ψ ist streng monoton wachsend und besitzt eine stetig differenzierbare Inverse ψ^{-1}: $\tilde{\boldsymbol{f}}(\tilde{t}) = \boldsymbol{f}(\psi^{-1}(\tilde{t}))$ für alle $\tilde{t} \in [\tilde{a}, \tilde{b}]$.

Abb. 14.6 Tangentenvektor,
Tangenteneinheitsvektor und
Tangente im Punkt $f(t_0)$ einer
Kurve $x = (x_1, x_2, x_3) = f(t)$
im $\mathbb{R}^3$

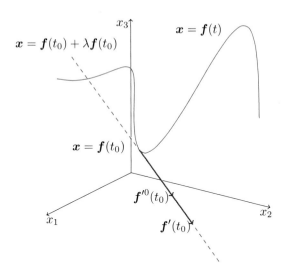

Die Parameterdarstellung besteht aus $n = 2, 3$, Komponenten f^j. Wegen der Differenzierbarkeit können wir in einer Umgebung eines festen Parameters $t_0 \in [a, b]$ schreiben:

$$f^j(t) = f^j(t_0) + (f^j)'(t_0)(t - t_0) + r^j(t)|t - t_0|,$$

$j = 1, 2, 3$. Mit der Berührungsbedingung kommen wir zur Tangente (Abb. 14.6).

Definition: Tangentenvektor einer Kurve

Sei K eine glatte, doppelpunktfreie Kurve, die durch $f : [a, b] \longrightarrow \mathbb{R}^n$ dargestellt wird.

Der Vektor $f'(t)$ heißt Tangentenvektor an die Kurve K im Punkt $f(t)$. Der folgende Vektor heißt Tangenteneinheitsvektor im Punkt $f(t)$:

$$f'^0(t) = \frac{f'(t)}{\|f'(t)\|}.$$

Die Gerade $f(t) + \lambda f'^0(t)$, $\lambda \in \mathbb{R}$, heißt Tangente an die Kurve K im Punkt $f(t)$.

Beispiel 14.4

Wir betrachten die im $\mathbb{R}^2$ durch

$$f(t) = (\sin(t)\cos(t), \sin(t)), t \in \left[-\frac{\pi}{4}, 5\frac{\pi}{4}\right],$$

Abb. 14.7 Die Funktion
$f(t) = (\sin(t)\cos(t), \sin(t))$
beschreibt keine
doppelpunktfreie Kurve. Im
Nullpunkt gibt es zwei
Tangentenrichtungen

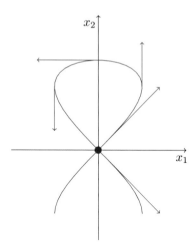

gegebene Funktion. Die Funktion ist nicht injektiv: $f(0) = f(\pi) = (0, 0)$. Die Funktion ist stetig differenzierbar:

$$f'(t) = \begin{pmatrix} (\cos(t))^2 - (\sin(t))^2 \\ \cos(t) \end{pmatrix}.$$

Im Nullpunkt haben wir zwei Ableitungen:

$$f'(0) = \begin{pmatrix} 1 \\ 1 \end{pmatrix}, \quad f'(\pi) = \begin{pmatrix} 1 \\ -1 \end{pmatrix}.$$

Es gibt keine eindeutige Tangente (Abb. 14.7).

Der Tangenteneinheitsvektor und die Tangente an eine Kurve sind unabhängig von der gewählten äquivalenten Parametrisierung.

Satz: Parametrisierung und Tangenteneinheitsvektor
Durch $f : [a, b] \longrightarrow \mathbb{R}^n$ werde eine glatte, doppelpunktfreie Kurve K dargestellt. Mit $\psi : [a, b] \longrightarrow [\tilde{a}, \tilde{b}]$, und $\tilde{f} : [\tilde{a}, \tilde{b}] \longrightarrow \mathbb{R}^n$ werde eine äquivalente Parametrisierung der Kurve K gegeben. Dann gilt:

$$f'^0(t) = \tilde{f}'^0(\psi(t)).$$

Bei äquivalenter Parametrisierung zeigt der Tangenvektor wegen $\psi'(t) > 0$ stets in dieselbe Richtung:

$$f'(t) = \frac{df}{dt}(t) = \frac{d\tilde{f}}{d\tilde{t}}(\psi(t))\frac{d\psi}{dt}(t) = \tilde{f}'(\psi(t))\,\psi'(t).$$

Hieraus ergibt sich für die Länge der Tangenvektoren

$$\|f'(t)\| = \psi'(t)\,\|\tilde{f}'(\psi(t))\|$$

und

$$\frac{f'(t)}{\|f'(t)\|} = \frac{\psi'(t)\,\tilde{f}'(\psi(t))}{\psi'(t)\,\|\tilde{f}'(\psi(t))\|} = \frac{\tilde{f}'(\psi(t))}{\|\tilde{f}'(\psi(t))\|}.$$

Beispiel 14.5

Sei K eine Kurve, die durch $f : \left[-\frac{\pi}{2}, \frac{\pi}{2}\right] \longrightarrow \mathbb{R}^3$ dargestellt wird:

$$f(t) = (\sin(t)\cosh(t), \cos(t)\sinh(t), t+1).$$

Die Kurve besitzt folgende Tangentenvektoren:

$$f'(t) = \begin{pmatrix} \cos(t)\cosh(t) + \sin(t)\sinh(t) \\ -\sin(t)\sinh(t) + \cos(t)\cosh(t) \\ 1 \end{pmatrix}.$$

Sei $\gamma > 0$ und

$$\psi(t) = \gamma\,t,\, t \in \left[-\frac{\pi}{2}, \frac{\pi}{2}\right],$$

Wir erhalten äquivalente Parametrisierungen:

$$\tilde{f}(\tilde{t}) = f(\psi^1(\tilde{t})) = f\left(\frac{1}{\gamma}\tilde{t}\right),\, \tilde{t} \in \left[-\gamma\frac{\pi}{2}, \gamma\frac{\pi}{2}\right],$$

mit den Tangentenvektoren (Abb. 14.8):

$$\tilde{f}'(\tilde{t}) = \tilde{f}'\left(\frac{1}{\gamma}\tilde{t}\right) = \frac{1}{\gamma}f'\left(\frac{1}{\gamma}\tilde{t}\right) \quad bzw. \quad \tilde{f}'(\gamma\,t) = \frac{1}{\gamma}f'(t).$$

Abb. 14.8 Die Kurve
$K : f(t) =$
$(\sin(t)\cosh(t), \cos(t)\sinh(t),$
$t + 1)$ mit Tangentenvektoren
bei äquivalenter
Parametrisierung

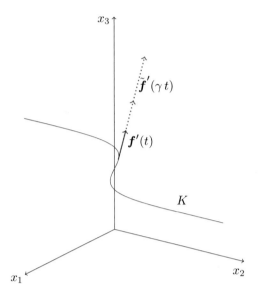

14.2 Kurvenintegrale

Wir ordnen nun Kurven eine Länge zu. Ersetzt man die Kurve $f(t)$ durch die Tangente:
$f(t) \approx f(t_0) + (t - t_0) f'^0(t)$, so erhält man: $\|f(t) - f(t_0)\| \approx \|f'^0(t)\| |t - t_0|$.
Grenzprozesse führen dann auf die folgende Definition.

Definition: Länge einer Kurve
Durch $f : [a, b] \longrightarrow \mathbb{R}^n$ werde eine glatte, doppelpunktfrei Kurve K dargestellt. Das
folgende Integral heißt Länge der Kurve K:

$$L(K) = \int_a^b \|f'(t)\| \, dt.$$

Die Länge einer stückweise glatten Kurve erklärt man als Summe über die Längen der
glatten Teilstücke:

$$L(K) = \sum_{j=1}^n \int_{t_{j-1}}^{t_j} \|f'(t)\| \, dt.$$

Die Länge einer Kurve ist nicht von der Parametrisierung abhängig.

Satz: Parametrisierung und Länge einer Kurve

Durch $f : [a, b] \longrightarrow \mathbb{R}^n$ werde eine glatte, doppelpunktfreie Kurve K dargestellt. Mit $\psi : [a, b] \longrightarrow [\tilde{a}, \tilde{b}]$, und $\tilde{f} : [\tilde{a}, \tilde{b}] \longrightarrow \mathbb{R}^n$ werde eine äquivalente Parametrisierung der Kurve K gegeben. Dann gilt:

$$\int\limits_a^b \|f'(t)\| \, dt = \int\limits_{\tilde{a}}^{\tilde{b}} \|\tilde{f}'(\tilde{t})\| \, d\tilde{t}.$$

Mit der Substitutionsregel und $f'(t) = \tilde{f}'(\psi(t)) \, \psi'(t)$ bekommen wir:

$$\int\limits_{\tilde{a}}^{\tilde{b}} \|\tilde{f}'(\tilde{t})\| \, d\tilde{t} = \int\limits_a^b \|\tilde{f}'(\psi(t))\| \|\psi'(t)\| \, dt = \int\limits_a^b \|f'(t)\| \, dt.$$

Beispiel 14.6

Wir betrachten erneut die Ellipse:

$$f(t) = (\alpha \cos(t), \beta \sin(t)), \quad \alpha > 0, \beta > 0, \quad t \in [0, 2\pi].$$

Mit dem Tangentenvektor

$$f'(t) = \begin{pmatrix} -\alpha \sin(t) \\ \beta \cos(t) \end{pmatrix}$$

ergibt sich:

$$L(K) = \int\limits_0^{2\pi} \sqrt{\beta^2 (\cos(t))^2 + \alpha^2 (\sin(t))^2} \, dt.$$

Offenbar kann das Integral nicht weiter ausgerechnet werden. Es sei denn, man hätte einen Kreis: $\alpha = \beta$. In diesem Fall ergibt sich der Kreisumfang $2\pi\alpha$. Im Fall einer Ellipse kann man mithilfe einer Reihenentwicklung beliebig gute Näherungswerte für den Umfang berechnen.

●

Beispiel 14.7

Wir betrachten die logarithmische Spirale (Abb. 14.9):

$$f(t) = (e^{-t} \cos(\omega t), e^{-t} \sin(\omega t)), \quad t \geq 0, \omega \in \mathbb{R}.$$

Offenbar gilt: $\|f(t)\| = e^{-t}$ und $t = -\ln(\|f(t)\|)$. Wir berechnen:

Abb. 14.9 Logarithmische
Spirale $f(t) =$
$(e^{-t}\cos(\omega t), e^{-t}\sin(\omega t))$,
$t \geq 0$, mit Tangentenvektor

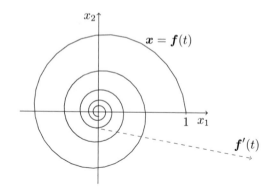

$$f'(t) = -e^{-t}\begin{pmatrix} \cos(t) + \omega\sin(t) \\ -\omega\cos(t) + \sin(t) \end{pmatrix}$$

und bekommen folgende Länge:

$$L(K) = \sqrt{1+\omega^2}\int_0^{\infty} e^{-t}\,dt = \sqrt{1+\omega^2}.$$

●

Beispiel 14.8

Wir betrachten die Schraubenlinie K im $\mathbb{R}^3$:

$$f(t) = (\cos(t), \sin(t), t), \quad t \in [0, 6\pi].$$

Die Länge des Tangentenvektors

$$f'(t) = \begin{pmatrix} -\sin(t) \\ \cos(t) \\ 1 \end{pmatrix}$$

beträgt: $\|f'(t)\| = \sqrt{(\sin(t))^2 + (\cos(t))^2 + 1} = \sqrt{2}$.

Damit ergibt sich folgende Länge der Schraubenlinie:

$$L(K) = \sqrt{2}\int_0^{6\pi} dt = 6\sqrt{2}\,\pi.$$

●

Häufig erweist sich die Bogenlänge als geeigneter Parameter für eine Kurve. Mit der Bogenlänge verbindet man eine umkehrbar eindeutige Zuordnung von Kurvenpunkt und Kurvenlänge. Wir gehen deshalb von doppelpunktfreie Kurven aus.

Definition: Bogenlänge

Sei K eine glatte, doppelpunktfreie Kurve, die durch $f : [a, b] \longrightarrow \mathbb{R}^n$ dargestellt werde. Die Bogenlänge von K wird gegeben durch die Funktion $S : [a, b] \longrightarrow [0, L(K)]$:

$$S(t) = \int\limits_a^t \| f'(\tau) \| \, d\tau.$$

Die Bogenlänge $S(t)$ stellt gerade die Länge des Kurvenstücks dar, welches die Punkte $f(a)$ und $f(t)$ verbindet. Mit der Stetigkeit von $\| f'(t) \|$ folgt die stetige Differenzierbarkeit von S: $S'(t) = \| f'(t) \| > 0$. Hieraus folgt weiter die Invertierbarkeit von S. Da S streng monoton wachsend ist, gilt dies auch für S^{-1}.

Beispiel 14.9

Wir betrachten die im $\mathbb{R}^3$ durch

$$f(t) = (\cosh(t), \sinh(t), t + 2), \ t \in [-2, 2],$$

dargestellte Kurve und berechnen ihre Bogenlänge.

Mit

$$f'(t) = \begin{pmatrix} \sinh(t) \\ \cosh(t) \\ 1 \end{pmatrix}$$

ergibt sich:

$$\| f'(t) \| = \sqrt{2} \, \cosh(t)$$

und (Abb. 14.10):

$$S(t) = \sqrt{2} \int\limits_{-2}^t \cosh(\tau) \, d\tau = \sqrt{2} \, (\sinh(t) - \sinh(-2)) = \sqrt{2} \, (\sinh(t) + \sinh(2)).$$

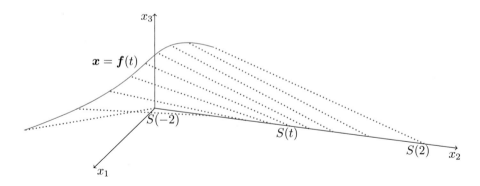

Abb. 14.10 Die Kurve $f(t) = (\cosh(t), \sinh(t), t)$. Die Bogenlänge $S(t)$ zum Kurvenpunkt $x = (x_1, x_2, x_3) = f(t)$ wird auf der x_2-Achse abgetragen. Die Zuordnung von Bogenlänge zum Kurvenpunkt ist umkehrbar eindeutig

Wählen wir die Bogenlänge als Parameter, so ist der Tangentenvektor stets ein Einheitsvektor.

Satz: Eigenschaften der Bogenlänge

Sei K eine glatte, doppelpunktfreie Kurve, die durch $f : [a, b] \longrightarrow \mathbb{R}^n$ dargestellt werde. Die Bogenlänge $S : [a, b] \longrightarrow [0, L(K)]$ ist stetig differenzierbar, streng monoton wachsend und besitzt eine Umkehrfunktion S^{-1} mit den selben Eigenschaften. Die Parameterdarstellung:

$$\tilde{f} : [0, L(K)] \longrightarrow \mathbb{R}^n, \quad \tilde{f}(\tilde{t}) = f(S^{-1}(\tilde{t})),$$

ist zur gegebenen Darstellung äquivalent, und es gilt:

$$\|\tilde{f}'(\tilde{t})\| = 1.$$

Die Äquivalenz der Parameterdarstellungen folgt aus:

$$\tilde{f}(S(t)) = f(S^{-1}(S(t))) = f(t).$$

Schließlich folgt mit der Ableitung der inversen Funktion:

$$\tilde{f}'(\tilde{t}) = f'(S^{-1}(\tilde{t})) \frac{1}{S'(S^{-1}(\tilde{t}))} = f'(S^{-1}(\tilde{t})) \frac{1}{\|f'(S^{-1}(\tilde{t}))\|}.$$

Wir erklären zunächst Vektorfelder (Abb. 14.11) und Skalarenfelder.

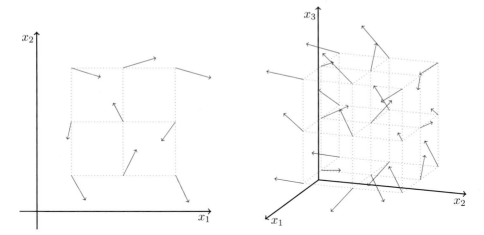

Abb. 14.11 Darstellung eines Vektorfelds V im $\mathbb{R}^2$ (links) und im $\mathbb{R}^3$ (rechts). Man legt ein Gitter im Definitionsbereich an und trägt in jedem Gitterpunkt den Vektor V ab

---

Definition: Vektorfeld, Skalarenfeld

Eine auf einer offenen Teilmenge $\mathbb{D}$ des $\mathbb{R}^n$, $n = 2, 3$, erklärte, stetig differenzierbare Funktion $V : \mathbb{D} \longrightarrow \mathbb{R}^n$ heißt Vektorfeld. Eine Funktion: $P : \mathbb{D} \longrightarrow \mathbb{R}$ heißt Skalarenfeld.

Beim Kurvenintegral bildet man das Skalarprodukt aus einem Vektorfeld mit dem Tangentenvektor an eine Kurve und integriert über die Kurve (Abb. 14.12).

Definition: Kurvenintegral

Sei $\mathbb{D} \subset \mathbb{R}^n$ eine offene Menge und $V : \mathbb{D} \longrightarrow \mathbb{R}^n$ ein stetig differenzierbares Vektorfeld. Sei K eine glatte, doppelpunktfreie Kurve, die durch $f : [a, b] \longrightarrow \mathbb{D}$ dargestellt werde. Das Kurvenintegral von V längs K wird gegeben durch:

$$\int_K V \, ds = \int_a^b V(f(t)) \, f'(t) \, dt.$$

Abb. 14.12 Kurvenintegral eines Vektorfelds V längs einer Kurve $\boldsymbol{x} = (x_1, x_2, x_3) = \boldsymbol{f}(t)$

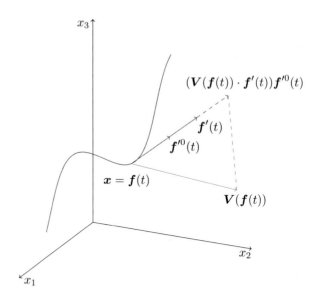

Die Einschränkung auf glatte Kurven wäre beim Kurvenintegral wieder zu groß. Besteht eine Kurve K aus endlich vielen glatten Teilstücken auf Teilintervallen $[t_{j-1}, t_j] \subset [a, b]$, dann bildet man das Kurvenintegral über jedes Teilstück und summiert anschließend:

$$\int_K V \, ds = \int_a^b V(\boldsymbol{f}(t)) \, \boldsymbol{f}'(t) \, dt = \sum_{j=1}^m \int_{t_{j-1}}^{t_j} V(\boldsymbol{f}(t)) \, \boldsymbol{f}'(t) \, dt.$$

Beispiel 14.10

Wir betrachten das Vektorfeld

$$V(x_1, x_2) = (\cos(4 x_1) \sin(3 x_2), \sin(2 x_1) \sin(4 x_2)), \ (x_1, x_2) \in \mathbb{R}^2,$$

und integrieren über die Kurve K, $\boldsymbol{f} : [1, 10] \longrightarrow \mathbb{R}^2$, die durch die folgenden drei Teilstücke gegeben wird (Abb. 14.13):

$$\boldsymbol{f}(t) = (t, 1), t \in [1, 4], \quad \boldsymbol{f}(t) = (4, t - 3), t \in [4, 7], \quad \boldsymbol{f}(t) = (-t + 11, 4), t \in [7, 10].$$

Abb. 14.13 Die Kurve
$K : f : [1, 10] \longrightarrow \mathbb{R}^2$ und
das Vektorfeld $V(x_1, x_2)$ auf
der Kurve

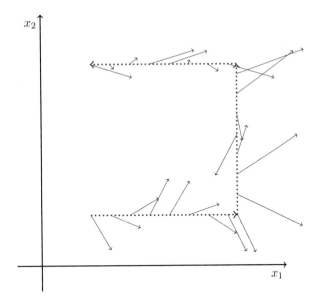

Das Kurvenintegral summieren wir über die drei Teilstücke:

$$\int_K V \, ds = \int_1^4 V(t, 1) \begin{pmatrix} 1 \\ 0 \end{pmatrix} dt + \int_4^7 V(4, t - 3) \begin{pmatrix} 0 \\ 1 \end{pmatrix} dt$$

$$+ \int_7^{10} V(-t + 11, 4) \begin{pmatrix} -1 \\ 0 \end{pmatrix} dt$$

$$= \int_1^4 \cos(4 t) \sin(3) \, dt + \int_4^7 \sin(8) \sin(4 (t - 3)) \, dt$$

$$+ \int_7^{10} \cos(4 (-t + 11)) \sin(12) \, dt.$$

Ausrechnen der Integrale liefert:

$$\int_K V \, ds = \frac{\sin(3)}{4} (-\sin(16) + \sin(4)) + \frac{\sin(8)}{4} (\cos(16) - \cos(4))$$

$$+ \frac{\sin(12)}{4} (-\sin(4) + \sin(16)).$$

Das Kurvenintegral hängt nicht von der Parameterdarstellung ab.

Satz: Parametrisierung und Kurvenintegral

Sei $\mathbb{D} \subset \mathbb{R}^n$ eine offene Menge und $V : \mathbb{D} \longrightarrow \mathbb{R}^n$ ein stetig differenzierbares Vektorfeld. Sei K eine glatte, doppelpunktfreie Kurve, die durch $f : [a, b] \longrightarrow \mathbb{D}$ dargestellt werde. Mit $\psi : [a, b] \longrightarrow [\tilde{a}, \tilde{b}]$, und $\tilde{f} : [\tilde{a}, \tilde{b}] \longrightarrow \mathbb{R}^n$ werde eine äquivalente Parametrisierung der Kurve K gegeben. Dann gilt:

$$\int_a^b V(f(t)) \, f'(t) \, dt = \int_{\tilde{a}}^{\tilde{b}} V(\tilde{f}(\tilde{t})) \, \tilde{f}'(\tilde{t}) \, d\tilde{t}.$$

Mit der Substitutionsregel und $f(t) = \tilde{f}(\psi(t))$ ergibt sich:

$$\int_{\tilde{a}}^{\tilde{b}} V(\tilde{f}(\tilde{t})) \, \tilde{f}'(\tilde{t}) \, d\tilde{t} = \int_a^b V(\tilde{f}(\psi(t))) \, \tilde{f}'(\psi(t)) \, \psi'(t) \, dt$$

$$= \int_a^b V(f(t)) \, f'(t) \, dt.$$

Bei einer stückweise glatten Kurve führt man diese Überlegung in jedem Teilstück durch.

Beispiel 14.11

Wir betrachten die im $\mathbb{R}^3$ durch

$$f(t) = (t \cos(t), t \sin(t), \omega t), \quad \omega > 0, \quad t \in [0, 4\pi],$$

dargestellte Kurve K und berechnen das Kurvenintegral des folgenden Vektorfelds längs K (Abb. 14.14):

$$V(x_1, x_2, x_3) = (x_1, x_2, x_3).$$

Zunächst bekommen wir:

$$V(f(t)) \, f'(t) = (t \cos(t), t \sin(t), \omega t) \begin{pmatrix} \cos(t) - t \sin(t) \\ \sin(t) + t \cos(t) \\ \omega \end{pmatrix}$$

$$= t + \omega^2 t.$$

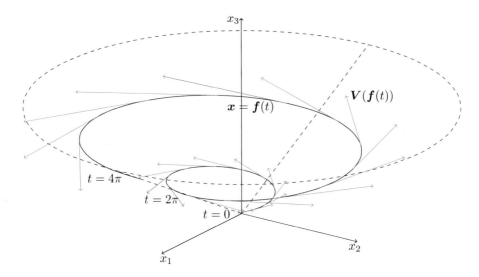

Abb. 14.14 Auf dem Kegel $\omega^2 (x_1^2 + x_2^2) = x_3^2$ verlaufende Kurve $\boldsymbol{x} = \boldsymbol{f}(t) = (t \cos(t), t \sin(t), \omega t)$, $t \in [0, 4\pi]$ mit dem Vektorfeld $\boldsymbol{V}(x_1, x_2, x_3) = (x_1, x_2, x_3)$, $\boldsymbol{x} = (x_1, x_2, x_3)$, auf der Kurve

Schließlich ergibt sich

$$\int_K \boldsymbol{V} \, d\boldsymbol{s} = \int_0^{4\pi} (t + \omega^2 \, t) \, dt = 8 \, \pi^2 \, (1 + \omega^2).$$

•

Wenn wir durch $\boldsymbol{f} : [a, b] \longrightarrow \mathbb{D}$ eine stückweise glatte Kurve K darstellen, so stellt

$$\boldsymbol{g} : [-b, -a] \longrightarrow \mathbb{D}, \quad \boldsymbol{g}(t) = \boldsymbol{f}(-t)$$

die Kurve $-K$ dar, die aus der selben Punktmenge K besteht, aber im umgekehrten Sinn durchlaufen wird (Abb. 14.15).

Für das Kurvenintegral gilt:

$$\int_{-K} \boldsymbol{V} \, d\boldsymbol{s} = \int_{-b}^{-a} \boldsymbol{V}(\boldsymbol{g}(t)) \, \boldsymbol{g}'(t) \, dt = \int_{-b}^{-a} \boldsymbol{V}(\boldsymbol{f}(-t)) \, '(-\boldsymbol{t}) \, (-\boldsymbol{1}) \, \mathbf{dt}$$

$$= \int_b^a \boldsymbol{V}(\boldsymbol{f}(\tau)) \, \boldsymbol{f}'(\tau) \, d\tau = - \int_a^b \boldsymbol{V}(\boldsymbol{f}(\tau)) \, \boldsymbol{f}'(\tau) \, d\tau$$

$$= - \int_K \boldsymbol{V} \, d\boldsymbol{s}.$$

Abb. 14.15 Kurve K und $-K$

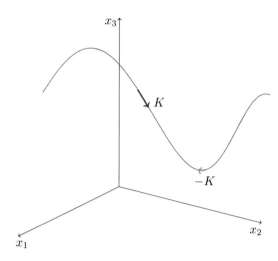

Beispiel 14.12

Sei $\mathbb{D} \subset \mathbb{R}^n$ eine offene Menge und $g : \mathbb{D} \longrightarrow \mathbb{R}$ eine differenzierbare Funktion. Sei K eine glatte, doppelpunktfreie Kurve, die durch $f : [a, b] \longrightarrow \mathbb{D}$ dargestellt werde. Wir erklären das Integral $\int_K g\, ds$ von g längs K.

Wir können die Länge der Kurve:

$$L(K) = \int\limits_a^b \|f'(t)\|\, dt = \int\limits_a^b 1\,\|f'(t)\|\, dt = \int\limits_K 1\, ds$$

als Integral der Funktion 1 längs K auffassen. Dies läßt sich verallgemeinern zu folgender Definition:

$$\int\limits_K g\, ds = \int\limits_a^b g(f(t))\|f'(t)\|\, dt.$$

Sei $V : \mathbb{D} \longrightarrow \mathbb{R}^n$ ein stetig differenzierbares Vektorfeld. Das Kurvenintegral von V längs K wird gegeben durch:

$$\int\limits_K V\, ds = \int\limits_a^b V(f(t))\, f'(t)\, dt = \int\limits_a^b V(f(t))\, \frac{f'(t)}{\|f'(t)\|}\,\|f'(t)\|\, dt$$

$$= \int\limits_a^b V(f(t))\, f'^{(0)}(t)\,\|f'(t)\|\, dt.$$

Abb. 14.16 Kurven K_1, K_2, K_3 im $\mathbb{R}^3$ mit einem gemeinsamen Anfangspunkt P_1 und einem gemeinsamen Endpunkt P_2

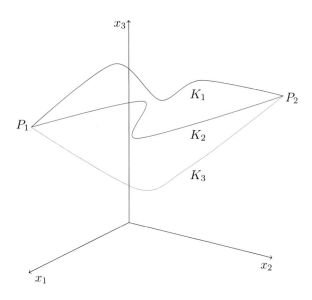

Wir können nun das Integral des Vektorfelds V längs K als Integral der Funktion $V\,f'^{(0)}$ längs K betrachten.

$\triangle$

Verbindet man zwei feste Punkte x_1 und x_2 aus $\mathbb{D}$ durch verschiedene, stückweise glatte Kurven K, und nimmt das Kurvenintegral $\int_K V\,ds$ des Vektorfelds V längs K unabhängig von der gewählten Kurve stets denselben Wert an, dann bezeichnet man das Kurvenintegral $\int_K V\,ds$ als wegunabhängig (Abb. 14.16).

Die Wegunabhängigkeit ist eng mit der Existenz eines Potentials P für das Vektorfeld verknüpft.

Satz: Wegunabhängikeit des Kurvenintegrals für Potentialfelder
Sei $\mathbb{D} \subset \mathbb{R}^n$ eine offene, konvexe Menge und $V : \mathbb{D} \longrightarrow \mathbb{R}^n$ ein stetig differenzierbares Vektorfeld. Genau dann gibt es eine stetig differenzierbare Funktion $P : \mathbb{D} \longrightarrow \mathbb{R}$ mit

$$\operatorname{grad} P(x) = V(x), \quad \text{für alle } \ x \in \mathbb{D},$$

wenn das Kurvenintegral $\int_K V\,ds$ wegunabhängig ist. (Das Vektorfeld V wird nun als Potentialfeld bezeichnet).

Sei K eine stückweise glatte Kurve, die in den Teilintervallen $[t_{j-1}, t_j]$ von $[a, b]$ glatt sei. Es existiere zunächst die Funktion P:

$$\int_K V\, ds = \int_a^b V(f(t))\, f'(t)\, dt$$

$$= \sum_{j=1}^m \int_{t_{j-1}}^{t_j} V(f(t))\, f'(t)\, dt = \sum_{j=1}^m \int_{t_{j-1}}^{t_j} \operatorname{grad} P(f(t))\, f'(t)\, dt$$

$$= \sum_{j=1}^m \int_{t_{j-1}}^{t_j} \frac{d}{dt} P(f(t))\, dt$$

$$= P(f(b)) - P(f(a)) = P(x_1) - P(x_2).$$

Nun sei Wegunabhängigkeit gegeben. Wir wählen einen festen Punkt $x_0 \in \mathbb{D}$ und erklären eine Funktion $\dot{P}(x)$ als Kurvenintegral $\int_{\overline{x_0, x}} V\, ds$ des Vektorfelds V längs einer beliebigen Kurve mit dem Anfangspunkt x_0 und dem Endpunkt x (Abb. 14.17).

Aufgrund der Wegunabhängigkeit kann die Differenz $P(x + h\, \vec{e}_j) - P(x)$ als Kurvenintegral längs der Verbindungsstrecke von x und $x + h\, \vec{e}_j$ berechnet werden, und wir bekommen:

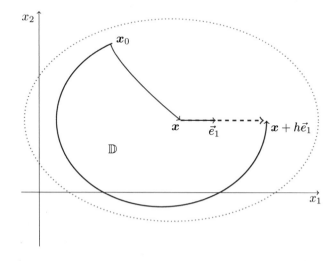

Abb. 14.17 Integrationswege von x_0 nach $x + h\vec{e}_1$ in $\mathbb{D} \subset \mathbb{R}^2$

$$\frac{P(\boldsymbol{x} + h\,\vec{e}_j) - P(\boldsymbol{x})}{h} = \frac{1}{h} \int_0^h \boldsymbol{V}(\boldsymbol{x} + t\,\vec{e}_j)\,\vec{e}_j\,dt$$

$$= \frac{1}{h} \int_0^h V^j(\boldsymbol{x} + t\,\vec{e}_j)\,dt.$$

Hieraus folgt, dass P stetig nach allen Variablen differenziert werden kann:

$$\frac{\partial P}{\partial x_j}(\boldsymbol{x}) = \lim_{h \to 0} \frac{1}{h} \int_0^h V^j(\boldsymbol{x} + t\,\vec{e}_j)\,dt = V^j(\boldsymbol{x}).$$

Offenbar ist also bei Vorliegen eines Potentials das Kurvenintegral nur vom Anfangs- und Endpunkt der Kurve abhängig und verschwindet, falls die Kurve geschlossen ist.

Beispiel 14.13
Wir betrachten die Ellipsenbögen K_α:

$$\boldsymbol{f}_\alpha(t) = (\alpha\cos(t) + 1, \sin(t)), \quad \alpha > 0, \quad t \in \left[-\frac{\pi}{2}, \frac{\pi}{2}\right],$$

die den gemeinsamen Anfangspunkt $(1, -1)$ und den gemeinsamen Endpunkt $(1, 1)$ besitzen. Wir berechnen die Kurvenintegrale $\int_{K_\alpha} \boldsymbol{V}\,d\boldsymbol{s}$ mit dem Vektorfeld (Abb. 14.18):

$$\boldsymbol{V}(x_1, x_2) = \text{grad}\left(\frac{1}{2}\,\ln(x_1^2 + x_2^2)\right) = \left(\frac{x_1}{x_1^2 + x_2^2}, \frac{x_2}{x_1^2 + x_2^2}\right).$$

Mit dem Tangentenvektor

$$\boldsymbol{f}'_\alpha(t) = \begin{pmatrix} -\alpha\sin(t) \\ \cos(t) \end{pmatrix}$$

bekommen wir für alle Ellipsenbögen:

$$\int_{K_\alpha} \boldsymbol{V}\,d\boldsymbol{s} = \int_{-\frac{\pi}{2}}^{\frac{\pi}{2}} \frac{(\alpha\cos(t) + 1)(-\alpha\sin(t)) + \sin(t)\cos(t)}{(\alpha\cos(t) + 1)^2 + (\sin(t))^2}\,dt$$

$$= \frac{1}{2}\,\ln((\alpha\cos(t) + 1)^2 + (\sin(t))^2)\Big|_{t=-\frac{\pi}{2}}^{t=\frac{\pi}{2}}$$

$$= \frac{1}{2}\,\ln(2) - \frac{1}{2}\,\ln(2) = 0.$$

Mit dem Potential

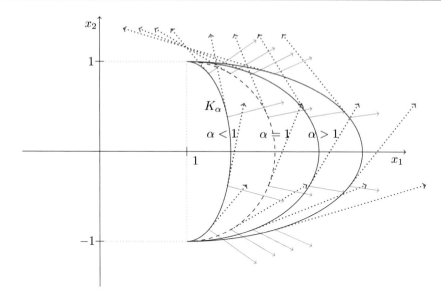

Abb. 14.18 Ellipsenbögen K_α mit dem Vektorfeld $V(x_1, x_2) = \left(\frac{x_1}{x_1^2 + x_2^2}, \frac{x_2}{x_1^2 + x_2^2} \right)$ und Tangenten-

vektoren $f'_\alpha(t) = \begin{pmatrix} -\alpha \, \sin(t) \\ \cos(t) \end{pmatrix}$ (gepunktet)

$$P(x_1, x_2) = \frac{1}{2} \ln(x_1^2 + x_2^2)$$

ergibt sich direkt:

$$\int\limits_{K_\alpha} V \, ds = P\left(f_\alpha \left(\frac{\pi}{2} \right) \right) - P\left(f_\alpha \left(-\frac{\pi}{2} \right) \right) = 0.$$

Das Ergebnis kann sofort aus der Symmetrie der Kurven und des Vektorfeldes entnommen.

•

Beispiel 14.14

Sei $g : \mathbb{R}_{\geq 0} \longrightarrow \mathbb{R}$ eine stetige Funktion. Auf $\mathbb{R}^3 \setminus \{(0, 0, 0)\}$ wird ein Vektorfeld gegeben durch:

$$V(x) = g(\|x\|) \frac{x}{\|x\|}, \quad \|x\| = \sqrt{x_1^2 + x_2^2 + x_3^2}.$$

Man bezeichnet solche Felder als Zentralfelder (Abb. 14.19). Ist

$$P(x) = \int\limits_{0}^{\|x\|} g(\sigma) \, d\sigma$$

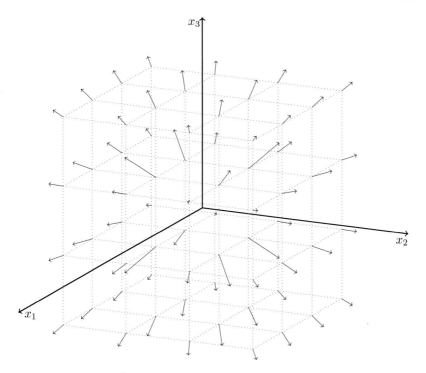

Abb. 14.19 Zentralfeld im $\mathbb{R}^3$

dann gilt

$$\frac{\partial}{\partial x_j} P(\boldsymbol{x}) = g(\|\boldsymbol{x}\|) \frac{\partial}{\partial x_j}(\|\boldsymbol{x}\|) = g(\|\boldsymbol{x}\|) \frac{x_j}{\|\boldsymbol{x}\|}$$

bzw. grad $P(\boldsymbol{x}) = \boldsymbol{V}(\boldsymbol{x})$. Wir benutzen hierbei:

$$\frac{\partial}{\partial x_j} \sqrt{x_1^2 + x_2^2 + x_3^2} = \frac{x_j}{\sqrt{x_1^2 + x_2^2 + x_3^2}}.$$

$\bullet$

14.3 Beispielaufgaben

Aufgabe 14.1
Der Kreis K:

$$\boldsymbol{f}(t) = (\cos(t), \sin(t)), \quad t \in [0, 2\pi],$$

wird im entgegengesetzten Uhrzeigersinn durchlaufen. Liefert der Parameterwechsel

$$\psi(t) = -t$$

eine äquivalente Parametrisierung?

Der Tangenvektor lautet:

$$\frac{d\boldsymbol{f}}{dt}(t) = \begin{pmatrix} -\sin(t) \\ \cos(t) \end{pmatrix}.$$

Offenbar hat dieser Vektor die Länge eins:

$$\boldsymbol{f}'^0(t) = \frac{d\boldsymbol{f}}{dt}(t).$$

Der Parameterwechsel

$$\psi(t) = -t,$$

überführt das Parameterintervall $[0, 2\pi]$ in das Intervall $[-2\pi, 0]$. Durch

$$\tilde{\boldsymbol{f}}(\tilde{t}) = \boldsymbol{f}(\psi^{-1}(\tilde{t})) = \boldsymbol{f}(-\tilde{t}) = (\cos(\tilde{t}), -\sin(\tilde{t})), \quad \tilde{t} \in [-2\pi, 0],$$

wird wieder der Kreis beschrieben, aber der Umlaufsinn wird umgekehrt:

$$\frac{d\tilde{\boldsymbol{f}}}{d\tilde{t}}(\tilde{t}) = \begin{pmatrix} -\sin(\tilde{t}) \\ -\cos(\tilde{t}) \end{pmatrix}, \quad \frac{d\tilde{\boldsymbol{f}}}{d\tilde{t}}(\psi(t)) = \begin{pmatrix} \sin(t) \\ -\cos(t) \end{pmatrix} = -\frac{d\boldsymbol{f}}{dt}(t).$$

Es liegt keine äquivalente Parametrisierung vor (Abb. 14.20).

Aufgabe 14.2

In der Ebene wird ein Kreis K_a mit dem Mittelpunkt $(0, 0)$ und Radius $a > 0$ und ein Kreis K_b mit dem Mittelpunkt $(a + b, 0)$ und Radius $b > 0$ gegeben (Abb. 14.21). Der Kreis K_b wird um den Nullpunkt um den Winkel ϕ gedreht. Der Kreis K_b dreht sich außerdem um seinen Mittelpunkt und zwar so, dass der Kreisbogen $B_b(\phi)$ längengleich mit dem Kreisbogen $B_a(\phi)$ wird. (Man kann die beiden Drehungen physikalisch so interpretieren, dass der Kreis K_b auf dem Kreis K_a im entgegengesetzten Uhrzeigersinn abgerollt wird). Der Punkt mit dem Ortsvektor $\boldsymbol{f}(\phi) = \boldsymbol{r}_{a+b}(\phi) + \boldsymbol{r}_b(\phi)$, $\phi \in \mathbb{R}$, beschreibt eine Zykloide (Abb. 14.22). Man gebe eine Darstellung der Zykloide mit dem Parameter und berechne ihre Länge, wenn ϕ das Intervall $[0, {}^b/a2\pi]$ durchläuft.

Wir entnehmen den Bogen auf K_a bzw. auf K_b: $B_a(\phi) = a\phi$ bzw. $B_b(\phi) = b\psi$. Damit kann der Winkel ψ (Abb. 14.23) bestimmt werden:

$$a\phi = b\psi \iff \psi = \frac{a}{b}\phi.$$

Damit bekommen wir die Ortsvektoren:

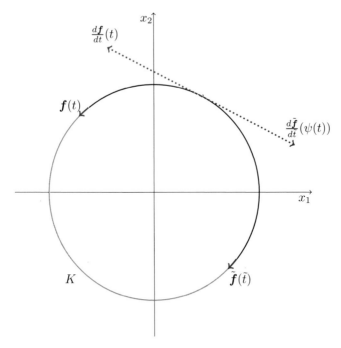

Abb. 14.20 Nichtäquivalente Parametrisierungungen $f(t)$ und $\tilde{f}(\tilde{t})$ eines Kreises K

$$r_b(\phi) = (b\cos(\pi + \phi + \psi), b\sin(\pi + \phi + \psi))$$
$$= -\left(b\cos\left(\left(1 + \frac{a}{b}\right)\phi\right), b\sin\left(\left(1 + \frac{a}{b}\right)\phi\right)\right),$$

$$r_{a+b}(\phi) = ((a+b)\cos(\phi), (a+b)\sin(\phi)),$$

und die Parameterdarstellung der Zykloide (Abb. 14.24):

$$f(\phi) = r_{a+b}(\phi) + r_b(\phi)$$
$$= \left((a+b)\cos(\phi) - b\cos\left(\left(1 + \frac{a}{b}\right)\phi\right), (a+b)\sin(\phi) - b\sin\left(\left(1 + \frac{a}{b}\right)\phi\right)\right).$$

Der Tangentenvektor lautet:

$$\frac{df}{d\phi}(\phi) = \frac{dr_{a+b}}{d\phi}(\phi) + \frac{dr_b}{d\phi}(\phi)$$
$$= (a+b)(-\sin(\phi), \cos(\phi))$$
$$+ (a+b)\left(\sin\left(\left(1 + \frac{a}{b}\right)\phi\right), -\cos\left(\left(1 + \frac{a}{b}\right)\phi\right)\right).$$

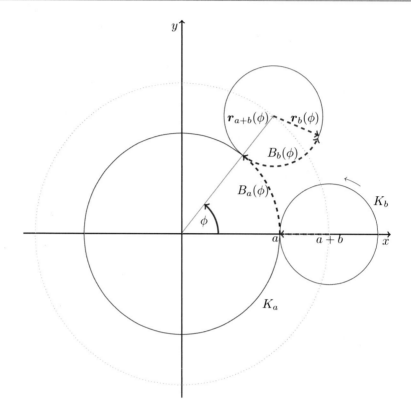

Abb. 14.21 Abrollen eines Kreises K_b auf einem festen Kreis K_a

Die Länge des Tangentenvektors ergibt sich zu:

$$\left\| \frac{d\boldsymbol{f}}{d\phi}(\phi) \right\|^2 = \left\| \frac{d\boldsymbol{r}_{a+b}}{d\phi}(\phi) \right\|^2 + 2 \frac{d\boldsymbol{r}_{a+b}}{d\phi}(\phi) \frac{d\boldsymbol{r}_b}{d\phi}(\phi) + \left\| \frac{d\boldsymbol{r}_b}{d\phi}(\phi) \right\|^2$$

$$= 2(a+b)^2 - 2(a+b)^2 \left(\sin(\phi) \sin\left(\left(1 + \frac{a}{b}\right)\phi \right) + \cos(\phi) \cos\left(\left(1 + \frac{a}{b}\right)\phi \right) \right)$$

$$= 2(a+b)^2 \left(1 - \cos\left(\frac{a}{b}\phi \right) \right) = 4(a+b)^2 \left(\sin\left(\frac{a}{2b}\phi \right) \right)^2 .$$

Damit berechnen wir die Kurvenlänge:

$$\int_0^{\frac{b}{a}2\pi} \left\| \frac{d\boldsymbol{f}}{d\phi}(\phi) \right\| d\phi = 2(a+b) \int_0^{\frac{b}{a}2\pi} \sin\left(\frac{a}{2b}\phi \right) d\phi = 8(a+b)\frac{b}{a} .$$

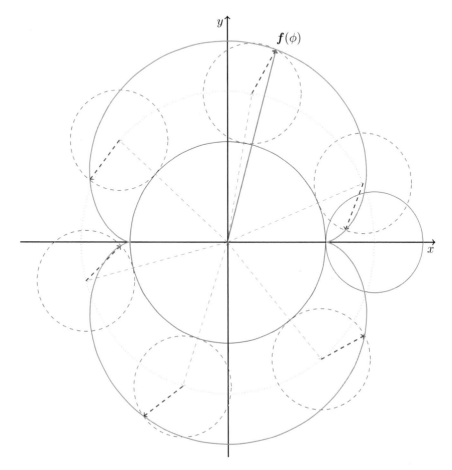

Abb. 14.22 Zykloide $f(\phi)$ mit $a/b = 2$

Aufgabe 14.3

Im $\mathbb{R}^2 \setminus (0, 0)$ wird das Potential $P(x, y) = \arctan\left(\frac{y}{x}\right)$ und das Vektorfeld $V(x, y) = \text{grad } P(x, y)$ gegeben. Man berechne das Kurvenintegral $\int_K V\, ds$: i) für den Kreis $K = \{(x, y)|(x - 2)^2 + (y - 2)^2 = 1\}$, ii) für den Kreis $K = \{(x, y)|(x^2 + y^2 = 1\}$. Man erkläre das Ergebnis.

i) Der Kreis K verläuft in der offenen, konvexen Menge $\mathbb{D} = \{(x, y)|x > 0, y > 0\}$. In $\mathbb{D}$ besitzt V ein Potential. Also ist das Kurvenintegral in $\mathbb{D}$ wegunabhängig, und das Kurvenintegral über geschlossene Wege ergibt Null: $\int_K V\, ds = 0$.

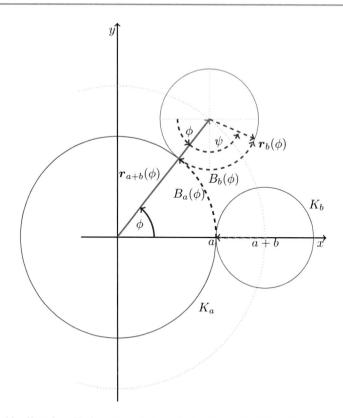

Abb. 14.23 Abrollen eines Kreises K_b auf einem festen Kreis K_a: Winkelbeziehungen

ii) Der Gradient lautet:

$$\frac{\partial P}{\partial x}(x, y) = \frac{1}{1 + \frac{y^2}{x^2}} \frac{-y}{x^2} = \frac{-y}{x^2 + y^2}, \ \frac{\partial P}{\partial y}(x, y) = \frac{1}{1 + \frac{y^2}{x^2}} \frac{1}{x} = \frac{x}{x^2 + y^2},$$

$$\boldsymbol{V}(x, y) = \operatorname{grad} P(x, y) = \left(\frac{-y}{x^2 + y^2}, \frac{x}{x^2 + y^2} \right).$$

Der Kreis umläuft den Nullpunkt. Im Nullpunkt ist die Voraussetzung der stetigen Differenzierbarkeit verletzt. Das Kurvenintegral über den geschlossenen Weg ist nicht gleich Null. Wir parametrisieren den Kreis:

$$\boldsymbol{f}(t) = (\cos(t), \sin(t)), \quad \boldsymbol{f}'(t) = \begin{pmatrix} -\sin(t) \\ \cos(t) \end{pmatrix}, t \in [0, 2\pi]$$

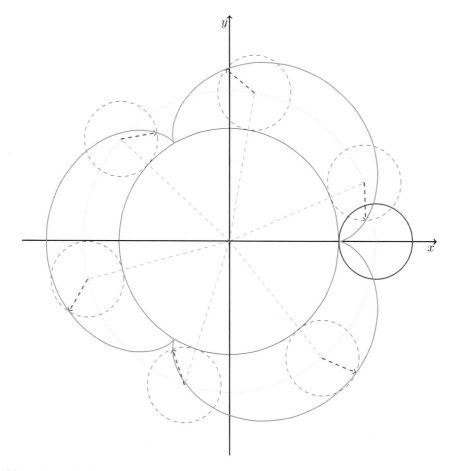

Abb. 14.24 Zykloide mit $a/b = 3$

und bekommen das Kurvenintegral:

$$\int\limits_{K} \mathbf{V} \, ds = \int\limits_{0}^{2\pi} \left(\frac{-\sin(t)}{(\cos(t))^2 + (\sin(t))^2}, \frac{\cos(t)}{(\cos(t))^2 + (\sin(t))^2} \right) \begin{pmatrix} -\sin(t) \\ \cos(t) \end{pmatrix} dt$$

$$= \int\limits_{0}^{2\pi} 1 \, dt = 2\pi.$$

14.4 Übungsaufgaben

Übung 14.1
Durch $f(\phi) = (r(\phi)\cos(\phi)) + \alpha, r(\phi)\sin(\phi) + \beta)$, $\phi \in [\phi_1, \phi_2]$, mit Konstanten α, β, werde eine Kurve K im $\mathbb{R}^2$ gegeben. Man zeige:

$$L(K) = \int_{\phi_1}^{\phi_2} \sqrt{(r(\phi))^2 + \left(\frac{dr}{d\phi}(\phi)\right)^2}\, d\phi.$$

Man benutze die Formel zur Berechnung der Länge der Zykloide mit einer Konstanten a (Kardioide): $f(\phi) = (a(2\cos(\phi)) - \cos(2\phi)), a(2\sin(\phi)) - \sin(2\phi))$, $\phi \in [0, 2\pi]$, (Abb. 14.25).

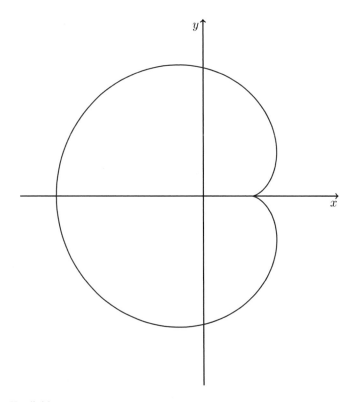

Abb. 14.25 Kardioide

Übung 14.2

Durch $f(t) = \left(\frac{\sqrt{13}}{2}t^2, t^3, -t^2\right), t \in [0, 1]$, werde eine Kurve im $\mathbb{R}^3$ gegeben. Für welche t ist $\|f'(t)\| < 1, \|f'(t)\| > 1$? Man berechne die Bogenlänge

$$S(t) = \int\limits_0^t \|f'(\tau)\| \, d\tau$$

und beschreibe die Kurve mit der Bogenlänge als Parameter: $\tilde{f}(s) = f(S^{-1})(s)$.

Übung 14.3

Gegeben sei das Vektorfeld $V(x) = V(x_1, x_2, x_3) = (x_1 x_2, -x_3, x_2^2)$ im $\mathbb{R}^3$. Man berechne das Kurvenintegral $\int_K V ds$ über die Kurve:

i) $K_1 : f_1(t) = (t x_1, t x_2, t x_3), t \in [0, 1]$,   ii) $K_2 : f_2(t) = (t^2 x_1, t x_2, t^3 x_3), t \in [0, 1]$.

Welchen Schluss kann man aus dem Ergebnis ziehen?

Übung 14.4

Gegeben sei die Funktion $y = f(x), x = (x_1, x_2) \in \mathbb{R}^2, x \neq (0, 0)$:

$$y = (y_1, y_2) = f(x) = \left(x_1 + \frac{x_1}{x_1^2 + x_2^2}, x_2 - \frac{x_2}{x_1^2 + x_2^2}\right)$$

und der Kreis $(x_1 - 1)^2 + x_2^2 = 4$. Man beschreibe das Bild des Kreises unter der Abbildung f. Dazu parametrisiere man den Kreis. Man berechne die Funktionalmatrix $\frac{df}{dx}(1, 0)$ und entscheide, ob die Bildkurve glatt ist.

Flächen

15

Ausgehend vom Funktionsgraphen werden Flächen im Raum diskutiert. Durch Transformation des Parameterbereichs werden neue Parametrisierungen generiert. Dabei muss die Normalenrichtung gewahrt werden. Tangentenvektoren spannen die Tangentialebene auf. Die Orientierung einer Fläche durch die Normalenrichtung wird bei äquivalenter Parametrisierung nicht verändert. Flächenintegrale bleiben erhalten. Der Fluss eines Vektorfeldes durch eine Fläche wird vorgestellt.

15.1 Parameterdarstellung von Flächen

Der Graph einer Funktion $f : \mathbb{R}^2 \longrightarrow \mathbb{R}$ stellt eine Fläche $(x_1, x_2, f(x_1, x_2))$ im $\mathbb{R}^3$ dar. Wir verallgemeinern diesem Flächenbegriff. Dabei bleiben wir bei der Injektivität, damit in jedem Punkt genau eine Tangentialebene existiert.

Definition: Glatte Fläche

Sei $\mathbb{D} \subset \mathbb{R}^2$ eine offene Menge und $f : \mathbb{D} \longrightarrow \mathbb{R}^3$ eine stetig differenzierbare, injektive Funktion. Für alle $u = (u_1, u_2) \in \mathbb{D}$ seien die beiden Vektoren

$$\frac{\partial f}{\partial u_1}(u) = \begin{pmatrix} \frac{\partial f^1}{\partial u_1}(u) \\[2mm] \frac{\partial f^2}{\partial u_1}(u) \\[2mm] \frac{\partial f^3}{\partial u_1}(u) \end{pmatrix}, \quad \frac{\partial f}{\partial u_2}(u) = \begin{pmatrix} \frac{\partial f^1}{\partial u_2}(u) \\[2mm] \frac{\partial f^2}{\partial u_2}(u) \\[2mm] \frac{\partial f^3}{\partial u_2}(u) \end{pmatrix}$$

W. Strampp und D. Janssen, *Höhere Mathematik 2*,

linear unabhängig. Dann bezeichnen wir die Punktmenge $F = \{x \in \mathbb{R}^3 \mid x = f(u), u \in \mathbb{D}\}$ als glatte Fläche. Die Variablen u_1 und u_2 heißen Parameter, $\mathbb{D}$ heißt Parameterbereich.

Wegen der Differenzierbarkeit können wir in einer Umgebung eines festen Punktes $u_0 \in \mathbb{D}$ schreiben:

$$f^1(u) \approx f^1(u_0) + \operatorname{grad} f^1(u_0)(u - u_0)^T,$$
$$f^2(u) \approx f^2(u_0) + \operatorname{grad} f^2(u_0)(u - u_0)^T,$$
$$f^3(u) \approx f^3(u_0) + \operatorname{grad} f^3(u_0)(u - u_0)^T,$$

und die Glattheitsbedingung bedeutet, dass in jedem Punkt $f(u_0)$ die Tangentialebene die Fläche berührt (Abb. 15.1):

$$\begin{pmatrix} x_1 \\ x_2 \\ x_3 \end{pmatrix} = \begin{pmatrix} f^1(u_0) \\ f^2(u_0) \\ f^3(u_0) \end{pmatrix} + \begin{pmatrix} \frac{\partial f^1}{\partial u_1}(u_0) \\ \frac{\partial f^2}{\partial u_1}(u_0) \\ \frac{\partial f^3}{\partial u_1}(u_0) \end{pmatrix} (u_1 - u_{0,1}) + \begin{pmatrix} \frac{\partial f^1}{\partial u_2}(u_0) \\ \frac{\partial f^2}{\partial u_2}(u_0) \\ \frac{\partial f^3}{\partial u_2}(u_0) \end{pmatrix} (u_2 - u_{0,2}).$$

Beispiel 15.1
Wir beschreiben eine zylindrische Fläche durch:

$$f(\phi, z) = (R\cos(\phi), R\sin(\phi), z), \quad R > 0,$$

$$0 \leq \phi \leq 2\pi, z \in \mathbb{R}.$$

Die Vektoren

$$\frac{\partial f}{\partial \phi}(\phi, z) = \begin{pmatrix} -R\sin(\phi) \\ R\cos(\phi) \\ 0 \end{pmatrix}, \quad \frac{\partial f}{\partial z}(\phi, z) = \begin{pmatrix} 0 \\ 0 \\ 1 \end{pmatrix},$$

sind linear unabhängig (Abb. 15.2).
  Wir beschreiben die Oberfläche einer Kugel durch:

$$f(\theta, \phi) = (R\sin(\theta)\cos(\phi), R\sin(\theta)\sin(\phi), R\cos(\theta)), \quad R > 0,$$

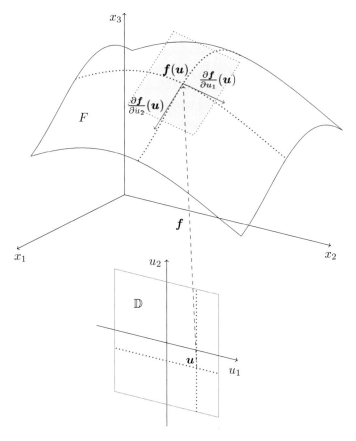

Abb. 15.1 Glatte Fläche F mit Parameterbereich $\mathbb{D}$, Abbildung f, Tangentialebene und Richtungsvektoren

$$0 < \theta < \pi, \ 0 \leq \phi \leq 2\pi.$$

Hier sind die Vektoren

$$\frac{\partial f}{\partial \theta}(\theta, \phi) = \begin{pmatrix} R\cos(\theta)\cos(\phi) \\ R\cos(\theta)\sin(\phi) \\ -R\sin(\theta) \end{pmatrix}, \quad \frac{\partial f}{\partial \phi}(\theta, \phi) = \begin{pmatrix} -R\sin(\theta)\sin(\phi) \\ R\sin(\theta)\cos(\phi) \\ 0 \end{pmatrix},$$

linear unabhängig (Abb. 15.3). Wenn wir die beiden Pole nicht herausnehmen, wird $\frac{\partial f}{\partial \phi}(\theta, \phi)$ für $\theta = 0$ und $\theta = \pi$ zum Nullvektor und verletzt die Glattheit. Die Ausnahmepunkte spielen bei den meisten Anwendungen, beispielsweise beim Integrieren, keine Rolle, und man parametrisiert $0 \leq \theta \leq \pi, \ 0 \leq \phi \leq 2\pi$.

•

Abb. 15.2 Zylinderfläche mit
Tangentenvektoren $\frac{\partial f}{\partial \phi}(\phi, z)$
und $\frac{\partial f}{\partial z}(\phi, z)$

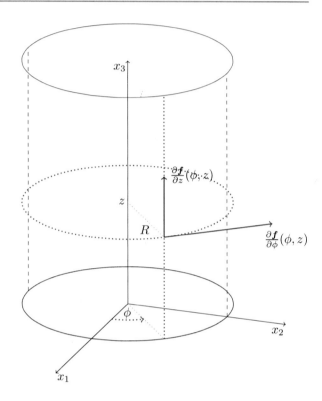

Wie eine Kurve kann man eine Fläche auf verschiedene Arten parametrisieren (Abb. 15.4).

Definition: Äquivalente Parametrisierung einer Fläche

Durch $f : \mathbb{D} \longrightarrow \mathbb{R}^3$ und $\tilde{f} : \tilde{\mathbb{D}} \longrightarrow \mathbb{R}^3$ werde jeweils eine glatte Fläche dargestellt. Es existiere eine stetig differenzierbare, umkehrbare Funktion $\psi : \mathbb{D} \longrightarrow \tilde{\mathbb{D}}$ mit

$$f(u) = \tilde{f}(\psi(u)) \quad \text{und} \quad \det\left(\frac{d\psi}{du}(u)\right) > 0, \quad \text{für alle } u \in \mathbb{D}.$$

Dann heißt $\tilde{f} : \tilde{\mathbb{D}} \longrightarrow \mathbb{R}^3$ eine zu $f : \mathbb{D} \longrightarrow \mathbb{R}^3$ äquivalente Parametrisierung der Fläche:

$$F = \{x \in \mathbb{R}^3 \mid x = f(u), u \in \mathbb{D}\}.$$

Wieder gilt: $\tilde{f}(\tilde{u}) = f(\psi^{-1}(\tilde{u}))$ für alle $\tilde{u} \in \tilde{\mathbb{D}}$.

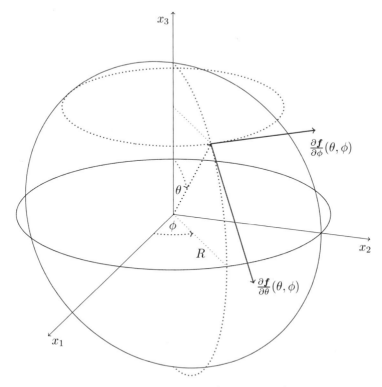

Abb. 15.3 Kugeloberfläche mit Tangentenvektoren $\frac{\partial f}{\partial \theta}(\theta, \phi)$ und $\frac{\partial f}{\partial \phi}(\theta, \phi)$

Beispiel 15.2
Wir beschreiben die Oberfläche einer Halbkugel durch:

$$f_1(\phi, \theta) = (R\cos(\phi)\sin(\theta), R\sin(\phi)\sin(\theta), R\cos(\theta)), \quad R > 0,$$

auf dem Parameterbereich

$$\mathbb{D}_1 = \left\{ (\phi, \theta) \,|\, 0 \leq \phi \leq 2\pi, 0 < \theta < \frac{\pi}{2} \right\}.$$

Weiter stellen wir die Halbkugel durch

$$\tilde{f}(u_1, u_2) = \left(u_1, u_2, \sqrt{R^2 - u_1^2 - u_2^2} \right)$$

auf dem Parameterbereich

$$\tilde{\mathbb{D}}_1 = \{ (u_1, u_2) \,|\, 0 < u_1^2 + u_2^2 < R^2 \}$$

dar. Die einzige Abbildung von $\mathbb{D}_1$ nach $\tilde{\mathbb{D}}_1$ mit $f_1(\phi, \theta) = \tilde{f}(\psi_1(\phi, \theta))$ lautet:

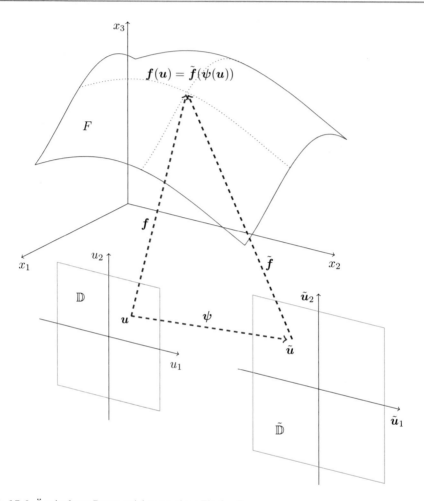

Abb. 15.4 Äquivalente Parametrisierung einer Fläche F

$$\boldsymbol{\psi}_1(\phi, \theta) = (R \cos(\phi) \sin(\theta), R \sin(\phi) \sin(\theta)).$$

Die Funktion $\tilde{f}$ liefert aber wegen:

$$\det\left(\frac{d\boldsymbol{\psi}_1}{d(\phi, \theta)}((\phi, \theta))\right) = \det\begin{pmatrix} -R \sin(\phi) \sin(\theta) & R \cos(\phi) \cos(\theta) \\ R \cos(\phi) \sin(\theta) & R \sin(\phi) \cos(\theta) \end{pmatrix}$$

$$= -R^2 \sin(\theta) \cos(\theta) < 0, \quad 0 < \theta < \frac{\pi}{2},$$

keine äquivalente Parametrisierung.

Beschreiben wir die Oberfläche der Halbkugel nun durch

$$f_2(\theta, \phi) = (R\sin(\theta)\cos(\phi),\, R\sin(\theta)\sin(\phi),\, R\cos(\theta)), \quad R > 0,$$

auf dem Parameterbereich

$$\mathbb{D}_2 = \left\{(\theta, \phi) \mid 0 < \theta < \frac{\pi}{2},\, 0 \le \phi \le 2\pi\right\},$$

so gilt $f_2(\theta, \phi) = \tilde{f}(\boldsymbol{\psi}_2(\theta, \phi))$ und

$$\det\left(\frac{d\boldsymbol{\psi}_2}{d(\theta, \phi)}(\theta, \phi)\right) = R^2 \sin(\theta)\cos(\theta) > 0, \quad 0 < \theta < \frac{\pi}{2},$$

mit:

$$\boldsymbol{\psi}_2(\theta, \phi) = (R\sin(\theta)\cos(\phi),\, R\sin(\theta)\sin(\phi)).$$

Die Funktion $\tilde{f}$ liefert also eine Parametrisierung, die zur Parametrisierung f_2 äquivalent ist.   ●

Wir betrachten nun Kurven, die auf einer Fläche verlaufen (Abb. 15.5).

Definition: Kurve auf einer Fläche

Sei $\mathbb{D} \subset \mathbb{R}^2$ eine offene Menge und durch $f : \mathbb{D} \longrightarrow \mathbb{R}^3$ werde eine glatte Fläche F gegeben. Durch $g : [a, b] \longrightarrow \mathbb{D}$ werde eine glatte Kurve K dargestellt. Dann wird durch

$$h : [a, b] \longrightarrow \mathbb{R}^3, \quad h(t) = f(g(t))$$

eine glatte Kurve auf der Fläche F dargestellt.

Den Tangentenvektor $h'(t) = \frac{dh}{dt}(t)$ an die Kurve $h(t) = f(g(t))$ bezeichnen wir als Tangentenvektor an die Fläche F im Punkt $x = f(g(t))$.

Die Koordinatenlinien stellen besonders wichtige Kurven auf Flächen dar.

Abb. 15.5 Kurve $h = f \circ g$,
$f : \mathbb{D} \longrightarrow \mathbb{R}^3$,
$g : [a, b] \longrightarrow \mathbb{D}$, auf einer
Fläche F mit Tangentenvektor

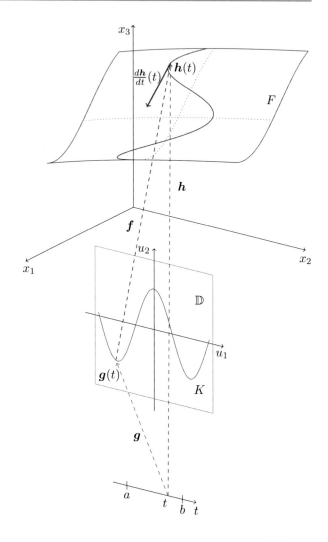

Definition: Koordinatenlinien

Durch $f : \mathbb{D} \longrightarrow \mathbb{R}^3$ werde eine glatte Fläche F dargestellt, und es gelte:

$$\{u = (u_1, u_2) \in \mathbb{R}^2 \,|\, a_1 \leq u_1 \leq b_1,\, a_2 \leq u_2 \leq b_2\} \subset \mathbb{D}.$$

Die Kurven

$$h_1 : [a_1, b_1] \longrightarrow \mathbb{R}^3, \quad h_1(t) = f(t, u_2)$$

und

$$h_2 : [a_2, b_2] \longrightarrow \mathbb{R}^3, \quad h_2(t) = f(u_1, t)$$

heißen Koordinatenlinien der Fläche F im Punkt $f(u)$.

Offenbar gilt für die Tangentenvektoren $h_1'(u_1)$ und $h_2'(u_2)$ an die beiden Koordinatenlinien $h_1(t)$ und $h_2(t)$:

$$h_1'(u_1) = \frac{\partial f}{\partial u_1}(u) = \begin{pmatrix} \frac{\partial f^1}{\partial u_1}(u) \\ \frac{\partial f^2}{\partial u_1}(u) \\ \frac{\partial f^3}{\partial u_1}(u) \end{pmatrix}, \quad h_2'(u_2) = \frac{\partial f}{\partial u_2}(u) = \begin{pmatrix} \frac{\partial f^1}{\partial u_2}(u) \\ \frac{\partial f^2}{\partial u_2}(u) \\ \frac{\partial f^3}{\partial u_2}(u) \end{pmatrix}.$$

Die Beziehung

$$\begin{aligned} \frac{d h}{dt}(t) &= \frac{d}{dt} f(g(t)) = \frac{d f}{du}(g(t)) \frac{d g}{dt}(t) \\ &= \begin{pmatrix} \frac{\partial f^1}{\partial u_1}(g(t)) \\ \frac{\partial f^2}{\partial u_1}(g(t)) \\ \frac{\partial f^3}{\partial u_1}(g(t)) \end{pmatrix} \frac{d g^1}{dt}(t) + \begin{pmatrix} \frac{\partial f^1}{\partial u_2}(g(t)) \\ \frac{\partial f^2}{\partial u_2}(g(t)) \\ \frac{\partial f^3}{\partial u_2}(g(t)) \end{pmatrix} \frac{d g^2}{dt}(t) \\ &= \frac{\partial f}{\partial u_1}(g(t)) \frac{d g^1}{dt}(t) + \frac{\partial f}{\partial u_2}(g(t)) \frac{d g^2}{dt}(t) \end{aligned}$$

kann wie folgt interpretiert werden. Wir betrachten die Menge aller Kurven g durch einen festen Punkt $x_0 = f(u_0)$, $g(t_0) = u_0$. Der Gleichung:

$$\frac{d h}{dt}(t_0) = \frac{\partial f}{\partial u_1}(u_0) \frac{d g^1}{dt}(t_0) + \frac{\partial f}{\partial u_2}(u_0) \frac{d g^2}{dt}(t_0)$$

entnimmt man, dass die Tangentenvektoren an die Fläche im Punkt $x_0 = f(u_0)$ einen Vektorraum darstellen. Die beiden Vektoren $\frac{\partial f}{\partial u_1}(u_0)$, $\frac{\partial f}{\partial u_2}(u_0)$ bilden eine Basis dieses Tangentialraums.

Beispiel 15.3

Wir betrachten erneut die Mantelfläche eines geraden Kreiskegels mit der Spitze im Null-punkt und der x_3-Achse als Mittelachse, die gegeben wird durch:

$$f(\phi, x_3) = (x_3 \cos(\phi), x_3 \sin(\phi), x_3), \quad 0 \le \phi \le 2\pi, \quad x_3 > 0.$$

Wir beschreiben im Parameterbereich eine Kurve:

$$g(t) = (t, t), \quad t > 0$$

und erhalten durch die Verkettung eine Kurve auf dem Kegelmantel:

$$h(t) = f(g(t)) = (t \cos(t), t \sin(t), t).$$

Wir berechnen den Tangentenvektor

$$h'(t) = \begin{pmatrix} \cos(t) - t \, \sin(t) \\ \sin(t) + t \, \cos(t) \\ 1 \end{pmatrix}.$$

Die Tangentenvektoren der Koordinatenlinien lauten (Abb. 15.6):

$$\frac{\partial f}{\partial \phi}(\phi, x_3) = \begin{pmatrix} -x_3 \sin(\phi) \\ x_3 \cos(\phi) \\ 0 \end{pmatrix}, \quad \frac{\partial f}{\partial x_3}(\phi, x_3) = \begin{pmatrix} \cos(\phi) \\ \sin(\phi) \\ 1 \end{pmatrix}.$$

Es gilt:

$$h'(t) = \frac{\partial f}{\partial \phi}(t, t) + \frac{\partial f}{\partial x_3}(t, t).$$

•

Wird eine Fläche durch den Graphen einer Funktion $(x_1, x_2) \longrightarrow f(x_1, x_2)$ gegeben, so wird ein Normalenvektor der Tangentialebene gegeben durch:

$$\begin{pmatrix} 1 \\ 0 \\ \frac{\partial f}{\partial x_1}(x) \end{pmatrix} \times \begin{pmatrix} 0 \\ 1 \\ \frac{\partial f}{\partial x_2}(x) \end{pmatrix} = \begin{pmatrix} -\frac{\partial f}{\partial x_1}(x) \\ -\frac{\partial f}{\partial x_2}(x) \\ 1 \end{pmatrix}.$$

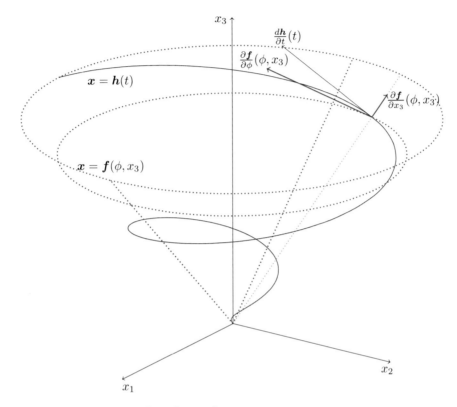

Abb. 15.6 Auf dem Kegel $(x_1^2 + x_2^2) = x_3^2$ verlaufende Kurve $h(t) = (t \cos(t), t \sin(t), t)$ mit Tangentenvektor und Tangentenvektoren der Koordinatenlinien des Kegels

---

Definition: Normalenvektor einer Fläche

Durch $f : \mathbb{D} \longrightarrow \mathbb{R}^3, u = (u_1, u_2) \longrightarrow f(u)$ werde eine glatte Fläche F dargestellt. Der Vektor

$$n(u) = \frac{\partial f}{\partial u_1}(u) \times \frac{\partial f}{\partial u_2}(u)$$

heißt Normalenvektor der Fläche F im Punkt $f(u)$. Der Vektor

$$n^0(u) = \frac{\frac{\partial f}{\partial u_1}(u) \times \frac{\partial f}{\partial u_2}(u)}{\|\frac{\partial f}{\partial u_1}(u) \times \frac{\partial f}{\partial u_2}(u)\|}$$

heißt Normaleneinheitsvektor.

Der Normalenvektor steht senkrecht auf der Tangentialebene. Der Normaleneinheitsvektor hängt nicht von der Parametrisierung ab.

Satz: Parametrisierung und Normaleneinheitsvektor

Durch $f : \mathbb{D} \longrightarrow \mathbb{R}^3$ werde eine glatte Fläche F dargestellt. Mit $\psi : \mathbb{D} \longrightarrow \tilde{\mathbb{D}}$, und $\tilde{f} : \tilde{\mathbb{D}} \longrightarrow \mathbb{R}^3$ werde eine äquivalente Parametrisierung der Fläche F gegeben. Dann gilt:

$$n^0(u) = \tilde{n}^0(\psi(u)).$$

Aus

$$\frac{\partial f}{\partial u_1}(u) = \frac{\partial \tilde{f}}{\partial \tilde{u}_1}(\psi(u)) \frac{\partial \psi^1}{\partial u_1}(u) + \frac{\partial \tilde{f}}{\partial \tilde{u}_2}(\psi(u)) \frac{\partial \psi^2}{\partial u_1}(u)$$

und

$$\frac{\partial f}{\partial u_2}(u) = \frac{\partial \tilde{f}}{\partial \tilde{u}_1}(\psi(u)) \frac{\partial \psi^1}{\partial u_2}(u) + \frac{\partial \tilde{f}}{\partial \tilde{u}_2}(\psi(u)) \frac{\partial \psi^2}{\partial u_2}(u)$$

folgt

$$\frac{\partial f}{\partial u_1}(u) \times \frac{\partial f}{\partial u_2}(u) = \det\left(\frac{d\psi}{du}(u)\right) \left(\frac{\partial \tilde{f}}{\partial \tilde{u}_1}(\psi(u)) \times \frac{\partial \tilde{f}}{\partial \tilde{u}_2}(\psi(u))\right).$$

Mit $\det\left(\frac{d\psi}{du}(u)\right) > 0$ ergibt sich nun die Behauptung. Bei äquivalenter Parametrisierung einer Kurve bleibt die Tangentenrichtung gleich. Bei äquivalenter Parametrisierung einer Fläche bleibt die Normalenrichtung gleich. Die Orientierung einer Kurve oder einer Fläche bleibt erhalten, wenn wir zu einer äquivalenten Parametrisierung übergehen.

Beispiel 15.4

Wir beschreiben die Oberfläche eines Ellipsoids durch (Abb. 15.7):

$$\mathbb{D} = \{(\theta, \phi) \in \mathbb{R}^2 \mid 0 \le \theta \le \pi, \, 0 \le \phi \le 2\pi\},$$

$$f(\theta, \phi) = (a\sin(\theta)\cos(\phi), b\sin(\theta)\sin(\phi), c\cos(\theta)), a > 0, b > 0, c > 0.$$

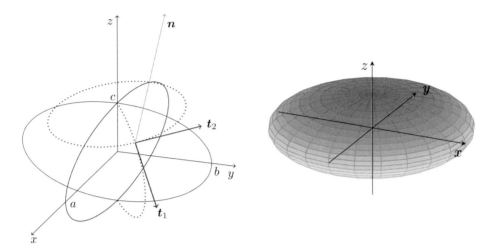

Abb. 15.7 Oberfläche eines Ellipsoids mit Halbachsen a, b, c, Tangentenvektoren t_1, t_2 und Normalenvektor n

Wir bekommen Tangentenvektoren:

$$t_1(\theta, \phi) = \frac{\partial f}{\partial \theta}(\theta, \phi) = \begin{pmatrix} a\cos(\theta)\cos(\phi) \\ b\cos(\theta)\sin(\phi) \\ -c\sin(\theta) \end{pmatrix}, \quad t_2(\theta, \phi) = \frac{\partial f}{\partial \phi}(\theta, \phi) = \begin{pmatrix} -a\sin(\theta)\sin(\phi) \\ b\sin(\theta)\cos(\phi) \\ 0 \end{pmatrix}.$$

Damit ergibt sich der Normalenvektor:

$$n(\theta, \phi) = \begin{pmatrix} b\,c\,(\sin(\theta))^2\cos(\phi) \\ a\,c\,(\sin(\theta))^2\sin(\phi) \\ a\,b\,\sin(\theta)\cos(\theta) \end{pmatrix}.$$

Ist $a = b = c = R$, so wird das Ellipsoid zur Kugel, und wir bekommen

$$n(\theta, \phi) = R\,\sin(\theta)\,f(\theta, \phi)^T$$

und $\|n(\theta, \phi)\| = R^2\sin(\theta)$. Im Fall des Ellipsoids ist das Quadrat der Länge des Normalenvektors ein komplizierterer Ausdruck:

$$\|n(\theta, \phi)\|^2 = ((b^2\,c^2(\cos(\phi))^2 + a^2\,c^2(\sin(\phi))^2)(\sin(\theta))^2 + a^2\,b^2(\cos(\theta))^2)(\sin(\theta))^2.$$

Wir können die Oberfläche des Ellipsoids mit den Halbachsen a, b, c auch durch die folgende Gleichung ausdrücken:

$$g(x, y, z) = \frac{x^2}{a^2} + \frac{y^2}{b^2} + \frac{z^2}{c^2} = 1.$$

Der Gradient steht senkrecht auf der Oberfläche und zeigt in Richtung wachsender Funktionswerte. Folgt man dem Gradienten, so werden die Achsen der Ellipsen größer. Der Gradient zeigt also aus dem gegebenen Ellipsoid hinaus. Wir berechnen den Gradienten

$$\operatorname{grad} g(x, y, z) = 2 \left(\frac{x}{a^2}, \frac{y}{b^2}, \frac{z}{c^2} \right)$$

in einem Punkt $f(\theta, \phi) = (a \sin(\theta) \cos(\phi), b \sin(\theta) \sin(\phi), c \cos(\theta))$, und bekommen einen Vektor parallel zum Normalenvektor:

$$(\operatorname{grad} g(f(\theta, \phi)))^T = 2 \begin{pmatrix} \frac{1}{a} \sin(\theta) \cos(\phi) \\ \frac{1}{b} \sin(\theta) \sin(\phi) \\ \frac{1}{c} \cos(\theta) \end{pmatrix} = 2 \frac{1}{a\,b\,c} \sin(\theta) n(\theta, \phi).$$

●

Beispiel 15.5

Wir betrachten erneut die Oberfläche einer Halbkugel mit der Parametrisierung:

$$f(\theta, \phi) = (R \sin(\theta) \cos(\phi), R \sin(\theta) \sin(\phi), R \cos(\theta)), \quad R > 0,$$

auf dem Parameterbereich:

$$\mathbb{D} = \left\{ (\theta, \phi) \,|\, 0 < \theta < \frac{\pi}{2}, 0 \le \phi \le 2\pi, \right\}.$$

Weiter stellen wir die Halbkugel durch die äquivalente Parametrisierung dar

$$\tilde{f}(u_1, u_2) = \left(u_1, u_2, \sqrt{R^2 - u_1^2 - u_2^2} \right)$$

auf dem Parameterbereich

$$\tilde{\mathbb{D}} = \{ (u_1, u_2) \,|\, 0 < u_1^2 + u_2^2 < R^2 \}.$$

Mit der Darstellung f ergibt sich der Normalenvektor:

$$n(\theta, \phi) = \frac{\partial f}{\partial \theta}(\theta, \phi) \times \frac{\partial f}{\partial \phi}(\theta, \phi) = R \sin(\theta) f(\theta, \phi)^T.$$

Mit der Darstellung $\tilde{f}$ ergibt sich der Normalenvektor:

$$\tilde{n}(u_1, u_2) = \frac{\partial \tilde{f}}{\partial u_1}(u_1, u_2) \times \frac{\partial \tilde{f}}{\partial u_2}(u_1, u_2)$$

$$= \begin{pmatrix} \frac{u_1}{\sqrt{R^2 - u_1^2 - u_2^2}} \\ \frac{u_2}{\sqrt{R^2 - u_1^2 - u_2^2}} \\ 1 \end{pmatrix} = \frac{1}{\sqrt{R^2 - u_1^2 - u_2^2}} \begin{pmatrix} u_1 \\ u_2 \\ \sqrt{R^2 - u_1^2 - u_2^2} \end{pmatrix}.$$

Um die Normalenvektoren vergleichen zu können, drücken wir $\tilde{n}(u_1, u_2)$ in Polarkoordinaten aus:

$$\tilde{n}(R\sin(\theta)\cos(\phi), R\sin(\theta)\sin(\phi)) = \frac{1}{R\cos(\theta)} f(\theta, \phi)^T.$$

Die Normalenvektoren sind also gleichgerichtet (Abb. 15.8).

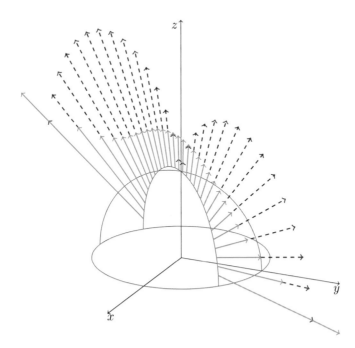

Abb. 15.8 Halbkugel mit Normalenvektoren auf einem Halbkreis $\phi = const.$ bei äquivalenter Parametrisierung. Die Parametrisierung $f(\theta, \phi) = (R\sin(\theta)\cos(\phi), R\sin(\theta)\sin(\phi), R\cos(\theta))$ liefert die gestrichelten Normalenvektoren. Die Parametrisierung $\tilde{f}(u_1, u_2) = (u_1, u_2, \sqrt{R^2 - u_1^2 - u_2^2})$ liefert die durchgezogenen Normalenvektoren

15.2   Flächenintegrale

Wir können nun beliebigen glatten Flächen einen Inhalt zuordnen und Integrale über solche
Flächen erklären.

Definition: Oberflächeninhalt, Oberflächenintegral

Durch $f : \mathbb{D} \longrightarrow \mathbb{R}^3, u \longrightarrow f(u), \mathbb{D} \subset \mathbb{R}^2$, werde eine glatte Fläche F dargestellt mit
Normalenvektor $n(u) = \frac{\partial f}{\partial u_1}(u) \times \frac{\partial f}{\partial u_2}(u)$. Sei $f(\mathbb{D}) \subset \mathbb{D}_g \subset \mathbb{R}^3$ und $g : \mathbb{D}_g \longrightarrow \mathbb{R}$
eine stetige Funktion. Dann heißt

$$\int_F dA = \int_{\mathbb{D}} \|n(u)\| \, du$$

Flächeninhalt der Fläche F. Das Oberflächenintegral der Funktion g über die Fläche
F wird gegeben durch:

$$\int_F g \, dA = \int_{\mathbb{D}} g(f(u)) \, \|n(u)\| \, du.$$

Im Fall einer Fläche F in der Ebene $f : x = (x_1, x_2) \longrightarrow (x_1, x_2, 0), x \in \mathbb{D} \subset \mathbb{R}^2$ gilt
$n(x) = (0, 0, 1)$, und wir bekommen wie früher $\int_{\mathbb{D}} dx = \int_F dA = \int_{\mathbb{D}} \|n(x)\| \, dx$.

Das Oberflächenintegral hängt nicht von der gewählten Parameterdarstellung ab. Da beim
Oberflächenintegral nur mit dem Betrag des Normalenvektors gearbeitet wird, genügt auch
die Forderung $\det(\frac{d\psi}{du}(u)) \neq 0$ an den Übergang zu einem neuen Parameterbereich.

Satz: Parametrisierung und Oberflächenintegral

Durch $f : \mathbb{D} \longrightarrow \mathbb{R}^3$ werde eine glatte Fläche F dargestellt. Mit $\psi : \mathbb{D} \longrightarrow \tilde{\mathbb{D}}$ und
$\tilde{f} : \tilde{\mathbb{D}} \longrightarrow \mathbb{R}^3$ werde eine äquivalente Parametrisierung der Fläche F gegeben. Sei
$f(\mathbb{D}) \subset D_g \subset \mathbb{R}^3$ und $g : \mathbb{D}_g \longrightarrow \mathbb{R}$ eine stetige Funktion. Dann gilt:

$$\int_F g \, dA = \int_{\mathbb{D}} g(f(u)) \, \|n(u)\| \, du = \int_{\tilde{\mathbb{D}}} g(\tilde{f}(\tilde{u})) \, \|\tilde{n}(\tilde{u})\| \, d\tilde{u}.$$

Zum Beweis rechnen wir nach:

$$\int_{\tilde{\mathbb{D}}} g(\tilde{\boldsymbol{f}}(\tilde{\boldsymbol{u}}))\,||\tilde{\boldsymbol{n}}(\tilde{\boldsymbol{u}})||\,d\tilde{\boldsymbol{u}} = \int_{\psi(\mathbb{D})} g(\tilde{\boldsymbol{f}}(\tilde{\boldsymbol{u}}))\,||\tilde{\boldsymbol{n}}(\tilde{\boldsymbol{u}})||\,d\tilde{\boldsymbol{u}}$$

$$= \int_{\mathbb{D}} g(\tilde{\boldsymbol{f}}(\boldsymbol{\psi}(\boldsymbol{u}))\,||\tilde{\boldsymbol{n}}(\boldsymbol{\psi}(\boldsymbol{u}))||\,\left|\det\left(\frac{d\boldsymbol{\psi}}{d\boldsymbol{u}}(\boldsymbol{u})\right)\right|\,d\boldsymbol{u}$$

$$= \int_{\mathbb{D}} g(\boldsymbol{f}(\boldsymbol{u}))\,||\boldsymbol{n}(\boldsymbol{u})||\,d\boldsymbol{u}.$$

Hierbei wurde die Substitutionsregel und die Überlegung verwendet:

$$\boldsymbol{n}(\boldsymbol{u}) = \det\left(\frac{d\boldsymbol{\psi}}{d\boldsymbol{u}}(\boldsymbol{u})\right)\,\tilde{\boldsymbol{n}}(\boldsymbol{\psi}(\boldsymbol{u})).$$

Beispiel 15.6

Wir berechnen den Inhalt der Rotationsfläche, die dargestellt wird durch (Abb. 15.9):

$$\boldsymbol{f}(\phi, x_3) = (\rho(x_3)\cos(\phi),\,\rho(x_3)\sin(\phi),\,x_3)\,,$$

$$0 \leq \phi \leq 2\pi,\quad H_1 < x_3 < H_2.$$

Dabei ist $\rho(x_3) \geq 0$ eine stetig differenzierbare Funktion.

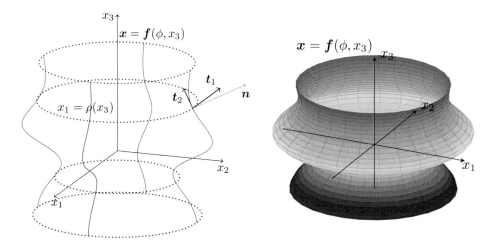

Abb. 15.9 Die Kurve $x_1 = \rho(x_3)$ und die Rotationsfläche $\boldsymbol{x} = (x_1, x_2, x_3) = \boldsymbol{f}(\phi, t)$ mit Tangentenvektoren $\boldsymbol{t}_1, \boldsymbol{t}_2$ und Normalenvektor $\boldsymbol{n}$

Wir berechnen die Tangentenvektoren:

$$\frac{\partial f}{\partial \phi}(\phi, x_3) = \begin{pmatrix} -\rho(x_3)\sin(\phi) \\ \rho(x_3)\cos(\phi) \\ 0 \end{pmatrix}, \quad \frac{\partial f}{\partial x_3}(\phi, x_3) = \begin{pmatrix} \frac{d\rho}{dx_3}(x_3)\cos(\phi) \\ \frac{d\rho}{dx_3}(x_3)\sin(\phi) \\ 1 \end{pmatrix}.$$

Damit bekommen wir:

$$\mathbf{n}(\phi, x_3) = \frac{\partial f}{\partial \phi}(\phi, x_3) \times \frac{\partial f}{\partial x_3}(\phi, x_3) = \begin{pmatrix} \rho(x_3)\cos(\phi) \\ \rho(x_3)\sin(\phi) \\ -\rho(x_3)\frac{d\rho}{dx_3}(x_3) \end{pmatrix},$$

$$\|\mathbf{n}(\phi, x_3)\| = \rho(x_3)\sqrt{1 + \left(\frac{d\rho}{dx_3}(x_3)\right)^2}$$

und

$$\int_F dA = 2\pi \int_{H_1}^{H_2} \rho(x_3)\sqrt{1 + \left(\frac{d\rho}{dx_3}(x_3)\right)^2}\, dx_3.$$

•

Der Fluss eines Vektorfelds stellt ein spezielles Oberflächenintegral dar. Die zu integrierende Funktion wird vom skalaren Produkt eines Vektorfeldes mit dem Normaleneinheitsvektor der Fläche gebildet. In den Anwendungen kann damit ein Transport durch eine Oberfläche erfasst werden. Der Fluss eines Vektorfelds berücksichtigt nur die Normalkomponente des Vektorfelds. Die Tangentialkomponente liefert keinen Beitrag zum Fluss durch die Oberfläche.

Definition: Fluss eines Vektorfelds durch eine Fläche
Durch $f : \mathbb{D} \longrightarrow \mathbb{R}^3$, $\mathbf{u} \longrightarrow f(\mathbf{u})$, $\mathbb{D} \subset \mathbb{R}^2$, werde eine glatte Fläche F dargestellt mit Normalenvektor $\mathbf{n}(\mathbf{u}) = \frac{\partial f}{\partial u_1}(\mathbf{u}) \times \frac{\partial f}{\partial u_2}(\mathbf{u})$. Sei $f(\mathbb{D}) \subset \mathbb{D}_V \subset \mathbb{R}^3$, $V : \mathbb{D}_V \longrightarrow \mathbb{R}^3$, ein Vektorfeld und $\mathbf{n}^0(\mathbf{u}) = \frac{1}{\|\mathbf{n}(\mathbf{u})\|}\mathbf{n}(\mathbf{u})$ der Normaleneinheitsheitsvektor. Dann bezeichnet das Integral $\int_F V\,\mathbf{n}^0\,dA$ den Fluss des Vektorfelds V durch die Fläche F (Abb. 15.10).

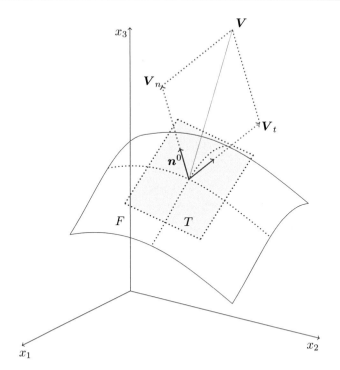

Abb. 15.10 Fluss eines Vektorfelds V durch eine Fläche F mit Tangentialebene T. Zerlegung von V in eine normale Komponente V_n und eine tangentiale Komponente V_t

15.3 Beipielaufgaben

Aufgabe 15.1

Seien $R, a, b, c, d \in \mathbb{R}$. Seien für $t \in [0, 2\pi]$ Kurven K_1 bzw. K_2 gegeben durch

$$g_1(t) = (R \sin(t) \cos(a \sin(b\,t)), R \sin(\theta) \sin(a \sin(b\,t)), R \cos(t))$$

bzw.

$$g_2(t) = (R \cos(c \sin(dt)) \cos(t), R \cos(c \sin(dt)) \sin(t), -R \sin(c \sin(dt))).$$

Man stelle K_1 und $K_2(t)$ als Kurve auf einer Kugeloberfläche dar, berechne die Tangentenvektoren t_1 bzw. t_2 an K_1 bzw. K_2 und gebe ihre Länge an. Wie lauten im Fall $b = 2m$, $m \in \mathbb{Z}$, die Tangenvektoren im Punkt $(R, 0, 0)$?

Wir schreiben um:

$$\boldsymbol{g}_2(t) = \left(R\sin\left(\frac{\pi}{2} + c\sin(dt)\right)\cos(t),\, R\sin\left(\frac{\pi}{2} + c\sin(dt)\right)\sin(t),\, R\cos\left(\frac{\pi}{2} + c\sin(dt)\right)\right).$$

Wir parametrisieren der Kugelfläche F:

$$\boldsymbol{f}(\theta, \phi) = (R\sin(\theta)\cos(\phi),\, R\sin(\theta)\sin(\phi),\, R\cos(\theta))$$

und füren die Kurven $h_1, h_2 : [0, 2\pi] \longrightarrow [0, 2\pi] \times [0, 2\pi]$ ein:

$$\boldsymbol{h}_1(t) = (t, a\sin(bt)), \quad \boldsymbol{h}_2(t) = \left(\frac{\pi}{2} + c\sin(dt), t\right),$$

Damit stellen wir K_1 und K_2 als Kurven auf F (Abb. 15.11) dar:

$$\boldsymbol{g}_1(t) = \boldsymbol{f}(\boldsymbol{h}_1(t)), \quad \boldsymbol{g}_2(t) = \boldsymbol{f}(\boldsymbol{h}_2(t)).$$

Die Tangentenvektoren lauten:

$$
\begin{aligned}
\boldsymbol{t}_1(t) &= \frac{d\boldsymbol{g}_1}{dt}(t) \\
&= \frac{\partial \boldsymbol{f}}{\partial \theta}(h_1(t)) + ab\cos(bt)\frac{\partial \boldsymbol{f}}{\partial \phi}(h_1(t)) \\
&= \begin{pmatrix} R\cos(t)\cos(a\sin(bt)) \\ R\cos(t)\sin(a\sin(bt)) \\ -R\sin(t) \end{pmatrix} + ab\cos(bt)\begin{pmatrix} -R\sin(t)\sin(a\sin(bt)) \\ R\sin(t)\cos(a\sin(bt)) \\ 0 \end{pmatrix},
\end{aligned}
$$

$$
\begin{aligned}
\boldsymbol{t}_2(t) &= \frac{d\boldsymbol{g}_2}{dt}(t) \\
&= cd\cos(dt)\frac{\partial \boldsymbol{f}}{\partial \theta}(h_2(t)) + \frac{\partial \boldsymbol{f}}{\partial \phi}(h_2(t)) \\
&= cd\cos(dt)\begin{pmatrix} R\cos\left(\frac{\pi}{2}+c\sin(dt)\right)\cos(t) \\ R\cos\left(\frac{\pi}{2}+c\sin(dt)\right)\sin(t) \\ -R\sin\left(\frac{\pi}{2}+c\sin(dt)\right) \end{pmatrix} + \begin{pmatrix} -R\sin\left(\left(\frac{\pi}{2}+c\sin(dt)\right)\right)\sin(t) \\ R\sin\left(\frac{\pi}{2}+c\sin(dt)\right)\cos(t) \\ 0 \end{pmatrix}.
\end{aligned}
$$

Wir bilden Skalarprodukte und berücksichtigen, dass $\frac{\partial \boldsymbol{f}}{\partial \theta}(\theta, \phi)$, $\frac{\partial \boldsymbol{f}}{\partial \phi}(\theta, \phi)$ senkrecht stehen:

$$\left\| \frac{d\boldsymbol{g}_1}{dt}(t) \right\|^2 = R^2 + a^2 b^2 R^2 (\cos(bt))^2 (\sin(t))^2,$$

$$\left\| \frac{d\boldsymbol{g}_2}{dt}(t) \right\|^2 = c^2 d^2 R^2 (\cos(dt))^2 + R^2 (\cos(c\sin(dt)))^2.$$

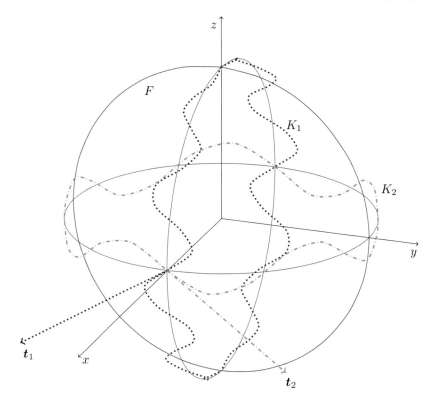

Abb. 15.11 Kugeloberfläche F mit Kurven K_1 und K_2 und Tangentenvektoren t_1 und t_2 im Punkt $(R, 0, 0)$

Der Punkt $(R, 0, 0)$ auf F besitzt die Koordinaten: $\theta = \frac{\pi}{2}$, $\phi = 0$. Für $b = 2m$ ergibt sich:

$$h_1\left(\frac{\pi}{2}\right) = \left(\frac{\pi}{2}, a\sin(m\pi)\right) = \left(\frac{\pi}{2}, 0\right), \quad h_2(0) = \left(\frac{\pi}{2} + c\sin(0), 0\right) = \left(\frac{\pi}{2}, 0\right).$$

Damit bekommen wir folgende Tangentenvektoren (Abb. 15.11):

$$t_1\left(\frac{\pi}{2}\right) = \frac{dg_1}{dt}\left(\frac{\pi}{2}\right) = (0, (-1)^m 2amR, -R), \quad t_2(0) = \frac{dg_2}{dt}(0) = (0, R, -cdR).$$

$\bullet$

Aufgabe 15.2

Man berechne den Inhalt der Oberfläche einer Kugel.

Wir beschreiben die Oberfläche einer Kugel mit dem Radius R durch:

$$\mathbb{D} = \{(\theta, \phi) \in \mathbb{R}^2 \mid 0 \le \theta \le \pi, \, 0 \le \phi \le 2\pi\},$$

$$f(\theta, \phi) = (R \sin(\theta) \cos(\phi), \, R \sin(\theta) \sin(\phi), \, R \cos(\theta)).$$

Wir bekommen Tangentenvektoren:

$$\frac{\partial f}{\partial \theta}(\theta, \phi) = \begin{pmatrix} R \cos(\theta) \cos(\phi) \\ R \cos(\theta) \sin(\phi) \\ -R \sin(\theta) \end{pmatrix}, \quad \frac{\partial f}{\partial \phi}(\theta, \phi) = \begin{pmatrix} -R \sin(\theta) \sin(\phi) \\ R \sin(\theta) \cos(\phi) \\ 0 \end{pmatrix},$$

und den Normalenvektor:

$$n(\theta, \phi) = \begin{pmatrix} R^2 (\sin(\theta))^2 \cos(\phi) \\ R^2 (\sin(\theta))^2 \sin(\phi) \\ R^2 \sin(\theta) \cos(\theta) \end{pmatrix} = R \sin(\theta) \, f(\theta, \phi)^T$$

und

$$\|n(\theta, \phi)\| = R^2 \sin(\theta).$$

Damit ergibt sich der Oberflächeninhalt:

$$\int_F dA = \int_0^{2\pi} \left(\int_0^\pi R^2 \sin(\theta) \, d\theta \right) d\phi = 2\pi R^2 \int_0^\pi \sin(\theta) \, d\theta = 4\pi R^2.$$

●

Aufgabe 15.3
Gegeben sei die Fläche

$$F = \{(x_1, x_2, x_3) \mid x_1^2 + 3 x_2^2 + x_3^2 = 1, \quad x_3 > 0\}.$$

Man beschreibe die Fläche und gebe eine Parameterdarstellung an. Wie lautet der Normalenvektor n, der mit dem Vektor $(0, 0, 1)$ einen Winkel $0 \le \theta \le \frac{\pi}{2}$ einschließt? Man berechne das Integral

$$\int_F (0, 0, x_3) \, \frac{n}{\|n\|} \, dA.$$

Die Fläche stellt die Oberfläche des oberen Teils ($x_3 > 0$) eines Ellipsoids dar. In der Projektion in die $x_1 - x_2$ Ebene erhalten wir die Ellipse $x_1^2 + 3 x_2^2 = 1$, in die $x_1 - x_3$ Ebene den Kreis $x_1^2 + x_3^2 = 1$ und in die $x_2 - x_3$ Ebene die Ellipse $3 x_2^2 + x_3^2 \le 1$ (Abb. 15.12).

Abb. 15.12 Die Oberfläche
$F = \{(x_1, x_2, x_3) \mid x_1^2 + 3\,x_2^2 + x_3^2 = 1, x_3 > 0\}$ eines
Ellipsoids mit Normalenvektor
$\boldsymbol{n}$ und Vektorfeld
$\boldsymbol{V} = (0, 0, x_3)$

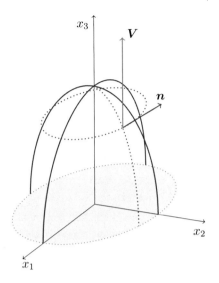

Wir geben folgende Parameterdarstellung der Fläche:

$$\boldsymbol{f}(\theta, \phi) = \left(\sin(\theta)\cos(\phi), \frac{1}{\sqrt{3}}\sin(\theta)\sin(\phi), \cos(\theta) \right),$$

$$0 \leq \theta \leq \frac{\pi}{2}, 0 \leq \phi \leq 2\pi.$$

Damit erhalten wir den Normalenvektor:

$$\boldsymbol{n}(\theta, \phi) = \begin{pmatrix} \frac{1}{\sqrt{3}}(\sin(\theta))^2\cos(\phi) \\ (\sin(\theta))^2\sin(\phi) \\ \frac{1}{\sqrt{3}}\sin(\theta)\cos(\theta) \end{pmatrix}.$$

Schließlich ergibt sich das Oberflächenintegral:

$$\int_F (0, 0, x_3)\, \frac{\boldsymbol{n}}{\|\boldsymbol{n}\|}\, dA = \int_0^{2\pi} \left(\int_0^{\frac{\pi}{2}} (0, 0, \cos(\theta)) \cdot \boldsymbol{n}(\theta, \phi)\, d\theta \right) d\phi$$

$$= \int_0^{2\pi} \left(\int_0^{\frac{\pi}{2}} \frac{1}{\sqrt{3}}\sin(\theta)\,(\cos(\theta))^2\, d\theta \right) d\phi = \frac{2\pi}{3\sqrt{3}}.$$

15.4   Übungsaufgaben

Übung 15.1
Durch $f_K(\theta, \phi) = (R\sin(\theta)\cos(\phi), R\sin(\theta)\sin(\phi), R\cos(\theta))$, $0 \leq \theta \leq \pi$, bzw.
$f_Z(\phi, z) = \left(\frac{R}{2}\cos(\phi), \frac{R}{2} + \frac{R}{2}\sin(\phi), z\right)$, $0 \leq \phi \leq \pi$, wird eine Kugel- bzw. Zylinderfläche gegeben. Die Kurve auf der Kugelfläche $f(t) = (R\sin(t)\cos(t), R(\sin(t))^2, R\cos(t))$,
$t \in [0, \pi]$, bildet zusammen mit der Kurve $f_S(t) = (-R\sin(t)\cos(t), R(\sin(t))^2,$
$R\cos(t))$, $t \in [0, \pi]$, ein Vivianisches Fenster. Man zeige, dass die Kurve $f(t)$ auch
auf der Zylinderfläche verläuft. Man schreibe die Kurve $f(t)$ in der Form $f(t) =$
$f_K(h_K(t)) = f_Z(h_Z(t))$ und den Tangentenvektor $f'(t)$ als Linearkombination von Vek-
toren $\frac{\partial f_K}{\partial \theta}(h_K(t))$, $\frac{\partial f_K}{\partial \phi}(h_K(t))$ sowie als Linearkombination von Vektoren $\frac{\partial f_Z}{\partial \phi}(h_Z(t))$,
$\frac{\partial f_Z}{\partial z}(h_Z(t))$. Man berechne den Inhalt der Fläche FV auf der Kugel, die von den Kurven
$f(t)$ und $f_S(t)$ berandet wird (Abb. 15.13).

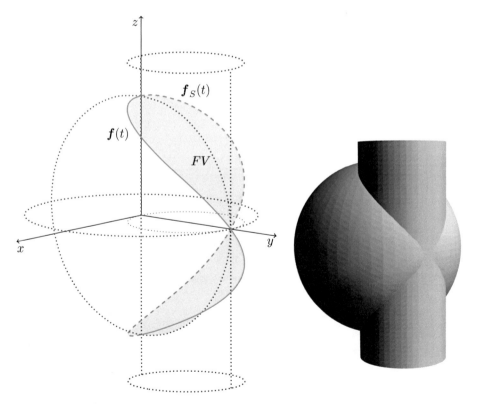

Abb. 15.13 Die Kurve $f(t) = (R\sin(t)\cos(t), R(\sin(t))^2, R\cos(t))$, und die an der (y, z)-Ebene
gespiegelte Kurve $f_S(t) = (-R\sin(t)\cos(t), R(\sin(t))^2, R\cos(t))$, $t \in [0, \pi]$, (links), Schnitt von
Kugel und Zylinder mit Vivianischem Fenster (rechts)

Übung 15.2

Gegeben sind drei achsenparallele Zylinder im $\mathbb{R}^3$ mit den Oberflächen:

$$x^2 + y^2 = 1, z \in \mathbb{R} \quad \text{und} \quad x^2 + z^2 = 1, y \in \mathbb{R} \quad y^2 + z^2 = 1, x \in \mathbb{R}.$$

i) Man berechne den Inhalt der Oberfläche SO_2 des Schnittkörpers S_2 der Zylinder: $x^2 + y^2 = 1, z \in \mathbb{R}$ und $x^2 + z^2 = 1, y \in \mathbb{R}$.

ii) Man berechne den Inhalt der Oberfläche SO_3 des Schnittkörpers S_3 der Zylinder: $x^2 + y^2 = 1, z \in \mathbb{R}$, $x^2 + z^2 = 1, y \in \mathbb{R}$ und $y^2 + z^2 = 1, x \in \mathbb{R}$ (Abb. 15.14). (S_2 und S_3 sind Steinmetz-Körper).

Übung 15.3

Gegeben sei die Fläche F durch $\boldsymbol{f}(x, y) = (x, y, x^2 - y^2)$, $0 \le x^2 + y^2 \le 1$, und das Vektorfeld $\boldsymbol{V}(x, y, z) = (z, y, x)$. Man berechne den Flächeninhalt $\int_F dA$ und den Fluss $\int_F \boldsymbol{V} \, \boldsymbol{n}^0 dA$.

Übung 15.4

Die folgende Abbildung $\boldsymbol{f}$ beschreibt die Oberfläche eines Torus:

$$\boldsymbol{f}(\phi, t) = (r \cos(t) + R) \cos(\phi), \, (r \cos(t) + R) \sin(\phi), \, r \sin(t)), \quad \phi, t \in [0, 2\pi].$$

(Für die Radien gilt: $0 < r < R$). Man zeige, dass der Torus die Oberfläche $O_T = 4\pi^2 r R$ besitzt.

Abb. 15.14 Schnitt von drei Zylindern (links), Schnittkörper im oberen Halbraum (rechts)

Integralsätze

16

Die Sätze von Green, Gauß und Stokes setzen die Begriffe Kurvenintegral, Oberflächenintegral, Fluss eines Vektorfeldes, Divergenz und Rotation in Beziehung. Beim Satz von Green wird das Integral eines ebenen Vektorfelds längs der Randkurve mit einem Flächenintegral verknüpft. Wir betrachten den Satz von Green als Modellfall und beweisen ihn ausführlich. Wichtige Beweismittel sind der Hauptsatz und die iterierte Integration. Beim Satz von Gauß wird der Fluss eines Vektorfelds durch die Randfläche durch das Integral der Divergenz über den Normalbereich ausgedrückt. Der Satz von Stokes verallgemeinert den Satz von Green in den Raum. Das Integral eines Vektorfeldes längs der Randkurve durch den Fluss der Rotation durch eine Fläche ausgedrückt. Beim zugrunde gelegten Gebiet schränken wir uns bei allen Sätzen zugunsten der Übersichtlichkeit ein. Die Reichweite der Anwendungen bleibt dabei hinreichend groß.

16.1 Der Satz von Green

Für die Integralsätze legen wir zunächst Normalbereiche zugrunde. Normalbereiche sind Mengen, die man in Richtung einer Achse projizieren und aus der Projektion wieder rekonstruieren kann. Wir haben solche Mengen bereits im $\mathbb{R}^n$ bei der allgemeinsten Form der iterierten Integration betrachtet.

W. Strampp und D. Janssen, *Höhere Mathematik 2*,

Definition: Normalbereich

Sei $\mathbb{D} \subset \mathbb{R}^n$, $n = 2, 3$, eine beschränkte Menge. Für jedes $\nu = 1, \ldots, n$ existiere eine beschränkte Menge $\mathbb{D}_{n-1,\nu} \subset \mathbb{R}^{n-1}$ und zwei stetig differenzierbare Funktionen $g_u : \mathbb{D}_{n-1,\nu} \longrightarrow \mathbb{R}$ und $g_o : \mathbb{D}_{n-1,\nu} \longrightarrow \mathbb{R}$ mit:

$$\mathbb{D} = \{(x_1, \ldots, x_n) \,|\, (x_1, \ldots, x_{\nu-1}, x_{\nu+1}, \ldots, x_n) \in D_{n-1,\nu},$$
$$g_u(x_1, \ldots, x_{\nu-1}, x_{\nu+1}, \ldots, x_n) \leq x_\nu,$$
$$x_\nu \leq g_o(x_1, \ldots, x_{\nu-1}, x_{\nu+1}, \ldots, x_n)\}.$$

Dann bezeichnen wir $\mathbb{D}$ als Normalbereich.

Wir durchlaufen nun den Rand eines ebenen Normalbereichs $\mathbb{D}$ im positiven Sinn und integrieren über ein Vektorfeld V. Der Satz von Green setzt dieses Integral dem Flächenintegral über $\mathbb{D}$ gleich mit einem aus V durch Rotation gewonnenen Integranden.

Satz: Satz von Green

Sei $\tilde{\mathbb{D}} \subset \mathbb{R}^2$ eine offene Menge und $\mathbb{D} \subset \tilde{\mathbb{D}}$ ein Normalbereich. Durch $V : \tilde{\mathbb{D}} \longrightarrow \mathbb{R}^2$, $V(x) = (V^1(x), V^2(x))$, werde ein stetig differenzierbares Vektorfeld gegeben. Wird die Randkurve $\partial(\mathbb{D})$ im entgegengesetzten Uhrzeigersinn durchlaufen, dann gilt:

$$\int_{\mathbb{D}} \left(\frac{\partial V^2}{\partial x_1}(x) - \frac{\partial V^1}{\partial x_2}(x) \right) dx = \int_{\partial(\mathbb{D})} V \, ds.$$

Wir beweisen den Satz von Green für einen Bereich, der parallel zur x_2-Achse projiziert werden kann (Abb. 16.1):

$$\mathbb{D} = \{(x_1, x_2) \,|\, \alpha \leq x_1 \leq \beta, \, g_u(x_1) \leq x_2 \leq g_o(x_1)\}.$$

Wir summieren die Teilintegrale in der Reihenfolge 1,3,2,4 und bekommen zunächst:

Abb. 16.1 Integrationsbereich $\mathbb{D}$. Der Rand besteht aus vier Teilkurven

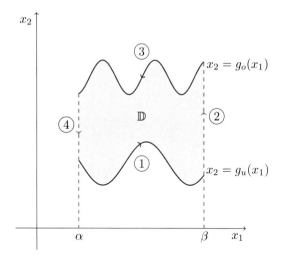

$$\int\limits_{\partial(\mathbb{D})} \boldsymbol{V}\, ds = \int\limits_{\alpha}^{\beta} \left(V^1(x_1, g_u(x_1)) + V^2(x_1, g_u(x_1)) \frac{d g_u(x_1)}{d x_1} \right) dx_1$$

$$- \int\limits_{\alpha}^{\beta} \left(V^1(x_1, g_o(x_1)) + V^2(x_1, g_o(x_1)) \frac{d g_o(x_1)}{d x_1} \right) dx_1$$

$$+ \int\limits_{g_u(b)}^{g_o(b)} V^2(b, x_2)\, dx_2 - \int\limits_{g_u(a)}^{g_o(a)} V^2(a, x_2)\, dx_2.$$

In den ersten beiden Integralen auf der rechten Seite fassen wir die ersten Summanden zu einem Doppelintegral zusammen:

$$\int\limits_{\alpha}^{\beta} \left(V^1(x_1, g_u(x_1)) - V^1(x_1, g_u(x_1)) \right) dx_1 = - \int\limits_{\alpha}^{\beta} \int\limits_{g_u(x_1)}^{g_o(x_1)} \frac{\partial V^1}{\partial x_2}(x)\, dx_2\, dx_1$$

$$= - \int\limits_{\mathbb{D}} \frac{\partial V^1}{\partial x_2}(x)\, dx.$$

Bevor wir die zweiten Summanden zusammenfassen, führen wir eine Funktion ein mit der Eigenschaft:

$$\frac{\partial \tilde{V}^2}{\partial x_2}(\boldsymbol{x}) = V^2(\boldsymbol{x})$$

und bekommen:

$$V^2(x_1, g_u(x_1)) \frac{dg_u}{dx_1}(x_1) = \frac{d}{dx_1} \tilde{V}^2(x_1, g_u(x_1)) - \frac{\partial \tilde{V}^2}{\partial x_1}(x_1, g_u(x_1))$$

und

$$V^2(x_1, g_o(x_1)) \frac{dg_o}{dx_1}(x_1) = \frac{d}{dx_1} \tilde{V}^2(x_1, g_o(x_1)) - \frac{\partial \tilde{V}^2}{\partial x_1}(x_1, g_o(x_1)).$$

Nun können wir zusammenfassen:

$$\int_\alpha^\beta \left(V^2(x_1, g_u(x_1)) \frac{dg_u(x_1)}{dx_1} - V^2(x_1, g_o(x_1)) \frac{dg_o(x_1)}{dx_1} \right) dx_1$$

$$= \int_\alpha^\beta \int_{g_u(x_1)}^{g_o(x_1)} \frac{\partial^2 \tilde{V}^2}{\partial x_1 \partial x_1}(x) \, dx_2 \, dx_1$$

$$+ \tilde{V}^2(\beta, g_u(\beta)) - \tilde{V}^2(\alpha, g_u(\alpha)) - \tilde{V}^2(\beta, g_o(\beta)) + \tilde{V}^2(\alpha, g_o(\alpha))$$

$$= \int_D \frac{\partial \tilde{V}^2}{\partial x_1}(x) \, dx + \tilde{V}^2(\beta, g_u(\beta)) - \tilde{V}^2(\alpha, g_u(\alpha)) - \tilde{V}^2(\beta, g_o(\beta)) + \tilde{V}^2(\alpha, g_o(\alpha)).$$

Betrachten wir noch die letzten beiden Integrale

$$\int_{g_u(\beta)}^{g_o(\beta)} V^2(\beta, x_2) \, dx_2 - \int_{g_u(\alpha)}^{g_o(\alpha)} V^2(\alpha, x_2) \, dx_2$$

$$= \tilde{V}^2(\beta, g_o(\beta)) - \tilde{V}^2(\beta, g_u(\beta)) - \tilde{V}^2(\alpha, g_o(\alpha)) + \tilde{V}^2(\alpha, g_u(\alpha)),$$

so folgt die Behauptung.

Den Satz von Green kann man zur Berechnung von Flächeninhalten verwenden. Betrachtet man das Vektorfeld:

$$V(x_1, x_2) = (0, x_1),$$

so erhält man:

$$\int_{\mathbb{D}} dx = \int_{\partial(\mathbb{D})} V \, ds.$$

Beispiel 16.1

Ist $\mathbb{D}$ eine Kreisscheibe:

$$\mathbb{D} = \{(x_1, x_2) \mid x_1^2 + x_2^2 \leq R\},$$

so ergibt sich mit der Parameterdarstellung des Randes

$$(R\cos(\phi), R\sin(\phi)) \quad 0 \leq \phi \leq 2\pi,$$

der Flächeninhalt der Kreisscheibe:

$$\int_{\mathbb{D}} dx = \int_0^{2\pi} (0, R\cos(\phi)) \begin{pmatrix} -R\sin(\phi) \\ R\cos(\phi) \end{pmatrix} d\phi = R^2 \int_0^{2\pi} (\cos(\phi))^2 \, d\phi = R^2\pi.$$

$\bullet$

Beispiel 16.2

Wir berechnen den Inhalt der Fläche:

$$\mathbb{D} = \left\{ (x_1, x_2) \,\middle|\, x_1^{\frac{2}{3}} + x_2^{\frac{2}{3}} \leq R^{\frac{2}{3}} \right\},$$

die von der Astroide (Abb. 16.2):

$$x_1^{\frac{2}{3}} + x_2^{\frac{2}{3}} = R^{\frac{2}{3}}$$

berandet wird.

Mit der Parameterdarstellung des Randes

$$\phi \longrightarrow (R(\cos(\phi))^3, R(\sin(\phi))^3), \quad 0 \leq \phi \leq 2\pi,$$

ergibt sich:

$$\int_{\mathbb{D}} dx = \int_0^{2\pi} (0, R(\cos(\phi))^3) \begin{pmatrix} -3\,R(\cos(\phi))^2\sin(\phi) \\ 3R(\sin(\phi))^2\cos(\phi) \end{pmatrix} d\phi$$

$$= 3R^3 \int_0^{2\pi} (\cos(\phi))^4 (\sin(\phi))^2 \, d\phi$$

$$= \frac{3}{8} R^3\pi.$$

$\bullet$

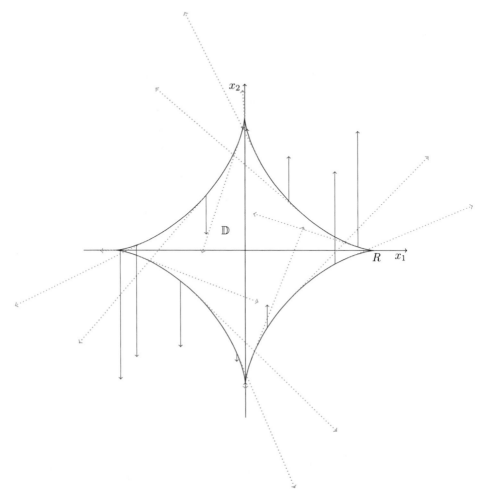

Abb. 16.2 Astroide $\phi \longrightarrow (R\cos(\phi))^3, R(\sin(\phi))^3), 0 \leq \phi \leq 2\pi$ mit dem Vektorfeld $V(x_1, x_2) = (0, x_1)$ und Tangentenvektoren (gepunktet) und dem Integrationsbereich $\mathbb{D}$

16.2   Die Sätze von Gauß und Stokes

Ein grundlegender Begriff der Vektoranalysis ist die Divergenz. Wir führen sie mithilfe kartesischer Koordinaten und partieller Ableitungen ein. Es gibt auch koordinatenfreie Definitionen zum Beispiel als Volumenableitung.

> **Definition: Divergenz eines Vektorfelds**
> Unter der Divergenz eines differenzierbaren Vektorfelds $V = (V^1, V^2, V^3)$ im $\mathbb{R}^3$
> versteht man die skalare Funktion:
>
> $$\operatorname{div} V(x) = \frac{\partial V^1}{\partial x_1}(x) + \frac{\partial V^2}{\partial x_2}(x) + \frac{\partial V^3}{\partial x_3}(x).$$

Beispiel 16.3

Für zwei Skalarenfelder $g(x) = g(x_1, x_2, x_3)$ und $h(x) = h(x_1, x_2, x_3)$ bekommt man die
Formel:

$$\operatorname{div}(g(x) \operatorname{grad} h(x)) = \operatorname{grad} g(x) \operatorname{grad} h(x)$$
$$+ g(x) \left(\frac{\partial^2 h}{\partial x_1^2}(x) + \frac{\partial^2 h}{\partial x_2^2}(x) + \frac{\partial^2 h}{\partial x_3^2}(x) \right).$$

Es gilt zunächst:

$$g(x) \operatorname{grad} h(x) = \left(g(x) \frac{\partial h}{\partial x_1}(x), g(x) \frac{\partial h}{\partial x_2}(x), g(x) \frac{\partial h}{\partial x_3}(x) \right)$$

und damit:

$$\operatorname{div}(g(x) \operatorname{grad} h(x)) = \frac{\partial g}{\partial x_1}(x) \frac{\partial h}{\partial x_1}(x) + g(x) \frac{\partial^2 h}{\partial x_1^2}(x)$$
$$+ \frac{\partial g}{\partial x_2}(x) \frac{\partial h}{\partial x_2}(x) + g(x) \frac{\partial^2 h}{\partial x_2^2}(x)$$
$$+ \frac{\partial g}{\partial x_3}(x) \frac{\partial h}{\partial x_3}(x) + g(x) \frac{\partial^2 h}{\partial x_3^2}(x)$$
$$= \operatorname{grad} g(x) \operatorname{grad} h(x)$$
$$+ g(x) \left(\frac{\partial^2 h}{\partial x_1^2}(x) + \frac{\partial^2 h}{\partial x_2^2}(x) + \frac{\partial^2 h}{\partial x_3^2}(x) \right).$$

●

Beispiel 16.4

Wir betrachten ein Vektorfeld $V = (V^1, V^2, V^3)$ im $\mathbb{R}^3$ und einen Quader $Q_h(x_0)$. Der
Quader wird in einem festen Punkt x_0 abgetragen und besitzt die Längen $h = (h_1, h_2, h_3)$.
Mit dem Fluss des Vektorfelds durch die Oberfläche des Quaders zeigen wir (Abb. 16.3):

Abb. 16.3 Oberfläche eines
Quaders mit nach außen
weisender Normale bei der
Divergenz als
Volumenableitung

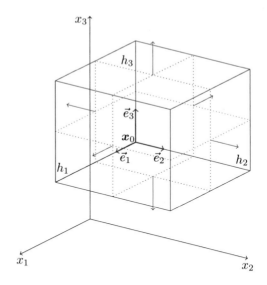

$$\operatorname{div} \boldsymbol{V}(\boldsymbol{x}_0) = \lim_{\boldsymbol{h} \to (0,0,0)} \frac{1}{h_1\, h_2\, h_3} \int\limits_{\partial(Q_h(\boldsymbol{x}_0))} \boldsymbol{V}\, \boldsymbol{n}^0\, dA.$$

Wir berechnen das Oberflächenintegral:

$$\int\limits_{\partial(Q_h(\boldsymbol{x}_0))} V\, \boldsymbol{n}^0\, dA$$

$$= \int\limits_0^{h_2} \int\limits_0^{h_1} (\boldsymbol{V}(x_{01} + u_1, x_{02} + u_2, x_{03} + h_3)\, \vec{e}_3 + \boldsymbol{V}(x_{01} + u_1, x_{02} + u_2, x_{03})\, (-\vec{e}_3)\, du_1\, du_2$$

$$+ \int\limits_0^{h_3} \int\limits_0^{h_2} (\boldsymbol{V}(x_{01} + h_1, x_{02} + u_2, x_{03} + u_3)\, \vec{e}_1 + \boldsymbol{V}(x_{01}, x_{02} + u_2, x_{03} + u_3)\, (-\vec{e}_1)\, du_2\, du_3$$

$$+ \int\limits_0^{h_3} \int\limits_0^{h_1} (\boldsymbol{V}(x_{01} + u_1, x_{02} + h_2, x_{03} + u_3)\, \vec{e}_2 + \boldsymbol{V}(x_{01} + u_1, x_{02}, x_{03} + u_3)\, (-\vec{e}_2)\, du_1\, du_3$$

$$= \int\limits_0^{h_2} \int\limits_0^{h_1} (V^3(x_{01} + u_1, x_{02} + u_2, x_{03} + h_3) - V^3(x_{01} + u_1, x_{02} + u_2, x_{03}))\, du_1\, du_2$$

$$+ \int\limits_0^{h_3} \int\limits_0^{h_2} (V^1(x_{01} + h_1, x_{02} + u_2, x_{03} + u_3) - V^1(x_{01}, x_{02} + u_2, x_{03} + u_3))\, du_2\, du_3$$

$$+ \int\limits_0^{h_3} \int\limits_0^{h_1} (V^2(x_{01} + u_1, x_{02} + h_2, x_{03} + u_3) - V^2(x_{01} + u_1, x_{02}, x_{03} + u_3))\, du_1\, du_3.$$

Gehen wir im ersten Summanden zur Grenze über, dann gilt zunächst:

$$\lim_{h_3 \to 0} \frac{1}{h_3} \int_0^{h_2} \int_0^{h_1} (V^3(x_{01} + u_1, x_{02} + u_2, x_{03} + h_3) - V^3(x_{01} + u_1, x_{02} + u_2, x_{03}))\, du_1\, du_2$$

$$= \int_0^{h_2} \int_0^{h_1} \frac{\partial V^3}{\partial x_3}(x_{01} + u_1, x_{02} + u_2, x_{03})\, du_1\, du_2.$$

Anschließend folgt:

$$\lim_{h_1 \to 0} \left(\frac{1}{h_1} \lim_{h_2 \to 0} \frac{1}{h_2} \int_0^{h_2} \int_0^{h_1} \frac{\partial V^3}{\partial x_3}(x_{01} + u_1, x_{02} + u_2, x_{03})\, du_1\, du_2 \right) = \frac{\partial V^3}{\partial x_3}(x_{01}, x_{02}, x_{03}).$$

Behandelt man die anderen beiden Summanden analog, so ergibt sich die Behauptung.

•

Beim Satz von Gauß wird der Fluss eines Vektorfelds durch die Randfläche eines Normalbereichs im Raum durch das Integral der Divergenz über den Normalbereich ausgedrückt.

Satz: Satz von Gauß

Sei $\tilde{\mathbb{D}} \subset \mathbb{R}^3$ eine offene Menge und $\mathbb{D} \subset \tilde{\mathbb{D}}$ ein Normalbereich. Durch $V : \tilde{\mathbb{D}} \longrightarrow \mathbb{R}^3$ werde ein stetig differenzierbares Vektorfeld gegeben, und n^0 sei der nach außen weisende Normaleneinheitsvektor auf der Randfläche $\partial(\mathbb{D})$. Dann gilt:

$$\int_{\mathbb{D}} \operatorname{div} V(x)\, dx = \int_{\partial(\mathbb{D})} V\, n^0\, dA.$$

Wir gehen ähnlich wie beim Beweis des Satzes von Green vor, benützen aber diesmal der Kürze halber die Projizierbarkeit von $\mathbb{D}$ in alle drei Koordinatenrichtungen. Wir stellen $\mathbb{D}$ zunächst mit einer beschränkten Menge $\mathbb{D}_3 \subset \mathbb{R}^2$ in der Form dar (Abb. 16.4):

$$\mathbb{D} = \{x = (x_1, x_2, x_3) \mid (x_1, x_2) \in \mathbb{D}_3, g_u(x_1, x_2) \leq x_3 \leq g_o(x_1, x_2)\}.$$

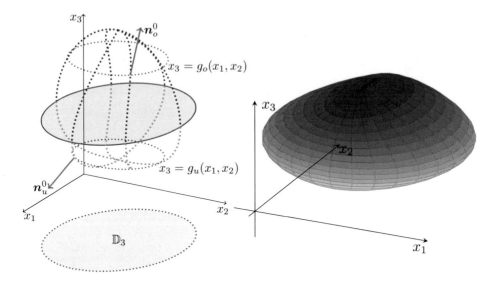

Abb. 16.4 Auf $\mathbb{D}_3$ projizierte Fläche beschrieben durch Funktionen $g_u : \mathbb{D}_3 \longrightarrow \mathbb{R}$ und $g_o : \mathbb{D}_3 \longrightarrow \mathbb{R}$ mit nach außen weisenden Normaleneinheitsvektoren $\boldsymbol{n}_u^0$ und $\boldsymbol{n}_o^0$. Die Fläche kann auch in x_1-Richtung und in x_2-Richtung projiziert werden

Auf der oberen Randfläche bekommen wir den aus $\mathbb{D}$ hinaus weisenden Normaleneinheitsvektor:

$$\boldsymbol{n}_o^0(x_1, x_2) = \frac{1}{\sqrt{\left(\frac{\partial g_o}{\partial x_1}(x_1, x_2)\right)^2 + \left(\frac{\partial g_o}{\partial x_2}(x_1, x_2)\right)^2 + 1}} \begin{pmatrix} -\frac{\partial g_o}{\partial x_1}(x_1, x_2) \\ -\frac{\partial g_o}{\partial x_2}(x_1, x_2) \\ 1 \end{pmatrix}.$$

Genauso bekommen wir auf der unteren Randfläche:

$$\boldsymbol{n}_u^0(x_1, x_2) = \frac{1}{\sqrt{\left(\frac{\partial g_u}{\partial x_1}(x_1, x_2)\right)^2 + \left(\frac{\partial g_u}{\partial x_2}(x_1, x_2)\right)^2 + 1}} \begin{pmatrix} -\frac{\partial g_u}{\partial x_1}(x_1, x_2) \\ -\frac{\partial g_u}{\partial x_2}(x_1, x_2) \\ 1 \end{pmatrix}.$$

Nun berechnet man:

$$
\int_{\mathbb{D}} \frac{\partial V^3}{\partial x_3}(\boldsymbol{x})\,d\boldsymbol{x} = \int_{\mathbb{D}_3} \left(\int_{g_u(x_1,x_2)}^{g_o(x_1,x_2)} \frac{\partial V^3}{\partial x_3}(\boldsymbol{x})\,dx_3 \right) d(x_1,x_2)
$$

$$
= \int_{\mathbb{D}_3} (V^3(x_1, x_2, g_o(x_1, x_2)) - V^3(x_1, x_2, g_u(x_1, x_2)))\,d(x_1, x_2)
$$

$$
= \int_{\mathbb{D}_3} V^3(x_1, x_2, g_o(x_1, x_2)) \frac{1}{||\boldsymbol{n}_o(x_1, x_2)||}\,||\boldsymbol{n}_o(x_1, x_2)||\,d(x_1, x_2)
$$

$$
+ \int_{\mathbb{D}_3} V^3(x_1, x_2, g_u(x_1, x_2)) \frac{-1}{||\boldsymbol{n}_u(x_1, x_2)||}\,||\boldsymbol{n}_u(x_1, x_2)||\,d(x_1, x_2)
$$

$$
= \int_{\partial(\mathbb{D})} V^3\, n_3^0\,dA.
$$

Bei der letzten Umformung berücksichtigen wir noch, dass für den aus $\mathbb{D}$ hinausweisenden Normaleneinheitsvektor $\boldsymbol{n}^0$ gilt: $\boldsymbol{n}^0 = \boldsymbol{n}_o^0$ und $n_3^0 = \frac{1}{||\boldsymbol{n}_o||}$ auf der oberen Randfläche von $\mathbb{D}$, $\boldsymbol{n}^0 = \boldsymbol{n}_u^0$ und $n_3^0 = -\frac{1}{||\boldsymbol{n}_u||}$ auf der unteren Randfläche von $\mathbb{D}$ und $n_3^0 = 0$ auf der seitlichen Randfläche von $\mathbb{D}$. Auf die gleiche Art behandelt man die beiden anderen Integrale unter Ausnutzung der Projizierbarkeit. Analog ergibt die Projizierbarkeit in x_1- bzw. x_2-Richtung:

$$
\int_{\mathbb{D}} \frac{\partial V^1}{\partial x_1}(\boldsymbol{x})\,d\boldsymbol{x} = \int_{\partial(\mathbb{D})} V^1\, n_1^0\,dA \quad \text{bzw.} \quad \int_{\mathbb{D}} \frac{\partial V^2}{\partial x_2}(\boldsymbol{x})\,d\boldsymbol{x} = \int_{\partial(\mathbb{D})} V^2\, n_2^0\,dA.
$$

Beispiel 16.5
Wir betrachten das Vektorfeld

$$
\boldsymbol{V}(\boldsymbol{x}) = \boldsymbol{V}(x_1, x_2, x_3) = (x_1\,x_3, x_2\,x_3, 2)
$$

und berechnen das Integral:

$$
\int_{HK} \text{div}\,\boldsymbol{V}(\boldsymbol{x})\,d\boldsymbol{x}.
$$

Dabei sei F die Oberfläche der Halbkugel

$$
HK = \{(x_1, x_2, x_3)\,|\,0 \leq x_1^2 + x_2^2 + x_3^2 \leq R^2,\, 0 \leq x_3\}.
$$

Anschliessend bestätigen wir den Satz von Gauß, indem wir das Oberflächenintegral berechnen:

$$
\int_{\partial(HK)} \boldsymbol{V}\,\boldsymbol{n}^0\,dA
$$

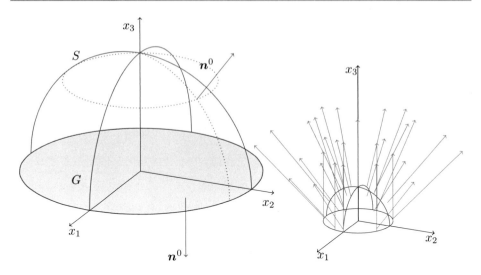

Abb. 16.5 Oberfläche einer Halbkugel mit nach außen weisenden Normaleneinheitsvektoren. Die Oberfläche besteht aus den Flächen S und G, (links). Das Vektorfeld $V(x_1, x_2, x_3) = (x_1 x_3, x_2 x_3, 2)$ auf der Oberfläche S (rechts)

mit dem nach außen weisenden Normaleneinheitsvektor n^0 (Abb. 16.5).

Beschreiben wir nun die Halbkugel HK durch:

$$g(r, \theta, \phi) = (r \sin(\theta) \cos(\phi), r \sin(\theta) \sin(\phi), r \cos(\theta))$$

mit

$$\mathbb{D}_{HK} = \{(r, \theta, \phi) \in \mathbb{R}^3 \mid 0 \le r \le R,\ 0 \le \theta \le \frac{\pi}{2},\ 0 \le \phi \le 2\pi\},$$

so bekommen wir wegen div $V(x_1, x_2, x_3) = 2\, x_3$:

$$\int\limits_{HK} \operatorname{div} V(x_1, x_2, x_3)\, d(x_1, x_2, x_3) = \int\limits_{\mathbb{D}_{HK}} 2\, r^3 \cos(\theta) \sin(\theta)\, d(r, \phi, \theta)$$

$$= \int\limits_0^{2\pi} \left(\int\limits_0^{\frac{\pi}{2}} \left(\int\limits_0^R 2 r^3 \cos(\theta) \sin(\theta)\, dr \right) d\theta \right) d\phi$$

$$= \frac{\pi}{2} R^4.$$

Das Oberflächenintegral berechnen wir als Summe der Integrale über die Halbkugelschale S und die Grundkreisscheibe G. Wählen wir wieder die folgende Beschreibung der Halbkugelschale S:

$$f(\theta, \phi) = (R \sin(\theta) \cos(\phi), R \sin(\theta) \sin(\phi), R \cos(\theta)),$$

$$\mathbb{D}_S = \{(\theta, \phi) \in \mathbb{R}^2 \mid 0 \le \theta \le \frac{\pi}{2}, \, 0 \le \phi \le 2\pi\},$$

so lautet der nach außen weisende Normalenvektor:

$$\boldsymbol{n}(\theta, \phi) = R \sin(\theta) \, \boldsymbol{f}(\theta, \phi).$$

Mit

$$\int_S \boldsymbol{V} \boldsymbol{n}^0 \, dA = \int_{D_S} \boldsymbol{V}(\boldsymbol{f}(\theta, \phi)) \, \boldsymbol{n}(\theta, \phi) \, d(\theta, \phi)$$

$$= \int_0^{2\pi} \left(\int_0^{\frac{\pi}{2}} \boldsymbol{V}(\boldsymbol{f}(\theta, \phi)) \, \boldsymbol{n}(\theta, \phi) \, d\theta \right) d\phi$$

$$= \int_0^{2\pi} \left(\int_0^{\frac{\pi}{2}} \frac{R^2}{4}(4 + R^2 - R^2 \cos(2\theta)) \sin(2\theta) \, d\theta \right) d\phi$$

$$= \frac{\pi}{2}(4R^2 + R^4).$$

Für das Oberflächenintegral über die Grundkreisscheibe bekommt man:

$$\int_G \boldsymbol{V} \boldsymbol{n}^0 \, dA = -2\pi R^2.$$

(Der nach außen weisende Normaleneinheitsvektor auf G lautet $(0, 0, -1)^T$). Insgesamt gilt also:

$$\int_{\partial(HK)} \boldsymbol{V} \boldsymbol{n}^0 \, dA = \frac{\pi}{2} R^4.$$

Damit wird in diesem Beispiel der Satz von Gauß bestätigt.

•

Der Satz von Green soll nun auf Flächen im Raum verallgemeinert werden. Wir führen dazu die Rotation ein und stützen uns wieder auf die kartesische Darstellung und partielle Ableitungen. Ähnlich wie die Divergenz als Volumenableitung sich die Rotation als Flächenableitung erklären.

Definition: Rotation eines Vektorfelds

Die Rotation eines differenzierbaren Vektorfelds $V = (V^1, V^2, V^3)$ im $\mathbb{R}^3$ wird gegeben durch das Vektorfeld:

$$\text{rot}\, V(x) = \left(\frac{\partial V^3}{\partial x_2}(x) - \frac{\partial V^2}{\partial x_3}(x), \frac{\partial V^1}{\partial x_3}(x) - \frac{\partial V^3}{\partial x_1}(x), \frac{\partial V^2}{\partial x_1}(x) - \frac{\partial V^1}{\partial x_2}(x) \right).$$

Offenbar stellt der im Satz von Green auftretende Integrand gerade die dritte Komponente der Rotation eines ebenen Vektorfelds dar:

$$\text{rot}\, (V^1(x_1, x_2), V^2(x_1, x_2), 0) = \left(0, 0, \frac{\partial V^2}{\partial x_1}(x) - \frac{\partial V^1}{\partial x_2}(x) \right).$$

Beispiel 16.6

Gegeben sei das Vektorfeld

$$V(x_1, x_2, x_3) = (x_1^2 + \lambda\, x_2 + \mu\, x_2\, x_3, 5\, x_1 + \mu\, x_1\, x_3, \lambda\, x_1\, x_2 - x_3).$$

Wir berechnen die Rotation:

$$\text{rot}\, V(x_1, x_2, x_3) = ((\lambda - \mu)\, x_1, -(\lambda - \mu)\, x_2, 5 - \lambda).$$

Für $\lambda = \mu = 5$ bzw. für $x_1 = x_2 = 0$ und $\lambda = 5$ verschwindet die Rotation $\text{rot}\, V(x_1, x_2, x_3) = (0, 0, 0)$.   •

Beispiel 16.7

Für ein beliebiges Vektorfeld $V(x) = V(x_1, x_2, x_3)$ gilt:

$$\text{div}\, (\text{rot}\, V(x)) = 0.$$

Wir gehen von der Rotation aus:

$$\text{rot}\, V(x) = \left(\frac{\partial V^3}{\partial x_2}(x) - \frac{\partial V^2}{\partial x_3}(x), \frac{\partial V^1}{\partial x_3}(x) - \frac{\partial V^3}{\partial x_1}(x), \frac{\partial V^2}{\partial x_1}(x) - \frac{\partial V^1}{\partial x_2}(x) \right)$$

und bekommen:

$$\text{div}\,(\text{rot}\,V(\boldsymbol{x})) = \frac{\partial^2 V^3}{\partial x_1\,\partial x_2}(\boldsymbol{x}) - \frac{\partial^2 V^2}{\partial x_1\,\partial x_3}(\boldsymbol{x}) + \frac{\partial^2 V^1}{\partial x_2\,\partial x_3}(\boldsymbol{x}) - \frac{\partial^2 V^3}{\partial x_2\,\partial x_1}(\boldsymbol{x})$$

$$+ \frac{\partial^2 V^2}{\partial x_3\,\partial x_1}(\boldsymbol{x}) - \frac{\partial^2 V^1}{\partial x_3\,\partial x_2}(\boldsymbol{x})$$

$$= 0.$$

Beispiel 16.8

Wir betrachten ein Vektorfeld $V = (V^1, V^2, V^3)$ im $\mathbb{R}^3$. Als Integrationsgebiet nehmen wir ein Rechteck $R_h(\boldsymbol{x}_0)$ parallel zur $x_1 - x_2$-Ebene. Das Rechteck $R_h(\boldsymbol{x}_0)$ wird in einem festen Punkt $\boldsymbol{x}_0$ abgetragen und besitzt die Längen $\boldsymbol{h} = (h_1, h_2)$. Wir zeigen die Formel (Abb. 16.6):

$$\text{rot}\,V(\boldsymbol{x}_0)\,\vec{e}_3 = \lim_{h \to (0,0)} \frac{1}{h_1\,h_2} \int\limits_{\partial(R_h(\boldsymbol{x}_0))} V\,ds.$$

(Entsprechende Aussagen gelten für die zweite und dritte Komponente der Rotation).

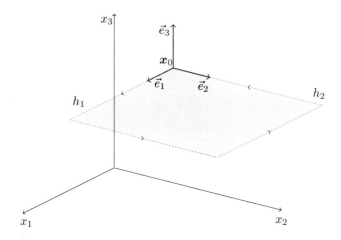

Abb. 16.6 Rechteck als Integrationsgebiet bei der Rotation als Flächenableitung

Wir bilden das Kurvenintegral:

$$\int\limits_{\partial(R_h(\boldsymbol{x}_0))} \boldsymbol{V}\,ds = \int\limits_0^{h_1} \boldsymbol{V}(x_{01}+t, x_{02}, x_{03}) \begin{pmatrix} 1 \\ 0 \\ 0 \end{pmatrix} dt$$

$$+ \int\limits_0^{h_2} \boldsymbol{V}(x_{01}+h_1, x_{02}+t, x_{03}) \begin{pmatrix} 0 \\ 1 \\ 0 \end{pmatrix} dt$$

$$- \int\limits_0^{h_1} \boldsymbol{V}(x_{01}+t, x_{02}+h_2, x_{03}) \begin{pmatrix} 1 \\ 0 \\ 0 \end{pmatrix} dt$$

$$- \int\limits_0^{h_2} \boldsymbol{V}(x_{01}, x_{02}+t, x_{03}) \begin{pmatrix} 0 \\ 1 \\ 0 \end{pmatrix} dt$$

und schreiben:

$$\int\limits_{\partial(R_h(\boldsymbol{x}_0))} \boldsymbol{V}\,ds = \int\limits_0^{h_1} V^1(x_{01}+t, x_{02}, x_{03})\,dt - \int\limits_0^{h_1} V^1(x_{01}+t, x_{02}+h_2, x_{03})\,dt$$

$$+ \int\limits_0^{h_2} V^2(x_{01}+h_1, x_{02}+t, x_{03})\,dt - \int\limits_0^{h_2} V^2(x_{01}, x_{02}+t, x_{03})\,dt.$$

Gehen wir zur Grenze über, dann bekommen wir zuerst:

$$\lim_{h_1 \to 0} \frac{1}{h_1} \int\limits_{R_h(\boldsymbol{x}_0)} \text{rot}\,\boldsymbol{V}\,\vec{e}_3\,dA = V^1(x_{01}, x_{02}, x_{03}) - V^1(x_{01}, x_{02}+h_2, x_{03})$$

$$+ \int\limits_0^{h_2} \frac{\partial V^2}{\partial x_1}(x_{01}, x_{02}+t, x_{03})\,dt.$$

Anschließend ergibt sich:

$$\lim_{h_2 \to 0} \frac{1}{h_2} \left(\lim_{h_1 \to 0} \frac{1}{h_1} \int\limits_{R_h(\boldsymbol{x}_0)} \text{rot}\,\boldsymbol{V}\,\vec{e}_3\,dA \right) = \frac{\partial V^2}{\partial x_1}(x_{01}, x_{02}, x_{03}) - \frac{\partial V^1}{\partial x_2}(x_{01}, x_{02}, x_{03}).$$

●

Satz: Satz von Stokes

Sei $\tilde{\mathbb{D}} \subset \mathbb{R}^3$ eine offene Menge und $\mathbb{D} \subset \mathbb{R}^2$ ein Normalbereich. Durch $V : \tilde{\mathbb{D}} \longrightarrow \mathbb{R}^3$ werde ein stetig differenzierbares Vektorfeld gegeben, und $f : \mathbb{D} \longrightarrow \mathbb{R}^3$ stelle eine glatte Fläche F mit $f(\mathbb{D}) \subset \tilde{\mathbb{D}}$ dar. Wird die Randkurve $\partial(F)$ von $f(\mathbb{D})$ so durchlaufen, dass der Normalenvektor zusammen mit dem Durchlaufsinn ein Rechtssystem bildet, dann gilt:

$$\int_F \operatorname{rot} V \, n^0 \, dA = \int_{\partial(F)} V \, ds.$$

Die Randkurve wird im Sinn eines Rechtssystems durchlaufen, wenn das vektorielle Produkt aus dem Normalenvektor der Fläche auf dem Rand und dem Tangentenvektor an die Randkurve einen Vektor ergibt, der in das Innere der Fläche zeigt (Abb. 16.7).

Wir betrachten nur den Fall, dass die Fläche F durch einen Graphen $f(x_1, x_2, \tilde{f}(x_1, x_2))$ gegeben wird. Sei $k : [a, b] \longrightarrow \mathbb{R}^2$ eine Parameterdarstellung der Randkurve $\partial(\mathbb{D})$ von $\mathbb{D}$, dann ist $f \circ k : [a, b] \longrightarrow \mathbb{R}^3$ eine Parameterdarstellung der Randkurve $\partial(F)$. Wird die ebene Kurve $\partial\mathbb{D}$ im entgegensetzten Uhrzeigersinn durchlaufen und ist

$$n(x_1, x_2) = \begin{pmatrix} -\frac{\partial \tilde{f}}{\partial x_1}(x_1, x_2) \\ -\frac{\partial \tilde{f}}{\partial x_2}(x_1, x_2) \\ 1 \end{pmatrix}$$

Abb. 16.7 Fläche F mit Normalenvektor n und Randkurve $\partial(F)$ mit Tangentenvektor t: Rechtssystem. Der Vektor $n \times t$ zeigt in das Innere von F

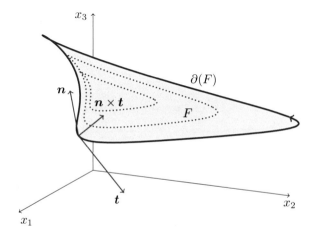

der Normalenvektor, so weist der Vektor $n(k(t)) \times k'(t)$ ins Innere der Fläche F, und es liegt ein Rechtssystem vor. Wir führen das ebene Vektorfeld

$$\tilde{V}(x_1, x_2) = \left((V \circ f) \frac{df}{d(x_1, x_2)} \right) (x_1, x_2)$$

ein und berechnen das Kurvenintegral

$$\int_{\partial(F)} V \, ds = \int_a^b V(f(k(t))) \frac{d}{dt} f(k(t)) \, dt$$

$$= \int_a^b V(f(k(t))) \frac{df}{dx}(k(t)) \, k'(t) \, dt$$

$$= \int_a^b \left((V \circ f) \frac{df}{d(x_1, x_2)} \right) (k(t)) \, k'(t) \, dt = \int_{\partial(\mathbb{D})} \tilde{V} \, ds.$$

Nach dem Satz von Green ergibt sich dann:

$$\int_{\partial(F)} V \, ds = \int_{\mathbb{D}} \left(\frac{\partial \tilde{V}^2}{\partial x_1}(x_1, x_2) - \frac{\partial \tilde{V}^1}{\partial x_2}(x_1, x_2) \right) d(x_1, x_2).$$

Diese Gleichung beinhaltet nun die Behauptung. Mit

$$V(x_1, x_2, x_3) = (V^1(x_1, x_2, x_3), V^2(x_1, x_2, x_3), V^3(x_1, x_2, x_3))$$

und

$$\frac{df}{d(x_1, x_2)}(x_1, x_2) = \begin{pmatrix} 1 & 0 \\ 0 & 1 \\ \frac{\partial \tilde{f}}{\partial x_1}(x_1, x_2) & \frac{\partial \tilde{f}}{\partial x_2}(x_1, x_2) \end{pmatrix}$$

ergibt sich zunächst:

$$\tilde{V}^1(x_1, x_2) = V^1(f(x_1, x_2)) + V^3(f(x_1, x_2)) \frac{\partial \tilde{f}}{\partial x_1}(x_1, x_2)$$

und

$$\tilde{V}^2(x_1, x_2) = V^2(f(x_1, x_2)) + V^3(f(x_1, x_2)) \frac{\partial \tilde{f}}{\partial x_2}(x_1, x_2).$$

Damit folgt

$$
\frac{\partial \tilde{V}^2}{\partial x_1}(x_1, x_2) - \frac{\partial \tilde{V}^1}{\partial x_2}(x_1, x_2)
$$

$$
= \frac{\partial V^2}{\partial x_1}(f(x_1, x_2)) - \frac{\partial V^1}{\partial x_2}(f(x_1, x_2))
$$

$$
+ \frac{\partial V^2}{\partial x_3}(f(x_1, x_2)) \frac{\partial \tilde{f}}{\partial x_1}(x_1, x_2) - \frac{\partial V^1}{\partial x_3}(f(x_1, x_2)) \frac{\partial \tilde{f}}{\partial x_2}(x_1, x_2)
$$

$$
+ \frac{\partial V^3}{\partial x_1}(f(x_1, x_2)) \frac{\partial \tilde{f}}{\partial x_2}(x_1, x_2) - \frac{\partial V^3}{\partial x_2}(f(x_1, x_2)) \frac{\partial \tilde{f}}{\partial x_1}(x_1, x_2)
$$

$$
= \operatorname{rot} \mathbf{V}(\mathbf{f}(x_1, x_2)) \, \mathbf{n}(x_1, x_2).
$$

Insgesamt gilt also:

$$
\int_{\partial(F)} \mathbf{V}\, d\mathbf{s} = \int_{\partial(\mathbb{D})} \tilde{\mathbf{V}}\, d\mathbf{s} = \int_{\mathbb{D}} \operatorname{rot} \mathbf{V}(\mathbf{f}(x_1, x_2)) \, \mathbf{n}(x_1, x_2) \, d(x_1, x_2)
$$

$$
= \int_{\mathbb{D}} \operatorname{rot} \mathbf{V}(f(x_1, x_2)) \, \mathbf{n}^0(x_1, x_2) \, \|\mathbf{n}(x_1, x_2)\| \, d(x_1, x_2)
$$

$$
= \int_{F} \operatorname{rot} \mathbf{V}\, \mathbf{n}^0\, dA.
$$

Beispiel 16.9

Die Voraussetzungen des Satzes von Stokes bezüglich des Vektorfelds V seien erfüllt. Sei $\mathbf{x}_0 \in \overset{\circ}{\mathbb{D}}$ und $S_R(\mathbf{x}_0)$ seien flache Kreisscheiben mit Mittelpunkt $\mathbf{x}_0$ und Radius R, die ganz zu $\mathbb{D}$ gehören. Dann gilt nach dem Satz von Stokes:

$$
\int_{S_R(\mathbf{x}_0)} \operatorname{rot} \mathbf{V}\, \mathbf{n}^0\, dA = \int_{\partial(S_R(\mathbf{x}_0))} \mathbf{V}\, d\mathbf{s}.
$$

Nach dem Mittelwertsatz der Integralrechnung gibt es eine Zahl $\eta(R)$ mit

$$
\min_{x \in S_R(\mathbf{x}_0)} \operatorname{rot} \mathbf{V}(x)\, \mathbf{n}^0(x) \le \eta(R) \le \max_{x \in S_R(\mathbf{x}_0)} \operatorname{rot} \mathbf{V}(x)\, \mathbf{n}^0(x)
$$

und

$$
\int_{S_R(\mathbf{x}_0)} \operatorname{rot} \mathbf{V}\, \mathbf{n}^0\, dA = \eta(R)\pi R^2.
$$

Lässt man wieder R gegen null streben, so ergibt sich:

$$
\operatorname{rot} \mathbf{V}(\mathbf{x}_0)\, \mathbf{n}^0 = \lim_{R \to 0} \frac{1}{\pi R^2} \int_{\partial(S_R(\mathbf{x}_0))} \mathbf{V}\, d\mathbf{s}.
$$

Nun seien die Voraussetzungen des Satzes von Gauß bezüglich des Vektorfelds V erfüllt. Sei $x_0 \in \tilde{\mathbb{D}}$ und $K_R(x_0)$ seien Kugeln mit Mittelpunkt x_0 und Radius R, die ganz zu $\mathbb{D}$ gehören. Dann gilt nach dem Satz von Gauß:

$$\int\limits_{K_R(x_0)} \operatorname{div} V(x)\, dx = \int\limits_{\partial(S_R(x_0))} V\, n^0\, dA.$$

Nach dem Mittelwertsatz der Integralrechnung gibt es eine Zahl $\eta(R)$ mit

$$\min_{x \in K_R(x_0)} \operatorname{div} V(x) \leq \eta(R) \leq \max_{x \in K_R(x_0)} \operatorname{div} V(x)$$

und

$$\int\limits_{K_R(x_0)} \operatorname{div} V(x)\, dx = \eta(R) \frac{4}{3} \pi R^3.$$

Lässt man nun R gegen null streben, so ergibt sich:

$$\operatorname{div} V(x_0) = \lim_{R \to 0} \frac{3}{4\pi R^3} \int\limits_{\partial(K_R(x_0))} V\, n^0\, dA.$$

●

Mit dem Satz von Stokes bekommen wir noch ein einfaches Kriterium für Potentialfelder.

> **Satz: Kriterium für Potentialfelder**
>
> Sei $\mathbb{D} \subset \mathbb{R}^3$ eine offene, konvexe Menge und $V : \mathbb{D} \longrightarrow \mathbb{R}^3$ ein zweimal stetig differenzierbares Vektorfeld. Das Vektorfeld $\mathbb{V}$ besitzt genau dann ein Potential, wenn für alle $x \in \mathbb{D}$ gilt:
>
> $$\operatorname{rot} V(x) = \mathbf{0}.$$

Zuerst nehmen wir an, dass V ein Potential P besitzt: $V(x) = \operatorname{grad} P(x)$. Dann rechnet man nach:

$$\operatorname{rot} V(x) = \operatorname{rot}\left(\frac{\partial P}{\partial x_1}(x), \frac{\partial P}{\partial x_2}(x), \frac{\partial P}{\partial x_3}(x)\right)$$

$$= \left(\frac{\partial^2 P}{\partial x_3 \, \partial x_2}(x) - \frac{\partial^2 P}{\partial x_2 \, \partial x_3}(x), \frac{\partial^2 P}{\partial x_1 \, \partial x_3}(x) - \frac{\partial^2 P}{\partial x_3 \, \partial x_1}(x),\right.$$

$$\left.\frac{\partial^2 P}{\partial x_2 \, \partial x_1}(x) - \frac{\partial^2 P}{\partial x_1 \, \partial x_2}(x)\right)$$

$$= (0, 0, 0).$$

Es gibt genau dann ein Potential, wenn das Kurvenintegral $\int_K V\,ds$ wegunabhängig ist. Wegunabhängigkeit ist gleichbedeutend damit, dass das Integral über geschlossene Kurven verschwindet. Eine geschlossene Kurve können wir als Randkurve ∂F einer Fläche im $\mathbb{R}^3$ auffassen. Mit dem Satz von Stokes folgt dann:

$$\int_{\partial(F)} V\,ds = \int_F \operatorname{rot} V\,n^0\,dA = \int_F 0\,dA = 0.$$

Wir wählen nun ein $x_0 \in \mathbb{D}$ und definieren wieder die Funktion

$$P(x) = \int_{\overline{x_0, x}} V\,ds$$

als Kurvenintegral des Vektorfelds V längs des Geradenstücks mit dem Anfangspunkt x_0 und dem Endpunkt x.

Mit dem Satz von Green ergibt sich für ein zweimal stetig differenzierbares, auf einer offenen, konvexen Menge $\mathbb{D} \subset \mathbb{R}^2$ definiertes Vektorfeld $V : \mathbb{D} \longrightarrow \mathbb{R}^2$ das folgende Kriterium. Das Vektorfeld V besitzt genau dann ein Potential, wenn für alle $x \in \mathbb{D}$ gilt:

$$\frac{\partial V^2}{\partial x_1}(x_1, x_2) - \frac{\partial V^1}{\partial x_2}(x_1, x_2) = 0.$$

16.3 Beispielaufgaben

Aufgabe 16.1

In der $x_1 - x_3$-Ebene werde eine glatte, doppelpunktfreie Kurve gegeben durch:

$$h(t) = (u(t), 0, v(t)), \quad t \in [a, b], \quad h(a) = h(b).$$

Ferner sei $u(t) > 0$, und die Kurve werde im entgegengesetzten Uhrzeigersinn durchlaufen. Wenn die geschlossene Kurve um die x_3-Achse im Raum rotiert, entsteht ein Rotationskörper K mit der Oberfläche (Abb. 16.8):

$$f(\phi, t) = (u(t)\cos(\phi), u(t)\sin(\phi), v(t)), \quad \phi \in [0, 2\pi], \quad t \in [a, b].$$

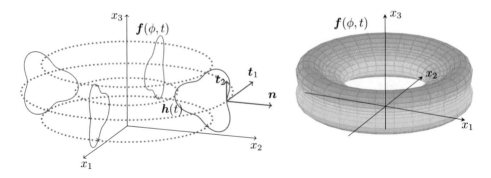

Abb. 16.8 Die Kurve $h(t)$ und die Rotationsfläche $f(\phi, t)$ mit Tangentenvektoren t_1, t_2 und Normalenvektor n

Man bestätige folgende Formel für das Volumen von K:

$$\text{Vol}(K) = \pi \int\limits_a^b (u(t))^2\, v'(t)\, dt.$$

Man berechne dazu das Integral:

$$\int\limits_K \text{div}\, V(x)\, dx \quad \text{mit dem Vektorfeld} \quad V(x) = (x_1, x_2, 0)$$

und benutze den Satz von Gauß.

Wir berechnen zunächst die Tangentenvektoren:

$$\frac{\partial f}{\partial \phi}(\phi, t) = \begin{pmatrix} -u(t)\sin(\phi) \\ u(t)\cos(\phi) \\ 0 \end{pmatrix}, \quad \frac{\partial f}{\partial t}(\phi, t) = \begin{pmatrix} u'(t)\cos(\phi) \\ u'(t)\sin(\phi) \\ v'(t) \end{pmatrix}.$$

Die Normale ergibt dann:

$$n(\phi, t) = \begin{pmatrix} u(t)v'(t)\cos(\phi) \\ u(t)v'(t)\sin(\phi) \\ -u(t)u'(t) \end{pmatrix} = u(t) \begin{pmatrix} v'(t)\cos(\phi) \\ v'(t)\sin(\phi) \\ -u'(t) \end{pmatrix}.$$

Da die gegebene Kurve positiv orientiert ist, stellt n eine aus dem Rotationskörper hinaus weisende Normale dar. Der Satz von Gauß besagt dann:

$$\int\limits_K \text{div}\, V(x)\, dx = \int\limits_{\partial(K)} V(\phi, t)\, n^0(\phi, t)\, dA.$$

Die Divergenz des Vektorfelds ist konstant:

$$\operatorname{div} V(x) = 2.$$

Damit gilt:

$$
2 \int_K dx = \int_a^b \left(\int_0^{2\pi} (u(t)\cos(\phi), u(t)\sin(\phi), 0) \cdot \right.
$$

$$
\left. (u(t)v'(t)\cos(\phi), u(t)v'(t)\sin(\phi), -u(t)u'(t))\, d\phi \right) dt
$$

$$
= \int_a^b \left(\int_0^{2\pi} (u(t))^2 v'(t)\, d\phi \right) dt
$$

$$
= 2\pi \int_a^b (u(t))^2 v'(t)\, dt.
$$

Aufgabe 16.2

Seien $f, g, h : \mathbb{R}^3 \to \mathbb{R}$ zweimal stetig differnezierbare Funktionen. Der Laplace-Operator $\triangle$ wird erklärt durch: $\triangle f(x) = \frac{\partial^2 f}{\partial x_1^2}(x) + \frac{\partial^2 f}{\partial x_2^2}(x) + \frac{\partial^2 f}{\partial x_3^2}(x)$, $x = (x_1, x_2, x_3)$. Man zeige:

$$\triangle f(x) = \operatorname{div}(\operatorname{grad} f(x))$$

und

$$\operatorname{div}(g(x)\operatorname{grad} h(x)) = g(x)\triangle h(x) + \operatorname{grad} g(x) \cdot \operatorname{grad} h(x).$$

Ferner zeige man:

$$
\int_{\mathbb{D}} (g(x)\triangle h(x) + \operatorname{grad} g(x)\operatorname{grad} h(x))\, dx = \int_{\partial(\mathbb{D})} g \operatorname{grad} h \cdot \vec{n}^0 \, dA
$$

für einen Normalbereich $\mathbb{D} \subset \mathbb{R}^3$ mit dem Rand $\partial\mathbb{D}$ und dem nach außen weisenden Normaleneinheitsvektor $\vec{n}^0$.

Es gilt:

$$
\operatorname{grad} f(x) = \left(\frac{\partial f}{\partial x_1}(x), \frac{\partial f}{\partial x_2}(x), \frac{\partial f}{\partial x_3}(x) \right)
$$

und

$$
\operatorname{div}(\operatorname{grad} f(x)) = \frac{\partial^2 f}{\partial x_1^2}(x) + \frac{\partial^2 f}{\partial x_2^2}(x) + \frac{\partial^2 f}{\partial x_3^2}(x) = \triangle f(x).
$$

Multiplizieren liefert:

$$g(\boldsymbol{x}) \operatorname{grad} h(\boldsymbol{x}) = \left(g(\boldsymbol{x}) \frac{\partial h}{\partial x_1}(\boldsymbol{x}), \, g(\boldsymbol{x}) \frac{\partial h}{\partial x_2}(\boldsymbol{x}), \, g(\boldsymbol{x}) \frac{\partial h}{\partial x_3}(\boldsymbol{x}) \right).$$

Damit berechnen wir:

$$\operatorname{div}(g(\boldsymbol{x}) \operatorname{grad} h(\boldsymbol{x}))$$

$$= \frac{\partial}{\partial x_1} \left(g(\boldsymbol{x}) \frac{\partial h}{\partial x_1}(\boldsymbol{x}) \right) + \frac{\partial}{\partial x_2} \left(g(\boldsymbol{x}) \frac{\partial h}{\partial x_2}(\boldsymbol{x}) \right) + \frac{\partial}{\partial x_3} \left(g(\boldsymbol{x}) \frac{\partial h}{\partial x_3}(\boldsymbol{x}) \right)$$

$$= g(\boldsymbol{x}) \frac{\partial h^2}{\partial x_1^2}(\boldsymbol{x}) + \frac{\partial g}{\partial x_1}(\boldsymbol{x}) \frac{\partial h}{\partial x_1}(\boldsymbol{x}) + g(\boldsymbol{x}) \frac{\partial h^2}{\partial x_2^2}(\boldsymbol{x}) + \frac{\partial g}{\partial x_2}(\boldsymbol{x}) \frac{\partial h}{\partial x_2}(\boldsymbol{x})$$

$$+ g(\boldsymbol{x}) \frac{\partial h^2}{\partial x_3^2}(\boldsymbol{x}) + \frac{\partial g}{\partial x_3}(\boldsymbol{x}) \frac{\partial h}{\partial x_3}(\boldsymbol{x})$$

$$= g(\boldsymbol{x}) \triangle h(\boldsymbol{x}) + \operatorname{grad} g(\boldsymbol{x}) \cdot \operatorname{grad} h(\boldsymbol{x}).$$

Mit dem Satz von Gauß bekommen wir schließlich:

$$\int_{\mathbb{D}} (g(\boldsymbol{x}) \triangle h(\boldsymbol{x}) + \operatorname{grad} g(\boldsymbol{x}) \cdot \operatorname{grad} h(\boldsymbol{x})) \, d\boldsymbol{x} = \int_{\mathbb{D}} \operatorname{div}(g(\boldsymbol{x}) \operatorname{grad} h(\boldsymbol{x})) \, d\boldsymbol{x} = \int_{\partial(\mathbb{D})} g \operatorname{grad} h \, \boldsymbol{n}^0 \, dA.$$

Aufgabe 16.3

Für $r > 0, 0 < \theta < \pi, 0 \le \phi \le 2\pi$, werden Polarkoordinaten gegeben durch:

$$x(r, \theta, \phi) = r \sin(\theta) \cos(\phi), \, y(r, \theta, \phi) = r \sin(\theta) \sin(\phi), \, z(r, \theta, \phi)) = r \cos(\theta).$$

Seien $f(x, y, z)$, $\tilde{f}(r, \theta, \phi)$ zweimal stetig differenzierbare Funktionen mit

$$f(x(r, \theta, \phi), y(r, \theta, \phi), z(r, \theta, \phi)) = \tilde{f}(r, \theta, \phi).$$

Man zeige für den Laplace-Operator:

$$\triangle f(x, y, z)_{(x,y,z) = (x(r,\theta,\phi), y(r,\theta,\phi), z(r,\theta,\phi))}$$

$$= \left(\frac{\partial^2 f}{\partial x^2}(x, y, z) + \frac{\partial^2 f}{\partial y^2}(x, y, z) + \frac{\partial^2 f}{\partial z^2}(x, y, z) \right)_{(x,y,z) = (x(r,\theta,\phi), y(r,\theta,\phi), z(r,\theta,\phi))}$$

$$= \frac{\partial^2 \tilde{f}}{\partial r^2}(r, \theta, \phi) + \frac{1}{r^2} \frac{\partial^2 \tilde{f}}{\partial \theta^2}(r, \theta, \phi) + \frac{1}{r^2 (\sin(\theta))^2} \frac{\partial^2 \tilde{f}}{\partial \phi^2}(r, \theta, \phi)$$

$$+ \frac{2}{r} \frac{\partial \tilde{f}}{\partial r}(r, \theta, \phi) + \frac{\cos(\theta)}{r^2 \sin(\theta)} \frac{\partial \tilde{f}}{\partial \theta}(r, \theta, \phi).$$

Nach der Kettenregel gilt:

$$\left(\frac{\partial \tilde{f}}{\partial r}(r, \theta, \phi) \quad \frac{\partial \tilde{f}}{\partial \theta}(r, \theta, \phi) \quad \frac{\partial \tilde{f}}{\partial \phi}(r, \theta, \phi)\right)$$

$$= \left(\frac{\partial f}{\partial x}(x, y, z) \quad \frac{\partial f}{\partial y}(x, y, z) \quad \frac{\partial f}{\partial z}(x, y, z)\right)_{(x,y,z)=(x(r,\theta,\phi),y(r,\theta,\phi),z(r,\theta,\phi))}$$

$$\cdot \begin{pmatrix} \sin(\theta)\cos(\phi) & r\cos(\theta)\cos(\phi) & -r\sin(\theta)\sin(\phi) \\ \sin(\theta)\sin(\phi) & r\cos(\theta)\sin(\phi) & r\sin(\theta)\cos(\phi) \\ \cos(\theta) & -r\sin(\theta) & 0 \end{pmatrix}.$$

Wir bekommen mit der inversen Matrix:

$$\left(\frac{\partial f}{\partial x}(x, y, z) \quad \frac{\partial f}{\partial y}(x, y, z) \quad \frac{\partial f}{\partial z}(x, y, z)\right)_{(x,y,z)=(x(r,\theta,\phi),y(r,\theta,\phi),z(r,\theta,\phi))}$$

$$= \left(\frac{\partial \tilde{f}}{\partial r}(r, \theta, \phi) \quad \frac{\partial \tilde{f}}{\partial \theta}(r, \theta, \phi) \quad \frac{\partial \tilde{f}}{\partial \phi}(r, \theta, \phi)\right) \cdot \begin{pmatrix} \sin(\theta)\cos(\phi) & \sin(\theta)\sin(\phi) & \cos(\theta) \\ \frac{\cos(\theta)\cos(\phi)}{r} & \frac{\cos(\theta)\sin(\phi)}{r} & -\frac{1}{r}\sin(\theta) \\ -\frac{\sin(\phi)}{r\sin(\theta)} & \frac{\cos(\phi)}{r\sin(\theta)} & 0 \end{pmatrix}.$$

Wir führen die Zeilenvektoren der inversen Matrix ein:

$$\boldsymbol{g}_r^*(r, \theta, \phi) = (\sin(\theta)\cos(\phi), \sin(\theta)\sin(\phi), \cos(\theta)),$$

$$\boldsymbol{g}_\theta^*(r, \theta, \phi) = \left(\frac{\cos(\theta)\cos(\phi)}{r}, \frac{\cos(\theta)\sin(\phi)}{r}, -\frac{1}{r}\sin(\theta)\right),$$

$$\boldsymbol{g}_\phi^*(r, \theta, \phi) = \left(-\frac{\sin(\phi)}{r\sin(\theta)}, \frac{\cos(\phi)}{r\sin(\theta)}, 0\right).$$

Im Folgenden werden die Argumente (x, y, z), $(x(r, \theta, \phi), y(r, \theta, \phi), z(r, \theta, \phi))$ der Funktion f und (r, θ, ϕ) der Funktionen $\tilde{f}$ und $\boldsymbol{g}_r^*, \boldsymbol{g}_\theta^*, \boldsymbol{g}_\phi^*$ weggelasssen. Die Zeilenvektoren besitzen folgende Eigenschaften:

$$\boldsymbol{g}_r^* \, \boldsymbol{g}_r^* = 1, \boldsymbol{g}_\theta^* \, \boldsymbol{g}_\theta^* = \frac{1}{r^2}, \boldsymbol{g}_\phi^* \, \boldsymbol{g}_\phi^* = \frac{1}{r^2(\sin(\theta))^2},$$

$$\boldsymbol{g}_r^* \, \boldsymbol{g}_\theta^* = 0, \boldsymbol{g} \, \boldsymbol{g}_\theta^* \, \boldsymbol{g}_\phi^* = 0, \boldsymbol{g}_\phi^* \, \boldsymbol{g}_\theta^* = 0,$$

$$\frac{\partial}{\partial r}\boldsymbol{g}_r^* = (0, 0, 0), \frac{\partial}{\partial \theta}\boldsymbol{g}_r^* = \boldsymbol{g}_\theta^*, \frac{\partial}{\partial \phi}\boldsymbol{g}_r^* = r(\sin(\theta))^2 \boldsymbol{g}_\phi^*,$$

$$\frac{\partial}{\partial r}\boldsymbol{g}_\theta^* = -\frac{1}{r}\boldsymbol{g}_\theta^*, \frac{\partial}{\partial \theta}\boldsymbol{g}_\theta^* = -r\boldsymbol{g}_r^*, \frac{\partial}{\partial \phi}\boldsymbol{g}_\theta^* = \sin(\theta)\cos(\theta)\boldsymbol{g}_\phi^*,$$

$$\frac{\partial}{\partial r}\boldsymbol{g}_\phi^* = -\frac{1}{r}\boldsymbol{g}_\phi^*, \frac{\partial}{\partial \theta}\boldsymbol{g}_\phi^* = -\frac{\sin(\theta)}{\cos(\theta)}\boldsymbol{g}_\phi^*, \frac{\partial}{\partial \phi}\boldsymbol{g}_\phi^* = -\frac{\sin(\theta)}{r}\boldsymbol{g}_r^* - \cos(\theta)\boldsymbol{g}_\phi^*.$$

Wir bekommen die ersten Ableitungen:

$$\frac{\partial f}{\partial x} = \sin(\theta)\cos(\phi)\frac{\partial \tilde{f}}{\partial r} + \frac{\cos(\theta)\cos(\phi)}{r}\frac{\partial \tilde{f}}{\partial \theta} - \frac{\sin(\phi)}{r\sin(\theta)}\frac{\partial \tilde{f}}{\partial \phi},$$

$$\frac{\partial f}{\partial y} = \sin(\theta)\sin(\phi)\frac{\partial \tilde{f}}{\partial r} + \frac{\cos(\theta)\sin(\phi)}{r}\frac{\partial \tilde{f}}{\partial \theta} + \frac{\cos(\phi)}{r\sin(\theta)}\frac{\partial \tilde{f}}{\partial \phi},$$

$$\frac{\partial f}{\partial z} = \cos(\theta)\frac{\partial \tilde{f}}{\partial r} - \frac{\sin(\theta)}{r}\frac{\partial \tilde{f}}{\partial \theta}.$$

Analog zu den ersten partiellen Ableitungen erhalten wir die zweiten partiellen Ableitungen:

$$\frac{\partial^2 f}{\partial x^2} = \sin(\theta)\cos(\phi)\frac{\partial}{\partial r}\left(\sin(\theta)\cos(\phi)\frac{\partial \tilde{f}}{\partial r} + \frac{\cos(\theta)\cos(\phi)}{r}\frac{\partial \tilde{f}}{\partial \theta} - \frac{\sin(\phi)}{r\sin(\theta)}\frac{\partial \tilde{f}}{\partial \phi}\right)$$

$$+ \frac{\cos(\theta)\cos(\phi)}{r}\frac{\partial}{\partial \theta}\left(\sin(\theta)\cos(\phi)\frac{\partial \tilde{f}}{\partial r} + \frac{\cos(\theta)\cos(\phi)}{r}\frac{\partial \tilde{f}}{\partial \theta} - \frac{\sin(\phi)}{r\sin(\theta)}\frac{\partial \tilde{f}}{\partial \phi}\right)$$

$$- \frac{\sin(\phi)}{r\sin(\theta)}\frac{\partial}{\partial \phi}\left(\sin(\theta)\cos(\phi)\frac{\partial \tilde{f}}{\partial r} + \frac{\cos(\theta)\cos(\phi)}{r}\frac{\partial \tilde{f}}{\partial \theta} - \frac{\sin(\phi)}{r\sin(\theta)}\frac{\partial \tilde{f}}{\partial \phi}\right),$$

$$\frac{\partial^2 f}{\partial y^2} = \sin(\theta)\sin(\phi)\frac{\partial}{\partial r}\left(\sin(\theta)\sin(\phi)\frac{\partial \tilde{f}}{\partial r} + \frac{\cos(\theta)\sin(\phi)}{r}\frac{\partial \tilde{f}}{\partial \theta} + \frac{\cos(\phi)}{r\sin(\theta)}\frac{\partial \tilde{f}}{\partial \phi}\right)$$

$$+ \frac{\cos(\theta)\sin(\phi)}{r}\frac{\partial}{\partial \theta}\left(\sin(\theta)\sin(\phi)\frac{\partial \tilde{f}}{\partial r} + \frac{\cos(\theta)\sin(\phi)}{r}\frac{\partial \tilde{f}}{\partial \theta} + \frac{\cos(\phi)}{r\sin(\theta)}\frac{\partial \tilde{f}}{\partial \phi}\right)$$

$$\frac{\cos(\phi)}{r\sin(\theta)}\frac{\partial}{\partial \phi}\left(\sin(\theta)\sin(\phi)\frac{\partial \tilde{f}}{\partial r} + \frac{\cos(\theta)\sin(\phi)}{r}\frac{\partial \tilde{f}}{\partial \theta} + \frac{\cos(\phi)}{r\sin(\theta)}\frac{\partial \tilde{f}}{\partial \phi}\right),$$

$$\frac{\partial^2 f}{\partial z^2} = \cos(\theta)\frac{\partial}{\partial r}\left(\cos(\theta)\frac{\partial \tilde{f}}{\partial r} - \frac{\sin(\theta)}{r}\frac{\partial \tilde{f}}{\partial \theta}\right) - \frac{\sin(\theta)}{r}\frac{\partial}{\partial \theta}\left(\cos(\theta)\frac{\partial \tilde{f}}{\partial r} - \frac{\sin(\theta)}{r}\frac{\partial \tilde{f}}{\partial \theta}\right).$$

Mit den Zeilenvektoren der inversen Matrix gilt nun:

$$\frac{\partial^2 f}{\partial x^2} + \frac{\partial^2 f}{\partial y^2} + \frac{\partial^2 f}{\partial z^2} = \boldsymbol{g}_r^* \boldsymbol{g}_r^* \frac{\partial^2 \tilde{f}}{\partial r^2} + \boldsymbol{g}_\theta^* \boldsymbol{g}_\theta^* \frac{\partial^2 \tilde{f}}{\partial \theta^2} + \boldsymbol{g}_\phi^* \boldsymbol{g}_\phi^* \frac{\partial^2 \tilde{f}}{\partial \phi^2}$$

$$+ 2\boldsymbol{g}_r^* \boldsymbol{g}_\theta^* \frac{\partial^2 \tilde{f}}{\partial r \partial \theta} + 2\boldsymbol{g}_r^* \boldsymbol{g}_\phi^* \frac{\partial^2 \tilde{f}}{\partial r \partial \phi} + 2\boldsymbol{g}_\theta^* \boldsymbol{g}_\phi^* \frac{\partial^2 \tilde{f}}{\partial \theta \partial \phi}$$

$$+ \left(\boldsymbol{g}_r^* \frac{\partial}{\partial r} \boldsymbol{g}_r^* + \boldsymbol{g}_\theta^* \frac{\partial}{\partial \theta} \boldsymbol{g}_r^* + \boldsymbol{g}_\phi^* \frac{\partial}{\partial \phi} \boldsymbol{g}_r^* \right) \frac{\partial \tilde{f}}{\partial r}$$

$$+ \left(\boldsymbol{g}_r^* \frac{\partial}{\partial r} \boldsymbol{g}_\theta^* + \boldsymbol{g}_\theta^* \frac{\partial}{\partial \theta} \boldsymbol{g}_\theta^* + \boldsymbol{g}_\phi^* \frac{\partial}{\partial \phi} \boldsymbol{g}_\theta^* \right) \frac{\partial \tilde{f}}{\partial \theta}$$

$$+ \left(\boldsymbol{g}_r^* \frac{\partial}{\partial r} \boldsymbol{g}_\phi^* + \boldsymbol{g}_\theta^* \frac{\partial}{\partial \theta} \boldsymbol{g}_\phi^* + \boldsymbol{g}_\phi^* \frac{\partial}{\partial \phi} \boldsymbol{g}_\phi^* \right) \frac{\partial \tilde{f}}{\partial \phi}.$$

Verwendet man schließlich die Eigenschaften der Zeilenvektoren, so folgt die Behauptung.

Aufgabe 16.4

Sei F eine glatte Fläche im Raum, die einen Normalbereich $\mathbb{D}$ berande. Sei $\boldsymbol{n}^0$ der nach außen weisende Normaleneinheitsvektor auf der Fläche F. Wie groß wird

$$\int_F \boldsymbol{V} \boldsymbol{n}^0 \, dA,$$

wenn das Vektorfeld V durch

$$\boldsymbol{V}(\boldsymbol{x}) = (x_1, x_2, x_3)$$

gegeben wird?

Der Satz von Gauß lautet:

$$\int_{\mathbb{D}} \operatorname{div} \boldsymbol{V}(\boldsymbol{x}) \, d\boldsymbol{x} = \int_{\partial(\mathbb{D})} \boldsymbol{V} \boldsymbol{n}^0 \, dA.$$

Dabei ist $\boldsymbol{n}^0$ der aus dem Gebiet hinaus weisende Normaleneinheitsvektor. Die Divergenz lautet:

$$\operatorname{div} \boldsymbol{V}(\boldsymbol{x}) = 3.$$

Also gilt:

$$\int_{\partial(\mathbb{D})} \boldsymbol{V} \boldsymbol{n}^0 \, dA = 3 \int_{\mathbb{D}} d\boldsymbol{x} = 3 \operatorname{Vol}(\mathbb{D}),$$

bzw.

$$\text{Vol}(\mathbb{D}) = \frac{1}{3} \int\limits_{\partial(\mathbb{D})} V \, n^0 \, dA.$$

Aufgabe 16.5

Sei $\mathbb{D} \subset \mathbb{R}^3$ eine offene, konvexe Menge und $V : \mathbb{D} \longrightarrow \mathbb{R}^3$ ein zweimal stetig differenzierbares Vektorfeld mit $\operatorname{rot} V(x) = 0$. Sei $x_0 \in \mathbb{D}$ und

$$P(x) = \int\limits_0^1 V(x_0 + t\,(x - x_0))\,(x - x_0)^T \, dt.$$

Man zeige, dass $P(x)$ ein Potential von $V = (V^1, V^2, V^3)$ darstellt.

Wir berechnen die partiellen Ableitungen von P:

$$\frac{\partial P}{\partial x_l}(x) = \int\limits_0^1 V^l(x_0 + t(x - x_0))\,dt$$

$$+ \int\limits_0^1 \sum_{j=1}^3 \frac{\partial V^j}{\partial x_l}(x_0 + t\,(x - x_0))\,(x_j - x_{0j})\,t\,dt.$$

Da die Rotation verschwindet, gilt $\frac{\partial V^j}{\partial x_l}(x) = \frac{\partial V^l}{\partial x_j}(x)$ und wir bekommen:

$$\frac{\partial P}{\partial x_l}(x) = \int\limits_0^1 V^l(x_0 + t\,(x - x_0))\,dt$$

$$+ \int\limits_0^1 \sum_{j=1}^3 \frac{\partial V^l}{\partial x_j}(x_0 + t\,(x - x_0))\,(x_j - x_{0j})\,t\,dt$$

$$= \int\limits_0^1 V^l(x_0 + t\,(x - x_0))\,dt + \int\limits_0^1 \frac{d}{dt}\left(V^l(x_0 + t\,(x - x_0))\right)\,t\,dt$$

$$= \int\limits_0^1 V^l(x_0 + t\,(x - x_0))\,dt + V^l(x) - \int\limits_0^1 V^l(x_0 + t(x - x_0))\,dt$$

$$= V^l(x).$$

Aufgabe 16.6

Gegeben sei ein Vektorfeld $V = (V^1, V^2, V^3)$ im $\mathbb{R}^3$. Der Quader $Q_h(x_0)$ wird in einem festen Punkt x_0 abgetragen und besitzt die Längen $h = (h_1, h_2, h_3)$. Man zeige die Formel:

$$\text{rot } V(x_0) = - \lim_{h \to (0,0,0)} \frac{1}{h_1 h_2 h_3} \int\limits_{\partial(Q_h(x_0))} V \times n^0 \, dA.$$

Dabei ist n^0 der aus dem Quader weisende Normaleneinheitsvektor. Die Integration auf der rechten Seite wird für jede Komponente des Vektorfelds $V \times n^0$ ausgeführt.

Wir berechnen:

$$\int\limits_{\partial(Q_h(x_0))} V \times n^0 \, dA$$

$$= \int_0^{h_2} \int_0^{h_1} (V(x_{01} + u_1, x_{02} + u_2, x_{03} + h_3) \times \vec{e}_3 + V(x_{01} + u_1, x_{02} + u_2, x_{03}) \times (-\vec{e}_3) \, du_1 \, du_2$$

$$+ \int_0^{h_3} \int_0^{h_2} (V(x_{01} + h_1, x_{02} + u_2, x_{03} + u_3) \times \vec{e}_1 + V(x_{01}, x_{02} + u_2, x_{03} + u_3) \times (-\vec{e}_1) \, du_2 \, du_3$$

$$+ \int_0^{h_3} \int_0^{h_1} (V(x_{01} + u_1, x_{02} + h_2, x_{03} + u_3) \times \vec{e}_2 + V(x_{01} + u_1, x_{02}, x_{03} + u_3) \times (-\vec{e}_2) \, du_1 \, du_3$$

$$= \int_0^{h_2} \int_0^{h_1} (V^2(x_{01} + u_1, x_{02} + u_2, x_{03} + h_3) - V^2(x_{01} + u_1, x_{02} + u_2, x_{03}),$$

$$-(V^1(x_{01} + u_1, x_{02} + u_2, x_{03} + h_3) - V^1(x_{01} + u_1, x_{02} + u_2, x_{03}), 0)) \, du_1 \, du_2$$

$$+ \int_0^{h_3} \int_0^{h_2} (0, V^3(x_{01} + h_1, x_{02} + u_2, x_{03} + u_3) - V^3(x_{01}, x_{02} + u_2, x_{03} + u_3),$$

$$-(V^2(x_{01} + h_1, x_{02} + u_2, x_{03} + u_3) - V^2(x_{01}, x_{02} + u_2, x_{03} + u_3))) \, du_2 \, du_3$$

$$+ \int_0^{h_3} \int_0^{h_1} (-(V^3(x_{01} + u_1, x_{02} + h_2, x_{03} + u_3) - V^3(x_{01} + u_1, x_{02}, x_{03} + u_3)), 0,$$

$$V^1(x_{01} + u_1, x_{02} + h_2, x_{03} + u_3) - V^1(x_{01} + u_1, x_{02}, x_{03} + u_3)) \, du_1 \, du_3.$$

Gehen wir im ersten Summanden zur Grenze über, dann gilt zunächst:

$$\lim_{h_3 \to 0} \frac{1}{h_3} \int_0^{h_2} \int_0^{h_1} (V^2(x_{01} + u_1, x_{02} + u_2, x_{03} + h_3) - V^2(x_{01} + u_1, x_{02} + u_2, x_{03}))$$

$$- (V^1(x_{01} + u_1, x_{02} + u_2, x_{03} + h_3) - V^1(x_{01} + u_1, x_{02} + u_2, x_{03}), 0)) \, du_1 \, du_2$$

$$= \int_0^{h_2} \int_0^{h_1} \left(\frac{\partial V^2}{\partial x_3}(x_{01} + u_1, x_{02} + u_2, x_{03}), -\frac{\partial V^1}{\partial x_3}(x_{01} + u_1, x_{02} + u_2, x_{03}), 0 \right) du_1 \, du_2.$$

Im Anschluss folgt:

$$\lim_{h_1 \to 0} \left(\frac{1}{h_1} \lim_{h_2 \to 0} \frac{1}{h_2} \int_0^{h_2} \int_0^{h_1} \left(\frac{\partial V^2}{\partial x_3}(x_{01} + u_1, x_{02} + u_2, x_{03}), -\frac{\partial V^1}{\partial x_3}(x_{01} + u_1, x_{02} + u_2, x_{03}), 0 \right) du_1 \, du_2 \right)$$

$$= \left(\frac{\partial V^2}{\partial x_3}(x_{01}, x_{02}, x_{03}), -\frac{\partial V^1}{\partial x_3}(x_{01}, x_{02}, x_{03}), 0 \right).$$

Behandelt man die anderen beiden Summanden analog, so ergibt sich:

$$\left(0, \frac{\partial V^3}{\partial x_1}(x_{01}, x_{02}, x_{03}), -\frac{\partial V^2}{\partial x_1}(x_{01}, x_{02}, x_{03}) \right)$$

und

$$\left(-\frac{\partial V^3}{\partial x_2}(x_{01}, x_{02}, x_{03}), 0, \frac{\partial V^1}{\partial x_2}(x_{01}, x_{02}, x_{03}) \right).$$

Addition der drei Summanden liefert die Behauptung.

16.4   Übungsaufgaben

Übung 16.1
Wir betrachten für $r > 0, 0 < \theta < \pi, 0 \le \phi \le 2\pi$, Polarkoordinaten:

$$x(r, \theta, \phi) = (r \sin(\theta) \cos(\phi), \, y(r, \theta, \phi) = r \sin(\theta) \sin(\phi), \, z(r, \theta, \phi)) = r \cos(\theta).$$

Abb. 16.9 Kartesisches
System und
Kugelkoordinatensystem im
Punkt $(x, y, z) =$
$(r \sin(\theta) \cos(\phi), r \sin(\theta) \sin(\phi), r \cos(\theta)$
(Die Abhängigkeit der
Einheitsvektoren $\vec{e}_r, \vec{e}_\theta, \vec{e}_\phi$ von
den Koordinaten θ, ϕ wird der
Kürze halber unterdrückt)

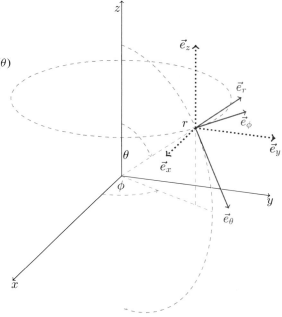

Die Einheitsvektoren im Kugelkoordinatensystem lauten:

$$\vec{e}_r = (\sin(\theta) \cos(\phi), \sin(\theta) \sin(\phi), \cos(\theta))$$
$$= \sin(\theta) \cos(\phi)\vec{e}_x + \sin(\theta) \sin(\phi)\vec{e}_y + \cos(\theta)\vec{e}_z,$$
$$\vec{e}_\theta = (\cos(\theta) \cos(\phi), \cos(\theta) \sin(\phi), -\sin(\theta))$$
$$= \cos(\theta) \cos(\phi)\vec{e}_x + \cos(\theta) \sin(\phi)\vec{e}_y - \sin(\theta)\vec{e}_z,$$
$$\vec{e}_\phi = (-\sin(\phi), \cos(\phi), 0) = -\sin(\phi)\vec{e}_x + \cos(\phi)\vec{e}_y,$$

mit den kartesischen Einheitsvektoren $\vec{e}_x = (1, 0, 0)$, $\vec{e}_y = (0, 1, 0)$, $\vec{e}_z = (0, 0, 1)$,
(Abb. 16.9).

Gegeben sei ein stetig differenzierbares Vektorfeld:

$$V(x, y, z) = (V^1(x, y, z), V^2(x, y, z), V^3(x, y, z)).$$

Sei

$$\tilde{V}(r, \theta, \phi) = V(r \sin(\theta) \cos(\phi), r \sin(\theta) \sin(\phi), r \cos(\theta))$$

bzw.

$$\tilde{V}^j(r, \theta, \phi) = V^j(r \sin(\theta) \cos(\phi), r \sin(\theta) \sin(\phi), r \cos(\theta)), j = 1, 2, 3.$$

Man bestimme die Komponenten $\tilde{V}_*^1(r, \theta, \phi)$, $j = 1, 2, 3$, in der Darstellung:

$$\tilde{V}(r, \theta, \phi) = \tilde{V}^1(r, \theta, \phi)\vec{e}_x + \tilde{V}^2(r, \theta, \phi)\vec{e}_y + \tilde{V}^3(r, \theta, \phi)\vec{e}_z$$
$$= \tilde{V}_*^1(r, \theta, \phi)\vec{e}_r + \tilde{V}_*^2(r, \theta, \phi)\vec{e}_\theta + \tilde{V}_*^3(r, \theta, \phi)\vec{e}_\phi,$$

und zeige für die Divergenz in Kugelkoordinaten:

$$\text{div}\, V(x(r, \theta, \phi), y(r, \theta, \phi), z(r, \theta, \phi))$$
$$= \left(\frac{\partial V^1}{\partial x}(x, y, z) + \frac{\partial V^2}{\partial y}(x, y, z) + \frac{\partial V^3}{\partial z}(x, y, z)\right)_{(x(r,\theta,\phi), y(r,\theta,\phi), z(r,\theta,\phi))}$$
$$= \frac{\partial \tilde{V}_*^1}{\partial r}(r, \theta, \phi) + \frac{1}{r}\frac{\partial \tilde{V}_*^2}{\partial \theta}(r, \theta, \phi) + \frac{1}{r\sin(\theta)}\frac{\partial \tilde{V}_*^3}{\partial \phi}(r, \theta, \phi)$$
$$+ \frac{2}{r}\tilde{V}_*^1(r, \theta, \phi) + \frac{\cos(\theta)}{r\sin(\theta)}\tilde{V}_*^2(r, \theta, \phi).$$

Übung 16.2
Das kartesische Blatt wird mit $a > 0$ gegeben durch die Gleichung:

$$x^3 + y^3 = 3\,a\,x\,y.$$

i) Man parametrisiere die Kurve in der Form: $(x(\phi), y(\phi)) = (r(\phi)\cos(\phi), r(\phi)\sin(\phi))$, $\phi \in \left(-\frac{\pi}{4}, 3\frac{\pi}{4}\right)$.
ii) Man zeige die asymptotische Eigenschaft $\lim_{\phi \to -\frac{\pi}{4}}(x(\phi) + y(\phi)) = -a$, $\lim_{\phi \to \frac{3\pi}{4}}(x(\phi) + y(\phi)) = -a$.
iii) Man benutze den Greenschen Satz und das Vektorfeld $V(x, y) = (-y, x)$ zur Berechnung der der Fläche $\mathbb{D}_1$ (Abb. 16.10).
iv) Man berechne genauso die Fläche $\mathbb{D}_2$ (Abb. 16.10). Hinweis: Setze $t = \tan(\phi)$.

Übung 16.3
Sei $\mathbb{D} \subset \mathbb{R}^3$, $(0, 0, 0) \notin \mathbb{D} \cup \partial(\mathbb{D})$ ein Normalbereich und $n^0 = (n_1^0, n_2^0, n_3^0)$ der nach außen weisende Normaleneinheitsvektor auf der Randfläche $\partial(\mathbb{D})$. Sei $r(x) = \sqrt{x_1^2 + x_2^2 + x_3^2}$ und $R(x) = (x_1, x_2, x_3)$. Man zeige:

i) $\displaystyle\int_{\partial(\mathbb{D})} n_j^0\, dA = 0$, $j = 1, 2, 3$, ii) $\displaystyle\int_{\partial(\mathbb{D})} \frac{R}{r^2}\, n^0\, dA = \int_{\mathbb{D}} \frac{1}{r^2}\, dx.$

Abb. 16.10 Das Kartesische
Blatt: $x^3 + y^3 = 3\,a\,x\,y$,
$a > 0$, mit der Asymptote
$x + y = -a$

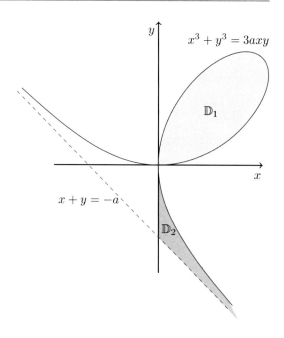

Übung 16.4

Gegeben sei ein Torus T:

$$T = \{\boldsymbol{x} = (x_1, x_2, x_3) \mid \boldsymbol{x} = (\rho \cos(t) + R) \cos(\phi), (\rho \cos(t) + R) \sin(\phi), \rho \sin(t))\},$$

$$\rho \in [0, r], \phi, t \in [0, 2\pi].$$

(Für die Radien gilt: $0 < r < R$). Man berechne das Integral $\int_T \operatorname{div} \boldsymbol{V}\, d\boldsymbol{x}$ für das Vektorfeld
$\boldsymbol{V}(\boldsymbol{x}) = \boldsymbol{V}(x_1, x_2, x_3) = (0, {}^{x_2}\!/4, x_3^2)$.

Lösungen zu den Übungsaufgaben 17

17.1 Lösungen zu Reelle Zahlen

Lösung 1.1

i) Es gilt
$$ax - 3 = 2x + 5 \Leftrightarrow ax - 2x = 8 \Leftrightarrow (a - 2)x = 8.$$

1. Fall: $a - 2 \neq 0$, also $a \neq 2$. Dann können wir die Gleichung $(a - 2)x = 8$ durch $a - 2 \neq 0$ teilen und erhalten als Lösung $x = \dfrac{8}{a - 2}$.
2. Fall: $a - 2 = 0$, also $a = 8$. Die Gleichung $(a - 2)x = 8$ hat dann die Gestalt $0 \cdot x = 8$, also $0 = 8$. Da dies ein Widerspruch ist, hat die Gleichung in diesem Fall keine Lösung.

ii) Es gilt
$$ax - 2b = 4x - 8 \Leftrightarrow ax - 4x = 2b - 8 \Leftrightarrow (a - 4)x = 2b - 8.$$

1. Fall: $a - 4 \neq 0$, also $a \neq 4$. Dann können wir durch $a - 4 \neq 0$ dividieren und bekommen die Lösung $x = \dfrac{2b - 8}{a - 4}$.
2. Fall: $a - 4 = 0$, also $a = 4$. Dann ist die Gleichung $0 = 2b - 8$ zu lösen. 2.1 Fall: $2b - 8 = 0$, also $b = 4$. Dann ist $0 = 0$ zu lösen. Diese Gleichung ist immer wahr. Also ist in diesem Fall jedes $x \in \mathbb{R}$ eine Lösung von $ax - 2b = 4x - 8$. 2.2 Fall: $2b - 8 \neq 0$, also $b \neq 4$. Dann ist $0 = 2b - 8 \neq 0$ zu lösen, was offensichtlich nicht geht. Die Gleichung hat demnach in diesem Fall keine Lösung.

© Der/die Autor(en), exklusiv lizenziert durch Springer-Verlag GmbH, DE, ein Teil von Springer Nature 2021
W. Strampp und D. Janssen, *Höhere Mathematik 2*,

Lösung 1.2

i)
$$\sum_{k=1}^{7} 2k = 2 \cdot \sum_{k=1}^{7} k = 2 \cdot \frac{7 \cdot 8}{2} = 56,$$

ii)
$$\sum_{k=3}^{15} k = \left(\sum_{k=1}^{15} k \right) - 1 - 2 = \frac{15 \cdot 16}{2} - 3 = 117,$$

iii)
$$\sum_{k=-2}^{12} k = -2 - 1 + 0 + \sum_{k=1}^{12} k = -3 + \frac{12 \cdot 13}{2} = 75,$$

iv)
$$\sum_{k=2}^{6} 3k = 3 \cdot \sum_{k=2}^{6} k = 3 \cdot \left(\left(\sum_{k=1}^{6} k \right) - 1 \right) = 3 \cdot \left(\frac{6 \cdot 7}{2} - 1 \right) = 60.$$

Lösung 1.3

i)
$$\sum_{k=2}^{n} k = \left(\sum_{k=1}^{n} k \right) - 1 = \frac{n(n+1)}{2} - 1 = \frac{n^2 + n - 2}{2},$$

ii)
$$\sum_{k=1}^{n-1} 2k = 2 \cdot \sum_{k=1}^{n-1} k = 2 \cdot \frac{(n-1)n}{2} = (n-1)n,$$

iii)
$$\sum_{k=1}^{n} \frac{1}{k+1} - \sum_{k=2}^{n+1} \frac{1}{k+1} = \frac{1}{2} + \sum_{k=2}^{n} \frac{1}{k+1} - \left(\left(\sum_{k=2}^{n} \frac{1}{k+1} \right) + \frac{1}{n+2} \right) = \frac{1}{2} - \frac{1}{n+2}.$$

Lösung 1.4

i) $3x - 5 > -x + 3 \Leftrightarrow 4x > 8 \Leftrightarrow x > 2$

ii) $x^2 - 1 \leq x + 1 \Leftrightarrow x^2 - x \leq 2 \Leftrightarrow \left(x - \frac{1}{2} \right)^2 \leq \frac{9}{4} \Leftrightarrow \left| x - \frac{1}{2} \right| \leq \frac{3}{2} \Leftrightarrow -\frac{3}{2} \leq x - \frac{1}{2} \leq \frac{3}{2} \Leftrightarrow -1 \leq x \leq 2$, (Abb. 17.1).

iii) Da wir die Ungleichung im ersten Schritt mit dem Nenner $2x - 6$ multiplizieren, müssen wir eine Fallunterscheidung nach dem Vorzeichen des Nenners machen.

1. Fall: $2x - 6 > 0$, also $x > 3$. Dann ist

$$2 < \frac{x}{2x - 6} \Leftrightarrow 2(2x - 6) < x \Leftrightarrow 4x - 12 < x \Leftrightarrow 3x < 12 \Leftrightarrow x < 4$$

In diesem Fall sind demnach alle $x \in \mathbb{R}$ mit $3 < x < 4$ eine Lösung.

2. Fall: $2x - 6 < 0$, also $x < 3$. Dann ist

$$2 < \frac{x}{2x - 6} \Leftrightarrow 2(2x - 6) > x \Leftrightarrow 4x - 12 > x \Leftrightarrow 3x > 12 \Leftrightarrow x > 4$$

Da $x > 4$ ein Widerspruch zu $x < 3$ ist, kommen keine weiteren Lösungen hinzu.

iv) Es ist

$$|-x + 3| = \begin{cases} -x + 3, & \text{falls } -x + 3 \geq 0 \\ x - 3, & \text{falls } -x + 3 < 0 \end{cases} = \begin{cases} -x + 3, & \text{falls } x \leq 3 \\ x - 3, & \text{falls } x > 3 \end{cases}$$

1. Fall: $x \leq 3$. Dann gilt

$$|-x + 3| \geq 4x - 10 \Leftrightarrow -x + 3 \geq 4x - 10 \Leftrightarrow -5x \geq -13 \Leftrightarrow x \leq \frac{13}{5}$$

2. Fall: $x > 3$. Dann gilt

$$|-x + 3| \geq 4x - 10 \Leftrightarrow x - 3 \geq 4x - 10 \Leftrightarrow -3x \geq -7 \Leftrightarrow x \leq \frac{7}{3}$$

Das ist allerdings ein Widerspruch zu $x > 3$, (Abb. 17.1).

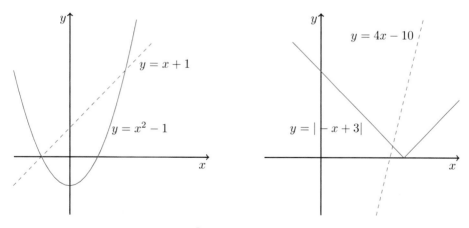

Abb. 17.1 Lösung der Ungleichungen $x^2 - 1 \leq x + 1$ (links) $|-x + 3| \geq 4x - 10$ (rechts)

Lösung 1.5

i) 1.) Induktionsanfang: $A(1)$ gilt, denn:

$$\sum_{k=1}^{1} k^3 = 1 = \frac{1^2(1+1)^2}{4}.$$

2.) Induktionsannahme: Wir nehmen an, dass $\sum_{k=1}^{n} k^3 = \dfrac{n^2(n+1)^2}{4}$ für ein $n \in \mathbb{N}$ gilt.

3.) Induktionsschluss: Wir müssen zeigen:

$$\sum_{k=1}^{n} k^3 = \frac{n^2(n+1)^2}{4} \implies \sum_{k=1}^{n+1} k^3 = \frac{(n+1)^2(n+2)^2}{4}.$$

Es gilt:

$$\sum_{k=1}^{n+1} k^3 = \sum_{k=1}^{n} k^3 + (n+1)^3 = \frac{n^2(n+1)^2}{4} + (n+1)^3 = \frac{n^2(n+1)^2 + 4(n+1)^3}{4}$$

$$= \frac{(n+1)^2(n^2 + 4(n+1))}{4} = \frac{(n+1)^2(n^2 + 4n + 4)}{4} = \frac{(n+1)^2(n+2)^2}{4}.$$

ii) 1.) Induktionsanfang: $A(1)$ gilt, denn:

$$\sum_{k=1}^{1} (3k - 2) = 3 - 2 = 1 = \frac{1(3 \cdot 1 - 1)}{2}.$$

2.) Induktionsannahme: Wir nehmen an, dass $\sum_{k=1}^{n} (3k - 2) = \dfrac{n(3n-1)}{2}$ für ein $n \in \mathbb{N}$ gilt.

3.) Induktionsschluss: Wir müssen zeigen:

$$\sum_{k=1}^{n} (3k - 2) = \frac{n(3n-1)}{2} \implies \sum_{k=1}^{n+1} (3k - 2) = \frac{(n+1)(3(n+1) - 1)}{2}.$$

Es gilt:

$$\sum_{k=1}^{n+1} (3k - 2) = \sum_{k=1}^{n} (3k - 2) + 3(n+1) - 2 = \frac{n(3n-1)}{2} + 3(n+1) - 2$$

$$= \frac{n(3n-1) + 6(n+1) - 4}{2} = \frac{3n^2 + 5n + 2}{2}$$

und

$$\frac{(n+1)(3(n+1)-1)}{2} = \frac{(n+1)(3n+2)}{2} = \frac{3n^2+2n+3n+2}{2} = \frac{3n^2+5n+2}{2}.$$

iii) 1.) Induktionsanfang: $A(1)$ gilt, denn

$$\sum_{k=1}^{1} \frac{k-1}{k!} = \frac{1-1}{1!} = 0 = \frac{1!-1}{1!}.$$

2.) Induktionsannahme: Wir nehmen an, dass $\displaystyle\sum_{k=1}^{n} \frac{k-1}{k!} = \frac{n!-1}{n!}$ für ein $n \in \mathbb{N}$ gilt.

3.) Induktionsschluss: Wir müssen zeigen:

$$\sum_{k=1}^{n} \frac{k-1}{k!} = \frac{n!-1}{n!} \implies \sum_{k=1}^{n+1} \frac{k-1}{k!} = \frac{(n+1)!-1}{(n+1)!}.$$

Es gilt

$$\sum_{k=1}^{n+1} \frac{k-1}{k!} = \sum_{k=1}^{n} \frac{k-1}{k!} + \frac{n+1-1}{(n+1)!} = \frac{n!-1}{n!} + \frac{n}{(n+1)!}$$

$$= \frac{(n+1)(n!-1)+n}{(n+1)!} = \frac{(n+1)n!-(n+1)+n}{(n+1)!} = \frac{(n+1)!-1}{(n+1)!}.$$

iv) 1.) Induktionsanfang: $A(1)$ gilt, denn

$$\prod_{k=1}^{n} \left(1 + \frac{1}{k}\right) = 1 + 1 = 2 = 1 + 1.$$

2.) Induktionsannahme: Wir nehmen an, dass $\displaystyle\prod_{k=1}^{n} \left(1 + \frac{1}{k}\right) = n+1$ für ein $n \in \mathbb{N}$ gilt.

3.) Induktionsschluss: Wir müssen zeigen:

$$\prod_{k=1}^{n} \left(1 + \frac{1}{k}\right) = n+1 \implies \prod_{k=1}^{n+1} \left(1 + \frac{1}{k}\right) = n+2$$

Es gilt

$$\prod_{k=1}^{n+1} \left(1 + \frac{1}{k}\right) = \prod_{k=1}^{n} \left(1 + \frac{1}{k}\right) \cdot \left(1 + \frac{1}{n+1}\right)$$

$$= (n+1) \cdot \left(1 + \frac{1}{n+1}\right) = n+1+1 = n+2.$$

Lösung 1.6

Eindeutigkeit des inversen Elementes der Addition: Sei $a \in \mathbb{K}$ und seien $\bar{a}, a^\star \in \mathbb{K}$ additiv invers zu $a \in \mathbb{K}$. Es gilt also $\bar{a} + a = 0 = a + a^\star$. Zu zeigen: $\bar{a} = a^\star$. Es gilt:

$$\bar{a} = \bar{a} + 0 = \bar{a} + (a + a^\star) = (\bar{a} + a) + a^\star = 0 + a^\star = a^\star.$$

Eindeutigkeit des inversen Elementes der Multiplikation: Sei $a \in \mathbb{K}, a \neq 0$ und seien $\bar{a}, a^\star \in \mathbb{K}$ multiplikativ invers zu $a \in \mathbb{K}$. Es gilt also $\bar{a} \cdot a = 1 = a \cdot a^\star$. Zu zeigen: $\bar{a} = a^\star$. Es gilt:

$$\bar{a} = \bar{a} \cdot 1 = \bar{a} \cdot (a \cdot a^\star) = (\bar{a} \cdot a) \cdot a^\star = 1 \cdot a^\star = a^\star.$$

Lösung 1.7

i) $(\sqrt{x} - y)^2 \geq 0 \implies x - 2\sqrt{x}y + y^2 \geq 0$. Wegen $y > 0$: $\frac{x}{y} - 2\sqrt{x} + y \geq 0 \implies \frac{x}{y} + y \geq 2\sqrt{x}$.

ii) $(x + y)^3 = x^3 + 3x^2y + 3xy^2 + y^3$,
   $4(x^3 + y^3) - (x + y)^3 = 3(x^3 - x^2y - xy^2 + y^3) = 3(x(x^2 - xy) + y(-xy + y^2)) = 3(x(x^2 - 2xy + y^2) + y(x^2 - 2xy + y^2))$.
   Also: $4(x^3 + y^3) - (x + y)^3 = (x + y)(x - y)^2$. Wegen $x + y \geq 0$ folgt: $4(x^3 + y^3) - (x + y)^3 \geq 0$.

Lösung 1.8

Fallunterscheidung, um Betragstriche zu beseitigen:

1) $x \leq -1$: $|x + 1| = -(x + 1)$ und $|x - 3| = -(x - 3)$. Also: $||x + 1| - |x - 3|| = |4| = 4$.
2) $x \geq 3$: $|x + 1| = (x + 1)$ und $|x - 3| = (x - 3)$. Also: $||x + 1| - |x - 3|| = |4| = 4$.
3) $-1 < x < 3$: $|x+1| = (x+1)$ und $|x-3| = -(x-3)$. Also: $||x+1| - |x-3|| = |2x - 2|$.
   3.1) $-1 < x \leq 1$: $||x + 1| - |x - 3|| = |2x - 2| = -2x + 2$,
   3.2) $1 < x \leq 3$: $||x + 1| - |x - 3|| = |2x - 2| = 2x - 2$.
   Für $a > 4$ existiert keine Lösung.
   Für $a = 4$ ergeben sich die Lösungen: $x \leq -1$ und $x \geq 3$.
   Für $a = 0$ lautet die Lösung: $x = 1$.
   Für $0 < a < 4$ lauten die Lösungen: $x = \frac{-a+2}{2}$ und $x = \frac{a+2}{2}$ (Abb. 17.2).

Lösung 1.9

Induktionsanfang: $n = 2$:

$$\prod_{k=1}^{2}(1 + x_k) = (1 + x_1)(1 + x_2) = 1 + x_1 + x_2 + x_1 x_2 > 1 + x_1 + x_2 = 1 + \sum_{k=1}^{2} x_k,$$

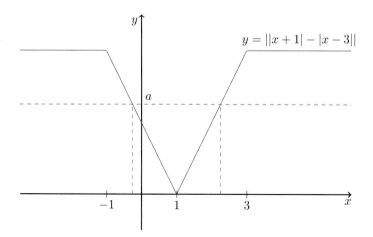

$$y = ||x+1| - |x-3||$$

Abb. 17.2 Die Gleichung $||x+1| - |x-3|| = a$

wegen $x_1 x_2 > 0$.

Induktionsannahme: Für ein $n \geq 2$ gilt die Behauptung.

Induktionsschritt: (Schluss von n auf $n+1$):

$$(1 + x_{n+1}) \prod_{k=1}^{n}(1 + x_k) = \prod_{k=1}^{n+1}(1 + x_k)$$

$$> (1 + x_{n+1}) \left(1 + \sum_{k=1}^{n} x_k\right)$$

$$= 1 + x_{n+1} + \sum_{k=1}^{n} x_k + \sum_{k=1}^{n} x_{n+1} x_k$$

$$= 1 + \sum_{k=1}^{n+1} x_k + \sum_{k=1}^{n} x_{n+1} x_k.$$

(Ungleichung darf multipliziert werden wegen $1 + x_{n+1} > 0$). Ferner $x_{n+1} x_k > 0$, also:

$$\prod_{k=1}^{n+1}(1 + x_k) > 1 + \sum_{k=1}^{n+1} x_k.$$

Im Spezialfall $x_n = h$ bekommt man die Bernoullische Ungleichung: $(1 + h)^n > 1 + n\,h$.

17.2   Lösungen zu Folgen

Lösung 2.1

i) Monotonie: Wegen $n + 2 > n + 1$ für alle $n \in \mathbb{N}$ ist $\frac{1}{n+2} < \frac{1}{n+1}$. Die Folge ist also streng monoton fallend.

Beschränktheit: Die Folge ist nach oben und unten beschränkt, da offenbar $0 < \frac{1}{n+1} < 1$ für alle $n \in \mathbb{N}$ gilt.

ii) Monotonie: Sei $a_n := (-1)^n$, dann ist $a_0 = 1 > -1 = a_1 < 1 = a_2$. Das zeigt, dass die Folge nicht monoton ist.

Beschränktheit: Wegen $-1 \le a_n \le 1$ für alle $n \in \mathbb{N}$ ist die Folge nach oben und unten beschränkt.

iii) Monotonie: Die Folge ist streng monoton fallend, denn für alle $n \in \mathbb{N}$ ist $2^n < 2^{n+1}$, also $\frac{1}{2^{n+1}} < \frac{1}{2^n}$.

Beschränktheit: Wegen $0 \le \frac{1}{2^n} \le 1$ für alle $n \in \mathbb{N}$ ist die Folge nach oben und unten beschränkt.

iv) Monotonie: Sei $a_n := (-1)^n - n$, dann ist $a_0 = 1 > -2 = a_1 < -1 = a_2$. Die Folge ist somit nicht monoton.

Beschränktheit: Wegen $1 \ge a_n$ für alle $n \in \mathbb{N}$ ist die Folge nach oben beschränkt. Sie ist nicht nach unten beschränkt: Sei $c \in \mathbb{R}$ mit $c < 0$. Dann existiert ein ungerades $n \in \mathbb{N}$ mit $n > -c$ und es gilt $a_n = -1 - n < -n < c$.

v) Wir formen die Folgenvorschrift $a_n = \sqrt{n+1} - \sqrt{n}$ um:

$$a_n = \frac{(\sqrt{n+1} - \sqrt{n})(\sqrt{n+1} + \sqrt{n})}{\sqrt{n+1} + \sqrt{n}} = \frac{(\sqrt{n+1})^2 - (\sqrt{n})^2}{\sqrt{n+1} + \sqrt{n}} = \frac{1}{\sqrt{n+1} + \sqrt{n}}$$

Monotonie: Für alle $n \in \mathbb{N}$ ist $\sqrt{n+1} + \sqrt{n} < \sqrt{n+2} + \sqrt{n+1}$. Folglich ist $a_n = \frac{1}{\sqrt{n+1}+\sqrt{n}} > \frac{1}{\sqrt{n+2}+\sqrt{n+1}} = a_{n+1}$. Die Folge ist also streng monoton fallend.

Beschränktheit: Die Folge ist nach oben und unten beschränkt, denn für alle $n \in \mathbb{N}$ gilt offenbar $0 < a_n < 1$.

vi) Da $\cos(\pi n) = 1$ für gerades $n \in \mathbb{N}$ und $\cos(\pi n) = -1$ für ungerades $n \in \mathbb{N}$ ist, können wir die Folgenvorschrift $a_n = \frac{n}{\cos(\pi n)}$ auch schreiben als $a_n = (-1)^n n$.

Monotonie: Die Folge ist nicht monoton, denn es ist $a_0 = 0 > -1 = a_1$ und $-1 = a_1 < 2 = a_2$.

Beschränktheit: Die Folge ist weder nach oben noch nach unten beschränkt: Sei $c \in \mathbb{R}, c > 0$, dann gibt es ein gerades $n \in \mathbb{N}$ mit $n > c$ und es gilt $a_n = n > c$. Sei nun $c \in \mathbb{R}$ und $c < 0$, dann gibt es ein ungerades $n \in \mathbb{N}$ mit $n > -c$, und es gilt $a_n = -n < c$.

Lösung 2.2

Wir nehmen an, dass $\{a_n + b_n\}_{n \in \mathbb{N}}$ konvergiert. Da $\{a_n\}_{n \in \mathbb{N}}$ ebenfalls konvergiert, konvergiert nach den Grenzwertsätzen auch $\{a_n + b_n + (-a_n)\}_{n \in \mathbb{N}} = \{b_n\}_{n \in \mathbb{N}}$. Das ist ein Widerspruch zur Divergenz von $\{b_n\}_{n \in \mathbb{N}}$. Die Annahme, dass $\{a_n + b_n\}_{n \in \mathbb{N}}$ konvergiert war falsch.

Lösung 2.3

i)

$$\lim_{n \to \infty} \frac{5n^2 - 2n + 3}{10n^2 - 1} = \lim_{n \to \infty} \frac{n^2 \cdot \left(5 - \frac{2}{n} + \frac{3}{n^2}\right)}{n^2 \cdot \left(10 - \frac{1}{n^2}\right)}$$

$$= \lim_{n \to \infty} \frac{5 - \frac{2}{n} + \frac{3}{n^2}}{10 - \frac{1}{n^2}} = \frac{5 - 0 + 0}{10 - 0} = \frac{1}{2},$$

ii)

$$\lim_{n \to \infty} \frac{6n^6 - 2n^2 - n}{3n^2(n^2 - 2)^2} = \lim_{n \to \infty} \frac{n^6 \cdot \left(6 - \frac{2}{n^4} - \frac{1}{n^5}\right)}{3n^6 \cdot \left(1 - \frac{2}{n^2}\right)^2}$$

$$= \lim_{n \to \infty} \frac{6 - \frac{2}{n^4} - \frac{1}{n^5}}{3 \cdot \left(1 - \frac{2}{n^2}\right)^2} = \frac{6 - 0 - 0}{3 \cdot (1 - 0)^2} = 2,$$

iii)

$$\frac{n^2 + n - 3}{n - 1} = \frac{n(n - 1) + 2n + 3}{n - 1} = n + \frac{2n + 3}{n - 1} = n + \frac{2 + \frac{3}{n}}{1 - \frac{1}{n}}.$$

Die Umformung zeigt, dass die zu untersuchende Folge Summe der Folgen $\{n\}_{n=2}^{\infty}$ und $\left\{\frac{2 + \frac{3}{n}}{1 - \frac{1}{n}}\right\}_{n=2}^{\infty}$ ist. Erstere ist divergent und die zweite konvergent. Aus der vorherigen Übungsaufgabe folgt, dass die Folge $\left\{\frac{n^2 + n - 3}{n - 1}\right\}_{n=2}^{\infty}$ divergent ist.

iv)

$$\lim_{n \to \infty} \frac{n^2 + (-1)^n}{4n^2} = \lim_{n \to \infty} \frac{1}{4} + \frac{(-1)^n}{4n^2} = \frac{1}{4} + 0 = \frac{1}{4},$$

v)

$$\lim_{n \to \infty} \frac{(-5)^n + 3}{3 \cdot (-5)^n} = \lim_{n \to \infty} \frac{(-5)^n}{3 \cdot (-5)^n} + \frac{3}{3 \cdot (-5)^n} = \lim_{n \to \infty} \frac{1}{3} + \frac{1}{(-5)^n} = \frac{1}{3} + 0 = \frac{1}{3},$$

vi)

$$\lim_{n\to\infty} \frac{7\sqrt{n}-3}{\sqrt{n}+5} = \lim_{n\to\infty} \frac{\sqrt{n}\cdot\left(7-\frac{3}{\sqrt{7}}\right)}{\sqrt{n}\cdot\left(1+\frac{5}{\sqrt{7}}\right)} = \lim_{n\to\infty} \frac{7-\frac{3}{\sqrt{7}}}{1+\frac{5}{\sqrt{7}}} = \frac{7-0}{1+0} = 7,$$

vii)

$$\lim_{n\to\infty} \frac{5n}{\sqrt[3]{n^3+4n^2-1}} = \lim_{n\to\infty} \frac{5n}{\sqrt[3]{n^3\cdot\left(1+\frac{4}{n}-\frac{1}{n^3}\right)}} = \lim_{n\to\infty} \frac{5n}{n\cdot\sqrt[3]{1+\frac{4}{n}-\frac{1}{n^3}}}$$

$$= \lim_{n\to\infty} \frac{5}{\sqrt[3]{1+\frac{4}{n}-\frac{1}{n^3}}} = \frac{5}{\sqrt[3]{1+0-0}} = 5.$$

viii) Für alle natürlichen Zahlen $n \geq 1$ gilt:

$$-\frac{1}{n} \leq \frac{\cos\left(\frac{1}{2}\pi n\right)}{n} \leq \frac{1}{n}.$$

Da $\left\{-\frac{1}{n}\right\}_{n=1}^{\infty}$ und $\left\{\frac{1}{n}\right\}_{n=1}^{\infty}$ Nullfolgen sind, folgt aus dem Satz über die Einschachtelung von Folgen, dass die Folge $\left\{\frac{\cos\left(\frac{1}{2}\pi n\right)}{n}\right\}_{n=1}^{\infty}$ gegen 0 konvergiert.

ix)

$$\lim_{n\to\infty} \left(\frac{n+1}{n}\right)^{3n-1} = \lim_{n\to\infty} \left(\frac{n+1}{n}\right)^{3n} \cdot \left(\frac{n+1}{n}\right)^{-1}$$

$$= \lim_{n\to\infty} \left(\left(1+\frac{1}{n}\right)^n\right)^3 \cdot \left(1+\frac{1}{n}\right)^{-1} = e^3 \cdot 1^{-1} = e^3.$$

Lösung 2.4

i) a) $a_n = 2n, b_n = -n$,   b) $a_n = n, b_n = -2n$,   c) $a_n = n+1, b_n = -n$.

ii) a) $a_n = n^2, b_n = \frac{1}{n}$,   b) $a_n = n^2, b_n = -\frac{1}{n}$,   c) $a_n = n, b_n = \frac{1}{n}$.

Lösung 2.5

i) 1.) Induktionsanfang: $|a_0| = |0| \leq 3$

2.) Induktionsannahme: Wir nehmen an, dass $|a_n| \leq 3$ für ein $n \in \mathbb{N}$ gilt.

3.) Induktionsschluss: Wir müssen zeigen: $|a_n| \leq 3 \Rightarrow |a_{n+1}| \leq 3$

Es gilt:

$$|a_{n+1}| = \left|\frac{1}{6}\left(9+a_n^2\right)\right| = \frac{1}{6}|(9+\underbrace{a_n^2}_{\leq 9})| \leq \frac{1}{6}|9+9| = 3.$$

ii) Wir zeigen, dass $a_{n+1} - a_n \geq 0$ ist.

$$a_{n+1} - a_n = \frac{1}{6}(9 + a_n^2) - a_n = \frac{1}{6}(9 + a_n^2 - 6a_n) = \frac{1}{6}\underbrace{(3 - a_n)^2}_{\geq 0} \geq 0.$$

iii) Die Folge ist nach i) und ii) beschränkt und monoton ist und somit konvergent. Sei a der Grenzwert, dann gilt $\lim\limits_{n \to \infty} a_n = a = \lim\limits_{n \to \infty} a_{n+1}$ und somit

$$a = \lim_{n \to \infty} a_{n+1} = \lim_{n \to \infty} \frac{1}{6}\left(9 + a_n^2\right) = \frac{1}{6}\left(9 + \left(\lim_{n \to \infty} a_n\right)^2\right) = \frac{1}{6}(9 + a^2).$$

Die hieraus gewonnene Gleichung $a = \frac{1}{6}(9 + a^2)$ für den Grenzwert formen wir um:

$$a = \frac{1}{6}(9 + a^2) \Leftrightarrow 0 = \frac{1}{6}(9 + a^2) - a = \frac{1}{6}(9 + a^2 - 6a) = \frac{1}{6}(a - 3)^2.$$

Also ist $\lim\limits_{n \to \infty} a_n = 3$.

Lösung 2.6

i) In allen Fällen verwenden wir die geometrische Reihe $\sum\limits_{k=0}^{\infty} q^k = \dfrac{1}{1 - q}$ für $|q| < 1$.

a)
$$\sum_{k=0}^{\infty}\left(\frac{1}{5}\right)^k = \frac{1}{1 - \frac{1}{5}} = \frac{5}{4},$$

b)
$$\sum_{k=2}^{\infty}\left(\frac{1}{3}\right)^k = \sum_{k=0}^{\infty}\left(\frac{1}{3}\right)^k - 1 - \frac{1}{3} = \frac{1}{1 - \frac{1}{3}} - \frac{4}{3} = \frac{3}{2} - \frac{4}{3} = \frac{1}{6},$$

c)
$$\sum_{k=1}^{\infty}\left(-\frac{1}{2}\right)^k = \sum_{k=0}^{\infty}\left(-\frac{1}{2}\right)^k - 1 = \frac{1}{1 + \frac{1}{2}} - 1 = \frac{2}{3} - 1 = -\frac{1}{3}.$$

ii) a) Es gilt:

$$s_n = \frac{1}{n^3}\sum_{k=1}^{n} 3k = \frac{3}{n^3}\sum_{k=1}^{n} k = \frac{3}{n^3}\frac{n(n + 1)}{2}$$
$$= \frac{3}{2n^3}n^2\left(1 + \frac{1}{n}\right) = \frac{3}{2n}\left(1 + \frac{1}{n}\right).$$

Also ist $\lim\limits_{n \to \infty} s_n = \lim\limits_{n \to \infty} \dfrac{3}{2n}\left(1 + \dfrac{1}{n}\right) = 0$.

b) Es ist:

$$\sum_{k=2}^{n}\frac{1}{k+1} - \sum_{k=3}^{n+3}\frac{1}{k-1} = \sum_{k=2}^{n}\frac{1}{k+1} - \sum_{k=1}^{n+1}\frac{1}{k+1}$$

$$= \sum_{k=2}^{n}\frac{1}{k+1} - \frac{1}{2} - \sum_{k=2}^{n}\frac{1}{k+1} - \frac{1}{n+2}$$

$$= -\frac{1}{2} - \frac{1}{n+2}.$$

Demnach ist $\lim\limits_{n\to\infty} s_n = \lim\limits_{n\to\infty} -\frac{1}{2} - \frac{1}{n+2} = -\frac{1}{2}.$

c) Wir formen s_n wie folgt um:

$$s_n = \sum_{k=3}^{n}\frac{1}{2k-1} - \sum_{k=2}^{n}\frac{1}{2k+3} = \sum_{k=1}^{n-2}\frac{1}{2(k+2)-1} - \sum_{k=2}^{n}\frac{1}{2k+3}$$

$$= \sum_{k=1}^{n-2}\frac{1}{2k+3} - \sum_{k=2}^{n}\frac{1}{2k+3}$$

$$= \frac{1}{5} + \sum_{k=2}^{n-2}\frac{1}{2k+3} - \sum_{k=2}^{n-2}\frac{1}{2k+3} - \frac{1}{2(n-1)+3} - \frac{1}{2n+3}$$

$$= \frac{1}{5} - \frac{1}{2n+1} - \frac{1}{2n+3}.$$

Somit ist $\lim\limits_{n\to\infty} s_n = \lim\limits_{n\to\infty} \frac{1}{5} - \frac{1}{2n+1} - \frac{1}{2n+3} = \frac{1}{5}.$

Lösung 2.7

i) 1.) $-1 < b < 1$: $\lim\limits_{n\to\infty} b^n = 0$ und

$$\lim_{n\to\infty}\frac{a\,b^n + c}{b^n + 1} = \frac{a\left(\lim\limits_{n\to\infty} b^n\right) + c}{\left(\lim\limits_{n\to\infty} b^n\right) + 1} = c.$$

2.) $b = 1$: $\lim\limits_{n\to\infty} b^n = 1$ und

$$\lim_{n\to\infty}\frac{a\,b^n + c}{b^n + 1} = \frac{a + c}{2}.$$

3.) $1 < b$: $\lim\limits_{n\to\infty}\frac{1}{b^n} = 0$ und

$$\lim_{n\to\infty}\frac{a\,b^n + c}{b^n + 1} = \lim_{n\to\infty}\frac{a + c\,\frac{1}{b^n}}{1 + \frac{1}{b^n}} = a.$$

ii)
$$\lim_{n\to\infty} \frac{a\left(\frac{1}{2}\right)^n + c}{2^n + 1} = 0$$

wegen:
$$\lim_{n\to\infty}\left(a\left(\frac{1}{2}\right)^n + c\right) = c \text{ und } \lim_{n\to\infty}\frac{1}{2^n + 1} = 0.$$

iii)
$$\lim_{n\to\infty} \frac{a\,2^n + c}{\left(\frac{1}{2}\right)^n + 1} = \infty,$$

wegen:
$$\lim_{n\to\infty}\left(a\,2^n + c\right) = \infty \text{ und } \lim_{n\to\infty}\frac{1}{\left(\frac{1}{2}\right)^n + 1} = 1.$$

Lösung 2.8
Zahlenwerte für $a_0, \ldots, a_7$:

$a_0 = 1, a_1 = 0{,}5, a_2 = 2, a_3 = 3{,}375, a_4 = 4, a_5 = 3{,}90625, a_6 = 3{,}375, a_7 = 2{,}67969.$

Behauptung: $a_{n+1} < a_n$ für $n \geq 4$. Beweis:

$$\frac{a_{n+1}}{a_n} = \frac{\frac{(n+1)^3}{2^{n+1}}}{\frac{n^3}{2^n}} = \frac{1}{2}\left(\frac{n+1}{n}\right)^3 = \frac{1}{2}\left(1 + \frac{1}{n}\right)^3.$$

Zeige für $n \geq 4$:
$$\left(1 + \frac{1}{n}\right)^3 < 2.$$

Für $n = 4$:
$$\left(1 + \frac{1}{4}\right)^3 = \frac{5^3}{4^3} = \frac{125}{64} < 2.$$

Die Folge $1 + \frac{1}{n}$ ist streng monoton fallend und damit auch die Folge $(1 + \frac{1}{n})^3$. Also gilt für $n \geq 4$: $\left(1 + \frac{1}{n}\right)^3 < 2$. Insgesamt: $a_{n+1} < a_n$ für $n \geq 4$. Außerdem $0 < a_n$: a_n konvergiert. Sei $\lim_{n\to\infty} a_n = a$, dann $\lim_{n\to\infty} a_{n+1} = a$. Mit $\lim_{n\to\infty}\left(1 + \frac{1}{n}\right)^3 = 1$ und

$$a_{n+1} = \frac{1}{2}a_n\left(1 + \frac{1}{n}\right)^3$$

folgt $a = \frac{1}{2}a$. Also $\lim_{n\to\infty} a_n = a = 0$.

Lösung 2.9

i) Behauptung: $a_n = b^{\frac{1}{2^n}}$.

Induktionsanfang: $n = 0$: $a_0 = b^1 = b^{\frac{1}{2^0}}$.

Induktionsannahme: für ein $n > 0$ gilt: $a_n = b^{\frac{1}{2^n}}$.

Induktionsschluss:

$$a_{n+1} = \sqrt{a_n} = \sqrt{b^{\frac{1}{2^n}}} = b^{\frac{1}{2^n}\frac{1}{2}} = b^{\frac{1}{2^{n+1}}}.$$

Die Folge $a_n = b^{\frac{1}{2^n}} = \sqrt[2^n]{b}$ ist eine Teilfolge der Folge $a_m = \sqrt[m]{b}$. Mit $\lim_{m \to \infty} \sqrt[m]{b} = 1$ folgt $\lim_{n \to \infty} \sqrt[2^n]{b} = 1$.

ii) Behauptung: $a_n > 0$. Induktionsanfang: $n = 0$: $a_0 = b > 0$. Induktionsannahme: für ein $n > 0$ gilt: $a_n > 0$. Induktionsschluss: $a_{n+1} = \sqrt{b + a_n} > \sqrt{b} > 0$.

Wenn es einen Grenzwert $a = \lim_{n \to \infty} a_n$ gibt, muss gelten $a^2 = b + a$. Also: $a = \frac{1}{2} + \sqrt{\frac{1}{4} + b}$:

1) $b = 2$. Daraus folgt $a_n = 2$, $n \geq 1$, und $a = 2$.

2) $b > 2$. Behauptung: $a_{n+1} < a_n$. Induktionsanfang: $a_1 = \sqrt{b + a_0} = \sqrt{2b} < \sqrt{b^2} = b = a_0$. Induktionsannahme: für ein $n > 0$ gilt: $a_{n+1} < a_n$. Induktionsschluss: $a_{n+1} < a_n \Rightarrow b + a_{n+1} < b + a_n \Rightarrow \sqrt{b + a_{n+1}} < \sqrt{b + a_n} \Rightarrow a_{n+2} < a_{n+1}$.

Die Folge a_n ist monoton fallend und nach unten beschränkt. Die Folge konvergiert:

$\lim_{n \to \infty} a_n = \frac{1}{2} + \sqrt{\frac{1}{4} + b}$.

3) $b < 2$. Behauptung: $a_n < \frac{1}{2} + \sqrt{\frac{1}{4} + b}$. Induktionsanfang: $n = 0$: $b \leq \frac{1}{2} \Rightarrow a_0 = b \leq \frac{1}{2} + \sqrt{\frac{1}{4} + b}$. $\frac{1}{2} < b < 2 \Rightarrow b^2 < 2b \Rightarrow b^2 - b + \frac{1}{4} < \frac{1}{4} + b \Rightarrow \left(b - \frac{1}{2}\right)^2 < \frac{1}{4} + b \Rightarrow a_0 = b < \frac{1}{2} + \sqrt{\frac{1}{4} + b}$.

Behauptung: $a_{n+1} > a_n$. Induktionsanfang: $a_1 = \sqrt{b + a_0} = \sqrt{2b} > \sqrt{b^2} = b = a_0$. Induktionsannahme: für ein $n > 0$ gilt: $a_{n+1} > a_n$. Induktionsschluss: $a_{n+1} > a_n \Rightarrow b + a_{n+1} > b + a_n \Rightarrow \sqrt{b + a_{n+1}} > \sqrt{b + a_n} \Rightarrow a_{n+2} > a_{n+1}$.

Die Folge a_n ist monoton wachsend und nach oben beschränkt.

Die Folge konvergiert: $\lim_{n \to \infty} a_n = \frac{1}{2} + \sqrt{\frac{1}{4} + b}$.

17.3 Lösungen zu Funktionen

Lösung 3.1

i) Der Radikand darf nicht negativ sein, und der Nenner darf nicht null sein:

$$(-x + 1 \geq 0 \text{ und } x + 4 \neq 0) \Leftrightarrow (x \leq 1 \text{ und } x \neq 4).$$

Somit ist $\mathbb{D} = (-\infty, 1]$.

ii) Das Argument des Logarithmus muss positiv sein:

$$2x + 7 > 0 \Leftrightarrow 2x > -7 \Leftrightarrow x > -\frac{7}{2}.$$

Somit ist $\mathbb{D} = \left(-\frac{7}{2}, \infty\right)$.

Lösung 3.2

i) Injektivität: Sie ist nicht injektiv, da beispielsweise $f(0) = f(-8)$, aber $0 \neq -8$ ist.
Surjektivität: Sie ist auch nicht surjektiv, denn für $-20 \in \mathbb{R}$ gilt:

$$f(x) = -20 \Leftrightarrow x^2 + 8x = -20 \Leftrightarrow (x + 4)^2 = -4.$$

Die Gleichung $f(x) = -20$ hat also in $\mathbb{R}$ keine Lösung.
Bijektivität: Die Funktion f ist nicht injektiv bzw. surjektiv, also ist sie auch nicht bijektiv.

ii) Injektivität: Die Funktion ist injektiv:

$$f(x_1) = f(x_2) \Leftrightarrow -\frac{1}{3}x_1 - 4 = -\frac{1}{3}x_2 - 4 \Leftrightarrow -\frac{1}{3}x_1 = -\frac{1}{3}x_2 \Leftrightarrow x_1 = x_2.$$

Surjektivität: Sie ist auch surjektiv. Sei $y \in \mathbb{R}$, dann gilt:

$$f(x) = y \Leftrightarrow -\frac{1}{3}x - 4 = y \Leftrightarrow -\frac{1}{3}x = y + 4 \Leftrightarrow x = -3y - 12.$$

Für jedes $y \in \mathbb{R}$ hat demnach die Gleichung $f(x) = y$ eine Lösung im Definitionsbereich von f.
Bijektivität: Die Funktion f ist injektiv und surjektiv ist und damit bijektiv. Die Umkehrfunktion ergibt sich aus der Rechnung zur Surjektivität mit $f^{-1} : \mathbb{R} \to \mathbb{R}$, $f^{-1}(x) = -3x - 12$.

Eine Zeichnung des Graphen hilft nun, auf die richtige Idee zu kommen (Abb. 17.3).

iii) Injektivität: Die Funktion ist injektiv. Seien $x_1, x_2 \in \mathbb{R}$ und sei $f(x_1) = f(x_2)$. Wir machen eine Fallunterscheidung nach der Lage von x_1 und x_2.

1. Fall: $x_1, x_2 \leq -1$. Dann ist $f(x_1) = f(x_2) \Leftrightarrow \frac{1}{x_1} = \frac{1}{x_2} \Leftrightarrow x_1 = x_2$.
2. Fall: $x_1 \leq -1$ und $x_2 > -1$. Dann ist $f(x_1) = \frac{1}{x_1} \geq -1$ und $f(x_2) = -x_2^2 - 2x_2 - 3 = -(x_2^2 + 2x_2) - 3 = -(x_2 + 1)^2 - 2 \leq -2$. Also kann $f(x_1) = f(x_2)$ nicht gelten.
2. Fall: $x_1, x_2 > -1$. Dann gilt:

$$f(x_1) = f(x_2) \Leftrightarrow -x_1^2 - 2x_1 - 3 = -x_2^2 - 2x_2 - 3$$
$$\Leftrightarrow -(x_1 + 1)^2 - 2 = -(x_2 + 1)^2 - 2 \Leftrightarrow |x_1 + 1| = |x_2 + 1|$$
$$\Leftrightarrow x_1 + 1 = \pm(x_2 + 1) \Leftrightarrow (x_1 = -x_2 - 2 \text{ oder } x_1 = x_2)$$

Der Fall $x_1 = -x_2 - 2$ tritt nicht ein, denn da nach Voraussetzung $x_2 > -1$ ist, ist $-x_2 < 1$ und somit $x_1 = -x_2 - 2 < -1$ im Widerspruch zu $x_1 > -1$.

Surjektivität: Dass f nicht surjektiv ist, ergibt sich aus der obigen Rechnung. Die Funktion f nimmt nur negative Werte an.

Bijektivität: Da f nicht surjektiv ist, ist f nicht bijektiv (Abb. 17.3).

iv) Injektivität: Da $f(0) = 0 = f(1)$, aber $0 \neq 1$ ist, ist f nicht injektiv.

   Surjektivität: Wir zeigen, dass f surjektiv ist. Sei $y \in \mathbb{R}$ und $f(x) = y$.

   1. Fall: $x \geq 0$. Dann gilt:

$$f(x) = y \Leftrightarrow x - x^2 = y \Leftrightarrow x^2 - x = -y \Leftrightarrow \left(x - \frac{1}{2}\right)^2 = -y + \frac{1}{4}.$$

   Die Gleichung ist genau dann in $\mathbb{R}$ lösbar, wenn $-y + \frac{1}{4} \geq 0$, also $y \leq \frac{1}{4}$ ist.

   2. Fall: $x < 0$. Dann ist:

$$f(x) = y \Leftrightarrow x + x^2 = y \Leftrightarrow \left(x + \frac{1}{2}\right)^2 = y + \frac{1}{4}.$$

   Lösbar in $\mathbb{R}$ ist diese Gleichung also für alle $y > -\frac{1}{4}$. Damit sind alle $y \in \mathbb{R}$ abgedeckt und wir haben gezeigt, dass f surjektiv ist.

   Bijektivität: Da f nicht injektiv ist, ist f nicht bijektiv (Abb. 17.3).

Lösung 3.3

i) Es ist:

$$\lim_{n \to \infty} f(a_n) = \lim_{n \to \infty} -\left(3 - \frac{1}{n}\right)^2 + 4 \cdot \left(3 - \frac{1}{n}\right) + 1$$
$$= -(3 - 0)^2 + 4 \cdot (3 - 0) + 1 = 4,$$
$$\lim_{n \to \infty} f(b_n) = \lim_{n \to \infty} -\left(3 + \frac{1}{n}\right)^2 + 4 \cdot \left(3 + \frac{1}{n}\right) + 1$$
$$= -(3 + 0)^2 + 4 \cdot (3 + 0) + 1 = 4.$$

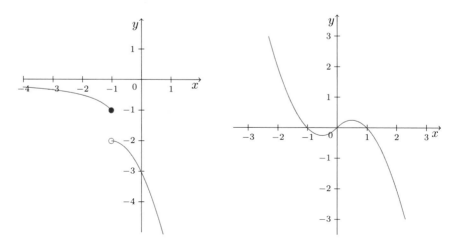

Abb. 17.3 Die Funktion $f(x) = \frac{1}{x}, x \leq -1$, $f(x) = -x^2 - 2x - 3, x > -1$, (links) und die Funktion $f(x) = x - x|x|$ (rechts)

Alternativ können wir die Grenzwerte auch unter Verwendung der Stetigkeit von f berechnen, denn wegen der Stetigkeit gilt $\lim\limits_{n\to\infty} f(a_n) = f\left(\lim\limits_{n\to\infty} a_n\right) = f(3) = 4$. Analog für $\lim\limits_{n\to\infty} f(b_n)$.

ii) Wegen $a_n < 3$ für alle $n \in \mathbb{N}$ ist:

$$\lim_{n\to\infty} f(a_n) = \lim_{n\to\infty} 4 \cdot \left(3 - \frac{1}{n}\right) - \left(3 - \frac{1}{n}\right)^2 = 4 \cdot 3 - 3^2 = 3.$$

Für alle $n \in \mathbb{N}$ ist $b_n > 3$, also gilt:

$$\lim_{n\to\infty} f(b_n) = \lim_{n\to\infty} \frac{\left(3 + \frac{1}{n}\right)^2}{3 + \frac{1}{n} + 2} = \frac{3^2}{3 + 2} = \frac{9}{5}.$$

Lösung 3.4

i) $\lim\limits_{x\to-5} \dfrac{x^2 - 25}{2x + 10} = \lim\limits_{x\to-5} \dfrac{(x + 5)(x - 5)}{2(x + 5)} = \lim\limits_{x\to-5} \dfrac{x - 5}{2} = \dfrac{-5 - 5}{2} = -5,$

ii) $\lim\limits_{x\to1} \dfrac{\frac{3}{\sqrt{x}} - 3}{\sqrt{x} - 1} = \lim\limits_{x\to1} \dfrac{\frac{3 - 3\sqrt{x}}{\sqrt{x}}}{\sqrt{x} - 1} = \lim\limits_{x\to1} \dfrac{-3(\sqrt{x} - 1)}{\sqrt{x}} \cdot \dfrac{1}{\sqrt{x} - 1} = \lim\limits_{x\to1} -\dfrac{3}{\sqrt{x}} = -3,$

iii)

$$\lim_{x \to -\infty} \frac{(x+1)^2 - (x-1)^2}{3x + 5} = \lim_{x \to -\infty} \frac{x^2 + 2x + 1 - (x^2 - 2x + 1)}{3x + 5}$$

$$= \lim_{x \to -\infty} \frac{4x}{3x + 5} = \lim_{x \to -\infty} \frac{4x}{x \left(3 + \frac{5}{x} \right)}$$

$$= \lim_{x \to -\infty} \frac{4}{3 + \frac{5}{x}} = \frac{4}{3},$$

iv) $\lim_{x \to 1} \dfrac{\frac{1}{x^2} - \frac{1}{x}}{x - 1} = \lim_{x \to 1} \dfrac{\frac{1-x}{x^2}}{x - 1} = \lim_{x \to 1} \dfrac{1 - x}{x^2} \cdot \dfrac{1}{x - 1} = \lim_{x \to 1} -\dfrac{1}{x^2} = -1,$

v)

$$\lim_{x \to \infty} \sqrt{4x^2 + 3x} - 2x = \lim_{x \to \infty} \frac{(\sqrt{4x^2 + 3x} - 2x)(\sqrt{4x^2 + 3x} + 2x)}{\sqrt{4x^2 + 3x} + 2x}$$

$$= \lim_{x \to \infty} \frac{4x^2 + 3x - 4x^2}{\sqrt{4x^2 + 3x} + 2x} = \lim_{x \to \infty} \frac{3x}{\sqrt{4x^2 + 3x} + 2x}$$

$$= \lim_{x \to \infty} \frac{3x}{\sqrt{x^2 \left(4 + \frac{3}{x} \right)} + 2x} = \lim_{x \to \infty} \frac{3x}{x \sqrt{4 + \frac{3}{x}} + 2x}$$

$$= \lim_{x \to \infty} \frac{3}{\sqrt{4 + \frac{3}{x}} + 2} = \frac{3}{4},$$

vi) $\lim_{x \to -\infty} \dfrac{1 - 3x + 8x^2}{-2x^2 + 10x + 4} = \lim_{x \to -\infty} \dfrac{x^2 \left(\frac{1}{x^2} - \frac{3}{x} + 8 \right)}{x^2 \left(-2 + \frac{10}{x} + \frac{4}{x^2} \right)} = \lim_{x \to \infty} \dfrac{\frac{1}{x^2} - \frac{3}{x} + 8}{-2 + \frac{10}{x} + \frac{4}{x^2}} = 2.$

Lösung 3.5

i) An allen Stellen $x \neq -2$ ist f stetig, da f dort Quotient stetiger Funktionen ist. Für die Stelle $x = -2$ berechnen wir die einseitigen Grenzwerte:

$$\lim_{x \to -2^+} f(x) = \lim_{x \to -2^+} \frac{x^3 + 8}{x + 3} = \frac{-8 + 8}{1} = 0,$$

$$\lim_{x \to -2^-} f(x) = \lim_{x \to -2^-} \frac{x^2 + 5x + 6}{x + 2} = \lim_{x \to -2^-} \frac{(x+2)(x+3)}{x + 2} = \lim_{x \to -2^-} x + 3 = 1.$$

Da die einseitigen Grenzwerte verschieden sind, existiert der Grenzwert nicht, und die Funktion ist an der Stelle $x = -2$ nicht stetig.

ii) An Stellen $x \neq 0$ ist f Komposition und Summe/Differenz stetiger Funktion und somit stetig an diesen Stellen. An der Stelle $x = 0$ berechnen wir wieder zunächst die einseitigen Grenzwerte:

$$\lim_{x \to 0^+} \ln(x + 1) = \ln(0 + 1) = 0 \quad \text{und} \quad \lim_{x \to 0^-} e^x - 1 = e^0 - 1 = 0.$$

Somit ist $\lim\limits_{x \to 0} f(x) = 0$. Wegen $f(0) = e^0 - 1 = 0$ ist f an der Stelle 0 stetig.

Lösung 3.6

i)

$$\ln(4x + 28) = \frac{1}{2}\ln(16x^2) + 3\ln(2)$$

$$\Leftrightarrow \ln(4x + 28) = \ln(\sqrt{16x^2}) + \ln(2^3)$$

$$\Leftrightarrow \ln(4x + 28) = \ln(4x \cdot 8)$$

$$\Leftrightarrow 4x + 28 = 32x$$

$$\Leftrightarrow -28x = -28$$

$$\Leftrightarrow x = 1 > 0,$$

ii)

$$2e^{2x+1} - 10e^{x+1} + 10e = 2e$$

$$\Leftrightarrow 2e^{2x} - 10e^x + 10 = 2$$

$$\Leftrightarrow 2e^{2x} - 10e^x + 8 = 0$$

$$\Leftrightarrow e^{2x} - 5e^x + 4 = 0$$

$$\overset{z:=e^x}{\Leftrightarrow} z^2 - 5z + 4 = 0$$

$$\Leftrightarrow (z - 1)(z - 4) = 0$$

$$\Leftrightarrow (z = 1 \text{ oder } z = 4)$$

$$\Leftrightarrow (e^x = 1 \text{ oder } e^x = 4)$$

$$\Leftrightarrow (x = 0 \text{ oder } x = \ln(4)).$$

Lösung 3.7

Wir setzen $g(x) = x^2 - 1$ für $x \geq 0$ und bekommen: $x = g^{-1}(y) = \sqrt{y + 1}$ für $y \geq -1$. Es gilt also $f(g(x)) = x^4 + x^2$ und

$$f(y) = f(g(g^{-1}(y))) = \left(\sqrt{y + 1}\right)^4 + \left(\sqrt{y + 1}\right)^2$$

$$= y^2 + 3y + 2.$$

Wir bekommen die Funktion $f(x) = x^2 + 3x + 2$, $x \geq -1$.

Lösung 3.8

Umformen:

$$\cos(-2\,x + 3) = \cos\left(2\left(-x + \frac{3}{2}\right)\right).$$

Kosinuswerte:

$$\cos(x) = \frac{1}{2} \iff x = \left(\pm\frac{1}{3} + 2\,k\right)\pi, k \in \mathbb{Z}.$$

$$\cos(2\,x) = \frac{1}{2} \iff x = \left(\pm\frac{1}{6} + k\right)\pi, k \in \mathbb{Z}.$$

Ungleichung für die äußere Funktion (Abb. 17.4):

$$\cos(2\,x) \geq \frac{1}{2} \iff \left(-\frac{1}{6} + k\right)\pi \leq x \leq \left(\frac{1}{6} + k\right), k \in \mathbb{Z}.$$

Ungleichung für die innere Funktion:

$$\left(-\frac{1}{6} + k\right)\pi \leq -x + \frac{3}{2} \leq \left(\frac{1}{6} + k\right)\pi, k \in \mathbb{Z},$$

Äquivalent mit:

$$\left(-\frac{1}{6} - k\right)\pi + \frac{3}{2} \leq x \leq \left(\frac{1}{6} - k\right)\pi + \frac{3}{2}, k \in \mathbb{Z},$$

bzw.

$$\left(-\frac{1}{6} + k\right)\pi + \frac{3}{2} \leq x \leq \left(\frac{1}{6} + k\right)\pi + \frac{3}{2}, k \in \mathbb{Z}.$$

Damit hat man zugleich die Lösungen für $\cos(-2\,x + 3) \geq \frac{1}{2}$.

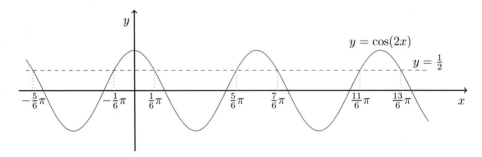

Abb. 17.4 Ungleichung für die äußere Funktion. Löungsintervalle $k = 0$: $-\frac{1}{6}\pi \leq \frac{1}{6}\pi$, $k = 1$: $\frac{5}{6}\pi \leq \frac{7}{6}\pi$, $k = 2$: $\frac{11}{6}\pi \leq \frac{13}{6}\pi$,...

Lösung 3.9

Mit der Betragsdefinition:

$$f_1(x) = \begin{cases} 2x + 1\,, & x \geq 0, \\ 1\,, & x < 0, \end{cases} \quad \text{und} \quad f_2(x) = \begin{cases} x^2\,, & x \geq 0, \\ -x^2\,, & x < 0. \end{cases}$$

Da $f_1(x) = 1$ für alle $x \leq 0$ gibt es keine Umkehrfunktion (Abb. 17.3).

Umkehrfunktion von f_2 (Abb. 17.5):

$$f_2^{-1} = \begin{cases} \sqrt{x}\,, & x \geq 0, \\ -\sqrt{-x}\,, & x < 0. \end{cases}$$

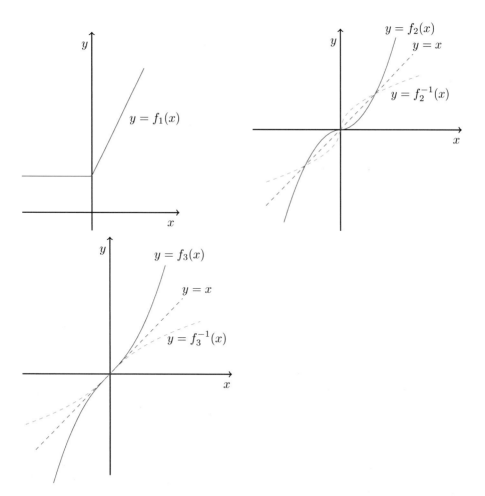

Abb. 17.5 Die Funktionen $y = f_1(x)$ (links oben), $y = f_2(x)$ mit Umkehrfunktion (rechts oben) und $y = f_3(x)$ mit Umkehrfunktion (unten links)

Betrachte Gleichung: $x\sqrt{x^2 + 1} = y$. Es gilt: $x \geq 0 \Leftrightarrow y \geq 0$.

Quadrieren: $x^2(x^2 + 1) = y^2 \Leftrightarrow x^2 = -\frac{1}{2} + \frac{1}{2}\sqrt{1 + 4y^2}$. Schließlich: $x = \sqrt{-\frac{1}{2} + \frac{1}{2}\sqrt{1 + 4y^2}}$, $y \geq 0$, und $x = -\sqrt{-\frac{1}{2} + \frac{1}{2}\sqrt{1 + 4y^2}}$, $y < 0$, (Abb. 17.5)

$$f_3^{-1}(x) = \begin{cases} \sqrt{-\frac{1}{2} + \frac{1}{2}\sqrt{1 + 4x^2}}, & x \geq 0, \\ -\sqrt{-\frac{1}{2} + \frac{1}{2}\sqrt{1 + 4x^2}}, & x < 0. \end{cases}$$

17.4 Lösungen zu Differentiation

Lösung 4.1

Wir müssen den Grenzwert $\lim\limits_{x \to x_0} \dfrac{f(x) - f(x_0)}{x - x_0}$ berechnen.

i)

$$\lim_{x \to 2} \frac{f(x) - f(2)}{x - 2} = \lim_{x \to 2} \frac{x^2 - 4x + 5 - 1}{x - 2} = \lim_{x \to 2} \frac{x^2 - 4x + 4}{x - 2}$$
$$= \lim_{x \to 2} \frac{(x - 2)^2}{x - 2} = \lim_{x \to 2} x - 2 = 0.$$

Die Funktion f ist differenzierbar an der Stelle 2.

ii) Da der Betrag an der Stelle 4 den Wert 0 hat, müssen wir die einseitigen Grenzwerte berechnen.

$$\lim_{x \to 4^+} \frac{f(x) - f(4)}{x - 4} = \lim_{x \to 4^+} \frac{x(x - 4) - 0}{x - 4} = \lim_{x \to 4^+} x = 4,$$
$$\lim_{x \to 4^-} \frac{f(x) - f(4)}{x - 4} = \lim_{x \to 4^-} \frac{x \cdot (-(x - 4)) - 0}{x - 4} = \lim_{x \to 4^-} -x = -4.$$

Der Differentialquotient existiert an der Stelle 4 nicht. Somit f ist nicht differenzierbar an der Stelle 4.

iii)

$$\lim_{x \to 1} \frac{f(x) - f(1)}{x - 1} = \lim_{x \to 1} \frac{\frac{1}{\sqrt{x}} - 1}{x - 1} = \lim_{x \to 1} \frac{\frac{1 - \sqrt{x}}{\sqrt{x}}}{x - 1} = \lim_{x \to 1} \frac{1 - \sqrt{x}}{\sqrt{x}(x - 1)}$$
$$= \lim_{x \to 1} \frac{(1 - \sqrt{x})(1 + \sqrt{x})}{\sqrt{x}(x - 1)(1 + \sqrt{x})} = \lim_{x \to 1} \frac{1 - x}{(x - 1)(\sqrt{x} + x)}$$
$$= \lim_{x \to 1} -\frac{1}{\sqrt{x} + x} = -\frac{1}{2}.$$

Der Differentialquotient an der Stelle 1 existiert, und demzufolge ist f an dieser Stelle differenzierbar.

iv) Hier müssen wir wieder die einseitigen Grenzwerte berechnen.

$$\lim_{x \to 0^+} \frac{f(x) - f(0)}{x - 0} = \lim_{x \to 0^+} \frac{-\frac{1}{2}x + 1 - 1}{x} = \lim_{x \to 0^+} -\frac{1}{2} = -\frac{1}{2},$$

$$\lim_{x \to 0^-} \frac{f(x) - f(0)}{x - 0} = \lim_{x \to 0^-} \frac{\sqrt{-x + 1} - 1}{x} = \lim_{x \to 0^-} \frac{(\sqrt{-x + 1} - 1)(\sqrt{-x + 1} + 1)}{x(\sqrt{-x + 1} + 1)}$$

$$= \lim_{x \to 0^-} \frac{-x + 1 - 1}{x(\sqrt{-x + 1} + 1)} = \lim_{x \to 0^-} -\frac{x}{\sqrt{-x + 1} + 1} = 0.$$

Da die einseitigen Grenzwerte nicht gleich sind, ist f nicht differenzierbar an der Stelle 0.

Lösung 4.2

i) $f'(x) = 13 \cdot 2 \cdot x - 4 = 26x - 4$.

ii) Wegen $f(x) = x^{-\frac{1}{2}} + 7 \ln(x)$ ist: $f'(x) = -\frac{1}{2}x^{-\frac{3}{2}} + 7 \cdot \frac{1}{x} = -\frac{1}{2\sqrt{x^3}} + \frac{7}{x}$.

iii) Unter Verwendung der Produktregel erhalten wir:
$f'(x) = e^x \cos(x) + e^x \cdot (-\sin(x)) = e^x (\cos(x) - \sin(x))$.

iv) Auch hier verwenden wir die Produktregel und bekommen:
$f'(x) = (3x^2 + 2x + 1) \sin(x) + (x^3 + x^2 + x + 1) \cos(x)$.

v) Mit der Quotientenregel gilt:

$$f'(x) = \frac{1 \cdot (x^2 - 6x + 8) - (x - 2) \cdot (2x - 6)}{(x^2 - 6x + 8)^2}$$

$$= \frac{x^2 - 6x + 8 - 2x^2 + 6x + 4x - 12}{(x^2 - 6x + 8)^2} = \frac{-x^2 + 4x - 4}{(x^2 - 6x + 8)^2}.$$

vi) Nach der Quotientenregel ist:

$$f'(x) = \frac{-\sin(x)\sin(x) - \cos(x)\cos(x)}{\sin^2(x)}$$

$$= \frac{-(\sin^2(x) + \cos^2(x))}{\sin^2(x)} = -\frac{1}{\sin^2(x)}.$$

vii) Mit $h(x) = \sqrt{x}$, $g(x) = x^4 + 5x^2 + 8$ ist $f(x) = h(g(x))$. Aus der Kettenregel folgt:
$$f'(x) = h'(g(x)) \cdot g'(x) = \frac{1}{2\sqrt{x^4 + 5x^2 + 8}} \cdot (4x^3 + 10x).$$

viii) Mit $h(x) = 3x^2 + 2x + 1$, $g(x) := \sin(x)$ ist $f(x) = h(g(x))$. Aus der Kettenregel folgt:
$$f'(x) = h'(g(x)) \cdot g'(x) = (6\sin(x) + 2)\cos(x).$$

ix) Wir verwenden die Ketten- und Produktregel, denn mit $h(x) = e^x$, $g(x) = \sqrt{x}$ und $u(x) = \cos(x)$ ist $f(x) = h(g(x) \cdot u(x))$. Somit ist:

$$f'(x) = h'(g(x) \cdot u(x)) \cdot (g'(x)u(x) + g(x)u'(x))$$

$$= e^{\sqrt{x}\cos(x)}\left(\frac{1}{2\sqrt{x}} \cdot \cos(x) + \sqrt{x} \cdot (-\sin(x))\right)$$

$$= e^{\sqrt{x}\cos(x)}\left(\frac{\cos(x)}{2\sqrt{x}} - \sqrt{x}\sin(x)\right).$$

x) Hier kommt die Quotienten- und Produktregel zur Anwendung. Mit $g(x) = x$, $h(x) = \ln(x)$ und $u(x) = x - 1$ ist $f(x) = \frac{g(x)h(x)}{u(x)}$ und für die Ableitung von f gilt:

$$f'(x) = \frac{(g'(x)h(x) + g(x)h'(x))u(x) - g(x)h(x)u'(x)}{u^2(x)}$$

$$= \frac{\left(1 \cdot \ln(x) + x \cdot \frac{1}{x}\right)(x - 1) - x\ln(x) \cdot 1}{(x - 1)^2}$$

$$= \frac{x\ln(x) + x - \ln(x) - 1 - x\ln(x)}{(x - 1)^2} = \frac{x - \ln(x) - 1}{(x - 1)^2}.$$

Lösung 4.3

1.) Induktionsanfang: $f'(x) = \dfrac{1 \cdot (1 - x) - x \cdot (-1)}{(1 - x)^2} = \dfrac{1}{(1 - x)^2} = \dfrac{1!}{(1 - x)^{1+1}}.$

2.) Induktionsannahme: Für ein $n \in \mathbb{N}_{>0}$ gilt: $f^{(n)}(x) = \dfrac{n!}{(1 - x)^{n+1}}.$

3.) Induktionsschluss: Wir müssen zeigen: $f^{(n)}(x) = \frac{n!}{(1-x)^{n+1}} \Rightarrow f^{(n+1)}(x) = \frac{(n+1)!}{(1-x)^{n+2}}.$
Wir schreiben $f^{(n)}(x) = \frac{n!}{(1-x)^{n+1}} = n!(1 - x)^{-(n+1)}$ und berechnen die $(n + 1)-$te Ableitung mit der Kettenregel:

$$f^{(n+1)}(x) = (f^{(n)})'(x) = n! \cdot (-(n+1)) \cdot (-1) \cdot (1 - x)^{-(n+1)-1}$$

$$= n!(n + 1)(1 - x)^{-(n+2)} = \frac{(n + 1)!}{(1 - x)^{n+2}}.$$

Lösung 4.4

i) $\displaystyle\lim_{x\to\infty} \frac{x^2 - 2x + 1}{x^2 - 8} = \lim_{x\to\infty} \frac{2x - 2}{2x} = \lim_{x\to\infty} \frac{2}{2} = 1,$

ii) $\displaystyle\lim_{x\to 3} \frac{x^2 - 7x + 12}{x - 3} = \lim_{x\to 3} \frac{2x - 7}{1} = -1,$

iii) $\displaystyle\lim_{x\to\infty} \frac{e^x}{x^3} = \lim_{x\to\infty} \frac{e^x}{3x^2} = \lim_{x\to\infty} \frac{e^x}{6x} = \lim_{x\to\infty} \frac{e^x}{6} = \infty,$

iv) $\displaystyle\lim_{x\to 1} \frac{\ln(x)}{e^{x^3-1} - 1} = \lim_{x\to 1} \frac{\frac{1}{x}}{3x^2 e^{x^3-1}} = \lim_{x\to 1} = \frac{1}{3x^3 e^{x^3-1}} = \frac{1}{3},$

v) $\displaystyle\lim_{x\to 0^+}\frac{\sin(x)}{\sqrt{x}}=\lim_{x\to 0^+}\frac{\cos(x)}{\frac{1}{2\sqrt{x}}}=\lim_{x\to 0^+}2\sqrt{x}\,\cos(x)=0.$

vi) Wir schreiben:

$$\frac{(e^x-1)^3}{x^3}=\left(\frac{e^x-1}{x}\right)^3$$

und berechnen den Grenzwert mit der Regel von de l'Hospital:

$$\lim_{x\to 0}\frac{e^x-1}{x}=\lim_{x\to 0}\frac{e^x}{1}=1.$$

Damit folgt:

$$\lim_{x\to 0}\frac{(e^x-1)^3}{x^3}=1.$$

Lösung 4.5

i) Es gilt:

$$\ln(|x|)=\begin{cases}\ln(x), & x>0,\\ \ln(-x), & x<0,\end{cases}$$

und

$$\frac{d}{dx}\ln(|x|)=\begin{cases}\dfrac{1}{x}, & x>0,\\[2mm] \dfrac{1}{x}, & x<0.\end{cases}$$

Die Funktion $f(x)$ ist erklärt für alle $x\in\mathbb{R}$, $x\neq -1,0,1$ (Abb. 17.6). Für $x=0$ ist $\ln(x)$ nicht erklärt. Für $x=\pm 1$ ist $\ln(|x|)=0$ und $\ln(|\ln(|x|)|)$ nicht erklärt. Nach der Kettenregel gilt:

$$f'(x)=\frac{1}{\ln(|x|)}\frac{1}{x}=\frac{1}{x\,\ln(|x|)},\,x\neq 0,\pm 1.$$

Abb. 17.6 Die Funktion
$f(x)=\ln(|\ln(|x|)|)$ mit den
Geraden $x=\pm 1$

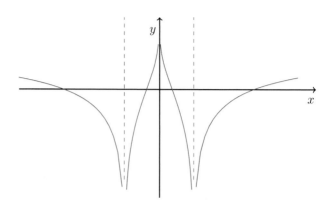

ii) Für $0 < x < 1$ gilt: $|x| = x$ und $\ln(|x|) = \ln(x) < 0$. Somit: $f(x) = \ln(|\ln(|x|)|) = \ln(-\ln(x))$. Ferner: $y = \ln(-\ln(x)) \Rightarrow x = e^{-e^y}$. Die Umkehrfunktion von $f(x)$, $0 < x < 1$, lautet (Abb. 17.7):

$$f^{-1}(x) = e^{-e^x}, \; x \in \mathbb{R}.$$

$$\frac{d}{dx} f^{-1}(x) = -e^{-e^x} e^x.$$

Lösung 4.6

$$
\begin{aligned}
f_2'(x) &= \frac{d}{dx}(h_1(x)h_2'(x) - h_1'(x)h_2(x)) = h_1(x)h_2''(x) - h_1''(x)h_2(x) \\
&= \det \begin{pmatrix} h_1(x) & h_2(x) \\ h_1''(x) & h_2''(x) \end{pmatrix},
\end{aligned}
$$

$$
\begin{aligned}
f_3'(x) &= \frac{d}{dx}(h_1(x)h_2'(x)h_3''(x) + h_1'(x)h_2''(x)h_3(x) + h_1''(x)h_2(x)h_3'(x) \\
&\quad - h_1'(x)h_2(x)h_3''(x) - h_1(x)h_2''(x)h_3'(x) - h_1''(x)h_2'(x)h_3(x)) \\
&= h_1(x)h_2'(x)h_3'''(x) + h_1'(x)h_2''(x)h_3(x) + h_1'''(x)h_2(x)h_3'(x) \\
&\quad - h_1'(x)h_2(x)h_3'''(x) - h_1(x)h_2'''(x)h_3'(x) - h_1'''(x)h_2'(x)h_3(x)) \\
&= \det \begin{pmatrix} h_1(x) & h_2(x) & h_3(x) \\ h_1'(x) & h_2'(x) & h_3'(x) \\ h_1'''(x) & h_2'''(x) & h_3'''(x) \end{pmatrix}.
\end{aligned}
$$

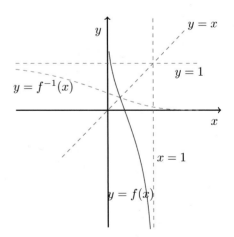

Abb. 17.7 Die Funktion auf $(0, 1)$ eingeschränkte Funktion $f(x) = \ln(|\ln(|x|)|)$, $0 < x < 1$, mit der Umkehrfunktion $f^{-1}(x) = e^{-e^x}, x \in \mathbb{R}$

Allgemeiner Fall nach Definition der Determinante (S_k Menge der Permutationen von k Elementen):

$$f_k(x) = \sum_{\sigma \in S_k} \text{sign}(\sigma) h_{\sigma(1)}^{(0)} h_{\sigma(2)}^{(1)} \cdots h_{\sigma(k-1)}^{(k-2)} h_{\sigma(k)}^{(k-1)}.$$

Produktregel (mehrfach):

$$f_k'(x) = \sum_{\sigma \in S_k} \text{sign}(\sigma) h_{\sigma(1)}^{(1)} h_{\sigma(2)}^{(1)} \cdots h_{\sigma(k-1)}^{(k-2)} h_{\sigma(k)}^{(k-1)}$$

$$\sum_{\sigma \in S_k} \text{sign}(\sigma) h_{\sigma(1)}^{(0)} h_{\sigma(2)}^{(2)} \cdots h_{\sigma(k-1)}^{(k-2)} h_{\sigma(k)}^{(k-1)}$$

$$+ \cdots$$

$$\sum_{\sigma \in S_k} \text{sign}(\sigma) h_{\sigma(1)}^{(0)} h_{\sigma(2)}^{(1)} \cdots h_{\sigma(k-1)}^{(k-1)} h_{\sigma(k)}^{(k-1)}$$

$$+ \sum_{\sigma \in S_k} \text{sign}(\sigma) h_{\sigma(1)}^{(0)} h_{\sigma(2)}^{(1)} \cdots h_{\sigma(k-1)}^{(k-2)} h_{\sigma(k)}^{(k)}.$$

Die ersten $k - 1$ Summanden bilden Determinanten, bei denen jeweils zwei Zeilen gleich sind. Diese Determinanten verschwinden. Nur die letzte Determinante bleibt übrig.

17.5 Lösungen zu Integration

Lösung 5.1

Es ist

$$\underline{S}(f, P) = \sum_{k=1}^{n} \underline{M}_k(f)(x_k - x_{k-1}), \overline{S}(f, P) = \sum_{k=1}^{n} \overline{M}_k(f)(x_k - x_{k-1}) \text{ mit}$$

$$\underline{M}_k(f) = \min_{x \in [x_{k-1}, x_k]} \{f(x)\} \text{ und } \overline{M}_k(f) = \max_{x \in [x_{k-1}, x_k]} \{f(x)\}.$$

i) Da f monoton wachsend ist, ist $\underline{M}(f, k) = f(x_{k-1}) = f\left(\frac{k-1}{n}\right)$ und $\overline{M}(f, k) = f(x_k) = f\left(\frac{k}{n}\right)$.

Untersumme zu P:

$$\underline{S}(f,P) = \sum_{k=1}^{n} f\left(\frac{k-1}{n}\right) \cdot \left(\frac{k}{n} - \frac{k-1}{n}\right) = \sum_{k=1}^{n} \left(2 \cdot \left(\frac{k-1}{n}\right) + 1\right) \cdot \frac{1}{n}$$

$$= \frac{2}{n^2} \sum_{k=1}^{n} k - \frac{2}{n^2} \sum_{k=1}^{n} 1 + \frac{1}{n} \sum_{k=1}^{n} 1 = \frac{2n(n+1)}{2n^2} + \frac{2n}{n^2} + \frac{n}{n}$$

$$= \frac{2n^2 + 2n}{2n^2} - \frac{2}{n} + 1 = 1 + \frac{1}{n} - \frac{2}{n} + 1 = 2 - \frac{1}{n}.$$

Obersumme zu P:

$$\overline{S}(f,P) = \sum_{k=1}^{n} f\left(\frac{k}{n}\right) \cdot \left(\frac{k}{n} - \frac{k-1}{n}\right) = \sum_{k=1}^{n} \left(\frac{2k}{n} + 1\right) \cdot \frac{1}{n} = \frac{2}{n^2} \sum_{k=1}^{n} k + \frac{1}{n} \sum_{k=1}^{n} 1$$

$$= \frac{2n(n+1)}{2n^2} + \frac{n}{n} = \frac{2n^2 + 2n}{2n^2} + 1 = 1 + \frac{1}{n} + 1 = 2 + \frac{1}{n}.$$

Grenzwerte: $\lim\limits_{n\to\infty} \underline{S}(f,P) = \lim\limits_{n\to\infty} \overline{S}(f,P) = 2.$

ii) Die Funktion ist monoton fallend und somit ist $\underline{M}_k(f) = f(x_k) = f\left(\frac{k}{n}\right)$ und

$\overline{M}_k(f) = f(x_{k-1}) = f\left(\frac{k-1}{n}\right).$

Untersumme zu P:

$$\underline{S}(f,P) = \sum_{k=1}^{n} f\left(\frac{k}{n}\right)\left(\frac{k}{n} - \frac{k-1}{n}\right) = \sum_{k=1}^{n} \left(-\frac{k}{n} + 2\right) \cdot \frac{1}{n} = -\frac{1}{n^2} \sum_{k=1}^{n} k + \frac{2}{n} \sum_{k=1}^{n} 1$$

$$= -\frac{n(n+1)}{2n^2} + \frac{2n}{n} = \frac{-n^2 - 2n}{2n^2} + 2 = -\frac{1}{2} - \frac{1}{n} + 2 = \frac{3}{2} - \frac{1}{n}.$$

Obersumme zu P:

$$\overline{S}(f,P) = \sum_{k=1}^{n} f\left(\frac{k-1}{n}\right) \cdot \left(\frac{k}{n} - \frac{k-1}{n}\right) = \sum_{k=1}^{n} \left(-\frac{k-1}{n} + 2\right) \cdot \frac{1}{n}$$

$$= -\frac{1}{n^2} \sum_{k=1}^{n} k + \frac{1}{n^2} \sum_{k=1}^{n} 1 + \frac{2}{n} \sum_{k=1}^{n} 1 = -\frac{n(n+1)}{2n^2} + \frac{n}{n^2} + \frac{2n}{n}$$

$$= \frac{-n^2 - n}{2n^2} + \frac{1}{n} + 2 = -\frac{1}{2} - \frac{1}{2n} + \frac{1}{n} + 2 = \frac{3}{2} + \frac{1}{2n}.$$

Grenzwerte: $\lim\limits_{n\to\infty} \underline{S}(f,P) = \lim\limits_{n\to\infty} \overline{S}(f,P) = \dfrac{3}{2}.$

iii) Weil f monoton wachsend ist, ist $\underline{M}(f,k) = f(x_{k-1}) = f\left(\frac{k-1}{n}\right)$ und $\overline{M}(f,k) =$

$f(x_k) = f\left(\frac{k}{n}\right).$

Untersumme zu P:

$$\underline{S}(f, P) = \sum_{k=1}^{n} f\left(\frac{k}{n}\right)\left(\frac{k}{n} - \frac{k-1}{n}\right) = \sum_{k=1}^{n} 6 \cdot \left(\frac{k-1}{n}\right)^2 \cdot \frac{1}{n} = \frac{6}{n^3} \sum_{k=1}^{n} (k-1)^2$$

$$= \frac{6}{n^3} \sum_{k=0}^{n-1} k^2 = \frac{6}{n^3} \cdot \frac{1}{6}(n-1)(2(n-1)+1)(n+1)$$

$$= \frac{1}{n^3}(n-1)(2n-1)(n+1) = \frac{1}{n^3} \cdot n^3 \left(1 - \frac{1}{n}\right)\left(2 - \frac{1}{n}\right)\left(1 + \frac{1}{n}\right)$$

$$= \left(1 - \frac{1}{n}\right)\left(2 - \frac{1}{n}\right)\left(1 + \frac{1}{n}\right).$$

Obersumme zu P:

$$\overline{S}(f, P) = \sum_{k=1}^{n} f\left(\frac{k}{n}\right)\left(\frac{k}{n} - \frac{k-1}{n}\right) = \sum_{k=1}^{n} 6 \cdot \left(\frac{k}{n}\right)^2 \cdot \frac{1}{n}$$

$$= \frac{6}{n^3} \sum_{k=1}^{n} k^2 = \frac{6}{n^3} \cdot \frac{1}{6}n(2n+1)(n+1) = \frac{1}{n^3} \cdot n^3 \left(2 + \frac{1}{n}\right)\left(1 + \frac{1}{n}\right)$$

$$= \left(2 + \frac{1}{n}\right)\left(1 + \frac{1}{n}\right).$$

Grenzwerte: $\lim\limits_{n\to\infty} \underline{S}(f, P) = \lim\limits_{n\to\infty} \overline{S}(f, P) = 2.$

Lösung 5.2

i) $F'(x) = \dfrac{d}{dx} \displaystyle\int_{1}^{x} t^2 + 4 \, dt = x^2 + 4,$

ii) $F'(x) = \dfrac{d}{dx} \displaystyle\int_{0}^{x} \cos(t^2) \, dt = \cos(x^2).$

iii) Sei G eine Funktion mit $G'(t) = \sqrt{t}$. Dann gilt $F(x) = \displaystyle\int_{0}^{2x} \sqrt{t} \, dt = G(2x) - G(0)$.

Mit der Kettenregel gilt also:

$$F'(x) = \frac{d}{dx}\left(G(2x) - G(0)\right) = \frac{d}{dx}G(2x) - \frac{d}{dx}G(0) = 2\,G'(2x) = 2\sqrt{2x}.$$

iv) Sei G eine Funktion mit $G'(t) = t \cdot e^t$. Dann ist $F(x) = \displaystyle\int_{3}^{x^2+1} t e^t \, dt = G(x^2+1) - G(3)$

und mit der Kettenregel folgt:

$$F'(x) = \frac{d}{dx}\left(G(x^2+1) - G(3)\right) = \frac{d}{dx}G(x^2+1) - \frac{d}{dx}G(3) = 2xG'(x^2+1)$$
$$= 2x(x^2+1)e^{x^2+1}.$$

v) Sei G eine Funktion mit $G'(t) = \sin(t+1)$, dann ist $F(x) = \int\limits_{x+1}^{5x} \sin(t+1) = $

$G(5x) - G(x+1)$ und für die Ableitung von F gilt:

$$F'(x) = \frac{d}{dx}\left(G(5x) - G(x+1)\right) = \frac{d}{dx}G(5x) - \frac{d}{dx}G(x+1)$$
$$= 5\,G'(5x) - G'(x+1) = 5\sin(5x+1) - \sin(x+2).$$

vi) Sei G eine Funktion mit $G'(t) = t \cdot \ln(t)$, dann ist $F(x) = \int\limits_{x^2+x}^{x^3} t \cdot \ln(t)\,dt = G(x^3) - $

$G(x^2+x)$ und

$$F'(x) = \frac{d}{dx}\left(G(x^3) - G(x^2+x)\right) = \frac{d}{dx}G(x^3) - \frac{d}{dx}G(x^2+x)$$
$$= 3x^2\,G'(x^3) - (2x+1)G'(x) = 3x^5\ln(x^3) - (2x+1)(x^2+x)\ln(x^2+x).$$

Lösung 5.3

i) Da die Cosinusfunktion im Intervall $[2\pi, \frac{5\pi}{2}]$ nicht negativ ist, ergibt sich als Fläche direkt:

$$F = \int\limits_{2\pi}^{\frac{5\pi}{2}} \cos(x)\,dx = \sin(x)\Big|_{2\pi}^{\frac{5\pi}{2}} = \sin\left(\frac{5\pi}{2}\right) - \sin(2\pi) = 1 - 0 = 1.$$

ii) Schnittstellen der Graphen (Abb. 17.8): $f(x) = g(x) \Leftrightarrow x^2 - 8x + 16 = -x^2 + 8x - 8 \Leftrightarrow 2x^2 - 16x + 24 = 0 \Leftrightarrow x^2 - 8x + 12 = 0 \Leftrightarrow (x-4)^2 = 4 \Leftrightarrow x - 4 = \pm 2 \Leftrightarrow$ ($x = 2$ oder $x = 6$).
Fläche:

$$F = \int\limits_{2}^{6} (g(x) - f(x))\,dx = \int\limits_{2}^{6} -x^2 + 8x - 8 - x^2 + 8x - 16\,dx$$

$$= \int\limits_{2}^{6} -2x^2 + 16x - 24\,dx = -\frac{2}{3}x^3 + 8x^2 - 24x\Big|_{2}^{6}$$

$$= -144 + 288 - 144 - \left(-\frac{16}{3} + 32 - 48\right) = \frac{64}{3}.$$

Abb. 17.8 Die Funktionen
$f(x) = x^2 - 8x + 16$ und
$g(x) = -x^2 + 8x - 8$

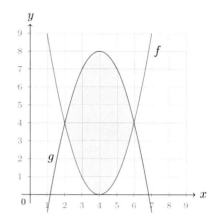

iii) Die Nullstellen der Funktion können wir an der Funktionsgleichung mit $-1, 1$ und 3 ablesen. Für die gesuchte Fläche gilt somit:

$$F = \left| \int_{-2}^{-1} f(x)\,dx \right| + \left| \int_{-1}^{1} f(x)\,dx \right| + \left| \int_{1}^{3} f(x)\,dx \right|$$

$$= \left| \int_{-2}^{-1} (-4x^3 + 12x^2 + 4x - 12)\,dx \right| + \left| \int_{-1}^{1} (-4x^3 + 12x^2 + 4x - 12)\,dx \right|$$

$$+ \left| \int_{1}^{3} (-4x^3 + 12x^2 + 4x - 12)\,dx \right|$$

$$= \left| -x^4 + 4x^3 + 2x^2 - 12x \Big|_{-2}^{-1} \right| + \left| -x^4 + 4x^3 + 2x^2 - 12x \Big|_{-1}^{1} \right|$$

$$+ \left| -x^4 + 4x^3 + 2x^2 - 12x \Big|_{1}^{3} \right|$$

$$= \left| 9 - (-16)) \right| + \left| -7 - 9 \right| + \left| 9 - (-7) \right| = 57.$$

iv) Schnittstellen der Graphen (Abb. 17.9): $f(x) = g(x) \Leftrightarrow -x^2 + 4x + 2 = x^2 - 8x + 12 \Leftrightarrow -2x^2 + 12x - 10 = 0 \Leftrightarrow x^2 - 6x + 5 = 0 \Leftrightarrow (x-3)^2 = 4 \Leftrightarrow (x = 1 \text{ oder } x = 5)$
Fläche:

$$F = \left| \int_{1}^{5} (f(x) - g(x))\,dx \right| = \left| \int_{1}^{5} (-2x^2 + 12x - 10)\,dx \right|$$

$$= \left| -\frac{2}{3}x^3 + 6x^2 - 10x \Big|_{1}^{5} \right| = \left| \frac{50}{3} - \left(-\frac{14}{3} \right) \right| = \frac{64}{3}.$$

Abb. 17.9 Die Funktionen
$f(x) = -x^2 + 4x + 2$ und
$g(x) = x^2 - 8x + 12$

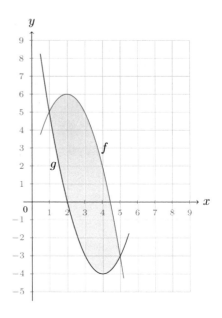

Lösung 5.4

Integral berechnen:

$$\int_0^\pi \sin(x)\, dx = -\cos(x)\, |_0^\pi = 1 - (-1) = 2.$$

Riemannsche Summe (äquidistante Unterteilung in n-Teilintervalle, Funktionswert am rechten Randpunkt):

$$S_n = \sum_{k=1}^{n} \sin\left(\frac{k}{n}\right) \frac{\pi}{n}.$$

Grenzübergang:

$$\lim_{n\to\infty} S_n = \lim_{n\to\infty} \frac{\pi}{n} \sum_{k=1}^{n} \sin\left(\frac{k}{n}\right) = \int_0^\pi \sin(x)\, dx.$$

Integral berechnen:

$$\int_1^b \frac{1}{x}\, dx = \ln(x)\, |_1^b = \ln(b).$$

Riemannsche Summe (äquidistante Unterteilung in n-Teilintervalle, Funktionswert am rechten Randpunkt):

$$S_n = \sum_{k=1}^{n} \frac{1}{1 + k\frac{b-1}{n}} \frac{b-1}{n}.$$

Umformen:

$$S_n = \sum_{k=1}^{n} \frac{b-1}{n + k\,(b-1)}.$$

Grenzübergang:

$$\lim_{n\to\infty} S_n = \lim_{n\to\infty} \sum_{k=1}^{n} \frac{b-1}{n + k\,(b-1)} = \int_{1}^{b} \ln(x)\,dx = \ln(b).$$

Lösung 5.5

i)

$$\int_{a}^{b} x^n dx = \frac{b^{n+1} - a^{n+1}}{n+1} \iff \frac{n+1}{b-a} \int_{a}^{b} x^n dx = \frac{b^{n+1} - a^{n+1}}{b-a}.$$

$$(b-a)\sum_{v=0}^{n} a^v b^{n-v} = \sum_{v=0}^{n} a^v b^{n+1-v} - \sum_{v=0}^{n} a^{v+1} b^{n-v}$$

$$= (a^0 b^{n+1} + a^1 b^n + \cdots + a^{n-1} b^2 + a^n b^1)$$
$$\quad -(a^1 b^n + a^2 b^{n-1} + \cdots + a^n b^1 + a^{n+1} b^0)$$
$$= b^{n+1} - a^{n+1}.$$

ii) Benutze i):

$$\int_{a}^{b} x^n dx = \frac{b-a}{n+1} \sum_{v=0}^{n} a^v b^{n-v} = \frac{b-a}{6} \frac{6}{n+1} \sum_{v=0}^{n} a^v b^{n-v}.$$

Zeige für $n = 0, 1, 2, 3$:

$$\frac{6}{n+1} \sum_{v=0}^{n} a^v b^{n-v} = a^n + 4\left(\frac{a+b}{2}\right)^n + b^n.$$

$n = 0$:

$$6(a^0 b^0) = 6 = a^0 + 4\left(\frac{a+b}{2}\right)^0 + b^0.$$

$n = 1$:

$$\frac{6}{2}(a^0 b^1 + a^1 b^0) = 3a + 3b = a^1 + 4\left(\frac{a+b}{2}\right)^1 + b^1.$$

$n = 2$:

$$\frac{6}{3}(a^0b^2 + a^1b^1 + a^2b^0) = 2a^2 + 2ab + 2b^2 = a^2 + 4\left(\frac{a+b}{2}\right)^2 + b^2.$$

$n = 3$:

$$\frac{6}{4}(a^0b^3 + a^1b^2 + a^2b^1 + a^3b^0) = \frac{3}{2}a^3 + \frac{3}{2}ab^2 + \frac{3}{2}ab^2 + \frac{3}{2}b^3 = a^3 + 4\left(\frac{a+b}{2}\right)^3 + b^3.$$

Lösung 5.6

Für $0 \leq x \leq 2$:

$$F(x) = \int\limits_0^x f(t)dt = \int\limits_0^x t^2dt = \frac{1}{3}x^3.$$

Für $2 \leq x \leq 4$:

$$F(x) = \int\limits_0^x f(t)dt = \int\limits_0^2 f(t)dt + \int\limits_2^x f(t)dt$$

$$= \frac{8}{3} + \int\limits_2^x (t-4)^2dt = \frac{16}{3} + \frac{1}{3}(x-4)^3.$$

Für $4 \leq x \leq 5$:

$$F(x) = \int\limits_0^x f(t)dt = \int\limits_0^4 f(t)dt + \int\limits_4^x f(t)dt$$

$$= \frac{16}{3} + \int\limits_4^x (t-2)dt = \frac{10}{3} + \frac{1}{2}(x-2)^2.$$

Der Hauptsatz garantiert die Differenzierbarkeit von F für $0 \leq x \leq 5$, $x \neq 4$. Für $x_0 = 4$ ergeben unterschiedliche linksseitige und rechtsseitige Ableitungen:

$$\lim_{x \to 4^-} \frac{F(x) - F(4)}{x - 4} = 0, \quad \lim_{x \to 4^+} \frac{F(x) - F(4)}{x - 4} = 2.$$

Die Funktion F ist nicht differenzierbar an der Stelle $x_0 = 4$ (Abb. 17.10).

17.6 Lösungen zu Integrationsregeln, uneigentliche Integration

Lösung 6.1

i)

$$\int \underbrace{(x+1)}_{=f(x)} \underbrace{e^x}_{=g'(x)} dx = (x+1)e^x - \int 1 \cdot e^x \, dx = (x+1)e^x - e^x + c$$

$$= xe^x + c, c \in \mathbb{R},$$

ii)

$$\int \underbrace{\sin(x)}_{=f(x)} \underbrace{\cos(x)}_{=g'(x)} dx = \sin(x)\sin(x) - \int \cos(x)\sin(x) \, dx.$$

Wir sehen, dass wir rechts dasselbe Integral wie links stehen haben. Wir addieren das Integral auf beiden Seiten der Gleichung und teilen durch 2:

$$2\int \sin(x)\cos(x) \, dx = \sin^2(x) + c \Rightarrow \int \sin(x)\cos(x) \, dx = \frac{1}{2}\sin^2(x) + c, c \in \mathbb{R}.$$

Abb. 17.10 Die Funktionen $f(x)$ mit Sprungstelle und $F(x)$

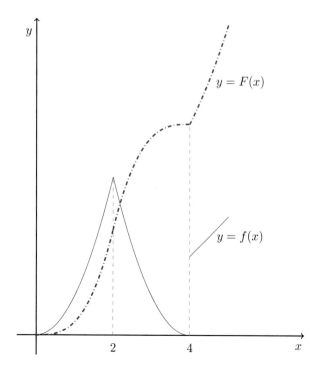

iii)

$$\int \underbrace{\frac{1}{x}}_{=g'(x)} \cdot \underbrace{\ln(x)}_{=f(x)} \, dx = x \ln(x) - \int x \cdot \frac{1}{x} \, dx = x \ln(x) - \int 1 \, dx$$

$$= x \ln(x) - x + c, c \in \mathbb{R},$$

iv)

$$\int \underbrace{(3x^2 + 6x + 8)}_{=f(x)} \underbrace{\cos(x)}_{=g'(x)} = (3x^2 + 6x + 8) \sin(x) - \int \underbrace{(6x + 6)}_{=f(x)} \underbrace{\sin(x)}_{=g'(x)} \, dx$$

$$= (3x^2 + 6x + 8) \sin(x) - \left((6x + 6) \cdot (-\cos(x)) - \int 6 \cdot (-\cos(x)) \, dx \right)$$

$$= (3x^2 + 6x + 8) \sin(x) + (6x + 6) \cos(x) - 6 \int \cos(x) \, dx$$

$$= (3x^2 + 6x + 8) \sin(x) + (6x + 6) \cos(x) - 6 \sin(x) + c$$

$$= (3x^2 + 6x + 2) \sin(x) + (6x + 6) \cos(x) + c, c \in \mathbb{R}.$$

Lösung 6.2

i) Mit $t = 3x - 7$ ist $\frac{dt}{dx} = 3$ und somit $dx = \frac{1}{3} \, dt$. Für das Integral folgt:

$$\int (3x - 7)^9 \, dx = \int t^9 \frac{1}{3} \, dt = \frac{1}{3} \int t^9 \, dt = \frac{1}{3} \cdot \frac{1}{10} t^{10} + c$$

$$= \frac{1}{30} (3x - 7)^{10} + c, c \in \mathbb{R}.$$

ii) Mit der Substitution $t = x^2 + 4$ ist $\frac{dt}{dx} = 2x$ und demnach $dx = \frac{1}{2x} \, dt$. Für das Integral gilt:

$$\int x \cos(x^2 + 4) \, dx = \int x \cos(t) \frac{1}{2x} \, dt = \frac{1}{2} \int \cos(t) \, dt = \frac{1}{2} \sin(t) + c$$

$$= \frac{1}{2} \sin(x^2 + 4) + c, c \in \mathbb{R}.$$

iii) Wir substituieren $t = -3x + 5$ und bekommen $\frac{dt}{dx} = -3$ und folglich $dx = -\frac{1}{3} \, dt$. Berechnung des Integrals:

$$\int e^{-3x+5} \, dx = \int e^t \cdot \left(-\frac{1}{3} \right) \, dt = -\frac{1}{3} \int e^t \, dt = -\frac{1}{3} e^t + c$$

$$= -\frac{1}{3} e^{-3x+5} + c, c \in \mathbb{R}.$$

iv) Es ist $\dfrac{1}{x^2+9} = \dfrac{1}{9\left(\frac{x^2}{9}+1\right)} = \dfrac{1}{9} \cdot \dfrac{1}{\left(\frac{x}{3}\right)^2+1}$. Wir substituieren $t = \frac{x}{3}$ und bekommen

$\frac{dt}{dx} = \frac{1}{3}$, also $dx = 3\,dt$. Für das Integral folgt:

$$\int \frac{1}{x^2+9}\,dx = \frac{1}{9}\int \frac{1}{t^2+1}\cdot 3\,dt = \frac{1}{3}\int \frac{1}{t^2+1}\,dt = \frac{1}{3}\arctan(t) + c,$$
$$= \frac{1}{3}\arctan\left(\frac{x}{3}\right) + c, c \in \mathbb{R}.$$

v) Wir formen den Integranden um: $\dfrac{1}{x^2-6x+11} = \dfrac{1}{(x-3)^2+2} = \dfrac{1}{2}\cdot\dfrac{1}{\left(\frac{x-3}{\sqrt{2}}\right)^2+1}$.

Wir substituieren also mit $t = \frac{x-3}{\sqrt{2}}$. Dann ist $\frac{dt}{dx} = \frac{1}{\sqrt{2}}$ und somit $dx = \sqrt{2}\,dt$.
Berechnung des Integrals:

$$\int \frac{1}{x^2-6x+11}\,dx = \frac{1}{2}\int \frac{1}{t^2+1}\cdot \sqrt{2}\,dt = \frac{\sqrt{2}}{2}\int \frac{1}{t^2+1}\,dt = \frac{\sqrt{2}}{2}\arctan(t) + c$$
$$= \frac{\sqrt{2}}{2}\arctan\left(\frac{x-3}{\sqrt{2}}\right) + c, c \in \mathbb{R}.$$

vi) Mit der Substitution $t = e^x$ ist $\frac{dt}{dx} = e^x$, also $dx = \frac{dt}{e^x}$ und

$$\int \frac{1}{e^{-x}-1}\,dx = \int \frac{1}{t^{-1}-1}\cdot\frac{1}{e^x}\,dt = \int \frac{1}{t^{-1}-1}\frac{1}{t}\,dt = \int \frac{1}{1-t}\,dt$$
$$= -\ln(|1-t|) + c = -\ln(|1-e^x|) + c, c \in \mathbb{R}.$$

vii) Entsprechend dem Hinweis substituieren wir mit $t = \ln(x)$. Dann ist $\frac{dt}{dx} = \frac{1}{x}$ und folglich $dx = x\,dt$. Berechnung des Integrals:

$$\int \frac{1}{x\ln(x)}\,dx = \int \frac{1}{x\cdot t}\cdot x\,dt = \int \frac{1}{t}\,dt = \ln(|t|) + c = \ln(|\ln(x)|) + c, c \in \mathbb{R}.$$

Lösung 6.3

i) Partialbruchzerlegung des Integranden:

$$\frac{1}{(x-1)(x+2)} = \frac{A}{x-1} + \frac{B}{x+2} = \frac{A(x+2)+B(x-1)}{(x-1)(x+2)} = \frac{(A+B)x+2A-B}{(x-1)(x+2)}.$$

Ein Koeffizienvergleich führt auf die Gleichungen $A + B = 0$ und $2A - B = 1$.
Aus der ersten Gleichung folgt $A = -B$. Einsetzen in die zweite und umstellen ergibt
$-2B - B = 1 \Leftrightarrow B = -\frac{1}{3}$. Somit ist $A = \frac{1}{3}$.
Berechnung des Integrals:

$$\int \frac{1}{(x-1)(x+2)}\, dx = \int \frac{\frac{1}{3}}{x-1} - \frac{\frac{1}{3}}{x+2}\, dx = \frac{1}{3}\int \frac{1}{x-1}\, dx - \frac{1}{3}\int \frac{1}{x+2}\, dx$$

$$= \frac{1}{3}\ln(|x-1|) - \frac{1}{3}\ln(|x+2|) + c,\, c \in \mathbb{R}.$$

ii) Partialbruchzerlegung des Integranden:

$$\frac{5x-4}{(x+1)(x+6)} = \frac{A}{x+1} + \frac{B}{x+6} = \frac{A(x+6)+B(x+1)}{(x+1)(x+6)} = \frac{(A+B)x+6A+B}{(x+1)(x+6)}.$$

Aus dem Koeffizientenvergleich bekommen wir die Gleichungen $A + B = 5$ und $6A + B = -4$. Einsetzen von $A = 5 - B$ in die zweite Gleichung und umformen: $6(5 - B) + B = -4 \Leftrightarrow 30 - 5B = -4 \Leftrightarrow B = \frac{34}{5}$. Für A bekommen wir damit $A = 5 - \frac{34}{5} = -\frac{9}{5}$.

Berechnung des Integrals:

$$\int \frac{5x-4}{(x+1)(x+6)}\, dx = \int \frac{-\frac{9}{5}}{x+1} + \frac{\frac{34}{5}}{x+6}\, dx = -\frac{9}{5}\int \frac{1}{x+1}\, dx + \frac{34}{5}\int \frac{1}{x+6}\, dx$$

$$= -\frac{9}{5}\ln(|x+1|) + \frac{34}{5}\ln(|x+6|) + c,\, c \in \mathbb{R}.$$

iii) Partialbruchzerlegung des Integranden:

$$\frac{3}{(x-1)(x-4)^2} = \frac{A}{x-1} + \frac{B}{x-4} + \frac{C}{(x-4)^2}$$

$$= \frac{A(x-4)^2 + B(x-1)(x-4) + C(x-1)}{(x-1)(x-4)^2}$$

$$= \frac{A(x^2-8x+16) + B(x^2-5x+4) + Cx - C}{(x-1)(x-4)^2}$$

$$= \frac{(A+B)x^2 + (-8A-5B+C)x + 16A+4B-C}{(x-1)(x-4)^2}.$$

Ein Koeffizientenvergleich führt auf $A + B = 0$ und $-8A - 5B + C = 0$ und $16A + 4B - C = 3$. Wir lösen das Gleichungssystem mit dem Gaußalgorithmus:

$$\begin{pmatrix} 1 & 1 & 0 & | & 0 \\ -8 & -5 & 1 & | & 0 \\ 16 & 4 & -1 & | & 3 \end{pmatrix} \overset{\vec{z}_2 \rightsquigarrow \vec{z}_2 + 8\vec{z}_1}{\underset{\vec{z}_3 \rightsquigarrow \vec{z}_3 - 16\vec{z}_1}{\rightsquigarrow}} \begin{pmatrix} 1 & 1 & 0 & | & 0 \\ 0 & 3 & 1 & | & 0 \\ 0 & -12 & -1 & | & 3 \end{pmatrix} \overset{\vec{z}_3 \rightsquigarrow \vec{z}_3 + 4\vec{z}_2}{\rightsquigarrow} \begin{pmatrix} 1 & 1 & 0 & | & 0 \\ 0 & 3 & 1 & | & 0 \\ 0 & 0 & 3 & | & 3 \end{pmatrix}$$

Wir erhalten: $C = 1, B = -\frac{1}{3} \cdot C = -\frac{1}{3}, A = -B = \frac{1}{3}$.

Berechnung des Integrals:

$$\int \frac{3}{(x-1)(x-4)^2} \, dx = \int \frac{\frac{1}{3}}{x-1} - \frac{\frac{1}{3}}{x-4} + \frac{1}{(x-4)^2} \, dx$$

$$= \frac{1}{3} \int \frac{1}{x-1} \, dx - \frac{1}{3} \int \frac{1}{x-4} \, dx + \int \frac{1}{(x-4)^2} \, dx$$

$$= \frac{1}{3} \ln(|x-1|) - \frac{1}{3} \ln(|x-4|) - \frac{1}{x-4} + c, c \in \mathbb{R}.$$

Lösung 6.4

i) Partielle Integration und Substitution:

$$\int\limits_0^\pi x \sin\left(\frac{1}{2}x\right) \, dx = x \cdot 2 \cdot \cos\left(\frac{1}{2}x\right)\Bigg|_0^\pi - \int\limits_0^\pi 2 \cos\left(\frac{1}{2}x\right) \, dx$$

$$= 4 \sin\left(\frac{1}{2}x\right)\Bigg|_0^\pi = 4.$$

ii) Logarithmische Integration:

$$\int\limits_1^2 \frac{2x-2}{x^2 - 2x + 2} \, dx = \ln(|x^2 - 2x + 2|)\Bigg|_1^2 = \ln(2) - \ln(1) = \ln(2).$$

iii) Substitution mit $t = \ln(x)$. Dann ist $dx = x \, dt$ und $t(1) = \ln(1) = 0, t(e^\pi) = \ln(e^\pi) = \pi$. Also ist

$$\int\limits_1^{e^\pi} \frac{\sin(\ln(x))}{x} \, dx = \int\limits_0^\pi \frac{\sin(t)}{x} \cdot x \, dt = \int\limits_0^\pi \sin(t) \, dt = -\cos(t)\Bigg|_0^\pi = 1 + 1 = 2.$$

Lösung 6.5

i)

$$\int\limits_4^{13} \frac{1}{\sqrt{x-4}} \, dx = \lim_{\alpha \to 4^+} \int\limits_\alpha^{13} \frac{1}{\sqrt{x-4}} \, dx = \lim_{\alpha \to 4^+} 2\sqrt{x-4}\Bigg|_\alpha^{13}$$

$$= \lim_{\alpha \to 4^+} 6 - 2\sqrt{\alpha-4} = 6,$$

ii)

$$\int\limits_{-\infty}^{0} x e^{-x^2}\, dx = \lim_{\alpha \to -\infty} \int\limits_{\alpha}^{0} x e^{-x^2}\, dx = \lim_{\alpha \to -\infty} -\frac{1}{2} e^{-x^2}\Big|_{\alpha}^{0}$$

$$= \lim_{\alpha \to -\infty} -\frac{1}{2} + \frac{1}{2} e^{-\alpha^2} = -\frac{1}{2},$$

iii)

$$\int\limits_{0}^{\infty} \frac{1}{9x^2 + 1}\, dx = \lim_{\beta \to \infty} \int\limits_{0}^{\beta} \frac{1}{(3x)^2 + 1}\, dx = \lim_{\beta \to \infty} \frac{1}{3} \arctan(3x)\Big|_{0}^{\beta}$$

$$= \lim_{\beta \to \infty} \frac{1}{3} \arctan(3\beta) = \frac{1}{3} \cdot \frac{\pi}{2} = \frac{\pi}{6}.$$

Lösung 6.6

$x = g(t) = -t,\, g'(t) = -1,\, g^{-1}(0) = 0,\, g^{-1}(-a) = a$ (Abb. 17.11):

$$\int\limits_{-a}^{0} f_g(x)\, dx = \int\limits_{a}^{0} f_g(-t)\,(-1)\, dt = \int\limits_{0}^{a} f_g(-t)\, dt = \int\limits_{0}^{a} f_g(t)\, dt = \int\limits_{0}^{a} f_g(x)\, dx.$$

$$\int\limits_{-a}^{0} f_u(x)\, dx = \int\limits_{a}^{0} f_u(-t)\,(-1)\, dt = \int\limits_{0}^{a} f_u(-t)\, dt = -\int\limits_{0}^{a} f_u(t)\, dt = -\int\limits_{0}^{a} f_u(x)\, dx.$$

$b \geq 0 : x = g(t) = t + T,\, g'(t) = 1,\, g^{-1}(T) = 0,\, g^{-1}(b + T) = b$ (Abb. 17.11):

$$\int\limits_{b}^{b+T} f_p(x)\, dx = \int\limits_{0}^{T} f_p(x)\, dx + \int\limits_{T}^{b+T} f_p(x)\, dx - \int\limits_{0}^{b} f_p(x)\, dx,$$

$$\int\limits_{T}^{b+T} f_p(x)\, dx = \int\limits_{0}^{b} f_p(t + T)\, dt = \int\limits_{0}^{b} f_p(t)\, dt = \int\limits_{0}^{b} f_p(x)\, dx.$$

$b < 0 : x = g(t) = t + T,\, g'(t) = 1,\, g^{-1}(T) = 0,\, g^{-1}(b + T) = b$:

$$\int\limits_{b}^{b+T} f_p(x)\, dx = \int\limits_{b}^{0} f_p(x)\, dx + \int\limits_{0}^{T} f_p(x)\, dx - \int\limits_{b+T}^{T} f_p(x)\, dx,$$

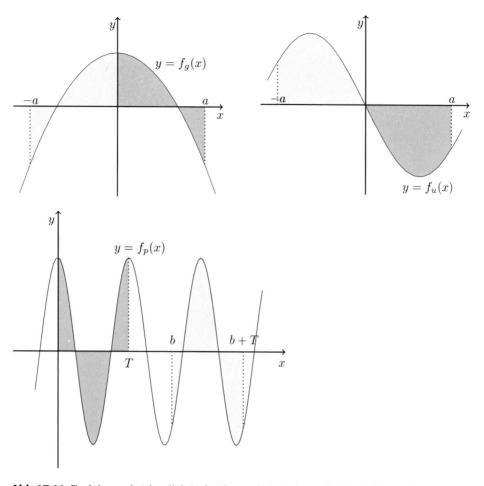

Abb. 17.11 Funktionen f_g (oben links), f_u (oben rechts), f_p (unten links) mit identischen Integralen (hell und dunkel gefärbt)

$$\int\limits_{b+T}^{T} f_p(x)\,dx = \int\limits_{b}^{0} f_p(t+T)\,dt = \int\limits_{b}^{0} f_p(t)\,dt = \int\limits_{b}^{0} f_p(x)\,dx.$$

Lösung 6.7

Für $0 \leq x \leq 1$:

$$\tilde{g}(x) = \int\limits_{0}^{x} f(t)dt = \int\limits_{0}^{x} dt = x.$$

Für $1 \leq x \leq 2$:

$$\tilde{g}(x) = \int_0^x f(t)dt = \int_0^1 dt = 1.$$

Für $2k \leq x \leq 2(k+1), k \in \mathbb{N}$:

$$g(x) = \int_0^{2k} f(t)dt + \int_{2k}^x f(t)dt$$

$$= k\int_0^2 \tilde{f}(t)dt + \int_{2k}^x \tilde{f}(t-2k)dt = k + \int_0^{x-2k} \tilde{f}(\tau)d\tau$$

$$= \tilde{g}(x-2k) + k.$$

(Substitution $t + 2k = \tau$ im zweiten Integral). Setze (Abb. 17.12):

$$g(x) = \begin{cases} \tilde{g}(x), & 0 \leq x < 2, \\ \tilde{g}(x-2k) + k, & 2k \leq x < 2(k+1), k \in \mathbb{N}. \end{cases}$$

Für $0 \leq x \leq 1$:

$$\tilde{h}(x) = \int_0^x g(t)dt = \int_0^x tdt = \frac{1}{2}x^2.$$

Für $1 \leq x \leq 2$:

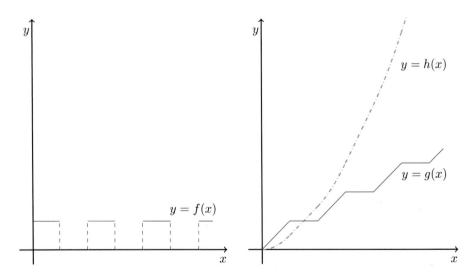

Abb. 17.12 Die Funktionen $f(x)$ mit Sprungstellen (links) und $g(x)$ und $h(x)$ (rechts)

$$\tilde{h}(x) = \int\limits_0^x g(t)dt = \int\limits_0^1 tdt + \int\limits_1^x dt = \frac{1}{2} + x - 1 = x - \frac{1}{2}.$$

Für $2k \leq x \leq 2(k+1), k \in \mathbb{N}$:

$$h(x) = \int\limits_0^{2k} g(t)dt + \int\limits_{2k}^x g(t)dt$$

$$= \int\limits_0^2 \tilde{g}(t)dt + \sum_{j=1}^{k-1}\left(\int\limits_{2j}^{2(j+1)}(\tilde{g}(t-2j)+j)dt\right) + \int\limits_{2k}^x (\tilde{g}(t-2k)+k)dt$$

$$= \frac{3}{2} + \sum_{j=1}^{k-1}\left(\int\limits_0^2 \tilde{g}(\tau)d\tau\right) + \sum_{j=1}^{k-1}2j + \int\limits_0^{x-2k}\tilde{g}(\tau)d\tau + k(x-2k)$$

$$= \tilde{h}(x-2k) + k(x-2k) + k(k-1) + k\frac{3}{2}.$$

(Substitution $t + 2j = \tau$ bzw. $t + 2k = \tau$ im zweiten Integral). Setze (Abb. 17.12):

$$h(x) = \begin{cases} \tilde{h}(x), & 0 \leq x < 2, \\ \tilde{h}(x-2k) + k(x-2k) + k(k-1) + k\frac{3}{2}, & 2k \leq x < 2(k+1), k \in \mathbb{N}. \end{cases}$$

Lösung 6.8

i)

$$\int \frac{\arcsin(x)}{\sqrt{x+1}}dx = \int \frac{1}{\sqrt{x+1}}\arcsin(x)dx$$

$$= 2\sqrt{x+1}\arcsin(x) - 2\int \sqrt{x+1}\frac{1}{\sqrt{1-x^2}}dx$$

$$= 2\sqrt{x+1}\arcsin(x) - 2\int \frac{1}{\sqrt{1-x}}dx$$

$$= 2\sqrt{x+1}\arcsin(x) + 4\sqrt{1-x} + c.$$

ii)

$$\int \sqrt{x^2+a^2}dx = \int 1 \cdot \sqrt{x^2+a^2}dx$$

$$= x\sqrt{x^2+a^2} - \int x^2 \frac{1}{\sqrt{x^2+a^2}}dx$$

$$= x\sqrt{x^2+a^2} + \int \frac{a^2}{\sqrt{x^2+a^2}}dx - \int \frac{x^2+a^2}{\sqrt{x^2+a^2}}dx$$

$$= x\sqrt{x^2+a^2} + \int \frac{a^2}{\sqrt{x^2+a^2}}dx - \int \sqrt{x^2+a^2}dx.$$

Hieraus folgt:

$$\int \sqrt{x^2+a^2}dx = \frac{1}{2}x\sqrt{x^2+a^2} + \frac{1}{2}a^2\int \frac{1}{\sqrt{x^2+a^2}}dx$$

$$= \frac{1}{2}x\sqrt{x^2+a^2} + \frac{1}{2}a^2\mathrm{arsinh}\left(\frac{x}{a}\right) + c.$$

17.7   Lösungen zu Taylorentwicklung

Lösung 7.1

i) Ableitungen: $f'(x) = -\dfrac{1}{x^2}$, $f''(x) = \dfrac{2}{x^3}$, $f'''(x) = -\dfrac{6}{x^4}$.
   Taylorpolynom:

$$T_3\left(\frac{1}{x}, x, 1\right) = \sum_{\nu=0}^{3} \frac{f^{(\nu)}(1)}{\nu!}(x-1)^\nu$$

$$= \frac{1}{0!}(x-1)^0 + \frac{-1}{1!}(x-1)^1 + \frac{2}{2!}(x-1)^2 + \frac{-6}{3!}(x-1)^3$$

$$= 1 - (x-1) + (x-1)^2 - (x-1)^3.$$

ii) Ableitungen: $f^{(\nu)}(x) = e^x$ für alle ν.
    Talyorpolynom:

$$T_4(e^x, x, -1) = \sum_{\nu=0}^{4} \frac{f^{(\nu)}(-1)}{\nu!}(x+1)^\nu$$

$$= \frac{e^{-1}}{0!}(x+1)^0 + \frac{e^{-1}}{1!}(x+1)^1 + \frac{e^{-1}}{2!}(x+1)^2 + \frac{e^{-1}}{3!}(x+1)^3 + \frac{e^{-1}}{4!}(x+1)^4$$

$$= \frac{1}{e} + \frac{1}{e}(x+1) + \frac{1}{2e}(x+1)^2 + \frac{1}{6e}(x+1)^3 + \frac{1}{24e}(x+1)^4.$$

iii) Ableitungen: $f'(x) = \sin(x) + x\cos(x)$, $f''(x) = 2\cos(x) - x\sin(x)$, $f'''(x) = -3\sin(x) - x\cos(x)$.

Taylorpolynom:

$$T_3\left(x\sin(x), x, \frac{\pi}{2}\right) = \sum_{\nu=0}^{3} \frac{f^{(\nu)}\left(\frac{\pi}{2}\right)}{\nu!} \left(x - \frac{\pi}{2}\right)^{\nu}$$

$$= \frac{\frac{\pi}{2}}{0!}\left(x - \frac{\pi}{2}\right)^0 + \frac{\frac{\pi}{2}}{1!}\left(x - \frac{\pi}{2}\right)^1 + \frac{-\frac{\pi}{2}}{2!}\left(x - \frac{\pi}{2}\right)^2 + \frac{-3}{3!}\left(x - \frac{\pi}{2}\right)^3$$

$$= \frac{\pi}{2} + \left(x - \frac{\pi}{2}\right) - \frac{\pi}{4}\left(x - \frac{\pi}{2}\right)^2 - \frac{1}{2}\left(x - \frac{\pi}{2}\right)^3.$$

iv) Ableitungen: $f'(x) = 2x - 1$, $f''(x) = 2$, $f'''(x) = 0 = f^{(\nu)}(x)$ für $\nu \geq 4$.
Taylorpolynom:

$$T_6(x^2 - x - 1, x, 4) = \sum_{\nu=0}^{6} \frac{f^{(\nu)}(4)}{\nu!}(x - 4)^{\nu}$$

$$= \frac{11}{0!}(x - 4)^0 + \frac{7}{1!}(x - 4)^1 + \frac{2}{2!}(x - 4)^2 + \frac{0}{3!}(x - 4)^3 + \ldots + \frac{0}{6!}(x - 4)^6$$

$$= 11 + 7(x - 4) + (x - 4)^2.$$

Lösung 7.2

i) Für alle $x \in \mathbb{R}$ gilt $\cos(x) = \sum_{\nu=0}^{\infty}(-1)^{\nu}\frac{x^{2\nu}}{(2\nu)!}$. Für alle $x \in \mathbb{R}$ gilt somit

$$x\cos(x^2) - x = x \cdot \sum_{\nu=0}^{\infty}(-1)^{\nu}\frac{(x^2)^{2\nu}}{(2\nu)!} - x = x \cdot \sum_{\nu=0}^{\infty}(-1)^{\nu}\frac{x^{4\nu}}{(2\nu)!} - x$$

$$= \sum_{\nu=0}^{\infty}(-1)^{\nu}\frac{x^{4\nu+1}}{(2\nu)!} - x = \sum_{\nu=1}^{\infty}(-1)^{\nu}\frac{x^{4\nu+1}}{(2\nu)!}.$$

ii) Für alle $x \in \mathbb{R}$ gilt $e^x = \sum_{\nu=0}^{\infty}\frac{x^{\nu}}{\nu!}$. Für alle $x \in \mathbb{R}$ gilt damit auch

$$e^x = e^2 \cdot e^{x-2} = e^2 \cdot \sum_{\nu=0}^{\infty}\frac{1}{\nu!}(x - 2)^{\nu} = \sum_{\nu=0}^{\infty}\frac{e^2}{\nu!}(x - 2)^{\nu}.$$

Bei iii) und iv) verwenden wir die geometrische Reihe $\frac{1}{1 - x} = \sum_{\nu=0}^{\infty}x^{\nu}$ für $|x| < 1$.

iii)

$$\frac{x^2}{6+12x} = x^2 \cdot \frac{1}{6(1+2x)} = \frac{1}{6}x^2 \frac{1}{1-(-2x)} = \frac{1}{6}x^2 \sum_{\nu=0}^{\infty}(-2x)^{\nu}$$

$$= \sum_{\nu=0}^{\infty} \frac{1}{6}x^2 \cdot (-2)^{\nu}x^{\nu} = \sum_{\nu=0}^{\infty} \frac{(-2)^{\nu}}{6}x^{\nu+2}.$$

Dies gilt für alle $x \in \mathbb{R}$ mit $|2x| < 1$, also $|x| < \frac{1}{2}$.

iv)

$$\frac{1}{1+x} = \frac{1}{4-(-x+3)} = \frac{1}{4 \cdot \left(1 - \frac{-x+3}{4}\right)} = \frac{1}{4} \cdot \frac{1}{1 - \frac{-x+3}{4}}$$

$$= \frac{1}{4} \cdot \sum_{\nu=0}^{\infty} \left(\frac{-x+3}{4}\right)^{\nu} = \sum_{\nu=0}^{\infty} \frac{1}{4} \cdot \frac{1}{4^{\nu}}(-(x-3))^{\nu}$$

$$= \sum_{\nu=0}^{\infty} \frac{(-1)^{\nu}}{4^{\nu+1}}(x-3)^{\nu}.$$

Das gilt für alle $x \in \mathbb{R}$ mit $-1 < x < 7$, denn:

$$\frac{|-x+3|}{4} < 1 \Leftrightarrow |x-3| < 4 \Leftrightarrow -4 < x-3 < 4 \Leftrightarrow -1 < x < 7.$$

iv) Es gilt $\ln(x+1) = \sum_{\nu=1}^{\infty} \frac{(-1)^{\nu-1}}{\nu}x^{\nu}$ für $-1 < x \le 1$. Somit ist:

$$\ln(9x^2 + 3) = \ln(3 \cdot (3x^2 + 1)) = \ln(3) + \ln(3x^2 + 1)$$

$$= \ln(3) + \sum_{\nu=1}^{\infty} \frac{(-1)^{\nu-1}}{\nu}(3x^2)^{\nu} = \ln(3) + \sum_{\nu=1}^{\infty}(-1)^{\nu-1}\frac{3^{\nu}}{\nu}x^{2\nu}.$$

Bedingung an x:

$$-1 < 3x^2 \le 1 \Leftrightarrow 3x^2 \le 1 \Leftrightarrow x^2 \le \frac{1}{3} \Leftrightarrow |x| \le \frac{1}{\sqrt{3}}.$$

Lösung 7.3

i) 1. Taylorpolynom mit Restglied:

$$\sin(x) = x - \frac{1}{2}\sin(\theta_x x)x^2, 0 < \theta_x < 1.$$

Umformen:

$$\frac{1}{x} - \frac{1}{\sin(x)} = \frac{\sin(x) - x}{x \sin(x)}$$

$$= \frac{x - \frac{1}{2}\sin(\xi_x)x^2 - x}{x\left(x - \frac{1}{2}\sin(\theta_x x)x^2\right)}$$

$$= \frac{-\frac{1}{2}\sin(\xi_x)}{1 - \frac{1}{2}\sin(\theta_x x)x}.$$

Wegen $\lim_{x\to 0}\theta_x x = 0$ folgt: $\lim_{x\to 0}\left(\frac{1}{x} - \frac{1}{\sin(x)}\right) = 0$.
Regel von de l'Hospital:

$$\lim_{x\to 0}\left(\frac{1}{x} - \frac{1}{\sin(x)}\right) = \lim_{x\to 0}\frac{\sin(x) - x}{x\sin(x)}$$

$$= \lim_{x\to 0}\frac{\cos(x) - 1}{\sin(x) + x\cos(x)}$$

$$= \lim_{x\to 0}\frac{-\sin(x)}{2\cos(x) - x\sin(x)} = 0.$$

ii) 1. Taylorpolynom mit Restglied:

$$\ln(x) = x - 1 - \frac{1}{2}\frac{1}{(\theta_x x)^2}(x - 1)^2, 0 < \theta_x < 1.$$

Umformen:

$$\frac{1}{\ln(x)} + \frac{1}{1 - x} = \frac{1 - x + \ln(x)}{\ln(x)(1 - x)}$$

$$= \frac{1 - x + x - 1 - \frac{1}{2}\frac{1}{(\theta_x x)^2}(x - 1)^2}{\left(-\frac{1}{2}\frac{1}{(\theta_x x)^2}(x - 1)^2\right)(1 - x)}$$

$$= \frac{-\frac{1}{2}\frac{1}{(\theta_x x)^2}(x - 1)^2}{\left(x - 1 - \frac{1}{2}\frac{1}{(\theta_x x)^2}(x - 1)^2\right)(1 - x)}$$

$$= \frac{-\frac{1}{2}\frac{1}{(\theta_x x)^2}(x - 1)^2}{\left(-1 + \frac{1}{2}\frac{1}{(\theta_x x)^2}(x - 1)\right)}.$$

Wegen $\lim_{x\to 1}\theta_x x = 1$ folgt: $\lim_{x\to 1}\left(\frac{1}{\ln(x)} + \frac{1}{1-x}\right) = \frac{1}{2}$.
Regel von de l'Hospital:

$$\lim_{x \to 1} \left(\frac{1}{\ln(x)} + \frac{1}{1 - x} \right) = \lim_{x \to 1} \frac{1 - x + \ln(x)}{\ln(x)(1 - x)} = \lim_{x \to 1} \frac{-1 + \frac{1}{x}}{\frac{1}{x} - 1 - \ln(x)}$$

$$= \lim_{x \to 1} \frac{1 - x}{1 - x - x \ln(x)}$$

$$= \lim_{x \to 1} \frac{-1}{-2 - \ln(x)} = \frac{1}{2}.$$

Lösung 7.4

Umschreiben:

$$\ln(x) = \ln(x_0 + (x - x_0)) = \ln \left(x_0 \left(1 + \frac{x - x_0}{x_0} \right) \right) = \ln(x_0) + \ln \left(1 + \frac{x - x_0}{x_0} \right).$$

Taylorentwicklung um $x_0 = 0$:

$$\ln(1 + x) = \sum_{\nu=1}^{\infty} \frac{(-1)^{\nu-1}}{\nu} x^\nu, \quad -1 < x \le 1.$$

x durch $\frac{x - x_0}{x_0}$ ersetzen:

$$\ln(x) = \ln(x_0) + \sum_{\nu=1}^{\infty} \frac{(-1)^{\nu-1}}{\nu} \left(\frac{x - x_0}{x_0} \right)^\nu, \quad -1 < \frac{x - x_0}{x_0} \le 1,$$

$$\ln(x) = \ln(x_0) + \sum_{\nu=1}^{\infty} \frac{(-1)^{\nu-1}}{\nu \, x_0^\nu} (x - x_0)^\nu, \quad 0 < x \le 2\, x_0.$$

Lösung 7.5

Setze:

$$f(x) = (1 + x)^{\frac{1}{5}}, |x| < 1.$$

Benutze Taylorpolynom:

$$T_n(f, x, 0) = \sum_{\nu=0}^{n} \binom{\frac{1}{5}}{\nu} x^\nu, \quad \binom{\frac{1}{5}}{\nu} = \frac{\frac{1}{5} \left(\frac{1}{5} - 1 \right) \cdots \left(\frac{1}{5} - (\nu - 1) \right)}{\nu!}.$$

ν-te Ableitung:

$$f^{(\nu)}(x) = \frac{1}{5} \left(\frac{1}{5} - 1 \right) \cdots \left(\frac{1}{5} - (\nu - 1) \right) (1 + x)^{\frac{1}{5} - \nu}.$$

Restglied:

$$T_n(f, x, 0) = \frac{f^{(n+1)}(\theta_x x)}{(n + 1)!} x^{n+1} = \binom{\frac{1}{5}}{n + 1} (1 + \theta_x x)^{\frac{1}{5} - (n+1)} x^{n+1}, \theta_x \in (0, 1).$$

Es gilt: $64 < 2{,}3^5 < 65$. Schreibe:

$$\sqrt[5]{71} = 2{,}3 \sqrt[5]{1 + \frac{71 - 2{,}3^5}{2{,}3^5}} = 2{,}3\, f\left(\frac{71 - 2{,}3^5}{2{,}3^5}\right).$$

Näherungswerte:

$$y_n = 2{,}3\, T_n\left(f, \frac{71 - 2{,}3^5}{2{,}3^5}, 0\right).$$

Abschätzen:

$$\left|y_n - \sqrt[5]{71}\right| \le 2{,}3 \left|\binom{\frac{1}{5}}{n+1}\right| \left(\frac{71 - 2{,}3^5}{2{,}3^5}\right)^{n+1}.$$

Zahlenwerte für $n = 4$:

$$y_4 = 2{,}3\, T_4\left(f, \frac{71 - 2{,}3^5}{2{,}3^5}, 0\right) = 2{,}345587..., \quad \left|y_4 - \sqrt[5]{71}\right| \le 6{,}845468... \cdot 10^{-7}.$$

17.8 Lösungen zu Reihen

Lösung 8.1

i) a) $\displaystyle\int_1^\infty \frac{1}{\sqrt{5x-1}}\,dx = \lim_{\beta\to\infty} \int_1^\beta \frac{1}{\sqrt{5x-1}}\,dx = \lim_{\beta\to\infty} \frac{2}{5}\sqrt{5x-1}\,\Big|_1^\beta = \lim_{\beta\to\infty} \frac{2}{5}\sqrt{5\beta-1} - \frac{4}{5} = \infty$.

Da das Integral nicht existiert, ist die Reihe $\displaystyle\sum_{\nu=1}^\infty \frac{1}{\sqrt{5\nu-1}}$ divergent.

i) b) Mit partieller Integration bekommen wir $\int x^2 e^{-x}\,dx = (-x^2 - 2x - 2)e^{-x} + c, \; c \in$

$\mathbb{R}$. Somit ist $\displaystyle\int_1^\infty \frac{x^2}{e^x}\,dx = \lim_{\beta\to\infty} \int_1^\beta \frac{x^2}{e^x}\,dx = \lim_{\beta\to\infty} (-x^2 - 2x - 2)e^{-x}\,\Big|_1^\beta =$

$\displaystyle\lim_{\beta\to\infty} (-\beta^2 - 2\beta - 2)e^{-\beta} - 5e^{-1} = -5e^{-1}$. Die Reihe $\displaystyle\sum_{\nu=1}^\infty \nu^2 e^{-\nu}$ konvergiert demnach.

ii) a) $\displaystyle\lim_{\nu\to\infty} \sqrt[\nu]{\left|\left(\frac{1}{4}\right)^\nu \nu^3\right|} = \lim_{\nu\to\infty} \frac{1}{4}\left(\sqrt[\nu]{\nu}\right)^3 = \frac{1}{4} < 1$. Die Reihe $\displaystyle\sum_{\nu=0}^\infty \left(\frac{1}{4}\right)^\nu \nu^3$ konvergiert.

ii) b) $\displaystyle\lim_{\nu\to\infty} \sqrt[\nu]{\left|\frac{5^\nu}{\nu(\nu+1)}\right|} = \lim_{\nu\to\infty} \frac{5}{\sqrt[\nu]{\nu} \cdot \sqrt[\nu]{\nu+1}} = 5 > 1$. Die Reihe $\displaystyle\sum_{\nu=1}^\infty \frac{5^\nu}{\nu(\nu+1)}$ ist also divergent.

iii) a) Mit $a_\nu := \dfrac{\nu^3}{2^\nu}$ ist:

$$\lim_{\nu\to\infty}\left|\frac{a_{\nu+1}}{a_\nu}\right| = \lim_{\nu\to\infty}\frac{\frac{(\nu+1)^3}{2^{\nu+1}}}{\frac{\nu^3}{2^\nu}} = \lim_{\nu\to\infty}\frac{(\nu+1)^3}{2^{\nu+1}}\cdot\frac{2^\nu}{\nu^3} = \lim_{\nu\to\infty}\left(1+\frac{1}{\nu}\right)^3\cdot\frac{1}{2} = \frac{1}{2} < 1.$$

Die Reihe $\displaystyle\sum_{\nu=0}^{\infty}\frac{\nu^3}{2^\nu}$ ist konvergent.

iii) b) Mit $a_\nu := \dfrac{\nu^2\cdot 5^\nu}{\nu!}$ ist:

$$\lim_{\nu\to\infty}\left|\frac{a_{\nu+1}}{a_\nu}\right| = \lim_{\nu\to\infty}\frac{(\nu+1)^2\cdot 5^{\nu+1}}{(\nu+1)!}\cdot\frac{\nu!}{\nu^2\cdot 5^\nu} = \lim_{\nu\to\infty}\left(1+\frac{1}{\nu}\right)^2\cdot\frac{5}{\nu+1} = 0 < 1.$$

Die Reihe $\displaystyle\sum_{\nu=0}^{\infty}\frac{\nu^2\cdot 5^\nu}{\nu!}$ ist ebenfalls konvergent.

iv) a) Für alle $\nu \geq 2$ ist $\dfrac{1}{\nu^3-\nu^2} = \dfrac{1}{\nu^2(\nu-1)} = \dfrac{1}{\nu^2}\cdot\dfrac{1}{\nu-1} \leq \dfrac{1}{\nu^2}$. Damit ist:

$$\sum_{\nu=2}^{\infty}\frac{1}{\nu^3-\nu^2} \leq \sum_{\nu=2}^{\infty}\frac{1}{\nu^2} < \infty \text{ (harmonische Reihe)}.$$

Die Reihe $\displaystyle\sum_{\nu=2}^{\infty}\frac{1}{\nu^3-\nu^2}$ konvergiert also.

iv) b) Für alle $\nu \geq 1$ gilt $\dfrac{1}{\sqrt{\nu(3+\nu)}} = \dfrac{1}{\sqrt{3\nu+\nu^2}} \leq \dfrac{1}{\sqrt{3\nu^2+\nu^2}} = \dfrac{1}{2\nu}$. Da mit $\displaystyle\sum_{\nu=1}^{\infty}\frac{1}{\nu}$

auch $\displaystyle\sum_{\nu=1}^{\infty}\frac{1}{2\nu}$ divergiert, divergiert $\displaystyle\sum_{\nu=1}^{\infty}\frac{1}{\sqrt{\nu(3+\nu)}}$ nach dem Majorantenkriterium.

v) a) Die Folge $\left\{\dfrac{1}{2\nu-1}\right\}_{\nu=2}^{\infty}$ ist offenbar eine monoton fallende Nullfolge. Somit ist

$\displaystyle\sum_{\nu=2}^{\infty}(-1)^\nu\frac{1}{2\nu-1}$ konvergent.

v) b) Wir setzen $f(x) = \dfrac{\ln(x)}{x}$ und zeigen, dass die Funktion $f: \mathbb{R}_{\geq 3} \to \mathbb{R}$ monoton

fallend ist und $\displaystyle\lim_{x\to\infty}f(x) = 0$ gilt. Daraus folgt, dass $\left\{\dfrac{\ln(\nu)}{\nu}\right\}_{\nu=3}^{\infty}$ eine monoton

fallenden Nullfolge und die Reihe $\displaystyle\sum_{\nu=3}^{\infty}(-1)^\nu\frac{\ln(\nu)}{\nu}$ konvergiert. Mit der Regel von

de'l Hospital bekommen wir:

$$\lim_{x \to \infty} f(x) = \lim_{x \to \infty} \frac{\ln(x)}{x} = \lim_{x \to \infty} \frac{1}{x} = 0.$$

Wegen $f'(x) = \dfrac{\frac{1}{x} \cdot x - \ln(x)}{x^2} = \dfrac{1 - \ln(x)}{x^2} < 0$ für $x > e$ ist f monoton fallend für $x \geq 3$.

Lösung 8.2

i) a) Mit $a_v := (v + 1)(v + 3)$ ist

$$\rho = \lim_{v \to \infty} \left| \frac{a_v}{a_{v+1}} \right| = \lim_{v \to \infty} \frac{(v + 1)(v + 3)}{(v + 2)(v + 4)} = \lim_{v \to \infty} \frac{v^2 \left(1 + \frac{1}{v}\right)\left(1 + \frac{3}{v}\right)}{v^2 \left(1 + \frac{2}{v}\right)\left(1 + \frac{4}{v}\right)} = 1.$$

i) b) Da die Variable x den Exponenten $2v + 1$ hat, bestimmen wir den Konvergenzradius mit Konvergenzkriterien für Reihen. Wir wählen das Quotientenkriterium: Mit $a_v := (-1)^v \dfrac{1}{2^{2v+1}(2v + 1)!} x^{2v+1}$ müssen wir alle $x \in \mathbb{R}$ bestimmen für die $\lim\limits_{v \to \infty} \left| \dfrac{a_{v+1}}{a_v} \right| < 1$ gilt. Es ist

$$\lim_{v \to \infty} \left| \frac{a_{v+1}}{a_v} \right| = \lim_{v \to \infty} \frac{|x|^{2v+3}}{2^{2v+3}(2v + 3)!} \cdot \frac{2^{2v+1}(2v + 1)!}{|x|^{2v+1}}$$

$$= \lim_{v \to \infty} \frac{|x|^2}{4(2v + 2)(2v + 3)} = 0 < 1 \text{ für alle } x.$$

Der Konvergenzradius ist damit ∞. (Man könnte auch den Konvergenzradius der Reihe $\sum\limits_{v=0}^{\infty} (-1)^v \dfrac{1}{2^{2v+1}(2v + 1)!} y^v$ bestimmen, dann $y = x^2$ einsetzen und das Ergebnis mit x multiplizieren).

ii) a) Wir setzen $a_v := \dfrac{1}{v(v + 1)}$. Dann ist:

$$\rho = \lim_{v \to \infty} \left| \frac{a_v}{a_{v+1}} \right| = \lim_{v \to \infty} \frac{1}{v(v + 1)} \cdot \frac{(v + 1)(v + 2)}{1} = \lim_{v \to \infty} \frac{v + 2}{v} = 1.$$

Randpunkte: $\underline{x = 1}$: In einem Beispiel haben wir gesehen, dass $\sum\limits_{v=1}^{\infty} \dfrac{1}{v(v + 1)} = 1$ ist.

$\underline{x = -1}$: Die Reihe $\sum\limits_{v=1}^{\infty} (-1)^v \dfrac{1}{v(v + 1)}$ konvergiert nach dem Leibniz-Kriterium.

Die Reihe $\sum\limits_{v=1}^{\infty} \dfrac{1}{v(v + 1)} x^v$ konvergiert also für alle x mit $-1 \leq x \leq 1$.

ii) b) Mit $a_\nu := \frac{1}{\nu \cdot 4^\nu}$ ist:

$$\rho = \frac{1}{\displaystyle\lim_{\nu \to \infty} \sqrt[\nu]{|a_\nu|}} = \frac{1}{\displaystyle\lim_{\nu \to \infty} \sqrt[\nu]{\frac{1}{\nu \cdot 4^\nu}}} = \frac{1}{\displaystyle\lim_{\nu \to \infty} \frac{1}{\sqrt[\nu]{\nu} \cdot 4}} = 4.$$

Randpunkte: $\underline{x - 4 = 4}$: $\displaystyle\sum_{\nu=1}^{\infty} \frac{1}{\nu \cdot 4^\nu} \cdot 4^\nu = \sum_{\nu=1}^{\infty} \frac{1}{\nu}$ ist divergent (harmonische Reihe).

$\underline{x - 4 = -4}$: $\displaystyle\sum_{\nu=1}^{\infty} \frac{1}{\nu \cdot 4^\nu} (-4)^\nu = \sum_{\nu=1}^{\infty} \frac{(-1)^\nu}{\nu} = -\ln(2).$

Die Reihe $\displaystyle\sum_{\nu=1}^{\infty} \frac{1}{\nu \cdot 4^\nu} x^\nu$ konvergiert somit für alle x mit $-4 \le x - 4 < 4$, also $0 \le x < 8$.

Lösung 8.3

Mit den Gleichungen:

$$\left(a_\nu + \frac{1}{\nu}\right)^2 = a_\nu^2 + 2\frac{a_\nu}{\nu} + \frac{1}{\nu^2} \ge 0, \quad \left(a_\nu - \frac{1}{\nu}\right)^2 = a_\nu^2 - 2\frac{a_\nu}{\nu} + \frac{1}{\nu^2} \ge 0,$$

abschätzen:

$$\left|\frac{a_\nu}{\nu}\right| \le \frac{1}{2}\left(a_\nu^2 + \frac{1}{\nu^2}\right).$$

Die Reihe

$$\sum_{\nu=1}^{\infty} \frac{1}{2}\left(a_\nu^2 + \frac{1}{\nu^2}\right) = \frac{1}{2}\sum_{\nu=1}^{\infty} a_\nu^2 + \frac{1}{2}\sum_{\nu=1}^{\infty} \frac{1}{\nu^2}$$

konvergiert und damit auch:

$$\sum_{\nu=1}^{\infty} \left|\frac{a_\nu}{\nu}\right|.$$

Die Exponentialreihe konvergiert:

$$\sum_{\nu=1}^{\infty} a_\nu^2 = \sum_{\nu=1}^{\infty} \left(\frac{1}{\sqrt{\nu!}}\right)^2 = \sum_{\nu=1}^{\infty} \frac{1}{\nu!} = e$$

und damit konvergiert auch:

$$\sum_{\nu=1}^{\infty} \frac{a_\nu}{\nu} = \sum_{\nu=1}^{\infty} \frac{1}{\nu\sqrt{\nu!}}.$$

Lösung 8.4

Geometrische Reihe:

$$\sum_{\nu=0}^{\infty} x^{\nu} = \frac{1}{1-x}, |x| < 1.$$

Differenzieren für $|x| < 1$:

$$\frac{d}{dx}\left(\sum_{\nu=0}^{\infty} x^{\nu}\right) = \sum_{\nu=1}^{\infty} \nu\, x^{\nu-1} = \frac{d}{dx}\frac{1}{1-x} = \frac{1}{(1-x)^2}, |x| < 1,$$

$$\frac{d^2}{dx^2}\left(\sum_{\nu=0}^{\infty} x^{\nu}\right) = \sum_{\nu=2}^{\infty} \nu\,(\nu-1)\, x^{\nu-2} = \frac{d^2}{dx^2}\frac{1}{1-x} = \frac{2}{(1-x)^3}, |x| < 1,$$

$$\frac{d^3}{dx^3}\left(\sum_{\nu=0}^{\infty} x^{\nu}\right) = \sum_{\nu=3}^{\infty} \nu\,(\nu-1)\,(\nu-2)\, x^{\nu-3} = \frac{d^3}{dx^3}\frac{1}{1-x} = \frac{6}{(1-x)^4}, |x| < 1.$$

Schreibe:

$$\nu^3 = \nu\,(\nu-1)\,(\nu-2) + 3\,\nu\,(\nu-1) + \nu$$

und für $|x| < 1$:

$$\sum_{\nu=1}^{\infty} \nu^3\, x^{\nu} = \sum_{\nu=1}^{\infty} \nu\,(\nu-1)\,(\nu-2)\, x^{\nu} + 3\sum_{\nu=1}^{\infty} \nu\,(\nu-1)\, x^{\nu} + \sum_{\nu=1}^{\infty} \nu\, x^{\nu}$$

$$= \sum_{\nu=3}^{\infty} \nu\,(\nu-1)\,(\nu-2)\, x^{\nu} + 3\sum_{\nu=2}^{\infty} \nu\,(\nu-1)\, x^{\nu} + \sum_{\nu=1}^{\infty} \nu\, x^{\nu}$$

$$= x^3 \sum_{\nu=3}^{\infty} \nu\,(\nu-1)\,(\nu-2)\, x^{\nu-3} + 3\,x^2 \sum_{\nu=2}^{\infty} \nu\,(\nu-1)\, x^{\nu-2} + x \sum_{\nu=1}^{\infty} \nu\, x^{\nu-1}$$

$$= x^3 \frac{6}{(1-x)^4} + 3\,x^2 \frac{2}{(1-x)^3} + x \frac{1}{(1-x)^2}$$

$$= \frac{x^3 + 4\,x^2 + x}{(1-x)^4}.$$

Lösung 8.5

Entwickeln:

$$f(x) = \sum_{\nu=0}^{\infty} a_{\nu} x^{\nu},\, a_0 = 0, \quad g(x) = \sum_{\nu=0}^{\infty} b_{\nu} x^{\nu},\, b_0 = 1.$$

Ableiten:

$$f'(x) = \cos(x)g(x), \quad g'(x) = -\cos(x)f(x).$$

Kosinusreihe benutzen:

$$a_1 + 2a_2 x + 3a_3 x^2 + 4a_4 x^3 + \cdots = \left(1 - \frac{1}{2!}x^2 + \frac{1}{4!}x^4 + \cdots\right)(b_0 + b_1 x + b_2 x^2 + b_3 x^3 + \cdots),$$

$$b_1 + 2b_2 x + 3b_3 x^2 + 4b_4 x^3 + \cdots = -\left(1 - \frac{1}{2!}x^2 + \frac{1}{4!}x^4 + \cdots\right)(a_0 + a_1 x + a_2 x^2 + a_3 x^3 + \cdots).$$

Koeffizientenvergleich:

$$
\begin{aligned}
x^0 &: \quad a_1 = b_0, \quad b_1 = -a_0, \\
x^1 &: \quad 2a_2 = b_1, \quad 2b_2 = -a_1, \\
x^2 &: \quad 3a_3 = b_2 - \frac{1}{2!}b_0, \quad 3b_3 = -\left(a_2 - \frac{1}{2!}a_0\right), \\
x^3 &: \quad 4a_4 = b_3 - \frac{1}{2!}b_1, \quad 4b_4 = -\left(a_3 - \frac{1}{2!}a_1\right), \\
x^4 &: \quad 5a_5 = b_4 - \frac{1}{2!}b_2 + \frac{1}{4!}b_0, \quad 5b_5 = -\left(a_4 - \frac{1}{2!}a_2 + \frac{1}{4!}a_0\right), \\
x^5 &: \quad 6a_6 = b_5 - \frac{1}{2!}b_3 + \frac{1}{4!}b_1, \quad 6b_6 = -\left(a_5 - \frac{1}{2!}a_3 + \frac{1}{4!}a_1\right), \\
&\quad \vdots
\end{aligned}
$$

Auflösen:

$$
\begin{aligned}
a_0 &= 0, b_0 = 1, \quad a_1 = 1, b_1 = 0, \quad a_2 = 0, b_2 = -\frac{1}{2}, \\
a_3 &= -\frac{1}{3}, b_3 = 0, \quad a_4 = 0, b_4 = \frac{5}{24}, \\
a_5 &= \frac{1}{10}, b_5 = 0, \quad a_6 = 0, b_6 = -\frac{37}{720}.
\end{aligned}
$$

Entwicklung (Abb. 17.13):

$$f(x) = x - \frac{1}{3}x^3 + \frac{1}{10}x^5 + \cdots, \quad g(x) = 1 - \frac{1}{2}x^2 + \frac{5}{24}x^4 - \frac{37}{720}x^6 + \cdots.$$

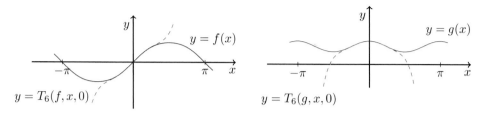

Abb. 17.13 Die Funktion $f(x) = \sin(\sin(x))$ mit dem Taylorpolynom $T_6(f, x, 0)$ (links) und die Funktion $g(x) = \cos(\sin(x))$ mit dem Taylorpolynom $T_6(g, x, 0)$ (rechts)

17.9 Lösungen zu Grundlagen der Analysis im $\mathbb{R}^n$

Lösung 9.1

i)

$$\frac{1}{4}\left(\|\boldsymbol{x} + \boldsymbol{y}\|^2 - \|\boldsymbol{x} - \boldsymbol{y}\|^2\right)$$
$$= \frac{1}{4}\left(\boldsymbol{x}\,\boldsymbol{x} + 2\,\boldsymbol{x}\,\boldsymbol{y} + \boldsymbol{y}\,\boldsymbol{y} - (\boldsymbol{x}\,\boldsymbol{x} - 2\,\boldsymbol{x}\,\boldsymbol{y} + \boldsymbol{y}\,\boldsymbol{y})\right) = \boldsymbol{x}.$$

ii) 1) Sei $\boldsymbol{x} = (0, ..., 0)$ oder $\boldsymbol{y} = (0, ..., 0)$. Die Ungleichung gilt. 2) Sei $\boldsymbol{x} \neq (0, ..., 0)$ und $\boldsymbol{y} \neq (0, ..., 0)$. Es existiere $\lambda \in \mathbb{R}$ mit $\boldsymbol{x} = \lambda \boldsymbol{y}$. (Die Vektoren sind linear abhängig). Dann gilt: $\boldsymbol{x}\,\boldsymbol{y} = (\lambda\,\boldsymbol{y})\,\boldsymbol{y} = \lambda\,(\boldsymbol{y}\,\boldsymbol{y})$ und $\boldsymbol{y}\,\boldsymbol{y} = (\frac{1}{\lambda}\boldsymbol{x})\,(\frac{1}{\lambda}\boldsymbol{x}) = \frac{1}{\lambda^2}\,(\boldsymbol{x}\,\boldsymbol{x})$. Also: $\boldsymbol{x}\,\boldsymbol{y} = \lambda\sqrt{\boldsymbol{y}\,\boldsymbol{y}}\frac{1}{|\lambda|}\sqrt{\boldsymbol{x}\,\boldsymbol{x}}$ und $|\boldsymbol{x}\,\boldsymbol{y}| = \|\boldsymbol{x}\|\,\|\boldsymbol{y}\|$. 3) Sei $\boldsymbol{x} \neq (0, ..., 0)$ und $\boldsymbol{y} \neq (0, ..., 0)$. Für alle $\lambda \in \mathbb{R}$ sei $\boldsymbol{x} \neq \lambda \boldsymbol{y}$. (Die Vektoren sind linear unabhängig). Dann gilt für alle λ: $0 \neq (\boldsymbol{x} - \lambda\boldsymbol{y})\,(\boldsymbol{x} - \lambda\boldsymbol{y}) = \boldsymbol{x}\,\boldsymbol{x} - 2\lambda\,(\boldsymbol{x}\,\boldsymbol{y}) + \lambda^2\,(\boldsymbol{y}\,\boldsymbol{y})$. D. h. die quadratische Gleichung $\lambda^2 - 2\frac{\boldsymbol{x}\,\boldsymbol{y}}{\|\boldsymbol{y}\|^2}\lambda + \frac{\|\boldsymbol{x}\|^2}{\|\boldsymbol{y}\|^2} = 0$ besitzt keine reelle Lösung. Die Lösungen lauten: $\lambda = \frac{\boldsymbol{x}\,\boldsymbol{y}}{\|\boldsymbol{y}\|^2} \pm \sqrt{\frac{(\boldsymbol{x}\,\boldsymbol{y})^2}{\|\boldsymbol{y}\|^4} - \frac{\|\boldsymbol{x}\|^2}{\|\boldsymbol{y}\|^2}}$. Damit $\lambda \notin \mathbb{R}$ muss $(\boldsymbol{x}\,\boldsymbol{y})^2 < \|\boldsymbol{x}\|^2\|\boldsymbol{y}\|^2$ sein.

Lösung 9.2

i)

$$\lim_{(x,y)\to(0,0)} f(x, y) = \lim_{(x,y)\to(0,0)} \frac{x^2 e^y + y^2 e^y}{x^2 + y^2} = \lim_{(x,y)\to(0,0)} \frac{e^y(x^2 + y^2)}{x^2 + y^2}$$
$$= \lim_{(x,y)\to(0,0)} e^y = 1 = f(0, 0).$$

Die Funktion ist stetig im Punkt $(0, 0)$.

ii) Wir zeigen, dass es eine Folge $\{\boldsymbol{a}_k\}$ mit $\boldsymbol{a}_k \to \boldsymbol{x}_0$ und $\lim_{k\to\infty} f(\boldsymbol{a}_k) \neq f(0, 0)$ gibt. Sei $\boldsymbol{a}_k := \left(\frac{1}{k}, \frac{1}{k}\right)$, dann gilt $\lim_{k\to\infty} \boldsymbol{a}_k = (0, 0) = \boldsymbol{x}_0$ und

$$\lim_{k \to \infty} f(\boldsymbol{a}_k) = \lim_{k \to \infty} f\left(\frac{1}{k}, \frac{1}{k}\right) = \lim_{k \to \infty} \frac{\frac{1}{k^4}}{\frac{2}{k^4}} = \frac{1}{2} \neq 0 = f(0, 0).$$

Die Funktion ist nicht stetig im Punkt $(0, 0)$.

Lösung 9.3

Sei $c \in \mathbb{R}$.

i) $f(x, y) = c \Leftrightarrow x^2 + 4y = c \Leftrightarrow y = -\frac{1}{4}x^2 + \frac{c}{4}$.
    Für alle $c \in \mathbb{R}$ sind die Höhenlinien nach unten geöffnete Parabeln mit Scheitelpunkt
    $\left(0, \frac{c}{4}\right)$.

ii) $f(x, y) = c \Leftrightarrow x^2 - 2x + y^2 + 4y + 5 = c \Leftrightarrow (x - 1)^2 - 1 + (y + 2)^2 - 4 + 5 = c \Leftrightarrow$
    $(x - 1)^2 + (y + 2)^2 = c$.
    Für $c < 0$ gibt es keine Höhenlinien. Für $c = 0$ besteht die Höhenlinie aus dem Punkt
    $(1, -2)$ und für $c > 0$ sind die Höhenlinien Kreise mit Mittelpunkt $(1, -2)$ und Radius
    $\sqrt{c}$.

iii) Die Höhenlinien der Funktion f (Abb. 17.14) bekommen wir wie folgt:

$$f(x, y) = c \Longleftrightarrow c = -\frac{x}{2} + \sqrt{\frac{x^2}{4} - y} \Longleftrightarrow \sqrt{\frac{x^2}{4} - y} = c + \frac{x}{2}.$$

$$y = -cx - c^2, \quad x \geq -2c.$$

Abb. 17.14 Die Funktion
$f(x, y) = -\frac{x}{2} + \sqrt{\frac{x^2}{4} - y}$,
$\frac{x^2}{4} - y \geq 0$

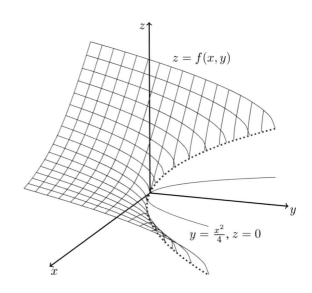

Wir vergleichen mit den Tangenten an die Funktion $y = \frac{x^2}{4}$. Die Tangente in einem Punkt x_0 lautet:

$$y = \frac{x_0^2}{4} + \frac{1}{2} x_0 (x - x_0) \quad \text{bzw.} \quad y = \frac{1}{2} x_0 x - \frac{1}{4} x_0^2.$$

Die Höhenlinie $f(x, y) = c$ stellt also den Teil der Tangente $y = -c\,x - c, x \geq -2\,c$, der Tangente im Punkt $x_0 = -2\,c$ dar (Abb. 17.15).

Lösung 9.4

i) Partielle Ableitungen erster Ordnung:

$$\frac{\partial f}{\partial x}(x, y) = \sin(y) - y \sin(x), \quad \frac{\partial f}{\partial y}(x, y) = x \cos(y) + \cos(x).$$

Partielle Ableitungen zweiter Ordnung:

$$\frac{\partial^2 f}{\partial x \partial x}(x, y) = -y \cos(x), \quad \frac{\partial^2 f}{\partial y \partial x}(x, y) = \cos(y) - \sin(x),$$

$$\frac{\partial^2 f}{\partial x \partial y}(x, y) = \cos(y) - \sin(x), \quad \frac{\partial^2 f}{\partial y \partial y}(x, y) = -x \sin(y).$$

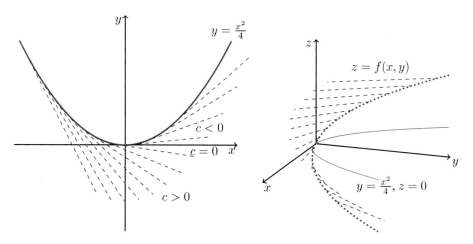

Abb. 17.15 Höhenlinien der Funktion $f(x, y)$: $y = -c\,x - c, x \geq -2\,c$ (links). Höhenlinien der Funktion f mit Funktionswerten $(x, -c\,x - c, c), x \geq 2\,c$, (rechts)

ii) Partielle Ableitungen erster Ordnung:

$$\frac{\partial f}{\partial x}(x,y,z) = 3x^2y - yz, \quad \frac{\partial f}{\partial y}(x,y,z) = x^3 - xz + 8yz^2, \quad \frac{\partial f}{\partial z}(x,y,z) = -xy + 8y^2z.$$

Partielle Ableitungen zweiter Ordnung:

$$\frac{\partial^2 f}{\partial x \partial x}(x,y,z) = 6xy, \quad \frac{\partial^2 f}{\partial x \partial y}(x,y,z) = 3x^2 - z, \quad \frac{\partial^2 f}{\partial x \partial z}(x,y,z) = -y,$$

$$\frac{\partial^2 f}{\partial y \partial x}(x,y,z) = 3x^2 - z, \quad \frac{\partial^2 f}{\partial y \partial y}(x,y,z) = 8z^2, \quad \frac{\partial^2 f}{\partial y \partial z}(x,y,z) = -x + 16yz,$$

$$\frac{\partial^2 f}{\partial z \partial x}(x,y,z) = -y, \quad \frac{\partial^2 f}{\partial z \partial y}(x,y,z) = -x + 16yz, \quad \frac{\partial^2 f}{\partial z \partial z}(x,y,z) = 8y^2.$$

Lösung 9.5

i)

$$\frac{\partial f}{\partial \vec{e}}(\boldsymbol{x}_0) = \frac{d}{dh} f(\boldsymbol{x}_0 + h\vec{e}) \bigg|_{h=0} = \frac{d}{dh} f(1 + he_1, 2 + he_2) \bigg|_{h=0}$$

$$= \frac{d}{dh}(1 + he_1)^2 + 2(1 + he_1)(2 + he_2) - 3(2 + he_2)^2 \bigg|_{h=0}$$

$$= 2e_1(1 + he_1) + 2e_1(2 + he_2) + 2(1 + he_1)e_2 - 6e_2(2 + he_2) \bigg|_{h=0}$$

$$= 2e_1 + 4e_1 + 2e_2 - 12e_2 = 6e_1 - 10e_2,$$

ii)

$$\frac{\partial f}{\partial \vec{e}}(\boldsymbol{x}_0) = \frac{d}{dh} f(\boldsymbol{x}_0 + h\vec{e}) \bigg|_{h=0} = \frac{d}{dh} f\left(\frac{3}{5}h, 1 + \frac{4}{5}h\right) \bigg|_{h=0}$$

$$= \frac{d}{dh}\frac{3}{5}h\left(1 + \frac{4}{5}h\right)e^{\frac{7}{5}h+1} \bigg|_{h=0} = \frac{d}{dh}\left(\frac{3}{5}h + \frac{12}{25}h^2\right)e^{\frac{7}{5}h+1} \bigg|_{h=0}$$

$$= \left(\frac{3}{5} + \frac{24}{25}h\right)e^{\frac{7}{5}h+1} + \left(\frac{3}{5}h + \frac{12}{25}h^2\right)\frac{7}{5}e^{\frac{7}{5}+1} \bigg|_{h=0}$$

$$= \frac{3}{5}e.$$

Lösung 9.6

Die partiellen Ableitungen ergeben sich aus der Definition:

$$\frac{\partial f}{\partial x}(0,0) = \lim_{h \to 0} \frac{f((0,0) + h(1,0)) - f(0,0)}{h} = \lim_{h \to 0} \frac{\sqrt{|h \cdot 0|} - \sqrt{|0|}}{h} = 0,$$

$$\frac{\partial f}{\partial y}(0,0) = \lim_{h \to 0} \frac{f((0,0) + h\,(0,1)) - f(0,0)}{h} = \lim_{h \to 0} \frac{\sqrt{|0 \cdot h|} - \sqrt{|0|}}{h} = 0.$$

Als Nächstes berechnen wir die Richtungsableitungen in Richtung der Einheitsvektoren $-\vec{e}_1 = (-1,0)$ und $-\vec{e}_2 = (0,-1)$:

$$\frac{\partial f}{\partial(-1,0)}(0,0) = \lim_{h \to 0} \frac{f((0,0) + h\,(-1,0)) - f(0,0)}{h} = \lim_{h \to 0} \frac{\sqrt{|(-h) \cdot 0|} - \sqrt{|0|}}{h} = 0,$$

$$\frac{\partial f}{\partial(0,-1)}(0,0) = \lim_{h \to 0} \frac{f((0,0) + h\,(0,-1)) - f(0,0)}{h} = \lim_{h \to 0} \frac{\sqrt{|0 \cdot (-h)|} - \sqrt{|0|}}{h} = 0.$$

Nun nehmen wir einen Einheitsvektor $\vec{e} = (e_1, e_2)$, $e_1 \neq 0$, $e_2 \neq 0$. Wir betrachten (Abb. 17.16):

$$f((0,0) + h\,(e_1, e_2)) = f(h\,e_1, h\,e_2) = \sqrt{h^2\,|e_1 e_2|} = |h|\,\sqrt{|e_1 e_2|}.$$

Hieraus ergibt sich:

$$\frac{f((0,0) + h\,(e_1, e_2)) - f(0,0)}{h} = \frac{|h|}{h}\,\sqrt{|e_1 e_2|}.$$

Der Quotient $\frac{|h|}{h}$ besitzt für h gegen Null keinen Grenzwert. Also existieren die Richtungsableitungen $\frac{\partial f}{\partial \vec{e}}(0,0)$ nicht.

Lösung 9.7

Die Ungleichungen $-|x| \le x \le |x|$ und $|x| \le \sqrt{x^2 + y^2}$ liefern:

$$-1 \le \frac{x}{\sqrt{x^2 + y^2}} \le 1.$$

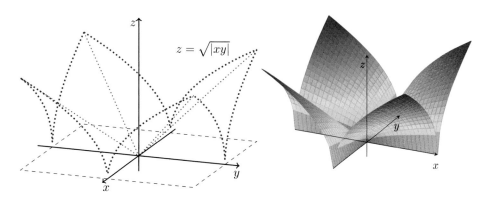

Abb. 17.16 Die Funktion $f(x,y) = \sqrt{|xy|}$ eingeschränkt auf die Geraden $x = 0$, $y = 0$, $y = \pm x$, sowie $x = \pm c$, $y = \pm c$, $c > 0$ (links). Graph der Funktion $f(x,y) = \sqrt{|xy|}$ (rechts)

Höhenlinien ergeben sich aus: $f(x, y) = c, -1 \leq c \leq 1$.

$$f(x, y) = 0 \Longleftrightarrow x = 0, \quad f(x, y) = 1 \Longleftrightarrow y = 0 \, x > 0, \quad f(x, y) = -1 \Longleftrightarrow y = 0 \, x < 0.$$

Für $0 < c < 1$ ergibt sich:

$$f(x, y) = \frac{x}{\sqrt{x^2 + y^2}} = c \Longleftrightarrow x > 0, \frac{x}{c} = \sqrt{x^2 + y^2} \Longleftrightarrow \pm y = \left(\frac{1}{c^2} - 1\right) x, x > 0.$$

Für $-1 < c < 0$ ergibt sich:

$$f(x, y) = \frac{x}{\sqrt{x^2 + y^2}} = c \Longleftrightarrow x < 0, \frac{x}{c} = \sqrt{x^2 + y^2} \Longleftrightarrow \pm y = \left(\frac{1}{c^2} - 1\right) x, x < 0.$$

Das Höhenlinienbild (Abb. 17.15) zeigt, dass in jeder beliebig kleinen Umgebung des Nullpunkts alle Funktionswerte $c, -1 \leq c \leq 1$ angenommen werden. Ein Grenzwert von f im Nullpunkt kann deshalb nicht existieren (Abb. 17.17).

Die partiellen Ableitungen lauten:

$$\frac{\partial f}{\partial x}(x, y) = \frac{1}{\sqrt{x^2 + y^2}} - \frac{x}{x^2 + y^2} \frac{x}{\sqrt{x^2 + y^2}} = \frac{1}{\sqrt{x^2 + y^2}} \frac{y^2}{x^2 + y^2},$$

$$\frac{\partial f}{\partial y}(x, y) = -\frac{x}{x^2 + y^2} \frac{y}{\sqrt{x^2 + y^2}} = -\frac{1}{\sqrt{x^2 + y^2}} \frac{x \, y}{x^2 + y^2}.$$

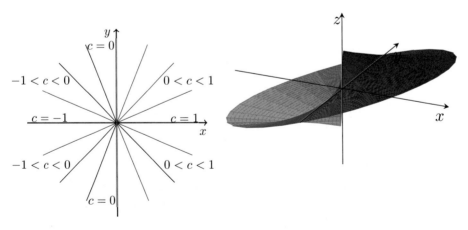

Abb. 17.17 Höhenlinien (links) und Graph der Funktion $f(x, y) = \frac{x}{\sqrt{x^2+y^2}}$ (rechts)

17.10 Lösungen zu Differentiation im $\mathbb{R}^n$

Lösung 10.1

i) $f^1(x, y, z) = \sin(y\cos(x))$, $f^2(x, y, z) = e^{yz}$.

$$\text{grad} f^1(x, y, z) = (-\cos(y\cos(x))\, y\sin(x), \cos(y\cos(x))\, \cos(x), 0),$$
$$\text{grad} f^2(x, y, z) = (0, e^{yz}z, e^{yz}y),$$
$$\frac{df}{d(x, y, z)}(x, y, z) = \begin{pmatrix} -\cos(y\cos(x))\, y\sin(x) & \cos(y\cos(x))\, \cos(x) & 0 \\ 0 & e^{yz}z & e^{yz}y \end{pmatrix}.$$

ii) $f^1(x, y) = \sin(xy)$, $f^2(x, y) = \cos(\cos(y))$, $f^3(x, y) = \cos(x^2 + y^2)$.

$$\text{grad} f^1(x, y) = (\cos(xy)y, \cos(xy)x),$$
$$\text{grad} f^2(x, y) = (0, \sin(\cos(y))\sin(y)),$$
$$\text{grad} f^3(x, y) = (-2\sin(x^2 + y^2)x, -2\sin(x^2 + y^2)y),$$
$$\frac{df}{d(x, y)}(x, y) = \begin{pmatrix} \cos(xy)y & \cos(xy)x \\ 0 & \sin(\cos(y))\sin(y) \\ -2\sin(x^2 + y^2)x & -2\sin(x^2 + y^2)y \end{pmatrix}.$$

Lösung 10.2

i) Richtungsableitung: Mit $\text{grad} f(x, y) = (2xy^2, 2yx^2)$ gilt:

$$\frac{\partial f}{\partial \vec{e}}(x_0) = \text{grad} f(x_0)\vec{e}^T = (-2, 2)\frac{1}{\sqrt{2}}\begin{pmatrix} 1 \\ 1 \end{pmatrix} = 0.$$

Richtung mit maximaler Richtungsableitung in x_0:

$$\frac{\text{grad} f(x_0)}{\|\text{grad} f(x_0)\|} = \frac{(-2, 2)}{\sqrt{8}} = \frac{1}{\sqrt{2}}(-1, 1).$$

Richtung mit minimaler Richtungsableitung in x_0: $-\frac{1}{\sqrt{2}}(-1, 1)$.

ii) Richtungsableitung: Mit $\text{grad} f(x, y, z) = (yze^{xyz}, xze^{xyz}, xye^{xyz})$ gilt:

$$\frac{\partial f}{\partial \vec{e}}(x_0) = \text{grad} f(x_0)\vec{e}^T = (2e^4, 4e^4, 2e^4)\frac{1}{\sqrt{3}}\begin{pmatrix} 1 \\ 1 \\ 1 \end{pmatrix} = \frac{8}{\sqrt{3}}e^4.$$

Richtung mit maximaler Richtungsableitung in x_0:

$$\frac{\operatorname{grad} f(x_0)}{||\operatorname{grad} f(x_0)||} = \frac{(2e^4, 4e^4, 2e^4)}{\sqrt{24e^8}} = \frac{e^4}{2\sqrt{6}}(2e^4, 4e^4, 2e^4)\frac{e^8}{\sqrt{6}}(1, 2, 1).$$

Richtung mit minimaler Richtungsableitung in x_0: $-\dfrac{e^8}{\sqrt{6}}(1, 2, 1)$.

Lösung 10.3

i) Es ist $\dfrac{df}{d(x, y, z)}(x, y, z) = (2x + 2yz, 2xz, 2xy - 1)$ und $\dfrac{dg}{d(x, y)}(x, y) = \begin{pmatrix} 1 & 1 \\ 1 & -1 \\ 2 & 0 \end{pmatrix}$.

Damit bekommen wir:

$$\frac{d(f \circ g)}{d(x, y)}(x, y) = \frac{df}{d(x, y, z)}(g(x, y)) \cdot \frac{dg}{d(x, y)}(x, y)$$

$$= (2(x + y) + 4x(x - y), 4x(x + y), 2(x^2 - y^2) - 1) \cdot \begin{pmatrix} 1 & 1 \\ 1 & -1 \\ 2 & 0 \end{pmatrix}$$

$$= (2(x + y) + 4x(x - y) + 4x(x + y) + 4(x^2 - y^2) - 2,$$
$$2(x + y) + 4x(x - y) - 4x(x + y))$$

$$= (12x^2 + 2x - 4y^2 + 2y - 2, -8xy + 2x + 2y).$$

ii) Es ist $\dfrac{df}{d(x, y)}(x, y) = \begin{pmatrix} ye^x & e^x \\ e^y & xe^y \end{pmatrix}$ und $\dfrac{dg}{d(x, y, z)}(x, y, z) = \begin{pmatrix} yz & xz & xy \\ 1 & 1 & 1 \end{pmatrix}$. Damit folgt:

$$\frac{d(f \circ g)}{d(x, y, z)}(x, y, z) = \frac{df}{d(x, y)}(g(x, y, z)) \cdot \frac{dg}{d(x, y, z)}(x, y, z)$$

$$= \begin{pmatrix} (x + y + z)e^{xyz} & e^{xyz} \\ e^{x+y+z} & xyze^{x+y+z} \end{pmatrix} \cdot \begin{pmatrix} yz & xz & xy \\ 1 & 1 & 1 \end{pmatrix}$$

$$= \begin{pmatrix} yz(x + y + z)e^{xyz} + e^{xyz} & xz(x + y + z)e^{xyz} + e^{xyz} & xy(x + y + z)e^{xyz} + e^{xyz} \\ yze^{x+y+z} + xyze^{x+y+z} & xze^{x+y+z} + xyze^{x+y+z} & xye^{x+y+z} + xyze^{x+y+z} \end{pmatrix}$$

$$= \begin{pmatrix} (yz(x + y + z) + 1)e^{xyz} & (xz(x + y + z) + 1)e^{xyz} & (xy(x + y + z) + 1)e^{xyz} \\ yze^{x+y+z}(1 + x) & xze^{x+y+z}(1 + y) & xye^{x+y+z}(1 + z) \end{pmatrix}.$$

Lösung 10.4

i) a) Partielle Ableitungen:

$$\frac{\partial f}{\partial x}(x, y) = 2y \sin(xy) \cos(xy),$$
$$\frac{\partial f}{\partial y}(x, y) = 2x \sin(xy) \cos(xy),$$

$$\frac{\partial^2 f}{\partial x \partial x}(x, y) = 2y^2 \cos^2(xy) - 2y^2 \sin^2(xy),$$

$$\frac{\partial^2 f}{\partial y \partial x}(x, y) = -2xy \sin^2(xy) + 2xy \cos^2(xy) + 2\sin(xy)\cos(xy),$$

$$\frac{\partial^2 f}{\partial y \partial y}(x, y) = 2x^2 \cos^2(xy) - 2x^2 \sin^2(xy).$$

Taylorpolynom:

$$T_2(f, (x, y), (1, \pi)) = f(1, \pi) + \frac{\partial f}{\partial x}(1, \pi)(x - 1) + \frac{\partial f}{\partial y}(1, \pi)(y - \pi)$$

$$+ \frac{1}{2} \frac{\partial^2 f}{\partial x \partial x}(1, \pi)(x - 1)^2 + \frac{\partial^2 f}{\partial x \partial y}(1, \pi)(x - 1)(y - \pi)$$

$$+ \frac{1}{2} \frac{\partial^2 f}{\partial y \partial y}(1, \pi)(y - \pi)^2$$

$$= 0 + 0 + 0 + \pi^2(x - 1)^2 + 2\pi(x - 1)(y - \pi) + (y - \pi)^2$$

$$= \pi^2(x - 1)^2 + 2\pi(x - 1)(y - \pi) + (y - \pi)^2.$$

ii) b) Partielle Ableitungen:

$$\frac{\partial f}{\partial x}(x, y) = \frac{1}{x + y + 1},$$

$$\frac{\partial f}{\partial y}(x, y) = \frac{1}{x + y + 1},$$

$$\frac{\partial^2 f}{\partial x \partial x}(x, y) = -\frac{1}{(x + y + 1)^2},$$

$$\frac{\partial^2 f}{\partial y \partial x}(x, y) = -\frac{1}{(x + y + 1)^2},$$

$$\frac{\partial^2 f}{\partial y \partial y}(x, y) = -\frac{1}{(x + y + 1)^2}.$$

Taylorpolynom:

$$T_2(f, (x, y), (0, 0)) = f(0, 0) + \frac{\partial f}{\partial x}(0, 0)x + \frac{\partial f}{\partial y}(0, 0)y$$

$$+ \frac{1}{2} \frac{\partial^2 f}{\partial x \partial x}(0, 0)x^2 + \frac{\partial^2 f}{\partial x \partial y}(0, 0)xy$$

$$+ \frac{1}{2} \frac{\partial^2 f}{\partial y \partial y}(0, 0)y^2$$

$$= 0 + x + y - \frac{1}{2}x^2 - xy - \frac{1}{2}y^2$$

$$= x + y - \frac{1}{2}x^2 - xy - \frac{1}{2}y^2.$$

ii) a) Reihenentwicklung:

$$\frac{x+2}{1+y^2} = \frac{x+1+1}{1-(-y^2)} = (x+1) \cdot \frac{1}{1-(-y^2)} + \frac{1}{1-(-y^2)}$$

$$= (x+1)\sum_{\nu=0}^{\infty}(-y^2)^{\nu} + \sum_{\nu=0}^{\infty}(-y^2)^{\nu}$$

$$= \sum_{\nu=0}^{\infty}(-1)^{\nu}(x+1)y^{2\nu} + \sum_{\nu=0}^{\infty}(-1)^{\nu}y^{2\nu}.$$

Taylorpolynom:

$$T_3(f,(x,y),(-1,0)) = (x+1) - (x+1)y^2 + 1 - y^2 = 1 + (x+1) - y^2 - (x+1)y^2.$$

(Nur Summanden mit Indizes $\nu = 0, 1$ können $T_3(f,(x,y),(-1,0))$ beeinflussen).

ii) b) Reihenentwicklung:

$$e^x \cos(y) = \left(\sum_{\nu=0}^{\infty}\frac{1}{\nu!}x^{\nu}\right) \cdot \left(\sum_{\mu=0}^{\infty}(-1)^{\mu}\frac{y^{2\mu}}{(2\mu)!}\right)$$

$$= \left(1 + x + \frac{1}{2}x^2 + \frac{1}{6}x^3 + \dots\right) \cdot \left(1 - \frac{1}{2}y^2 + \frac{1}{24}y^4 - \dots\right).$$

Taylorpolynom:

$$T_3(f,(x,y),(0,0)) = 1 - \frac{1}{2}y^2 + x - \frac{1}{2}xy^2 + \frac{1}{2}x^2 + \frac{1}{6}x^3.$$

(Nur Summanden mit Indizes $\nu = 0, 1, 2, 3$ bzw. $\mu = 0, 1$ können $T_3(f,(x,y),(0,0))$ beeinflussen).

Lösung 10.5

i) Nullstellen des Gradienten:

$$\operatorname{grad} f(x,y) = (3x^2 - 3x, y^2 - 1) = (0,0) \Leftrightarrow (3x(x-1) = 0 \wedge y^2 - 1 = 0).$$

Es muss also $x = 0$ oder $x = 1$ und $y = \pm 1$ sein. Daraus ergeben sich die vier kritischen Stellen $(0, 1)$, $(0, -1)$, $(1, 1)$ und $(1, -1)$.

Klassifikation der kritischen Stellen: Wegen $H(x,y) = \begin{pmatrix} 6x - 3 & 0 \\ 0 & 2y \end{pmatrix}$ ist

$$H(0, \pm 1) = \begin{pmatrix} -3 & 0 \\ 0 & \pm 2 \end{pmatrix} \text{ und } H(1, \pm 1) = \begin{pmatrix} 3 & 0 \\ 0 & \pm 2 \end{pmatrix}.$$

Da $\det(H(0, 1)) = -3 \cdot 2 - 0 \cdot 0 = -6 < 0$ und $\det(H(1, -1)) = 3 \cdot (-2) - 0 \cdot 0 = -6 < 0$ ist, sind die Punkte $(0, 1)$ und $(1, -1)$ Sattelpunkte. Wegen $\det(H(0, -1)) = -3 \cdot (-2) - 0 \cdot 0 = 6 > 0$ und $-3 < 0$, hat f in $(0, -1)$ ein lokales Maximum und wegen $\det(H(1, 1)) = 3 \cdot 2 - 0 \cdot 0 = 6 > 0$ und $3 > 0$ hat f in $(1, 1)$ ein lokales Minimum.

Tangentialebene im Punkt $(1, 1)$:

$$z = f(1, 1) + \frac{\partial f}{\partial x}(1, 1)(x - 1) + \frac{\partial f}{\partial y}(1, 1)(y - 1) = -\frac{7}{6}.$$

ii) Nullstellen des Gradienten:

$$\operatorname{grad} f(x, y) = (4x^3 - 2x, 4y^3 - 2y) = (0, 0) \Leftrightarrow (2x(2x^2 - 1) = 0 \text{ oder } 2y(2y^2 - 1) = 0).$$

Wir bekommen $x = 0$ oder $x = \pm \frac{1}{\sqrt{2}}$ und $y = 0$ oder $y = \pm \frac{1}{\sqrt{2}}$ und somit die 9 kritischen Stellen $P_1 = (0, 0)$, $P_2 = \left(0, \frac{1}{\sqrt{2}}\right)$, $P_3 = \left(0, -\frac{1}{\sqrt{2}}\right)$, $P_4 = \left(\frac{1}{\sqrt{2}}, \frac{1}{\sqrt{2}}\right)$, $P_5 = \left(\frac{1}{\sqrt{2}}, -\frac{1}{\sqrt{2}}\right)$, $P_6 = \left(-\frac{1}{\sqrt{2}}, \frac{1}{\sqrt{2}}\right)$, $P_7 = \left(-\frac{1}{\sqrt{2}}, -\frac{1}{\sqrt{2}}\right)$, $P_8 = \left(\frac{1}{\sqrt{2}}, 0\right)$, $P_9 = \left(-\frac{1}{\sqrt{2}}, 0\right)$.

Klassifikation der kritischen Stellen: Es ist $H(x, y) = \begin{pmatrix} 12x^2 - 2 & 0 \\ 0 & 12y^2 - 2 \end{pmatrix}$ und somit

$$H(P_1) = \begin{pmatrix} -2 & 0 \\ 0 & -2 \end{pmatrix}, H(P_2) = H(P_3) = \begin{pmatrix} -2 & 0 \\ 0 & 4 \end{pmatrix},$$

$$H(P_4) = H(P_5) = H(P_6) = H(P_7) = \begin{pmatrix} 4 & 0 \\ 0 & 4 \end{pmatrix}, H(P_8) = H(P_9) = \begin{pmatrix} 4 & 0 \\ 0 & -2 \end{pmatrix}.$$

Da $\det(H(P_1)) = 4 > 0$ und $-2 < 0$ ist, ist P_1 ein lokales Maximum. Da $\det(H(P_2)) = \det(H(P_8)) = -8 < 0$ ist, sind P_2, P_3, P_8 und P_9 Sattelpunkte. Wegen $\det(H(P_4)) = 8 > 0$ und $4 > 0$, sind P_4, P_5, P_6 und P_7 lokale Minima.

Tangentialebene im Punkt $(1, 1)$:

$$z = f(1, 1) + \frac{\partial f}{\partial x}(1, 1)(x-1) + \frac{\partial f}{\partial y}(1, 1)(y-1) = 0 + 2(x-1) + 2(y-1) = 2x + 2y - 4.$$

Lösung 10.6

Auf beiden Seiten nach t ableiten:

$$\frac{\partial}{\partial t} f(tx_1, \ldots, tx_n) = x_1 \frac{\partial f}{\partial x_1} f(tx_1, \ldots, tx_n) + \cdots + x_n \frac{\partial f}{\partial x_1} f(tx_1, \ldots, tx_n),$$

$$\frac{\partial}{\partial t} t^\mu f(x_1, \ldots, x_n) = \mu t^{\mu-1} f(x_1, \ldots, x_n).$$

Gleichsetzen und mit t multiplizieren:

$$tx_1 \frac{\partial f}{\partial x_1} f(tx_1, \ldots, tx_n) + \cdots + tx_n \frac{\partial f}{\partial x_1} f(tx_1, \ldots, tx_n) = \mu t^\mu f(x_1, \ldots, x_n),$$

also

$$tx_1 \frac{\partial f}{\partial x_1} f(tx_1, \ldots, tx_n) + \cdots + tx_n \frac{\partial f}{\partial x_1} f(tx_1, \ldots, tx_n) = \mu f(tx_1, \ldots, tx_n).$$

tx_j durch x_j ersetzen oder $t = 1$ setzen ergibt die Behauptung.

Wähle: $f(x_1, x_2, x_3, x_4, x_5) = \sqrt{x_1 x_2 x_3 x_4 x_5}$. Dann gilt:

$$f(tx_1, tx_2, tx_3, tx_4, tx_5) = \sqrt{t^5 x_1 x_2 x_3 x_4 x_5} = t^{\frac{5}{2}} \sqrt{x_1 x_2 x_3 x_4 x_5}$$

$$= t^{\frac{5}{2}} f(x_1, x_2, x_3, x_4, x_5).$$

$$\sum_{j=1}^{5} x_j \frac{\partial f}{\partial x_j}(x_1, x_2, x_3, x_4, x_5) = \sum_{j=1}^{5} \frac{x_1 x_2 x_3 x_4 x_5}{2\sqrt{x_1 x_2 x_3 x_4 x_5}} = \frac{5}{2} f(x_1, x_2, x_3, x_4, x_5).$$

Lösung 10.7

Vektoren umrechnen:

$$\vec{e}_x = \cos(\phi)\, \vec{e}_r - \sin(\phi)\, \vec{e}_\phi, \quad \vec{e}_y = \sin(\phi)\, \vec{e}_r + \cos(\phi)\, \vec{e}_\phi.$$

Nach der Kettenregel:

$$\left(\frac{\partial \tilde{f}}{\partial r}(r, \phi, z), \frac{\partial \tilde{f}}{\partial \phi}(r, \phi, z), \frac{\partial \tilde{f}}{\partial z}(r, \phi, z) \right)$$

$$= \left(\frac{\partial f}{\partial x}(r\cos(\phi), r\sin(\phi), z), \frac{\partial f}{\partial y}(r\cos(\phi), r\sin(\phi), z), \frac{\partial f}{\partial z}(r\cos(\phi), r\sin(\phi), z) \right)$$

$$\cdot \begin{pmatrix} \cos(\phi) & -r\sin(\phi) & 0 \\ \sin(\phi) & r\cos(\phi) & 0 \\ 0 & 0 & 1 \end{pmatrix}.$$

Mit der inversen Matrix:

$$\left(\frac{\partial f}{\partial x}(r\cos(\phi), r\sin(\phi), z), \frac{\partial f}{\partial y}(r\cos(\phi), r\sin(\phi), z), \frac{\partial f}{\partial z}(r\cos(\phi), r\sin(\phi), z)\right)$$

$$= \left(\frac{\partial \tilde{f}}{\partial r}(r, \phi, z), \frac{\partial \tilde{f}}{\partial \phi}(r, \phi, z), \frac{\partial \tilde{f}}{\partial z}(r, \phi, z)\right) \begin{pmatrix} \cos(\phi) & \sin(\phi) & 0 \\ -\frac{1}{r}\sin(\phi) & \frac{1}{r}\cos(\phi) & 0 \\ 0 & 0 & 1 \end{pmatrix}.$$

Also:

$$\frac{\partial f}{\partial x}(r\cos(\phi), r\sin(\phi), z)\,\vec{e}_x + \frac{\partial f}{\partial y}(r\cos(\phi), r\sin(\phi), z)\,\vec{e}_y$$

$$+ \frac{\partial f}{\partial z}(r\cos(\phi), r\sin(\phi), z)\,\vec{e}_z$$

$$= \left(\cos(\phi)\frac{\partial \tilde{f}}{\partial r}(r, \phi, z) - \frac{1}{r}\sin(\phi)\frac{\partial \tilde{f}}{\partial \phi}(r, \phi, z)\right)(\cos(\phi)\,\vec{e}_r - \sin(\phi)\,\vec{e}_\phi)$$

$$+ \left(\sin(\phi)\frac{\partial \tilde{f}}{\partial r}(r, \phi, z) + \frac{1}{r}\cos(\phi)\frac{\partial \tilde{f}}{\partial \phi}(r, \phi, z)\right)(\sin(\phi)\,\vec{e}_r + \cos(\phi)\,\vec{e}_\phi)$$

$$+ \frac{\partial \tilde{f}}{\partial z}(r, \phi, z)\,\vec{e}_z$$

$$= \frac{\partial \tilde{f}}{\partial r}(r, \phi, z)\,\vec{e}_r + \frac{1}{r}\cos(\phi)\frac{\partial \tilde{f}}{\partial \phi}(r, \phi, z)\,\vec{e}_\phi + \frac{\partial \tilde{f}}{\partial z}(r, \phi, z)\,\vec{e}_z.$$

17.11 Lösungen zu Implizite Funktionen

Lösung 11.1

Mit den Parametern $R > 0$, $a > 0$ betrachten wir für $z \geq 0$ die Gleichungen:

$$f^1(x, y, z) = x^2 + y^2 + z^2 - R^2 = 0, \quad f^2(x, y, z) = (x - a)^2 + y^2 - a^2 = 0.$$

Es gilt $f^1(0, 0, R) = 0$, $f^2(0, 0, R) = 0$. Wir berechnen die Jacobi-Matrix:

$$J(x, y, z) = \begin{pmatrix} \frac{\partial f^1}{\partial x}(x, y, z) & \frac{\partial f^1}{\partial z}(x, y, z) \\ \frac{\partial f^2}{\partial x}(x, y, z) & \frac{\partial f^2}{\partial z}(x, y, z) \end{pmatrix} = \begin{pmatrix} 2x & 2z \\ 2(x - a) & 0 \end{pmatrix}.$$

Es gilt: $\det(J(0, 0, R)) = 12a \neq 0$. Der Satz über implizite Funktionen garantiert lokal eine eindeutige Auflösung $x = g^1(y)$, $z = g^3(y)$: $f^1(g^1(y), y, g^3(y)) = 0$, $f^2(g^1(y), y, g^3(y)) = 0$. Wir berechnen die Auflösung. Die zweite Gleichung liefert: $x = a \pm \sqrt{a^2 - y^2}$. Die Auflösung kann erklärt werden für $-a \leq y \leq a$. Damit die Auflösung durch den Punkt $(0, 0, R)$ geht, muss das Pluszeichen ausgeschlossen werden (Abb. 17.18):

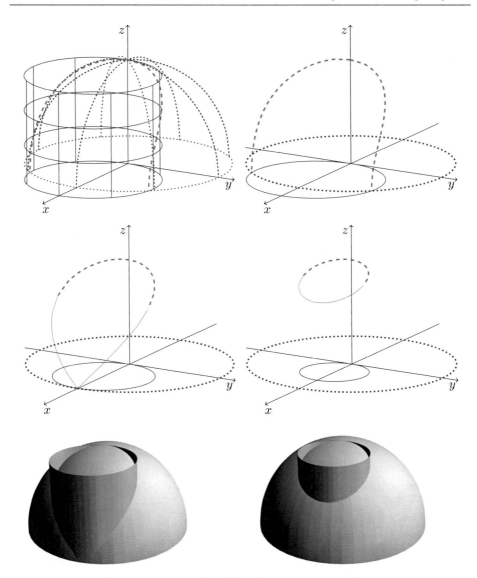

Abb. 17.18 $a > \frac{R}{2}$: Die Halbkugel $x^2 + y^2 + z^2 = 9$, $z > 0$ (gepunktet) und der Zylinder $(x - a)^2 + y^2 = a^2$, $z > 0$, mit dem Schnitt der Oberflächen (gestrichelt), (oben links). Die Schnittkurve (Auflösung) mit der Projektion der Halbkugel und des Zylinders in die $x - y$-Ebene (oben rechts). $a \leq \frac{R}{2}$: Die Schnittkurve mit der Projektion der Halbkugel und des Zylinders in die $x - y$-Ebene. Der gestrichelte Teil stellt die Auflösung dar. $a = \frac{R}{2}$, Vivianisches Fenster, (Mitte links). $a < \frac{R}{2}$ (Mitte rechts). Schnitt von Kugel und Zylinder (unten)

$$g^3(y) = a - \sqrt{a^2 - y^2}, \quad -a < y < a.$$

(Für $y = \pm a$ wäre g^3 nicht differenzierbar). Einsetzen in die erste Gleichung ergibt:

$$z^2 = R^2 - 2a^2 + 2a\sqrt{a^2 - y^2}.$$

Falls $a \leq \frac{R}{\sqrt{2}}$ ist die rechte Seite für $-a < y < a$ stets nicht negativ, und wir bekommen (Abb. 17.18):

$$g^1(y) = \sqrt{R^2 - 2a^2 + 2a\sqrt{a^2 - y^2}}.$$

(Damit die Auflösung durch den Punkt $(0, 0, R)$ geht, muss das Minuszeichen ausgeschlossen werden). Falls $a > \frac{R}{\sqrt{2}}$ muss der Definitionsbereich für g^3 (und g^1) auf $-\frac{R}{\sqrt{2}} < y < \frac{R}{\sqrt{2}}$ eingeschränkt werden.

Lösung 11.2

Außer der Nebenbedingung

$$g(x, y) = \frac{x^2}{3} + \frac{y^2}{4} - 1 = 0$$

müssen die Extremalstellen noch folgende Bedingungen erfüllen:

$$\frac{\partial f}{\partial x}(x, y) + \lambda \frac{\partial g}{\partial x}(x, y) = y^2 + \frac{2}{3}\lambda x = 0,$$

$$\frac{\partial f}{\partial y}(x, y) + \lambda \frac{\partial g}{\partial y}(x, y) = 2xy + \frac{1}{2}\lambda y = 0.$$

Für $y \neq 0$ bekommt man: $\lambda = -4x$ und $y^2 = \frac{8}{3}x^2$. Aus der Nebenbedingung folgt schließlich:

$$x^2 = 1.$$

Falls $y = 0$ ist, muss $x = \pm\sqrt{3}$ sein, damit die Nebenbedingung erfüllt ist. Mit $\lambda = 0$ gelten dann die restlichen beiden Bedingungen. Insgesamt kommen somit folgende Punkte als Extremalstellen infrage:

$$(x_1, y_1) = \left(1, \frac{2}{3}\sqrt{6}\right), \lambda = -4, \quad (x_2, y_2) = \left(1, -\frac{2}{3}\sqrt{6}\right), \lambda = -4,$$

$$(x_3, y_3) = \left(-1, \frac{2}{3}\sqrt{6}\right), \lambda = 4, \quad (x_4, y_4) = \left(-1, -\frac{2}{3}\sqrt{6}\right) \lambda = 4,$$

$$(x_5, y_5) = (\sqrt{3}, 0), \lambda = 0, \quad (x_6, y_6) = (-\sqrt{3}, 0), \lambda = 0.$$

Die geränderte Hessematrix lautet:

$$\tilde{H}(x, y, \lambda) = \begin{pmatrix} 0 & \frac{2}{3}x & \frac{1}{2}y \\ \frac{2}{3}x & \lambda\frac{2}{3} & 2y \\ \frac{1}{2}y & 2y & 2x + \lambda\frac{1}{2} \end{pmatrix}.$$

Es gilt:

$$\det(\tilde{H}(x_1, y_1, -4) = \det(\tilde{H}(x_2, y_2, -4) = \frac{16}{3},$$

$$\det(\tilde{H}(x_3, y_3, 4) = \det(\tilde{H}(x_4, y_4, 4) = -\frac{16}{3},$$

$$\det(\tilde{H}(x_5, y_5, 4) = -\frac{8}{\sqrt{3}}, \det(\tilde{H}(x_6, y_6, 4) = \frac{8}{\sqrt{3}}.$$

Die Punkte $(x_1, y_2), (x_2, y_2), (x_6, y_6)$ stellen Maxima dar. Die Punkte (x_3, y_3), $(x_4, y_4), (x_5, y_5)$ stellen Minima dar (Abb. 17.19).

Lösung 11.3

i) Wegen $\frac{\partial f}{\partial y}(x, y) = 2x + 2y$ ist $\frac{\partial f}{\partial y}(1, 2) = 6 \neq 0$. Somit kann man die Gleichung $f(x, y) = 0$ lokal nach y auflösen.
    Berechnung der Auflösung:

$$x^3 + 2xy + y^2 - 9 = 0 \Leftrightarrow y^2 + 2xy = 9 - x^3 \Leftrightarrow (y + x)^2 = 9 - x^3 + x^2.$$

Abb. 17.19 Die Funktion $f(x, y) = xy^2$ dargestellt auf der Kurve $g(x, y) = 0$ mit Extremalstellen

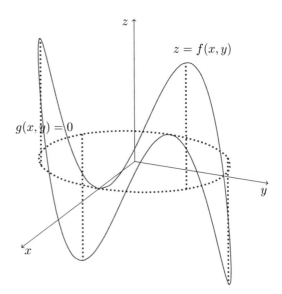

Unter der Bedingung $9 - x^3 + x^2 \geq 0$ ist dies äquivalent zu $y = -x \pm \sqrt{9 - x^3 + x^2}$. Da wir die Auflösung im Punkt $(1, 2)$ suchen ist $g(x) = y = -x + \sqrt{9 - x^3 + x^2}$ die gesuchte Auflösung.

ii) Mit $f^1(x, y_1, y_2) = x^2 + xy_1y_2 + y_2^2 - 9$ und $f^2(x, y_1, y_2) = x + y_1 + y_2 - 1$ ist

$$\det\left(\left(\frac{\partial f^k}{\partial y_j}(x, y_1, y_2)\right)_{k,j=1,2}\right) = \det\begin{pmatrix} x & xy_1 - 2y_2 \\ 1 & 1 \end{pmatrix} = x - xy_1 + 2y_2.$$

Also ist:

$$\det\left(\left(\frac{\partial f^k}{\partial y_j}(0, 2, 1)\right)_{k,j=1,2}\right) = -2 \neq 0$$

und die Gleichung $f(x, y_1, y_2) = (0, 0)$ kann lokal im Punkt $(0, 2, 1)$ nach $\mathbf{y} = (y_1, y_2)$ aufgelöst werden.

Berechnung der Auflösung: Aus $x + y_1 + y_2 - 1 = 0$ folgt $y_1 = 1 - x - y_2$. Wir setzen dies in $x^2 + xy_1y_2 + y_2^2 - 1 = 0$ ein und stellen nach y_2 um. Dabei setzen wir $x \neq 1$ voraus:

$$x^2 + xy_1y_2 + y_2^2 - 1$$
$$\Leftrightarrow x^2 + x(1 - x - y_2)y_2 + y_2^2 - 1 = 0$$
$$\Leftrightarrow x^2 + xy_2 - x^2y_2 - xy_2^2 + y_2^2 - 1 = 0$$
$$\Leftrightarrow (1 - x)y_2^2 + (x(1 - x))y_2 = (1 - x)(1 + x_2)$$
$$\Leftrightarrow y_2^2 + xy_2 = 1 + x$$
$$\Leftrightarrow \left(y_2 + \frac{x}{2}\right)^2 = 1 + x + \frac{x^2}{4} = \left(\frac{x}{2} + 1\right)^2$$
$$\Leftrightarrow y_2 = -\frac{x}{2} \pm \left(\frac{x}{2} + 1\right).$$

Einsetzen in $y_1 = 1 - x - y_2$ ergibt:

$$y_1 = 1 - x - \left(-\frac{x}{2} \pm \left(\frac{x}{2} + 1\right)\right) = 1 - \frac{1}{2}x \pm \left(\frac{x}{2} + 1\right).$$

Durch Einsetzen von $P = (0, 2, -1)$ erhalten wir die Auflösung:

$$\mathbf{g}(x) = (g^1(x), g^2(x)) = \left(1 - \frac{1}{2}x + \left(\frac{x}{2} + 1\right), -\frac{x}{2} - \left(\frac{x}{2} + 1\right)\right)$$
$$= (2, -x - 1).$$

(Dies gilt auch für $x = 1$.)

Lösung 11.4

i) Als Extremalstellen kommen nur die Punkte mit $g(x, y) = 0$ und $\operatorname{grad} f(x, y) + \lambda \operatorname{grad} g(x, y) = (0, 0)$ für ein $\lambda \in \mathbb{R}$ infrage.

Es ist:

$$\operatorname{grad} f(x, y) + \lambda \operatorname{grad} g(x, y) = (x^2 - 1, y^2 - 1) + \lambda(2x, 2y)$$
$$= (x^2 - 1 + 2x\lambda, y^2 - 1 + 2y\lambda).$$

Die Gleichung $x^2 - 1 + 2x\lambda = 0$ lösen wir nach x auf:

$$x^2 - 1 + 2x\lambda = 0$$
$$\Leftrightarrow x^2 + 2\lambda x = 1$$
$$\Leftrightarrow (x + \lambda)^2 = 1 + \lambda^2$$
$$\Leftrightarrow x = \pm\sqrt{1 + \lambda^2} - \lambda.$$

Für y bekommen wir aus der Gleichung $y^2 - 1 + 2y\lambda = 0$ das analoge Ergebnis.

1. Fall: $x = \sqrt{1 + \lambda^2} - \lambda$ und $y = -\sqrt{1 + \lambda^2} - \lambda$ bzw. umgekehrt. Aus Symmetriegründen ($f(x, y) = f(y, x)$ und $g(x, y) = g(y, x)$) spielt das keine Rolle. Wir setzen in $x^2 + y^2 - 6 = 0$ ein:

$$\left(\sqrt{1 + \lambda^2} - \lambda\right)^2 + \left(-\sqrt{1 + \lambda^2} - \lambda\right)^2 - 6 = 0$$
$$\Leftrightarrow 1 + \lambda^2 - 2\lambda\sqrt{1 + \lambda^2} + \lambda^2 + 1 + \lambda^2 + 2\lambda\sqrt{1 + \lambda^2} + \lambda^2 = 6$$
$$\Leftrightarrow 4\lambda^2 = 4 \Leftrightarrow \lambda = \pm 1.$$

Einsetzen von $\lambda = 1$ ergibt die kritischen Punkte:

$$\left(-1 + \sqrt{2}, -1 - \sqrt{2}\right), \left(-1 - \sqrt{2}, -1 + \sqrt{2}\right).$$

Einsetzen von $\lambda = -1$ ergibt die kritischen Punkte:

$$\left(1 + \sqrt{2}, 1 - \sqrt{2}\right), \left(1 - \sqrt{2}, 1 + \sqrt{2}\right).$$

2. Fall: $x = y = \sqrt{1 + \lambda^2} - \lambda$ oder $x = y = -\sqrt{1 + \lambda^2} - \lambda$.
Wir setzen wieder in $x^2 + y^2 - 6 = 0$ ein:

$$x^2 + y^2 - 6 = 0 \Leftrightarrow 2x^2 = 6 \Leftrightarrow x = \pm\sqrt{3}.$$

Wir bekommen zwei weitere kritische Punkte $\left(\sqrt{3}, \sqrt{3}\right)$ und $\left(-\sqrt{3}, -\sqrt{3}\right)$. Der Parameter λ ergibt sich durch Einsetzen in $x^2 - 1 + 2x\lambda = 0$ mit $\lambda = -\frac{1}{\sqrt{3}}$ für den ersten Punkt und mit $\lambda = \frac{1}{\sqrt{3}}$ für den zweiten Punkt. Zur Klassifizierung der kritischen Punkt benötigen wir die geränderte Hessematrix:

$$\tilde{H}(x, y, \lambda) = \begin{pmatrix} 0 & 2x & 2y \\ 2x & 6x + 2\lambda & 0 \\ 2y & 0 & 6y + 2\lambda \end{pmatrix} = -8\left(y^2(x+\lambda) + x^2(y+\lambda)\right).$$

Weiter gilt:

$$\det \tilde{H}\left(-1+\sqrt{2}, -1-\sqrt{2}, 1\right) = -64 < 0, \det \tilde{H}\left(-1-\sqrt{2}, -1+\sqrt{2}, 1\right) = 64 > 0,$$

$$\det \tilde{H}\left(1+\sqrt{2}, 1-\sqrt{2}, -1\right) = -64 < 0, \det \tilde{H}\left(1-\sqrt{2}, 1+\sqrt{2}, -1\right) = 64 > 0,$$

$$\det \tilde{H}\left(\sqrt{3}, \sqrt{3}, -\frac{1}{\sqrt{3}}\right) = -64\sqrt{3} < 0, \det \tilde{H}\left(-\sqrt{3}, -\sqrt{3}, \frac{1}{\sqrt{3}}\right) = 64\sqrt{3} > 0.$$

Die Punkte $\left(-1+\sqrt{2}, -1-\sqrt{2}\right), \left(1+\sqrt{2}, 1-\sqrt{2}\right), \left(\sqrt{3}, \sqrt{3}\right)$ sind Minima.

Die Punkte $\left(-1-\sqrt{2}, 1+\sqrt{2}\right), \left(1-\sqrt{2}, 1+\sqrt{2}\right), \left(-\sqrt{3}, -\sqrt{3}\right)$ sind Maxima.

ii) Es ist:

$$\operatorname{grad} f(x, y) + \lambda \operatorname{grad} g(x, y) = (-2x - 4y + \lambda x, -4x + 2\lambda y).$$

Punkte, die als Extremalstellen infrage kommen, müssen demnach die Gleichungen erfüllen:

$$(1) \ -2x - 4y + \lambda x = 2, \quad (2) \ -4x + 2\lambda y = 0, \quad (3) \ \frac{1}{2}x^2 + y^2 - 1 = 0.$$

Aus (2) folgt (4) $x = \frac{1}{2}\lambda y$. Dies setzen wir in (1) ein:

$$-\lambda y - 4y + \frac{1}{2}\lambda^2 y = 0 \Leftrightarrow \left(\frac{1}{2}\lambda^2 - \lambda - 4\right)y = 0 \Leftrightarrow (\lambda^2 - 2\lambda - 8)y = 0$$

$$\Leftrightarrow (y = 0 \text{ oder } \lambda^2 - 2\lambda - 8 = 0) \Leftrightarrow (y = 0 \text{ oder } \lambda = -2 \text{ oder } \lambda = 4).$$

1. Fall: $y = 0$. Aus (2) folgt, dass dann $x = 0$ ist. Dies ist aber ein Widerspruch zu (3).
2. Fall: $\lambda = -2$. Wegen (4) ist dann $x = -y$. Einsetzen in (3) liefert $\frac{3}{2}y^2 = 1$. Also ist $y = \pm\sqrt{\frac{2}{3}}$ und $x = \mp\sqrt{\frac{2}{3}}$.
3. Fall: $\lambda = 4$. Dann ist wegen (4) $x = 2y$. Wir setzen dies in (3) ein und bekommen $3y^2 = 1$. Demnach ist $y = \pm\frac{1}{\sqrt{3}}$ und $x = \pm\frac{1}{\sqrt{3}}$.

Zur Klassifikation der Extremalstellen berechnen wir die Determinante der geränderten Hessematrix:

$$\det \tilde{H}(x, y, \lambda) = \det \begin{pmatrix} 0 & x & 2y \\ x & -2+\lambda & -4 \\ 2y & -4 & 2\lambda \end{pmatrix} = -8xy - 8xy - 4y^2(-2+\lambda) - 2\lambda x^2$$

$$= -16xy - 4y^2(-2+\lambda) - 2\lambda x^2.$$

Es gilt:

$$\det \tilde{H}\left(\sqrt{\frac{2}{3}}, -\sqrt{\frac{2}{3}}, -2\right) = \det \tilde{H}\left(-\sqrt{\frac{2}{3}}, \sqrt{\frac{2}{3}}, -2\right)$$

$$= 24 > 0,$$

$$\det \tilde{H}\left(\frac{2}{\sqrt{3}}, \frac{1}{\sqrt{3}}, 4\right) = \det \tilde{H}\left(-\frac{2}{\sqrt{3}}, -\frac{1}{\sqrt{3}}, 4\right)$$

$$= -\frac{64}{3} < 0.$$

Die Punkte $\left(\sqrt{\frac{2}{3}}, -\sqrt{\frac{2}{3}}\right)$ und $\left(-\sqrt{\frac{2}{3}}, \sqrt{\frac{2}{3}}\right)$ sind Maximalstellen und die Punkte $\left(\frac{2}{\sqrt{3}}, \frac{1}{\sqrt{3}}\right)$ und $\left(-\frac{2}{\sqrt{3}}, -\frac{1}{\sqrt{3}}\right)$ Minimalstellen.

Lösung 11.5

Betrachte Abstandsfunktion $\sqrt{x^2 + y^2 + z^2}$ unter der Nebenbedingung $g(x, y, z) = 0$. Extremalstellen der Wurzel sind Extremalstellen von

$$f(x, y, z) = x^2 + y^2 + z^2$$

unter $g(x, y, z) = x^2 + 3y^2 + 2z^2 - 2yz - 2 = 0$.

Extremalstellen müssen die folgenden vier Bedingungen erfüllen:

(1) $g(x, y, z) = x^2 + 3y^2 + 2z^2 - 2yz - 2 = 0,$

(2) $\dfrac{\partial f}{\partial x}(x, y, z) + \lambda \dfrac{\partial g}{\partial x}(x, y, z) = 2x + 2\lambda x = 0,$

(3) $\dfrac{\partial f}{\partial y}(x, y, z) + \lambda \dfrac{\partial g}{\partial y}(x, y, z) = 2y + 2\lambda(6y - 2z) = 0,$

(4) $\dfrac{\partial f}{\partial z}(x, y, z)) + \lambda \dfrac{\partial g}{\partial z}(x, y, z) = 2z + 2\lambda(-2y + 4z) = 0.$

(2): $2x + 2\lambda x = 2x(1 + \lambda) = 0$. Also: $\lambda = -1$ oder $x = 0$.

$\lambda = -1$: 3): $-4y + 2z = 0$, (4): $2y - 2z = 0$. Hieraus folgt $y = z = 0$. (1): $x = \pm\sqrt{2}$.

$x = 0$: (3): $y + (3y - z) = 0$, (4): $z + (-y + 2z) = 0$. Hieraus folgt: $(-y + 2z)y = (3y - z)z$ bzw. $y^2 - z^2 + yz = 0$. (1): $3y^2 + 2z^2 - 2yz = 2$. Erste Gleichung mit 2 multiplizieren und addieren: $2y^2 = 2$. Also: $y = \pm\sqrt{\frac{2}{5}}$. z bestimmen aus: $z^2 - yz - y^2 = 0$ ergibt: $z = \frac{y}{2} \pm \frac{1}{\sqrt{2}}$.

Kandidaten für Extremalstellen (Abb. 17.20):

$$(\pm\sqrt{2}, 0, 0),$$

$$\left(0, \sqrt{\frac{2}{5}}, \frac{1}{\sqrt{10}} + \frac{1}{\sqrt{2}}\right), \left(0, \sqrt{\frac{2}{5}}, \frac{1}{\sqrt{10}} - \frac{1}{\sqrt{2}}\right),$$

$$\left(0, -\sqrt{\frac{2}{5}}, -\frac{1}{\sqrt{10}} + \frac{1}{\sqrt{2}}\right), \left(0, -\sqrt{\frac{2}{5}}, -\frac{1}{\sqrt{10}} - \frac{1}{\sqrt{2}}\right).$$

Abstände vom Nullpunkt:

$$\sqrt{2}, \sqrt{2}, \sqrt{1 + \frac{1}{\sqrt{5}}}, \sqrt{1 - \frac{1}{\sqrt{5}}}, \sqrt{1 - \frac{1}{\sqrt{5}}}, \sqrt{1 + \frac{1}{\sqrt{5}}}.$$

Die folgenden Punkte haben minimalen Abstand vom Nullpunkt:

$$\left(0, \sqrt{\frac{2}{5}}, \frac{1}{\sqrt{10}} - \frac{1}{\sqrt{2}}\right), \left(0, -\sqrt{\frac{2}{5}}, -\frac{1}{\sqrt{10}} + \frac{1}{\sqrt{2}}\right).$$

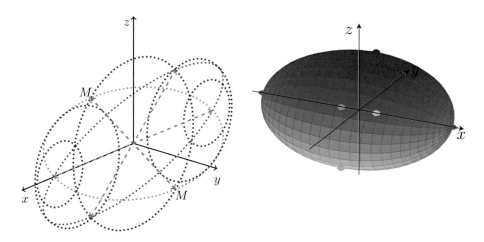

Abb. 17.20 Die sechs kritischen Punkte und die beiden Abstandsminima M (links). Die Fläche $g(x, y, z) = x^2 + 3y^2 + 2z^2 - 2yz - 2 = 0$ (rechts)

17.12 Lösungen zu Integration im $\mathbb{R}^n$

Lösung 12.1

Iterierte Integration mit $I_1 = \{(x_2, x_3) \in \mathbb{R}^2 \mid a_2 \le x_2 \le b_2, a_1 \le x_3 \le b_3\}$:

$$\int_I f(\boldsymbol{x}) \, d\boldsymbol{x} = \int_{a_1}^{b_1} \left(\int_{I_1} f_1(x_1) \, f(x_2) \, f(x_3) \, d(x_2, x_3) \right) dx_1$$

$$= \int_{a_1}^{b_1} f_1(x_1) \left(\int_{I_{x_1}} f(x_2) \, f(x_3) \, d(x_2, x_3) \right) dx_1$$

$$= \left(\int_{I_1} f(x_2) \, f(x_3) \, d(x_2, x_3) \right) \left(\int_{a_1}^{b_1} f_1(x_1) \, dx_1 \right).$$

Genauso:

$$\int_{I_1} f(x_2) \, f(x_3) \, d(x_2, x_3) = \int_{a_2}^{b_2} \left(\int_{a_3}^{b_3} f(x_2) \, f(x_3) \, dx_3 \right) dx_2$$

$$= \left(\int_{a_3}^{b_3} f(x_3) \, dx_3 \right) \left(\int_{a_2}^{b_2} f(x_2) \, dx_2 \right).$$

Wegen $\int_{-\pi}^{\pi} \sin(x_3) \, dx_3 = 0$ gilt: $\int_I e^{x_1} x_2^3 \sin(x_3) \, dx = 0$ für $I = \{x = (x_1, x_2, x_3) \in \mathbb{R}^3 \mid 0 \le x_1 1, 0 \le x_2 \le 1, -\pi \le x_3 \le \pi\}$.

Lösung 12.2

Vertausche Integrationsreihenfolge:

$$\int_0^1 \left(\int_0^1 \frac{x}{(1 + x^2 + y^2)^3} \, dy \right) dx$$

$$= \int_0^1 \left(\int_0^1 \frac{x}{(1 + x^2 + y^2)^3} \, dx \right) dy = -\frac{1}{4} \int_0^1 \frac{1}{(1 + x^2 + y^2)^2} \Big|_0^1 \, dx$$

$$= -\frac{1}{4} \int_0^1 \left(\frac{1}{(2+y^2)^2} - \frac{1}{(1+y^2)^2} \right) dy$$

$$= -\frac{1}{4} \int_0^1 \frac{1}{2\sqrt{2}\left(1+\left(\frac{y}{\sqrt{2}}\right)^2\right)^2} \frac{1}{\sqrt{2}} dy + \frac{1}{4} \int_0^1 \frac{1}{(1+y^2)^2} dy.$$

Stammfunktion: $\int \frac{1}{(1+y^2)^2} dy = \frac{y}{2(1+y^2)} + \frac{\arctan(y)}{2} + c$ verwenden:

$$\int_0^1 \left(\int_0^1 \frac{x}{(1+x^2+y^2)^3} \, dy \right) dx$$

$$= -\frac{1}{4} \left(\frac{y}{4(2+y^2)} + \frac{\arctan\left(\frac{y}{\sqrt{2}}\right)}{4\sqrt{2}} \right)\Big|_0^1 + \frac{1}{4} \left(\frac{y}{2(1+y^2)} + \frac{\arctan(y)}{2} \right)\Big|_0^1$$

$$= -\frac{1}{4} \left(\frac{1}{12} + \frac{\arctan\left(\frac{1}{\sqrt{2}}\right)}{4\sqrt{2}} \right) + \frac{1}{4} \left(\frac{1}{4} + \frac{\pi}{8} \right) = \frac{1}{24} + \frac{\arctan\left(\frac{1}{\sqrt{2}}\right)}{4\sqrt{2}} + \frac{\pi}{32}.$$

Wenn man mit der Integration über y beginnen will, muss man die Stammfunktion verwenden:

$$\int \frac{1}{(1+y^2)^3} dy = \frac{x}{4(1+y^2)^2} + \frac{3y}{8(1+y^2)} + \frac{3\arctan(y)}{8} + c.$$

Lösung 12.3

Substitution $xy = t$ im inneren Integral:

$$\int_0^1 f(xy)dx = \int_0^y f(t)\frac{1}{y}dt = \frac{1}{y}\int_0^y f(t)dt = \frac{1}{y}F(y).$$

Partielle Integration im äußeren Integral:

$$\int_1^2 \left(\int_0^1 f(xy)dx \right) dy = \int_1^2 \frac{1}{y}F(y) = \ln(y)F(y)|_1^2 - \int_1^2 \ln(y)F'(y)dy$$

$$= \ln(2)F(2) - \int_1^2 \ln(y)f(y)dy$$

$$= \ln(2)\int_0^2 f(y)dy - \int_1^2 \ln(y)f(y)dy.$$

Lösung 12.4

Zerlege $[0, 1]$ in m äquidistante Teilintervalle:

$$J_k = \left[(k-1)\,\frac{1}{m},\; k\,\frac{1}{m} \right].$$

Setze: $I_{k_1,k_2} = J_{k_1} \times J_{k_2}$. Partition P_m von I: $\{I_{k_1,k_2}\}_{k_1,k_2=1,\dots,m}$.
Wähle in I_{k_1,k_2} als Zwischenpunkt:

$$\boldsymbol{\xi}_{m,k_1,k_2} = \left(k_1\,\frac{1}{m},\; k_2\,\frac{1}{m} \right),\; \vec{\boldsymbol{\xi}}_m = (\boldsymbol{\xi}_{m,k_1,k_2})_{k_1,k_2=1,\dots,m}.$$

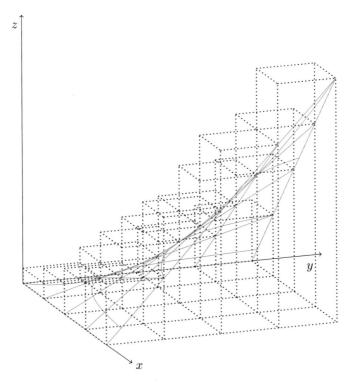

Abb. 17.21 Riemannsche Summe $S(f, P_4, \vec{\boldsymbol{\xi}}_4)$ der Funktion $f(x, y) = xy$

Riemannsche Summe (Abb. 17.21):

$$S(f, P_m, \vec{\xi}_m) = \frac{1}{m^2} \sum_{k_1=1}^{m} \sum_{k_2=1}^{m} \frac{k_1}{m} \frac{k_2}{m} = \frac{1}{m^4} \sum_{k_1=1}^{m} \sum_{k_2=1}^{m} k_1 k_2$$

$$= \frac{1}{m^4} \left(\sum_{k_1=1}^{m} k_1 \right) \left(\sum_{k_2=1}^{m} k_2 \right) = \frac{1}{m^4} \left(\frac{1}{2} m(m+1) \right)^2$$

$$= \frac{1}{4} \left(1 + \frac{1}{m} \right)^2.$$

Grenzwert:

$$\int_I f(x, y) \, d(x, y) = \lim_{m \to \infty} S(f, P_m, \vec{\xi}_m) = \frac{1}{4}.$$

Iterierte Integration:

$$\int_I f(x, y) \, d(x, y) = \int_0^1 \left(\int_0^1 xy \, dx \right) = \int_0^1 \left. \frac{x^2}{2} y \right|_0^1 dy = \frac{1}{2} \int_0^1 y \, dy = \frac{1}{4}.$$

Lösung 12.5

 i)

$$\int_0^1 \int_0^6 (x^2 + xy) \, dx \, dy = \int_0^1 \left. \left(\frac{1}{3} x^3 + \frac{1}{2} x^2 y \right) \right|_{x=0}^{x=6} dy$$

$$= \int_0^1 (72 + 18y) \, dy = \left. (72y + 9y^2) \right|_0^1 = 81,$$

ii)

$$\int_0^{\frac{\pi}{2}} \int_\pi^{2\pi} x \cos(y) \, dx \, dy = \int_0^{\frac{\pi}{2}} \left. \frac{1}{2} x \cos(y) \right|_{x=\pi}^{x=2\pi} dy = \int_0^{\frac{\pi}{2}} \frac{3}{2} \cos(y) \, dy$$

$$= \left. \frac{3}{2} \pi^2 \sin(y) \right|_0^{\frac{\pi}{2}} = \frac{3}{2} \pi^2,$$

iii)

$$
\int_2^3 \int_1^2 \int_0^1 xye^z \, dz \, dy \, dx = \int_2^3 \int_1^2 xye^z \Big|_{z=0}^{z=1} \, dy \, dx = \int_2^3 \int_1^2 (xye - xy) \, dy \, dx
$$

$$
= \int_2^3 \left(\frac{1}{2}y^2xe - \frac{1}{2}y^2x \right) \Big|_{y=1}^{y=2} \, dx
$$

$$
= \int_2^3 \left(2xe - 2x - \left(\frac{1}{2}xe - \frac{1}{2}x \right) \right) \, dx
$$

$$
= \int_2^3 \frac{3}{2}xe - \frac{3}{2}x \, dx = \frac{3}{4}x^2e - \frac{3}{4}x^2 \Big|_2^3 = \frac{15}{4}e - \frac{15}{4},
$$

iv)

$$
\int_0^1 \int_{-1}^1 \int_0^1 \int_{-1}^1 (x_1 + x_1 x_2 - x_1 x_3) \, dx_1 \, dx_2 \, dx_3 \, dx_4
$$

$$
= \int_{-1}^1 \int_0^1 \int_{-1}^1 (x_1 + x_1 x_2 - x_1 x_3)x_4 \Big|_{x_4=0}^{x_4=1} \, dx_1 \, dx_2 \, dx_3
$$

$$
= \int_{-1}^1 \int_0^1 \int_{-1}^1 (x_1 + x_1 x_2 - x_1 x_3) \, dx_1 \, dx_2 \, dx_3
$$

$$
= \int_{-1}^1 \int_0^1 \left((x_1 + x_1 x_2)x_3 - \frac{1}{2}x_1 x_3^2 \right) \Big|_{x_3=-1}^{x_3=1} \, dx_1 \, dx_2
$$

$$
= \int_{-1}^1 \int_0^1 2(x_1 + x_1 x_2) \, dx_1 \, dx_2
$$

$$
= \int_{-1}^1 (2x_1 x_2 + x_1 x_2^2) \Big|_{x_2=0}^{x_2=1} \, dx_1
$$

$$
= \int_{-1}^1 3x_1 \, dx_1 = \frac{3}{2}x_1^2 \Big|_{-1}^1 = 0.
$$

Lösung 12.6

i) Mit $I = \{(x, y) \mid 0 \le x \le 2, 0 \le y \le 2\}$ gilt $\mathbb{D} \subset I$ und

$$
\begin{aligned}
\text{Vol}(\mathbb{D}) &= \int_I \chi_{\mathbb{D}}(x, y)\, d(x, y) \\
&= \int_0^2 \left(\int_{-2}^{(x-1)^3-1} 0\, dy + \int_{(x-1)^3-1}^{-x^2+2x} 1\, dy + \int_{-x^2+2x}^{2} 0\, dy \right) dx \\
&= \int_0^2 \int_{(x-1)^3-1}^{-x^2+2x} 1\, dy\, dx = \int_0^2 y \Big|_{y=(x-1)^3-1}^{y=-x^2+2x}\, dx \\
&= \int_0^2 \left(-x^2 + 2x - (x-1)^3 + 1 \right) dx \\
&= \left(-\frac{1}{3}x^3 + x^2 - \frac{1}{4}(x-1)^4 + x \right) \Big|_0^2 = \frac{10}{3}.
\end{aligned}
$$

ii) Mit $I = \{(x, y, z) \mid 0 \le x \le 2, 0 \le y \le 3, 0 \le z \le 4\}$ ist $\mathbb{D} \subset I$ und

$$
\begin{aligned}
\text{Vol}(\mathbb{D}) &= \int_I \chi_{\mathbb{D}}(x, y, z)\, d(x, y, z) \\
&= \int_0^2 \int_{-x-1}^{x+1} \int_0^{-\frac{4}{(x+1)^2}y^2+4} dz\, dy\, dx \\
&= \int_0^2 \int_{-x-1}^{x+1} z \Big|_{z=0}^{z=-\frac{4}{(x+1)^2}y^2+4}\, dy\, dx \\
&= \int_0^2 \int_{-x-1}^{x+1} \left(-\frac{4}{(x+1)^2}y^2 + 4 \right) dy\, dx \\
&= \int_0^2 \left(-\frac{4}{3(x+1)^2}y^3 + 4y \right) \Big|_{y=-x-1}^{y=x+1}\, dx \\
&= \int_0^2 \frac{16}{3}(x+1)\, dx = \left(\frac{8}{3}x^2 + \frac{16}{3}x \right) \Big|_0^2 = \frac{64}{3}.
\end{aligned}
$$

17.13 Lösungen zu Integration über Mengen

Lösung 13.1

Die Geraden schneiden sich im Punkt $(1/3, 7/3)$. Damit sind zwei Projektionen von $\mathbb{D}$ möglich (Abb. 17.22).

Wir berechnen das Integral mit der Projektion auf die x-Achse:

$$\int\limits_{\frac{1}{3}}^{2} \left(\int\limits_{\frac{1}{2}x+1}^{2x+\frac{1}{2}} (-x+1)\, dy \right) dx = \int\limits_{\frac{1}{3}}^{2} \left(\frac{3}{2}x - \frac{1}{2} \right)(-x+1)\, dx$$

$$= \int\limits_{\frac{1}{3}}^{2} \left(\frac{3}{2}x^2 + 2x - \frac{1}{2} \right) dx$$

$$= \left. \frac{3}{2}x^2 + 2x - \frac{1}{2} \right|_{\frac{1}{3}}^{2}$$

$$= -\frac{25}{27}.$$

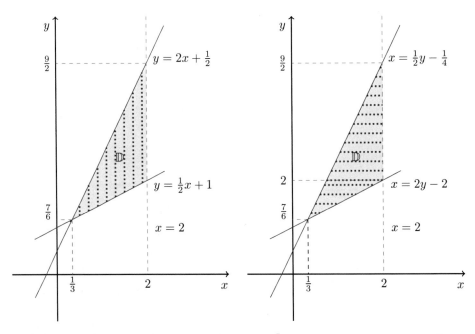

Abb. 17.22 Das Integrationsgebiet $\mathbb{D}$. 1.) $1/3 \leq x \leq \frac{7}{3}$, $(1/2)x + 1 \leq y \leq 2x + 1/2$. Äußere Integration über x, Projektion auf die x-Achse, (links). 2.) $7/6 \leq y \leq 2$, $(1/2)y - 1/4 \leq x \leq 2y - 1/2$, $2 \leq y \leq 9/2$, $(1/2)y - 1/4 \leq x \leq 2$. Äußere Integration über y, Projektion auf die y-Achse, (rechts)

Mit den Umkehrfunktionen $x = (1/2)y - 1/4$ und $x = 2y - 2$ lautet das Integral in der anderen Reihenfolge:

$$\int_{\frac{1}{3}}^{2} \left(\int_{\frac{1}{2}x+1}^{2x+\frac{1}{2}} (-x+1)\, dy \right) dx = \int_{\frac{7}{6}}^{2} \left(\int_{\frac{1}{2}y-\frac{1}{4}}^{2y-2} (-x+1)\, dx \right) dy$$

$$+ \int_{2}^{\frac{9}{2}} \left(\int_{\frac{1}{2}y-\frac{1}{4}}^{2} (-x+1)\, dx \right) dy$$

$$= -\frac{25}{27}.$$

Lösung 13.2

Wir verwenden Zylinderkoordinaten: $x = r\cos(\phi)$, $x = r\sin(\phi)$, $z = z$. In Zylinderkoordinaten gilt (Abb. 17.23): $z = \sqrt{a^2 - r^2}$.

Wir bekommen das Volumen:

$$\mathrm{Vol}(S) = \int_S 1\, d(x, y, z) = \int_0^{2\pi} \left(\int_0^{b} \left(\int_0^{\sqrt{a^2-r^2}} r\, dz \right) dr \right) d\phi$$

$$= \int_0^{2\pi} \left(\int_0^{b} r\sqrt{a^2 - r^2}\, dr \right) d\phi = -\frac{2}{3}\pi\, (a^2 - r^2)^{\frac{3}{2}} \Big|_{r=0}^{r=b}$$

$$= \frac{2}{3}\pi \left(a^3 - (a^2 - b^2)^{\frac{3}{2}} \right).$$

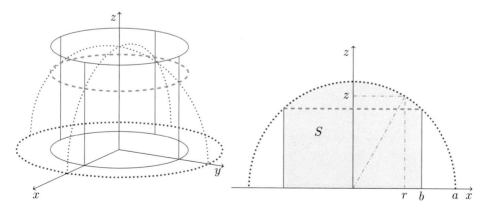

Abb. 17.23 Die Halbkugel $x^2 + y^2 + z^2 = a^2$, $z > 0$ (gepunktet) und der Zylinder $x^2 + y^2 = b^2$, $z > 0$, mit dem Schnittkörper S (links). Projektion des Schnittkörpers S in die $x - z$-Ebene (rechts)

Lösung 13.3

Zuerst der Fall $x_0 = y_0 = 0$, Punkt (x_0, y_0, z_0) auf der z-Achse (Abb. 17.24).

Verwende Kugelkoordinaten ($r_0 = \sqrt{z_0^2}$):

$$\sqrt{x^2 + y^2 + (z - z_0)^2} = \sqrt{r^2 + r_0^2 - 2rr_0 \cos(\theta)}.$$

Damit:

$$\int_K P(x, y, z)d(x, y, z) = \int_{\rho_1}^{\rho_2} \int_0^{2\pi} \int_0^{\pi} \frac{1}{\sqrt{r^2 + r_0^2 - 2rr_0 \cos(\theta)}} r^2 \sin(\theta) d\theta d\phi dr$$

$$= 2\pi \int_{\rho_1}^{\rho_2} \int_0^{\pi} \frac{r^2}{\sqrt{r^2 + r_0^2 - 2rr_0 \cos(\theta)}} \sin(\theta) d\theta dr$$

$$= \frac{2\pi}{r_0} \int_{\rho_1}^{\rho_2} r \sqrt{r^2 + r_0^2 - 2rr_0 \cos(\theta)} \Big|_0^{\pi} dr$$

$$= \frac{2\pi}{r_0} \int_{\rho_1}^{\rho_2} r \left(\sqrt{(r + r_0)^2} - \sqrt{(r - r_0)^2} \right) dr$$

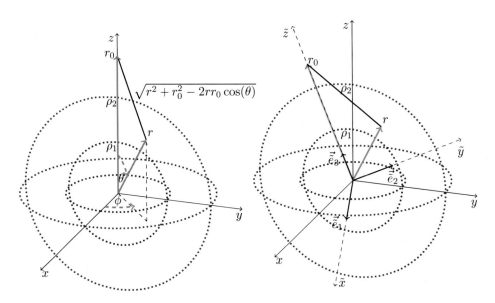

Abb. 17.24 Abstand eines Punktes (x, y, z) in einer Kugelschale von einem festen Punkt (x_0, y_0, z_0), $r = \sqrt{x^2 + y^2 + z^2}$, $r_0 = \sqrt{x_0^2 + y_0^2 + z_0^2}$. Punkt (x_0, y_0, z_0) auf der z-Achse (links), allgemeiner Fall mit Hilfskoordinatensystem $(\tilde{x}, \tilde{y}, \tilde{z})$ (rechts)

Fallunterscheidung beim Auflösen der Wurzel $\sqrt{(r - r_0)^2}$.

1) $r_0 \leq \rho_1, r_0 \leq \rho_1 \leq r: \sqrt{(r - r_0)^2} = r - r_0$.

$$\int\limits_K P(x, y, z)d(x, y, z) = 2\pi \int\limits_{\rho_1}^{\rho_2} 2r\,dr = 2\pi(\rho_2^2 - \rho_1^2).$$

2) $\rho_2 \leq r_0, r \leq \rho_2 \leq r_0: \sqrt{(r - r_0)^2} = r_0 - r$.

$$\int\limits_K P(x, y, z)d(x, y, z) = \frac{2\pi}{r_0} \int\limits_{\rho_1}^{\rho_2} 2r^2\,dr = \frac{4\pi}{3r_0}(\rho_2^3 - \rho_1^3).$$

3) $\rho_1 \leq r \leq r_0: \sqrt{(r - r_0)^2} = r_0 - r, r_0 \leq r \leq \rho_2: \sqrt{(r - r_0)^2} = r - r_0$.

$$\int\limits_K P(x, y, z)d(x, y, z) = \frac{2\pi}{r_0} \int\limits_{\rho_1}^{r_0} 2r^2\,dr + 2\pi \int\limits_{r_0}^{\rho_2} 2r\,dr = \frac{4\pi}{3r_0}(r_0^3 - \rho_1^3) + 2\pi(\rho_2^2 - r_0^2).$$

Der allgemeine Fall (Abb. 17.24). Setze $\vec{e}_3 = \dfrac{1}{\sqrt{x_0^2 + y_0^2 + z_0^2}} \begin{pmatrix} x_0 \\ y_0 \\ z_0 \end{pmatrix} = \dfrac{1}{r_0} \begin{pmatrix} x_0 \\ y_0 \\ z_0 \end{pmatrix}$. Suche zwei

weitere Einheitsvektoren $\vec{e}_1, \vec{e}_2$, sodass $\vec{e}_1 \times \vec{e}_2 = \vec{e}_3, \vec{e}_2 \times \vec{e}_3 = \vec{e}_1$. Führe neue Koordinaten

ein: $\begin{pmatrix} x \\ y \\ z \end{pmatrix} = \tilde{B} \begin{pmatrix} \tilde{x} \\ \tilde{y} \\ \tilde{y} \end{pmatrix} = (\vec{e}_1, \vec{e}_2, \vec{e}_3) \begin{pmatrix} \tilde{x} \\ \tilde{y} \\ \tilde{y} \end{pmatrix}$. Gehe im neuen Koordinatensystem zu Kugel-

koordinaten (r, θ, ϕ) über. Funktionaldeterminante: $\det(\frac{d(x, yz)}{d(r, \theta, \phi)}) = \det(\tilde{B})r^2 \sin(\theta) = r^2 \sin(\theta)$. Abstand:

$$\sqrt{(x - x_0)^2 + (y - y_0)^2 + (z - z_0)^2}$$
$$= \|(x, y, z) - (x_0, y_0, z_0)\| = \|(x, y, z) - (x_0, y_0, z_0)\|$$
$$= \|\tilde{B}(x, y, z)^T - \tilde{B}(x_0, y_0, z_0)^T\| = \|(x, y, z)^T - (x_0, y_0, z_0)^T\|$$
$$= \sqrt{r^2 + r_0^2 - 2rr_0 \cos(\theta)}$$

Damit ergibt sich wieder das Ergebnis von oben.

Lösung 13.4

K wird aufgefasst als Bild von $G \times [0, 1]$ unter der Abbildung, (Abb. 17.25):

$$f(u_1, u_2, t) = ((1 - t)u_1 + ts_1, (1 - t)u_2 + ts_2, ts_3),$$
$$K = f(G \times [0, 1]).$$

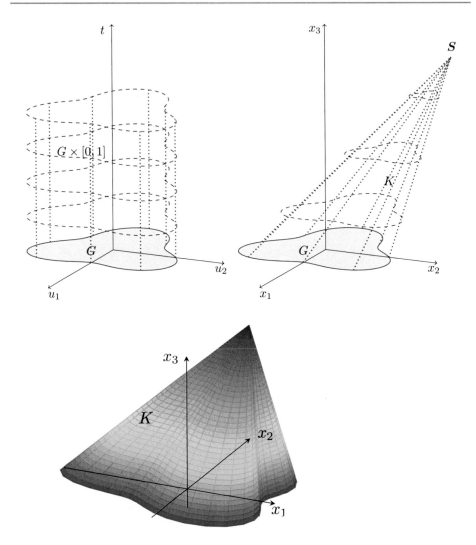

Abb. 17.25 Der Bereich $G \times [0, 1]$ (oben links). Der schiefe Kegel K mit der Grundfläche G und der Spitze S (oben rechts, unten links)

Funktionalmatrix:

$$\frac{df}{d(u_1, u_2, t)}(u_1, u_2, t) = \begin{pmatrix} (1-t) & 0 & s_1 \\ 0 & (1-t)\, s_2 \\ 0 & 0 & s_3 \end{pmatrix}.$$

Funktionaldeterminante:

$$\det\left(\frac{df}{d(u_1,u_2,t)}(u_1,u_2,t)\right) = (1-t)^2 s_3 > 0, t \in [0,).$$

Substitutionsregel:

$$\mathrm{Vol}(K) = \int\limits_K dx = \int\limits_{f(G\times[0,1])} dx = \int\limits_{G\times[0,1]} (1-t)^2 s_3 d(u_1,u_2,t)$$

$$= s_3 \int\limits_0^1 (1-t)^2 dt \int\limits_G d(u_1,u_2) = \frac{1}{3} G_f s_3.$$

17.14 Lösungen zu Kurven

Lösung 14.1
Tangentenvektor:

$$\frac{d\boldsymbol{f}}{d\phi}(\phi) = \begin{pmatrix} \frac{dr}{d\phi}(\phi)\cos(\phi) - r(\phi)\sin(\phi) \\ \frac{dr}{d\phi}(\phi)\sin(\phi) + r(\phi)\cos(\phi) \end{pmatrix} = \frac{dr}{d\phi}(\phi)\begin{pmatrix}\cos(\phi)\\\sin(\phi)\end{pmatrix} + r(\phi)\begin{pmatrix}-\sin(\phi)\\\cos(\phi)\end{pmatrix}.$$

Es gilt:

$$\begin{pmatrix}\cos(\phi)\\\sin(\phi)\end{pmatrix}\begin{pmatrix}\cos(\phi)\\\sin(\phi)\end{pmatrix} = 1, \begin{pmatrix}\cos(\phi)\\\sin(\phi)\end{pmatrix}\begin{pmatrix}-\sin(\phi)\\\cos(\phi)\end{pmatrix} = 0, \begin{pmatrix}-\sin(\phi)\\\cos(\phi)\end{pmatrix}\begin{pmatrix}-\sin(\phi)\\\cos(\phi)\end{pmatrix} = 1.$$

Damit:

$$\frac{d\boldsymbol{f}}{d\phi}(\phi)\frac{d\boldsymbol{f}}{d\phi}(\phi) = (r(\phi))^2 + \left(\frac{dr}{d\phi}(\phi)\right)^2$$

und

$$L(K) = \int\limits_{\phi_1}^{\phi_2} \sqrt{\frac{d\boldsymbol{f}}{d\phi}(\phi)\frac{d\boldsymbol{f}}{d\phi}(\phi)}\,d\phi = \int\limits_{\phi_1}^{\phi_2} \sqrt{(r(\phi))^2 + \left(\frac{dr}{d\phi}(\phi)\right)^2}\,d\phi.$$

Schreibe:

$$\boldsymbol{f}(\phi) = (a(2\cos(\phi)) - \cos(2\phi), a(2\sin(\phi)) - \sin(2\phi))$$
$$= (a(2\cos(\phi)) - 2(\cos(\phi))^2 + 1, a(2\sin(\phi)) - 2\sin(2\phi)\cos(\phi))$$
$$= (2a(1-\cos(\phi))\cos(\phi)) + a, 2a(1-\cos(\phi))\sin(\phi))).$$

Mit $r(\phi) = 2a(1-\cos(\phi))$ und $\frac{dr}{d\phi} = 2a\sin(\phi)$:

$$L(K) = \int_0^{2\pi} \sqrt{(2a(1 - \cos(\phi)))^2 + (2a\sin(\phi))^2}\,d\phi$$

$$= 2\sqrt{2}a \int_0^{2\pi} \sqrt{1 - \cos(\phi)}\,d\phi = 4a \int_0^{2\pi} \sin\left(\frac{\phi}{2}\right)\,d\phi$$

$$= 16a.$$

Lösung 14.2

Tangentenvektor (Abb. 17.26):

$$f'(t) = \begin{pmatrix} \sqrt{13}t \\ 3t^2 \\ -2t \end{pmatrix}, \ \|f'(t)\|^2 = 9t^2 + 9t^4 = 9t^2(1 + t^2).$$

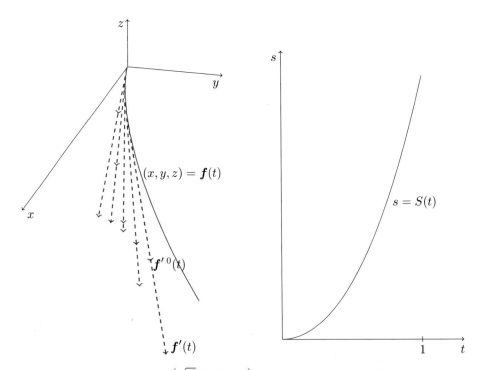

Abb. 17.26 Die Kurve $f(t) = \left(\frac{\sqrt{13}}{2}t^2, t^3, -t^2\right)$, $t \in [0, 1]$, mit Tangentenvektoren $f'(t)$ und Tangenteneinheitsvektoren $f'^0(t)$ (links). Die Bogenlänge $s = S(t)$ (rechts)

Länge des Tangentenvektors:

$$\|\boldsymbol{f}'(t)\| = 3t\sqrt{1+t^2}.$$

$$\|\boldsymbol{f}'(t)\|^2 = 9t^2(1+t^2) = 1 \Leftrightarrow t^2 = -\frac{1}{2} + \frac{\sqrt{13}}{2} \Leftrightarrow t = t_0 = \sqrt{-\frac{1}{2} + \frac{\sqrt{13}}{2}}.$$

Also:

$$\|\boldsymbol{f}'(t)\| = 1 \Leftrightarrow t = t_0, \ \|\boldsymbol{f}'(t)\| < 1 \Leftrightarrow t < t_0, \ \|\boldsymbol{f}'(t)\| > 1 \Leftrightarrow t > t_0.$$

Bogenlänge (Abb. 17.26):

$$S(t) = \int\limits_0^t 3t\sqrt{1+\tau^2}\,d\tau = \sqrt{(1+\tau^2)^3}\Big|_0^t = \sqrt{(1+t^2)^3} - 1.$$

Umkehrfunktion berechnen:

$$\sqrt{(1+t^2)^3} - 1 = s \Leftrightarrow (1+t^2)^3 = (s+1)^2 \Leftrightarrow t = \sqrt{\sqrt[3]{(s+1)^2} - 1}.$$

$$S^{-1}(s) = \sqrt{\sqrt[3]{(s+1)^2} - 1},\ s \in [0, 2\sqrt{2} - 1].$$

Parametrisierung mit Bogenlänge:

$$\tilde{\boldsymbol{f}}(s) = \left(\frac{\sqrt{13}}{2}\left(\sqrt{\sqrt[3]{(s+1)^2} - 1}\right)^2, \left(\sqrt{\sqrt[3]{(s+1)^2} - 1}\right)^3, -\left(\sqrt{\sqrt[3]{(s+1)^2} - 1}\right)^2\right)$$

$$= \left(\frac{\sqrt{13}}{2}\left(\sqrt[3]{(s+1)^2} - 1\right), \left(\sqrt{\sqrt[3]{(s+1)^2} - 1}\right)^3, -\left(\sqrt[3]{(s+1)^2} - 1\right)\right)$$

Lösung 14.3

i)

$$\boldsymbol{f}'_1(t) = \begin{pmatrix} x_1 \\ x_2 \\ x_3 \end{pmatrix}, \ \boldsymbol{V}(\boldsymbol{f}_1(t))) \boldsymbol{f}'_1(t) = t^2 x_1^2 x_2 - t x_2 x_3 + t^2 x_2^2 x_3,$$

$$\int\limits_{K_1} \boldsymbol{V}\,d\boldsymbol{s} = \int\limits_0^1 (t^2 x_1^2 x_2 - t x_2 x_3 + t^2 x_2^2 x_3)\,dt = \frac{1}{3}x_1^2 x_2 - \frac{1}{2}x_2 x_3 + \frac{1}{3}x_2^2 x_3.$$

ii)

$$f_2'(t) = \begin{pmatrix} 2tx_1 \\ x_2 \\ 3t^2x_3 \end{pmatrix}, \ V(f_2(t)))f_2'(t) = 2t^4x_1^2x_2 - t^3x_2x_3 + 4t^2x_2^2x_3,$$

$$\int_{K_2} V\,ds = \int_0^1 (2t^2x_1^2x_2 - tx_2x_3 + 3t^2x_2^2x_3)dt = \frac{2}{5}x_1^2x_2 - \frac{1}{4}x_2x_3 + x_2^2x_3.$$

Beide Kurven verbinden den Nullpunkt mit dem Punkt $x = (x_1, x_2, x_3)$ (Abb. 17.27). Die Ergebnisse stimmen nicht überein. Das Vektorfeld V besitzt kein Potential.

Lösung 14.4

Parametrisierung des Kreises $(x_1 - 1)^2 + x_2^2 = 4$:

$$k(t) = (2\cos(t) - 1, 2\sin(t)), \ t \in [0, 2\pi].$$

Bildkurve unter f (Abb. 17.28):

$$g(t) = f(k(t)), \ t \in [0, 2\pi]$$

$$g(t) = \left((2\cos(t) - 1)\left(1 - \frac{1}{5 - 4\cos(t)}\right), 2\sin(t)\left(1 - \frac{1}{5 - 4\cos(t)}\right)\right).$$

Funktionalmatrix:

$$\frac{df}{dx}(x) = \begin{pmatrix} 1 + \frac{-x_1^2 + x_2^2}{(x_1^2 + x_2^2)^2} & -2\frac{x_1^2x_2^2}{(x_1^2 + x_2^2)^2} \\ 2\frac{x_1^2x_2^2}{(x_1^2 + x_2^2)^2} & 1 + \frac{-x_1^2 + x_2^2}{(x_1^2 + x_2^2)^2} \end{pmatrix}.$$

Abb. 17.27 Die Kurven K_1 und K_2

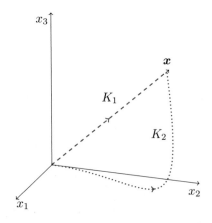

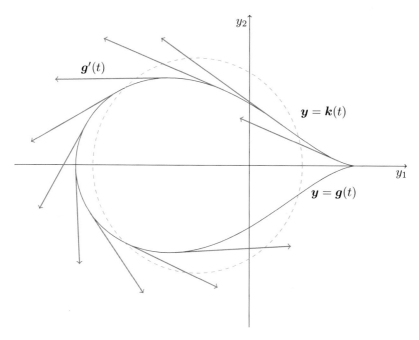

Abb. 17.28 Der Kreis $y = k(t)$ ind der y-Ebene und die Bildkurve $y = g(t), t \in \mathbb{R}$, mit Tangentenvektoren

Funktionalmatrix im Punkt $x = (1,0)$:

$$\frac{d\boldsymbol{f}}{d\boldsymbol{x}}(1,0) = \begin{pmatrix} 0 & 0 \\ 0 & 0 \end{pmatrix}.$$

Wegen $\boldsymbol{k}(0) = (1,0)$ und:

$$\boldsymbol{g}'(t) = \frac{d\boldsymbol{f}}{d\boldsymbol{x}}(\boldsymbol{k}(t))\,\boldsymbol{k}'(t), \ \boldsymbol{g}'(0) = \frac{d\boldsymbol{f}}{d\boldsymbol{x}}(1,0)\,\boldsymbol{k}'(0),$$

gilt:

$$\boldsymbol{g}'(t) = \begin{pmatrix} 0 \\ 0 \end{pmatrix}.$$

Die Bildkurve $\boldsymbol{g}(t)$ ist nicht glatt.

17.15 Lösungen zu Flächen

Lösung 15.1

Trigonometrische Umformung:

$$f(t) = (R\sin(t)\cos(t), R(\sin(t))^2, R\cos(t))$$
$$= \left(\frac{R}{2}\sin(2t), \frac{R}{2} - \frac{R}{2}\cos(2t), R\cos(t) \right)$$
$$= \left(\frac{R}{2}\cos\left(2t - \frac{\pi}{2}\right), \frac{R}{2} + \frac{R}{2}\sin\left(2t - \frac{\pi}{2}\right), R\cos(t) \right).$$

Also:

$$f(t) = f_K(h_K(t)) = f_Z(h_K(t)), t \in [0, \pi].$$

mit

$$h_K(t) = (t, t), h_Z(t) = \left(2t - \frac{\pi}{2}, R\cos(t)\right).$$

Tangentenvektor (Abb. 17.29):

$$f'(t) = \begin{pmatrix} R((\cos(t))^2 - (\sin(t))^2) \\ 2R\sin(t)\cos(t) \\ -R\sin(t) \end{pmatrix}.$$

Linearkombination (Abb. 17.29):

$$f'(t) = \frac{\partial f_K}{\partial \theta}(h_K(t)) + \frac{\partial f_K}{\partial \phi}(h_K(t))$$
$$= \begin{pmatrix} R\cos(\theta)\cos(\phi) \\ R\cos(\theta)\sin(\phi) \\ -R\sin(\theta) \end{pmatrix}_{(\theta,\phi)=(t,t)} + \begin{pmatrix} -R\sin(\theta)\sin(\phi) \\ R\sin(\theta)\cos(\phi) \\ 0 \end{pmatrix}_{(\theta,\phi)=(t,t)},$$
$$f'(t) = \frac{\partial f_Z}{\partial \phi}(h_Z(t))2 + \frac{\partial f_Z}{\partial z}(h_Z(t))(-R\sin(t))$$
$$= 2\begin{pmatrix} -\frac{R}{2}\sin(\phi) \\ \frac{R}{2}\cos(\phi) \\ 0 \end{pmatrix}_{(\phi,z)=(2t-\frac{\pi}{2}, R\cos(t))} - R\sin(t)\begin{pmatrix} 0 \\ 0 \\ 1 \end{pmatrix}_{(\phi,z)=(2t-\frac{\pi}{2}, R\cos(t))}.$$

Normalenvektor:

$$n_K(\theta, \phi) = \frac{\partial f_K}{\partial \theta}(\theta, \phi) \times \frac{\partial f_K}{\partial \phi}(\theta, \phi) = R\sin(\theta) f_K(\theta, \phi)^T, \|n_k(\theta, \phi)\| = R^2\sin(\theta).$$

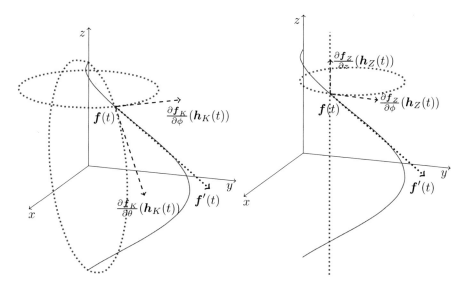

Abb. 17.29 Die Kurve $f(t) = (R\sin(t)\cos(t), R(\sin(t))^2, R\cos(t))$ mit Tangentenvektor $f'(t)$ und Tangentenvektoren $\frac{\partial f_K}{\partial \theta}(h_K(t))$, $\frac{\partial f_K}{\partial \phi}(h_K(t))$ (links) sowie mit Tangentenvektoren $\frac{\partial f_Z}{\partial \theta}(h_Z(t))$, $\frac{\partial f_Z}{\partial \phi}(h_Z(t))$ (rechts)

Fläche:

$$\text{Vol}(FV) = \int\limits_{VF} dA = 4\int\limits_{0}^{\pi/2}\left(\int\limits_{\theta}^{\pi/2} R^2 \sin(\theta)d\phi\right) d\theta$$

$$= 4\int\limits_{0}^{\pi/2} R^2 \sin(\theta)\left(\frac{\pi}{2} - \theta\right) d\theta$$

$$= 2(\pi - 2)R^2.$$

Lösung 15.2

i) Oberfläche des Zylinders in y-Richtung ($z > 0$):

$$f_y(x, y) = (x, y, \sqrt{1 - x^2}), 0 \le x < 1.$$

Normalenvektor:

$$n(x, y) = \frac{\partial f_y}{\partial x}(x, y) \times \frac{\partial f_y}{\partial y}(x, y) = \begin{pmatrix} 1 \\ 0 \\ -\frac{x}{\sqrt{1-x^2}} \end{pmatrix} \times \begin{pmatrix} 0 \\ 1 \\ 0 \end{pmatrix} = \begin{pmatrix} \frac{x}{\sqrt{1-x^2}} \\ 0 \\ 1 \end{pmatrix},$$

$$\|\boldsymbol{n}(x,y)\| = \sqrt{\frac{1}{1-x^2}}.$$

Inhalt der Teilfläche TO_2: $0 \le x < 1, 0 \le y < \sqrt{1-x^2}, z = \sqrt{1-x^2}$:

$$\text{Vol}(TO_2) = \int\limits_0^1 \left(\int\limits_0^{\sqrt{1-x^2}} \sqrt{\frac{1}{1-x^2}}\, dy \right) dx$$

$$= \int\limits_0^1 1\, dx = 1.$$

Oberfläche O_2 des Schnittkörpers S_2 (Abb. 17.30):

$$\text{Vol}(O_2) = 8 \cdot 2 \cdot \text{Vol}(TO) = 16.$$

ii) Betrachte Kurven $(x, \sqrt{1-x^2}, \sqrt{1-x^2})$, $0 \le x \le 1$, (auf dem Zylinder $x^2 + y^2 = 1$) und $(\sqrt{1-x^2}, x, \sqrt{1-x^2})$, $0 \le x \le 1$, (auf dem Zylinder $x^2 + z^2 = 1$). Schnittpunkt: $(\sqrt{2}/2, \sqrt{2}/2, \sqrt{2}/2)$.
Inhalt der Teilfläche TO_3: $\sqrt{2}/2 \le x < 1, 0 \le y < \sqrt{1-x^2}, z = \sqrt{1-x^2}$:

Abb. 17.30 Schnitt von zwei Zylindern $x^2 + y^2 = 1$, $z \in \mathbb{R}$ und $x^2 + z^2 = 1$, $y \in \mathbb{R}$ (Steinmetzkörper). Teil TS_2 des Schnittkörper S_2 im 1. Oktanten (gestrichelt) mit dem Teilstück der Oberfläche TO_2 und einem Normalenvektor $\boldsymbol{n}(x, y)$

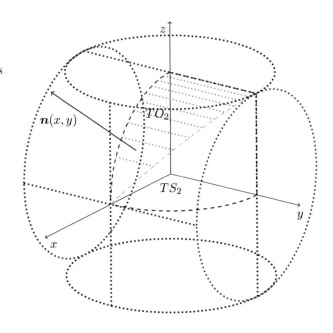

$$\mathrm{Vol}(TO_3) = \int\limits_{\sqrt{2}/2}^{1} \left(\int\limits_{0}^{\sqrt{1-x^2}} \sqrt{\frac{1}{1-x^2}}\,dy \right) dx$$

$$= \int\limits_{\sqrt{2}/2}^{1} 1\,dx = 1 - \frac{\sqrt{2}}{2}.$$

Oberfläche O_3 des Schnittkörpers S_3 (Abb. 17.31):

$$\mathrm{Vol}(O_3) = 8 \cdot 6 \cdot \mathrm{Vol}(TO_3) = 24(2 - \sqrt{2}).$$

Lösung 15.3

Parametrisiere die Fläche (Abb. 17.32) mit Polarkoordinaten:

$$x(r, \phi) = r\cos(\phi),\, y(r, \phi) = r\cos(\phi),\, 0 < r \le 1,\, 0 \le \phi \le 2\pi.$$

Die Parametrisierung ist zur gegebenen äquivalent:

$$\det \begin{pmatrix} \frac{\partial x}{\partial r}(r, \phi) & \frac{\partial x}{\partial \phi}(r, \phi) \\ \frac{\partial y}{\partial r}(r, \phi) & \frac{\partial y}{\partial \phi}(r, \phi) \end{pmatrix} = r > 0.$$

Fläche F in neuen Koordinaten:

Abb. 17.31 Schnitt von drei Zylindern $x^2 + y^2 = 1$, $z \in \mathbb{R}$, $x^2 + z^2 = 1$, $y \in \mathbb{R}$ und $y^2 + z^2 = 1$, $x \in \mathbb{R}$ (Steinmetz-Körper). Teil TS_3 des Schnittkörpers S im 1. Oktanten (gestrichelt) mit dem Teilstück der Oberfläche TO_3

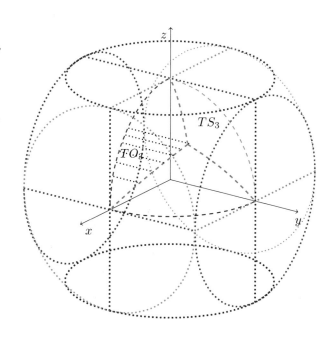

$$\tilde{f}(r, \phi) = f(x(r, \phi), y(r, \phi)) = (r \cos(\phi), r \sin(\phi), r^2((\cos(\phi))^2 - (\sin(\phi))^2)).$$

Normale:

$$\tilde{n}(r, \phi) = \frac{\partial \tilde{f}}{\partial r}(r, \phi) \times \frac{\partial \tilde{f}}{\partial \phi}(r, \phi)$$

$$= \begin{pmatrix} \cos(\phi) \\ \sin(\phi) \\ 2r((\cos(\phi))^2 - (\sin(\phi))^2) \end{pmatrix} \times \begin{pmatrix} -r \sin(\phi) \\ r \cos(\phi) \\ -4r^2 \cos(\phi) \sin(\phi) \end{pmatrix} = \begin{pmatrix} -2r^2 \cos(\phi) \\ 2r^2 \sin(\phi) \\ r \end{pmatrix}.$$

Länge der Normale:

$$\|\tilde{n}(r, \phi)\| = \sqrt{\tilde{n}(r, \phi)\tilde{n}(r, \phi)} = r\sqrt{1 + 4r^2}.$$

Flächeninhalt:

$$\int_F dA = \int_0^1 \left(\int_0^{2\pi} \|\tilde{n}(r, \phi)\| d\phi \right) dr$$

$$= \int_0^1 \left(\int_0^{2\pi} r\sqrt{1 + 4r^2} d\phi \right) dr = 2\pi \int_0^1 r\sqrt{1 + 4r^2} dr$$

$$= \frac{1}{12}\pi(5\sqrt{5} - 1).$$

Fluss (Abb. 17.32):

$$\int_F V n^0 dA = \int_0^1 \left(\int_0^{2\pi} V(x(r, \phi), y(r, \phi)) \frac{1}{\|\tilde{n}(r, \phi)\|} \tilde{n}(r, \phi) \|\tilde{n}(r, \phi)\| d\phi \right) dr$$

$$= \int_0^1 \left(\int_0^{2\pi} V(x(r, \phi), y(r, \phi)) \tilde{n}(r, \phi) d\phi \right) dr$$

$$= \int_0^1 \left(\int_0^{2\pi} (-r^3((\cos(p))^2 - (\sin(p))^2)) d\phi \right) dr$$

$$= \int_0^1 \left(\int_0^{2\pi} (-r^3 \cos(2p) d\phi \right) dr = 0.$$

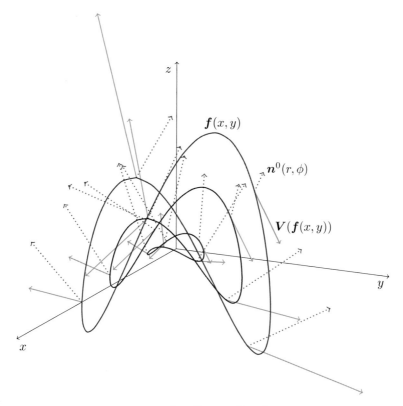

Abb. 17.32 Die Fläche $f(x, y) = (x, y, x^2 - y^2)$, $0 \leq x^2 + y^2 \leq 1$, mit Normaleneinheitsvektoren $n^0(r, \phi) = \frac{\tilde{n}(r,\phi)}{\|\tilde{n}(r,\phi)\|}$ und das Vektorfeld $V(x, y, z) = (z, y, x)$

Lösung 15.4

Tangentenvektoren (Abb. 17.33):

$$\frac{\partial f}{\partial \phi}(\phi, t) = \begin{pmatrix} -(r\cos(t) + R)\sin(\phi) \\ (r\cos(t) + R)\cos(\phi) \\ 0 \end{pmatrix}, \quad \frac{\partial f}{\partial t}(\phi, t) = \begin{pmatrix} -r\sin(t)\cos(\phi) \\ -r\sin(t)\sin(\phi) \\ r\cos(t) \end{pmatrix}.$$

Normalenvektor (Abb. 17.33):

$$n(\phi, t) = \begin{pmatrix} (r\cos(t) + R)\cos(t)\cos(\phi) \\ (r\cos(t) + R)\cos(t)\sin(\phi) \\ r(r\cos(t) + R)\sin(t) \end{pmatrix} = r(\cos(t) + R)\begin{pmatrix} \cos(t)\cos(\phi) \\ \cos(t)\sin(\phi) \\ \sin(t) \end{pmatrix}.$$

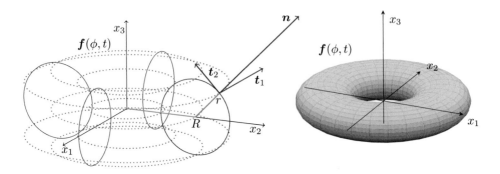

Abb. 17.33 Die Torusfläche $f(\phi, t)$ mit Tangentenvektoren t_1, t_2 und Normalenvektor n

Oberfläche:

$$O_T = \int\limits_{\partial(T)} dA = \int\limits_{\partial(T)} ||\boldsymbol{n}(\phi, t)|| d(\phi, t) = \int\limits_{0}^{2\pi} \left(\int\limits_{0}^{2\pi} r(r\cos(t) + R)\, d\phi \right) dt$$

$$= 2\pi \int\limits_{0}^{2\pi} r(r\cos(t) + R)\, dt = 2\pi r R 2\pi = 4\pi^2 r R.$$

Man kann das Ergebnis anschaulich interpretieren. Die Oberfläche O_T entspricht der Mantelfläche eines Zylinders mit dem Grundkreisradius r und der Höhe $2\pi R$.

17.16 Lösungen zu Integralsätze

Lösung 16.1
Einheitsvektoren umrechnen:

$$\vec{e}_x = \sin(\theta)\cos(\phi)\vec{e}_r + \cos(\theta)\cos(\phi)\vec{e}_\theta - \sin(\phi)\vec{e}_\phi,$$
$$\vec{e}_y = \sin(\theta)\sin(\phi)\vec{e}_r + \cos(\theta)\sin(\phi)\vec{e}_\theta + \cos(\phi)\vec{e}_\phi,$$
$$\vec{e}_z = \cos(\phi)\vec{e}_r - \sin(\phi)\vec{e}_\theta.$$

Komponenten bestimmen:

$$\tilde{V}^1(r,\theta,\phi)\vec{e}_x + \tilde{V}^2(r,\theta,\phi)\vec{e}_y + \tilde{V}^3(r,\theta,\phi)\vec{e}_z$$
$$= \tilde{V}^1(r,\theta,\phi)(\sin(\theta)\cos(\phi)\vec{e}_r + \cos(\theta)\cos(\phi)\vec{e}_\theta - \sin(\phi)\vec{e}_\phi)$$
$$+ \tilde{V}^2(r,\theta,\phi)(\sin(\theta)\sin(\phi)\vec{e}_r + \cos(\theta)\sin(\phi)\vec{e}_\theta + \cos(\phi)\vec{e}_\phi)$$
$$+ \tilde{V}^3(r,\theta,\phi)(\cos(\phi)\vec{e}_r - \sin(\phi)\vec{e}_\theta)$$
$$= \tilde{V}_*^1(r,\theta,\phi)\vec{e}_r + \tilde{V}_*^2(r,\theta,\phi)\vec{e}_\theta + \tilde{V}_*^3(r,\theta,\phi)\vec{e}_\phi$$

ergibt:

$$\tilde{V}_*^1(r,\theta,\phi) = \sin(\theta)\cos(\phi)\tilde{V}^1(r,\theta,\phi) + \sin(\theta)\sin(\phi)\tilde{V}^2(r,\theta,\phi) + \cos(\phi)\tilde{V}^3(r,\theta,\phi),$$
$$\tilde{V}_*^2(r,\theta,\phi) = \cos(\theta)\cos(\phi)\tilde{V}^1(r,\theta,\phi) + \cos(\theta)\sin(\phi)\tilde{V}^2(r,\theta,\phi) - \sin(\phi)\tilde{V}^3(r,\theta,\phi),$$
$$\tilde{V}_*^3(r,\theta,\phi) = -\sin(\phi)\tilde{V}^1(r,\theta,\phi) + \cos(\phi)\tilde{V}^2(r,\theta,\phi),$$

und

$$\tilde{V}^1(r,\theta,\phi) = \sin(\theta)\cos(\phi)\tilde{V}_*^1(r,\theta,\phi) + \cos(\theta)\cos(\phi)\tilde{V}_*^2(r,\theta,\phi) - \sin(\phi)\tilde{V}_*^3(r,\theta,\phi),$$
$$\tilde{V}^2(r,\theta,\phi) = \sin(\theta)\sin(\phi)\tilde{V}_*^1(r,\theta,\phi) + \cos(\theta)\sin(\phi)\tilde{V}_*^2(r,\theta,\phi) + \cos(\phi)\tilde{V}_*^3(r,\theta,\phi),$$
$$\tilde{V}^3(r,\theta,\phi) = \cos(\theta)\tilde{V}_*^1(r,\theta,\phi) - \sin(\theta)\tilde{V}_*^2(r,\theta,\phi),$$

Nach der Kettenregel:

$$\begin{pmatrix} \frac{\partial \tilde{V}^1}{\partial r}(r,\theta,\phi) & \frac{\partial \tilde{V}^1}{\partial \theta}(r,\theta,\phi) & \frac{\partial \tilde{V}^1}{\partial \phi}(r,\theta,\phi) \\ \frac{\partial \tilde{V}^2}{\partial \theta}(r,\theta,\phi) & \frac{\partial \tilde{V}^2}{\partial y}(r,\theta,\phi) & \frac{\partial \tilde{V}^2}{\partial \phi}(r,\theta,\phi) \\ \frac{\partial \tilde{V}^3}{\partial r}(r,\theta,\phi) & \frac{\partial \tilde{V}^3}{\partial \theta}(r,\theta,\phi) & \frac{\partial \tilde{V}^3}{\partial \phi}(r,\theta,\phi) \end{pmatrix}$$

$$= \begin{pmatrix} \frac{\partial V^1}{\partial x}(x,y,z) & \frac{\partial V^1}{\partial y}(x,y,z) & \frac{\partial V^1}{\partial z}(x,y,z) \\ \frac{\partial V^2}{\partial x}(x,y,z) & \frac{\partial V^2}{\partial y}(x,y,z) & \frac{\partial V^2}{\partial z}(x,y,z) \\ \frac{\partial V^3}{\partial x}(x,y,z) & \frac{\partial V^3}{\partial y}(x,y,z) & \frac{\partial V^3}{\partial z}(x,y,z) \end{pmatrix}_{(x,y,z)=(x(r,\theta,\phi),y(r,\theta,\phi),z(r,\theta,\phi))}$$

$$\cdot \begin{pmatrix} \sin(\theta)\cos(\phi) & r\cos(\theta)\cos(\phi) & -r\sin(\theta)\sin(\phi) \\ \sin(\theta)\sin(\phi) & r\cos(\theta)\sin(\phi) & r\sin(\theta)\cos(\phi) \\ \cos(\theta) & -r\sin(\theta) & 0 \end{pmatrix}.$$

Mit der inversen Matrix:

$$
\begin{pmatrix}
\frac{\partial V^1}{\partial x}(x,y,z) & \frac{\partial V^1}{\partial y}(x,y,z) & \frac{\partial V^1}{\partial z}(x,y,z) \\
\frac{\partial V^2}{\partial x}(x,y,z)) & \frac{\partial \acute{V}^2}{\partial y}(x,y,z) & \frac{\partial V^2}{\partial z}(x,y,z) \\
\frac{\partial V^3}{\partial x}(x,y,z) & \frac{\partial V^3}{\partial y}(x,y,z) & \frac{\partial V^3}{\partial z}(x,y,z)
\end{pmatrix}_{(x,y,z)=(x(r,\theta,\phi),y(r,\theta,\phi),z(r,\theta,\phi))}
$$

$$
= \begin{pmatrix}
\frac{\partial \tilde{V}^1}{\partial r}(r,\theta,\phi) & \frac{\partial \tilde{V}^1}{\partial \theta}(r,\theta,\phi) & \frac{\partial \tilde{V}^1}{\partial \phi}(r,\theta,\phi) \\
\frac{\partial \tilde{V}^2}{\partial r}(r,\theta,\phi) & \frac{\partial \tilde{V}^2}{\partial \theta}(r,\theta,\phi) & \frac{\partial \tilde{V}^2}{\partial \phi}(r,\theta,\phi) \\
\frac{\partial \tilde{V}^3}{\partial r}(r,\theta,\phi) & \frac{\partial \tilde{V}^3}{\partial \theta}(r,\theta,\phi) & \frac{\partial \tilde{V}^3}{\partial \phi}(r,\theta,\phi)
\end{pmatrix}
$$

$$
\cdot \begin{pmatrix}
\sin(\theta)\cos(\phi) & \sin(\theta)\sin(\phi) & \cos(\theta) \\
\frac{\cos(\theta)\cos(\phi)}{r} & \frac{\cos(\theta)\sin(\phi)}{r} & -\frac{1}{r}\sin(\theta) \\
-\frac{\sin(\phi)}{r\sin(\theta)} & \frac{\cos(\phi)}{r\sin(\theta)} & 0
\end{pmatrix}.
$$

Also:

$$
\operatorname{div} V(x(r,\theta,\phi), y(r,\theta,\phi), z(r,\theta,\phi))
$$

$$
= \left(\frac{\partial V^1}{\partial x}(x,y,z) + \frac{\partial V^2}{\partial y}(x,y,z) + \frac{\partial V^3}{\partial z}(x,y,z) \right)_{(x(r,\theta,\phi),y(r,\theta,\phi),z(r,\theta,\phi))}
$$

$$
= \sin(\theta)\cos(\phi)\frac{\partial \tilde{V}^1}{\partial r}(r,\theta,\phi) + \frac{\cos(\theta)\cos(\phi)}{r}\frac{\partial \tilde{V}^1}{\partial \theta}(r,\theta,\phi) - \frac{\sin(\phi)}{r\sin(\theta)}\frac{\partial \tilde{V}^1}{\partial \phi}(r,\theta,\phi)
$$

$$
+ \sin(\theta)\sin(\phi)\frac{\partial \tilde{V}^2}{\partial r}(r,\theta,\phi) + \frac{\cos(\theta)\sin(\phi)}{r}\frac{\partial \tilde{V}^2}{\partial \theta}(r,\theta,\phi) + \frac{\cos(\phi)}{r\sin(\theta)}\frac{\partial \tilde{V}^2}{\partial \phi}(r,\theta,\phi)
$$

$$
+ \cos(\theta)\frac{\partial \tilde{V}^3}{\partial r}(r,\theta,\phi) - \frac{\sin(\theta)}{r}\frac{\partial \tilde{V}^3}{\partial \theta}(r,\theta,\phi)
$$

$$
= \frac{\partial \tilde{V}^1_*}{\partial r}(r,\theta,\phi) + \frac{1}{r}\frac{\partial \tilde{V}^2_*}{\partial \theta}(r,\theta,\phi)
$$

$$
+ \frac{1}{r}\left(\sin(\theta)\cos(\phi)\tilde{V}^1(r,\theta,\phi) + \sin(\theta)\sin(\phi)\tilde{V}^2(r,\theta,\phi) + \cos(\theta)\tilde{V}^3(r,\theta,\phi) \right)
$$

$$
+ \frac{1}{r\sin(\theta)}\frac{\partial \tilde{V}^3_*}{\partial \phi}(r,\theta,\phi) + \frac{1}{r\sin(\theta)}\left(\cos(\phi)\tilde{V}^1(r,\theta,\phi) + \sin(\phi)\tilde{V}^2(r,\theta,\phi) \right)
$$

$$
= \frac{\partial \tilde{V}^1_*}{\partial r}(r,\theta,\phi) + \frac{1}{r}\frac{\partial \tilde{V}^2_*}{\partial \theta}(r,\theta,\phi) + \frac{1}{r\sin(\theta)}\frac{\partial \tilde{V}^3_*}{\partial \phi}(r,\theta,\phi)
$$

$$
+ \frac{2}{r}\tilde{V}^1_*(r,\theta,\phi) + \frac{\cos(\theta)}{r\sin(\theta)}\tilde{V}^2_*(r,\theta,\phi)
$$

Lösung 16.2

i) Einsetzen:

$$
(r(\phi))^3((\cos(\phi))^3 + (\sin(\phi))^3) = 3a(r(\phi))^2\cos(\phi)\sin(\phi).
$$

Hieraus:

$$r(\phi) = 3a\,\frac{\cos(\phi)\sin(\phi)}{(\cos(\phi))^3 + (\sin(\phi))^3},$$

wobei $r(\phi) \neq 0$ und $(\cos(\phi))^3 + (\sin(\phi))^3 \Leftrightarrow \cos(\phi) \neq -\sin(\phi)$.
$\cos(-\pi/4) = \sin(3\pi/4) = 1/\sqrt{2}$ und $\cos(3\pi/4) = \sin(-\pi/4) = -1/\sqrt{2}$. Wähle Parameterintervall $(-\pi/4, 3\pi/4)$. $\phi = 0, \pi/2, r = 0$ kann jetzt dazu genommen werden:

$$(x(\phi), y(\phi)) = r(\phi)(\cos(\phi), \sin(\phi)).$$

Kurvenverlauf: 2. Quadrant, $\pi \in (-\pi/4, 0]$, 1. Quadrant, $\pi \in (0, \pi/2]$, 4. Quadrant,
$\pi \in (\pi/2, 3\pi/4)$. Im 1. Quadranten wird die Kurve im entgegengesetzten Uhrzeiger-
sinn durchlaufen, und es gilt $r(\phi) > 0$ (Polarkoordinaten), (Abb. 17.34). Im 2. und 4.
Quadranten ist $r(\phi) < 0$.

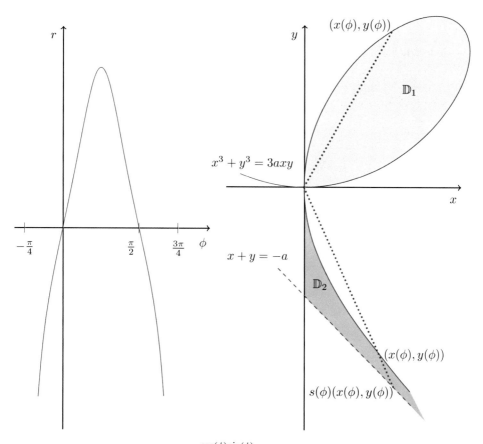

Abb. 17.34 Die Funktion $r(\phi) = 3a\,\frac{\cos(\phi)\sin(\phi)}{(\cos(\phi))^3 + (\sin(\phi))^3}$ (links), Berechnung der Flächen $\mathbb{D}_1$ und $\mathbb{D}_2$
(rechts)

ii) Setze $t = \tan(\phi) = \frac{\sin(\phi)}{\cos(\phi)}$:

$$x(\phi) + y(\phi) = 3a\frac{(\cos(\phi))^2 \sin(\phi) + \cos(\phi)(\sin(\phi))^2}{(\cos(\phi))^3 + (\sin(\phi))^3} = 3a\frac{t + t^2}{1 + t^3}.$$

Mit der Regel von de l'Hospital:

$$\lim_{\phi \to -\frac{\pi}{4}} (x(\phi) + y(\phi)) = \lim_{\phi \to \frac{3\pi}{4}} (x(\phi) + y(\phi))$$

$$= \lim_{t \to -1} 3a\frac{t + t^2}{1 + t^3} = \lim_{t \to -1} 3a\frac{1 + 2t}{3t^2} = -a.$$

iii) Satz von Green:

$$\int_{\mathbb{D}} \left(\frac{\partial V^2}{\partial x}(x, y) - \frac{\partial V^1}{\partial y}(x, y) \right) d(x, y) = \int_{\partial(\mathbb{D})} V \, ds.$$

Vektorfeld $V(x, y) = (V^1(x, y), V^2(x, y)) = (-y, x)$:

$$\int_{\mathbb{D}} 2d(x, y) = \int_{\partial(\mathbb{D})} (-y, x) ds \Rightarrow \text{Vol}(\mathbb{D}) = \frac{1}{2} \int_{\partial(\mathbb{D})} (-y, x) ds.$$

Berechne:

$$(-y(\phi), x(\phi)) \begin{pmatrix} \frac{dx}{d\phi}(\phi) \\ \frac{dy}{d\phi}(\phi) \end{pmatrix} = r(\phi)(-\sin(\phi), \cos(\phi)) \frac{d}{d\phi} \left(r(\phi) \begin{pmatrix} \cos(\phi) \\ \sin(\phi) \end{pmatrix} \right)$$

$$= r(\phi) \frac{dx}{d\phi} r(\phi)(-\sin(\phi), \cos(\phi)) \begin{pmatrix} \cos(\phi) \\ \sin(\phi) \end{pmatrix}$$

$$+ r(\phi)^2(-\sin(\phi), \cos(\phi)) \begin{pmatrix} -\sin(\phi) \\ \cos(\phi) \end{pmatrix}$$

$$= r(\phi)^2 = \frac{(\tan(\phi))^2}{(1 + (\tan(\phi))^3)^2} \frac{1}{(\cos(\phi))^2}.$$

Damit (Abb. 17.34):

$$\text{Vol}(\mathbb{D}_1) = \frac{9a^2}{2} \int\limits_0^{\frac{\pi}{2}} \frac{(\tan(\phi))^2}{((1 + (\tan(\phi))^3)^2} \frac{1}{(\cos(\phi))^2} d\phi$$

$$= \frac{9a^2}{2} \int\limits_0^{\infty} \frac{t^2}{(1 + t^3)^2} dt = \frac{9a^2}{2} \left(-\frac{1}{3} \frac{1}{1 + t^3} \right) \Big|_0^{\infty}$$

$$= \frac{3a^2}{2}.$$

iv) Sei $\pi/2 < \phi_0 < 3\pi/4$. Berechne die von der Kurve:

$$(0,0) \to (0, -a) \to (s(\phi_0)r(\phi_0)(\cos(\phi_0), \sin(\phi_0)) \to (r(\phi_0)(\cos(\phi_0), \sin(\phi_0)) \to (0,0)$$

berandete Fläche und betrachte Grenzwert $\phi_0 \to 3\pi/4$ (Abb. 17.34). Die Funktion $s(\phi)$ wird bestimmt gemäß:

$$s(\phi)x(\phi) + s(\phi)y(\phi) = s(\phi)r(\phi)(\cos(\phi) + \sin(\phi)) = -a.$$

Auf dem Weg $(0,0) \to (0, -a)$, $(0, -\tau)$, $\tau \in [0, a]$ gilt: $(\tau, 0)\frac{d}{d\tau}\begin{pmatrix} 0 \\ -\tau \end{pmatrix} = 0$. ($Vds = 0$).

Auf dem Weg $(s(\phi_0)r(\phi_0)(\cos(\phi_0), \sin(\phi_0)) \to (r(\phi_0)(\cos(\phi_0), \sin(\phi_0)))$, $(s(\phi_0)r(\phi_0) + \tau(r(\phi_0) - s(\phi_0)r(\phi_0))(\cos(\phi_0), \sin(\phi_0))$, $\tau \in [0, 1]$ gilt wieder genauso $Vds = 0$.

Auf dem Weg $(0, -a) \to (s(\phi_0)r(\phi_0)(\cos(\phi_0), \sin(\phi_0))$, $(s(\phi)r(\phi)(\cos(\phi), \sin(\phi))$, $\phi \in [\pi/2, \phi_0]$, gilt (vgl. i)):

$$s(\phi)r(\phi)(-\sin(\phi), \cos(\phi))\frac{d}{d\phi}\left(s(\phi)r(\phi)\begin{pmatrix} \cos(\phi) \\ \sin(\phi) \end{pmatrix}\right)$$

$$= (s(\phi)r(\phi))^2 = \frac{a^2}{(\cos(\phi) + \sin(\phi))^2} = \frac{a^2}{(\cos(\phi) + \sin(\phi))^2}$$

$$= \frac{a^2}{(1 + t)^2} \frac{1}{(\cos(\phi))^2}.$$

Für den Weg $(r(\phi_0)(\cos(\phi_0), \sin(\phi_0)) \to (0,0)$ übernehme iii). Das Ergebnis muss dann subtrahiert werden (Umlaufsinn). Damit (Abb. 17.34):

$$\text{Vol}(\mathbb{D}_2) = \lim_{\phi_0 \to \frac{3\pi}{4}} \frac{1}{2} \int_{\frac{\pi}{2}}^{\phi_0} \left(\frac{a^2}{(1 + \tan(\phi))^2} - \frac{9a^2 (\tan(\phi))^2}{(1 + (\tan(\phi))^3)^2} \right) \frac{1}{(\cos(\phi))^2} d\phi$$

$$= \lim_{t_0 \to -1} \frac{9a^2}{2} \int_{-\infty}^{t_0} \left(\frac{1}{9(1 + t)^2} - \frac{t^2}{((1 + t^3)^2} \right) dt$$

$$= \lim_{t_0 \to -1} \left(\frac{a^2}{2} \frac{2 - t)}{1 - t + t^2} \right) \Big|_{-\infty}^{t_0}$$

$$= \frac{a^2}{2}.$$

Lösung 16.3

Satz von Gauß:

$$\int_{\partial(\mathbb{D})} V \, n^0 \, dA = \int_{\mathbb{D}} \text{div} \, V(x) \, dx.$$

i) Verwende Vektorfeld: $V(x) = \vec{e}_1 = (1, 0, 0)$, $V(x) = \vec{e}_2 = (0, 1, 0)$ oder $V(x) = \vec{e}_3 = (0, 0, 1)$. Dann gilt: $n_j^0 = \vec{e}_j \, n^0$. Wegen $\text{div} \, \vec{e}_j(x) = 0$ folgt: $\int_{\partial(\mathbb{D})} n_j^0 \, dA = 0$.

ii) Berechne: $\text{div} \frac{R(x)}{(r(x))^2} = \text{div} \left(\frac{x_1}{r^2}, \frac{x_2}{r^2}, \frac{x_3}{r^2} \right)$.

$$\frac{\partial}{\partial x_j} \frac{x_j}{(r(x))^2} = \frac{1}{(r(x))^2} - 2 \frac{x_j}{(r(x))^3} \frac{1}{2r(x)} 2x_j$$

$$= \frac{1}{(r(x))^2} - 2 \frac{x_j}{(r(x))^4}.$$

Damit:

$$\text{div} \frac{R(x)}{(r(x))^2} = \frac{\partial}{\partial x_1} \frac{x_1}{(r(x))^2} + \frac{\partial}{\partial x_2} \frac{x_2}{(r(x))^2} + \frac{\partial}{\partial x_3} \frac{x_3}{(r(x))^2}$$

$$= \frac{3}{(r(x))^2} - 2 \frac{(r(x))^2}{(r(x))^4} = \frac{1}{(r(x))^2}.$$

Lösung 16.4

Satz von Gauß: $\int_T \text{div} V \, dx = \int_{\partial(T)} V n^0 dA$.

Oberfläche:

$$f(\phi, t) = (r \cos(t) + R) \cos(\phi), (r \cos(t) + R) \sin(\phi), r \sin(t)).$$

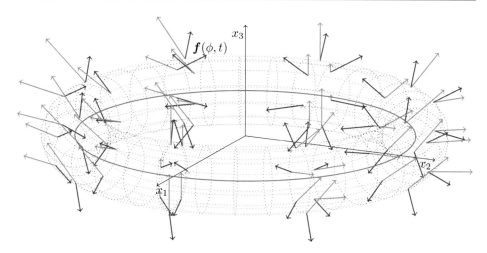

Abb. 17.35 Die Torusfläche $f(\phi, t)$ mit Normaleneinheitsvektoren und Vektorfeld V

Nach außen weisender Normalenvektor (Abb. 17.35):

$$n(\phi, t) = \begin{pmatrix} (r\cos(t) + R)\cos(t)\cos(\phi) \\ (r\cos(t) + R)\cos(t)\sin(\phi) \\ r(r\cos(t) + R)\sin(t) \end{pmatrix} = r(\cos(t) + R)\begin{pmatrix} \cos(t)\cos(\phi) \\ \cos(t)\sin(\phi) \\ \sin(t) \end{pmatrix}.$$

Skalarprodukt:

$$V(f(\phi, t))n(\phi, t) = \frac{1}{4}r(r\cos(t) + R)^2\cos(t)(\sin(p))^2 + r^3(r\cos(t) + R)(\sin(t))^3.$$

Oberflächenintegral:

$$\int_{\partial(T)} Vn^0 dA = \int_T V(\phi, t)n^0(\phi, t)\|n(\phi, t)\|d(\phi, t) = \int_T V(\phi, t)V(\phi, t)n(\phi, t)d(\phi, t)$$

$$= \int_0^{2\pi} \left(\int_0^{2\pi} \frac{1}{4}r(r\cos(t) + R)^2\cos(t)(\sin(p))^2 + r^3(r\cos(t) + R)(\sin(t))^3 \, d\phi \right) dt$$

$$= \frac{1}{2}\pi^2 r^2 R.$$

Man kann das Ergebnis anschaulich interpretieren. Dazu schreiben wir das Vektorfeld V als Summe: $V(x) = V_1(x) + V_2(x)$, $V_1(x) = (0, x_2/4, 0)$, $V_1(x) = (0, 0, x_3^2)$. Das Integral $\int_{\partial(T)} V_2 n^0 dA$ verschwindet, weil die Skalarprodukte $V_2 n^0$ bezüglich x_3 eine ungerade Symmetrie aufweisen. Wegen $\mathrm{div} V_2(x) = 1$ gilt nach dem Satz von Gauß: $\int_{\partial(T)} V_2 n^0 dA = 1/4 \mathrm{Vol}(T)$. Das Volumen $\mathrm{Vol}(T)$ entspricht wieder dem Volumen eines Zylinders mit dem Grundkreisradius r und der Höhe $2\pi R$.

Stichwortverzeichnis

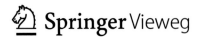

Printed in the United States
by Baker & Taylor Publisher Services